Runmath Series

함수와 그래프의 기초

제 1 권 : 무슨 함수?

김성렬

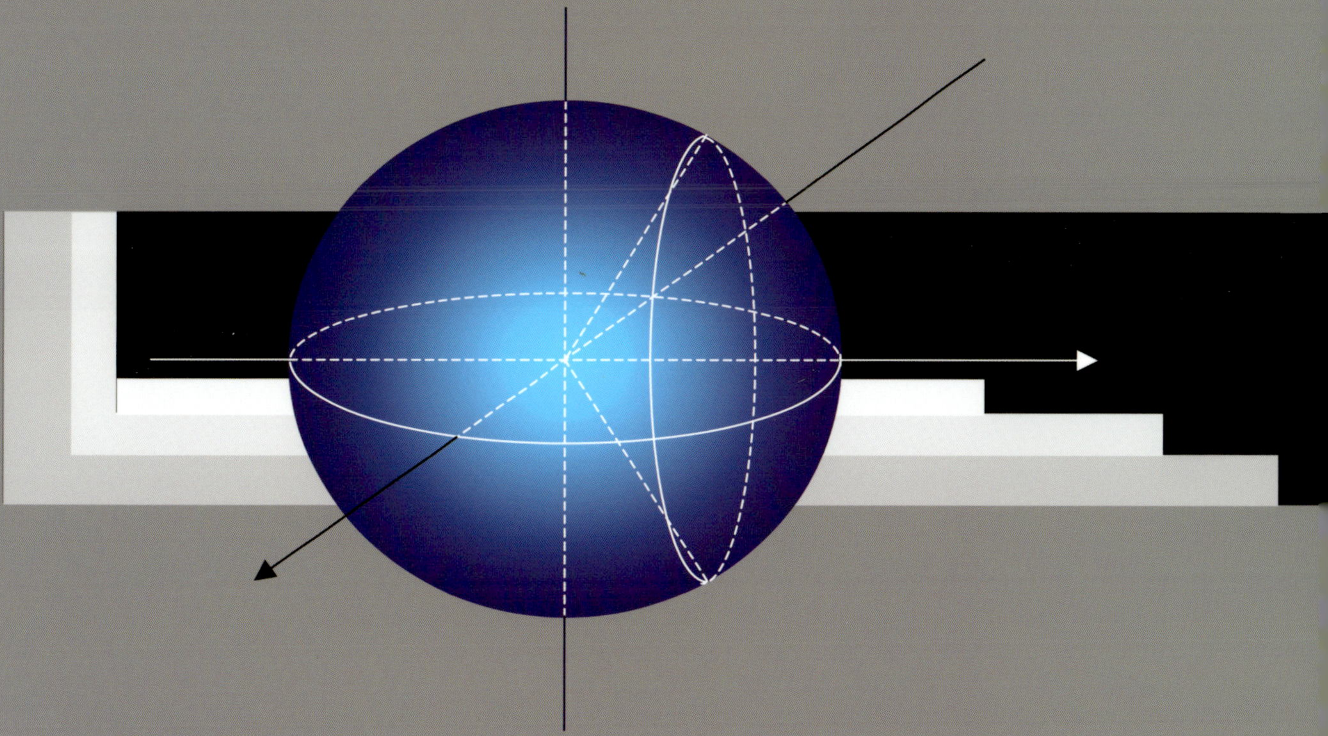

Runmath

教 友 社

함수와 그래프의 기초

제 1 권: 무슨 함수?

김성렬

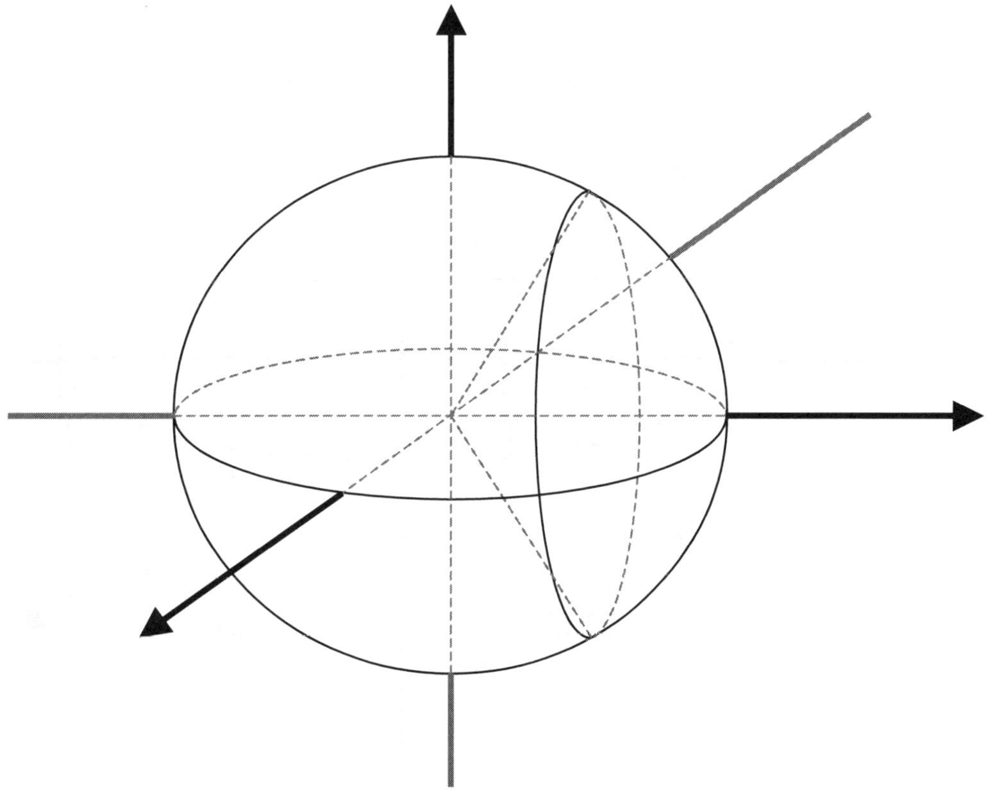

함수와 그래프의 기초
Runmath

독자에게

이 책은 **함수와 그래프의 기초** 시리즈(series)의 첫 번째 책입니다.

이 책은 math 공부를 잘 못하는 학생들을 위해서 쓰여진 책입니다. Math 가 뭐냐 구요? (우리나라에서 이를 수학(數學)이라고 하죠. 저자는 이 단어를 가장 싫어합니다. 이 단어 말고 무슨 다른 단어가 있으면 좋겠어요. 이 단어를 마주하면 계산이라는 개념 말고는 떠오르는 게 별로 없거든요. 저자가 가장 싫어하고 못하는 것이 계산입니다. 그러니, 곧 짜증 난다 이거죠. 그래서, 이 단어가 풍기는 느낌도 싫고 아주 지긋지긋하거든요.) Math 라는 건 계산을 하지 않으려고 하는 거죠. 물론, 어느 정도는 계산을 하지 않을 순 없죠. 하지만 어떻게 하면 쓸데없이 또는 성가시게 계산을 잡다하게 많이 하지 않고 문제를 해결할 수 있을까를 연구하고 실행하는 분야입니다. 또한, 그런 능력(能力)이나 기술(技術)을 기르는 분야죠. 근본적으로는 뭔가 의미가 있으면 그게 뭐고 그걸로 뭐 어쩔 건지를 논의하는 분야가 math 입니다. 이 책은 함수가 뭔지, 함수를 갖고 뭘 어떻게 해야 하는 건지 잘 몰라서 문제 푸는데 고생이 너무 심하다거나 아예 math 공부하기가 싫다는 학생들을 위한 책이죠. 그렇다고 해서 공부 잘하는 학생이 보면 안 되는 건 아니죠.

함수를 가지고 재주를 부리기 이전에 우선 함수가 무엇인지 알아야 하겠죠. 함수를 이미 배운 학생들이 많이 있죠 그리고 함수와 관련한 많은 문제들을 풀고 있을 겁니다. 그런데, 함수의 개념을 제대로 구체적으로 알고있는 학생은 별로 없는 것 같더군요.

함수와 그래프를 이책보다 쉽고 자세하게 설명한 책이 아마도 별로 없을 겁니다. 좀더 정확하게 말하면, 이 책은 함수와 방정식 그리고 그 그래프에 관한 것이죠. 함수와 그래프는 아주 심각한 개념이죠. 함수와 그래프를 잘 모르면 대학에서의 공업수학은 아예 말할 것도 없고 초 중 고등학교에서의 수학을 무엇하나 제대로 할 수가 없는 거죠. 그렇다고 목에 힘주고 근엄하게 논의해야 하는 대상은 아닙니다. 그러나, 마치 장난이나 농담하듯이 설명한다고 해서 그게 쉽게 설명하는 건 아니죠. 쉽게 설명한다는 것은 학생들이 이해할 수 있게 도와준다는 거죠. 물론, 재미있게 설명하는 것도 중요합니다. 그래서 유머를 섞어가면서 설명하는 것도 좋은 방법이죠. 그런데 가장 중요한 것은 정확하게 이해하는 겁니다. 독자가 아는 것으로 시작해서 아는 것으로 끝나야 합니다. 아무리 쉬운 것일 지라도 모르면 어려운 것이고 모르면 재미 없는 거죠. 모르는 거, 아무리 열심히 해 봐야 모르는 건 모르는 거죠. 무슨 도 닦는 거 아니죠?

그래서 가능한 가장 쉬운 것을 골라서 설명의 대상으로 삼고 있어요. 어렵고 복잡한 문제를 마치 별 것 아니라는 듯이 간략하게 풀어 놓는다든지 비장의 해법을 제시하듯 하면서 기교를 강조하면 그 저자가 멋있어 보이긴 하겠지만 특정 개념을 이해하고자 하는 학생에겐 그 책이 별로 도움이 되지않죠. 뿐더러 오히려 그 개념이나 과목자체가 싫어지게 만드는 결과를 야기할 수도 있는 거죠. 즉, 도리어 혐오감만 증폭시키다거나 무력감만 더 느끼게 할 수도 있다는 것이죠. 대부분의 학생이 진정 원하는 것은 그 간략하고 총명하게 제시한 답보다도 우선 그 문제가 무엇을 말하자는 건지 다음으로 어떻게 그런 답이 만들어지는 지를 구체적으로 알아내는 것이죠. 이책은 함수와 그래프라는 것을 잘 모른다거나 전혀 모르는 학생들을 위한 책이죠. 누구든 함수와 그래프를 공부하는데 구체적인 도움이 필요한 학생은 누구에게나 해당되는 책입니다.

우리나라 독자에게

언어 사용 목적? 의사 소통이죠. 국어를 사용할 때도 그렇지만 특히 외국어를 사용할 때는 자신이 뜻하는 바를 표현한다거나 상대가 무슨 말을 하자는 것인지를 알면 되는 것이죠. 문구 자체에 매이지 말고 "이런 말을 이렇게도 저렇게도 하는구나!" 하는 것들을 자주 경험하다 보면 그만큼 그 언어 실력이 늘어납니다.

이 책의 영문판도 보세요. 아니, **영문판을 보세요.** 웬 영어? 영어로 되어있지만 **매우 쉽습니다.** 그래서, math 뿐만이 아니라 영어를 학습하는 데에도 매우 실질적인 도움이 될 겁니다. Math 를 영어로 학습하면 영어 학습 효과도 매우 높아지죠. 영문판과 한글판에서의 쪽(page)도 거의 일치하도록 만들었습니다. 사실, 두 가지 모두 쪽수가 같습니다. 이 시리즈(series)의 책들은 특히 영어와 math 를 효과적이며 제대로 학습하고자 하는 우리나라 학생들을 위하여 쓰여진 책입니다. 저자가 미국에서 학생들에게 하는 수업 내용을 정리하여 그대로 옮겨놓은 겁니다. Math 를 영어로 학습하게 되면 영어 학습 뿐만 아니라 math 를 이해하는 데에도 큰 효과를 볼 수 있는 거죠. 영어권의 나라로 유학을 희망하는 학생 뿐만 아니라 대학입시를 위하여 math 및 영어 능력을 동시에 효과적으로 향상시키기를 원하는 학생들에게 많은 도움이 될 겁니다.

영어는 당면한 현실적인 이유 때문에 필요에 의하여 도구로서 배워 익히고자 하는 것이죠. 그리하여 대부분의 학생들에게 영어 학습 목적은 우선 대학입시에 성공하는 겁니다. 현재 모든 학생들이 우선, 입시 때문에 영어를 학습해야만 하는 것은 더 말할 필요도 없죠. 나아가서 영어를 효과적으로 사용하여 특정 분야에 대한 학습이나 능력개발을 양적 및 질적으로 향상시키는데 필요한 도구로서 영어를 배우고 익히는 거죠. 즉, 과거처럼 입시의 문턱만 넘어서면 되는 것이 아니라 영어를 실질적으로 사용하여 자신의 특정 학과 과정 뿐만 아니라 졸업 후 일상적인 대화도 효과적으로 할 수 있어야 하며 결국 자신의 특정 분야 업무를 영어도 사용해서 능률적으로 할 수 있어야 하는 것이 현실이죠.

언어 능력은 실질적으로 반복 사용할 경우에 언어 학습능률이 크게 향상되더군요. 실질적인 반복사용이란 무작위나 임의가 아닌 특정한 분야의 세세한 일에 영어를 사용하여 자주 그 언어를 밀도 있게 경험하는 것이죠. 즉, 실질적 반복이란 단순 암기나 그냥 따라 하기의 무의미한 반복이 아니라 의식적으로 의미를 부여하고 인식하는 반복입니다. 예를 들면, 국어(language arts) 학습에서도 실제로 학습자 본인이 적극적인 자세로 독서 뿐만 아니라 의미 있는 글짓기를 한다거나 실질적인 대화를 자주 함으로 하여 국어 능력을 효과적으로 향상시킬 수 있는 거죠. 중요한 것은 학생 자신이 실질적이며 능동적으로 반복 사용한다는 겁니다. 이러한 실질성을 위하여 영어를 사용하여 특정한 분야를 학습하는 것이 매우 효과적이죠. 영어를 사용하여 특정 분야를 학습하게 되면 집중력도 향상되고 그 특정분야 뿐만 아니라 실질적인 영어실력 향상에 많은 도움이 되죠. 특히, 그 특정 분야가 math 인 경우에 많은 이점이 있습니다.

우선, math 는 사고력에 필수적인 치밀한 분석 종합능력을 요구하는 과목이죠. 그리하여, math 학습 중에 이러한 두뇌기능이 최대한 활성화됩니다. 즉, 두뇌가 학습하기에 최적상태로 되는 거죠. 또한, math 에서의 특정 대상을 영어로 설명할 때는 모든 기본문장표현을 사용하기는 하지만, 고난도의 수사법의 기교나 어의상 난해한 표현기교는 좀처럼 사용하지 않으며, 대체로 단순 명료함을 요구하는 표현을 주로 사용하기 때문이죠. 그리하여 학생들은 영어를 너무 크게 의식(콤플렉스)하지 않으면서 과중한 부담 없이 영어에 매우 능률적으로 익숙해지는 거죠. 즉, 전면적으로 영어를 사용한 math 참고서와 그 한글판을 병행 사용하여 보다 자연스럽게 영어에 익숙해지는 겁니다.

우선 학생들에게 최소한 기초영어 능력이 있으면 효과적으로 학습할 수 있습니다. 이 책은 영어로 하는 math 강의라고 생각하면 됩니다. 영문판에서는 모든 강의는 영어로 이루어지며 상당수의 학생들이 특정 영어 표현을 잘 모른다 하더라도 math 의 흐름으로 문맥을 파악하기 용이한 것이죠. 그러나, 어느 특정 영어 표현을 이해하기가 불가능 할 경우에는 한글판을 보면 되죠.

함수와 그래프의 기초
Runmath

모든 내용을 영어로 강의를 하되 국어를 직역하는 식은 배제합니다. 우선 직역을 하게 되면 학생들이 영어에 대한 감각을 익히는 데 결과적으로 오히려 방해가 되죠. 기본적으로 문화권의 차이 때문에 국어와 영어 간의 딱 맞아 일치하는 상호 번역은 좀처럼 불가능하죠. 영어와 국어에서 math 적으로 동치관계가 성립되는 서로간의 표현은 자주 없습니다. 이는 어느 언어사이에서도 마찬가지 일 겁니다. 영어와 국어 사이의 쉬운 예로서 누군가가 영어로 "Easy!" 라고 했다면 이 표현을 국어로 뭐라고 해야 할까요? 'Easy' 라는 어휘는 주로 '쉽게' 또는 '쉬운' 이라는 뜻으로 사용되지만 또한 많은 경우에, '서두르지 말라' 하거나 '자극받아 흥분하지 말라' 라는 뜻으로도 자주 사용됩니다. 이 경우에는 'Calm' 이라는 어휘와 비슷하지만 'Be calm!' 이라고 표현하면 느낌이 더 무거워집니다. 외국어는 그때 상황에 비추어 그 표현이 주는 느낌을 느끼는 대로 통역이나 번역이 됩니다. 그런데 청취자의 문화권에 따라 받아들이는 식이나 뜻이 제각각 일 수도 있죠. 그리하여 특정 외국어를 제대로 학습하기 위하여는 문법이나 단어 등등을 공부하는 것도 중요하지만 실질적으로 자주 접하고 다수의 시행착오를 통하여 익숙해지는 것이 더욱 중요합니다.

Math 와 Language Arts(각국의 국어 과목)은 서로 상반되는 관계이면서도 또한 서로 뗄 수 없이 연결되어 있습니다. 사실 math 도 언어죠. Math 는 이공학분야 뿐만 아니라 우리가 일상적으로도 다양한 분야에서 수시로 사용하는 언어이죠. 그러나 대체로 추상적이며 감정적이거나 감성적인 일반언어와는 달리 math 는 엄밀하고 구체적이며 객관적인 언어죠. 엄정한 논리가 반드시 수반하는 언어입니다.

국어나 영어와 같은 일반언어는 math 와 비교하면 주관적이고 추상적인 언어라고 할 수 있습니다. 그러나 서로 상반된다고 하여 서로 떨어져 있는 건 아니죠. 제대로 기능을 하는 언어(working language)는 math 와 한국어나 영어와 같은 특정 언어(a particular language such as Korean and English)가 제대로 조화를 이루며 합쳐져서 이루어집니다. 즉, 그 언어(working language)가 몸체라면 Math 가 그 뼈대이고 일반언어가 살이라고 할 수 있을 겁니다.

Math 는 말이 되지않는 것을 전혀 용납하지않죠. (Math doesn't allow any nonsense at all.) Math 에서는 반드시 말이 되어야만 합니다. (We've got to make sense when we are in math.) 우리는 적어도 말이 되게 상호간의 의사전달을 해야 하기 때문에 math 를 합니다. 그러나 말이 된다고 해서 다 되는 건 아니죠. 많은 경우에 전하고자 하는 뜻이 통(work)하려면 주로 다양한 수사법을 동원하여 추상적이거나 감성적인 표현도 제대로 해야 하는 거죠. 즉, 국어(language arts)도 잘 해야 하는 것이죠. 그러나, 국어가 추상적인 것만은 아니죠. 국어에는 국문법이 있으며 문법을 무시하거나 하면 곤란해지는 경우가 많습니다. 문법은 법칙이며 법칙은 math 에서 관할하죠. 반면에, math 를 하는 과정에서 국어가 제대로 작동을 하지 않아도 곤란한 경우가 많습니다. 의사전달에서는 어쨌든 우선 말 자체를 하거나 글 자체를 써야 하기 때문이죠. 결국, 국어(language arts)와 math 는 밧줄에 사용된 실들이 서로 얽혀 짜여있듯이 서로 뒤엉켜(intertwined) 있으므로 분리할 수 없이 연결되어있다는 것이죠.

특히, math 및 과학교육에서는 원리이해를 중요시합니다. Math 에서 원리학습은 특정집단을 이루고 있는 객관적인 사물(object)들을 각각의 엄밀한 정의에 의하여 구체적으로 인식하는 것부터 시작합니다. 그 사물들 사이에서 의미 있는(significant) 패턴을 발견하는 것이 원리이해의 시작이죠. 다음으로 그 객관적인 사물들로 구성된 사실(fact)들을 찾아냅니다. 그 사실들을 기존의 해당 규칙이나 원리에 입각하여 연결합니다. 그리하여 하나의 정리(theorem)가 만들어지기도 하고 문제해결(solution)에 도달하기도 하죠. 즉, 하나의 원리이해가 완성된 것이죠. 그리하여, math 능력이 일반 다른 과목에서의 원리학습에서도 핵심적 역할을 하게 됩니다. 또한 본질적인 math 교육이 제대로 이루어지면 학생이 사회로 진출하여 일반 업무 처리에서도 합리적으로 문제를 해결하기가 더욱 용이해지는 거죠.

그런데, 우리나라 학생들을 위해서 어떤 math 표현들은 영문(英文)으로 가급적 자세하게(사실은 일부러 장황하게) 표현해놓았습니다. 이는 영어 학습 때문입니다. 혹시나 이 책의 본문 중에 있는 수식표현 들을 어떻게 영어로 읽거나 쓰는지 궁금하면 저자에게 전자 우편으로 문의 하세요. 특정 표현에 대한 문의가 너무 많은 경우에는 문의 빈도가 높은 순으로 저자의 웹사이트에 그에 대한 영문 표현과 필요한 설명을 게시하도록 하겠습니다.

머리말

이 책은 **함수와 그래프의 기초**(영문판: **Fundamentals of Functions and Graphs**)시리즈(series)에서 첫번째 책입니다. 함수가 무엇이고 어떻게 만들어지며 어떻게 사용하는지를 알고 또한, 그 그래프를 어떻게 만들고 사용하며 조작하는지를 이해한다면 그 때는 함수와 그래프의 기초의 대부분을 제대로 공부한 것이죠. 이 시리즈에서 두 번째 책은 **그래프 조작**(영문판: **Graph Operations**)인데 이는 그래프에 관한 책입니다.

이 책에서는 함수 자체에 대하여 중점적으로 이야기할 겁니다. 기본 함수란 무엇이고 어떻게 만들어지는지 또한, 어떻게 사용하는지에 대하여 알아볼 겁니다. 함수에 관해서 무엇을 구체적으로 어떻게 할 수 있는지를 이해하게 될 겁니다. 함수 자체에서 정작 중요한 것은 함수가 어디에서 정의되어있으며 그 함수가 무엇을 만들어내는가입니다. 즉, 정의(定義)구역(區域)과 치역(値域)이 중요한 거죠. 그 함수에서의 정의구역(정의역)과 치역을 제대로 설정(設定)하고 이 두 개가 어떻게(어떤 방식으로) 상호(相互) 연관(聯關)되는지를 아는 것이 중요하죠. 그러면 이게 얼마나 중요하냐 구요? 이걸 모르는 건 많은 문제 풀이에서 치명적이죠.

유의사항(留意事項):

이 책과 **Runmath** 시리즈에서의 모든 책에서는 하나의 함수 표현에서 그 **수식**(數式)**부분**(部分)을 그 함수의 **메커니즘**이라고 합니다. 메커니즘이란 특정한 작업을 수행하는 기계(機械) 장치(裝置)나 부품(部品)을 말하는 것이죠. 예를 들어, $\mathbf{f(x) = 2x^3 + 3/x}$ 와 $\mathbf{g(x) = sin^3(x^2) + x^2 + 3}$ 에서 f의 메커니즘은 $\mathbf{2x^3 + 3/x}$이고 g의 메커니즘은 $\mathbf{sin^3(x^2) + x^2 + 3}$ 이죠. 또한, 'f'와 'g'는 함수의 **호출명**(呼出名)이라 하고 **f(x)**와 **g(x)**는 함수의 **이름**입니다.

등식이나 방정식을 그저 함수라고 해서는 안되죠. 또한, 어떤 함수들에서 그 메커니즘들이 같다고 해도 이것들이 같은 함수가 아닐 수도 있어요. 메커니즘은 함수의 일부일 뿐입니다. 반면에 이름만 다를 뿐, 실제로는 서로 동일한 함수들도 있어요. 등식들 중에 방정식이라는 것들이 있죠. 변수들 간의 관계식을 방정식이라고도 합니다. 그러나, 함수와 방정식이 같은 부류에 속하는 것이 아니죠. 함수는 두 종류의 변수를 갖죠. 그 중 한 종류는 입력을 위한 것이고 다른 것은 출력을 위한 거죠. 함수는 하나의 출력 변수를 갖지만 하나 또는 그 이상의 입력 변수를 갖을 수도 있어요. 그러나, 방정식은 그냥 변수를 갖을 뿐이죠. 즉, 방정식의 입력변수 또는 출력변수라고 하지는 않는 거죠.

직선이나 포물선과 같은 특정한 기하학적인 사물을 좌표계에서 표현을 할 때 흔히 방정식을 사용하는데 이 방정식을 그 사물의 방정식이라고 하는 거죠. 이러한 기하학적인 사물들을 주로 커브라고 합니다. 직선도 하나의 커브로 취급합니다. 그래서, 이러한 방정식을 그 커브의 방정식이라고 하죠. 예를 들어, 하나의 원을 좌표계에서 방정식으로 표현하면, 이 커브의 방정식을 원의 방정식이라고 합니다. 그 커브가 직선이면, 이 커브의 방정식은 직선의 방정식인 거죠.

그런데, 함수의 그래프에 있는 커브가 직선이나 포물선일 수도 있어요. 하지만, 어떤 포물선은 함수의 커브가 될 수 없죠. 그렇지만, 이 포물선은 방정식의 커브가 될 수는 있죠. 또한, 하나의 함수의 커브가 하나의 원이 될 수도 없습니다. 하나의 원을 표현하려면 적어도 두개의 함수들이 필요하죠. 아무튼, 커브의 함수라고는 하지 않습니다. 물론, 함수의 커브라고는 할 수 있죠.

그 커브를 통해서 그 함수를 볼 수 있기 때문에 커브란 매우 중요한 거죠. 직선(直線)이나 포물선(抛物線) 또는 원(圓), 등등과 같은 특정한 커브를 갖는 기본적인 함수나 방정식(方程式)은 제각기 별도의 책에서 기본(基本)부터 응용(應用)까지 다루게 될 겁니다.

이 책에서는 초 중 고등학교 math 과정이나 기본 Calculus 과정에서 다루는 기본 함수들을 공부할 겁니다. 사실, 이러한 함수들을 확실하게 이해하는 것이 중요합니다. 또한, 함수의 기본을 배우는 만큼, 용어의 양도 최소한으로 제한합니다. 함수의 정의에서 사용되는 집합에 대하여 두개의 용어만을 사용할 겁니다. 하나는 함수가 정의되는 정의 구역이고 그 나머지는 그 함수가 만들어내는 치역이죠. 두 가지에 대해서 확실하게 알아두는 것이 또한 매우 중요합니다. 잡다하게 많은 용어를 사용하면 혼란스럽기만 하죠. 안 그래도 혼동하기 쉬운데 말이죠. 함수의 종류는 무한히 많다고 할 수 있어요. 정의하기 나름입니다.

이 책에서의 본문이나 예제의 내용 중에 어떤 학생들에게는 너무나도 쉬운 내용이나 예제들이 좀 있을 수도 있어요. 이까짓 거 해 봐야 무슨 소용이 있겠느냐고 할 수 도 있는 거죠. 그런데 많은 학생들에게는 처음에 쉬운 것을 제대로 확실하게 아는 것이 중요하더군요. 그리고 나서부터는 각자가 연습이나 훈련하기 나름입니다. 기반이 약하면 연습이나 훈련을 해 봐야 별 소득이 없는 거죠. 함수라는 게 원래 만만치 않습니다. 예를 들어, 역함수나 주기 함수 같은 것들은 전혀 만만한 것들이 아닙니다. 또한, 지수함수나 로그 함수도 마찬가집니다. 사실, 그 어떤 함수도 만만치 않은 거죠. 많은 학생들에게 함수가 뭐냐고 물어보면, 대부분의 학생들이 선뜻 대답을 못하더군요 그리고는 결국, 모르겠다고 하더군요. 또한, 안다는 학생들도 기껏해야 y = f(x)라고 대답하더라 구요. 함수에 관한 문제를 풀기 위한 몇 가지 요령이나 기술을 좀 아는 거죠 그리고 더 이상은 없는 겁니다.

함수가 무엇인지 잘 모르는 학생들은 함수 공부를 진행하기에 앞서 수열(數列)에 대한 공부부터 시작하는 것이 좋겠어요. 이어서 급수(級數)를 공부하고 그리고 나서, 일반 math 에서의 기초(基礎) 함수를 공부하는 것이 좋겠습니다. 그런데, 왜 처음에 수열을 공부하나요? 그 이유는 함수에서의 주 개념(槪念)이 사물들 간의 대응(對應)에 관한 관계이고, 수열이라는 것이 그런 관계의 기초개념에 대하여 많은 관련을 갖고있기 때문이죠. 함수에 대하여 이야기할 때, 대응(對應)이란 응답(應答)이나 또는 서로 짝이 맞는다는 것을 의미합니다. 나열된 수열에서 그 기초개념을 실질적으로 볼 수가 있죠. 즉, 수열은 두 집합들의 원소들 사이에서의 그런 대응의 관계를 구체적(具體的)으로 보여줄 수 있다는 거죠. 그 두 집합들이 뭐냐 구요? 잠시 후 곧 그것들에 관하여 이야기하도록 하죠.

Math 를 공부(工夫)하는 목적이 **문제**(問題) **해결**(解決) **능력**(能力)이라고 합니다. 수열과 급수에 대하여 작업을 하다 보면 흔히 그런 집단의 수들을 다양하게 분리하여 규칙이나 원리에 따라 결합하기도 하고 다양한 방식으로 재배치(再配置)하기도 하죠. 그때 그런 과정들을 순차적으로 나열합니다. 그런데, 왜 그런 일을 하죠? 이는 결국 문제를 해결하기 위해서 입니다. 그러니, 궁극적으로는 **문제 해결 과정들**을 순차적으로 구성하고있는 **알고리즘** (algorithm)을 이끌어내기를 원하기 때문에 수열과 급수를 공부한다고 할 수도 있겠네요.

수(數)에서와 마찬가지로, 수열과 급수에는 무한히 많은 다양한 종류가 있죠. 그래서, 수만큼 많은 수의 수열과 급수가 있다고 말해도 될 겁니다. 그렇다고 해서, 겁을 먹을 필요는 없죠. 일반 math 에서 수열과 급수를 공부할 때에는, 그 목적이 그 모든 것들을 총망라하려는 것도 아니고 그것들의 대부분이나 많은 것들을 다루려는 것도 아닙니다. 그 목적은 그것들이 무엇에 관한 것들인지, 그것들이 어떻게 작동하는지, 그리고 그것들로 무엇을 할 것인가를 알아내려는 것이죠. 수열과 급수에서의 개념은 함수에 대하여 기본을 이루는 것이며, 함수는 미적분학에서 기본 요소입니다, 따라서, 그러한 개념은 미적분학에 대하여도 필수적인 기본 요소인 것이죠. **Runmath** 시리즈에서의 최종 목적지는 미적분학이죠. 미적분학에서는 모든 종류의 대상을 무한히 많은 조각들로 나누어 급수의 형태로 합치는 일을 합니다. 그러면 이제, 수열부터 시작해봅시다.

목차(目次)

0.0. 순차(順次) 열(列)

Math 와 가장 관계가 깊은 것들 가운데 전형적인 것은 아마도 정의(定義)와 패턴(pattern)일 겁니다. Math 의 주요 내용은 정의와 패턴으로 이루어져있다고 해도 될 것 같네요. Math 는 정의로부터 시작해서 또한, 정의로 끝난다고 할 수도 있어요. 또한, Math 를 하는 과정은 패턴을 발견하거나 발견한 패턴을 구체화시키는 과정이라고 할 수도 있을 겁니다.

정의나 패턴이라는 것 이외에도 math 는 다음과 같은 낱말과 관련이 많습니다: 규칙성(規則性), 일관성(一貫性), 순서(順序), 관계(關係), 논리적(論理的)인 해석(解釋), 등등. 이들 중 다수의 낱말들이 공통적으로 하나의 특정 개념을 이야기하고 있죠. 그건 예측(豫測)이라는 겁니다. 우리는 어떤 결정을 내릴 때 무엇이 발생할 것인지 미리 알고 싶어합니다. 지금 무슨 이야기를 하자는 거죠? 예언자들이 하는 그런 것에 관해서 말하자는 건가요? 그런 성질의 이야기를 하자는 것은 전혀 아니고 우린 지금 과학적(科學的)인 예측에 관심이 있는 겁니다. 과학적인 예측에는 그 하나하나마다 절대적으로 객관적인 근거가 있습니다. 그 근거라는 것은 상관 관계가 있거나 통제성이 있는 규칙 또는 원리가 가미(加味)된 사실들로 이루어져 있죠. 즉, 그 사실들은 해당(該當) 규칙이나 원리로 결합되어있다는 것이죠. 그런 방식으로 가능한 성과나 그 어떤 일을 행한 결과를 합리적으로 미리 알려줄 수 있는 과학적인 예측을 도출(導出)하려는 것이죠. 사전에 대비할 수 있도록 하기 위하여 무슨 일이 발생할 것인가(또는 발생할 가능성이 많은가)를 그런 예측을 수단으로 하여 알고자 하는 겁니다.

결정을 내릴 때 과학적인 예측으로 더 나은 결정을 할 수도 있겠죠 그러면, 그 예측에는 그 근거가 있어야 하겠습니다. 그런데, 그 근거를 어떻게 마련할 수 있을까요? 관련 사실들을 수집하여 그것들을 순차적으로 나열(羅列)하여볼 수 있을 겁니다. 그러한 사실들을 데이터(data)라고 할 수 있어요. 그럼, 그 데이터를 가지고 무엇을 하죠? 그렇게 순차적으로 나열되어있는 데이터에서 하나의 패턴(pattern)을 찾아보려 조사해볼 수 있을 겁니다. 그 순차적으로 나열되어있는 데이터에 속한 패턴이 있다는 것을 감지하여 구체적으로 표현할 수 있으면 보다 나은 예측을 할 수 있겠죠.

(엔트리(entry): 입구(入口), 입장(入場) 또는 참가자(參加者); 수열이나 집합에서의 항(項)이나 원소(元素))

순차(順次) 열(列)이라는 것은 순서를 가지고 차례대로 나열되어있는 사물들의 집단입니다. 순차 열의 구성요소(構成要素)를 엔트리(entry)라고 합니다. 그러나, 순차 열이라는 것은 그 엔트리 뿐만 아니라 패턴으로도 이루어져있죠. 그 패턴이 그 엔트리들을 통제하는 것이지요. 일반 math 를 공부하면서 하는 많은 일들 가운데 패턴 인식 능력과 힘을 키우고 향상시킵니다. 어떤 특정 문제에 대하여 하나의 결정을 내리려 하고 그 문제에 관련된 사실들을 찾아낼 수 있다고 해보죠. 그러면, 그 사실들을 순차적으로 나열해볼 수 있겠죠. 또한, 순차적으로 나열하는 방법에 여러 가지가 있을 수 있을 겁니다. 그러면 이제, 과학적이거나 합리적인 결정을 하는데 도움을 줄 수 있는 패턴을 찾아내기 위하여 상관 관계가 있거나 통제성이 있는 규칙이나 원리에 입각하여 그 관련 사실들을 가지고 합리적으로 따져보는 겁니다. 그러한 패턴은 예측을 하는데 도움이 될 수 있을 뿐만 아니라 문제에 대한 해결책으로 안내할 수도 있습니다. Math 는 흔히 패턴을 연구하는 것이다라고 일컬어집니다. 우리는 패턴을 연구하기 위하여 뿐만 아니라 문제에 대한 해결책을 확보하는 데 도움이 될 수 있는 그런 패턴을 찾아내기 위하여도 math 를 운영(運營)하는 것이죠.

순차 열에는 많은 종류가 있습니다. 몇 가지 예를 들면, 다각형(多角形)들의 순차 열, 색깔들의 순차 열이나 문자(文字)들의 순차 열이 있을 수 있죠. 거의 모든 것에 대한 순차 열을 만들 수 있어요. 수열을 모든 종류의 순차 열을 대표하는 하나의 간단한 모델(model)로 볼 수도 있습니다. 일반 Math 에서 순차 열이라 하면 보통, 수열을 의미합니다. 그래서, 수열을 간단히 sequence 라고 합니다. 이외에도 수열을 흔히 progression 이라고 하기도 합니다. (즉, 수열을 의미하는 경우엔 sequence 와 progression 은 서로 같은 말이 되는 것이죠.) 많은 수열에서 패턴을 인식하는 다양한 연습을 할 수 있어요. 왜냐하면, 수(數)를 가지고 작업하는 것이 편리하기 때문이죠. 그리하여, 일반 math 에서 엔트리들을 통제하는 패턴을 구체적으로 표현하는 방법을 알아내거나 그 연습을 하기 위하여 수열을 학습합니다. 그런 연습 도중에 많은 수들을 매우 효과적으로 더할 수 있는 다양한 방법들도 발견하게 되죠. 얼마나 효과적이냐고요? 많은 경우에 그 합을 거의 한번에 구할 수도 있어요. 또한, 수열을 공부하면서 패턴을 인식하는 능력을 기르고 향상시키는 것은 물론이죠.

0.1. 수열(數列)

이 책에서의 수열(數列)과 급수(級數)에 관한 내용은 다만 함수의 소개를 위한 것 뿐이므로 쉽거나 평범한 예를 몇 개 정도만 포함하고 있어요. 그러니까, 이 내용은 수열과 급수에 대한 상당한 양의 사항이나 소재를 포함하지는 않는 거죠. 이는 학생들이 함수의 개념을 이해하는데 도움이 되는 것을 목적으로 선택된 것들일 뿐입니다. 앞에서 언급했던 바와 같이 모든 수열을 공부할 수는 없는 거죠. 그렇지만, 수열의 개념을 공부하여 수열이 무엇이고 어떻게 작동하는지는 알 수가 있죠. 사실, 이는 일반 math 학습에서의 그 어떤 다른 대상에 대하여도 마찬가집니다. 수열은 math 세계의 관문(關門)이며 math 의 본질(本質)에 관한 매우 전형적(典型的)인 예입니다. 그러면 이제, 수열을 좀 살펴보도록 하죠.

어린 시절에 기초 math 를 배울 때에는 주로 산수(算數)부터 시작합니다. 그 산수는 덧셈부터 시작하죠. 그땐 어떻게 덧셈을 배우나요? 단순하게 수를 세는 것부터 시작하는데, 그렇게 수를 세는 가운데 간단한 수열이 진행되고있는 것이죠. 보통, 수를 셀 때는 단순히 한번에 하나씩 계속 더해갑니다. 보통의 경우, 하나 둘 셋 넷 . . . 이렇게 하면서 수(數)를 가지고 카운트(count)를 합니다. 카운팅(counting)에서 다음의 수를 만들기 위해 같은 양(量)이나 수(數)가 현재의 수에 더해진다는 패턴(pattern)을 사용하는 거죠. 위의 경우에서는 더해지는 그 동일한 수가 1 이죠. 카운팅은 보통 1 부터 시작하지만 1 대신에 0 으로 시작하게 할 수도 있죠. 그러면, 그런 카운팅에 0, 1, 2, 등등의 순으로 수를 집어넣을 수도 있는 것이죠.

그리고 나서, 그런 패턴(pattern)에 익숙해짐에 따라 둘이나 셋 또는 그 이상씩을 더하죠. 반면에, 수를 세는 것이 더하기처럼 진행되지만 반대로 진행되는 경우도 자주 있죠. 즉, 계속 수를 빼는 거죠. 그러다 보면, 때때로 그 카운팅(counting)에서 몇 번째에 무슨 수가 나타나는지 알아내려 하기도 하는데, 그 카운팅이 수열이지요. 반면에, 그 수열에서 어느 특정 수가 어디에 나타나는가를 알고자 할 수도 있겠죠. 그러면, 간단한 함수를 만들게 되는데, 그 함수는 불연속이며 상당히 초기적인 함수라고 생각할 수 있습니다. 그러한 간단한 함수에 두 개의 집합들이 존재하는데 그 중 하나는 정수(整數)들의 집합이고 다른 하나는 특정 정수의 배수(倍數)들의 집합입니다. 예를 들면:

1, 2, 3 . . . (1 의 배수들)
2, 4, 6, 8 . . . (2 의 배수들)
10, 20, 30 . . . (10 의 배수들)

특기(特記)할 것은, 그 집합(의 원소들 사이)에는 순서(順序)가 있다는 것이고, 그러한 집합을 순서 집합이라고 하며 따라서, 그러한 집합을 수열이라고 합니다. 사실, 엄밀하게 말하자면, 수열을 집합이라고 할 수는 없고 집단이라고 할 수는 있죠 왜냐하면, 수열에는 같은 수가 반복(反復)해서 나타날 수 있지만 집합에는 같은 수를 반복해서 표현하지않기 때문입니다. 그러나, 수열을 표현할 때 편의상 주로 집합표현을 사용하므로 보통은 수열을 집합이라고 하는 것이죠.

자 이제, 일반 math 를 배우기 위하여 다시 카운팅부터 시작합니다. 그러나, 기본 math 와는 달리 일반 math 에서는 그저 같은 수들을 한번에 하나씩 더하지는 않습니다. 또한, 카운팅 과정에서 가끔씩 수를 빼기도 하지요. 다시 말하면, 그 수열이 오르락 내리락 하기도하는 것이죠. 그런 가운데 또한, 이따금 수열에서 하나의 특정 수가 어디(몇 번째)에서 나오는지 알려고 합니다. 그러면, 약간 좀더 복잡한 함수를 만들게 되는데 그 함수는 여전히 불연속이기는 하죠. 그 함수에도 보통 두 개의 집합들이 있는데, 그 중 하나는 정수들의 집합이고, 다른 하나는 몇 가지 종류의 정수들의 배수들의 집합일 수도 있습니다. 그 둘 중 하나의 집합에는 순서가 있다는 것이 분명합니다만, 다른 한 집합에는 순서 뿐만이 아니라 무엇인가 다른 것이 있는 것처럼 보이지요. 실제로 하나 있습니다. 그것은 패턴이지요. 그 패턴이 그 두개의 집합들의 원소들 간의 특정 대응관계와 관련이 있는 겁니다. 예를 들면:

1, 2, 4, 8 . . .
1, 3, 6, 10 . . .
1, 2, 3, 5, 7, 9, 8, 7, 6, 4, 2, 0, 1, 2, 3, 6, 9, 12, 10, 8 . . .

카운팅에서 다양한 패턴을 설정하죠. 어떻게 요? 더해지는 그 동일한 양이나 수에 대하여 무엇인가를 하는 거죠. 그 동일한 양에 대하여 어떤 일을 하는데요? 그 양을 바꾸거나 다른 걸로 정하기도 하는 겁니다. 일반적으로 그 동일한 양을 공차(公差)라고 합니다. 공차를 그 어떤 양이든 하나의 고정량(固定量)으로 설정할 수 있는데 예를 들면, 1, -1, 2, -2, 1/2, -1/2, 또는 3/4 과 같은 것들이죠. 공차가 3/4 이라면 카운팅은 5/4, 8/4, 11/4, 14/4 . . . 와 같은 식(式)으로 진행(進行)될 수도 있는 것이고 또한, 그 공차가 –1/2 라면 카운팅이 2, 3/2, 2/2, 1/2, 0, -1/2, -2/2, -3/2 . . . 와 같은 식으로 진행될 수도 있는 것이죠.

기본 카운팅에서는 공차를 사용합니다. 증가하는 방향으로 카운팅 할 수도 있고 감소하는 방향으로 카운팅 할 수도 있죠. 그 공차가 2 라고 한번 해보죠. 그러면, 그 카운팅은 0, 2, 4, 6, 8, 등등으로 진행될 수도 있겠지요. 이번엔 그 공차가 –2 라고 해보죠. 그러면, 그 카운팅은 100, 98, 96, 94, 92, 등등으로 진행될 수도 있습니다. 그 공차를 또한 1/2 로 해보죠. 그러면, 그 카운팅은 0, 1/2, 1 과 1/2, 2, 2 와 1/2, 3, 3 과 1/2, 등등의 수들을 만들어낼 수도 있을 겁니다. 그런데, 일반 카운팅에선 공차를 사용하지않아도 되죠. 그러나, 이웃 하는 수들 간의 차이 자체가 하나의 특정 패턴을 가지고 변하도록 할 수는 있습니다. 예를 들면, 어떤 카운팅은 다음과 같은 방식들 중의 한가지 방식으로 진행될 수도 있는 것이죠:

0, 1, 3, 6, 10, 15, 등등.

0, 1, 2, 4, 6, 9, 12, 16, 20, 등등.

0, 1, 2, 1, 0, 2, 4, 2, 0, 3, 6, 3, 0 . . .

위에서 예로 나와있는 각각의 카운팅에 하나의 특정한 패턴이 있다는 것을 알아챌 수 있죠, 그리고 그 패턴이 그 카운팅을 통제한다는 것도 인지(認知)할 수 있습니다. 그렇지만, 위의 세가지 예들 중에서 마지막 것은 더 이상 카운팅처럼 보이지않죠. 그러면 이제, 우리는 수열의 공간(空間)으로 들어가는 겁니다. 그 공간에서는 카운팅이 수열(數列)의 형태를 이루고 있으며 우리는 카운팅에서의 모든 종류 뿐만이 아니라 모든 종류의 패턴을 가지고있는 많은 종류의 수들의 집합들도 볼 수 있죠. 다음과 같은 수열들을 만들어볼 수 있겠습니다:

0, 1, 2, 3, 4, 5, 6 . . .

0, 2, 4, 6, 8 . . .

0, 1, 3, 6, 10 . . .

. . . -2, -1, 0, 1, 2, 3 . . .

-1, -1/2, -1/3, -1/4 . . .

1/2, 3/4, 5/6, 7/8 . . .

0, 1, 2, 3, 4, 5, 4, 3, 2, 1, 0, 1, 2 . . .

0, 1, 0, 1, 0, 1, 0 . . .

0, 1, 2, 0, 2, 3, 0, 3, 4, 0, 4, 5, 0 . . .

위에 나와있는 수열들 중에 몇 개는 더 이상 카운팅하고는 관계가 없는 것 같죠. 그러나, 카운팅은 여전히 각각의 수열에 존재하고있는 겁니다. 사실, 하나의 수열은 수들로 이루어진 두개의 그룹(group)들로 되어있죠. 그러나, 각각의 수열에서 단지 한 개의 수들의 그룹만을 볼 수 있죠. 예를 들면, 0, 2, 4, 6 . . . 과 같이 진행되는 수열에서 단 한 개의 수들의 그룹만을 볼 수 있는 것이죠. 그러면, 어떻게 해서 하나의 수열에 두개의 그룹들이 있다는 것이죠? 그 두 그룹들 중의 하나는 **드러나**있고, 다른 하나는 **내재(內在)**되어있어요. 어떻게 요?

수열을 가지고 작업할 때 주로 수열의 어떤 특정 위치에서 무슨 수(數)가 나오는지 알려고 하죠. 다시 말해서, 그 특정 위치에 이르기까지의 모든 수들을 나열하지않고도 그 위치에 대응(對應)하는 특정 수를 알아내려고 하는 것이죠. 예를 들면, 한 수열에서 2357 번째 수가 무엇인지 알아내려 할 수도 있을 겁니다. 일반적으로 수열에서의 각 위치에 번호를 붙이죠. 그러면, 그 위치 번호가 엔트리(entry) 번호인데, 보통 그 위치 번호를 인덱스(index)라고 합니다. 그러면 이제, 하나의 수열에서 수들로 된 두개의 그룹들을 보게 되죠. 그 둘 중 하나는 그 수열을 이루는 **엔트리들의 집합**이고 그 다른 하나는 **인덱스들의 집합**입니다.

0.2. 수열(數列)은 어떻게 정의(定義)하나요?

하나의 수열을 보는 즉시, 그 수열에서 하나의 패턴(pattern)을 찾고있는 것을 알게 될 겁니다. 그렇게 할 수밖에 없는 것이 정상이죠: 그건 단순히 인간의 본성입니다. 그것은 인간이 좀처럼 회피하기 어려운 지적 활동이죠. 위에서 예로든 각각의 수열에서 패턴이 있다는 것은 곧 알 수 있죠. 어떤 수열에서는 그 패턴을 즉시 알아내어 별로 힘들이지않고 구체적으로 표현도 할 수 있습니다. 어떤 다른 수열에서는 패턴을 파악(把握)하는데 시간이 좀 걸릴 수도 있죠. 실은, 많은 수열에서 그 패턴을 인식하기까지는 수고를 좀 해야 합니다. 또한, 많은 수열에서 패턴이 있다는 사실은 보는 즉시 바로 알 수 있지만 그 패턴을 구체적으로 인식(認識)하거나 표현하는 데에는 상당한 시간이 걸리는 경우가 많아요. 우리가 가장 많은 의미를 두는 것은 그 패턴을 구체적으로 표현하는 것이죠. 그러면 이제, 그 패턴을 전체적이며 구체적으로 표현하는 것을 그 수열을 정의(定義)한다고 합니다. 그러면, 그 패턴을 어떻게 그런 식으로 표현할 수 있는지 알아내보기로 하죠. 즉, 하나의 수열을 어떻게 정의할 수 있는지 알아내고자 하는 겁니다.

하나의 수열을 형성하기 위해서 자료가 있어야 하죠. 그 자료는 수(數)들로 된 두개의 그룹들로 이루어져있습니다. 그 두개의 그룹들 각각을 표현하기 위해서 집합(集合)의 개념(概念)을 사용할 수 있어요. 보통의 경우, 그 두 그룹들 중의 하나는 정수(整數)들로 구성되어있는데 인덱스들로 쓰이는 것이고 다른 한 그룹은 특정한 수들의 집합인데 그 특정한 수들이 그 수열의 엔트리들입니다. 그러면 이제, 그 엔트리들의 집합을 분석하고 그 집합 속에 있는 패턴을 찾아내는 것이죠.

하나의 수열을 정의하기에 앞서 그 수열을 식별(識別)할 수 있어야 하겠죠. 그러자면, 그 수열에 단순히 이름을 붙이면 됩니다. 예를 들어, 하나의 수열을 S 라고 할 수 있겠죠. 그러면, 각각의 개별적인 항(項)에도 이름을 붙이면 좋겠네요. 그런데, 어떻게 그 모든 항에 이름을 붙이나요? 각각의 항마다 꼬리표를 달면 되죠. 보통, 수열의 항에 꼬리표를 달기 위하여 음(陰)이 아닌 정수(整數)를 사용합니다. 다시 말해서, 그 수열의 항들을 목록화(目錄化) 시키는 것이며 그 목록번호에 대하여 음이 아닌 정수를 사용한다는 것이죠. 그러면, 각 항의 위치를 구체적으로 지정(指定)할 수 있습니다. 그 수열의 각 항에 아래 첨자(添字)를 달아서 그 항의 위치를 지정하며 보통, 그 아래 첨자로는 정수를 사용합니다. 위와 같은 방식으로 수열에 엔트리들을 위치시키는 것을 인덱싱이(indexing)라고 할 수 있습니다. 수열에 대한 작업을 할 때 인덱싱이 중요하죠. 그런데, 수열의 항들에 대하여 인덱싱을 할 때 음이 아닌 정수에만 국한(局限)되지않는 것이 좋겠네요. 즉, 필요하다면 음이 아닌 정수 뿐만이 아니라 음의 정수도 사용할 수도 있어야 하겠다는 것이죠. 그것은 전적으로 그 수열을 사용하는 목적이나 상황에 달려있는 것이죠. 그러면 이제, 하나의 수열은 정수들로 된 하나의 집합을 갖는 것이며 이 정수들이 그 수열에서의 인덱스들입니다.

그러면, 그 두개의 집합들 중에 나머지 한 집합인 엔트리들의 집합으로 진행해보죠. **엔트리**라는 낱말 대신에 같은 뜻으로 또 하나의 낱말을 자주 사용합니다. 그건 **항(項)**이라고 하는데 Math 의 언어에서 꽤나 흔히 쓰이는 말이죠. 둘 다 같을 때가 많은데 각각 개별적인 성질이 있습니다. 엔트리는 소속(所屬)을 지칭(指稱)하며 항은 값이나 기능(機能)과 관계가 있습니다.

(Curly brackets = braces: 곱슬 괄호라고 직역(直譯)이 되니 좀 우습죠. 한국어로는 중괄호(中括弧)라고 합니다.)

수열이라는 것은 수들의 순서(順序) 집합이라고 합니다. 그래서, 그것은 하나의 집합이므로 math 에서의 집합 표기법(表記法)을 사용합니다. 하나의 집합을 표현하기 위하여 한 쌍(雙)의 {중괄호}를 사용하죠. 집합이라는 것은 특정 원소(元素)들의 모임입니다. 그 원소들이 수(數)들인 경우가 많으며 또한 엔트리(entry) 또는 멤버(member)라고 불립니다.

A 가 음(陰)이 아닌 정수(整數)들의 집합이라고 가정해보죠.
그러면, 그 집합 A 를 보통 다음과 같은 두 가지 방법들 중의 한가지로 나타냅니다:

A = {0, 1, 2 . . .}

A = {k| k 는 음이 아닌 정수}

위의 두 번째 문장(文章)을 어떻게 읽나요?
집합 A는 k로 구성되어있는데 그 k는 음이 아닌 정수이다." 라고 읽습니다.
그러니, 수직(垂直) 막대 '|' 가 '그것은 ... 하다' 라는 것을 의미한다는 것을 알 수 있을 겁니다.
또한, 이 집합 A 에는 엔트리가 무제한으로 있으니까 "A 는 무한 집합이다." 라고 합니다. 그러나, 하나의 집합에 특정 개수 만큼의 엔트리가 있으면 그것은 유한 집합이라고 하죠. 이제 예를 들어, B 가 다음과 같이 5 개의 정수(整數)들로 되어있는 집합이라고 해보죠:

B = {31, 25, 8, 19, 107}.

그러면, B는 유한 집합이죠. 또한, B는 단지 하나의 집합이므로 다음과 같이 표현하는 것도 맞습니다:

B = {31, 25, 19, 8, 107} = {107, 19, 25, 31, 8} = {8, 107, 31, 19, 25} = 등등.

다시 말해서, B 에는 순서(順序)가 없죠. 하나의 집합에는 순서가 없으며 동일한 원소가 두 번 이상 나타나지않죠. 그러나, 순서집합에는 순서가 있으며 동일한 원소가 두 번 이상 나타날 수도 있습니다.

Math 에서 수열도 하나의 사물입니다. 다른 사물(事物)들에게 이름을 붙이는 것과 마찬가지로 수열에도 이름을 붙여줍니다. 다음과 같이 S라고 하는 수열을 하나 만들었다고 해보죠:

S = {0, 1, 2, 3, 4, 5, 6, 7. . .}

그러면, S 는 음(陰)이 아닌 정수들로 되어있는 수열이네요. S 에는 엔트리가 무제한으로 있다는 것을 알 수 있죠. 그러면, S 를 무한 수열이라고 합니다. 그러나, 하나의 수열에 특정 개수 만큼의 엔트리가 있으면 그 수열을 유한 수열이라고 하죠. 예를 들어, 다음과 같이 하나의 유한 수열인 F가 있을 수 있겠습니다:

F = {-1000, -999, -998 . . . -2, -1, 0, 1, 2 . . . 1000}.

하나의 수열을 표현하거나 정의하는 데에는 몇 가지 비슷한 방법들이 있을 수 있어요. 예를 들어, 위의 수열 S 를 다음과 같은 식으로 표현할 수도 있죠:

S = {S_k| S_k = k이며 k = 0, 1, 2 . . .} (S_k는 'S sub k' 라고 읽으면 됩니다.)

또한, S를 **S = {E_k| E_k = k이며 k는 음이 아닌 정수이다}**로 놓을 수 있는데 그 이유(理由)는:

{E_k| E_k = k이며 k는 음이 아닌 정수이다} = {0, 1, 2, 3, 4, 5, 6, 7. . .}.

수열에서 중요한 것은 **인덱스들과 실제 엔트리들 둘 다**입니다.
집합에서 중요한 것은 **실제 엔트리들 뿐**입니다.

위의 예에서 **F = {-1000, -999, -998 . . . -2, -1, 0, 1, 2 . . . 1000}** 라는 수열이 있죠.

그러면, 이 F를 다음과 같은 두 가지의 방법들 중 한가지로 표현할 수도 있는 거죠:
F = {F_k| F_k = k이며 k = -1000, -999 . . . -2, -1, 0, 1, 2... 1000}
F = {F_k| F_k = k이고 k는 정수이며 $-1000 \le k \le 1000$}.

만일에 이 F가 순서 집합이 아니라서 수열이 아니라면 어찌죠?
그러면, 이 F를 단순히 **F = {x| x는 정수이며 $-1000 \le x \le 1000$}** 라고 하면 되죠.

다음과 같은 2개의 수열이 있다고 해보죠:
T = {1000, 999, 998 . . . 2, 1, 0}
V = {0, 1, 2 . . . 999, 1000}.

그러면, T ≠ V. ("T is not equal to V." 라고 읽으면 됩니다.)

어째서 같지 않은 것이죠?
수열은 단순히 하나의 집합이 아니라 순서 집합이라는 것을 알고있죠. T 와 V 에 있는 원소들이 같은 순서로 나열되어있지 않다는 것을 알 수 있습니다. 이 두개의 수열들을 다음과 같이 놓을 수가 있죠:

$T = \{T_k | T_k = 1000 - k$이며 여기에서 $k = 0, 1, 2 . . . 1000\}$

$V = \{V_k | V_k = k$이며 여기에서 $k = 0, 1, 2 . . . 1000\}$.

그런데 잠깐만 요!
이 T가 하나의 집합 {1000, 999, 998 . . . 15, 289, 7, 25, 2, 1, 0}이 아니라는 것은 어떻게 알죠?

정의(定義)된 내용에 조금이라도 모호(模糊)한 점이 있어서 질문하는 것은 좋은 생각입니다. 모호함을 가능한 많이 제거하기 위하여도 우리는 또한 math 를 합니다. 하나의 수열을 정의하기 위하여 그 수열의 엔트리(entry)들을 일일이 표기할 때에는 보통 모든 엔트리를 전부 다 나열하진 않으며 그 패턴이 분명해질 때까지만 그 엔트리들을 나타내어주면 됩니다. 다시 말하면, 표현되어진 만큼의 엔트리들에서와 같은 패턴에 의해서 다른 모든 나머지 엔트리들이 통제 받는다고 간주(看做)해야 하는 것이죠. 수열 T = {1000, 999, 998 . . . 0} 에서 다음과 같은 사실을 알 수 있습니다:

이 수열은 처음 엔트리 = 1000 으로 시작한다.
그 다음에 나오는 각각의 엔트리는 그 전의 엔트리에서 1 을 뺀 만큼이다.
마지막 엔트리는 0 이다.

위에서 예로든 T 에서 세 번째 엔트리 이후에 나오는 엔트리들 중에 그 어느것도 보여줄 필요는 없어요 왜냐하면, 그 집합에서 나열된 만큼의 엔트리의 양(量)으로 그 패턴이 분명(分明)하기 때문이죠. 그래서, 세 번째 이후에 따라 나오는 각각의 모든 엔트리는 바로 그 전 것보다 1 이 작다는 것으로 간주할 수 있는 거죠. 하지만, 여전히 따지고 들 틈이 남아있을 수 있죠. 그리하여, 이 건(件)에 대하여 또 하나의 조치(措置)를 도출(導出)해내게 됩니다.

그럼 이제, 다음과 같은 간단한 수열 S 로 다시 되돌아가 보기로 합시다:

S = {0, 1, 2, 3, 4, 5, 6, 7. . .}.

그러면, 위의 수열 S 에서 100 번째 엔트리는 무엇이죠? 그게 100 인가요? 그건 100 이 아니라 99 입니다. 수열에서 엔트리의 위치에 대하여 일상적인 표현을 사용하는 것이 오해를 야기(惹起)하는 경우가 흔합니다. 그리하여, 수열에서 특정 엔트리를 위치시킬 때에 아래 첨자를 사용하고 수열의 성질에 따라서 인덱스(목록번호) 체계를 표현하는 것이 좋을 때가 많습니다.
인덱싱(indexing)이 0 에서 시작한다고 해보죠.
그러면, 아래 첨자 표기(標記)가 제대로 엔트리에 맞아 들어갑니다.
그러면, 100 번째 엔트리라고 하는 것 대신에 S_{99}로 표현해서 그 엔트리의 위치를 표현해줄 수 있겠고, 첫 번째 엔트리에 대하여도 S_0라고 할 수 있겠죠.

인덱싱은 전적으로 우리가 필요로 하는 바에 달려있어요. 인덱스 체계를 분명하고 일관성 있게 유지하기만 한다면 우리가 필요로 하는 바에 맞추는데 효율적이라고 생각되는 어느 인덱싱을 사용해도 되는 것이죠.

그러면 이제, 특정 인덱스에 대한 특정 엔트리를 어떻게 찾아내죠? 그 패턴을 구체적으로 인식해낸다면 각각의 인덱스에 대응하는 엔트리를 만들어내는 특정 메커니즘(mechanism)이 있다는 것을 알게 되어 결국은 그 메커니즘을 구체적으로 표현할 수 있는 거죠. 그러면, 그 패턴을 그 메커니즘으로 표기할 수 있죠. 그리하여, 그 특정 인덱스를 가지고 그 메커니즘을 수단으로 해서 그 특정 엔트리를 찾아낼 수 있는 것이죠. 그러면, 그 메커니즘을 어떻게 구체적으로 표현합니까?

수열에서는 보통 하나의 특정 항(엔트리)이 하나의 특정 위치(인덱스)와 상호 연관되어 있죠. 다시 말하면, 그 특정 항(項)과 그 인덱스는 보통 서로 대응한다는 것이죠. 어떤 수열에서는 하나의 특정 항이 여러 곳에서 나타날 수도 있기는 하죠. 그러면, 그 메커니즘은 하나의 항을 그 항에 대응하는 인덱스에 근거하여 만들어낼 수 있어야 하겠죠. 그러면, 그 메커니즘은 일반 인덱스를 사용해서 구체적으로 표현되어야 하겠네요. 근데, 그 일반 인덱스라는 것이 뭡니까? 일반 인덱스라는 것은 그 수열에서의 모든 인덱스를 대표하는 것이죠. (그건 함수에서의 변수와 같은 겁니다.) 그렇다면, 그 메커니즘을 구체화하여 모든 항(엔트리)들을 일반화할 수 있겠네요. 그래서 이제, 그 메커니즘을 일반항(一般項)이라고 부릅니다. 그리하여, 그 일반항을 표현할 수 있다면 주로 하나의 수열을 그 수열의 일반항으로 정의(定義)합니다. 사실, 이미 수열에서의 일반항의 예를 몇 가지 본 바 있습니다:

$S = \{S_k | S_k = k$ 이며 음이 아닌 정수 k에 대한 것이다.$\}$ 에서 일반항은 $S_k = k$이죠.
$F = \{F_k | F_k = k$이고 k는 정수이며 $-1000 \le k \le 1000\}$ 에서 일반항은 $F_k = k$입니다.
$T = \{T_k | T_k = 1000 - k$이며 여기에서 $k = 0, 1, 2 \ldots 1000\}$ 에서, 일반항은 $T_k = 1000 - k$입니다.

위의 각각의 수열에서 k가 그 일반 인덱스라는 것을 알 수 있죠.
이제, 다음과 같이 Q라고 하는 또 하나의 수열을 만들어봅시다:

$Q = \{0, 2, 4, 6, 8 \ldots\}$.

이 Q 또한 하나의 간단한 수열이며, 음이 아닌 짝수의 정수로 된 수열이죠.
수열 Q에서, 일반 항은 $Q_n = 2n$ 이며 $n = 0, 1, 2 \ldots$ 입니다.
이 n이 Q에서 일반 인덱스라는 것을 알고있죠.
그러면, 다음과 같이 그 일반항으로 수열 Q를 정의할 수 있어요:

$Q = \{Q_n | Q_n = 2n$이며 n은 음이 아닌 정수.$\}$.

또한. 다음의 두 가지 중에 한가지로 Q를 정의할 수도 있죠:

$Q = \{q_n | q_n = 2n$ 여기에서 n은 음이 아닌 정수.$\}$
$Q = \{t_k | t_k = 2k$ 이며 $k = 0, 1, 2, 3 \ldots\}$.

일반항을 사용하면 수열에서 그 어떤 특정 항도 구체적으로 표현할 수 있죠. Q_{1000}은 무엇이죠? 그 항은 2 X 1000 = 2000. 인덱싱이 0 으로 시작한다는 것을 알고있죠 그러니, 이 2000 은 수열 Q에서 **천 일**번째 항이 되는 것을 알 수 있는 거죠.

그러면 이제, 수열의 정의에서 두 가지 사실을 확실히 해 두어야 한다는 것을 알 수 있네요:

그 둘 중의 한가지는 물론 일반항이죠.
다른 하나는 그 인덱싱(indexing)이 어디에서 시작하거나 또는 끝나느냐 입니다.

무한 수열에서는 인덱싱에 관하여 두 가지 다른 경우가 있을 수 있어요.

첫 번째 경우로 인덱싱이 끝나지않을 수 있죠. 그러면, 그 인덱싱이 끝나지않는다는 것을 그 정의(定義)에서 표현해야 하죠. 위에서 예로 든 Q가 바로 그 경우가 될 수 있습니다.

두 번째로 시작도 없고 끝도 없는 경우입니다. 예를 들면, 다음과 같이 수열 X와 Y가 있을 수 있어요:
$X = \{\ldots -9, -6, -3, 0, 3, 6, 9 \ldots\}$ 이고
$Y = \{\ldots -3/4, -2/3, -1/2, 0, 1/2, 2/3, 3/4 \ldots\}$.

그러면, X와 Y를 다음과 같이 정의할 수 있겠어요:
$X = \{X_n | X_n = 3n$이며 n은 정수$\}$.
$Y = \{Y_n | Y_n = n/(n+1)$이고 n은 음이 아닌 정수이거나 또는, $Y_n = n/(1 - n)$이며 n은 음의 정수$\}$.
$0/1 = 0$ 이라는 것을 알고있죠.

그러면, 이게 수열에 대한 정의에 대하여 전부 다입니까?
아직 꼭 그렇지는 않습니다.
다음과 같은 수열 U가 있다고 가정해보죠:

U = {0, 1, 3, 6, 10, 15, 21 . . .}.

그러면 먼저, 수열 U 는 성질면에서 지금까지 위에서 예로 들었던 것들과 차이가 난다는 것을 알 수 있죠. 이웃 하는 항들간의 차이가 일정(一定)하지 않죠. 어떤 이유로 인해서 그 일반항을 표현할 수 없다고 좀더 가정을 해보죠. 그러면, 수열 U 에서의 일반항과 그 일반항의 바로 전 항과의 관계를 수단으로 U 의 정의를 시도해볼 수 있겠네요.

그러면, 그 일반항은 다음과 같은 방식으로 표현될 수도 있겠네요:

$U_n = U_{n-1} + n$ 이며 $n = 1, 2, 3 . . .$ 이고 $U_0 = 0$.

그리하여, U 는 다음과 같이 정의될 수도 있겠습니다:

$U = \{U_n | U_n = U_{n-1} + n$이며 $n = 1, 2, 3 . . .$ 이고 $U_0 = 0\}$.

수열을 위에서와 같은 방식으로 정의할 때 점화식(漸化式)을 사용한다고 합니다.
이 경우에 수열 U에 대한 점화식은 $U_n = U_{n-1} + n$ **for** $n = 1, 2, 3 . . .$ 입니다.

수열 U 에서 인덱싱이 **1** 이 아니라 **0** 에서 시작한다는 것에 유의해야 하겠습니다.
위의 U에서는 첫 번째 항을 구체적으로 표현해주어야 하는데 그 첫번째 항은 U_0입니다. 그 이유는 U_0가 없이 점화식 혼자서는 U_1을 표현할 수 없고 따라서 그 수열의 어떤 항도 표현할 수 없기 때문이죠.

수열의 정의가 그 수열의 모든 항들을 구체적으로 표현할 수 있다는 것을 확실히 해두어야 합니다.

보통, 그 전(前) 항을 참조하지않고 일반항을 표현하기를 원하죠. 전 항과 함께 표현되는 정의(定義)의 결점은 특정 항을 찾을 때 그 특정 항에 이르기까지 앞서 나오는 모든 항들을 전부 찾아야 한다는 것이죠. 그러면, 찾기 원하는 항에 이르기까지 같은 계산을 줄곧 반복해야만 하는 겁니다. 그래서, 그 일반항이 손쉽게 즉각 구해지지 않는 경우에 그 대안으로서 그런 점화식을 사용할 수도 있겠지요.

또한, U 의 경우와는 달리 어떤 점화식에서는 일반항과 바로 그 전 항의 관계를 나타내어주지 않습니다. 예를 들면, 어떤 점화식은 다음과 같이 일반항과 세 번째 전(前) 항 또는 두 번째 다음 항으로 만들어질 수도 있는 겁니다:

$C_n = C_{n+2} + 3$ 이며 $n = 1, 2, 3 . . .$
$D_n - D_{n-3} = n$ 이며 $n = 3, 4, 5 . . .$

그러면, $C = \{C_k | C_k = C_{k+2} + 3$ 이며 k는 양(陽)의 정수$\}$.

C 에서의 인덱싱(indexing)은 1 부터 시작하죠. 그러면 이제, 수열 C 의 정의(定義)가 충분하지않다는 것을 알 수 있으며 C 에서의 처음 2 개의 엔트리를 구체적으로 표현해주어야 한다는 것을 알 수 있지요.
그 이유는 이 점화식 혼자서는 그 처음 두개의 항들을 구체적으로 표현할 수 없기 때문입니다.

어째서 그렇죠?

다음에서와 같이 그 점화식을 사용하여 C 에서의 항들을 나열하고 모든 등식(等式)들을 전부 합쳐볼 수 있겠어요:

$C_1 = C_3 + 3$

$C_2 = C_4 + 3$

$C_3 = C_5 + 3$

$C_4 = C_6 + 3$

. . .

$C_{n-4} = C_{n-2} + 3$

$C_{n-3} = C_{n-1} + 3$

$C_{n-2} = C_n + 3$

$C_{n-1} = C_{n+1} + 3$

$C_n = C_{n+2} + 3$

$\Rightarrow$

$C_1 + C_2 + C_3 + C_4 + . . . + C_{n-4} + C_{n-3} + C_{n-2} + C_{n-1} + C_n$

$= (C_3 + 3) + (C_4 + 3) + (C_5 + 3) + (C_6 + 3) + . . . + (C_{n-2} + 3) +$
$(C_{n-1} + 3) + (C_n + 3) + (C_{n+1} + 3) + (C_{n+2} + 3)$

$= C_3 + C_4 + C_5 + C_6 + . . . + C_{n-2} + C_{n-1} + C_n + C_{n+1} + C_{n+2} + 3n$ 왜냐하면 3 이 n개가 있기 때문.

$\Rightarrow C_1 + C_2 = C_{n+1} + C_{n+2} + 3n.$

그리하여, 그 점화식 혼자서는 C_1과 C_2를 구체적으로 표현할 수가 없는 것이죠.
그러면, **$C = \{C_k | C_k = C_{k+2} + 3$ 이며 k는 양의 정수이고 $C_1 = 1$ 이며 $C_2 = 2\}$**.

C의 정의에서 C_1과 C_2에 1 과 2 말고 필요에 따라 다른 값을 할당할 수도 있습니다만 그 점화식 혼자서는 처음 두 개의 항들을 구체적으로 표현할 수 없으므로 어쨌든 C_1 과 C_2를 구체적으로 표현해주어야만 합니다.

이제, 수열 D 로 가보죠. 수열 D 는 다음과 같습니다:

$D = \{D_k | D_k = D_{k-3} + n$이며 k = 3, 4, 5 . . . 여기에서 $D_0 = 1, D_1 = 2$ 이며 $D_2 = 3\}$.

D에서 인덱싱은 0 으로 시작하네요. D의 정의에서 D_0, D_1, 그리고 D_2에 1, 2 와 3 과는 다른 값을 배정할 수도 있지만 점화식 혼자서는 처음 3 개의 항들을 표현할 수 없으므로 어쨌든 D_0, D_1 과 D_2 의 값을 정해주어야만 합니다. 일반 인덱스인 n에 3 으로 시작하여 각각의 수(數)를 배정해보면 D_0, D_1와 D_2가 정의(定義)에서 별도로 표현되어야만 한다는 것을 알 수 있습니다.

자 그럼, 어떻게 그 일반항을 찾아내죠? 아직까지 어떤 특정한 방법이 발견된 바는 없어요. 그렇지만, 수열에서 일반항을 찾는 작업을 하는데 도움이 될만한 몇 가지 제안(提案)이 있기는 하죠. 그 중 한가지로, 현재까지 나와있는 항들만 가지고는 우리가 일반항을 찾지 못하면 항을 더 추가하는 것이죠. 그러니, 그 패턴을 알 수 있을 때까지 계속 항을 넣어볼 수 있겠죠. 또 한가지로 다음과 같이 해볼 수 있겠습니다. 패턴에 대한 단서(端緖)를 찾아내기 위하여 산수(算數)를 좀 해야 할 때가 자주 있죠. 산수를 할 때는 일반 인덱스를 사용해야 하고 인덱싱을 염두에 두고 해야 합니다. 예로 들었던 다음과 같은 수열 U 로 다시 돌아가봅시다:

$U_n = U_{n-1} + n$ 이며 n = 1, 2, 3 . . . 이고 $U_0 = 0$.

그러면 이제, 일반항 U_n을 표현해보기로 하죠.
그러면, 패턴을 찾을 수 있도록 하기 위하여 그 항들을 나열해볼 수 있겠지요:

0, 1, 3, 6, 10, 15, 21, 28, 36, 45 . . .

아직, 패턴이 안보이나요? 그러면, 항들에 대하여 산수를 좀 해야 하겠군요.

$0 = 0, 1 = 1, 3 = 1 + 2, 6 = 1 + 2 + 3, 10 = 1 + 2 + 3 + 4$

각각의 항은 특정 개수 만큼의 연속(連續)되는 정수들의 합(合)이죠.
인덱스가 0 에서 시작하도록 만들면 그 특정 개수가 바로 그 항의 인덱스라는 것을 알아보게 될 겁니다. 즉, 그 일반항 U_n은 0 으로 시작하는 n개의 연속하는 정수들의 합이죠. 아무 수도 합치지않은 것을 0 으로 할 수 있죠.

그러면, 그 일반항을 다음과 같은 방식으로 놓을 수 있겠네요:

$U_n = 0 + 1 + 2 + 3 + 4 + 5 + . . . + n.$

그리하여, $U_n = n(n + 1)/2$ 이며 $n = 0, 1, 2 . . .$

이걸 어떻게 알았지요? 그 합이 $n(n + 1)/2$ 로 된다는 것을 어떻게 압니까?
그게 어떻게 그런지를 다음 절(節)에서 **급수(級數)**의 개념을 논의할 때 알게 될 겁니다.

그러면 꼭, 그 인덱스를 0 으로 시작하게 만들어야만 하나요? 반드시 그렇지 만은 않아요.
0 대신에 1 에서 시작하게 만들 수도 있죠. 그러면, 그 일반항은 다음과 같이 바뀌어야(조정(調整)되어야) 합니다:

$U_n = n(n - 1)/2$ 이며 $n = 1, 2, 3 . . .$

방금 일반항에 조치한 조정을 이동변화(移動變化)라고 하죠. 작업에 따라 그 필요에 맞추기 위하여 이동변화를 시켜야 할 때가 많습니다. 그리하여, U 의 정의를 다음의 두 가지 중 어느 한가지 방법으로 해도 되는 것이죠:

$U = \{U_n | U_n = n(n + 1)/2$ 이며 $n = 0, 1, 2 . . .\}.$
$U = \{U_n | U_n = n(n - 1)/2$ 이며 $n = 1, 2, 3 . . .\}.$

다음과 같은 또 하나의 수열 E에 대하여 생각해보도록 하죠: $E = \{1, 2, 5, 10, 17, 26 . . .\}$
그러면 이제, 각각의 항에서 1 을 빼보세요. 그러면, 다음과 같이 변형(變形)된 수열 G 를 갖게 되죠:

$G = \{0, 1, 4, 9, 16, 25 . . .\}.$

그러면 이제, 변형된 수열 G 를 통제하는 패턴이 보이죠, 그리고, 그 패턴을 다음과 같이 표현할 수 있겠죠:
$G_m = m^2$ 이며 $m = 0, 1, 2 . . .$ 여기에서 G_m이 수열 G의 일반항이죠.

그러면, 원래(原來)의 수열 E는 다음과 같이 그 일반항을 갖게 될 겁니다: $E_n = n^2 + 1$ 이며 $n = 0, 1, 2 . . .$
그리하여, $E = \{E_n | E_n = n^2 + 1$ 이며 $n = 0, 1, 2 . . .\}.$

그런데, 어째서 그 인덱스로 m 이 아니라 n 을 쓰는 거죠? 그 인덱스를 m 에서 n 으로 바꾸면 뭐가 달라지나요?
달라지는 것은 없죠. 일관성이 유지되는 한 인덱스로 아무 문자나 써도 됩니다.
그렇다면 이제, 이것이 일반항을 찾는 유일한 방법인가요? 물론 아니죠. 이웃 하는 두개의 항들 사이에 차이가 1, 3, 5, 7 . . . 로 진행하는 것을 알아챈 사람도 있을 겁니다. 그래서, 또한 이 사실을 이용하여 동일한 일반항에 도달할 수도 있었을 겁니다.

인덱싱이 0 대신에 1 에서 시작하기를 원한다면 어쩝니까?
그러면, 이동변화를 시켜보세요. 그러면, $\mathbf{E = \{E_n | E_n = (n - 1)^2 + 1}$ 이며 $\mathbf{n = 1, 2, 3 \ldots\}}$.

그러면 이제는, 다음과 같은 수열 H 에 대하여 생각해보도록 하죠: $\mathbf{H = \{3, 5, 11, 21, 35, 53, 75 \ldots\}}$.
이 수열의 각 항에서 3 을 빼보고 그 수열에 어떤 일이 일어나는지 보도록 하죠.
그러면, 하나의 변화된 수열이 생기죠. 그 수열을 I 라고 해보죠.
그러면, $\mathbf{I = \{0, 2, 8, 18, 32, 50, 72 \ldots\}}$.

I 가 짝수의 수열이라는 것을 알 수 있죠. 그러면, 각 항을 2 로 나누어보세요.
그리고 나면, 다음과 같이 또 하나의 변형된 수열 J 를 갖게 됩니다:
$\mathbf{J = \{0, 1, 4, 9, 16, 25, 36 \ldots\}}$.

자 이젠, 수열이 훨씬 더 나아보이네요.
각 항은 정수의 제곱이 되는 것을 알 수 있는데 그 정수는 그 각 항의 인덱스가 될 수 있습니다.
그러면, J의 일반항을 $\mathbf{J_m = m^2}$이며 $\mathbf{m = 0, 1, 2 \ldots}$ 으로 놓을 수 있습니다.

그럼 이제, 원래의 수열을 복원(復原)해야지요.
수열 I에서 각 항을 2 로 나누어 수열 J를 만들었으니까 $\mathbf{J_m = I_m/2}$ 이며 $\mathbf{m = 0, 1, 2 \ldots}$ 라는 것을 알 수 있죠. 그러면, $\mathbf{I_m = 2J_m \Rightarrow I_m = 2m^2}$ 이며 $\mathbf{m = 0, 1, 2 \ldots}$

이제, 그 원래 수열 H 에 대하여 이야기를 해보죠.
$\mathbf{I_k = H_k - 3}$ 이며 $\mathbf{k = 0, 1, 2 \ldots}$ 라는 것을 알 수 있죠 왜냐하면, 수열 H의 각 항에서 3 을 빼어 그에 대응하는 항을 수열 I에 만들었기 때문입니다.
그러면, $\mathbf{H_k = I_k + 3}$ 이며 $\mathbf{k = 0, 1, 2 \ldots \Rightarrow H_n = 2n^2 + 3}$ 이며 $\mathbf{n = 0, 1, 2 \ldots}$
그리하여, $\mathbf{H = \{H_k | H_k = 2k^2 + 3}$ 이며 $\mathbf{k = 0, 1, 2 \ldots\}}$.

그러면, 급수 공부는 왜 하는 것이죠? 일반 math 에서 덧셈을 할 때는 우린 단지 몇 개 안 되는 수(數)들을 단순히 합하지는 않아요. 많은 양의 수를 더해야만 할 때가 많죠. 언뜻 보아서는 순서 없이 나열되어있는 것 같은 많은 수들의 합을 구해야만 할 때가 빈번합니다. 또한, 무한정 많은 수를 더해야만 할 때도 꽤나 많이 있죠. 그런 수들은 어떻게 더하나요? 보통 그 큰 그룹(group)의 수들을 부분으로 나누어서 작은 그룹들로 이루어진 수열로 만듭니다, 그리고 나서, 그 작은 그룹들에 있는 수들의 합들 간에 존재하는 패턴을 수단으로 하여 그 모든 수들을 더합니다. 다시 말해서, 그 합들로 이루어진 수열에서 패턴을 찾아내어, 그 패턴을 수단으로 해서 전체 합을 구하는 것이죠. 그러한 경우에 곧이곧대로 더하기하는 덧셈과 같은 단순한 도구를 가지고 그 수들을 합하려고 하면, 좀처럼 그 모든 수들을 더할 수가 없죠. 일반 math 에서는 구조화(構造化)된 도구들을 사용합니다. 그 도구들은 수열과 급수에 내재(內在)되어 있죠. 특히, 그것들은 미적분학(微積分學)에서 주요 대상들을 공부하는데 없어서는 안 되는 만큼 중대한 것이죠. 그 주요 대상들이 무엇인데요? 미적분학에서 그것들을 도함수(導函數)와 적분함수(積分函數)라고 합니다. 미적분학에서는 기본적으로 사물을 분해하여 그 부분들을 결합하는 일을 하죠. 일반 math 에서도 또한, 마찬가지 일을 하기는 하지만요. 물론, 마구잡이로 분해하는 것은 아닙니다. 미적분학에서는 하나의 대상을 무한히 작은 미세한 부분으로 나눈 다음 그 부분들을 합치는 것입니다만, 그 낱낱의 미세한 부분들이 단순히 극단적으로 작기만 한 것은 아니며, 여전히 그 대상의 맛을 지니고있죠. 그러면, 그것들을 어떻게 합칩니까? 그것들을 모두 더하는 것은 여전합니다만, 미적분학에서는 더한다 라기보다는 적분(積分)한다고 합니다. 적분은 최종 합을 구하기 위하여 합하는 과정입니다. 하지만, 그것은 단순한 합이 아니고 이론적으로 개념적인 합이죠. 그러면, math 에서의 함수 공부에 앞서서, 왜 급수 공부를 하는 것이죠? 그것은 미적분학에 대한 준비과정으로서 개념적으로 합하는 과정 때문이죠. 그래서, 예비미적분학(豫備微積分學)이죠! 그 이유는 또한, math 에서 급수 공부를 할 때 합들로 이루어진 수열에서의 패턴을 공부하기 때문입니다. 간단히 말해서, 그 패턴 학습 때문이죠.

0.3. 급수(級數)

급수는 왜 사용하죠?
많은 수(數)들의 합(合)을 구하려 하기 때문이죠.
얼마나 많은 수들인데요?
턱없이 많은 수(數)들일 수도 있습니다; 그래서, 일상적(日常的)인 산수(算數)만으로는 그 합을 구할 수가 없을 수도 있죠.

수열에 있는 모든 항(項)들의 합을 구하려고 합니다.
그러면, 그 수열에 있는 모든 항들을 전부 합해야겠지만 한번에 하나씩 합하려는 것은 아니죠.
수열에는 무한정(無限定) 많은 항이 있을 수 있습니다; 즉, 그 수열의 길이는 **무한대(無限大)**가 될 수도 있는 것이죠. 그러나, 여전히 그 모든 항들을 합하려는 것이고; 게다가, 그 합을 불과 몇 단계 만에 구하든지 또는 별 무리 없이 구하려는 겁니다.

그 수들을 재배치해야 할 수도 있죠.
그 수들을 분리하여 여러 가지 방법으로 합쳐야 할 수도 있습니다.

그 합을 생산적인 방법으로 또한 무리 없이 적당(適當)한 시간 내에 구하려는 것이 목적이죠.

집단을 이루고 있는 수(數)들을 합하는 경우가 많습니다. 짧은 시간 안에 많은 수들을 합해야 하는 때도 더러 있죠. 어떤 때는 그 집단의 규모가 적당(適當)한 시간 내에 개별적인 수들을 전부 다 합하지 못할 정도로 크죠. 많은 경우에, 일상적인 방법으로 그 모든 것들을 더하려 하면 그 합을 구하기가 불가능할 수도 있는 것이죠. 제아무리 계산을 빨리 한다고 해도 일상적인 산수(算數)만 하는 것은 별 도움이 되지 못하는 것입니다. 계산기나 심지어 고성능 슈퍼 컴퓨터(super computer)도 별로 도움이 되지 못하는 경우도 많지요. 그 이유는 그 수들의 집단의 크기가 무한정 클(무한대) 수 있기 때문이죠. 그러면, 뭐가 도움이 될까요? 그것은 산수가 아니고 합(合)에 관한 math 이죠.

많은 수들이 하나의 집단을 이루고 있는데 그 모든 수들의 합을 구해야 한다고 해보세요. 또한, 그 수들은 차례대로 만들어져서 그 집단을 이루는 겁니다. 즉, 그 수들이 하나다음에 하나씩 만들어진다는 것이죠. 사실, 그 수들이 한꺼번에 만들어지거나 제멋대로 만들어져도 상관없습니다. 그러면, 그 집단을 이루는 수들 각각에게 순서를 할당하면 되는 겁니다. 그렇다면, 그 집단은 수들의 순서 집합이고 그 집합은 하나의 수열인 것이죠. 그 집단을 이루는 수들이 그 차례에 따라 어떻게 생성되는지를 주의(注意)하여 살펴보면, 그 집단에는 하나의 패턴(pattern)이 있다는 것을 알게 되는 경우가 많이 있습니다. 그러면, 그 집단을 이루는 수들 각각은 그 패턴에 의하여 만들어지는 겁니다.

그러면 이제, 하나의 수열과 같은 그런 집단에 있는 수들을 합할 때는 **그런 집단을 만드는 패턴을 이용해야 하는 것**이죠. 그렇게 하면, **그 모든 항들을 효율적(效率的)으로 합(合)하는 방법을 도출(導出)해낼 가능성이 매우 높아질 것**입니다.

어떻게 요? 그 수열에 있는 항들을 합하다 보면, 또 하나의 특정 수열을 만들어내게 되죠. 그때, 그 특정 수열에서 또 하나의 패턴을 발견할 수도 있는 겁니다. 하나의 수열에서 항들을 계속 더해감에 따라, 합해지는 항들의 개수가 늘어나죠. 그러면 이제, 그 수열에서 모든 항들의 일부(一部)의 합을 하나의 부분(部分) 합이라고 합니다. 물론, 그 부분이라는 것은 하나 또는 그 이상의 항을 가질 수도 있는 것이죠. 그러면, 합해지는 항들의 개수가 늘어남에 따라 그 부분 합도 변하는 겁니다. 즉, 여러 개의 부분 합들을 순차적(順次的)으로 만들어내게 되는 겁니다. 그리하여, 그 부분 합들로 이루어진 수열을 갖게 될 수 있는 것이죠. 그러면 또한, 그 부분 합들로 된 수열에 존재하는 하나의 특정 패턴을 찾으려 할 것입니다. 대개의 경우, 그 특정 패턴은 있습니다 그러므로, 우리가 해야 하는 것은 그 특정 패턴을 찾아서 사용하는 것이죠.

그러면 이제, 문제는 더하기가 아니라 합을 구하는 것이 됩니다. 다시 말하면, 이제 하나의 수를 다른 수에 어떻게 더하는 가를 이야기하자는 것이 아니고 불과 몇 단계 만에 많은 수들의 합을 어떻게 구하는 가를 찾고자 하는 것이죠. 예를 들면, 수천 개의 수들의 합을 구하여야 할 때 덧셈을 수천 번 하려는 것이 아니라 산수(算數) 연산(演算)을 몇 차례만 하겠다는 겁니다.

그러면 이제, 하나의 특정 수열에서 모든 항들이 덧셈(덧셈 기호)으로 연결되어 있을 때, 그 연결된 항들의 집단을 급수(級數)라고 합니다. 예를 들면, 1 + 2 + 3 + 4 + 5 + . . . 은 하나의 급수입니다. 하나의 수열에 있는 항들을 덧셈으로 연결하기 시작했다고 가정해보세요. 그러면, 그 급수의 길이가 길어짐에 따라 그 합도 변하겠지요. 그러면, 길어지는 그 급수에서 이루어지는 합들의 수열이 생기게 되죠. 무슨 합들을 말하는 겁니까? 그것들은 보통 그 전체 급수에서 부분 급수들의 합들이죠. 즉, 부분 합들이죠. 예를 들면:

1, 1 + 2 = 3, 1 + 2 + 3 = 6, 1 + 2 + 3 + 4 = 10 . . .

그러면 이제, 그 급수에서 변화하는 부분 합들에서의 특정 패턴을 찾아내려 하는 것이죠. 많은 경우에, 그 부분 합들의 수열에 있는 그 특정 패턴이 우리들을 그 부분 합 수열의 일반항(一般項)으로 인도(引導)할 수 있습니다. 그러면, 그 일반항이 바로 우리가 찾고있는 합이죠. 그러면 이제, 그 일반항을 급수에서의 일반합(一般合)이라고 합니다.

그럼 이제, 다음과 같은 수열을 가지고 생각을 좀 해보기로 하죠:

S = {1, 2, 3, 4, 5, 6, 7, 8, 9, 10}.

S 는 그저 하나의 간단한 유한(有限) 수열이죠. 그럼 이제, 수열 S 에 있는 모든 항들을 합하는 겁니다. 물론, 이게 무슨 대단한 일은 아닙니다. 한번에 수를 하나씩 더하는 사람도 있을 것이고 다른 접근 방법을 도출(導出)해내는 사람도 있을 겁니다. Math 에서는 같은 해답으로 접근하는데 많은 방법들이 있을 수 있습니다. 그러나, 얼마나 그 방법이 효율적(생산적)인가가 관건(關鍵)이죠.

얼마되지않은 옛날에, 유명한 mathematician 이 한 사람 있었는데 그는 math 천재였답니다. 그의 이름은 Johann Carl Friedrich Gauss 입니다. Gauss 가 그의 성(姓)이지요. 그는 18 세기에서 19 세기 사이에 독일의 mathematician 이었다는데 물리학자이며 천문학자이기도 했다더군요. 그가 아주 어렸을 때인데 아마 10 살 때였을 텐데 그 합을 급수로서 접근하여 순식간에 그 합을 구했다더군요. 그의 접근 방식은 다음과 같습니다. 그는 또 하나이지만 동일한 급수를 역순(逆順)으로 만들었죠:

T = 10 + 9 + 8 + 7 + ... + 2 + 1.

그리고 나서, 그는 각 쌍(雙)에 있는 수들의 합이 같게 되도록 대응(對應)하는 항들끼리 짝을 지어놓았는데 그 합이 11 입니다.

$$
\begin{array}{r|l}
 & \mathbf{T = 1 + 2 + 3 + 4 + \dots + 9 + 10} \\
+ & \mathbf{T = 10 + 9 + 8 + 7 + \dots + 2 + 1} \\
\hline
 & \mathbf{2T = 11 + 11 + \dots \qquad + 11 + 11}
\end{array}
$$

그리고 나서, 그는 모든 쌍의 합들을 전부 합쳤죠. 어떻게 요?
한 쌍에서의 합을 쌍의 개수 만큼으로 곱한 것이죠:

10 x 11 = 110.

그리고 나서, 그는 그 곱을 2 로 나누었습니다 왜냐하면 그 곱은 그가 구하려는 합의 두 배(倍)이니까요:
110/2 = 55 이며, 이는 1 + 2 + 3 + . . . + 9 + 10 과 같은 것이죠.

$$\begin{array}{r|l} & T = 1 + 2 + 3 + 4 + \dots + 9 + 10 \\ + & T = 10 + 9 + 8 + 7 + \dots + 2 + 1 \\ \hline \end{array}$$

$$\begin{aligned} 2T &= 11 + 11 + \dots + 11 + 11 \\ &= 11 \times 10 \\ &= 110 \end{aligned}$$

그리하여, T = 110 / 2 = 55.

이까짓 거 뭐 별로 대수로운 것은 아니라고 하는 사람도 있겠지요. 그러나 그 수열 S 가 다음과 같이 되었을 때에는 이것이 사소(些少)한 것은 아니죠: **S = {1, 2, 3 . . . 1000000000000}**.

그러면 이제, S 에 있는 모든 항들의 합을 구하는 것이 쉬운 일로는 전혀 보이지않는군요. 이건 아예 불가능한 것 같네요. 사실, 일상적인 방법으로 그것들 전부를 합치는 것은 불가능합니다. 그 급수는 다음과 같습니다:

T = 1 + 2 + 3 + ... + 1,000,000,000,000.

일상적인 더하기로 그것들 전부를 더한다면; 즉, 한번에 수를 하나씩 더하기를 하면, 거의 영원한 시간이 걸릴 겁니다. 사실, 더하기를 한번 하는데 1 초가 걸린다고 해도 3 만년 이상이 훨씬 더 걸리는 것이죠. 그러나, 이제 급수의 개념으로 그 합에 접근을 하면 일분 이내 또는 그 보다 훨씬 짧은 시간에 그 작업을 끝낼 수가 있는 것이죠. 그 작업을 다음과 같은 방법으로 할 수 있습니다:

$A = 10^{12}$ = 1,000,000,000,000 이라고 가정하세요. 그러면:

$$\begin{array}{r|lllll} & T = & 1 + & 2 + & 3 + \dots & + A \\ + & T = & A + & (A - 1) + & (A - 2) + \dots & + 1 \\ \hline \end{array}$$

$$\begin{aligned} 2T &= (A + 1) + (A + 1) + (A + 1) + \dots + (A + 1) \\ &= A(A + 1). \end{aligned}$$

그러면:

$$\begin{aligned} T &= A(A + 1)/2 \\ &= 10^{12}(10^{12} + 1)/ 2 \\ &= 5 \times 10^{11}(10^{12} + 1) = 5 \times 10^{11} \times 1{,}000{,}000{,}000{,}001 \\ &= 5 \times 100{,}000{,}000{,}000{,}100{,}000{,}000{,}000 \\ &= 500{,}000{,}000{,}000{,}500{,}000{,}000{,}000. \end{aligned}$$

이렇게 합을 구하는 것을 가우스(Gauss)의 방법이라고 한답니다.
또 다른 방법이 있을 수 있긴 한데 근본적으로는 같은 것이죠:

T = 1 + 2 + 3 + ... + 9 + 10
= (1 + 9) + (2 + 8) + (3 + 7) + (4 + 6) + 10 + 5
= 5 x 10 + 5 = 55.

그럼 이제, T 에다가 이 개념을 적용해보죠. T = 1 + 2 + 3 + ... + 1,000,000,000,000 입니다.

A = 1,000,000,000,000 = 10^{12} 이며 **B = A/2 = 5×10^{11}** 이라고 가정하세요. 그러면:

$$
\begin{aligned}
T &= 1 + 2 + 3 + \ldots + 1{,}000{,}000{,}000{,}000 \\
&= (1 + 999{,}999{,}999{,}999) + (2 + 999{,}999{,}999{,}998) + \ldots + (A/2 - 1 + A/2 + 1) + A/2 + A \\
&= (1 + A - 1) + (2 + A - 2) + \ldots + (B - 1 + B + 1) + B + A \\
&= (\mathbf{1} + A - \mathbf{1}) + (\mathbf{2} + A - \mathbf{2}) + \ldots + \{\mathbf{B - 1} + A - \mathbf{(B - 1)}\} + A + B \\
&= (B - 1)A + A + B \\
&= A\{(B - 1) + 1\} + B \\
&= AB + B \\
&= B(A + 1) \\
&= 5 \times 10^{11}(10^{12} + 1) \\
&= 500{,}000{,}000{,}000{,}500{,}000{,}000{,}000.
\end{aligned}
$$

유의사항:

$B - 1 + \mathbf{B + 1}$

$= b - 1 + \mathbf{(A - B) + 1}$ {이것은 $B = A/2$ 이니까 $B = A - B$ 이기 때문이죠.}

$= B - 1 + \mathbf{A - (B - 1)}$

우리가 하고자 하는 바는 그 급수에서 합을 통제하는 패턴을 찾는 것이죠.
위의 두 가지 접근 방법에, 다음과 같은 두개의 수식(數式)들이 있습니다: $A(A + 1)/2$ 와 $AB + B$.
이 두개의 수식이 서로 달라 보이지만 같은 것이죠. 두 번째 수식 $AB + B$ 를 보도록 하죠:

$B = A/2$ 라는 것을 알고있죠.
$AB + B = A(A/2) + A/2 = (A + 1)(A/2) = A(A + 1)/2$, 이것은 첫번째 것과 같은 것이죠.

그러면 이제, 우리는 그 급수를 통제하는 패턴을 구한 것이네요.
그 패턴이 뭔데요? 그 패턴은 그 총합이 그와 같은 수열(또는 급수)에서 처음과 끝의 항들을 합한 것의 반(半)이라는 것을 말합니다.

그 급수에 제아무리 항들이 많다고 하더라도 패턴을 사용하면 즉시 그 합을 구할 수가 있습니다. 그것은 마치 수열에서의 일반항(一般項)과 같죠. 사실, 그 패턴은 일반합(一般合)이죠. 위와 같은 특정 종류의 급수(級數)에서는 처음 항과 마지막 항을 알면 그 일반합을 사용하여 그 합을 바로 구할 수가 있죠. T 에서는 1 이 처음 항이고 A 가 마지막 항입니다.

이제, 다음과 같은 수열 S 에 대하여 생각해보죠:

$$\mathbf{S = \{a, a + d, a + 2d, a + 3d \ldots a + (n - 1)d\}.}$$

수열 S 에서는 이웃 하는 항들 사이의 차이가 일정(一定)하며 이는 d 임을 알 수 있죠.
그러면, 일반항을 사용하여 수열 S 를 다음과 같은 방식으로 써볼 수가 있네요:

$$\mathbf{S = \{t_k | t_k = a + (k - 1)d}\text{ 이며 }\mathbf{k = 1, 2 \ldots n\}.}$$

그럼 이제, 수열 S 로부터 하나의 급수를 만들어 보죠. 급수에 이름을 붙이기 위하여 보통 그 수열의 이름을 사용합니다. 그 이름과 함께 그 급수에서의 엔트리(entry)들의 개수를 나타내주는 아래 첨자(添字)도 사용하죠. 특히, n 과 같은 문자를 아래 첨자로 하여 그 급수의 이름을 그 일반합의 이름으로도 사용합니다:

$$\mathbf{S_n = a + (a + d) + (a + 2d) + \ldots + \{a + (n - 1)d\}.}$$

급수 S_n에는 n개의 항이 있죠.
이제, 그 일반합 S_n을 구해보도록 하죠. 가우스(Gauss)의 방법을 사용할 겁니다:
급수 S_n에서 L이 마지막 항이라고 해보세요.
그러면, **L = a + (n − 1)d**. 그러면:

$$\begin{array}{r|l} & S_n = a \quad + (a + d) + (a + 2d) + \dots + L \\ + & S_n = L \quad + (L - d) + (L - 2d) + \dots + a \\ \hline \end{array}$$

$$2S_n = (a + L) + (a + L) + (a + L) + \dots + (a + L)$$
$$= n(a + L)$$

그리하여, 일반합 $\mathbf{S_n = n(a + L)/2}$ 여기에서 **L = a + (n − 1)d**이며 **n**은 양의 정수.

위의 수열 S 에서 d 를 공차(公差)라고 합니다. 즉, 이 수열에서 인접하는 항들 간의 차이가 항상 같은 것이죠. 특히, 이와 같은 수열을 등차수열(等差數列)이라고 합니다. 따라서 이러한 급수를 등차급수(等差級數)라고 하죠. 이런 특정 종류의 수열에서는 그 마지막 항 L = a + (n − 1)d 가 일반항이네요. 수열 S 에서는 이 a 가 초(初) 항이라는 것은 알고있죠. 이 n 은 수열 S 에서 합하여져야 하는 처음 n 항의 개수입니다. ('처음 n 항' 이라는 말은 '초항부터 n 번째까지의 n 개의 항들' 을 의미하는 것입니다.)

또한, 그 마지막 항은 모르면서도 여전히 급수의 합을 구할 수도 있습니다.
더해지는 모든 항들의 개수와 그 처음 항과 더불어 공차만을 알고있다고 해보세요.
수열 S 에서 합해져야 하는 모든 항들의 그 마지막 항이 L = a + (n − 1)d 의 수식(數式)으로 표현될 수 있다는 것을 알고있죠.

그러면, 일반합 S_n을 다음과 같은 식으로 놓아 볼 수도 있겠네요:

$\mathbf{S_n = n(a + L)/2}$ 이며 **L = a + (n − 1)d**

$\mathbf{\Rightarrow S_n = n\{a + a + (n - 1)d\}/2 = n\{2a + (n - 1)d\}/2.}$

그리하여, $\mathbf{S_n = n\{2a + (n - 1)d\}/2}$.

그러면, 바로 위의 식을 사용하여 여전히 그 합 S_n을 구할 수가 있지요.
그런데, 위의 식에서 a 는 **합해지는** 모든 항들의 초(初) 항이라는 것을 유의해야 합니다.

일반합 $\mathbf{S_n = n(a + L)/2}$ 과 일반항 **a + (n-1)d** 를 공식(公式)이라고 할 수도 있을 겁니다. 그러면, 그것들이 필요할 때 신속하게 사용하기 위하여 그것들을 외우려고 할 수도 있겠네요. 물론, 이것들은 공식이 될 수가 있죠. 외우기는 도움이 되는 것이므로 외우기도 해야 합니다. 그러나, 그 내용들을 기억 속에 저장하여 두는 것이 쉬운 일은 아닙니다. 그 공식을 몇 차례정도 유도(誘導)해보면 곧, 그것들은 우리의 math의 일부가 됩니다. 연습을 통하여 우리는 그 공식에 익숙해 질 겁니다. 그러면, 곧 그 공식이 지니고있는 의미 중에 많은 것을 알게 됩니다. 그래야, 그것들이 우리의 것이 되는 것이죠. 그 이외에도 공식을 유도하다 보면 아마도 가치 있는 개념을 더욱 많이 알게 될 겁니다. 즉, 우리는 음식을 식품 창고에 저장하듯이 우리의 지식을 저장하지는 말아야지요. 그 대신에 그 지식을 섭취하여 소화를 시켜야지요. 그 지식을 우리의 신체의 일부로 만드는 거죠. 또한, 우리는 우리의 몸의 건강을 유지하고 가꾸기 위하여 운동을 하죠. 바로 그런 식으로, math를 비롯하여 다른 학과도 공부하는 것이 좋겠죠.

이제, 다음과 같은 또 하나의 예를 보기로 하죠:

$\mathbf{U = \{a, ar, ar^2, ar^3, \dots, ar^{n-1}\}.}$

수열 U 에서는 이웃 하는 항들 사이의 비(比)가 일정(一定)하며 이는 r 임을 알 수 있죠.

그러면, 일반항을 사용하여 수열 U를 다음과 같은 방식으로 표현할 수가 있네요:

$U = \{v_k | v_k = ar^{k-1}$이며 $k = 1, 2... n\}$.

수열 U 에서 각 항에는 그 다음 항을 만들기 위하여 하나의 특정한 값 r 이 곱해집니다. 즉, 이 수열에서 인접하는 항들 간의 비(比)가 일정(一定)한 것이죠. 이 **r** 을 **공비(公比)**라고 합니다. 특히, 이와 같은 수열을 **등비수열(等比數列)**이라고 해요. 따라서, 이러한 급수를 **등비급수(等比級數)**라고 하죠.

이제, 급수 U_n을 만들어보도록 하죠.

$U_n = a + ar + ar^2 + ar^3 + ... + ar^{n-1}$.

이번엔 항들을 합하는 대신에 그 항들의 대부분을 제거할 수 있는 방법을 논의해보도록 하죠. 이 경우에는 항들을 역순(逆順)으로 배치하는 것이 별로 도움이 되지 않습니다.

각각의 항은 공비 r 과 바로 그 전(前) 항의 곱이 되는 것이 패턴이라는 것을 알고있죠. 그럼 이제, 모든 항의 각 항을 그 공비 r로 곱해보죠. 그렇게 하면, 다음과 같은 사실을 얻게 되죠:

$$rS_n = r\{a + ar + ar^2 + ar^3 + ... + ar^{n-1}\} = ar + ar^2 + ar^3 + ... + ar^{n-1+1}$$

$$= ar + ar^2 + ar^3 + ... + ar^n$$

그러면 이제, 지수(指數)를 갖고 있는 대부분의 항들을 제거할 수가 있죠. 어떻게 요?
다음과 같이 항끼리 빼는 것이죠:

$$\begin{array}{r|l} & S_n = a + ar + ar^2 + ar^3 + ... + ar^{(n-1)} \\ - & rS_n = \quad ar + ar^2 + ar^3 + ... + ar^{(n-1)} + ar^n \\ \hline \end{array}$$
$$S_n - rS_n = a + 0 + 0 + ... \qquad + 0 - ar^n$$

그러면, **$S_n - rS_n = a - ar^n \Rightarrow S_n(1 - r) = a(1 - r^n)$**.

그리하여, **$S_n = a(1 - r^n)/(1 - r)$**.

이런 특정 종류의 수열에서도 그 마지막 항이 일반항이네요. 수열 U 에서는 이 a 가 초(初) 항이라는 것은 알고있죠. 이 n은 합해져야 하는 항들의 개수이죠.

그러면 이제, 급수에서의 합을 구할 때 그 모든 개별적인 항들을 실제로 합하지는 않는다는 것을 인식했을 겁니다. 그 수열에서의 일반항을 수단으로 하여 그 합을 구하는 것이죠. 또한, 합 하기와는 반대로, 그 급수에서 대부분의 항들을 제거할 수 있어야 하기도 하죠. 그러면, 어떻게 그것들을 제거하나요? 그 급수를 통제하는 개념을 발굴하는 것이죠. 그 개념을 갖게 된 때쯤 되면 그 대부분의 항들은 제거될 수도 있습니다. 그 개념이 뭔네요? 그 것은 역시 패턴이죠. 그게 무슨 패턴인데요? 두 가지가 있습니다. 그 중 하나는 우리를 그 수열에서의 일반항으로 인도(引導)할 수 있습니다. 그 패턴은 잘 이용하면, 많은 항들을 쉽게 제거할 수도 있죠. 그 나머지 다른 종류는 우리를 부분 합들로 되어있는 수열에서의 일반항으로 인도할 수 있습니다. 그 일반항을 그 급수에서의 일반합이라고 합니다.

0.4. Math 적 귀납법(歸納法) (예(例)에서 원리(原理)로의 접근 방법)

Math 에서의 문제를 풀 때 흔히 정리(定理)라는 것을 사용합니다. 정리라는 것은 math 에서 하나의 도구(道具)이죠. 그리하여, 마치 나사 못을 박거나 푸는데 드라이버(screw driver)를 사용하듯이 해당(該當) 정리를 사용하여 그 문제를 손쉽게 해결할 수가 있는 것이죠. 그러면, 정리라는 것은 문제를 푸는데 사용하는 math 적인 도구인 것이죠. 그래서 또한, Math 에서는 문제를 푸는 데에 정리라는 것을 제대로 사용하는 것도 중요한 거죠. 그러나, 그 정리가 말하는 바가 참이라는 것이 증명되었다는 전제 하에 그 정리를 사용하는 것이지요. 즉, 정리라는 것은 이미 참인 것으로 증명된 하나의 사실인 것이죠. 그렇지만, math 학습에서는 그러한 정리가 말하는 바가 어떻게 참인지를 설명하는 것도 중요합니다. 다시 말해서, 그 정리가 어떻게 성립는지를 알고 또한 그것을 제대로 설명하는 것이 중요한 것이죠. 그러면, 기존 정리들을 적절히 사용할 수 있을 뿐만 아니라 다른 정리들을 발굴해 낼 가능성도 더욱 커지는 것이죠.

하나의 사실이 참이라고 주장할 때는 많은 경우에 그에 대한 증명을 해야 하는 부담이 따릅니다. 즉, 객관적인 방법으로 그 사실을 설명하여 뒷받침해야 하는 것이죠. 증명 작업을 할 때에는 주로 이미 증명된 사실이나 참이라고 간주(看做)된 다른 사실을 사용합니다. 그렇게 해서, 결국 그 논의 중인 사실을 설명할 수도 있게 되는 것이죠. Math 에서 사실을 설명하기 위하여 취하는 접근 방법에는 여러 가지가 있을 수 있겠지요. 그 중의 한 가지가 math 적인 귀납(歸納) 방법입니다. 그걸 줄여서 귀납법(歸納法)이라고 해요. 예를 들면, 수열에서 일반항을 설명할 때 math 적 귀납법이 꽤나 유용한 경우가 많습니다.

하나의 수열 $\mathbf{S = \{a_n | \ n = 0, 1, 2...\}}$가 일반항 $\mathbf{a_n = f(n)}$을 갖고 있다고 해보죠. 예를 들어, $\mathbf{f(n) = n^2 + 1}$. 그러면, $\mathbf{f(0) = 0^2 + 1 = 1, f(1) = 1^2 + 1 = 2, f(2) = 2^2 + 1 = 5,}$ 등등.

그러면, 우리는 n에 대하여 무작위(無作爲)로 선택한 여러 개의 값들에 대하여 $a_n = f(n)$이 성립하면 $a_n = f(n)$이며 $n = 0, 1, 2 \ . \ . \ .$ 이 맞다고 자칫 동의하는 경향이 있죠. 다시 말해서, n의 값으로서 반증(反證)이 될 수 있는 값을 즉각 찾지 못하면 우리는 그 선택된 값들을 일반화하여 그 일반항을 인정하게 되는 경향이 있다는 것이죠.

그러나, 위에서와 같은 접근 방법은 그다지 math 적이라고는 하지 못합니다. 일반항이라고 추정되는 것이 단순히 꽤나 많은 양의 무작위로 선택한 값들에 대하여 성립한다고 해보죠. 그러면, 그 생각은 또한 그 추정(확정되지 않은) 일반항이 우리가 아직 확인하지 않은 어떤 다른 n 값에 대하여는 성립하지 않을 수도 있다는 것도 의미하게 되는 것이죠. 일반적으로 모든 경우에 대하여 어떤 사실을 일일이 확인 할 수는 없어요 왜냐하면 그 모든 경우의 개수가 보통 무한정 크기 때문이죠.

어떤 명제(命題)를 증명할 때에는 그 설명이 객관적이어야 할 뿐만 아니라 그 설명에서 누락(漏落)됨이 없어야 합니다. 또한, 참이라고 주장하는 그 명제에 대한 예외가 있다면, 구체적으로 그 예외 항목들을 분명히 해야 합니다. 그러면 이제, 귀납법이 어떻게 작동하는지 알아내보기로 하죠.

하나의 명제의 증명에 math 적 귀납법을 적용한다면, 두 가지 사실을 증명해야 합니다.
(무작위의 경우를 임의(任意)의 경우라고 합니다.)

먼저, 그 기본(基本)을 구체적(具體的)으로 표현하고 그것의 타당성(妥當性)을 증명합니다. 그 기본은 그 명제가 포함하는 모든 경우 중 최초(最初)의 경우를 이야기합니다. 즉, 그 기본이 참이라는 것을 증명하는 것이죠.

그리고 나서, 그 명제(命題)에서의 임의(任意)의 경우가 참이라는 것을 인정(認定)하면서 그 임의의 경우에 바로 이어지는 다음 경우가 참이라는 것을 증명해야 하죠.

그러면 이제, 이 두 가지의 증명들은 그 명제가 포괄적(包括的)으로 참이라는 것을 말해 줄 수 있는 것이죠.

어떻게 요?

임의의 경우라는 것은 해당되는 모든 경우들 중에 그 어떤 경우이든 아무거나 를 의미하는 것이죠.
임의의 경우가 참이라는 전제(前提) 하에 그 바로 다음 경우가 참이라는 것을 증명했죠.
초기(初期) 경우가 참이라는 것이 증명되었고 또한 임의의 경우가 그 초기의 경우가 될 수 있기 때문에 그 초기의 경우 바로 다음의 경우도 참이라는 것이 성립하는 것이죠.
마찬가지 방법으로 그 다음의 경우도 성립하는 것입니다. 따라서, 그 명제에 해당되는 경우이면 그 어떤 경우도 다 성립하는 것이 되죠.
그리하여, 그 명제는 참인 것으로 증명이 된 것입니다.

흔히 사용되는 또 하나의 방법이 있는데 그것은 math 적 연역법(演繹法)(원리에서 예로의 접근 방법)입니다, 그것은 논의(論議)의 방향면(方向面)에서 귀납법에 대하여 반대 방법이죠. 이미 참으로 받아들여진 개념을 수단으로 하여 개별적인 특정 사실들을 증명하는 것입니다. 즉, 그 개념은 하나의 원리나 규칙(規則)이 될 수 있으며, 그 특정 사실들은 그 원리나 규칙을 따르는 예들이 될 수 있는 것이죠. 연역법의 한 예를 들면, "사람들은 올바로 행동해야 합니다; 그러므로, 우리는 올바르게 행동해야 하죠 왜냐하면 우리는 사람이니까요."

연역법(演繹法)에서는 원리(原理)가 구체적인 예(例)들을 뒷받침합니다. 그러므로, 그러한 예들을 받아들이는 데 보통은 별 무리(無理)가 없는 것이죠.

귀납법(歸納法)에서는 예들이 원리를 설명하는 것입니다. 그러므로, 그 필요한 예를 드는 과정과 절차들이 포괄적(包括的)이며 체계적(體系的)이어야 하는 것이죠.

그러면 이제, 수열에서의 일반항을 증명할 때 이 귀납법을 어떻게 사용하는지 다음과 같은 예를 통하여 알아내보도록 하죠.

수열 S에서의 일반항 $a_n = f(n)$이며 n= 0, 1, 2 . . . 의 타당성을 증명하기 위하여 math적 귀납법을 사용할 때에는 다음과 같은 두 가지 사실들을 보여야 합니다:

n = 0 에 대하여 $a_n = f(n)$ 이 성립한다는 사실을 보여야 합니다.
즉, $a_0 = f(0)$ 이라는 것을 보이는 것이죠.

n = k에 대하여 $a_n = f(n)$ 이 성립한다는 사실을 인정하면서 n = k + 1 에 대하여 $a_n = f(n)$ 이 성립한다는 사실을 보여야 합니다. 물론, k는 0 보다 크거나 같은 정수(整數)이죠.
즉, $a_k = f(k)$ 이라는 것을 인정하면서 $a_{k+1} = f(k + 1)$ 이라는 것을 보이는 것이죠.

그러면 이제, $a_n = f(n)$이며 n = 0, 1, 2 . . . 이라는 명제가 참인 것으로 증명되었다고 말할 수 있는 것이죠.

1. 함수(函數)라는 것이 무엇이죠?

함수라는 것은 데이터 집단들 사이의 특정 관계를 구체적으로 표현하는 하나의 체계입니다. 보통, 함수에서는 두개의 데이터 그룹들이 명시적으로 표현되어있고 이 그룹들은 그 각각의 본질에 따라 분류됩니다. 이 둘 중의 하나는 정의구역이라 하고 그 다른 하나는 치역이라 하죠. 정의구역에 있는 하나의 원소가 함수에 공급되고 그 답례로서 그 함수는 치역에 속하는 하나의 원소를 만들어냅니다. 이는 정의구역과 치역에 있는 나머지 모든 원소들에 대하여도 마찬가집니다. 간단히 말해서, 정의구역의 원소가 치역의 원소를 유발시키는 거죠. 다시 구체적으로 이야기하면, 정의구역으로부터의 하나의 원소가 함수의 메커니즘 속으로 투입되고 그 함수는 그 메커니즘이라는 기계를 운전하여 치역에 속하는 하나의 원소를 만들어내는 겁니다.

함수는 두 사물들간의 특정한 기계적 관계와 대응에 관한 관계를 설명합니다. 그 사물들은 수들의 집합들이죠. 그러면 이제, 그 둘 중 하나의 집합에 있는 모든 수들 각각은 그 상대 집합에 속하는 한 개의 수에 대응하고있는데, 하나의 특정한 메커니즘(mechanism)이 서로 대응하는 그 수들을 연결하고있는 것이고 또한, 그 기계적인 관계를 설명하는 겁니다. 그러면 이제, 그 자세한 내용을 알아보기로 하죠.

간명(簡明)함을 목적으로 이 책에서는 다양한 함수보다는 기초함수의 기본을 주로 다룰 겁니다. 그 이유는 함수의 이론적 개념을 신속히 소화해내는 것이 용이하지않기 때문이죠, 그렇지만, 우리는 가능한 빠르고 간단하게 그 요점을 파악(把握)할 수 있기를 원하기 때문입니다. 그리고 나서, 필요하면 나중에 그 범위를 넓힐 수도 있는 거죠.

함수는 수열의 개념과 많은 관련이 있죠. 함수는 그 기본 개념에서는 수열과 별 차이가 없어요. 사실, 수열은 함수의 기반이라고 할 수 있고 함수의 개념은 수열의 개념을 확장한 것이라고 할 수 있죠. 수열에서의 일반항에 특정 인덱스(index)를 지정하면 그 일반항은 그 특정 인덱스를 갖는 항의 값을 만들어냅니다. 즉, 그 항의 값이 그 인덱스에 대응하는 거죠. 그러면, 수열은 사실, 하나의 함수입니다. 그 함수의 정의구역은 인덱스로 되어있고, 치역은 그 항들의 값들로 되어있는 것이며, 메커니즘(mechanism)은 그 일반항이죠.

수열에서의 인덱스(index)는 정수(整數)로 되어있죠. 그러면, 그 인덱스의 개념을 확장하여 함수에서의 인덱스는 정수 뿐만이 아니라 그 어떤 다른 종류의 수로도 될 수 있다고 생각하면 되는 겁니다. 예를 들면, 함수에서는 유리수 또는 무리수도 인덱스로 쓸 수 있는 거죠. 실제로, 함수에서는 인덱스로서 주로 실수(實數)를 사용합니다. 연속하는 실수들 사이에는 빈틈이 없죠. 그러므로, 일반적으로 함수에서는 인덱스가 수열에서처럼 띄엄띄엄 되어있는 것이 아니라 연속으로 되어있는 거죠. 따라서, 함수라는 수열에서는 보통 그 항들도 서로 분리되어있는 것이 아니라 연속으로 되어있으므로 인접하는 항들 사이에도 틈이 없는 거죠. 그리하여, 인덱스와 항에서 훨씬 더 많은 선택의 여지를 갖게 되니까 매우 큰 유연성을 확보하게 되는 겁니다. Math 를 하는 목적은 문제 해결 능력이며 유연성은 그 능력의 핵심 요소들 중의 하나입니다.

(Continuous 는 중간에 공백이 전혀 없이 끊임이 없다는 것이며 math 에서 연속이란 continuous 하다는 것을 의미합니다. Consecutive 라는 것은 단순히 순서적으로 연속이라는 뜻이죠. 그리하여, consecutive 는 서로 인접하거나 이웃 한다는 뜻으로 쓰일 수도 있습니다. 이웃 한다는 뜻으로는 neighboring 이라는 것이 따로 있기는 하죠. 1, 2, 3 은 continuous 하지 않습니다 왜냐하면 1 과 2 또는 2 와 3 사이에 예를 들면, 1.5 나 2.8 과 같은 수가 들어갈 수 있기 때문이죠. 1, 3, 7, 9 에서는 1 과 3 은 두개의 consecutive 한 수들이고 3 과 7 도 두개의 consecutive 한 수들이죠. 1, 3, 7 은 세 개의 consecutive 한 수들이지만 1 과 7 은 consecutive 하지 않습니다.)

수열(數列)과 급수(級數)에서의 경우와 같이 함수에도 많은 종류가 있습니다. 그래서, 우리가 생각할 수 있는 만큼 많은 종류가 있는 것이죠. 또한 함수의 모든 영역과 범위를 다 포함하는 경우에는, 복소수(複素數)도 그리고 그 어떤 다른 사물도 인덱스로 쓸 수도 있는 겁니다. 이는 그 항들에 대하여도 물론 마찬가지죠. 일반적으로는, 이 두 가지에 대하여 실수들을 사용합니다.

(Information 은 collected data 라고 해석되기도 하는데 이것도 결국은 정보라는 뜻이 되는 것이죠.)

수열이나 함수를 형성하려면 information 이 있어야 하죠. 그 information 은 두개의 데이터(data) 그룹(group)들로 되어있어요. 수열에서는 그 두개의 그룹들 중의 하나는 정수(整數)들로 되어있는데 그 정수들은 인덱스들이고, 그 다른 한 그룹은 특정한 수들의 집합이며 그 수들이 그 엔트리(entry)들이죠. 그러면, 그 엔트리들을 분석하여 하나의 패턴(pattern)을 찾아내고 그 수열을 정의(定義)하기 위하여 그 패턴을 표현합니다. 그 표현은 할 수 있다면 주로 그 일반항으로 하죠. 이는 함수에 대하여도 거의 마찬가집니다. 함수에서는 두개의 데이터 그룹들이 명시적(明示的)으로 표현되어있고 그 각각의 그룹의 본질에 따라 분류되는 것이죠. 그 둘 중의 하나는 정의구역(定義區域)이라고 하고 그 다른 하나는 치역(値域)이라고 하죠. 함수에는 정의구역에 있는 하나의 원소(元素)가 공급되고 그 답례(答禮)로 그 함수는 치역에 속하는 하나의 원소를 만들어냅니다. 이는 정의구역과 치역에 있는 나머지 모든 원소들에 대하여도 마찬가지죠. 간단히 말하자면, 정의구역의 원소가 치역의 원소를 유발(誘發)시키는 거죠. 정의구역으로부터의 원소(인덱스)가 함수의 메커니즘(일반항) 속으로 투입되고 그 함수는 그 메커니즘이라는 기계(機械)를 운전(運轉)하여 치역에 속하는 원소(엔트리)를 만들어냅니다. 그러면, 함수는 누가 운전하나요? 우리가 하는 거죠.

함수 운전은 함수를 정의(定義)하는 것부터 시작합니다. 좀더 자세하게 말하면, 정의구역과 치역 그리고 메커니즘을 정의하는 겁니다. 함수는 정의구역에 있는 원소들을 섭취하고 치역에 있는 원소들을 만들어내죠. 그래서, 정의구역에 있는 원소를 입력(入力)이라고 하고 치역에 있는 원소를 출력(出力)이라고 한답니다. 그러면, 함수를 다음과 같이 표현해볼 수도 있겠네요. 하나의 메커니즘을 대포라 하고, 하나의 입력 데이터를 포탄이라 하며, 하나의 출력 데이터를 착탄 지점이라고 해볼 수도 있겠어요. 그러면, 입력이 출력을 유발시켜 나오도록 하게하는 것이죠. 어떻게 요? 정의구역이라는 탄약고에서 입력이라는 포탄 한 발을 선택하여 메커니즘이라는 대포에 장전하고 나면, 그 메커니즘이 작동하여 탄두가 발사되고 그 탄두는 치역이라는 지역에 출력이라는 착탄 지점을 만들어내죠. 그러면 이제, 함수라는 것은 탄약고와 착탄 지역과 대포로 구성되어있는 것이죠. 물론, 탄약고는 포탄들로 가득 차있고, 착탄 지역은 착탄 지점들로 이루어져있으며 대포는 하나의 기계입니다.

보통 함수**의** 입력 또는 함수**로의** 입력 그리고 함수**의** 출력 또는 함수**로부터의** 출력이라고 말합니다. 그러나 더 정확하게 말하자면, 함수의 메커니즘으로의 입력 그리고 함수의 메커니즘으로부터의 출력이라고 해야 할겁니다. 물론, 정의역으로부터의 입력 그리고 치역으로의 출력이라고 말할 수 있습니다. 그러나, 이보다도 더 중요한 것은 **함수라는 것은 데이터 집단들 사이의 특정 관계의 표현이 구체적으로 이루어지는 하나의 체계(體系)**라는 사실을 인식해야 한다는 겁니다.

입력 데이터와 출력 데이터가 제각기 거주하는 지역 또는 구역을 지정합니다. **입력을 위한 구역을 정의구역(줄여서 정의역)**이라고 하고 **출력을 위한 구역을 치역**이라고 하는 것이죠. 대부분의 함수에서는 정의역과 치역에 있는 원소들이 보통의 경우 실수들이며, 그리하여, 연속되어있는 것으로 간주합니다. 그러나, 수열에서는 분리된 데이터에 대하여 작업을 하는데, 그 데이터 들은 연속이 아니죠. Math 에서 연속이란 틈이나 중단이 없다는 것을 의미합니다.

모든 항들이 서로 다른 수열이 있을 수가 있죠. 다시 말하면, 그 일반항은 각각의 특정한 인덱스(index)에 대하여 하나의 항을 만드는데 그 항은 다른 나머지 모든 항들과 다르다는 것입니다. 즉, 그 수열에는 서로 같은 항들이 없다는 것이죠. 그와 같은 사실이 하나의 함수에 대하여도 마찬가지면, 그 함수를 일대일(一對一) 함수라고 합니다. 한편, 어떤 수열에서는 몇 개의 항들이 서로 같을 수가 있죠; 물론, 그 항들은 서로 다른 인덱스를 갖고있습니다. 그와 같은 사실이 하나의 함수에 대하여도 마찬가지면, 그 함수를 다대일(多對一) 함수라고 한답니다.

함수는 두 사물(事物)들간의 특정한 기계적(機械的) 관계(關係) 와 대응관계(對應關係)를 설명합니다. 그 사물들은 수(數)들의 집합들이죠. 그러면 이제, 둘 중 하나의 집합에 있는 모든 수들 각각은 그 상대 집합에 속하는 한 개의 수에 대응하고있는데, 하나의 특정한 메커니즘(mechanism)이 그 서로 대응하는 수들을 연결하고있는 것이며 또한, 그 기계적인 관계를 설명하는 것입니다.

그러면, 무슨 기계적 관계이며 그런 메커니즘이 어떻게 그 집합들 속에 있는 수들을 연결하는 것이죠? 그 메커니즘부터 시작을 해보죠. 사실, 메커니즘이란 수열에서의 일반항과 같은 겁니다. 하나의 수열의 일반항에 특정 인덱스를 적용하면 그 특정 항을 알아낼 수가 있죠. 이 일반항은 주로 대수식(代數式)으로 이루어져있어요. 이는 함수의 메커니즘에 대하여도 마찬가집니다. 그리하여, 그 메커니즘도 보통은 대수(代數) 연산식(演算式)으로 이루어져있는 거죠. 예를 들면, **2x + 1** 이 하나의 그러한 메커니즘이 될 수 있는데 여기에서 **x** 에 적합한 수를 하나 투입(대입)하고 연산 작업들을 하는 겁니다.

물론, 수열과 함수는 서로 다릅니다. 그러면, 함수는 수열과 구체적으로 무엇이 어떻게 다른가요? 함수에서는 수열에서 사용하는 용어(用語)에 대하여 다른 용어들을 사용합니다. 수열에서는 인덱스(index), 항 또는 엔트리(entry), 그리고 일반항이라는 용어를 사용하죠. 이 책에서는 함수에 대한 논의를 할 때 이 낱말들에 대하여 입력(入力), 출력(出力), 그리고 메커니즘이라는 어휘(語彙)를 사용할 것입니다. 즉, 입력이 인덱스이고, 출력이 항 또는 엔트리이며, 일반항이 메커니즘이 되는 것이죠. 함수에서는 일반적으로 항들과 인덱스들이 연속이므로 항들 사이와 인덱스들 사이에는 틈이 없다는 것을 알고있죠. 이 사실에 대한 좀더 자세한 설명은 잠시 후에 하도록 하겠습니다. 또한, 함수에서는 항들의 집합 뿐만이 아니라 인덱스들의 집합도 별도로 구체적이며 명확하게 표현합니다. 즉, 함수에서는 입력들의 집합과 출력들의 집합을 따로 정의(定義)한다는 것이죠. 사실, 함수에서는 입력들의 집합이 더욱 중요하다고 할 수 있죠. 왜냐하면, 이는 함수가 정의되는 영역이기 때문이죠. 즉, 이 영역에서 만 그 함수가 성립될 수 있는 겁니다. 그래서, 함수에서는 입력의 집합은 보통 명확하게 정의하지만 출력의 집합은 함축적으로 정의될 수도 있는 거죠.

자 이제, 위에서 예로든 간단한 메커니즘으로 돌아가보죠. 그러면, 함수에서의 메커니즘을 수단으로 하여 수들로 된 두개의 집합들을 연결하는 것입니다. 이 메커니즘에서는 주로 한 집단의 대수(代數) 연산이 행하여집니다. 그러면, 이러한 연산이 이루어질 때 그 두 집합들 중의 한 집합에 속한 각각의 모든 원소(元素)가 연산자(演算子)로 사용됩니다; 그러나, 한번에 한 원소만이 그 메커니즘으로 투입될 수 있죠. 위에서 예로 든 **2x + 1** 에서, 메커니즘은 하나의 덧셈과 하나의 곱셈으로 이루어져있죠. **2x** 와 **1** 이 덧셈의 연산자이고, **2** 와 **x** 가 곱셈의 연산자입니다. 그러면, **x** 가 그 한 원소를 취하고 그 원소가 **x** 대신에 연산자가 되는 것이죠. 하나의 메커니즘에 속한 모든 연산들의 최종결과는 하나의 수이죠. 그러면 이제, 이 수가 두 집합들 중 그 다른 한 집합에 속하는 원소들 중의 하나가 되는 겁니다. 그러면, 한 쌍의 수들이 서로 연결되죠. 바로 이렇게 해서, 함수의 메커니즘이 그 두 집합들에 속한 모든 수들을 연결하는 것이며, 그리하여, 결국에는 그 두 집합들을 연결하게 되는 것입니다.

이제, 그 기계적 관계로 넘어가보죠. 기계라는 것은 기본적으로 같은 작업을 반복한다는 것을 알고있죠. 그 메커니즘은 수식(數式)으로 되어있습니다. 매번, 한 원소가 그 메커니즘으로 투입될 때마다 동일한 집단의 연산 작업들이 반복되죠. 그러면, 함수의 메커니즘으로, 수들의 집합들 사이에서의 기계적인 관계를 설정할 수 있으며, 그 메커니즘에 있는 연산들이 그 기계적 관계를 구체적으로 표현하여주는 것이죠.

Math 에서의 다른 개념들과 마찬가지로, 함수도 하나의 도구입니다. 함수는 두개의 수 집합들을 메커니즘을 통하여 기계적으로 연결시켜주는 기계라고 할 수 있죠. 그리하여, 함수는 기본적으로 수들로 된 두개의 집합들과 하나의 메커니즘으로 구성되어있는 것이죠. 그러면, 함수는 어떻게 이 두 집합들을 연결하나요? 피상적(皮相的)으로는 그 연결이 집합 대(對) 집합으로 통째로 이루어지는 것처럼 보이지만, 구체적으로는 위의 예에서 설명된 바와 같이 메커니즘이 각각의 집합에 속하는 그 수들을 일일이 한 집합에서 그 다른 집합으로 연결하고있는 것이죠.

위에서 언급(言及)한 바와 같이 보통 그 집합들은 둘 다 수들로 이루어져있죠. 일반적으로 그 수들을 데이터(data) 값들이라고 합니다. 그러나, 이 두개의 집합들은 성질 면에서는 서로 다릅니다. 하나의 함수의 정의는 보통 이 두 집합들의 정의들로 시작하는데, 각 집합은 일반적으로 실수직선(實數直線)에서의 특정한 범위로 표현됩니다. 즉, 데이터 값들이 속하는 각각의 구역을 그 특정 범위로서 설정하는 것이죠. 한편, 지금 막 언급된 이 사실로 하여 어째서 함수에서는 일반적으로 항들과 인덱스들이 연속이므로 항들 사이와 인덱스들 사이에는 틈이 없다는 것인가를 알 수 있겠죠. 그러면 이제, 그 두 집합들 중 하나를 정의구역(定義區域)이라 하고 그 다른 하나는 치역(値域)이라 합니다. 정의구역이란 그 함수가 정의되는 구역입니다. 다시 말해서, 그 정의구역 밖에서는 그 함수에는 아무 의미도 없는 것이거나 그 함수는 존재하지않는 것이죠. 그러면, 치역에 관하여는 어떤가요? 정의구역에 있는 원소들을 원료로 하여 메커니즘이 치역의 원소들을 만듭니다. Math 는 마술(魔術)이 아닙니다 그리하여, math 에는 원료 없는 제품은 있을 수 없습니다. 정의구역이 없는 치역은 있을 수 없고 또한, 정의구역이 있으면 그에 대한 치역은 반드시 존재합니다.

유의사항**:** A data = a data element = a datum

그런데, 위의 두 집합들 사이의 관계를 다음과 같이 표현할 수도 있어요. 정의구역에서 원소가 하나 정(定)해지면 그 때는 치역에서 한 개의 원소가 정의구역에서 정해진 그 원소에 대응합니다. 그러나, 치역에 속한 각각의 원소는 정의구역에 속하는 적어도 한 개의 원소에 대응합니다. 즉, 어떤 함수에서는 치역에 속한 하나의 원소가 정의구역에 속하는 두개 이상의 원소들에 대응할 수도 있다는 것이죠. 그런 대응관계에 있는 원소들은 위에서 간략하게 설명한 메커니즘을 통하여 연결되어있는 거죠. 그러면, 치역에 속한 원소가 정의구역에 속한 원소에 대응하므로 정의구역에 속하는 원소는 치역에 속하는 원소를 유발(誘發)시킨다고 볼 수도 있는 겁니다. 즉, 정의구역에서 하나의 원소가 결정되면, 그에 대응하여 치역에 있는 원소 하나가 결정되어야 하는 것이죠. 다시 말하면, 치역에 있는 데이터들은 정의구역에 있는 데이터에 따라 만들어지게 되어있는 것이죠. 그리하여, 치역은 정의구역에 종속(從屬)된다고 할 수도 있다는 것입니다. 그러면 이제, 함수를 수단으로 하여 두 개의 데이터(data) 집단들 간의 종속관계를 설명할 수도 있는 거죠. 또한, 함수로, 수들의 집합들 사이의 종속관계를 설정할 수도 있는 것이며, 그 메커니즘이 그 관계를 구체적으로 설명하는 것이죠.

이 책에서는 정의된 데이터 집합에 속하는 모든 원소들을 **전부** 고려해야만 하는 것으로 간주합니다. 다시 말해서, 한 집합에 속한 모든 원소 하나하나는 그 상대 집합에 속하는 적어도 하나의 원소에는 대응해야 한다는 거죠. 즉, "그 어느 것도 혼자 남지 않는다." 는 것입니다. 그리하여, 함수는 한 집합에 속하는 하나하나의 모든 원소가 다른 한 집합에 속하는 적어도 하나의 원소에 어떻게 대응하는가를 보여줄 수 있는 것이죠.

함수에서는 그 두개의 집합들에 대하여 집합(集合) 고유(固有)의 의미를 적용합니다. 즉, 정의구역과 치역은 순서 집합일 필요는 없다는 것이죠. 말 그대로 그것들 각각은 하나의 집합입니다. 그리하여, 그 집합에는 같은 원소가 반복되어 표현되지 않습니다. 즉, 동일한 수가 제아무리 여러 번 반복해서 만들어진다 하더라도 단 한번만 기입되는 것이죠.

서로 다른 함수 여러 개를 가지고 서로 다른 수열들을 만드는데 모든 정의구역 들이 다 같고 모든 치역들도 전부 서로 같다고 해보세요. 또한 정의구역과 치역이 실수의 범위로 정의되어있지만 모든 인덱스(입력)에 대한 모든 항(출력)들을 일일이 기록할 수 있으며 - 실제로는 그렇게 할 수 없죠 - 각 수열마다 같은 항이 전혀 반복되지않는다고 해보세요. 그러면, 그 다른 수열들이 전부 같은 것으로 보일 수도 있을 겁니다. 예를 들어, 그 서로 다른 모든 함수들의 치역이 0 에서 10 까지라고 해보죠. 그러면, 그 모든 경우에 0 에서 10 까지의 모든 실수들이 나열되겠죠. 그러니, 그 수열들이 다 같은 것으로 보일 수도 있는 것이죠. 그러면, 그 함수들이 서로 다르다는 것이 무슨 의미가 있지요? 그 의미는 동일한 인덱스에 대한 항들이 제각기 다를 수 있다는 겁니다. 예를 들어, 인덱스가 **1.5** 인데 어느 함수에서는 그에 대한 항이 **3** 이고 또 하나의 함수에서는 그에 대한 항이 **0.9** 라는 것이죠. 어째서 그렇죠? 그 메커니즘(mechanism)들이 서로 다르기 때문이죠. 예를 들면, 첫번째 함수의 메커니즘은 $\mathbf{2x}$이고 두 번째 함수의 메커니즘은 $\mathbf{x^2/2.5}$ 일 수도 있는 것입니다.

여러 개의 함수들 간에 정의구역 들이 일치하고 치역들도 일치한다고 하여 그 함수들이 모두 같다고 할 수는 없는 겁니다. 여러 개의 함수들이 서로 같기 위하여는 그 함수들은 동일한 정의구역과 동일한 치역을 가져야 할 뿐만 아니라 그 메커니즘들도 서로 같아야 합니다. 정의구역이 정해지면 그에 대하여 메커니즘이라는 것이 작동하는데 그 메커니즘이 치역에 속하는 모든 원소들을 만드는 것이죠. 일반적으로 메커니즘이 바뀌지는 않습니다. 그러면, 정의구역이 바뀌면 치역이 바뀔 수도 있는 것이죠. 그러므로, 함수에 결정적인 역할을 하는 것은 정의구역과 메커니즘이죠. 그러나, 정의구역이 바뀐다고 하더라도 그 치역은 여전히 바뀌지않을 수도 있습니다. 그러면, 특정 치역을 원하는 경우 그에 맞게 정의구역을 조정할 수도 있을 것이고 또한 같은 치역을 유지하면서 정의구역을 변경시킬 수도 있을 것입니다. 물론, 이는 그 메커니즘에 좌우되는 것이기도 하죠.

그런데, 함수는 뭐 때문이죠? 함수로 뭘 할 수 있을까요? 특정 현상이나 어떤 사물의 활동을 관찰하다 보면 주로 데이터(data) 집단을 수집하게 됩니다. 이제, 두개의 데이터 집단들을 확보했다고 해보세요. 그러면, 그 데이터 집단들에 대하여 작업을 하게 되는데, 그때 그 집단들을 서로 연관 지으려 할 경우가 많이 있습니다. 다시 말해서, 그 집단들이 연결되는 그 특정한 방식을 찾아내어 설명하고자 하는 것이죠. 한편으로는, 그 집단들 간의 연관성을 만들어서 나타내보이려 할 수도 있겠죠. 더 자세히 이야기하자면, 두개의 집단들을 특정한 방법으로 연결시키고, **그 연결을 구체적으로 표현하고자 하는 것**이죠. 다시 한번 더 자세하게 말하면, 한 집단에 속한 **각각의 모든 데이터**가 그 다른 집단에 속하는 **하나 또는 그 이상의 데이터**와 어떻게 연결되어있는지 구체적으로 표현하고자 하는 것입니다. 그러면 이제, 한 집단에 속하는 각각의 데이터가 그 다른 집단에 속하는 하나 또는 그 이상의 데이터와 어떤 식으로 연결되는지를 보이기 위하여 특정한 패턴을 찾아내거나 만들어서 사용하는 것이죠. 그러면, 이러한 일을 함수라는 걸 수단으로 해서 하는 겁니다.

(Effect 는 단순히 '결과'라는 뜻으로 cause(원인)의 반대이며 result 는 보통 '최종 결과'를 말합니다.)

한 집단에 속한 데이터가 원인들이거나 조건들을 의미한다고 하면 그 다른 집단에 있는 데이터는 그 결과들을 의미한다고 할 수 있어요. 그러면, 그 결과를 의미하는 데이터는 그 원인이나 조건을 의미하는 데이터에 대응(對應)한다고 볼 수도 있는 거죠. 그러면, 이 두 가지 데이터 집단들을 합쳐서 그것을 수열이라고 할 수도 있겠죠. 원인이나 조건을 의미한다는 데이터가 인덱스가 되고 결과를 나타내는 데이터가 항들이 되는 거죠. 그러면 이제, 이 수열에서 일반항을 찾게 되는 겁니다. 이 일반항을 찾는 것이 일반적으로 쉬운 일은 아니죠. 아무튼, 어떻게 든 하여 그 일반항을 찾았다고 해보세요. 그런데도 이에 완전히 만족하지 않는다고 해보세요. 수집된 데이터 집단에는 나와 있지않는 실현 가능한 데이터까지 포함하여 어떤 특정 범위 내에서의 모든 데이터에 접근할 수 있기를 원하는 거죠. 더 나아가서, 그 데이터들간의 공백을 메우고 합리적으로 유연성을 확보하려는 겁니다. 즉, 필요한 만큼의 어느 특정 구간을 정해놓고 그 구간에서 원하는 데이터를 유연성을 가지고 합리적으로 구할 수 있게 하려는 거죠. 그리하여, 그런 목적으로 하나의 도구를 도출(導出)해냈는데, 그 도구를 함수라고 하는 거죠. 즉, 한 집단에 존재하거나 존재 가능한 각각의 데이터를 그 다른 집단에 속하며 상관 관계가 있는 데이터에 특정한 방법으로 연결을 시키기 위하여 함수를 만들어 사용하는 거죠. 그 상관 관계가 있는 데이터를 math 에서는 대응하는 데이터라고 해요.

그러면, 이게 다 뭐 하자는 겁니까?
결국, 문제에 대한 해답(解答) 때문이죠!
함수를 수단으로 하여 그 해답이 어디쯤에 있는지 더 잘 알 수 있는 것이죠.

사실 가장 실질적인 부분이 이 일반항을 찾아서 그 함수의 메커니즘(mechanism)을 확보하는 것인데 이 일은 math 에서의 특정한 전문적인 능력을 요구하는 일입니다. 수열과 함수에서의 많은 경험과 더불어 math 에서의 특히, 수치해석(數値解析) 분야에서의 고도의 전문지식이 있어야 할 수 있는 일이지요. 사실, 이 메커니즘을 확보한다는 것은 대개의 경우 그 실제 메커니즘에 근사(近似)한 메커니즘을 만드는 것이죠. 이런 일을 보통, data fitting 이라고 해요. 그 근사 메커니즘은 그저 만드는 것이 아니라 주로 수치해석 분야에서의 많은 도구들을 복합적으로 사용하여 만듭니다. 그러나, 일반 math 에서는 이 메커니즘을 만들어내는 능력을 확보하는 것보다도 우선, 기존의 함수를 가지고 함수의 원리를 이해하여 이 함수라는 도구를 제대로 활용할 수 있도록 하거나 그런 전문 활동의 기반을 마련하고자 함수를 공부하는 것이지요.

움직이거나 변하는 사물에 대하여 연구 또는 작업을 할 때 그 사물들의 특정한 행동 양식을 설명하기 위하여 함수를 사용하는 경우가 많습니다. 예를 들면, 함수를 수단으로 하여 어떤 특정한 시점에 어떤 일이 발생할 것인지를 과학적으로 예측할 수도 있다는 것이죠. 더 구체적으로 예를 들면, 자동차가 이동한 거리가 시간이 경과 함에 따라 어떻게 변하는지를 보여줄 수 있는 거죠. 그러면, 특정 시점에 그 차가 어느 지점에 위치할 지를 구체적으로 표현할 수도 있는 것이죠. 사실은, 고려의 대상이 되는 그 움직이는 사물이라는 것은 차가 아니고 그 이동 거리입니다. 변하는 것은 차가 아니라 이동 거리이죠. 위에서 예로든 시간과 이동 거리가 데이터(data)인데, 그 데이터라는 것은 시간이나 이동 거리 뿐만이 아니라 넓이, 부피, 무게, 가격, 인구, 온도 등등과 같이 변할 수 있는 것은 무엇이든 해당될 수가 있겠죠.

또 하나의 예를 들자면, 이동거리와 시간 사이의 함수를 사용하여 추진력에 의하여 발사된 물체의 궤도를 그릴 수도 있습니다. 이동 거리에는 두 가지가 있을 수 있죠. 보통은 수평(水平)거리를 단순히 거리라 하고, 수직(垂直)거리를 높이라고 하죠. 그러면, 두 개의 함수가 있을 수 있는데, 그 중 하나는 수평거리와 시간 사이의 함수이고, 그 다른 하나는 높이와 시간 사이의 함수가 되겠네요. 또한, 수평거리와 높이 사이의 함수도 있을 수가 있습니다. 그리하여, 그 비행 물체가 문제를 일으키기 훨씬 전에 요격(邀擊)할 수도 있겠죠.

또한, 함수 표현을 가지고 어떤 특정한 기하학적(幾何學的) 사물을 정의(定義)할 수도 있습니다. 예를 들면, 평면이나 공간에 여러 가지 종류의 선(線), 삼각형 또는 사각형 같은 다각형 또는 특정 지점에 중심을 두고 특정 반지름을 갖고있는 원(圓)을 정의할 수도 있는 것이죠.

많은 경우에, 방정식을 풀 때 함수의 개념을 사용할 수 있습니다. 그러한 경우에, 그 방정식을 함수의 메커니즘(mechanism)으로 보고 그 함수의 그래프(graph)를 사용할 수도 있는 것이죠. 왜 그래프냐고요? 그것은 그 방정식을 시각화 시킬 수 있기 때문이죠. 그렇게 하면, 더욱 편리하고 효과적으로 그 방정식이 어떻게 행동을 하는지 알 수가 있으며 그리하여, 그 해답이 어디쯤에 있어야 하는지 알게 될 가능성이 더욱 높아지기 때문이죠.

유의사항: 이 책에 나와 있는 그림이나 그래프(graph)는 정밀한 것이 아니며 대략적이거나 개념적인 것입니다.

2. 함수(函數)는 어떻게 만드나요?

함수는 math 에서 하나의 도구죠. Math 에서의 다른 도구들과 마찬가지로 하나의 함수를 정의(定義)함으로 하여 하나의 함수를 만듭니다. 그러면 이제, 하나의 함수가 어떻게 정의되는지 알아내보기로 하죠. 함수가 하는 일이 뭐죠? 함수는 하나의 특정한 메커니즘(mechanism)으로 두개(個)의 데이터 그룹(data group)들을 연결합니다. 그 메커니즘은 보통 하나의 대수식(代數式)으로 되어있죠. 그러면, 그 함수를 정의하는데 구체적으로 표현되어야 하는 가장 중요한 요소들은 무엇이죠? 함수는 세 개의 필수적인 요소들을 포함하는데 그것들은 두개의 데이터 그룹들과 메커니즘입니다. 그러면, 필요하다면 다른 표현들과 함께 그 함수의 정의는 바로 이 필수적인 요소들의 구체적 표현들로 구성되어있어야 하는 거죠.

그러면 이제, 하나의 함수를 정의하기 전에 그 필수적인 구성요소에 대하여 먼저 알아내보도록 하죠. Math 에서의 사물에 대한 작업을 처음 시작할 때 그 사물에 대하여 처음에 하는 일이 뭐죠? 그것에게 이름을 붙이죠. 함수도 math 에서 하나의 사물이죠. 그러면, 그 함수에게 이름을 붙이는 것으로 그 함수의 정의를 시작하는 거죠. 또한, 함수 자신도 사물들을 가지고 있는데 이는 세 개의 필수적인 것들이죠. 그것들은 두개의 데이터 그룹들과 하나의 메커니즘이죠. 그러면 그것들에게도 이름을 달아주어야 겠죠. 예를 들면, 하나의 함수를 F 라 하고, 그 두개의 그룹들 중 하나를 X 라하며 그 다른 하나의 그룹을 Y 라고 할 수도 있겠네요. 그러면, 그 메커니즘은 어쩌고요? 당분간은 그걸 그저 F 라고 해두어도 되겠어요. 그러면 이제, 이 함수 F 는 메커니즘 F 를 수단으로 하여 그 두개의 데이터 그룹 X 와 Y 를 연결합니다.

그러나, 이 F 혼자만으로는 아직 함수의 완전한 이름이 될 수는 없어요. 함수의 이와 같은 이름은 함수의 호출명(呼出名)에 불과합니다. 함수에게 완전한 이름을 주려면, 그 함수에게 구조적인 방식으로 이름을 붙여야 하죠. 그 완전한 이름에 대한 논의는 데이터 그룹인 X 와 Y 에 대한 자세한 내용을 논의하고 난 후에 할 겁니다. 메커니즘은 어쩌고요? 그것도 나중에 다루게 될 겁니다.

그러면 이제, 함수 F 의 정의에 대한 논의를 그 두개의 데이터 그룹인 X 와 Y 를 구체적으로 표현하는 것으로 계속하도록 하죠. 이런 구체적인 표현들을 정의역과 치역의 정의들이라고 합니다. 이 그룹들은 둘 다 수들로 되어있는 두개의 데이터 집합들입니다만 성질면에서는 서로 다르죠. 이 둘 중 하나는 **정의역(定義域)**이고 그 다른 하나는 **치역(値域)**입니다. 그러면, 그 두 집합들 중 어느것이 정의역인지 또는 치역인지를 명확히 해야 하겠네요. 예를 들어서, X 를 정의역이라 하고 Y 를 치역으로 해볼 수 있죠. 정의역과 치역을 정의할 때는 그 두개의 집합들 중의 하나를 정의역으로 그 다른 하나는 치역으로 선언하는 것이 좋습니다. 그러나, 일반적으로는 이와 같은 선언을 함수의 정의 속에 실제로 표기하여 포함시키지는 않아도 되죠. 이 선언이라는 것은 그저 그 두 집합들 중의 하나가 정의역이고 그 다른 것이 치역이라고 말하는 것에 지나지않고 또한, 이는 결국 그 함수의 정의에 암시적(暗示的)이기는 하지만 분명히 표현될 것이거든요. 그러면 이제, 구체적인 예를 하나 들어보기로 하죠.

데이터 원소(元素)들로 되어있는 두개의 집합들이 있는데 그것들의 이름을 X 와 Y 라 하고 다음과 같은 방식으로 그것들을 표현해보세요: $\mathbf{X = \{x|\ 0 \le x \le 1\}}$ 이고 $\mathbf{Y = \{y|\ 38 \le y \le 40\}}$.

그러면 이제, X 를 정의역으로 Y 를 치역으로 선언할 겁니다. 그러면, 다음과 같이 적어놓으면 되죠:

정의역: $\mathbf{X = \{x|\ 0 \le x \le 1\}}$. **치역:** $\mathbf{Y = \{y|\ 38 \le y \le 40\}}$.

그러면, X 라는 정의역은 0 보다는 크거나 같고 1 보다는 작거나 같은 모든 값들의 집합이고, Y 라는 치역은 38 보다는 크거나 같고 40 보다는 작거나 같은 모든 값들의 집합이죠.

소문자(小文字)로 되어있는 x 와 y 는 이 함수 F 에서의 변수로 취급될 수도 있습니다. 더 자세히 이야기 하자면, x 는 입력변수가 될 수도 있고 y 는 출력변수가 될 수도 있는 것이지요. 변수라는 것은 하나의 용기(容器)로 간주될 수 있어요. 변수는 한번에 한 개의 원소만을 수용(收容)할 수 있죠. 그러나, 변수는 관련 집합에 속하는 모든 원소를 수용할 수 있어야만 합니다. 다시 말해서, 변수 x 는 집합 X 에 있는 각각의 모든 원소를 수용할 수 있어야 하며, 변수 y 는 38 에서 40 까지의 각각의 모든 값을 수용할 수 있어야 한다는 것이죠. 또한, 입력변수는 정의역에서 입력을 취하고 정의역의 원소들을 독립 데이터라고 하니까 입력변수를 **독립변수**라고 하기도 합니다. 반면에, 출력변수는 **종속변수**라고 하기도 하죠. 변수에 관한 자세한 내용은 해당 절(節)에서 다루게 될 겁니다.

그런데, 이 두개의 집합들 중에 어느 쪽이 정의역인지 어떻게 아느냐고요? 이제, 그에 대한 논의로 들어갈 겁니다. 그러면, 정의역과 치역이 뭘 의미하는지를 더욱 구체적으로 알아야 하겠네요. 두개의 데이터 그룹들 중에 한 그룹을 그저 무작위(無作爲)로 뽑아서 정의역이라 하고 그 다른 것을 치역이라고 선언하지는 않아요. **치역은 정의역에 종속(從屬)**되죠. 함수는 정의역에 있는 데이터에 작용하여 결과를 만들어내고 그 결과를 치역에 넣죠. 좀더 자세히 말해서, 함수는 정의역으로부터 하나의 데이터 원소를 취하고, 그 원소는 메커니즘으로 공급되어 그 메커니즘에서 연산(演算)이 이루어지고 나면 그 결과가 치역에 놓여지는 것이죠. 그러면 이제, 그 연산의 결과로서 치역에 속하는 데이터 원소가 정의역에 속한 데이터 원소에 따라서 만들어지는 거죠. 그러니까, 치역의 데이터들은 정의역의 데이터들에게 종속되는 것이죠. 그래서, 치역의 데이터들을 종속 데이터라고 해요. 반면에, 정의역에 있는 원소들은 독립 데이터라고 하지요. 그러므로, 두 집합들 중의 하나를 정의역으로 선언하기 전에 그 두개의 집합들 중 어느 쪽이 독립 데이터를 갖고있는지 확인하는 것이 좋겠죠. 그러나, 정의역의 데이터를 독립 데이터라 한다고 해서 이것들에게 무슨 독립기념일이 있다거나 이것들이 혼자서만 성립한다는 것은 아닌 거죠. 다만, 치역의 데이터에 대하여 대조적(對照的)으로 이것들을 그렇게 부르는 것 뿐이죠. 그러나, 정의역과 치역 사이의 관계를 원인과 결과 간의 관계로 볼 수는 있어요. 정의역의 하나의 원소가 하나의 원인이고 그 결과가 하나의 원소로서 치역에 존재하는 것이죠. 즉, 치역의 원소는 정의역의 원소때문에 생긴다 하거나 또는, 정의역의 원소가 치역의 원소를 초래한다라고 할 수도 있다는 겁니다.

보통은 치역에 속한 원소가 정의역에 속한 원소에 대응한다고 합니다. 그런 경우에는 두 집합들 간의 종속관계를 감안하는 것이며 또한, correspond 라는 이 낱말을 **응답(應答)하다** 라는 낱말로 해석하기도 하죠. 즉, 치역의 원소를 정의역의 원소에 대한 반응으로 취급하는 것이죠. 다른 한편, correspond 라는 이 낱말을 **부합(符合)하다**(서로 맞는다) 라는 어휘로 해석하는 경우가 자주 있어요. 그런 경우에는 종속관계를 따지지않고 두 데이터 그룹들 사이의 연결 그 자체를 논의하는 것이죠. 논의를 이 연결에만 국한시키면 두 집합들 중의 하나에 있는 원소가 다른 하나에 있는 원소에 부합한다는 것이죠. 즉, 상호(相互) 대응에 관하여 이야기하게 되는 겁니다. (상호 대응을 줄여 말하면 상응(相應)이죠.) 그렇다 하더라도 여전히, 데이터 집합들을 구별할 필요는 있는 것이지요. 즉, 둘 중 하나는 정의역이고 그 다른 하나는 치역입니다.

그러면, 대응에서의 범주(範疇)를 수단으로 하여 정의역에 있는 각각의 원소가 치역에 있는 각각의 원소에 어떻게 부합하는 가에 관하여 이야기해보도록 하죠. 즉, 상호 대응에 관하여 이야기하는 겁니다. 우선 먼저, 정의역과 치역의 있는 모든 원소 하나하나가 전부 그 대응에 참여해야 합니다. 즉, 그 어느 원소도 소외(疏外)되지않는 것이죠. 대응에는 기본적으로 두 가지 범주가 있어요. 어떤 함수에서는 정의역에 있는 각각의 원소가 치역에 있는 다른 원소에 부합합니다. 즉, 이런 함수에서는 정의역에 속한 두개 이상의 원소들이 치역에 속하는 하나의 동일한 원소에 부합할 수 없다는 거죠. 그러한 함수를 일대일(一對一) 함수라고 해요. 어떤 다른 함수에서는 정의역에 있는 두개 이상의 원소들이 치역에 있는 하나의 같은 원소에 부합할 수도 있어요. 즉, 이런 함수에서는 두개 이상의 서로 다른 입력들 각각에 대하여도 하나의 동일한 출력이 만들어질 수도 있다는 것이죠. 그러한 함수를 다대일(多對一) 함수라고 합니다.

그러면, 함수가 어떻게 작동하는가를 수단으로 하여 함수를 정의하는 것에 대한 논의를 계속하도록 하죠. **정의역으로부터의 원소**는 **입력 원소, 입력 데이터, 입력 값(치)**, 또는 줄여서, 그저 **입력**이라고 합니다. **치역으로의 원소**는 **출력 원소, 출력 데이터, 출력 값(치)**, 또는 줄여서, 단순히 **출력**이라고 하죠. 그러면, 함수는 정의역에서 하나의 입력을 취하고 그 메커니즘에 공급하여 하나의 출력을 만드는데 그 출력은 치역에 속하는 것이죠. 위의 예를 반영하면, F는 X에서 하나의 입력을 취하고 그 메커니즘에 공급하여 하나의 출력을 만드는데 그 출력은 Y에 속하는 것이죠. 또한, 함수는 정의역에 있는 **각각의 모든** 원소를 입력으로 취급하고 치역에 있는 **각각의 모든** 원소를 출력으로 취급한다는 것을 유의(留意)하여야 합니다.

그러면 이제, 함수의 완전한 이름에 관하여 이야기를 시작해볼 수 있겠네요. 이미 예로 들었던 그 F 로 되돌아가보는데, 그 F 에서는 X 가 정의역이고 Y 가 치역이죠. 함수에 완전한 이름을 붙일 때에는 그 함수의 호출명과 입력변수 그리고 한 쌍(雙)의 괄호(括弧)를 사용합니다. 앞의 예에서 F 를 호출명으로 사용하였죠. 이 예에서 x 가 입력변수라는 것을 알고있죠. 그러면, 함수 F 의 완전한 이름은 **F(x)**입니다. 보통, 이것을 **'F of x'** 라고 읽는데, 이는 **"F는 x의 함수이다."** 라는 말을 줄인 겁니다. 함수를 참조할 때 흔히 호출명만을 사용하기는 하죠. 그런데, 함수의 메커니즘에는 이름을 따로 붙이지는 않고 보통 그 함수 이름과 함께 그 메커니즘을 구체적으로 표현합니다. 함수 F 의 메커니즘이 2x + 38 이라고 해보죠. 그러면, 이 메커니즘을 가지고 함수 F는 하나의 입력 값에 2를 곱하고 그 곱에 1을 더하여 그 합을 그 입력 값에 대한 출력 값으로 하는 것이죠. 그러면, 이 메커니즘을 F(x) = 2x + 38 과 같이 표현하거나 F = 2x + 38 로 표현할 수도 있는 것이죠.

그러면 출력변수 y 에 대하여는 무엇을 말할 수 있을까요? 함수 F 가 X 에서 하나의 입력 데이터를 취하여 이 입력 데이터에 대응하는 출력 데이터를 만드는데 그 출력 데이터는 Y 에 속한다는 것을 알고있죠. 이 F 가 지금 0.8 을 하나의 입력으로 사용한다고 해보세요. 그러면, 입력변수 x는 0.8 을 갖으며, x = 0.8 이라고 합니다. 그러면, 그 출력을 F(0.8)로서 표현할 수 있으며 이것을 'F of 0.8' 이라고 읽습니다. 다시 말하면, F(0.8)이 0.8 이라는 입력에 대응하는 출력이죠. 간단히, F(0.8)은 0.8 에 대응한다고 하죠. 그러면 이제, 이 y가 모든 출력을 수용한다는 것을 알고있죠. 물론, 한번에 하나씩 입니다. 그러면 x = 0.8 일 때 y = F(0.8)이라고 할 수 있으며 마찬가지 개념이 X 와 Y 에 있는 모든 원소에 적용된다고 할 수 있는 것이죠. 그러면, 그런 개념을 y = F(x)라 하여 표현하는 겁니다. 이제, 메커니즘(mechanism) 2x + 38 을 예로 들어보죠. F(x) = 2x + 38 이라는 것을 알고있죠. 그러면, F(0.8) = 2(0.8) + 38 = 39.8 이며, 바로 이 39.8 이 x = 0.8 에 대한 y 의 값이라는 것을 알 수 있죠. 다시 말하면, 이 F가 0.8 을 취하여 그 값을 그 메커니즘(2x + 38)에 투입하여 39.8 (= 2(0.8) + 38)을 만드는 겁니다. 그리하여, 함수 F 에서 0.8 이 39.8 에 부합하는 것을 알 수 있으며 반대 방향으로 이야기해도 되는 것이죠. 즉, 이 F 에서는 x = 0.8 에 대하여 y = 39.8 이라는 것입니다. 또한, y = F(x)이고 F(x) = 2x + 38 이니까 그 메커니즘을 y = 2x + 38 이라고 놓을 수도 있습니다. 그리하여, 다음과 같이 표현할 수 있어요:

y = F(x) = 2x + 38 이며 **x ∊ X** (또는 **0 ≤ x ≤ 1**).

위에서와 같은 특정한 경우에, 이 **F**는 **x**의 **함수이다** 라고 합니다.

다음과 같은 또 하나의 예를 들어보죠. 다음과 같이 가정(假定)하세요:

이 **함수를 G라고 합니다.**
정의역은 **S = {e| 0 ≤ e ≤ 8}** 이고 치역은 **T = {e| 3 ≤ e ≤ 67}입니다.**
입력변수는 **s** 이고 출력변수는 **t** 입니다.
메커니즘은 **s^2 + 3** 입니다.

그러면:
이 함수의 호출명은 G가 되죠.
이 G 는 G(s)이다 라고 할 수 있습니다. 그러면, 이 **G는 s의 함수이다** 라고 할 수 있는 겁니다.
t = G(s) 라고 놓을 수 있죠. 또한, 직접 $t = s^2 + 3$ 라고 놓을 수도 있습니다.
그러면, s = 3일 때, 이 G 는 G(3)를 만드는데 이것은 $3^2 + 3 = 12$ 와 같은 것이죠.
그리하여, 출력변수인 t는 12를 갖게 될 것이고 그 값은 G(3)와 같습니다.
그러면, G(9)은 어떤가요? 이 G 는 G(9)을 만들 수는 없죠 왜냐하면, 9 는 정의역에 속하지않기 때문이죠. 이러한 경우에, 함수 G는 s = 9에 대하여는 정의되어 있지않다 라고 합니다.

그러면 이제, 함수를 약간 다른 각도에서 보기로 하죠. 함수에서 치역에 속하는 하나의 특정한 원소가 정의역에 속하는 하나 또는 그 이상의 특정 원소들과 부합한다는 것을 알고있죠. 다시 말하면, 치역에 속하는 하나의 특정 원소를 지정하면 정의역에 속하며 그에 부합하는 원소가 결정될 수 있다는 것이죠. 그리하여, 방정식으로 전환되는 문제에 대한 답을 구하는 데에 함수를 자주 사용합니다. 예를 들면, 그 문제가 결국, $y = 3x^2 + 1$과 같은 방정식으로 정리(整理)되는 경우가 많으며 문제가 요구하는 바에 따라 y = 1 일 때 x의 값을 찾으려 할 수가 있는 것이죠. 그러면, $y = 3x^2 + 1$이며 $y = 1 \Rightarrow 1 = 3x^2 + 1 \Rightarrow x = 0$. 이때, 이 x의 값이 문제에서 언급된 모든 조건에 부합한다는 것을 따져서 결론지어야 합니다. 즉, 0이 그 문제가 성립될 수 있는 구역에 포함되는지 확인해야 할 수도 있다는 것이죠. 그러면, $3x^2 + 1$ 로 되어있는 수식을 함수의 메커니즘으로 하고 이 메커니즘이 작동할 수 있는 구역에 0이 포함되는지를 알아보는 겁니다. 그 구역은 그 함수의 정의역이죠. 그러면, 0이 그 정의역에 포함이 안되면 y 는 1 이 될 수 없다는 것이 답이죠. 그러면, 그 정의역은 어떻게 알아내죠? 보통은 문제에 나와있는 모든 조건들을 제대로 해석하면 그 정의역을 알아낼 수 있어요. 또한, 그 정의역을 확보하기 위하여 그 문제의 본질을 고려해보아야 할 수도 있죠. 다음과 같은 또 하나의 예를 들어보기로 하죠.

다음과 같이 가정하세요:

다음과 같은 관계식으로 정리되는 문제가 있습니다: $y = 2x - 1$ 이며 $y = x^2$.
이 두 개의 관계식들에서 y의 값이 서로 같을 때의 x의 값을 구하려 합니다. 즉, 메커니즘이 x – 2와 x^2으로 되어있는 두개의 함수들에서 같은 출력을 유발시킬 수 있는 x의 값을 알고자 하는 것이죠.

그러면, $x - 2 = x^2$ 라는 것을 알 수 있죠.
그리하여, $x^2 - x + 2 = 0$로 되는 x에 대한 단일(單一)한 방정식을 갖게 되죠.
그러면, $x^2 - x + 2 = (x - 2)(x + 1) = 0 \Rightarrow x = -1$ or 2.
그러면 이제, 이 x의 값들이 문제의 모든 조건을 만족하는지를 확인해야 할 수도 있는 것이죠.
그러면, 함수를 또 하나 만드는 겁니다. $x^2 - x + 2$으로 되어있는 다항식(多項式)을 함수의 메커니즘으로 하고 그 문제의 조건이나 본질에 따라 그 정의역을 설정하는 거죠. 예를 들면, 그 정의역은 1 보다 큰 수들로 되어있다고 결론짓게 될 수도 있겠죠.
그러면, x가 –1일 때는 문제가 성립하지 못하는 것이며, 이 경우에는 x = 2 만이 답이 될 수 있는 겁니다.

요약:

함수는 메커니즘(mechanism) 뿐만이 아니라 **정의역**과 **치역**도 가지고 있다는 것을 유념(留念)하세요.
하나의 함수를 정의(定義)할 때는 메커니즘과 함께 정의역과 치역을 정의합니다.
먼저, 그 함수를 뭐라고 부를 수 있어야 하니까 그 함수의 호출명을 정하고 또한, 그 정의역과 치역에게도 이름을 붙여주어야 하죠.

정의역과 치역은 데이터 그룹(data group) 들이며 그 데이터는 보통은 수들로 되어있죠.
정의역의 데이터들은 원인이나 조건을 나타내며 치역의 데이터들은 그 결과들을 나타내죠. 그리하여, 치역의 데이터들은 정의역의 데이터에 종속된다고 하죠. 또한, 정의역의 데이터를 독립데이터 라 하고 치역의 데이터를 종속데이터 라고도 합니다.
또한, 정의역의 데이터를 입력이라고 하며 치역의 데이터를 출력이라고도 하죠.
그러면, 집합의 표현을 사용하여 정의역과 치역을 구체적으로 표현합니다.

정의역에서의 특정 원소와 치역에 있는 특정 원소가 상호 대응(부합)합니다.
정의역과 치역의 있는 모든 원소 하나하나가 전부 그 대응에 참여해야 합니다.
어떤 함수에서는 정의역에 있는 각각의 원소가 치역에 있는 다른 원소에 부합합니다.
즉(卽), 그런 함수에서는 정의역에 속하는 두개 이상의 원소들이 치역에 속하는 하나의 동일한 원소에 부합할 수 없다는 것이죠.
그러한 함수를 일대일(一對一) 함수라고 합니다.
어떤 다른 함수에서는 정의역에 있는 두개 이상의 원소들이 치역에 있는 하나의 같은 원소에 부합할 수도 있습니다. 즉, 그런 함수에서는 두개 이상의 서로 다른 입력들 각각에 대하여도 하나의 동일한 출력이 만들어질 수도 있다는 것이죠.
그러한 함수를 다대일(多對一) 함수라고 합니다.

그 대응이 이루어지는 방식을 메커니즘으로 구체적으로 표현하며 그 메커니즘은 주로 하나의 대수식(代數式)으로 이루어져있습니다.
입력은 입력변수가 수용하고 출력은 출력변수가 수용합니다.
함수에 완전한 이름을 붙일 때는 괄호 안에 표기된 입력변수와 함께 그 함수의 호출명을 사용하여 만듭니다.

대응관계가 있는 곳에는 **함수**가 있습니다.

(Informal 은 formal 의 반대말로서 주로 비공식적이나 격식을 차리지않은 이라는 뜻으로 쓰며 약식(略式)이라는 뜻으로도 자주 쓰입니다. Casual 은 주로 별(別) 생각 없이나 별 것 아닌 또는 임시(臨時) 라는 뜻으로 쓰는데 informal 의 뜻으로 사용(使用)하기도 하지요. 그런데, informal 이라는 낱말을 약식이라는 뜻으로 사용할 때에는 formal 에 반하여 주로 형식면에서 간략하다는 뜻으로 사용하는 것이고, 그저 양적으로 간략하다는 표현을 쓸 때 즉, 양을 줄여서 간단히 하여 약식이라는 표현을 할 때는 short 또는 brief 라는 낱말을 자주 사용하죠. 한편, concise 는 간단명료하다는 뜻이죠. 그러나, shortly 라는 것은 '시간적으로 곧' 이라는 뜻으로 자주 사용하는데, '퉁명스럽거나 공손하지 않게 (말을) 짤막하게 (하다)' 라는 뜻으로 사용하기도 합니다.)

함수를 정의할 때는 보통 그 함수를 완벽(完璧)하게 정의하는 것으로 되어있죠. 하나의 함수를 완벽하게 정의할 때, 그 함수의 완전(完全)한 또는 완벽한 정의를 제시(提示)한다고 합니다. 함수의 완전한 정의는 그 함수의 이름, 정의역과 치역, 그리고 메커니즘(mechanism)으로 구성되어있죠. 그러나, 함수의 완전한 정의를 제시하는 것 대신에 그 함수의 구체적인 표현만을 제시하는 경우가 많아요. 그 구체적인 표현을 그 함수의 정의로 취급하는 경우도 많은데, 그런 표현은 그 함수의 약식(略式) 정의(定義)라고 해야 하죠. 함수를 구체적으로 표현 할 때에도 적어도 그 함수의 호출명 및 메커니즘과 함께 **정의역**은 표현해야 합니다. 그러나, 메커니즘의 표현이 당장은 없거나 당분간 필요하지않을 때에는 이름과 정의역만으로도 약식 정의를 하기도 하는데 이것을 최소한의 정의라고 할 수 있어요. 그러나, 함수에 대한 모든 필수적인 내용이 이미 확실하다거나 또는, 그런 내용들이 당분간 필요하지않을 경우에는 그 함수의 이름 또는 호출명만을 사용하는 경우가 많습니다; 물론, 함수의 이름만으로 함수의 정의를 할 수는 없는 겁니다.

하나의 새로운 함수를 소개(紹介)하여 구체적으로 표현한다고 해보세요. 그러면, 그 이름이나 호출명과 메커니즘만을 제시하는 것으로는 충분(充分)하지 않습니다. 예를 들면, $f(x) = 3x^2 + 8x + 2$ 만으로는 불충분하다는 것이죠. 그 이유는 x의 어떤 값에 대하여 그 함수가 정의되어 있는지 알 수가 없기 때문입니다. 그 함수의 표현에 그 정의역을 포함해야 하는 것이죠. 하지만, 함수를 완전히 정의하는 것이 아니고 구체적으로 표현만 할 때는 보통 그 정의역에 대하여 집합 표기법을 사용하지는 않습니다. 그 대신에 정의역을 구체적으로 표현하기 위하여 입력변수가 취할 수 있는 값의 범위를 나타내어줍니다. 이 경우에는 주로 그 정의역을 실수직선(實數直線)에서의 입력 값의 범위로 표현합니다. 또한, 정의역에 대하여 별다른 표현이 없을 때에는 입력 값에 대하여 모든 실수(實數)가 사용되는 것으로 간주되어있죠. 그러면, 그 정의역은 그렇게 하여 정의되는 것이죠. 예를 들어, 다음과 같은 표현들은 모두 충분한 것들입니다:

$f(x) = 3x^2 + 8x + 2$ for $x \geq -1$.
$f = 3x^2 + 8x + 2$ for $x \geq -1$.
$g(x) = 3x^2 + x$ for x is real.
$h(t) = 2t^2 + 3$ where $t \leq 5$.
$v(s) = s + 2$, and $s \geq 0$.

(영어에서는 다음과 같은 방식으로 함수를 표현하곤 하는데 모두 동일한 것들입니다:
$g(x) = 3x^2 + x$ for all x that is real. 실수인 모든 x에 대하여 $g(x) = 3x^2 + x$이다.
$g(x) = 3x^2 + x$ for x is real. 실수인 x에 대하여 $g(x) = 3x^2 + x$. 또는, $g(x) = 3x^2 + x$ 이며 x는 실수이다.
"x는 실수이다." 라는 말은 "x는 모든 실수의 집합에 속한다." 라는 말입니다.
$g(x) = 3x^2 + x$ where x is real. $g = 3x^2 + x$ 이며 여기에서 x는 실수이다.
$g = 3x^2 + x$, and x is real. $g = 3x^2 + x$ 이고, x는 실수이다.)

만약에 함수 f가 **$f(x) = 3x + 5$**와 같이 이름과 메커니즘만으로 표현되어있다면, 이 함수 f의 정의역은 모든 실수의 집합으로 간주되는 것이죠. 즉, **$f(x) = 3x + 5$ for x that is real** 과 같은 것으로 간주합니다.

함수를 표현할 때 함수의 이름이나 호출명 대신에 출력변수를 사용하는 경우도 많이 있습니다.
위에서 예로든 **$f(x) = 3x^2 + 8x + 2$ for $x \geq -1$** 라는 함수가 있지요.

이제, f에서 y가 출력변수라고 해보죠.
그러면, 흔히 이 f를 **$y = 3x^2 + 8x + 2$ for $x \geq -1$** 라고 표현하기도 합니다.
$y = f(x)$ 이니까 그 뜻은 자명하죠.

$g(x) = 1/(x - 1)$ for $x \geq 0$ 라고 하는 것은 어떤가요?
이 g는 $x = 1$에 대하여는 정의되지않는 것을 알 수 있죠. 어떻게 요?
그것은 0으로 나눗셈하는 것은 허용되지않기 때문이죠: $x = 1$일 때 $x - 1 = 0$.
그리하여, 그 표현은 $x \neq 1$ 과 같은 말을 포함해야 하는 것이죠.

그러면, 다음과 같은 두 가지 방식들 중에 어느 한가지로 그 표현을 해도 되는 겁니다:

$g(x) = 1/(x - 1)$ 이며 $x \geq 0$ 이고 $x \neq 1$.

$g = 1/(x - 1)$, $0 \leq x < 1$ 또는 $1 < x$.

예제(例題)
함수는 어떻게 만드나요?

이 연습 문제는 어떤 학생들에게는 너무 쉬울 수도 있죠. 그렇다 하더라도 다 해보세요.

0. 실수 x에 대하여 함수 $y = f(x) = x$가 있다고 하고 다음의 각 입력 값에 대하여 출력 값을 구하세요.

0.0. $x = 0$

0.1. $x = 1$

0.2. $x = 3$

0.3. $x = 0.2$

0.4. $x = -0.7$

1. 실수 x에 대하여 함수 $y = f(x) = 2x + 3$가 있다고 하고 다음의 각 입력 값에 대하여 출력 값을 구하세요.

1.0. $x = 0$

1.1. $x = 1$

1.2. $x = 2$

1.3. $x = 3$

1.4. $x = -0.7$

1.5. $x = -0.6$

1.6 $x = -0.5$

2. $-1 \leq x \leq 2$이며 함수 $y = f(x) = x^2 - 1$이 있다고 하고 다음의 각 입력 값에 대하여 출력 값을 구하세요.

2.0. $x = 0$

2.1. $x = 1$

2.2. $x = 2$

2.3. $x = 3$

2.4. $x = -0.5$

2.5. $x = -0.6$

2.6. $x = -1.5$

3. 다음의 각 함수의 치역을 알아내봅시다.

3.0. 실수 x에 대하여 $y = f(x) = x$.

3.1. $0 \le x \le 1$ 이며 $y = f(x) = x$.

3.2. 실수 x에 대하여 $y = f(x) = 2x$.

3.3. $0 \le x \le 1$ 이며 $y = f(x) = 2x$.

3.4. $0 \le x \le 1$ 이며 $y = f(x) = 2x - 3$.

3.5. 실수 x에 대하여 $y = f(x) = x^2$.

3.6. $x \ge 0$ 이며 $y = f(x) = x^2$.

3.7. $x \le 0$ 이며 $y = f(x) = x^2$.

3.8. $0 \le x \le 1$ 이며 $y = f(x) = x^2$.

3.9. $x \ge 1$ 이며 $y = f(x) = x^2$.

3.A. $x \ge -1$ 이며 $y = f(x) = x^2$.

3.B. $x \le 1$ 이며 $y = f(x) = x^2$.

3.C. $1 \le x < 2$ 이며 $y = f(x) = x^2$.

3.D. $1 \le x \le 2$ 또는 $-2 \le x \le -1$ 이며 $y = f(x) = x^2$.

3.E. $0 \le x < 1$ 또는 $-2 \le x \le -1$ 이며 $y = f(x) = x^2$.

3.F. $0 \le x < 0.1$ 또는 $-2 \le x < -1$ 이며 $y = f(x) = x^2$.

3.G. 실수 x에 대하여 $y = f(x) = -x^2$.

3.H. $x \ge 0$ 이며 $y = f(x) = -x^2$.

3.I. $x \le 0$ 이며 $y = f(x) = -x^2$.

3.J. $0 \le x \le 1$ 이며 $y = f(x) = -x^2$.

3.K. $x \ge 1$ 이며 $y = f(x) = -x^2$.

3.L. $x \ge -1$ 이며 $y = f(x) = -x^2$.

3.M. $x \le 1$ 이며 $y = f(x) = -x^2$.

3.N. $1 \le x < 2$ 이며 $y = f(x) = -x^2$.

3.O. $1 \le x \le 2$ 또는 $-2 \le x \le -1$ 이며 $y = f(x) = -x^2$.

3.P. $0 \le x < 1$ 또는 $-2 \le x \le -1$ 이며 $y = f(x) = -x^2$.

3.Q. $0 \le x < 0.1$ 또는 $-2 \le x < -1$ 이며 $y = f(x) = -x^2$.

3.R. 실수 x에 대하여 $y = f(x) = 2x^2$.

3.S. $x \ge 0$ 이며 $y = f(x) = 2x^2$.

3.T. $x \le 0$ 이며 $y = f(x) = 2x^2$.

3.U. $0 \le x \le 1$ 이며 $y = f(x) = 2x^2$.

3.V. $x \ge 1$ 이며 $y = f(x) = 2x^2$.

3.W. $x \ge -1$ 이며 $y = f(x) = -2x^2$.

3.X. $x \le 1$ 이며 $y = f(x) = -2x^2$.

3.Y. $1 < x \le 2$ 이며 $y = f(x) = -2x^2$.

3.Z. $1 \le x \le 2$ 또는 $-2 \le x \le -1$ 이며 $y = f(x) = 2x^2 + x$.

3.a. $0 \le x < 1$ 또는 $-2 \le x \le -1$ 이며 $y = f(x) = -x^2 + 2x$.

3.b. $0 \le x < 0.1$ 또는 $-2 \le x < -1$ 이며 $y = f(x) = -2x^2$.

3.c. 0 이 아닌 실수 x에 대하여 $y = f(x) = 1/x^2$.

3.d. $x > 0$ 이며 $y = f(x) = -1/x^2$.

3.e. $-1 \le x < 0$ 또는 $x > 0$ 이며 $y = f(x) = -1/x^2$.

제안과 풀이
0 번 예제에서의 문제

0. 실수 **x** 에 대하여 함수 **y = f(x) = x** 가 있다고 하고 다음의 각 입력 값에 대하여 출력 값을 구하세요.

0.0. x = 0

f(0) = 0.

0.1. x = 1

f(1) = 1.

0.2. x = 3

f(3) = 3.

0.3. x = 0.2

f(0.3) = 0.3.

0.4. x = -0.7

f(-0.7) = -0.7.

입력과 출력이 서로 같죠. 이런 함수를 항등함수(恒等函數)라고 합니다.

제안과 풀이
1번 예제에서의 문제

1. 실수 **x**에 대하여 함수 **$y = f(x) = 2x + 3$**가 있다고 하고 다음의 각 입력 값에 대하여 출력 값을 구하세요.

1.0. $x = 0$

$f(0) = 2(0) + 3 = 0 + 3 = 0.$

1.1. $x = 1$

$f(1) = 2(1) + 3 = 2 + 3 = 5.$

1.2. $x = 2$

$f(2) = 2(2) + 3 = 4 + 3 = 7.$

1.3. $x = 3$

$f(3) = 2(3) + 3 = 6 + 3 = 9.$

1.4. $x = -0.7$

$f(-0.7) = 2(-0.7) + 3 = -1.4 + 3 = 1.6.$

1.5. $x = -0.6$

$f(-0.6) = 2(-0.6) + 3 = -1.2 + 3 = 1.8.$

1.6 $x = -0.5$

$f(-0.5) = 2(-0.5) + 3 = -1 + 3 = 2.$

제안과 풀이
2 번 예제에서의 문제

2. $-1 \le x \le 2$ 이며 함수 $y = f(x) = x^2 - 1$ 이 있다고 하고 다음의 각 입력 값에 대하여 출력 값을 구하세요.

2.0. $x = 0$

$f(0) = 0^2 - 1 = -1.$

2.1. $x = 1$

$f(1) = 1^2 - 1 = 0.$

2.2. $x = 2$

$f(2) = 2^2 - 1 = 3.$

2.3. $x = 3$

3 은 정의역에 포함되지않으므로 함수 f 는 x = 3 에서 성립하지않죠. 그러므로, f(3)는 존재하지않는 것이죠.

2.4. $x = -0.5$

$f(-0.5) = (-0.5)^2 - 1 = 0.25 - 1 = -0.75.$

2.5. $x = -0.6$

$f(-0.6) = (-0.6)^2 - 1 = 0.36 - 1 = -0.64.$

2.6. $x = -1.5$

-1.5 는 정의역에 포함되지않으므로 함수 f 는 x = -1.5 에서 성립하지않습니다. 그러므로, f(-1.5)는 존재하지않는 것이죠.

제안과 풀이
3번 예제에서의 문제

3. 다음의 각 함수의 치역을 알아내봅시다.

3.0. 실수 **x**에 대하여 **y = f(x) = x.**
이 x가 실수라는 것은 입력 값이 어떤 실수라도 된다는 것이죠.
즉, 정의역이 모든 실수의 집합이라는 것입니다.
그러므로, 함수 f는 모든 실수에 대하여 성립합니다.
이 함수 f에서는 입력과 출력이 서로 같으므로 치역도 모든 실수의 집합입니다.
물론, 각 입력에 대하여 모든 출력 값들 각각은 서로 다르죠.
이런 함수를 항등함수(恒等函數)라고 합니다.

3.1. 0 ≤ x ≤ 1 이며 **y = f(x) = x.**
함수 f는 항등함수이고 이런 함수에서는 입력과 출력이 서로 같으므로 치역이 정의역과 같은 것이죠.
정의역은 0에서 1까지의 모든 실수의 집합이죠.
그러므로, 함수 f는 0보다 크거나 같고 1보다 작거나 같은 모든 실수에 대하여 성립합니다.
치역도 출력 값의 범위로 나타낼 수도 있습니다.
그러므로, 치역은 $0 \le y \le 1$.

3.2. 실수 **x**에 대하여 **y = f(x) = 2x.**
이 x가 실수라는 것은 입력 값이 어떤 실수라도 된다는 것이죠.
즉, 정의역이 모든 실수의 집합이라는 것입니다.
함수 f는 모든 실수에 대하여 성립하고 모든 입력 각각에 대하여 모든 출력이 제각기 모두 다릅니다.
그러므로, 모든 출력의 집합도 모든 실수의 집합이죠.
즉, 치역은 모든 실수의 집합입니다.

3.3. 0 ≤ x ≤ 1 이며 **y = f(x) = 2x.**
정의역은 0에서 1까지의 모든 실수의 집합이죠.
그러므로, 함수 f는 0보다 크거나 같고 1보다 작거나 같은 모든 실수에 대하여 성립합니다.
출력 값이 입력 값의 두 배이죠.
치역도 출력 값의 범위로 나타낼 수도 있죠.
출력변수는 y이고 $y = 2x$ 이죠.
$0 \le x \le 1 \Rightarrow 0 \le 2x \le 2$.
그러므로, 치역은 $0 \le y \le 2$.

3.4. $0 \le x \le 1$ 이며 $y = f(x) = 2x - 3$.

정의역은 0 보다 크거나 같고 1 보다 작거나 같은 모든 실수의 집합이죠.
그러므로, 함수 f 는 0 에서 1 까지의 모든 실수에 대하여 성립합니다.
입력 값에 2 를 곱하고 그 곱에서 3 을 빼면 그 차(差)가 출력이 되는 것이죠.
출력변수는 y 이고 $y = 2x - 3$ 이죠.
$0 \le x \le 1 \Rightarrow 0 \le 2x \le 2 \Rightarrow 0 - 3 \le 2x - 3 \le 2 - 3 \Rightarrow -3 \le y \le -1$.
그러므로, 치역은 $-3 \le y \le -1$.

3.5. 실수 x에 대하여 $y = f(x) = x^2$.

이 x 가 실수라는 것은 입력 값이 어떤 실수라도 된다는 것이죠.
즉, 정의역이 모든 실수의 집합이라는 것입니다.
그러므로, 함수 f 는 모든 실수에 대하여 성립합니다.
어떤 실수라 하더라도 그 제곱은 0 보다 크거나 같습니다. 즉, 실수의 제곱의 최소(最小)값은 0 이죠.
실수의 제곱의 최대(最大)값은 없습니다 왜냐하면, 그 제곱은 무한정(無限定) 클 수 있기 때문입니다.
그리하여, 치역은 $y \ge 0$.

3.6. $x \ge 0$ 이며 $y = f(x) = x^2$.

정의역은 0 보다 크거나 같은 모든 실수의 집합이죠.
그리하여, 함수 f 는 0 보다 크거나 같은 모든 실수에 대하여 성립합니다.
이러한 실수의 제곱은 0 보다 크거나 같습니다.
즉, 출력의 최소값은 0 이죠.
또한, 이러한 실수의 제곱의 최대값은 없습니다 왜냐하면, 그 실수가 무한정 클 수 있고 따라서, 그 제곱은 무한정 클 수 있기 때문입니다.
즉, 출력의 최대값은 없는 것이죠.
그리하여, 치역은 $y \ge 0$.

3.7. $x \le 0$ 이며 $y = f(x) = x^2$.

정의역은 0 보다 작거나 같은 모든 실수의 집합이죠.
그러므로, 함수 f 는 0 보다 작거나 같은 모든 실수에 대하여 성립합니다.
이러한 실수의 제곱은 0 보다 크거나 같습니다.
즉, 출력의 최소값은 0 이죠.
또한, 이러한 실수의 제곱의 최대값은 없습니다 왜냐하면, 그 실수의 크기(절대값)가 무한정 클 수 있고 따라서, 그 제곱도 무한정 클 수 있기 때문입니다.
즉, 출력의 최대값은 없는 것이죠.
그리하여, 치역은 $y \ge 0$.

3.8. $0 \le x \le 1$ 이며 $y = f(x) = x^2$.

정의역은 0 에서 1 까지의 모든 실수의 집합이죠.

그리하여, 함수 f 는 0 보다 크거나 같고 1 보다는 작거나 같은 모든 실수에 대하여 성립합니다.

출력변수(出力變數)는 y이고 $y = x^2$ 이죠.

$0 \le x \le 1 \Rightarrow 0 \le x^2 \le 1 \Rightarrow 0 \le y \le 1$.

그리하여, 치역은 $0 \le y \le 1$.

3.9. $x \ge 1$ 이며 $y = f(x) = x^2$.

정의역은 1 보다 크거나 같은 모든 실수의 집합이죠.

그러므로, 함수 f 는 1 보다 크거나 같은 모든 실수에 대하여 성립합니다.

이러한 실수의 제곱은 1 보다 크거나 같습니다. 즉, 출력의 최소값은 1 이죠.

또한, 이러한 실수의 제곱의 최대값은 없습니다 왜냐하면, 그 실수가 무한정 클 수 있고 따라서, 그 제곱도 무한정 클 수 있기 때문입니다. 즉, 출력의 최대값은 없는 것이죠.

그리하여, 치역은 $y \ge 1$.

3.A. $x \ge -1$ 이며 $y = f(x) = x^2$.

정의역은 -1 보다 크거나 같은 모든 실수의 집합이죠.

그러므로, 함수 f 는 -1 보다 크거나 같은 모든 실수에 대하여 성립합니다.

이러한 실수의 제곱은 1 이 아니라 0 보다 크거나 같습니다.

예를 들면, x 가 0 이 될 수 있고 그 제곱은 0 이거든요. 즉, 출력의 최소값은 0 이죠.

또한, 이러한 실수의 제곱의 최대값은 없습니다 왜냐하면, 그 실수가 무한정 클 수 있고 따라서, 그 제곱도 무한정 클 수 있기 때문입니다. 즉, 출력의 최대값은 없는 것이죠.

그리하여, 치역은 $y \ge 0$.

3.B. $x \le 1$ 이며 $y = f(x) = x^2$.

정의역은 1 보다 작거나 같은 모든 실수의 집합이죠.

그러므로, 함수 f 는 1 보다 작거나 같은 모든 실수에 대하여 성립합니다.

이러한 실수의 제곱은 1 이 아니라 0 보다 크거나 같습니다.

예를 들면, x 가 0 이 될 수 있고 그 제곱은 0 입니다. 즉, 출력의 최소값은 0 이죠.

또한, 이러한 실수의 제곱의 최대값은 없습니다 왜냐하면, 그 실수의 크기(절대값)가 무한정 클 수 있고 따라서, 그 제곱도 무한정 클 수 있기 때문입니다. 즉, 출력의 최대값은 없는 것이죠.

그리하여, 치역은 $y > 0$.

3.C. $1 \le x < 2$ 이며 $y = f(x) = x^2$.

정의역은 1 보다 크거나 같고 2 보다 작은 모든 실수의 집합이죠. 정의역이 2 를 포함하지않는 것을 유의하여야 합니다. 그러므로., 함수 f는 1 보다 크거나 같고 2 보다는 작은 모든 실수에 대하여 성립합니다. 출력변수는 y이고 $y = x^2$ 이죠.

$1 \le x < 2 \Rightarrow 1 \le x^2 < 4 \Rightarrow 1 \le y < 4$. 그리하여, 치역은 $1 \le y < 4$.

정의역이 2 를 포함하지않으므로 치역이 2 에 대응하는 출력인 4 를 포함하지않는 것이죠.

3.D. $1 \le x \le 2$ 또는 $-2 \le x \le -1$ 이며 $y = f(x) = x^2$.

정의역은 1 보다 크거나 같고 2 보다 작거나 같은 모든 실수의 집합이거나 −2 에서 −1 까지의 모든 실수들의 집합이죠. 그러므로, 함수 f는 1 에서 2 까지의 모든 실수와 −2 보다는 크거나 같고 −1 보다는 작거나 같은 모든 실수에 대하여 성립합니다. 출력변수는 y이고 $y = x^2$ 이죠.

$(1 \le x \le 2$ 또는 $-2 \le x \le -1) \Rightarrow (1 \le x^2 \le 4$ 또는 $1 \le x^2 \le 4) \Rightarrow 1 \le x^2 \le 4 \Rightarrow 1 \le y \le 4$.

그리하여, 치역은 $1 \le y \le 4$.

3.E. $0 \le x < 1$ 또는 $-2 \le x \le -1$ 이며 $y = f(x) = x^2$.

정의역은 0 보다 크거나 같고 1 보다 작은 모든 실수의 집합이거나 또는 −2 에서 −1 까지의 모든 실수들의 집합이죠. 그러므로, 함수 f는 0 보다 크거나 같고 1 보다 작은 모든 실수와 −2 보다는 크거나 같고 −1 보다는 작거나 같은 모든 실수에 대하여 성립합니다. 출력변수는 y이고 $y = x^2$ 이죠.

$(0 \le x < 1$ 또는 $-2 \le x \le -1) \Rightarrow (0 \le x^2 < 1$ 또는 $1 \le x^2 \le 4) \Rightarrow 0 \le x^2 \le 4 \Rightarrow 0 \le y \le 4$.

그리하여, 치역은 $0 \le y \le 4$.

3.F. $0 \le x < 0.1$ 또는 $-2 \le x < -1$ 이며 $y = f(x) = x^2$.

정의역은 0 보다 크거나 같고 0.1 보다 작은 모든 실수의 집합이거나 −2 보다는 크거나 같고 −1 보다는 작은 모든 실수들의 집합이죠. 그러므로, 함수 f는 0 보다 크거나 같고 0.1 보다 작은 모든 실수와 −2 보다는 크거나 같고 −1 보다는 작은 모든 실수에 대하여 성립합니다. 출력변수는 y이고 $y = x^2$ 이죠.

$(0 \le x < 0.1$ 또는 $-2 \le x < -1) \Rightarrow (0 \le x^2 < 0.01$ 또는 $1 < x^2 \le 4) \Rightarrow 0 \le y < 0.01$ 또는 $1 < y \le 4$.

그리하여, 치역은 $0 \le y < 0.01$ 또는 $1 < y \le 4$.

3.G. 실수 x에 대하여 $y = f(x) = -x^2$.

이 x가 실수라는 것은 입력 값이 어떤 실수라도 된다는 것이죠.

즉, 정의역이 모든 실수의 집합이라는 것입니다.

그러므로, 함수 f는 모든 실수에 대하여 성립합니다.

어떤 실수라 하더라도 그 제곱은 0 보다 크거나 같습니다.

즉, 실수의 제곱의 최소값은 0 이죠.

그러나, 실수의 제곱의 최대값은 없습니다 왜냐하면, 그 제곱은 무한정 클 수 있기 때문입니다.

그런데, 출력은 그 제곱의 음(陰)의 값이죠.

그러면, 출력은 0 보다는 작거나 같은 것이죠.

그리하여, 치역은 $y \le 0$.

3.H. $x \geq 0$ **이며** $y = f(x) = -x^2$.

정의역은 0 보다 크거나 같은 모든 실수의 집합이죠.
그리하여, 함수 f 는 0 보다 크거나 같은 모든 실수에 대하여 성립합니다.
이러한 실수의 제곱은 0 보다 크거나 같습니다.
그런데, 출력은 그 제곱의 음의 값이죠. 그러면, 출력은 0 보다 작거나 같은 거죠.
그리하여, 치역은 $y \leq 0$.

3.I. $x \leq 0$ **이며** $y = f(x) = -x^2$.

정의역은 0 보다 작거나 같은 모든 실수의 집합이죠.
그리하여, 함수 f 는 0 보다 작거나 같은 모든 실수에 대하여 성립합니다.
이러한 실수의 제곱은 0 보다 크거나 같습니다.
그런데, 출력은 그 제곱의 음의 값이죠.
그러면, 출력은 0 보다 작거나 같습니다.
그리하여, 치역은 $y \leq 0$.

3.J. $0 \leq x \leq 1$ **이며** $y = f(x) = -x^2$.

정의역은 0 에서 1 까지의 모든 실수의 집합이죠.
따라서, 함수 f 는 0 보다 크거나 같고 1 보다는 작거나 같은 모든 실수에 대하여 성립합니다.
출력변수는 y이고 $y = -x^2$ 이죠.
$0 \leq x \leq 1 \Rightarrow 0 \leq x^2 \leq 1 \Rightarrow -1 \leq -x^2 \leq 0 \Rightarrow -1 \leq y \leq 0$.
그리하여, 치역은 $-1 \leq y \leq 0$.

3.K. $x \geq 1$ **이며** $y = f(x) = -x^2$.

정의역은 1 보다 크거나 같은 모든 실수의 집합이죠.
그러므로, 함수 f 는 1 보다 크거나 같은 모든 실수에 대하여 성립합니다.
이러한 실수의 제곱은 1 보다 크거나 같습니다.
그런데, 출력은 그 제곱의 음(陰)의 값이죠.
그러면, 출력은 -1 보다 작거나 같습니다.
그리하여, 치역은 $y \leq -1$.

3.L. $x \geq -1$ **이며** $y = f(x) = -x^2$.

정의역은 -1 보다 크거나 같은 모든 실수의 집합이죠.
그러므로, 함수 f 는 -1 보다 크거나 같은 모든 실수에 대하여 성립합니다.
이러한 실수의 제곱은 1 이 아니라 0 보다 크거나 같습니다.
예를 들면, x 가 0 이 될 수 있고 그 제곱은 0 이죠.
그런데, 출력은 그 제곱의 음(陰)의 값이죠.
그러므로, 출력은 0 보다 작거나 같습니다.
그리하여, 치역은 $y \leq 0$.

3.M. $x \le 1$ 이며 $y = f(x) = -x^2$.

정의역은 1 보다 작거나 같은 모든 실수의 집합이죠.
그러므로, 함수 f 는 1 보다 작거나 같은 모든 실수에 대하여 성립합니다.
이러한 실수의 제곱은 1 이 아니라 0 보다 크거나 같습니다.
예를 들면, x 가 0 이 될 수 있고 그 제곱은 0 이죠.
그런데, 출력은 그 제곱의 음의 값이죠.
그러므로, 출력은 0 보다 작거나 같습니다.
그리하여, 치역은 $y \le 0$.

3.N. $1 \le x < 2$ 이며 $y = f(x) = -x^2$.

정의역은 1 보다 크거나 같고 2 보다 작은 모든 실수의 집합이죠.
정의역이 2 를 포함하지 않는 것을 유의해야 합니다.
그러므로, 함수 f 는 1 보다 크거나 같고 2 보다는 작은 모든 실수에 대하여 성립합니다.
출력 변수는 y이고 $y = -x^2$ 이죠.
$1 \le x < 2 \Rightarrow 1 \le x^2 < 4 \Rightarrow -4 < -x^2 \le -1 \Rightarrow -4 < y \le -1$. 그리하여, 치역은 $-4 < y \le -1$.
정의역이 2 를 포함하지않으므로 치역이 2 에 대응하는 출력인 -4 를 포함하지않는 것이죠.

3.O. $1 \le x \le 2$ 또는 $-2 \le x \le -1$ 이며 $y = f(x) = -x^2$.

정의역은 1 보다 크거나 같고 2 보다 작거나 같은 모든 실수의 집합이거나 −2 에서 −1 까지의 모든 실수들의 집합이죠. 그러므로, 함수 f는 1 에서 2 까지의 모든 실수와 −2 보다는 크거나 같고 −1 보다는 작거나 같은 모든 실수에 대하여 성립합니다. 출력변수는 y이고 $y = -x^2$ 이죠.
$(1 \le x \le 2$ 또는 $-2 \le x \le -1) \Rightarrow (1 \le x^2 \le 4$ 또는 $1 \le x^2 \le 4) \Rightarrow 1 \le x^2 \le 4 \Rightarrow -4 \le -x^2 \le -1 \Rightarrow -4 \le y \le -1$.
그리하여, 치역은 $-4 \le y \le -1$.

3.P. $0 \le x < 1$ 또는 $-2 \le x \le -1$ 이며 $y = f(x) = -x^2$.

정의역은 0 보다 크거나 같고 1 보다 작은 모든 실수의 집합이거나 −2 에서 −1 까지의 모든 실수들의 집합이죠. 그러므로, 함수 f는 0 보다 크거나 같고 1 보다 작은 모든 실수와 −2 보다는 크거나 같고 −1 보다는 작거나 같은 모든 실수에 대하여 성립합니다. 출력변수는 y이고 $y = -x^2$ 이죠.
$(0 \le x < 1$ 또는 $-2 \le x \le -1) \Rightarrow (0 \le x^2 < 1$ 또는 $1 \le x^2 \le 4) \Rightarrow 0 \le x^2 \le 4 \Rightarrow -4 \le -x^2 \le 0 \Rightarrow -4 \le y \le 0$.
그리하여, 치역은 $-4 \le y \le 0$.

3.Q. $0 \le x < 0.1$ 또는 $-2 \le x < -1$ 이며 $y = f(x) = -x^2$.

정의역은 0 보다 크거나 같고 0.1 보다 작은 모든 실수의 집합이거나 −2 보다는 크거나 같고 −1 보다는 작은 모든 실수들의 집합이죠. 그러므로, 함수 f는 0 보다 크거나 같고 0.1 보다 작은 모든 실수와 −2 보다는 크거나 같고 −1 보다는 작은 모든 실수에 대하여 성립합니다. 출력변수는 y이고 $y = -x^2$ 이죠.
$(0 \le x < 0.1$ 또는 $-2 \le x < -1) \Rightarrow (0 \le x^2 < 0.01$ 또는 $1 < x^2 \le 4)$
$\Rightarrow (-0.01 < -x^2 \le 0$ 또는 $-4 \le -x^2 < -1) \Rightarrow -0.01 < y \le 0$ 또는 $-4 \le y < -1$.
그리하여, 치역은 $-0.01 < y \le 0$ 또는 $-4 \le y < -1$.

3.R. 실수 **x**에 대하여 $\mathbf{y = f(x) = 2x^2}$.

이 x가 실수라는 것은 입력 값이 어떤 실수라도 된다는 것이죠.
즉, 정의역이 모든 실수의 집합이라는 것입니다.
그러므로, 함수 f는 모든 실수에 대하여 성립하죠.
어떤 실수라 하더라도 그 제곱은 0보다 크거나 같습니다.
즉, 실수의 제곱의 최소값은 0이죠.
그러나, 실수의 제곱의 최대값은 없습니다 왜냐하면, 그 제곱은 무한정 클 수 있기 때문입니다.
출력은 그 제곱의 두 배이죠.
그래도, 출력은 여전히 0보다는 크거나 같은 것이죠.
그리하여, 치역은 $y \geq 0$.

3.S. $\mathbf{x \geq 0}$ 이며 $\mathbf{y = f(x) = 2x^2}$.

정의역은 0보다 크거나 같은 모든 실수의 집합이죠.
그리하여, 함수 f는 0보다 크거나 같은 모든 실수에 대하여 성립합니다.
이러한 실수의 제곱은 0보다 크거나 같습니다.
또한, 이러한 실수의 제곱에 0보다 크거나 같은 수를 곱해도 그 곱은 여전히 0보다 크거나 같죠.
(0이 0보다 크거나 같다는 것은 논리적으로는 맞는 거죠.)
즉, 출력이 0보다 크거나 같다는 것이죠.
그리하여, 치역은 $y \geq 0$.

3.T. $\mathbf{x \leq 0}$ 이며 $\mathbf{y = f(x) = 2x^2}$.

정의역은 0보다 작거나 같은 모든 실수의 집합이죠.
그리하여, 함수 f는 0보다 작거나 같은 모든 실수에 대하여 성립합니다.
이러한 실수의 제곱은 0보다 크거나 같습니다.
또한, 이러한 실수의 제곱에 0보다 크거나 같은 수를 곱해도 그 곱은 여전히 0보다 크거나 같죠.
즉, 출력이 0보다 크거나 같다는 것이죠.
그리하여, 치역은 $y \geq 0$.

3.U. $\mathbf{0 \leq x \leq 1}$ 이며 $\mathbf{y = f(x) = 2x^2}$.

정의역은 0에서 1까지의 모든 실수의 집합이죠.
따라서, 함수 f는 0보다 크거나 같고 1보다는 작거나 같은 모든 실수에 대하여 성립합니다.
출력변수는 y이고 $y = 2x^2$ 이죠.
$0 \leq x \leq 1 \Rightarrow 0 \leq x^2 \leq 1 \Rightarrow 0 \leq 2x^2 \leq 2 \Rightarrow 0 \leq y \leq 2$.
그리하여, 치역은 $0 \leq y \leq 2$.

3.V. $x \ge 1$ 이며 $y = f(x) = 2x^2$.

정의역은 1 보다 크거나 같은 모든 실수의 집합이죠.

따라서, 함수 f는 1 보다 크거나 같은 모든 실수에 대하여 성립합니다.

출력변수는 y이고 $y = 2x^2$ 이죠.

$1 \le x \Rightarrow 1 \le x^2 \Rightarrow 2 \le 2x^2 \Rightarrow 2 \le y$.

그리하여, 치역은 $2 \le y$.

3.W. $x \ge -1$ 이며 $y = f(x) = -2x^2$.

정의역은 -1 보다 크거나 같은 모든 실수의 집합이죠.

따라서, 함수 f는 -1 보다 크거나 같은 모든 실수에 대하여 성립합니다.

출력변수는 y이고 $y = -2x^2$ 이죠.

$-1 \le x \Rightarrow 0 \le x^2$ 왜냐하면, x가 0 일 수 있고 이때 $x^2 = 0$ 이죠.

$\Rightarrow 0 \le 2x^2 \Rightarrow -2x^2 \le 0 \Rightarrow y \le 0$.

그리하여, 치역은 $y \le 0$.

3.X. $x \le 1$ 이며 $y = f(x) = -2x^2$.

정의역은 1 보다 작거나 같은 모든 실수의 집합이죠.

따라서, 함수 f는 1 보다 작거나 같은 모든 실수에 대하여 성립합니다.

출력변수는 y이고 $y = -2x^2$ 이죠.

$1 \ge x \Rightarrow 0 \le x^2$ 왜냐하면, x가 0 일 수 있고 이때 $x^2 = 0$ 이죠.

$\Rightarrow 0 \le 2x^2 \Rightarrow -2x^2 \le 0 \Rightarrow y \le 0$.

그리하여, 치역은 $y \le 0$.

3.Y. $1 < x \le 2$ 이며 $y = f(x) = -2x^2$.

정의역은 1 보다 크고 2 보다 작거나 같은 모든 실수의 집합이죠.

정의역이 1 을 포함하지않는 것을 유의해야 합니다.

그러므로, 함수 f는 1 보다 크고 2 보다는 작거나 같은 모든 실수에 대하여 성립합니다.

출력변수는 y이고 $y = -2x^2$ 이죠.

$1 < x \le 2 \Rightarrow 1 < x^2 \le 4 \Rightarrow -4 \le -x^2 < -1 \Rightarrow -8 \le -2x^2 < -2 \Rightarrow -8 \le y < -2$.

그리하여, 치역은 $-8 \le y < -2$.

정의역이 1 을 포함하지않으므로 치역이 1 에 대응하는 출력인 -2 를 포함하지않는 것이죠.

3.Z. $\mathbf{1 \le x \le 2}$ **또는** $\mathbf{-2 \le x \le -1}$ **이며** $\mathbf{y = f(x) = 2x^2 + x}$**.**

정의역은 1 보다 크거나 같고 2 보다 작거나 같은 모든 실수의 집합이거나 −2 에서 −1 까지의 모든 실수들의 집합이죠.

그러므로, 함수 f 는 1 에서 2 까지의 모든 실수와 −2 보다는 크거나 같고 −1 보다는 작거나 같은 모든 실수에 대하여 성립합니다.

출력변수는 y이고 $y = 2x^2 + x$이죠.

정의역은 다음과 같이 두 개의 구간들로 되어있습니다: $1 \le x \le 2$ 또는 $-2 \le x \le -1$.

그러면, 다음과 같이 두 가지 경우가 생깁니다:

$1 \le x \le 2 \Rightarrow 1 \le x^2 \le 4 \Rightarrow 2 \le 2x^2 \le 8$.

$-2 \le x \le -1 \Rightarrow 1 \le x^2 \le 4 \Rightarrow 2 \le 2x^2 \le 8$.

이제, 이 두 가지 경우를 따져봐야 하죠.

첫번째 경우는 $1 \le x \le 2$ 와 $2 \le 2x^2 \le 8$ 입니다.

x가 1 일 때 $2x^2$은 2 이죠.

x가 2 일 때 $2x^2$은 8 이죠.

X의 값이 증가하면 $2x^2$의 값도 증가하죠.

그러면, $2x^2 + x$의 값은 $2x^2$과 x의 최소값들의 합(合)보다 크거나 같고 이 두개의 최대값들의 합보다 작거나 같죠.

그러므로, $2 + 1 \le 2x^2 + x \le 8 + 2 \Rightarrow 3 \le 2x^2 + x \le 10$.

두 번째 경우는 $-2 \le x \le -1$ 와 $2 \le 2x^2 \le 8$ 입니다.

x가 -2 일 때 $2x^2$은 8 이죠.

x가 -1 일 때 $2x^2$은 2 이죠.

x의 값이 증가하면 $2x^2$ 의 값은 감소(減少)하죠.

또한, $2x^2$의 값이 x의 값보다 줄곧 우세(優勢)합니다.

그러면, $2x^2 + x$의 값은 줄곧 감소하는 것이죠.

그러면, $2x^2 + x$의 값은 $2x^2$의 최대값과 x의 최소값의 합보다 작거나 같고 $2x^2$의 최소값과 x의 최대값의 합보다 크거나 같죠.

그러므로, $2 + (-1) \le 2x^2 + x \le 8 + (-2) \Rightarrow 1 \le 2x^2 + x \le 6$.

그러면, $3 \le 2x^2 + x \le 10$ 또는 $1 \le 2x^2 + x \le 6$.

그러므로, $1 \le 2x^2 + x \le 10$.

그러면, $y = 2x^2 + x$이니까 $1 \le y \le 10$ 이죠.

그러므로, 치역은 $1 \le y \le 10$ 입니다.

3.a. $\mathbf{0 \le x < 1}$ **또는** $\mathbf{-2 \le x \le -1}$ **이며** $\mathbf{y = f(x) = -x^2 + 2x}$**.**

정의역은 0 보다 크거나 같고 1 보다 작은 모든 실수의 집합이거나 –2 에서 –1 까지의 모든 실수들의 집합이죠. 그러므로, 함수 f는 0 보다 크거나 같고 1 보다 작은 모든 실수와 –2 보다는 크거나 같고 –1 보다는 작거나 같은 모든 실수에 대하여 성립합니다. 출력변수는 y이고 $y = -x^2 + 2x$이죠.

정의역은 다음과 같이 두 개의 구간들로 되어있습니다: $0 \le x < 1$ 또는 $-2 \le x \le -1$.

그러면, 다음과 같이 두 가지 경우가 생깁니다:

$0 \le x < 1 \Rightarrow 0 \le x^2 < 1 \Rightarrow -1 < -x^2 \le 0$.
$0 \le x < 1 \Rightarrow 0 \le 2x < 2$.

$-2 \le x \le -1 \Rightarrow 1 \le x^2 \le 4 \Rightarrow -4 \le -x^2 \le -1$.
$-2 \le x \le -1 \Rightarrow -4 \le 2x \le -2$.

이제, 이 두 가지 경우를 따져봐야 하죠.
첫번째 경우는 $0 \le x < 1$ 일 때 $-1 < -x^2 \le 0$ 와 $0 \le 2x < 2$ 입니다.
x의 값이 0 에서 1 로 증가할 때 $-x^2$의 값은 0 에서 –1 로 감소하죠, 그러나, -1 은 포함되지않죠.
반면에, x 의 값이 0 에서 1 로 증가할 때 2x 의 값은 0 에서 2 로 증가하죠, 하지만, 2 는 포함되지않죠.

2x의 값이 $-x^2$의 값보다 줄곧 우세합니다. 그러면, $-x^2 + 2x$의 값은 줄곧 증가하는 것이죠.
그러면, $-x^2 + 2x$의 값은 $-x^2$의 최대값과 2x의 최소값의 합보다 크거나 같고 $-x^2$의 최소값과 2x의 최대값의 합보다 작죠.
그러므로, $0 + 0 \le -x^2 + 2x < -1 + 2 \Rightarrow 0 \le -x^2 + 2x < 1$.

두 번째 경우는 $-2 \le x \le -1$ 일 때 $-4 \le -x^2 \le -1$ 와 $-4 \le 2x \le -2$ 입니다.

x의 값이 -2 에서 -1 로 증가할 때 $-x^2$의 값은 -4 에서 –1 로 증가하죠.
x 의 값이 -2 에서 -1 로 증가할 때 2x 의 값은 -4 에서 –2 로 증가하죠.

그러면, $-x^2 + 2x$의 값은 줄곧 증가하는 것이죠.
그러면, $-x^2 + 2x$의 값은 $-x^2$과 2x의 최소값들의 합보다 크거나 같고 이 두개의 최대값들의 합보다 작거나 같죠.
그러므로, $-4 + (-4) \le -x^2 + 2x \le -1 + (-2) \Rightarrow -8 \le -x^2 + 2x \le -3$.
그러면, $0 \le -x^2 + 2x < 1$ 또는 $-8 \le -x^2 + 2x \le -3$.

그러면, $y = -x^2 + 2x$이니까 $0 \le y < 1$ 또는 $-8 \le y \le -3$.
그러므로, 치역은 $0 \le y < 1$ 또는 $-8 \le y \le -3$ 입니다.

좀더 자세하게 말하자면:
정의역이 $0 \le x < 1$ 일 때 치역은 $0 \le y < 1$. 정의역이 $-2 \le x \le -1$ 일 때 치역은 $-8 \le y \le -3$.

3.b. $0 \le x < 0.1$ 또는 $-2 \le x < -1$ 이며 $y = f(x) = -2x^2$.

정의역은 0 보다 크거나 같고 0.1 보다 작은 모든 실수의 집합이거나 –2 보다는 크거나 같고 –1 보다는 작은 모든 실수들의 집합이죠.
그러므로, 함수 f 는 0 보다 크거나 같고 0.1 보다 작은 모든 실수와 –2 보다는 크거나 같고 –1 보다는 작은 모든 실수에 대하여 성립합니다.
출력변수는 y이고 $y = -2x^2$ 이죠.
($0 \le x < 0.1$ 또는 $-2 \le x < -1$) $\Rightarrow$ ($0 \le x^2 < 0.01$ 또는 $1 < x^2 \le 4$)
$\Rightarrow$ ($-0.02 < -2x^2 \le 0$ 또는 $-8 \le -2x^2 < -2$) $\Rightarrow$ $-0.02 < y \le 0$ 또는 $-8 \le y < -2$.
그리하여, 치역은 $-0.02 < y \le 0$ 또는 $-8 \le y < -2$.

3.c. 0 이 아닌 실수 x에 대하여 $y = f(x) = 1/x^2$.
이 x 가 0 이 아닌 실수라는 것은 입력 값이 어떤 실수이든 0 이 아니면 된다는 것이죠. 즉, 정의역이 0 을 제외한 모든 실수의 집합이라는 거죠.
그러니까, 함수 f 는 0 을 제외한 모든 실수에 대하여 성립하는 겁니다. 사실, 함수 f 는 0 에 대하여는 성립할 수 없죠 왜냐하면, 입력이 0 이면 분모가 0 이 되기 때문입니다. 0 으로 나누는 나눗셈은 할 수 없다는 것을 알고있죠.

이 x값의 크기가 0 과 1 사이인 경우에는 x^2의 값도 0 과 1 사이입니다.
그러면, $1/x^2$의 값은 1 보다 큰 것이죠. 출력변수는 y이고 $y = 1/x^2$ 이죠.
그러면, $y > 1$.

반면에, 이 x값의 크기가 1 보다 크거나 같은 경우에는 x^2의 값도 1 보다 크거나 같죠.
그러면, $1/x^2$의 값은 1 보다 작거나 같아지는 것이죠, 그러나, 0 보다는 큽니다.
그러면, $0 < y \le 1$.
그러면, $y > 1$ 이거나 $0 < y \le 1$ 이죠. 그러므로, 치역은 $y > 0$.

3.d. $x > 0$ 이며 $y = f(x) = -1/x^2$.
정의역은 0 보다 큰 모든 실수의 집합이죠.
따라서, 함수 f 는 0 보다 큰 모든 실수에 대하여 성립하는 것이죠.
이 x값이 0 과 1 사이인 경우에는 x^2의 값도 0 과 1 사이입니다.
그러면, $1/x^2$의 값은 1 보다 큰 것이죠. 그러면, $-1/x^2$의 값은 –1 보다 작네요.
출력변수는 y이고 $y = -1/x^2$ 이죠. 그러면, $y < -1$.
반면에, 이 x값이 1 보다 크거나 같은 경우에는 x^2의 값도 1 보다 크거나 같죠.
그러면, $1/x^2$의 값은 1 보다 작거나 같은 것이죠, 그러나, 0 보다는 큽니다.
그러면, $-1/x^2$의 값은 –1 보다 크거나 같은 것이죠, 그러나, 0 보다는 작습니다.
그러면, $-1 \le y < 0$. 그러면, $y < -1$ 이거나 $-1 \le y < 0$ 이죠.
그러므로, 치역은 $y < 0$.

3.e. $-1 \le x < 0$ 또는 $x > 0$ 이며 $y = f(x) = -1/x^2$.

정의역은 0 을 제외하고 -1 보다 크거나 같은 모든 실수의 집합이죠.
따라서, 함수 f 는 0 을 제외하고 -1 보다 크거나 같은 모든 실수에 대하여 성립하는 것이죠.

다음과 같이 세 가지의 경우를 고려해볼 수 있겠네요:

$-1 < x < 0$ 또는 $0 < x < 1$; 즉, 이 x 값의 **크기**가 0 과 1 사이인 것입니다.
$x \geq 1$.
$x = -1$.

이 x값의 **크기**가 0 과 1 사이인 경우에는 x^2의 값도 0 과 1 사이입니다.
그러면, $1/x^2$의 값은 1 보다 큰 것이죠.
그러면, $-1/x^2$의 값은 −1 보다 작네요.
출력변수는 y이고 $y = -1/x^2$ 이죠.
그러면, $y < -1$.

반면에, 이 x값이 1 보다 크거나 같은 경우에는 x^2의 값도 1 보다 크거나 같죠.
그러면, $1/x^2$의 값은 1 보다 작거나 같은 것이죠, 그러나 0 보다는 큽니다.
그러면, $-1/x^2$의 값은 −1 보다 크거나 같은 것이죠, 그러나 0 보다는 작습니다.
그러면, $-1 \leq y < 0$.

이제, 이 x의 값이 −1 인 경우에는 $-1/x^2 = -1$ 이죠.

그러면, $y < -1$ 이거나 $y = -1$ 또는 $-1 \leq y < 0$ 이죠.
그러므로, 치역은 $y < 0$.

좀더 자세하게 말하자면:
정의역이 $-1 \leq x < 0$ 일 때 치역은 $y \leq -1$.
정의역이 $x > 0$ 일 때는 치역이 $y < 0$.

3. 변수(變數)는 왜?

Math 에서 일을 할 때 주로 값을 갖을 수 있는 대상에 대하여 일을 합니다. 값을 갖는 대상들 중에는 예를 들면, 길이, 온도(溫度), 무게 따위들이 있죠. 그러한 대상의 값은 어떻게 나타내나요? 물론, 그 값을 보여주기 위하여 수(數)를 사용하죠. 그 이외에도 미터(meter)나 킬로그램(kilogram)과 같은 도량형(度量衡)으로 그 값의 본질을 나타내주기도 하죠. 예를 들면, 하나의 선(線)의 길이가 7 미터이다 라는 문장에서, 길이가 그 대상이고, 7 이 그 값이며, 미터가 그 값의 본질이죠. 그러면, 그 대상은 어떻게 값을 갖게 되나요? 그것에게 값을 주는 것이죠. 즉, 수를 수단으로 하여 그 대상에게 하나의 값을 할당하는 겁니다.

Math 에서 값을 할당 받을 수 있는 대상을 구별하거나 분류하는 데에는 세 가지의 경우가 있어요. 첫번째 경우에는 하나의 대상에게 하나의 수를 할당하죠 그리고, 그게 전부 다죠. 끝입니다! 두 번째 경우엔 값(즉, 수)들로 이루어진 하나의 집단을 만들고, 그 집단에서 하나의 값을 골라 하나의 대상에게 할당해요, 그리고 나중에, 또 하나의 값을 선택해서 그 새로운 값을 다시 그 대상에게 할당할 수도 있는 거죠. 그러나, 그 대상은 오직 하나의 값만을 가져야 합니다. 그러면 이제, 그 대상에게 할당되었던 지난 값은 지워지고 그 대상은 그 새로운 값을 갖는 것이죠. 그러면, 첫째의 경우와 둘째 사이에는 무슨 차이가 있는 거죠? **그것은 그 선택이라는 겁니다.** 첫번째 경우에는 선택이 없으므로 단지 하나의 값만을 그 대상에게 줄 수 밖에 없어요. 이제, 그 세가지 경우 중에 마지막 경우에서는 값들로 이루어진 하나의 집단을 만들고, 그 모든 값들을 하나의 대상에게 주는 겁니다. 잠간만 요! 어떻게 모든 값들을 그 대상에게 줄 수가 있죠? 물론, 그 모든 값들을 그 대상에게 한꺼번에 다 주는 것은 아니죠. 한번에 값을 두개씩 도 줄 수가 없지요. 그 대상은 한번에 하나의 값만을 할당 받습니다. 그러면, 그 두 번째와 세 번째의 경우들 사이에는 무슨 차이가 있는 거죠? 그 세 번째 경우의 대상은 한번에 하나씩 할당된다 해도 그 값들의 집단에 있는 모든 값들을 결국은 전부 다 할당 받아야만 하며 그 대상이 언제 어떤 값을 갖을지는 모릅니다. 하지만, 그 두 번째 경우의 대상은 우리가 또 하나의 값을 선택할 때까지 기다려야 하죠. 더 이상 값을 선택하여 할당하지 않으면 그 때는 그걸로 그만인 것이죠. 물론, 더 이상 새로운 할당이 발생하지않는 경우에는 그 대상은 마지막으로 할당 받은 값은 계속 유지하는 것이죠. 그러면, 세 가지 모두의 경우에서 공통적인 사항은 무엇인가요? 하나의 대상은 한번에 하나의 값만을 할당 받는다는 겁니다.

자 이제, 이 세 가지의 대상들을 각각 어떻게 부르나요? 첫번째 것은 **수(數)**라고 하고, 두 번째 것을 **상수(常數)**, 그리고 세 번째 것은 **변수(變數)**라고 합니다. 그리하여, 값을 갖고있는 대상들 중에 어떤 것들은 수로 분류되고, 또 다른 어떤 것들은 상수로, 그리고 그 나머지들은 변수로 분류되는 것이죠.

변수와 상수에 대한 작업을 하는 초기 단계에서는 어느 것이 상수이고 어느 것이 변수인지 구별하는 것이 쉽지는 않습니다. 그러면, 위의 개념들을 한번 더 보도록 하죠. 하나의 대상에 하나의 값을 할당할 때 세 가지의 서로 다른 방법들이 있다는 것을 알고있죠. 첫째의 경우, 하나의 대상에 일단 값을 할당했으면 그 대상은 그 값을 바꾸지 않도록 하는 것이죠. 두 번째 경우에는 하나의 대상이 우리가 또 하나의 값을 선택하여 그 값을 그 대상에게 할당할 때 그 값을 바꿀 수 있게 하는 거죠. 이 경우에 좀더 자세하게 이야기하면, 값들로 이루어진 하나의 그룹(group)을 만들고, 그 그룹에서 값을 하나 선택하여 그 대상에게 할당합니다; 그리고 나서, 원하면 언제든지 또 하나의 선택을 하여 그 대상에게 주는 것이죠. 그러나, 더 이상 새로운 값을 선택하여 할당하지않으면 그 때는 그 대상은 마지막으로 할당 받은 값을 유지하는 거죠. 세 번째의 경우에는 값들로 이루어진 하나의 그룹을 만들고, 그 그룹에 있는 모든 값들을 하나의 대상에게 주는 겁니다; 그러나, 그 대상은 한번에 하나의 값만을 가져야 하죠. 그리고, 그 대상이 언제 어떤 값을 갖는지는 모릅니다. 위의 세가지 경우들 중에 첫째 경우의 것은 7 또는 29 와 같은 수이고, 두 번째 경우의 것은 상수이며, 세 번째 것은 변수입니다. 처음 두 가지 경우의 것들인 수와 상수는 거의 마찬가지라는 것은 이미 알아차렸겠죠: 그것들은 자기나름대로는 자신의 값을 바꾸지않죠. 그러나, 세 번째 것은 우리가 만든 그룹에 있는 모든 값들을 전부 다 가져야 하죠 하지만, 한번에 하나씩 만 갖을 수 있기 때문에 자신의 값을 계속 바꿉니다. 다시 말하면, 우리는 그 대상이 그 그룹에 속하는 모든 값들을 갖을 수 있도록 허용해야 하는 거죠 하지만, 그 대상은 한번에 하나의 값만을 할당 받아야 하는 것이죠. 그러므로, 그 대상은 그 자신의 값을 **변화시킬 수밖에** 없지요. 줄여 말하면, 그것은 값을 바꿉니다. 그래서 변수(變數)죠!

상수를 가지고 작업을 하려면 무엇을 어떻게 해야 하나요? 우선, 수들로 이루어진 하나의 그룹을 만드는데 거기에서 그 상수에 대한 값을 선택하는 것이죠. 그 그룹은 어떻게 만들죠? 그 상수를 정의(定義)함으로 하여 만듭니다. 즉, 그 상수를 정의하면 그 정의가 그 그룹을 포함하고 또한 설명하는 것이죠.

예를 들어, **c 가 하나의 상수이고 정수(整數) 값을 취한다**고 해보죠.

그러면, 방금 우리는 c 라고 하는 상수를 정의하였으며 또한 이 상수 c 가 취할 수도 있는 모든 값들의 그룹도 만든 겁니다. 그 그룹은 모든 정수들로 되어있습니다. 그러면, 이 c 는 하나의 **정수(整數) 상수**이며 이 상수는 그 어떠한 정수이든 취할 수 있는 것이죠. 다시 말하면, 모든 정수 중에서 하나의 값을 선택하여 그 값을 c 의 값으로 할 수 있는 겁니다.

유의사항:
특정 대상들이 다른 대상에 **속한다**는 것을 나타내기 위하여 '∈'을 사용할 수 있어요. 예를 들면, **a ∈ B** 는 a 가 B 에 속한다 라는 것을 의미하고 **u 와 v ∈ W** 는 u 와 v 가 W 에 속한다 라는 것을 의미하지요.

이제, 또 하나의 상수를 정의해보도록 하죠:

d 는 하나의 상수이며 7 보다 크고 29 보다는 작은 정수 값을 취한다고 하세요.

그러면, 방금 우리는 d 라 하는 하나의 상수를 정의하였으며 또한 이 상수 d 가 취할 수 있는 모든 값들의 그룹도 만든 것이죠.
그 그룹은 7 보다는 크고 29 보다는 작은 정수들로 되어있습니다.
그러면, 이 d 는 하나의 정수(整數) 상수이고 이 상수는 7 과 29 사이에 있는 그 어떠한 정수이든 취할 수 있는 것이죠.
다시 말하면, 8 부터 28 까지의 모든 정수들 중에서 하나의 값을 선택하여 그 값을 d 의 값으로 할 수 있는 거죠.

또한, 다음과 같은 식으로 해도 마찬가집니다:

A = {e| 7 < e < 29 여기에서 e 는 정수} 이며 d 는 하나의 상수이고 d ∈ A.

그러면, d 는 이제 하나의 정수(整數) 상수인데 이는 7 과 29 사이에서 어떤 정수이든 하나의 정수를 가질 수가 있는 것입니다. 상수를 하나 더 정의해보도록 하죠:

B = {t| 1 < t < 2 이며 t 는 실수} 이며 p 는 하나의 상수이고 p ∈ B.

그러면, p 는 이제 하나의 상수인데 이는 1 과 2 사이에서 어떤 실수이든 실수 하나를 가질 수 있는 겁니다.
그러면, 방금 우리는 p 라고 하는 하나의 상수를 정의하였고 또한, 이 상수 p 가 취할 수 있는 모든 값들의 그룹도 만든 것이죠.
그 그룹은 B 라 하며, 이 B 는 1 보다는 크고 2 보다는 작은 모든 실수들의 집합이죠.
그러면, 이 p 는 하나의 **실수(實數) 상수**이며(우리나라 말로는 더 줄일 수도 없네요) 이 상수는 B 에 속하는 그 어떠한 실수이든 취할 수 있는 것이죠.
즉, B 로부터 하나의 값을 선택하여 그 값을 p 의 값으로 할 수 있는 겁니다.
나중에 p 에 대하여 또 하나의 값을 선택하려면 그 때는 B 에 있는 모든 실수들 중에서 우리가 원하는 실수를 뽑아 그 값을 p 의 값으로 하면 됩니다.
물론, 그 이전 값은 일단은 버려지는 것이며 나중에 다시 선택될 수도 있는 것이죠.
또 하나의 선택을 할 때까지 p 는 같은 값을 유지해야만 하죠; 즉, p 는 스스로 자신의 값을 바꿀 수가 없으며 그 p 의 값은 우리가 다음 값을 선택하기까지는 일정한 것이죠.
그래서, 상수(常數)입니다!

유의사항:
하나의 수(數)는 값을 갖고 있지만 스스로 그 값을 바꾸지 못하니까 3 이나 8 과 같은 하나의 수도 상수로 취급하기도 합니다. 그러나 엄밀하게 말하자면, 하나의 수에는 값의 선택에 대한 여지가 전혀 없으므로 수는 상수와는 다르게 취급되어야 하겠죠. 하나의 수는 줄곧 같은 값을 유지하여야 하는 것 뿐이죠. 다른 한편, 상수는 단순히 하나의 수로 취급 되서는 안되지만 그에 대한 값의 선택이 일단 이루어지면 그 값이 일정하다는 사실만을 고려하는 제한된 경우에 한해서는 간혹 수로 취급되기도 하지요.

그러면 이제, **변수는 왜 있는 거죠?** 좀더 자세히 말하자면, 무엇 때문에 자주 변수를 만들어 사용해야 하거나 변수를 가지고 작업을 해야 하는 건가요? Math 에서 하나의 특정 사물이 움직일 때는 그 움직임으로 인하여 또 하나의 사물이 변화합니다. 그러면, 그 또 하나의 사물은 어떻게 변화하는 것이죠? 그 사물은 그 자신의 값을 변화시킴으로 해서 변화합니다. 예를 들어, 우리가 차를 타고 길을 따라 여행을 한다고 해보죠. 그러면, 그 여행을 진행함에 따라 그 차가 이동한 거리가 변(變)하죠. 이번엔, 그 차가 이동한 거리를 측정하고 측정한 모든 거리들의 기록을 보관하려 한다고 해보죠. 예를 들어, 그 이동거리를 매초(每秒), 매분(每分), 매시(每時), 12 분(分)마다, 또는 15 초(秒)마다 측정하려 할 수도 있을 겁니다. 그럼 이제, 그 모든 기록들을 추적하려면 무엇이 필요할까요?

하나의 사물이 필요한데 그 사물이 그 모든 기록들을 추적하기를 원하는 거죠. 그 사물이 어떻게 그런 작업을 하기를 원하죠? 이동거리를 측정할 때마다 그 사물이 그 자신의 값을 변화시키기를 원하는 겁니다. 즉, 그 사물은 거리측정이 이루어질 때마다 새로운 값을 갖는 것이죠. 그러면, 그 사물은 결국에는 그 모든 측정값들을 한번에 하나씩 가질 수가 있는 것이죠. 간단히 말하면, 그 모든 기록들을 담을 수 있지만 한번에 하나씩 담을 수 있는 사물이 필요한 것이죠. 거리라는 것은 값을 가질 수 있는 하나의 사물입니다. 그러면, 그 거리라는 사물을 여러 개의 값들을 한번에 하나씩 갖는 사물로 취급하는 겁니다. 그러면, 그 거리라는 것을 그 모든 기록들을 추적할 수 있는 하나의 사물로 취급할 수 있죠. 그러면 이제, 그 거리라는 사물을 하나의 변수(變數)로 취급할 수 있으며 그 변수는 우리가 원하는 방식대로 시간의 흐름에 따라 그 자신의 값을 변화시킵니다. 효율성을 목적으로 주로 하나의 문자를 사용하여 그 거리라는 변수에 이름을 붙입니다. 예를 들면, 그 **거리 변수**를 **d** 라고 할 수도 있죠. 자 이제, 이 **d** 는 모든 측정치를 전부 갖을 수가 있죠. 그러나, 이 **d** 는 한번에 하나의 값만을 갖을 수 있으므로 **d** 의 값은 계속 변하고있는 것이죠. 그리하여, 우리가 아는 것은 이 **d** 가 그 모든 측정치들 중의 그 어느 값이든 갖을 수 있다는 사실 뿐이죠. 또 한가지 아는 사실은 시간의 흐름에 따라 측정을 했다는 것이죠. 그러면, 그 어느 특정 시점(時點)을 알면 그 때의 **d** 의 값은 알게 될 수도 있겠네요.

같은 개념을 다른 곳에도 적용할 수 있죠. 예를 들면, 속력(速力), 재고량(在庫量), 시간(時間)의 양(量), 가격(價格), 높이, 깊이, 부피, 힘, 면적(面積), 등등과 같은 사물을 변수로 사용할 수 있어요. 즉, 구체적으로 표현된(정의된) 모든 값들을 망라(網羅)하면서 자신의 값을 변화시켜야 하는 사물이면 어느것이든 변수로 취급될 수 있는 것이죠. 변수(變數)라는 것은 용도가 많은 도구라고 생각되지 않나요?

유의사항:
움직임이 있는 곳에는 변화(變化)가 있습니다. 변화가 있는 곳에는 값의 변화가 있죠. 값의 변화가 있는 곳에는 비율(比率)이 있습니다. 무슨 비율이죠? 변화율(變化率)이죠! 그러면 무슨 변화율인데요? 예를 들면, 주로 시간에 대한 변화율이며, 거리에 있어서의 시간에 대한 변화율을 많이 사용하죠. 보통 줄여서 이를 속력(速力)이라고 합니다. 예를 들면, 빛은 대략 일초마다 삼십만 킬로미터(kilometer)씩 이동하는데, 300,000 이 변화율의 크기이며 이 크기가 그 속력입니다.

그러면 이제, **비율은 왜?** 그것은 변화량에 대하여 작업해야 하기 때문이죠. 예를 들면, 변화량을 측정해야 할 때가 많습니다. 그 측정을 하기 위하여 하나의 비율을 만들어 사용하죠. 예를 들어, 길이를 측정하는 데에는 주로 자를 사용하죠. 하나의 자는 여러 개의 같은 비율들로 이루어져 있습니다. 하나의 자는 여러 개의 눈금들로 이루어져있죠. 그 눈금들 사이마다 동일한 양(量)의 길이를 할당하죠. 그 동일한 양이 그 비율의 크기입니다. 그럼 이제, 어떻게 사물의 길이를 측정하나요? 사물의 길이를 측정할 때에는 그 사물에 자를 대고 그 사물을 차지하는 눈금들의 수를 셉니다. 그 눈금들 사이 하나하나가 그 비율이죠. 물론, 그 비율 한 개의 일부를 취해야 할 때도 있죠. 비율이라는 것은 math 에서 하나의 중요한 대상이며 이 대상에 대한 자세한 내용은 **Run Relationship in Quantity** 라는 책에서 다루고 있습니다.

4. 일대일(一對一) 대응 함수인지 어떻게 알죠?

함수에 대한 작업을 하다 보면 그 함수가 일대일 함수인지 확인해야 할 경우가 간혹 있습니다. 그러면, 그 함수가 각각의 모든 입력에 대하여 다른 출력을 만드는지 시험을 해보아야 하죠. 어떻게 요? 그 함수의 메커니즘(mechanism)에 서로 다른 입력이 투입되었을 때 그에 대하여 서로 다른 출력이 만들어지는지 알아보는 겁니다. 그러나, 단순히 정의역에서 무작위(無作爲)로 몇 개의 다른 특정 수들을 선택하여 이들을 그 입력 값으로 하는 것은 아니죠. 왜냐하면, 그 함수가 정의역으로부터의 모든 입력 값 각각에 대하여 개별적으로 다른 출력을 만든다는 것을 확인해야 하기 때문이죠. 즉, 그 테스트(test)가 포괄적이거나 일반적이어야 한다는 겁니다.

그러면, 그러한 테스트는 어떻게 하죠? 그 테스트는 일반적이어야 하니까 일반적인 입력을 가지고 그런 테스트를 하면 되죠. 그 정의역에 속하는 서로 다른 두개의 일반 입력 값들을 만듭니다. 그리고 나서, 그 두개의 일반 입력 값들을 그 메커니즘(mechanism)으로 투입하고, 그 출력들이 서로 다른지 확인하는 것이죠. 그러면, 그 함수로 투입될 그 두개의 일반 입력들을 어떻게 만드나요? 하나의 일반 입력이라는 것은 정의역에 속하는 모든 값들을 나타낼 수 있는 하나의 상수를 의미합니다. 그리하여, 그 함수에 있는 입력변수와 출력변수가 사용하는 이름과는 다르며 서로 다른 이름을 가진 두 개의 상수들을 만드는 것이죠. 그 두개의 상수들은 어떻게 만들죠? 두 개의 문자를 골라 그 것들을 그 상수들의 이름들로 사용하고 그 정의역에 있는 모든 수들을 취할 수 있는 두개의 상수들을 정의(定義)하면 되죠. 예를 들어, 그 함수에서 x 와 y 가 변수로서 이미 사용되고있다면 u, v, s, t, p, q 또는 그 밖에 어느 것이든 x 와 y 와는 다른 두개의 문자를 선택하여 그 문자들이 그 정의역에 속한다고 표현하는 겁니다. 그러면 이제, 그 두개의 출력들이 서로 같지않다는 것은 어떻게 알 수 있나요? A 와 B 가 같다면 그 때는 A – B = 0, 또는 A/B = 1 이죠; 그렇지않으면, 그것들은 서로 다르다는 것을 알 수 있죠. 물론, 이둘 중 두 번째의 경우에서 B 는 0 이 아니어야 하죠.

일대일 대응 함수에서는 정의역과 치역이 데이터의 개수나 데이터 값들의 범위의 크기에 있어서 반드시 같아야만 하지않겠느냐는 생각을 할 수도 있습니다. 그 이유인 즉, 그 정의역과 치역에 속한 모든 원소(元素)들은 일대일(一對一)로 남김없이 짝을 이루어야 하므로 정의역에 속한 원소들의 개수가 치역에 속한 원소들의 개수와 반드시 같아야만 한다는 것이지요. 이는 원소들의 개수를 셀 수 있는 경우에는 맞는 말입니다. 그러나, 정의역과 치역이 데이터 값들의 범위로 되어있다면 그 함수가 일대일이라 하더라도 그 범위의 크기들이 서로 같을 필요는 없습니다. 아무튼, 이점에 대하여 확인을 해볼 수 있겠네요. 다음과 같은 구체적인 예를 하나 들어보죠:

한 함수의 정의역이 데이터(data) 값들의 범위로 되어있다고 해보세요. 예를 들면, 정의역의 원소들이 3 에서 8 까지의 모든 값들이라는 겁니다. 그러면, 3 에서 8 까지의 모든 값들이 입력들이 될 수 있죠. 또한, 치역도 데이터 값들의 범위로 되어있는데 예를 들어, 그 원소들이 0 에서 1 까지의 모든 값들이라고 해보죠. 그러면, 정의역이 치역보다 큰 것이죠. 또한, 3 에서 8 까지의 값들 하나하나가 모두 입력들이 될 수 있어야 하네요. 그러면, 이 함수가 일대일 함수가 될 수 있을까요? 그러면 이제, 그 주장하는 바는 양쪽의 집합들에 있는 모든 원소들이 그 대응에 전부 다 참여해야 하는데 정의역이 치역보다 훨씬 더 많은 원소들을 가지고있다고 할 수 있으므로 이 함수는 일대일 함수가 될 수 없나는 것입니다.

그러나, 이 함수가 일대일 함수가 될 수 있다는 말은 여전히 맞는 것입니다. 왜냐하면, 정의역이 치역이 갖고있는 것 보다 더 많은 원소들을 갖고있다고 할 수는 없으며 사실, 엄밀하게 말하면, 정의역에 있는 원소들의 양(量)과 치역에 있는 원소들의 양이 서로 같다고 할 수 있기 때문입니다. 어떻게 그러냐고요? 정의역에서 입력들이 될 수 있는 그 모든 수들을 낱낱이 분리할 수 없는 것을 알고있죠. 이는 그 치역에 대하여도 마찬가지죠. 설령, 그 모든 수들을 낱낱이 분리할 수 있다손 치더라도 그 입력들의 개수가 유한하지않죠. 이는 그 출력들에 대하여도 마찬가집니다. 정의역과 치역에 각각 많은 원소들이 있는 것은 맞아요. 그러면, 정의역에는 얼마나 많은 원소들이 있나요?

무한정 많은 원소들이 있죠. 이것은 치역에 대하여도 마찬가집니다. 그러면, 정의역과 치역 양(兩)쪽에 각각 **무한정 많은** 원소들이 있다고 할 수 있네요. 그러면 이제, 정의역에 있는 원소들의 양은 치역에 있는 원소들의 양과 같다고 할 수 있죠. 어떻게 같으냐고요? 정의역과 치역 양쪽에 다 **똑같이** 각각 무한정 많은 양의 원소들이 있으니까요. 이거 약간 궤변(詭辯) 같지 않아요? 그러나, 이는 궤변은 전혀 아니고 맞는 사실(事實)입니다.

그래서, 그 양(量)이 무엇이라고요? 그 양은 무한정 많다는 것이죠. **무한정 많다**는 것은 **무한하다**는 것을 의미하는 것이 맞죠? 그러니까, 그 양이 무한대(無限大)라는 것이죠. 우리가 math 에서 일을 할 때는 실제 사물에 대하여 뿐만이 아니라 **개념**에 대하여 일한다는 것을 염두에 두어야 합니다. 그래서, 그것들은 종이 위에 뿐만이 아니라 우리의 생각 속에도 존재하는 것이죠. 많은 개념들 중에 양의 개념에 대하여 작업할 때에는 주로 수를 사용하죠. 그러므로, 수들은 양을 표현하는 수단입니다. 그런데, 그게 무슨 양이든 상관없이 그 양은 제한된 양이죠. 즉, 무제한의 양을 표현할 수 있는 수는 없다는 것이죠. 그러면, 무한대라는 것은 어떨까요? 사실, 무한대라는 것은 수가 아니죠. 그럼 뭐죠? 이는 하나의 개념입니다.

수와 더불어 무한대를 설명하려 할 때에는 그 어느 수(數)이든지 그 수는 무의미합니다. 하나의 제한된 특정 양을 무제한으로 큰 양과 비교하면 그 특정 양은 0 과 다를 바 없는 것이죠. 무한대라는 것은 물론, 크다는 것을 의미합니다. 그러면, 얼마나 크죠? 무한정 큽니다. 그러니, 얼마나 큰지도 모르므로 그 어떤 수로도 표현할 수 없는 것이고, 또한, 무한대라는 개념에서 크기를 비교한다는 것은 의미가 없는 것이죠. 그러나, 무한대는 math 에서 중요한 개념입니다. 예를 들면, 우리는 그 개념을 계산하는 데 사용합니다. 무슨 계산이죠? 물론, 일상적인 산수는 아니죠. 무제한으로 많은 수들이나 사물들에 대하여 계산을 할 때 그 개념을 사용하지만 그 계산의 본질에 따라 그 계산의 최종 결과로서 하나의 유한한 값을 구하기도 하죠. **Run Calculus** 에서 무한대의 개념을 다루게 될 겁니다.

그러면 이제, 다음과 같은 예를 하나 살펴보기로 하죠.

유의사항: '⇒'는 '뜻하다' 라는 것을 의미합니다.

다음과 같이 가정하세요:

P = {t| t ≥ 0}. Q = {t| t ≥ b 여기에서 b 는 상수.}.
f(x) = ax² + b 여기에서 a는 상수이며 a > 0.
P 는 함수 f 의 정의역이고 Q 는 함수 f 의 치역이다.

그러면, 이 f 가 일대일 함수라는 것을 보이도록하죠.
정의역인 P 에 속하는 두개 이상의 원소들이 치역 Q 에 속하는 동일한 원소에 대응(부합)할 수 없다는 것을 보여야 하죠. 즉, 두개 이상의 서로 다른 입력들 각각에 대하여 동일한 출력이 만들어질 수 없다는 것이죠.
그러면, 정의역에 속하는 두개의 서로 다른 일반(一般) 입력들을 만들어서 메커니즘(mechanism)에 투입하고 그 출력들이 서로 다른지 확인해 보아야겠네요.

이제, 다음과 같이 가정하세요:
u 와 v 는 상수들입니다.
u 와 v ∈ P 이며 u ≠ v.

그러면, u 와 v ∈ P 이며 u ≠ v 인 그 어떤 u 와 v 에 대하여도 f(u) ≠ f(v) 라는 것과 f(u)와 f(v) ∈ Q 라는 것을 보여야 하죠. 먼저, f(u) ≠ f(v) 라는 것부터 시작을 하죠.

그러면, 어떻게 $A \neq B$ 라는 사실이 참이라는 것을 보이죠?
$A - B \neq 0$ 또는, $B \neq 0$ 이고 $A/B \neq 1$ 라는 것을 보일 수 있으면 이 사실이 참이라는 것을 보일 수 있죠.
그러면, $f(u) - f(v) \neq 0$ 인지 알아봐야 되겠군요.

$f(x) = ax^2 + b$ 라는 것을 알고있죠.
그러면, $f(u) - f(v) = (au^2 + b) - (av^2 + b) = a(u^2 - v^2) = a(u + v)(u - v)$.

그러면 이제, $a(u + v)(u - v) \neq 0$ 라는 것을 보여야 하겠네요.

$a > 0$ 라는 것을 알고있죠. 그러면, $a \neq 0$ 이죠.
또한, $u \neq v$ 이므로 $u - v \neq 0$ 입니다.

u 와 $v \in P$ 라는 것을 알고있죠.
그러면, $u \geq 0$ 이고 $v \geq 0$ 입니다. 그러니, u 와 v 는 둘 다 음(陰)이 아니죠.
또한, $u \geq 0$ 이고 $v \geq 0$ 이지만 $u \neq v$ 이죠.
그러면, u 와 v 가 동시에 0 이 될 수 없다 라는 것도 알 수 있습니다.
그러면, $u \neq -v$ 이죠 왜냐하면 u 와 v 가 동시에 0 이 될 수 없고 u 와 v 는 둘 다 음이 아니기 때문이죠.
위와 마찬가지 이유로 해서 이를 $v \neq -u$ 라 해도 되죠.
그리하여, $u + v \neq 0$ 입니다.

그러면, $a \neq 0$ 이고 $u + v \neq 0$ 이며 $u - v \neq 0$ 입니다.
그러면, $a(u + v)(u - v) \neq 0$ 이죠.
그러므로, $f(u) - f(v) \neq 0 \Rightarrow f(u) \neq f(v)$ 입니다.

그러면 이제, "$f(u)$와 $f(v) \in Q$."로 넘어가보죠.

$a > 0$ 이므로 $f(u) = au^2 + b \geq b \Rightarrow f(u) \geq b \Rightarrow f(u) \in Q$.
$a > 0$ 이므로 $f(v) = av^2 + b \geq b \Rightarrow f(v) \geq b \Rightarrow f(v) \in Q$.
그리하여, f 는 일대일 함수입니다.

요약:

u 와 $v \in P$ 이고 $u \neq v$ 라 하세요.
그러면, $f(u) - f(v) = (au^2 + b) - (av^2 + b) = a(u^2 - v^2) = a(u + v)(u - v)$.

$a > 0 \Rightarrow a \neq 0$. $u \neq v \Rightarrow u - v \neq 0$.

u 와 $v \in P$ 이므로 $u \geq 0$ 이며 $v \geq 0$ 입니다, 또한, $u \neq v$ 라는 것을 알고있죠.
그러면, u 와 v 는 동시에 0 이 될 수 없으므로 $u \neq -v$. 그러면, $u + v \neq 0$.

그러면, $a \neq 0$ 이며 $u - v \neq 0$ 이고 $u + v \neq 0$ 입니다.
그러므로, $a(u + v)(u - v) \neq 0 \Rightarrow f(u) - f(v) \neq 0 \Rightarrow f(u) \neq f(v)$.

$a > 0$ 이므로 $f(u) = au^2 + b \geq b \Rightarrow f(u) \geq b \Rightarrow f(u) \in Q$.
$a > 0$ 이므로 $f(v) = av^2 + b \geq b \Rightarrow f(v) \geq b \Rightarrow f(v) \in Q$.
그리하여 f 는 일대일입니다.

다음과 같은 또 하나의 예를 들어보기로 하죠.

다음과 같이 가정하세요:
함수 g 의 정의역은 모든 실수의 집합입니다.
$g(x) = (x - 1)(x - 2)(x - 3)$.

그러면, g 가 일대일 함수가 아니라는 것을 보이도록 하죠.

정의역에 속하는 서로 다른 두개의 원소들에 대하여 함수 g 가 동일한 출력을 만드는데, 그 출력이 치역인 Q 에 존재한다는 것을 보여야 하죠. 이 경우에는 일반 입력을 만들 필요는 없습니다. 왜냐하면, g 가 일대일 이라는 사실에 대한 반례(反例) 또는 반증(反證)을 보일 것이기 때문이죠. 반례나 반증을 제시하려는 경우에는 여러 개를 보일 필요는 없죠. 하나만으로도 충분합니다.

그러면, 정의역에 속하는 두개의 서로 다른 입력들을 만들어서 메커니즘에 투입하고, 그 출력들이 서로 같을 수 있다는 것을 확인해보아야겠네요. 그러면, 그 사실이 반례가 될 수 있는 것이죠.

함수 g 의 정의역이 모든 실수의 집합이므로 그 치역도 모든 실수의 집합이죠.
1 과 2 는 실수이며 $1 \neq 2$ 라는 것을 알고있죠.

그러면, $g(1) = (1 - 1)(1 - 2)(1 - 3) = 0$ 이며 $g(2) = (2 - 1)(2 - 2)(2 - 3) = 0$.
그러면, $g(1) = g(2)$.

또한, 0 이 실수라는 것도 알고있죠.
그리하여, g 는 일대일 함수가 아닙니다.

요약:

R 이 모든 실수의 집합이라고 하세요.
그러면, $x \in R \Rightarrow g(x) \in R$.
1 과 $2 \in R$ 이며 $1 \neq 2$ 입니다.
그러면, $g(1) = (1 - 1)(1 - 2)(1 - 3) = 0$ 이고 $g(2) = (2 - 1)(2 - 2)(2 - 3) = 0$.
그러면, $g(1) = g(2)$.
0 은 실수입니다.
그리하여, g 는 일대일 함수가 아닙니다.

5. 함수를 통상적(通常的)으로 정의(定義)하는 방법

하나의 함수를 정의할 때, 그 함수에 대하여 얼마만큼의 자세한 내용을 제시하느냐에 따라 완전한 정의나 아니면 약식 정의를 사용하죠. 이 개념들은 어떻게 함수를 구체적으로 표현하는가를 논의하는 부문에서 이미 다루었죠. 그러나, 이 개념들에 대한 내용을 간단히 복습하고 다음으로 넘어가기로 하죠. 하나의 함수를 완벽하게 정의할 때, 그 함수의 완전한 또는 완벽한 정의를 제시한다고 합니다. 함수의 완전한 정의는 그 함수의 이름, 정의역과 치역, 그리고 메커니즘으로 구성되어 있죠. 그러나, 함수의 완전한 정의를 제시하는 것 대신에 그 함수의 구체적인 표현만 제시하는 경우가 많습니다. 함수의 구체적인 표현을 그 함수의 약식 정의라고 할 수 있으며, 이 약식 정의는 그 함수의 이름이나 호출명 및 메커니즘과 정의역만으로 구성되어 있어요. 또한, 메커니즘의 표현이 당장은 없거나 당분간 필요하지 않을 때에는 이름과 정의역만으로도 약식 정의를 하기도 합니다. 약식 정의는 a brief definition 이나 a semi-definition 이라고 할 수도 있어요.

Math 에서 특정한 구조나 특성을 가진 사물의 정의를 제시할 때에는 그런 종류에서의 몇 개의 개별적인 예와 같은 단편적인 예로서 그런 사물을 설명하는 것이 아니라, 주로 기호를 사용하여 그런 사물의 구조나 특성을 법칙 또는 원리나 이론에 근거하여 포괄적으로 설명합니다. 그러면 이제, math 에서 함수를 정의하는데 통상적으로 사용되는 방법에 관하여 이야기해보기로 하죠. 즉, 함수의 통상적인 정의에 대하여 논의하려는 거죠. 다시 말해서, 이제 함수를 어떻게 정의하는가를 논의하려는 것인데 이는 널리 사용되고 공식적으로도 허용이 되는 방법입니다. 이러한 정의를 함수의 formal definition 이라고 해요. 그런데, 이 formal 이란 낱말은 단순히 공식적이라는 의미보다는 기호적이며 추상적(抽象的)이라는 의미를 더 많이 갖고 있습니다. 여기서 추상적이란 비현실적이라거나 막연히 일반적이라는 뜻이 아니고 지적(知的)이라거나 이론적(理論的)이라는 뜻으로 사용되는 것이죠. 또한, 기호적이란 낱말은 한국어와 영어와 같은 일반 언어의 사용을 최소화하고 주로 기호를 사용한다는 것을 의미합니다. 그리하여, 기호를 유난히 많이 사용하기 때문에 formal definition 을 또한 기호적인 정의라고 하기도 합니다. 그러면 이제, 사물의 formal definition 을 제시할 때에는 될 수 있는 한 일반 언어의 사용을 회피하고 그 대신에, 주로 기호를 사용하여 그 사물의 구조나 특성을 법칙 또는 원리나 이론에 근거하여 포괄적으로 설명하는 것이죠. **Math 에서의 정의 자체에 대한 자세한 설명은 Runmath** 의 모든 시리즈(series)에서의 첫번째 책에서 찾을 수 있습니다.

이 'formal' 이라는 낱말에 대하여 너무 신경 쓰지 마세요. 더 formal 할 수록 math 에서는 더욱 쉬워 집니다. Math 에서 가장 나쁜 것은 모호함이죠. 사물을 기호적으로 정의함으로 하여 모호함을 줄일 수 있는 것이죠. 어째서요? 그 이유는 표현면에서 더욱 간결하고 의미면에서 일반 언어의 약점이나 한계를 기호의 사용으로 완화할 수 있기 때문이죠 그리하여, 모호함의 여지를 더욱 많이 제거할 수 있을 뿐만 아니라 간결하게 많은 표현을 할 수 있기 때문입니다.

유의사항:

특정 사물들이 서로 **일치**한다는 것을 나타내기 위하여 '≡' 을 사용합니다.
예를 들면, **A ≡ B** 는 A 와 B 는 서로 일치한다는 뜻입니다.
특정한 사물들이 서로 **동등하지 않다**는 것을 나타내기 위하여 '≠' 를 사용합니다.
예를 들면, **A ≠ B** 는 A 가 B 와 동등하지 않다는 것을 의미하죠; 즉, 이들이 서로 같지 않다는 겁니다.
Ø 라는 기호는 **공집합**(空集合)을 나타내며 공집합은 그 자체 내에 원소가 아무 것도 없다는 것이고 **{}**으로 표현될 수도 있어요.
특정 집합이 다른 집합의 **부분집합**이라는 것을 나타내기 위하여 '⊆' 을 사용합니다.
예를 들면, **S ⊆ T** (또는 **T ⊇ S**)는 S 가 T 의 부분집합이라는 것을 말하는 겁니다.

함수를 정의할 때는 그 함수가 어떤 값에 대하여 작동하는 지를 분명히 해야 합니다. 더 자세히 말하자면, 그 입력변수가 값을 취하는 장소인 정의역을 구체적으로 표현하여야 한다는 것이죠. 그러면, 그 함수가 어떤 값들을 만들어낼 수 있는지 알 수 있으며 그리하여, 그 함수의 치역을 구체적으로 표현할 수 있게 됩니다. 그리하여, 하나의 함수를 정의할 때 보통 그 정의역과 치역의 정의로부터 시작합니다. 그러면 이제, 어떤 식으로 정의구역과 치역을 표현하죠? 정의역과 치역은 주로 집합으로 정의합니다. 물론, 그 함수의 이름과 메커니즘도 구체적으로 표현해야 하며, 메커니즘은 주로 수식으로 표현하죠. 이제, 그 자세한 것을 알아보기로 하는데 다음과 같은 예로 시작해 보기로 하죠. G 라 하는 함수를 다음과 같이 정의할 수 있습니다.

다음과 같이 가정하세요:
함수의 호출명은 G 이다.
X 는 1 보다는 크거나 같고 2 보다는 작거나 같은 모든 실수들의 집합이다.
Y 는 14 보다는 크거나 같고 17 보다는 작거나 같은 모든 실수들의 집합이다.
정의역이 **X** 이며 치역은 **Y 이다.**
메커니즘은 **3x + 11** 이다.

그러면, **y = G(x).**

위의 G 의 정의에 잘못된 것은 없지만 좀 장황한 것 같네요. Math 에서는 일상적으로 낱말을 적게 사용하여 개념을 표현하려 하죠, 그래서 특정한 낱말들의 의미를 지닌 기호들을 가능한 많이 사용하려 합니다. 그러면 그 표현들을 더욱 분명하고 간결하게 할 수 있게 되죠. 그러면 이제, 낱말을 보다 적게 사용하여 함수 G 를 정의하는 것을 시도해보도록 하죠. 그렇게 이루어진 정의를 formal definition 이라고 합니다. 이런 것을 또한, **기호적(記號的) 정의(定義)**라고도 하죠. 함수 G 의 formal definition 을 할 때 보통 아래와 같은 여러 가지 방법 중의 한가지 방법을 사용합니다:

0.0
$X = \{e \mid 1 \le e \le 2\}$ 이며 $Y = \{e \mid 14 \le e \le 17\}$.
$G: X \longrightarrow Y$.
$y = G(x) = 3x + 11$.

0.1
$X = \{e \mid 1 \le e \le 2\}$ 이며 $Y = \{3s + 11 \mid s \in X\}$.
$G: X \longrightarrow Y$.
$y = G(x)$.

0.2
$X = \{e \mid 1 \le e \le 2\}$ 이며 $Y = \{3s + 11 \mid 1 \le s \le 2\}$.
$G: X \longrightarrow Y$.
$y = G(x)$.

먼저, 위의 세가지 정의들은 서로 같은 것들이에요.
데이터(data) 집단을 집합 표기법으로 나타내죠.

그리하여:

X = {e| 1 ≤ e ≤ 2}는 X 라 하는 데이터 집단은 1 보다는 크거나 같고 2 보다는 작거나 같은 모든 실수들로 되어 있다 라는 것을 말해주고 있는 것이죠.
Y = {e| 14 ≤ e ≤ 17}는 Y 라 하는 데이터 집단은 14 보다는 크거나 같고 17 보다는 작거나 같은 모든 실수들로 되어있다 라는 것을 말하고 있는 겁니다.

보통은 간단히, **X 는 1 보다 크거나 같고 2 보다는 작거나 같은 모든 실수들의 집합이다** 라하고, **Y 는 14 이상이고 17 이하인 모든 실수들의 집합이다** 라고 하죠. (위와 같은 표현이 반복된 것 같죠. 이는 영어 학습 때문입니다.)

기호적 정의에서는 정의역과 치역을 별도로 선언하지 않고도 두 데이터 집합들 중 어느 것이 정의역인지를 표현할 수 있습니다. 위의 예에서와 같이 두개의 집합을 명시한 후에 그 집합들을 화살표를 사용하여 그 정의역과 치역으로 구분합니다. **화살표의 방향**을 수단으로 하여 하나의 함수를 **특정 정의역에서 특정 치역으로의 함수**라고 설명할 수 있으므로 기호로서 화살표를 사용하여 두 집합들 중에 어느 것이 정의역인지를 나타낼 수 있는 것이죠.

그리하여, "**G: X ⟶ Y.**" 라는 문장은 **함수 G 가 X 에서 Y 로의 함수**라는 것을 분명히 말하고 있는 것입니다.

치역을 표현하는 방법이 세 가지가 있다는 것을 인지할 수 있죠.

X = {e| 1 ≤ e ≤ 2}이므로 **{e| 14 ≤ e ≤ 17}**과 **{3s + 11| s ∈ X}** 그리고 **{3s + 11| 1 ≤ s ≤ 2}**은 결국 다 같은 것들입니다.

물론, 집합의 표기법을 사용하여 정의역과 치역을 표현하는 다른 방법도 있을 수 있습니다.

0.1 과 **0.2** 에서는 치역의 표현 속에 이미 메커니즘이 표현되어있는 것이죠, 그리하여 함수의 이름을 명시할 때 메커니즘을 다시 표현할 필요는 없어요. 일관성이 유지되는 한, 변수에 대하여 어떤 문자이든 선택할 수 있다는 것을 잊지 마세요.

y = G(x)라는 표현은 y 가 출력 변수이고 x 가 입력 변수라는 것과 이 함수의 이름이 G(x)라는 것을 말하고 있는 겁니다.

그러면 이제, 위와 같은 함수 G 의 정의로부터 다음과 같은 내용을 알 수 있죠:

G 는 x 의 함수이고, X 에서 하나의 입력 값을 취하여, 그 값을 x 에 투입한다.
이 입력 값은 3x + 11 로 되어 있는 메커니즘으로 들어가고 연산이 수행되며, 함수 G 는 그 연산의 최종 결과를 이 입력 값에 대한 출력 값으로 한다.
y 는 이 입력 값에 대한 출력 값을 갖으며 이 출력 값은 Y 에 속한다.

다음 세 가지의 기호적 정의들도 다 서로 같은 것이며, 모두 위에서 정의한 함수인 G 를 정의하는 것입니다.

1.0
X = {e| 1 ≤ e ≤ 2} 이며 **Y = {e| 14 ≤ e ≤ 17}.**
X $\xrightarrow{G}$ Y.
y = G(x) = 3x + 11.

1.1
$X = \{e| 1 \le e \le 2\}$ 이며 **$Y = \{3t + 11| t \in X\}$.**
$X \xrightarrow{G} Y$. $y = G(x)$.

1.2
$X = \{e| 1 \le e \le 2\}$ 이며 **$Y = \{3t + 11| 1 \le t \le 2\}$.**
$X \xrightarrow{G} Y$. $y = G(x)$.

위의 정의에서는 함수의 호출명을 화살표 위에 표시하였으며, 그것말고는 요 이전의 것들과 모두 마찬가지이죠.
즉, **$G: X \longrightarrow Y \equiv X \xrightarrow{G} Y$.**

그러면 이제, 또 하나의 방법을 보도록 하죠. 다음의 세 개의 정의들도 다 같은 것이며 위에서 정의한 함수 G 를 정의하는 것입니다.

2.0
$X = \{e| 1 \le e \le 2\}$ 이며 **$Y = \{e| 14 \le e \le 17\}$.**
$y = G(x) = 3x + 11$ 여기에서 **$x \in X$** 이며 **$y \in Y$.**

2.1
$X = \{e| 1 \le e \le 2\}$ 이며 **$Y = \{3t + 11| t \in X\}$.**
$y = G(x)$ 여기에서 **$x \in X$** 이며 **$y \in Y$.**

2.2
$X = \{e| 1 \le e \le 2\}$ 이며 **$Y = \{3t + 11| 1 \le t \le 2\}$.**
$y = G(x)$ 여기에서 **$x \in X$** 이며 **$y \in Y$.**

위의 정의에서는 화살표를 사용하지 않았죠.
그러면, 어떻게 정의역과 치역을 알 수 있나요?
제일 마지막 문장이 그 것들이 각각 어느 집합이라는 것을 말해주고 있습니다.

$y = G(x)$라는 표현에서 **y** 는 **출력변수**이고 **x** 는 **입력변수**라는 것을 알 수 있죠.
입력변수는 정의역에 속한 값을 취한다는 것과 **출력변수는 치역에 속하는 값을 취한다**는 것을 알고있죠.
그러면, **$x \in X$ 이며 $y \in Y$** 라는 문장으로부터, **집합 X** 가 **정의역**이어야 하고 **집합 Y** 는 **치역**이어야 한다는 것을 알 수 있네요.
그러면 이제, F 라 하는 또 하나의 함수를 다음과 같이 여러 가지 방법으로 정의해보도록 하죠:

0.
X 와 **y** 는 실수의 집합들이다.
$F: X \longrightarrow Y$.
$y = F(x) = 2x + 1$.

1.
R 은 모든 실수의 집합이며, **X** 와 **$Y \subseteq R$.**
$F: X \longrightarrow Y$.
$y = F(x) = 2x + 1$.

2.
X 는 실수의 집합이다.
Y = {2x + 1| x ∈ X}.
F: X ⟶ Y. y = F(x).

3.
R 은 모든 실수의 집합이며, **X ⊆ R.**
Y = {2x + 1| x ∈ X}.
F: X ⟶ Y. y = F(x).

4.
R 은 모든 실수의 집합이며, **X ⊆ R.**
Y = {F(x)| x ∈ X} 여기에서 **F(x) = 2x + 1. y = F(x).**

위의 다섯 개의 정의는 모두 같은 것입니다.

그런데, 위의 모든 정의에서, 정의역과 치역이 구체적으로 표현된 것처럼 보이지만 사실은 그렇지 않아요. 특히, 치역은 꽤나 의도를 가지고 구체적으로 표현된 것처럼 보이죠. 정의역을 구성하는 수들이 그저 실수라고만 되어 있어 그 수들이 어떤 실수들인지는 모르는 것이죠.

X 는 실수의 집합이다 라는 문장은 X 가 모든 실수를 전부 포함하**거나 아니면** 모든 실수의 일부만을 포함할 수도 있다는 것을 의미합니다. 그러니, 이런 문장으로부터 X 가 모든 실수의 집합이라고만 단정할 수는 없죠.

그래서, 정의역은 불확실한 것이죠. 예를 들면, 정의역에 대하여 실수의 특정 범위와 같은 구체적인 표현이 없다는 겁니다. 또한, 치역은 정의역에 따라 결정이 되는 것을 알고있죠. 그러므로 정의역이 막연하게 되어 있으며, 따라서 치역도 또한 확실하지 않은 것이죠.

그러나, 비록 데이터 집합이 구체적이지 않다 하더라도 이러한 정의들은 꽤나 널리 사용되고 있습니다. 이것들 각각은 임시적인 또는 잠정적인 정의로 사용될 수 있어요. 그리하여, 나중에 이 정의역을 확실하게 할 가능성이 있는 것이죠, 그러면 치역도 또한 자동적으로 분명해 질 겁니다.

유의사항: 정의역이 모든 실수의 집합이라는 말은 구체적이며 확실한 표현입니다.

4 번의 정의에서는, 치역이 다른 정의에서의 것들과 꽤나 심하게 차이가 나 보이죠. 이는 치역이 함수의 이름과 함께 메커니즘도 포함하고 있기 때문입니다. 그렇기는 해도 이것은 여전히 유효)한 겁니다.

위의 정의에서 다음과 같은 내용을 알 수 있죠:

함수 F 는 **X** 에서 **Y** 로의 함수이다.
X 는 **F** 의 **정의역**이고 **Y** 는 **치역**이다.
입력 변수는 x 이고 출력 변수는 y 이다.
메커니즘은 2x + 1 이다.

또한, 흔히 **y** 는 함수 **F(x)**에 의한 **x** 의 상(像)**이다** 라고 하기도 합니다.
그리하여, **Y** 는 함수 **F** 에 의한 **X** 에 속한 모든 원소들의 상들로 된 **집합**이라고 할 수 있죠.

물론, 정의역과 치역은 공집합(空集合)이 될 수는 없죠; 즉, $X \neq \varnothing$ 이며 $Y \neq \varnothing$ 입니다.

또한, 함수를 정의할 수 있는 또 하나의 방법이 있습니다. 화살표와 함께 메커니즘을 직접 표현해도 됩니다. 예를 들면, 위에서와 같은 함수 F를 다음과 같은 식으로 정의할 수도 있는 것이죠:

X는 실수의 집합이다. $Y = \{F(x) | x \in X\}$. $F: x \longrightarrow 2x + 1$. $y = F(x)$.

유의사항**:** $F: x \longrightarrow 2x + 1 \equiv x \xrightarrow{F} 2x + 1$.

위의 F의 정의로부터 X가 정의역이고 Y가 치역이라는 것을 알 수 있죠.
또한 x의 값 각각에 대하여 F는 $2x + 1$으로 출력을 만든다는 것도 알 수 있죠; 그리하여, X에 속하는 x에 대하여 $y = F(x) = 2x + 1 \in Y$이다 라는 것을 알 수 있네요.

함수를 정의하는 여러 가지의 다른 방법들도 있을 수 있죠. 예를 들면, 매개변수(媒介變數)라는 것을 사용할 수 있는 경우도 더러 있어요. 매개변수를 사용할 때는 함수들을 매개변수로 매개하는 것이죠. 두개 이상의 기존 함수들에 있는 변수들에 대하여 매개변수를 적용하고, 결국 그 변수들을 연결하고 나면, 새로운 함수를 하나 갖게 되는 것이죠. 함수들을 매개변수로 매개하는 것은 **그래프 조작** 이라는 책에서 다루게 될 것입니다.

아무튼 그 어떤 방법을 선택한다 하더라도 함수의 완전한 정의를 제시하려면 그 함수의 이름, 정의역과 치역 그리고 메커니즘이 설정되어 있으면 그 메커니즘을 구체적으로 표현하여야 합니다. 메커니즘이 아직 설정되어 있지 않았으면 어떻게 하죠? 그러면, 약식 정의를 해야 하겠죠.

자 이제, 함수가 그 정의에서 보여주고자 하는 바는 입력과 출력 사이의 **관계**라는 것이며 그 관계는 메커니즘에 의(依)하여 구체적으로 표현된다는 것을 염두에 두어야 해요. 다시 말해서, 일관성이 유지되는 한 그 함수의 변수에 대하여 사용하는 문자는 무엇을 선택하더라도 달라질 것이 없다는 거죠. 즉, 일관성을 유지하는 한 그 문자의 선택은 자유로이 할 수 있다는 겁니다. 그리하여 예를 들면, **"$g(s) = 8(3 - s)$ 여기에서 $s \geq 1$"** 라는 것은 **"$g(u) = 8(3 - u)$ 여기에서 $u \geq 1$"** 와 마찬가지라는 것이죠. 다시 말하면, 함수 g 에서 입력 변수인 s 또는 u는 한번에 하나의 값을 담을 수 있는 용기에 지나지 않는 것이죠. 그 문자의 선택은 그때의 상황이나 필요에 맞게 하는 것이죠. 함수 g의 정의로부터 우리가 알 수 있는 것은 다음과 같은 내용입니다:

g는 1 보다 크거나 같은 하나의 입력을 입력 변수에 투입한다, 그러면 그 메커니즘을 사용하여, 3 에서 그 입력을 빼고 그 차이에 8을 곱한다, 그러면 그 곱이 그 입력에 대한 출력이다.
이는 1 보다 크거나 같은 나머지 모든 입력들 각각에 대하여도 마찬가지다.

6.0. 함수의 그래프(graph)라는 것이 뭔가요?

유의사항: 일반적으로, 그래프에 있는 곡선(曲線)과 직선(直線), 그리고 평면(平面)과 곡면(曲面)들 그 밖의 기하학적(幾何學的) 사물들을 모두 통합하여 그것들 중의 하나를 단순히 커브(curve)라고 합니다.

그런데, 그래프는 왜? 그것은 함수나 함수에 관련한 문제에 대하여 보다 구체적으로 작업하려 할 때, 함수의 정의 뿐만 아니라 그 함수의 **시각적(視覺的) 표현**도 필요할 때가 많기 때문이죠. 즉, 입력변수와 출력변수가 개념적(槪念的)으로 뿐만이 아니라 실질적(實質的)으로도 서로 어떻게 대응(對應)하는지를 보려고 할 때가 많다는 것이지요. 그리하여, 함수의 그래프를 수단으로 하여 그 함수의 행동을 실제로 볼 수가 있기에 보다 구체적일 뿐만이 아니라 더욱 효과적이며 쉽게 작업할 수가 있는 것이죠. 이는 물론, 방정식에 대하여도 마찬가집니다.

함수의 그래프를 작성할 때에는 두 가지 방향 중 한가지 방향을 선택하지요. 그 중 한가지 방향으로는 수집된 데이터에 근거하여 그래프를 만드는 것이죠. 예를 들면, 특정 실험이나 실습으로부터 데이터를 수집하여 그래프에 투입하고 그것들을 연결하여 그 그래프를 완성하는 겁니다. 다른 한 방향으로는 주어진 함수의 정의로부터 데이터를 만들어내고 그것들을 연결하여 그 그래프를 완성하는 거죠. 함수나 방정식을 학습하는 과정서는 보통 두 번째 방향으로 진행되므로 주어진 함수나 방정식의 정의에 근거하여 작성하는 그래프를 다루죠.

첫번째 방향으로 진행할 때는 그래프를 작성하는 도중에 그 메커니즘을 찾으려 해볼 수도 있기는 한데 그 정확한 메커니즘을 찾게 되는 경우는 흔하지 않아요. 그러나, 현실에서 실제로 함수에 대하여 작업하다 보면 흔히 첫번째 방향으로 진행하게 되는데 보통 이런 작업에는 대량의 데이터가 필요하며 따라서, 많은 실험이 요구되는 것이죠. 그 외에도 두 번째 방향으로 진행할 때 겪어야 하거나 성취해야 하는 많은 경험과 지식이 있어야 하지요. 첫번째 방향을 선택하는 경우에는 흔히 수치해석(數値解析)에서의 도구들을 사용하는데 이 수치해석은 더욱 현실적이며 실질적인 math 로 취급될 수도 있죠. 예를 들면, 그런 math 에서는 데이터를 더욱 합리적으로 연결하기 위하여 내삽법(內插法) 이나 외삽법(外插法)을 사용합니다. 하지만, 이 도구들은 직접적으로 그 메커니즘 자체를 구하기 위한 것은 아니고 수집된 데이터를 근거로 하여 실험을 하지 않고도 필요한 데이터를 찾기 위한 것입니다.

함수의 그래프를 작성할 때 흔히 그래프를 그린다고 합니다. 사실은, 그래프를 만들 때, 그 함수의 커브(curve)를 그린다고 할 수 있죠. 그러나, 마치 그림을 그리듯이 그걸 그리는 건 아니죠. 그 커브를 그릴 때에는 수집된 데이터를 연결하는데 합리적인 방식으로 그 데이터들 사이에 존재할 수도 있는 데이터를 가능한 어떻게 해서든지 라도 보일 수 있도록 하는 것이죠. 보통은, 가능한 모든 입력에 대하여 함수가 만들 수 있는 모든 출력을 표현할 수는 없죠. 그리하여, 그 함수가 만들어낼 수 있는 모든 데이터를 대표할 수 있는 모델(model)을 만드는 것인데, 그 모델을 그 함수의 그래프라고 합니다. 또한, 함수의 그래프는 그 함수의 실제 구조를 단순화한 것인데, 이는 그 함수 본질의 모습 또는 그 함수의 구체적인 행동을 보여주어야 하는 것이죠.

한편, 함수의 그래프를 수단으로 하여 특정 사물을 실질적으로, 사실은 실제로, 그릴 수도 있어요. 그 특정 사물이란 예를 들면, 컵(cup)이라든가 자동차의 부품이나 자동차의 모양, 프로펠러(propeller)에서의 날개, 선박이나 우주선의 모양 등등과 같이 그 어떤 것이든 될 수 있죠. 이러한 일을 흔히 그래픽(graphics)이라고 합니다. 컴퓨터 그래픽(computer graphics)이 현재 널리 보급되어있죠. Mathematicians 와 컴퓨터 과학자 그리고 컴퓨터 엔지니어(engineer)들이 그래픽에 관한 도구들의 핵심 부품들을 개발하죠. 그런 도구들은 많은 응용 프로그램들(application programs)인데 그 프로그램들로 모니터(monitor) 화면에 기하학적 사물들을 실제로 그리는 것이죠. 그러한 도구들 안에서 정작 그런 일을 하는 주요 부품은 mathematical 한 기본 단위 부품들로 이루어져 있는데 그 단위 부품들은 제각기 함수나 방정식과 관계가 많죠. 컴퓨터 그래픽으로 만든 하나의 작품을 여러 함수들이나 방정식들의 커브(curve)들의 모음이라고 할 수 있어요.

그러면, 함수의 그래프라는 것은 무엇인가요? 데이터 그룹들 사이의 관계를 시각적으로 표현한 것 또는 함수의 행동을 시각적으로 표현한 것이며 그리하여, 문제에 대한 작업을 할 때 그 답(答)이 어디쯤에 있어야 하는지를 효율적으로 알려주기도 하는 하나의 도구인 것이죠.

6.1. 그래프(graph)를 만들 때 무엇이 필요한가요?

우선, 그래프를 놓을 자리가 필요하죠. 그러면, 그 자리를 어떻게 마련하죠? 2 차원(次元)이나 3 차원 영역(領域)과 같은 특정 차원의 영역에 하나의 좌표(座標) 체계(體系)를 만듭니다. 일반 math 에서는 보통 하나의 평면에 그 체계를 위치시키는데 그 평면은 2 차원 영역에 있는 것이죠. 어떻게 그 좌표 체계를 만드나요? 그 평면에 두개의 좌표 축(軸)들을 놓습니다. 그 좌표 축들은 제각기 하나의 수직선(數直線)인데 이 수직선에서 그 함수의 변수들이 제각기 취할 수 있는 모든 값들을 찾을 수 있죠. 다시 말해서, 정의역과 치역을 그 축들 위에 놓는 것입니다. 그러면, 하나의 좌표 평면을 갖게 되는 것이죠. 널리 사용되는 좌표 체계들 중에서 많은 그래프에 대하여 흔히 직교 좌표계(直交 座標系)를 사용하는데 이 좌표계는 데카르트(Cartesian) 좌표계라고도 합니다. 이 좌표계에서는 모든 축들이 직선이며 그 선(線)들은 서로 직각(直角)으로 되어있습니다. 널리 사용되는 다른 좌표계로는 극(極)좌표계, 원통(圓筒) 좌표계와 원구(圓球) 좌표계가 있죠. 함수에서 사용되는 변수의 본질에 따라, 작업하는 데 적합한 좌표계를 선택하지요.

물론, 그 좌표계에 놓여질 데이터가 있어야 하죠. 좌표계에서 표현되어야 할 함수의 정의가 주어져있다고 해보죠. 그러면 보통, 그 함수를 순차적(順次的)으로 실행(實行)하여 데이터를 만들어냅니다. 그 실행이란 것은 어떻게 이루어지나요? 정의역으로부터 하나의 입력 값을 선정하여 그 값을 메커니즘에 있는 입력변수에 투입하고 그 메커니즘에서 이루어진 모든 계산의 최종 결과를 취합니다. 그런데, 그 입력 값으로 정의역에 있는 값이라 해도 단순히 무작위(無作爲)로 선택한 값을 입력변수에 투입하는 것은 아닙니다. 데이터가 너무 크거나 작으면 이것들을 실제 그래프에 실질적으로 놓기가 곤란하죠. 또한, 입력과 출력 값들 두 가지가 모두 좌표 축에 잘 맞을 수 있도록 좌표축을 고안(考案)하여 만드는 것이 필요합니다. 그러면, 데이터 값이 너무 크거나 작을 때가 많으므로 좌표축을 고안하여 만들 때 종이의 크기라든가 하는 그 그래프가 놓여질 실제 공간의 양(量)을 고려해야 하겠죠. 그러면, 그 좌표축에 적당한 척도(尺度)를 적용해야 할 겁니다.

그러면 이제, 좌표계를 선택하고 좌표축을 고안하여 만드는 겁니다. 좌표계가 선택되고 그 고안이 완성되면 그 좌표 체계가 완전히 정의되었다고 할 수 있죠. 이 책에서는 직교 좌표 체계를 사용할 것이며, 이 좌표 체계는 흔히 데카르트 좌표계(Cartesian coordinate system)라고도 합니다. 극(極) 좌표 체계나 원통(圓筒) 또는 원구(圓球) 좌표 체계는 **Run Calculus** 에서 다루게 될 겁니다.

그림. 6.1.0

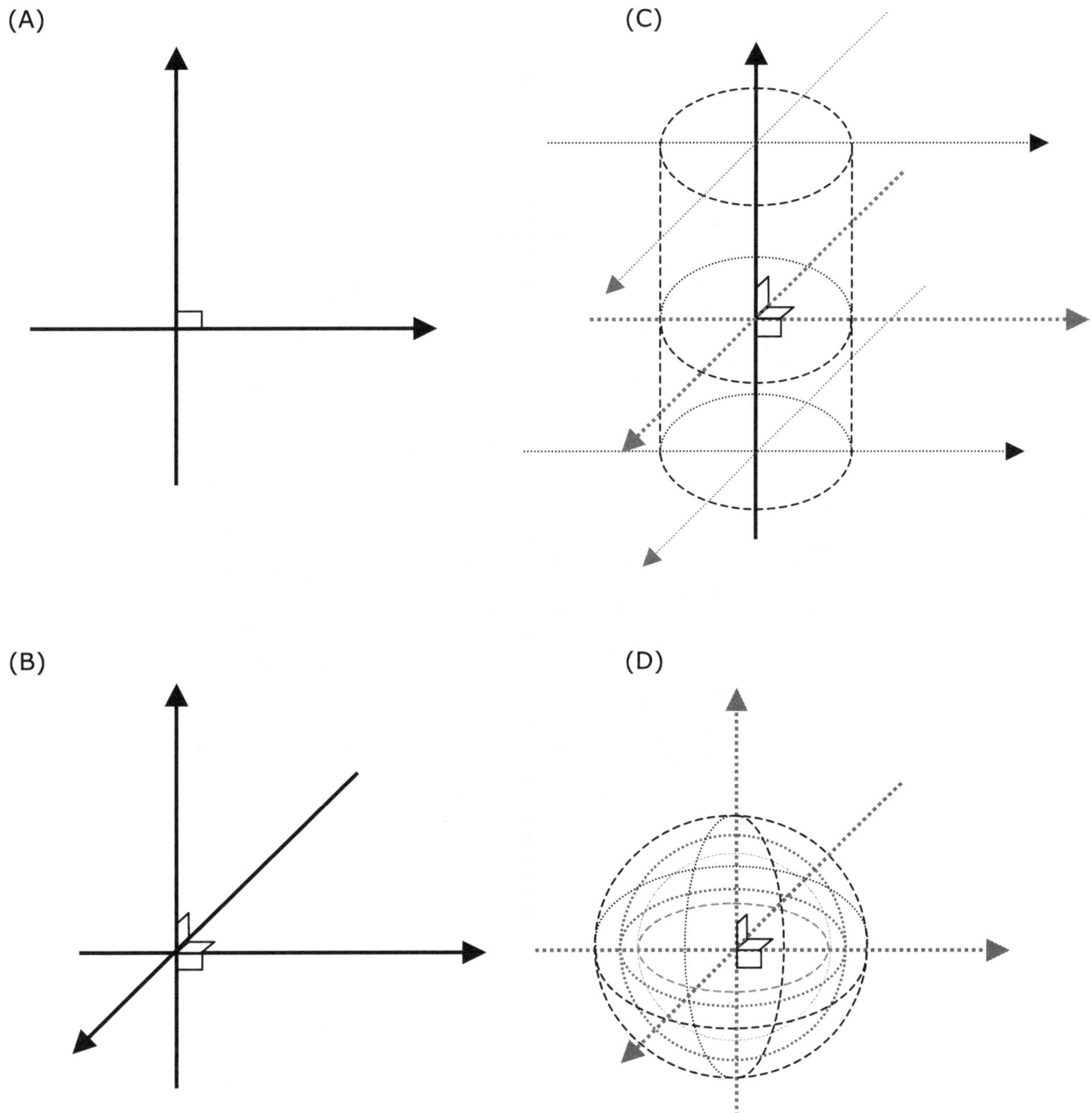

(A) 2 차원에서의 직교 좌표 체계
(B) 3 차원에서의 직교 좌표 체계
(C) 3 차원에서의 원통 좌표 체계
(D) 3 차원에서의 원구 좌표 체계

6.2. 2 차원(次元) 직교좌표(直交座標) 체계(體系)?

많은 함수에 대하여 주로 직교(데카르트) 좌표 체계를 선택하는데, 그 좌표계에서는 좌표축들이 직각(直角)으로 만납니다. 그러면 이제, 그 좌표계를 설정해보도록 하죠. 그러면, 그 좌표계를 놓을 특정 차원 영역부터 시작해야 하죠. 즉, 좌표축의 개수를 정해야 한다는 것이죠. 가장 간단한 것으로서, 입력 데이터와 출력 데이터사이의 관계를 나타내기 위하여 보통 2 차원 영역을 선정합니다. 2 차원 영역에서는 2 개의 측정치를 취해야 하죠. 그러면, 그 좌표체계에 놓는 요소들은 2 차원 사물들이며, 그 각각의 요소들은 두개의 구성원들이 짝을 이루어 만들어집니다. 그 두개의 구성원들 중의 하나는 입력 값이고 그 다른 하나는 그 입력 값에 대응하는 출력 값이죠.

그림. 6.2.0

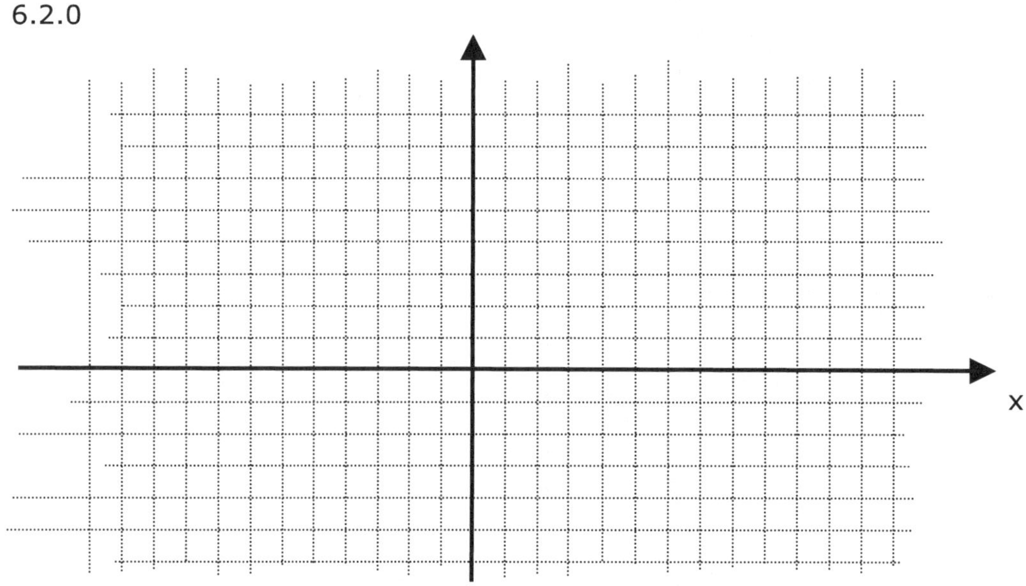

그래프의 주요 구성원들은 좌표축들과 커브(curve)입니다. 이 커브는 특정 요소들의 집합인데 그 각각의 요소는 한 쌍(雙)의 데이터 값들로 되어있어요. 그 쌍에서 둘 중의 하나는 입력 값이고 그 다른 하나는 그 입력 값에 대응하는 출력 값이죠. 그 각각의 요소를 이 커브에서의 한 **점(點)**이라고 합니다. 이 커브라는 것은 휘어진 선(線)을 줄여서 말하는 것인데 휘어진 실제의 선이라기보다는 하나의 개념으로 취급하여야 해요. 또한, 간편함을 목적으로 이 커브란 개념은 보통 모든 직선도 포함하죠. 그러면, 그래프에서 하나의 커브에서의 각각의 점은 두개의 값들을 가지고 있으며 그 중 하나는 입력을 위한 것이고 그 다른 하나는 출력을 위한 겁니다. 그리하여, 하나의 커브에서의 특정한 하나의 점을 그 점에서의 두개의 값들로 구체적으로 표현할 수 있는 것이죠.

이제, 가장 간단한 직교 좌표계를 설정한다고 해보죠. 그러면, 두개의 좌표축을 서로 직각이 되게 놓아야 해요. 각각의 좌표 축은 math 에서 하나의 사물입니다. 하나의 사물을 가지고 작업을 처음 시작할 때 그 사물에게 무엇을 하죠? 그 사물에게 이름을 붙여줍니다. 그러면, 그 축들에게 이름을 붙여 주어야 하겠네요. 하지만, 그것들에게 그저 아무 이름이나 붙이지는 않습니다. 그 두개의 좌표 축들 중의 하나는 정의역으로부터의 값들을 위한 것이고 그 다른 하나는 치역으로로의 값들을 위한 것이죠. 그리하여, 그 두개의 축들 중에 하나는 그 입력변수의 이름을 가질 것이며 그 다른 하나는 그 출력변수의 이름을 갖게 될 겁니다. 또한, 출력변수의 이름을 갖게 될 축의 이름으로 그 함수의 완전한 이름이나 호출명을 사용하는 경우도 많이 있어요.

하나의 함수 y = f(x)가 있다고 해보죠. 그러면, 이 x 는 입력변수이고 이 y 는 출력변수입니다. 그리하여, 그 두개의 축(軸)들 중의 하나를 **x 축**이라 하는데 이는 주로 수평(水平)으로 되어있고 그 다른 하나를 **y 축**이라고 하는데 이는 수직(垂直)으로 되어있죠. 그러면, 모든 입력에 대하여 x 축을 만들고 모든 출력에 대하여는 y 축을 만들죠 따라서, x-y 평면이라고 하는 하나의 좌표 평면을 갖게 되는 것입니다. 또한, 위에서 언급된 바와 같이, 출력에 대한 축의 이름으로 y 대신에 f(x)나 그저 f 를 사용하기도 하죠. 그리하여, x 축과 더불어 f(x)축 또는 f 축으로 좌표 평면을 만드는 경우도 흔하죠.

그림. 6.2.1

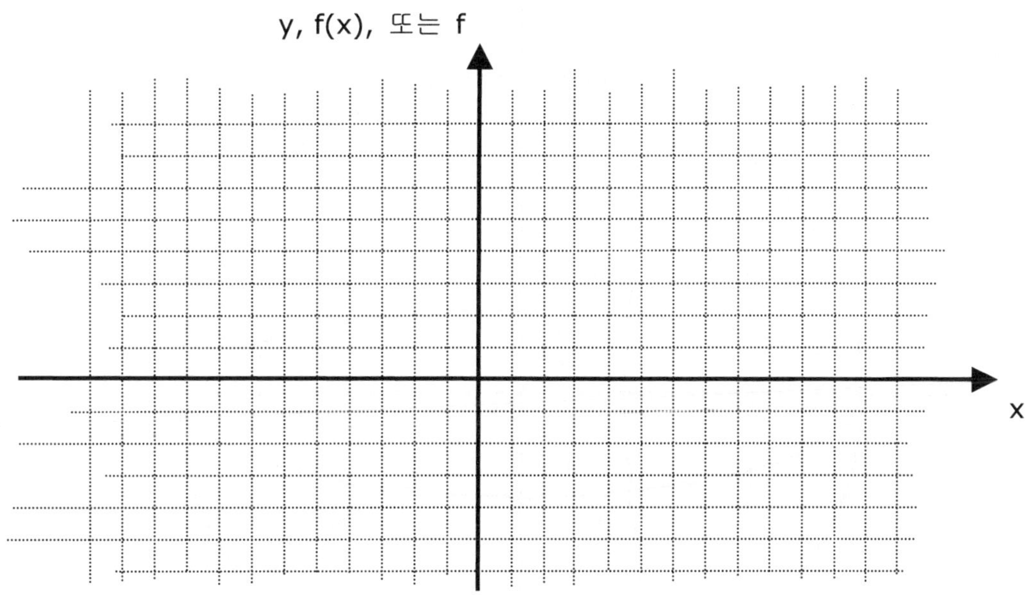

그러면, 이 축(軸)들이 무엇처럼 보이죠? 이것들은 수직선(數直線)이므로 긴 줄자처럼 보일 수도 있습니다. 그래서 보통은, 각 축 상에서 같은 간격마다에 있는 지점에 순차적으로 수를 할당하게 되죠. 보통의 경우에는 이 축 상에 연이어 놓여진 모든 수들 간의 간격들이 일정하죠; 하지만, 어떤 경우에는 변할 수도 있기는 합니다.

이 축들 상에 있는 수들을 좌표 값이라고 하는데 보통은 줄여서 좌표라고 하죠. 입력 축 상에 있는 수들은 입력 좌표들이고 출력 축 상에 있는 수들은 출력 좌표들입니다. 또한, 좌표에서의 각 종류를 표현할 때는 보통 그 해당 축에 관련된 변수의 이름을 사용하기도 합니다. 예로든 함수 y = f(x)에서, 입력변수로 x 를 사용하고 출력변수로는 y 를 사용하죠. 그러면, x 축 상에 있는 수들은 x 좌표들이고 y 축(또는 f(x)축) 상에 있는 수들은 y 좌표들인 것이죠.

또한, 이 축들이 좌표계의 평면에서 매우 특별한 하나의 점(點)에서 만나는 것을 알 수 있습니다. 그 점을 원점(原點)이라고 합니다. 그 원점이 모든 눈금과 측정이 시작하는 점이죠. 하나의 원점은 그 평면에서의 하나의 점이므로 좌표로 표시될 수 있습니다. 그 두 좌표들의 값으로 그 원점에게는 0 을 할당하시죠. 또한, 흔히 굵은 글씨체로 0 이라는 수로서의 문자를 사용하여 그 원점을 표시하기도 합니다: **0**.

그림. 6.2.2

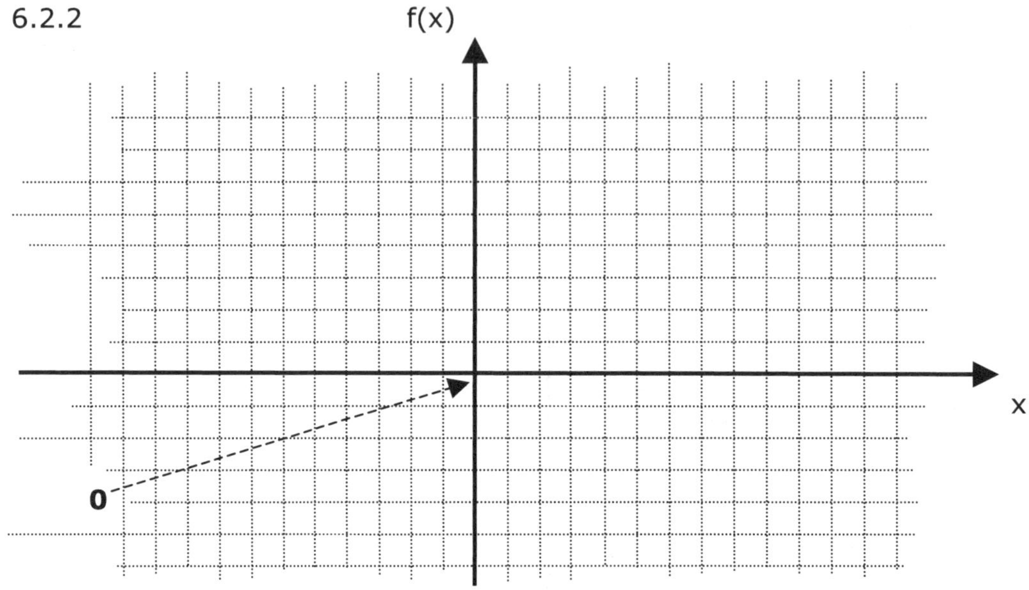

그러면, 특정한 좌표 값들을 갖고 있는 하나의 점을 어떻게 구체적으로 표현하나요? 하나의 x-y 평면에서 작업한다고 해보죠. 그러면, 한 쌍(雙)의 괄호(括弧) 안에 x 좌표와 y 좌표의 값을 넣어서 그 점을 표현하며 이 좌표 값들은 하나의 쉼표로 분리됩니다. 예를 들면, 한 점이 x 좌표로 3 을 가지고 있고 y 좌표로는 8 을 가지고 있을 수 있죠. 그러면, 그 점은 (3, 8)로 표현되는 것이죠. 같은 방법으로 그 원점도 (0, 0)으로 표현될 수 있는 거죠.

그림. 6.2.3

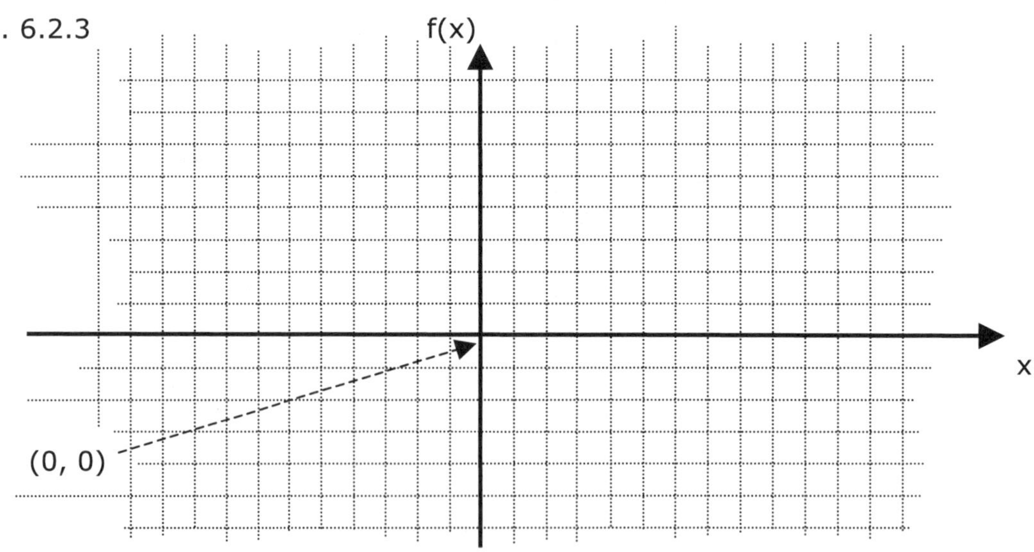

위의 x-y 평면에서 네 개의 부문이 있다는 것을 알 수 있죠. 각각의 부문은 하나의 사분면(四分面)이라고 합니다. 제 일사분면(一四分面)에 있는 모든 점들에 대한 좌표들은 둘 다 양수(陽數)입니다. 제 이사분면에 있는 모든 점들에 대한 x 좌표는 음수(陰數)이지만 y 좌표는 양수이죠. 제 삼사분면에 있는 모든 점들에 대한 좌표들은 둘 다 음수입니다. 제 사사분면에 있는 모든 점들에 대한 x 좌표는 양수이지만 y 좌표는 음수입니다. 좌표 축상에 있는 점들에 대하여는 어떤가요? y 축 상에 있는 모든 점들의 x 좌표는 0 이며 x 축 상의 모든 점들에 대한 y 좌표도 물론 0 이죠.

6.3. 좌표(座標) 크기 조정(調整)

원점을 정했다고 해보죠. 그러면, 좌표축에 눈금을 표시하고 그 눈금에다가 값을 할당하기 시작합니다. 보통, 그 눈금은 반점(斑點)이나 수직(垂直) 또는 수평(水平)의 작은 막대들이죠. 그러면, 그 눈금에 할당된 값들이 좌표 값들이죠. 보통, 좌표 값을 줄여서 그저 좌표라고 합니다.

좌표축 상의 눈금에 값을 할당할 때 데이터 값이 너무 지나치게 크거나 작아서 곤란할 때가 간혹 있습니다. 그러나, 함수의 그래프를 만들 때 데이터의 실제 크기에 제한 받지않아야 겠죠. 그러려면, 적당한 척도(尺度)를 설정하여 사용할 수 있습니다. 그러면, 그걸 어떻게 하면 되죠? 그 눈금들 사이의 기본 간격을 1 로 하고 그 기본 간격에 적당한 새로운 값을 배정하는 것이죠. 그 적당한 값을 척도라고 합니다. 그리하여, 좌표축 상의 눈금에 값을 배정할 때 그 해당 축에 척도를 적용합니다.

각 좌표축에 대하여 제각기 다른 척도를 적용해야 할 수도 있어요. 그 이유는 한 좌표축 상의 눈금에 배정되는 값이 다른 좌표축 상의 눈금에 배정되는 값보다 월등히 크거나 작은 경우가 간혹 있기 때문이죠. 즉, 입력 값에 비하여 출력 값이 훨씬 크거나 작을 수도 있다는 것이죠. 예를 들면, 입력 값들이 1, 2, 3 . . . 과 같은 경우에 출력 값이 1000, 2040, 1390 . . . 또는 0.003, 0.0043, 0.007 . . . 과 같이 될 수도 있는 것이죠. 이와 같은 경우엔 척도를 1000 이나 1/1000 으로 하여 이 척도를 출력변수에 대한 축에 적용해볼 수도 있겠죠.

그래프에 데이터를 표시하는 데에는 **일관성(一貫性)**을 유지하여야 합니다. 그리하여, 좌표축 상에 눈금을 표시할 때, 데이터의 실제 값에 따라 눈금들 사이에 비례적인 거리를 유지하여야 하죠. 예를 들면, 입력 값들이나 출력 값들이 −3, -2, -1, 0, 1, 2, 3 ... 와 같이 주로 일정한 간격으로 표시되지는 않아요. 다시 말해서, 그 값들은 −5, -2, 3, 8, 14 ... 와 같이 불균등(不均等)한 간격으로 표시되는 경우도 많이 있다는 것이죠. 그러므로, 좌표축에 눈금을 표시할 때 서로 이웃 하는 눈금들 간의 실제 간격의 크기를 서로 인접하는 실제 데이터 값들 사이의 차이에 비례하도록 하여야 하는 것이죠. Math 에서는 일관성이 중요합니다.

유의사항:

서로 다른 척도들로 인하여 같은 함수에 대한 그래프들이지만 그 그래프들이 서로 다르게 보이는 경우도 있을 수 있습니다.

그림. 6.3.0

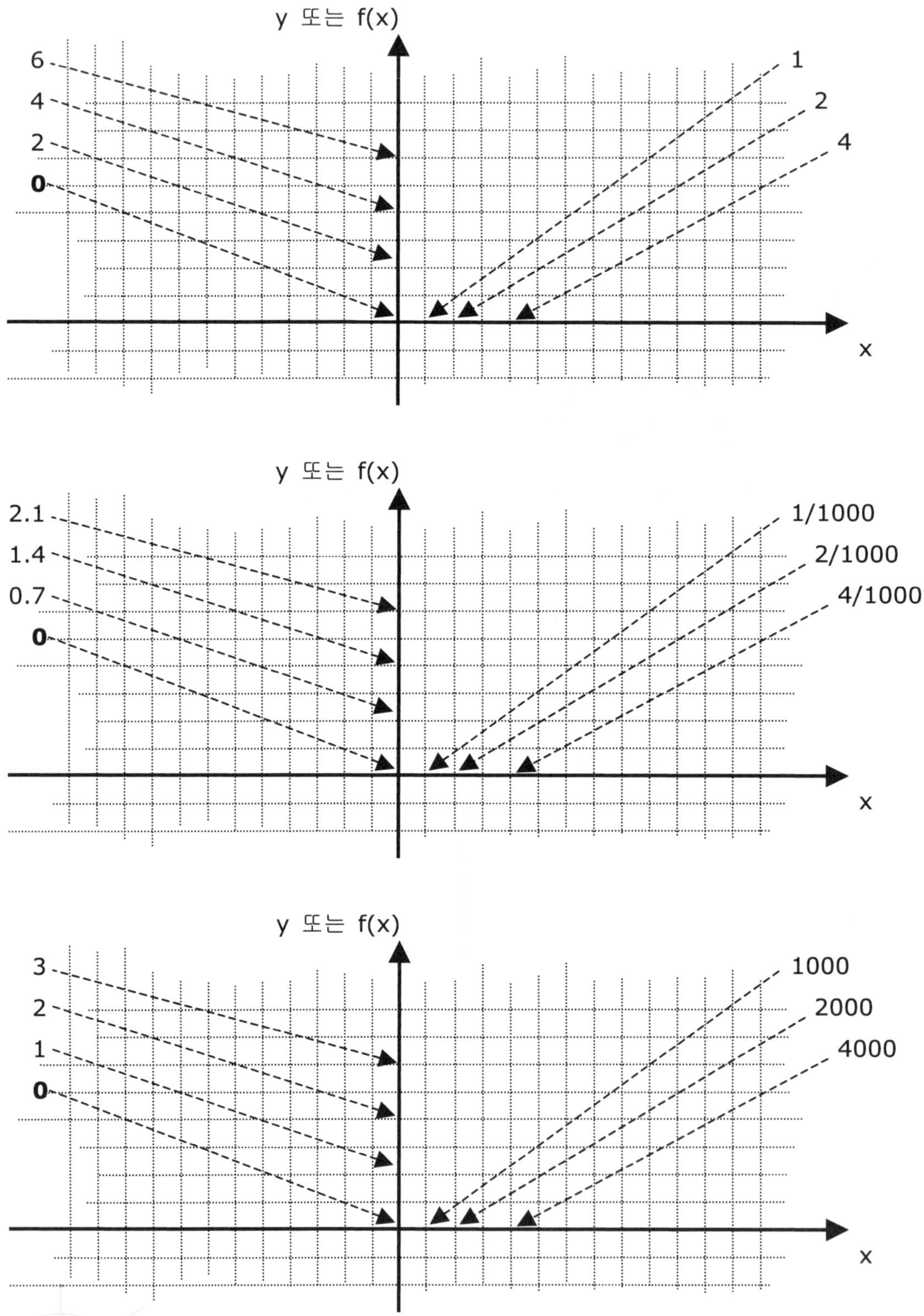
y 또는 f(x)
6
4
2
0
1
2
4
x
y 또는 f(x)
2.1
1.4
0.7
0
1/1000
2/1000
4/1000
x
y 또는 f(x)
3
2
1
0
1000
2000
4000
x

6.4. 커브(curve)의 점(點)들을 그래프에 어떻게 표시하나요?

그러면 이제, 좌표 체계에 데이터를 표시해야 하죠. 어떻게 요? 예를 들어, x-y 평면과 같은 하나의 좌표 평면에 점(點)을 찍어넣는 겁니다. 그러면, 그 점들이 그래프에서의 커브의 일부를 이루게 되는 것이죠. 그 좌표계가 2 차원(次元)에 있다면 그 각각의 점들은 한 쌍(雙)으로 된 두개의 구성요소(構成要素)들을 갖습니다. 그 두개 중의 하나는 입력 값(정의역의 원소)이고 입력 좌표이며 그 다른 하나는 그 입력에 대한 출력 값(치역의 원소)이고 출력 좌표이죠. 그러면, 각각의 좌표 축상(軸上)에서 각 좌표에 대한 눈금을 찾습니다. 그리고 나서, 그 눈금을 포함하는 직선을 긋는데 그 선(線)은 그 축에 수직(垂直)이 되는 것이죠. 그러면, 축들이 서로 수직으로 되어있으므로 그 다른 좌표에 대하여도 마찬가지로 합니다. 그러면 이제, 그 두 수직선(垂直線)들이 만나는 지점을 볼 수 있으며 그 지점에 하나의 반점(斑點)을 찍어넣습니다. 그러면, 그 반점은 한 쌍의 좌표들을 갖게 되며 함수의 그래프에서의 커브의 일부가 되는 겁니다. 그래프에 반점들이 충분히 많아질 때까지 계속 위와 같은 방식으로 반점들을 추가해가는 것이죠. 그리고 나서, 주로 선분(線分)으로 그 반점들을 연결하죠. 그 선분은 곡선(曲線)이나 직선의 일부입니다. 그러면 이제, 그 반점들이 그래프에서 커브 위에서의 점들이 되는 것입니다.

함수의 그래프라는 것은 그 함수의 시각적 표현 수단이죠. 다시 말하면, 입력과 출력 사이의 관계를 도식적(圖式的)으로 표현하는 겁니다. 그리하여, 그 그래프를 만드는 기본적인 이유는 특정 함수에서 입력과 출력 사이의 관계를 전반적으로 한눈에 보려는 것이죠. 그러면, 함수가 어떻게 생겼는지 무리 없이 보일 수 있어야 하겠고 효율적으로 많은 것을 나타낼 수 있어야 하겠죠. 그러나, 커브 상의 모든 점들을 구체적으로 나타낼 수는 없으므로 제한된 개수의 점들만을 그래프에 넣어야 하죠. 그러면, 얼마나 많은 점들이 충분한 건가요? 이에 대하여 정해져 있는 양(量)은 없어요. 보통은, 적어도 그 함수의 행동을 개념적으로 알 수 있을 때까지 계속 데이터를 수집하여 그래프에 점을 추가해갑니다. 다시 말하면, 입력 값이 변함에 따라 출력 값이 대강 어떤 식으로 변하는지를 인지하는 것이죠. 더욱 많은 함수를 가지고 그래프를 만들어보면 더 빠르고 제대로 특정 함수의 행동을 개념적으로 인지할 수 있습니다. 모든 입력에 대한 출력에 대하여 별로 무리가 없는 근사치(近似値)를 알 수 있도록, 그래프가 함수의 일반적 행동을 보여줄 수 있게끔 할 수 있어야 하겠습니다. 그러면, 그런 그래프가 쓸만한 그래프입니다.

그래프에 충분한 양의 점들을 투입하여 그 점들을 연결하였다고 해보죠. 그러면, 그 그래프에서 커브를 하나 갖게 되죠. 그러면, 그 함수가 어떻게 행동하는지 그리고, 입력과 출력이 서로 어떻게 대응하는지를 알 수 있어야 하겠죠. 예를 들면, 입력이 변함에 따라 그 출력이 얼마나 빠르게 또는 느리게 변하는지를 알 수 있어야 한다는 것입니다. 하지만, 그렇다고 해도 그래프가 아직 완전히 이루어진 것은 아닙니다. 그래프를 만들 때 보통, 그 그래프에 있는 커브에서 특히 중요한 의미를 지니고있는 몇 개의 점들을 구체적으로 표시합니다. 그래프에서의 커브라는 말은 곡선과 직선 둘 다 포함한다는 것을 잊지 말아야 하죠. 그 커브가 그 좌표축들 중에 적어도 하나의 축을 지난다거나 그 축과 어떻게 든 만나면, 그 만남이 발생하는 지점을 구체적으로 표현하는 것이 좋습니다. 함수나 방정식과 관련한 문제를 풀 때 그러한 점들이 대개의 경우 필수적이거나 매우 의미가 있기 때문이죠. 그러한 의미 있는 모든 점들을 그래프에 표시하는 것이 좋겠습니다.

방정식의 커브를 그리면, 그 때는 그 그래프에서 거의 항상 그 답(答)이 어디에 있어야 하는지를 쉽게 알 수 있거나 예상할 수 있죠. 그 뿐만이 아니라, 그래프에 커브를 제대로 그리는 것이 문제를 푸는데 필수적인 경우가 많습니다. 사실, 그래프 없이는 좀처럼 해결할 수 없는 문제들이 많이 있습니다. 방정식을 풀 때는 보통 그 (방정식에서의) 수식을 0 으로 만드는 미지수(未知數)의 값을 찾지요. 그 값을 근(根)이라고 하죠. 그런데, 그 방정식에서의 수식에 대한 커브를 그릴 수 있는 경우가 많아요. 그러면 이제, 그 방정식의 그래프를 작성하고 커브를 그릴 때 그 커브가 축과 만나는 점들이 어디 있는지 알 수 있다면, 그런 모든 점들을 구체적으로 표시하는 것이 좋겠네요. 그렇게 하면, 그 근들이 어디쯤에 있어야 하는지를 더욱 잘 알 수 있게 됩니다.

Runmath 시리즈(series)에서의 다른 책들에서 여러 부문(部門)을 공부할 때 이동(移動), 축소(縮小), 확대(擴大), 등등 그래프에서의 커브를 그리는 것에 대하여 더 많은 것을 다루게 될 것입니다. 그 책들은 함수나 방정식의 변환(變換)(그래프 조작)에 관한 것들이거나 원뿔곡선(conic sections)에 관한 것들인데 그 원뿔의 단면에는 모든 기본 커브들이 포함되어 있어요. 그 기본 커브들이란 직선(直線), 포물선(抛物線), 원(圓), 타원(楕圓) 그리고 쌍곡선(雙曲線)입니다. 함수나 방정식의 그래프에서 커브를 그리는 가장 중요한 목적은 함수나 방정식이 어떻게 행동하는지를 구체적으로 알아내어 그 답(答)이 어디쯤에 있을 수 있는지를 더욱 잘 알 수 있게 되는 것이죠. 무슨 답이냐 구요? 그 함수나 방정식이 관련된 문제의 답이죠. 아무튼, Math 는 왜 합니까? 문제를 해결하기 위하여 즉, 결국 답을 찾기 위하여 math 를 하는 거죠, 안 그래요? 물론, 문제에 따라 그 답의 모습이나 본질은 여러 가지이죠. 그러면 이제, 간단하고도 기초적인 예제를 몇 개 보도록 하죠.

예제(例題)
함수의 그래프(graph)라는 것이 뭔가요?

이 예제들도 매우 기본적인 것들입니다.

0. 실수 x에 대하여 함수 $y = f(x) = x$ 가 있다고 하고 이 함수의 그래프를 만들어보세요.

1. 실수 x에 대하여 함수 $y = f(x) = 2x$ 가 있다고 하고 이 함수의 그래프를 만들어보세요.

2. 실수 x에 대하여 함수 $y = f(x) = x^2$ 이 있다고 하고 이 함수의 그래프를 만들어보세요.

제안(提案)과 풀이
0 번 예제에서의 문제

실수 x 에 대하여 함수 y = f(x) = x 가 있다고 하고 이 함수의 그래프를 만들어보세요.

2 차원에서 직교(데카르트) 좌표계를 사용한다고 해보죠.
함수(函數) y = f(x)에서 x 가 입력변수이고 출력변수는 y 라는 것을 알고있죠.
그러면, 하나의 x-y 평면에 x 축과 y 축을 서로 직각(直角)이 되게 놓아 야죠.
이 함수 f 는 항등(恒等) 함수입니다; 그리하여, 하나의 입력이 메커니즘으로 투입되면 그 출력은 이 입력과 같습니다.

몇 개의 표본(標本) 점(點)들은 다음과 같습니다:

(0, 0) (0.1, 0.1) (-0.1, -0.1) (0.5, 0.5) (-0.5, -0.5) (1, 1) (-1, -1) (2, 2)

이 특정한 함수에 대하여는, 그 커브가 직선이라는 것과 이 커브와 두개의 축들 중에 어느 하나와 이루는 각(角)이 45°라는 것을 쉽게 알 수가 있네요. 다시 말해서, 이 직선은 정사각형(正四角形)의 대각선(對角線)과 같은 것이죠.

그림. 0.0

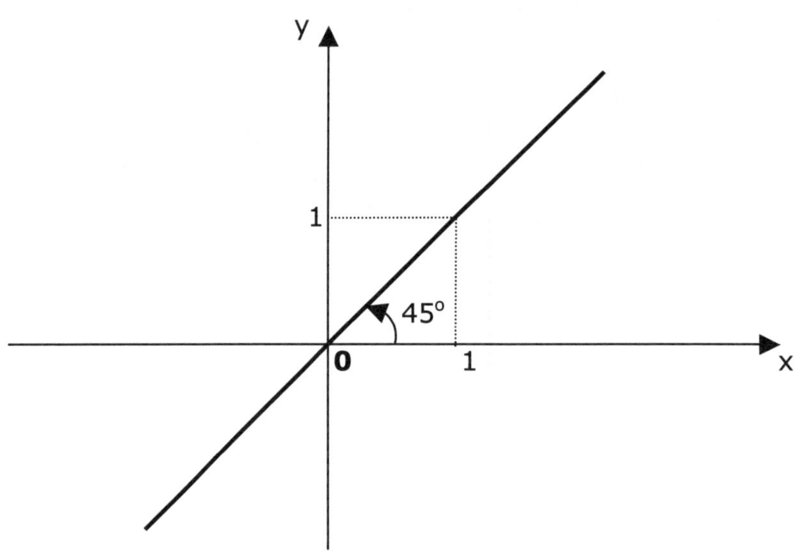

제안과 풀이
1 번 예제에서의 문제

실수 x 에 대하여 함수 y = f(x) = 2x 가 있다고 하고 이 함수의 그래프를 만들어보세요.

2 차원에서 직교(데카르트) 좌표계를 사용한다고 해보죠.
함수 y = f(x)에서 x 가 입력변수이고 출력변수는 y 라는 것을 알고있죠.
그러면, 하나의 x-y 평면에 x 축과 y 축을 서로 직각이 되게 놓아야 하죠.
이 함수는 입력에 대하여 그 두 배(倍)의 값으로 출력을 만들어 냅니다.

몇 개의 표본 점들은 다음과 같습니다:

(0, 0) (0.1, 0.2) (-0.1, -0.2) (0.5, 1) (-0.5, -1) (1, 2) (-1, -2) (2, 4)

이 특정한 함수에 대하여는, 그 커브가 직선이라는 것을 쉽게 알 수가 있네요. 이 직선은 직사각형(直四角形)의 대각선과 같은 것이죠.

그림. 1.0

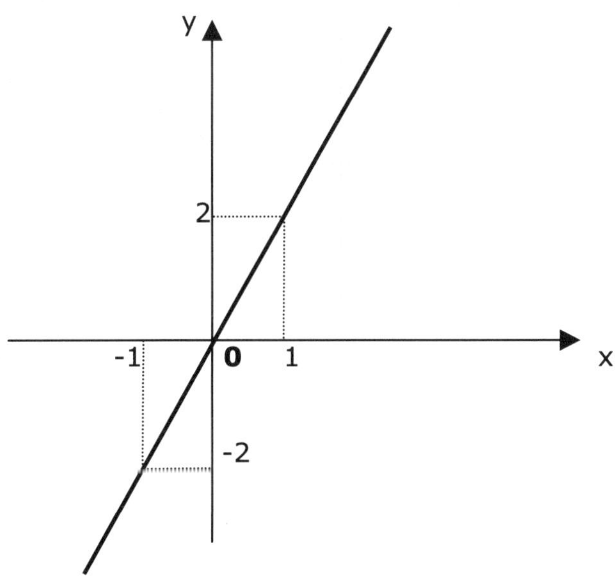

제안과 풀이
2 번 예제에서의 문제

실수 x에 대하여 함수 $y = f(x) = x^2$ 이 있다고 하고 이 함수의 그래프를 만들어보세요.

이 f 에서 입력변수는 x 이고 출력변수는 y 이니까 x-y 평면 위에 그 커브를 놓아야지요.
그러면, 이 함수의 출력 값은 입력 값의 제곱이라는 것을 알 수 있죠.

몇 개의 표본 점들은 다음과 같습니다:

(0, 0) (0.1, 0.01) (-0.1, 0.01) (0.2, 0.04) (-0.2, 0.04) (0.3, 0.09) (-0.3, 0.09)
(0.4, 0.16) (-0.4, 0.16) (0.8, 0.64)(-0.8, 0.64) (1, 1) (-1, 1) (1.5, 2.25) (-1.5, 2.25)
(2, 4) (-2, 4)

이 표본 점들을 만들다 보면, 입력이 –1 과 0 사이와 0 과 1 사이일 때는 출력이 절대(絶對)값에서 입력보다 작다는 것과 입력이 –1 과 0 그리고 1 일 때에는 입력과 출력이 절대값에서 같다는 것을 알아차릴 수 있죠. 그 이외의 경우에는 출력이 절대값에서 입력보다 큽니다. 다시 말해서, $|x| > 1$ 에 대하여는 $|y| = |f(x)| > |x|$. $|A|$는 A 의 절대값이라는 것을 유의하세요. 예를 들면, $|-1| = |1| = 1$.

그림. 2.0 $-0.8 \le x < 0$ 또는 $0 \le x \le 0.8$ 일 때 $y = x^2$ 의 그래프.

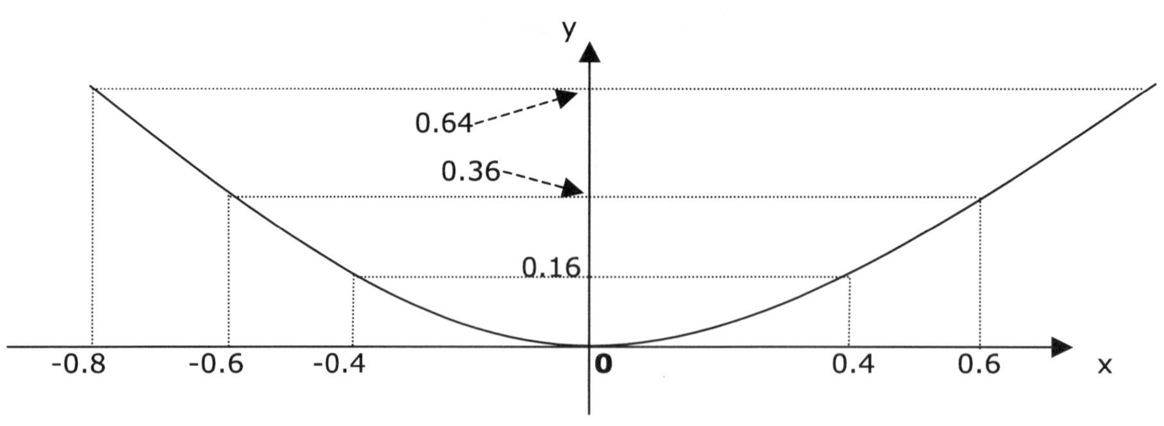

그림. 2.1

$|x| \geq 1$ 일 때 $y = x^2$ 의 그래프. "$|x| \geq 1$" ≡ "$x \leq -1$ 또는 $x \geq 1$"

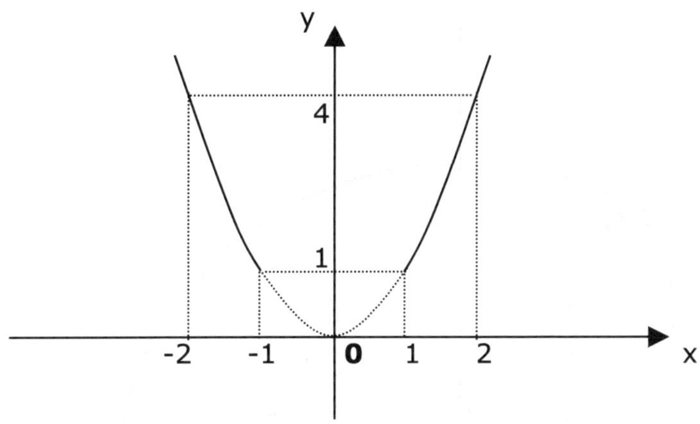

그림. 2.2

x가 모든 실수일 때 $y = x^2$ 의 그래프.

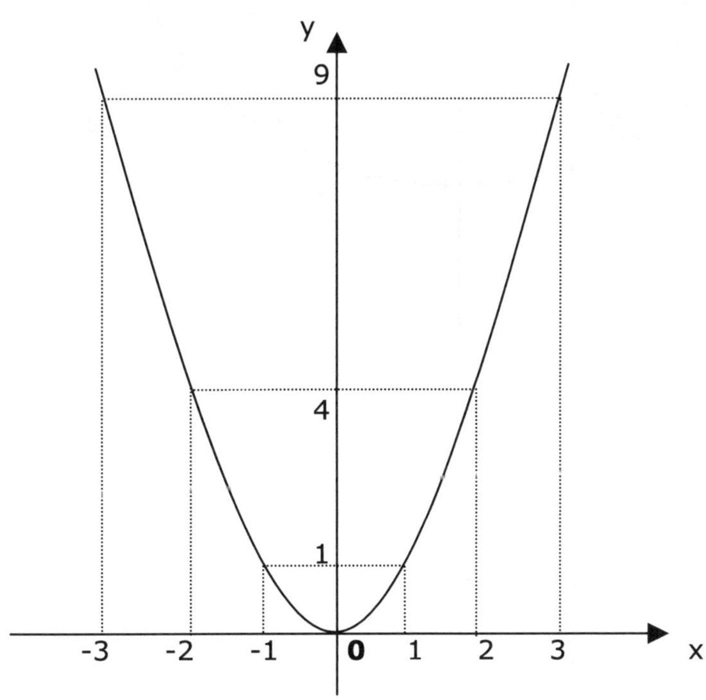

그래프를 작성하다 보면 함수가 어떻게 행동하는지 개념적으로 알 수 있으며 이 예제에서의 그 개념들은 다음과 같습니다:

입력 값의 절대값이 0 에서 1 까지 증가함에 따라 출력 값은 서서히 증가합니다.
그 때의 출력들 각각은 그에 대응하는 입력의 절대값보다 작습니다.

그러나, 입력의 절대값이 1 을 지나서 증가함에 따라 출력 값이 급격히 증가합니다.
그 때의 각각의 출력은 그에 대응하는 입력보다 절대값과 값 두 가지면에서 훨씬 큽니다.

또한, 입력의 절대값이 커짐에 따라 출력의 증가 비율이 커지는 것을 인지할 수 있죠.

물론, 다른 개념들도 발견할 수 있겠지요.

그림. 2.3 **$y = x^2$** 과 $y = x$ 그리고 **$y = -x$** 의 그래프.

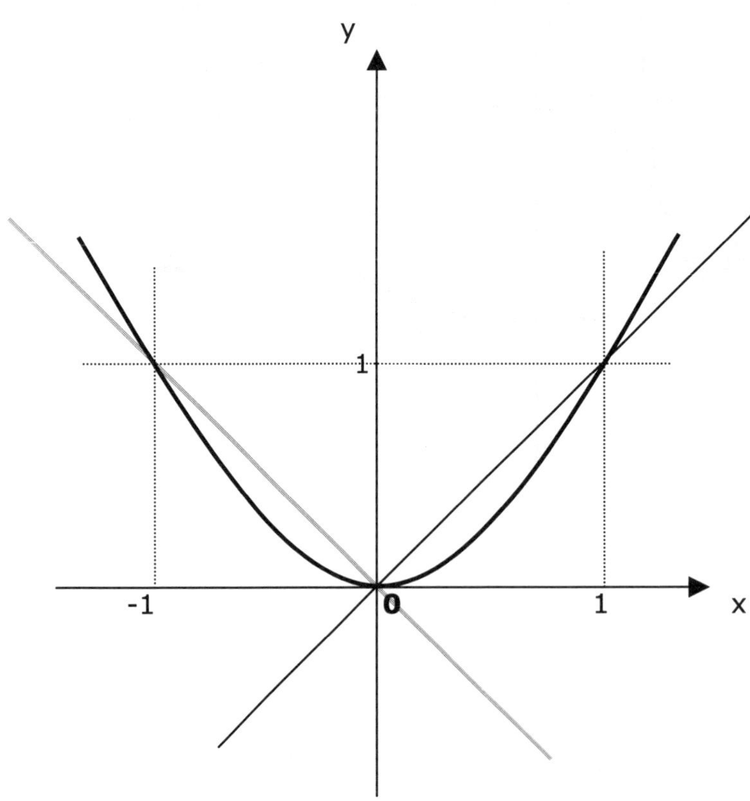

7. 합성함수(合成函數)

함수를 가지고 데이터 그룹들(data groups)을 연결하는데 보통은 두개의 데이터 그룹들을 연결하죠. 그런데, 세 개 이상의 데이터 그룹들을 서로 연결해야 할 때도 간혹 있어요. 여러 개의 데이터 그룹들을 연결하는 방법은 여러 가지가 있을 수 있죠. 그런데, 이 특정한 경우에는:

여러 개의 데이터 그룹들을 **순차적(順次的)인 방식으로** 연결하려는 겁니다.
또한, 그 순차 열(順次 列)에서, **두개의 인접하는 그룹들 사이에 함수가 하나씩** 있는 겁니다.

그러면, 그 데이터 그룹들은 순차 열로 되어있고 두개 이상의 함수들에 대하여 작업하게 되는 것이네요. 그러나, 그 모든 데이터 그룹들을 연결하는 일을 전부 다 하는데 여전히 하나의 특정한 함수를 적용하려는 것이죠. 그러면, 그러한 특정한 하나의 함수를 만들어 사용해야 하겠죠. 그러면 이제, 그 모든 데이터 그룹들을 연결하는 그 모든 함수들을 통합하여 우리가 필요로 하는 그 특정한 함수를 만드는 겁니다. 다시 말해서, 우리가 원하는 함수는 두개 이상의 함수로 합성(合成)되어있는 것이죠. 그래서, 그런 함수를 **합성함수(合成函數)**라고 하지요. 그렇지만, 이것이 입력을 한번에 여러 개씩 취하는 것은 아니죠. 이는 결국에는 두개의 데이터 그룹들을 연결하는 함수로 될 겁니다. 이 두개의 데이터 그룹들은 그 순차 열에서의 처음 것과 마지막 것이죠.

유의사항:
이 책에서는 2 차원(次元) 영역(領域)에 있는 함수들에 대하여 공부합니다. 이것들은 가장 간단한 기초 함수들이죠. 다른 차원 영역에서, 예를 들면, 3 차원과 4 차원 영역 또는 그 보다 많은 차원의 영역에서 존재하는 함수들도 있죠. 그것은 모두 입력변수의 개수에 좌우됩니다. 다시 말해서, 함수는 하나 이상의 입력변수를 갖을 수 있다는 것이죠. 그러나 함수는 여전히 하나의 출력변수만을 갖지요. 그리하여, 함수는 정규적인 방법으로도 세 개 이상의 데이터 그룹들을 연결할 수도 있는 것이죠. 그러한 함수의 개념은 미적분학(微積分學)에서 다룹니다.

그러면 이제, 예를 하나 들어서, 이 예에 대하여 무엇을 할 수 있는지 알아내보기로 하죠.

세 개의 데이터 집합들이 있다고 해보세요.
또한, 이 세 집합들 중에 하나는 X 이고, 그 나머지 둘 중의 하나는 Y 이며 마지막 나머지 하나는 Z 라고 가정해보세요.
이 데이터 집합들은 순차적인 방식으로 연결될 것이라는 것을 알고있죠.

그러면 이제, 그 집합들이 X, Y, Z 순(順)으로 되어있다고 해보세요.
그러면, X 와 Y 사이에 함수가 하나 있어야 하고, Y 와 Z 사이에 또 하나가 있어야 하죠.

그리하여, 하나의 특정 함수를 정의하여 그 특정 함수로 하여금 그 세 개의 데이터 집합들을 연결하게끔 하기 전에 그 두개의 함수들을 먼저 정의해야 하는 것이죠.

그러면 이제, 두 쌍(雙)의 데이터 집합들을 만들어야 하는데 그 쌍들은 그 두개의 함수들을 정의하는데 각각 사용될 겁니다.
그러면, 그 세 개의 데이터 집합들 중의 하나는 두 번 사용될 것이며 그것은 Y 라는 것을 알 수 있죠.
그러면, 이 데이터 집합 Y 는 어떻게 두 번 사용되어야 한다고 생각하나요?

이 Y 는 정의역과 치역으로 동시에 사용될 겁니다. 즉, 이는 그 두개의 함수들 중 하나에 대한 치역과 그 다른 하나의 함수에 대한 정의역이 될 겁니다.

그러면, 다음과 같은 방식으로 그 세 개의 데이터 집합들로부터 두 쌍의 데이터 집합들을 만드는 것이죠:

X 와 **Y. Y** 와 **Z.**

그러면, 이 Y 는 그 두개의 함수들 중 하나의 치역이고 또한 동시에, 그 다른 함수의 정의역이라는 것을 알 수 있죠. 또한, 이 X 는 Y 가 치역인 함수의 정의역이고 이 Z 는 Y 가 정의역인 함수의 치역이라는 것도 알 수 있어요.

이제, 그 두개의 함수들 중의 하나는 f 이고 그 다른 하나는 g 라고 해보세요.
그러면, 이 f 와 g 를 다음과 같이 정의할 수 있어요.

X 와 **Y** 및 **Z** 는 실수(實數)의 집합들이다.
f: X ⟶ Y 이며 **g: Y ⟶ Z.**
y = f(x) 이고 **z = g(y).**

그러면, 이 f 는 x 의 함수이고 x ∈ X 이며 f(x) ∈ Y 이고, 이 g 는 y 의 함수이고 y ∈ Y 이며 g(y) ∈ Z 라는 것을 알 수 있죠.

하나의 합성함수 g{f(x)}를 만들 때 **g•f** 와 같은 연산(演算)을 하는데 이 반점(斑點) • 이 합성연산(合成演算) 기호(記號)입니다. 그러면, **g•f = g{f(x)}**인 것이죠.
그러면, 다음과 같은 방식으로 하나의 합성함수를 정의할 수 있어요:

f: X ⟶ Y 이며 **g: Y ⟶ Z.**
g•f: X ⟶ Z.

마찬가지로, 다음과 같은 방식으로 정의할 수도 있어요:

f: X ⟶ Y 이며 **g: Y ⟶ Z.**
y = f(x).
g•f: x ⟶ g{f(x)}.

g{f(x)} 를 **'g of f of x'** 라고 읽습니다.

이는 함수 g{f(x)}는 **x 의 함수인 f 의 함수**라는 뜻인데, g{f(x)}를 간단히 하여 g(f)로 표현할 수 있으며 이는 g{f(x)}가 f 의 함수라는 것이죠. 즉, 함수 g(f)로의 입력은 f 의 값이죠. 이 개념은 잠시 후 설명될 겁니다.

물론, 위의 정의들은 약식(略式) 정의들입니다.
위의 약식 정의에 해당 메커니즘의 구체적 표현을 추가하면 이 약식 정의는 완전한 정의가 되는 것이죠.

자 이제, g{f(x)}로 뭘 말하자는 것인가요?
이 x 가 하나의 값을 갖을 때 f(x)가 하나의 값을 갖는 다는 것을 알고있죠.
그러면, 이 x 가 하나의 값을 갖을 때 f(x)가 하나의 값을 갖으므로 g{f(x)}도 하나의 값을 갖는 것이죠.
좀더 자세히 말하자면:

x 가 하나의 값을 갖으면 그 값은 함수 f 로의 입력이죠.
그러면, f(x)가 갖는 값은 x 의 값에 대한 f 로부터의 출력입니다.
그러면, f(x)가 갖는 값은 f 의 치역에 속하죠.
f 의 치역은 또한 g 의 정의역이라는 것을 알고있죠.

그러면, f(x)가 값을 갖는 동시에, 이 f(x)의 값은 함수 g 로의 입력 값이 되는 것입니다.
이제, z = g(y) 라고 가정하세요.
그러면, $z \in Z$ 이고 $y \in Y$ 이며 y = f(x) 입니다.
그러면, 이 **f(x)의 값이 함수 g 로의 입력 값이다** 라는 말은 **g(y)**에서 **y** 대신에 **f(x)를 넣는다**는 것을 의미하는 것이죠.
그러니, g{f(x)}가 되는 것이죠. 왜 중괄호(中括弧)냐고요? 알아보기 쉽게 하기위한 목적으로 중괄호를 사용하는 겁니다. 정히 원한다면, g(f(x))로 해도 되죠.

그러면 이제, g{f(x)}의 값은 y 값이 f(x)의 값일 때, y 값에 대한 함수 g 로부터의 출력 값이 되는 거죠.
즉, **g{f(x)}의 값은 f(x)의 값에 대한 함수 g 로부터의 출력**이 되는 것이죠.

간단히 말해서, x 가 하나의 값을 갖으면 그 값은 결국 g{f(x)}의 값을 유발(誘發)한다는 것입니다.

그러면, 함수 g{f(x)}는 결국 x 의 함수가 되는 것이네요.
자세히 말해서, 이 g{f(x)}는 X 에서 Z 로의 함수가 되는 것입니다.
좀더 자세히 말하면, g{f(x)}는 Y 를 징검다리 삼아서 X 와 Z 를 직접 연결시키는 함수가 되는 것이죠.

그럼 이제, 이 g{f(x)}가 어떤 함수인지 다시 한번 따져서 알아내보도록 하죠.

이 x 는 어디서 값을 취하죠?
그 x 는 f 의 정의역에서 그 값을 취하며 그 정의역은 X 입니다.
이 f 는 어디에 출력을 놓아두나요?
그 f 는 f 의 치역에 그 출력을 놓아두는데 그 치역은 Y 입니다.
그러면, f 의 치역은 함수 g 에게는 무엇이죠?
f 의 치역은 g 의 정의역이죠.
그러면, g 의 정의역은 f 로부터의 모든 출력들의 집합이네요.
다시 말해서, g 로의 모든 입력 각각은 f 로부터의 출력인 것이죠.
그러면 결국, f 의 정의역에 있는 값들은 또 하나의 특정 함수로의 입력들이나 마찬가지가 되네요. 이 f 의 정의역이 X 라는 것을 알고 있죠. 그럼, 그 특정한 함수의 정의역은 X 입니다. 또한, g 의 모든 출력은 Z 에 속하죠. 그러므로, 그 특정한 함수는 X 에서 Z 로의 함수이어야 합니다.
g 는 Y 와 Z 사이의 함수이기 때문에 그 특정 함수가 꼭 g 는 아니지만 g 와 관련은 있는 거죠. 물론 또한, f 와도 관련이 있지요.

그러면 이제, f 로부터의 모든 출력을 함수 g 에 공급하고 무슨 일이 일어나는지 한번 보도록 하죠.
그런데, f 로부터의 모든 출력을 g 에 어떻게 투입하죠?
f 로부터의 일반(一般) 출력을 만들어 그 일반 출력을 g 로의 일반 입력으로 취급하는 겁니다.
그 f 로부터의 일반 출력을 f 의 메커니즘으로 표현할 수 있죠, 그 메커니즘은 수열에서의 일반항과 같은 겁니다.
그 메커니즘에게 그 함수의 이름으로 이름을 붙일 수 있는 것을 알고있죠.
그러니까, 그 메커니즘을 간단히 f(x)라고 표현해도 되는 것이죠.
그러면, f 로부터의 일반 출력은 f(x)이고, 따라서 이것은 g 로의 일반 입력이 되는 겁니다.
그러면, g(y)에 있는 입력변수에게 그 일반 입력을 주는 것이죠.
g 에서의 입력변수는 y 입니다.
그러면, 그 일반 입력을 입력변수에게 어떻게 주나요?
그 입력변수를 그 일반 입력으로 교체하는 것이죠.

그러니까, y를 f(x)로 교체하는 겁니다.
그러면, y = f(x)와 g(y) ⇒ g{f(x)}. ("A ⇒ B"는 A는 B를 의미한다 라는 뜻이죠.)

그러면 이제, 그 특정 함수는 g{f(x)}입니다.
함수 g{f(x)}는 f와 g라는 두개의 함수들로 되어 있네요.
그리하여, g{f(x)}는 f와 g의 합성함수인 것입니다.
그러면 이제, 합성함수라는 것이 어떻게 이루어지고 작동하는지 알 수 있겠죠.

그런데, 잠깐만 요! 그러니까 아무튼, 함수 f의 출력들의 집합이 함수 g의 정의역과는 같은 것이죠.
그러면, 함수 f의 출력이 함수 g의 입력이 되는 거나 함수 g의 정의역의 원소(元素)가 같은 함수 g의 입력이 되는 거나 뭐가 다르다는 거죠?

자 그러면 이젠, 그 차이에 대하여 알아내보고 이 함성함수의 개념을 가지고 뭘 할 수 있는지 알아보도록 하죠.

두 함수들 중 하나의 출력을 그 다른 함수의 입력으로 하여 그 다른 함수의 출력을 최종 출력으로 한다고 해보세요.
그러나 이번에는, 이러한 두개의 함수들을 따로 사용하여 그 최종 출력을 취하는 것 말고 한번에 그 최종 출력을 구하려 한다고 해보죠. 즉, 두개의 함수들을 통합해서 하나의 함수로 만들어 모든 작업을 하려는 겁니다.
두개의 함수들 중 하나의 치역과 다른 하나의 정의역이 동일하다는 전제 하에 그 두개의 함수들을 합성하여 하나의 함수로 모든 작업을 하는 것이죠.
또한, 이런 식으로 하면, 두개 이상의 함수들을 모두 순차적으로 합성하여 하나의 함수를 만들어 그 최종 출력을 한번에 구할 수도 있는 것입니다.
이때, 데이터 집합들에 대하여 유의할 사항은 서로 이웃 하는 함수들의 데이터 집합들이 서로 맞아야 한다는 것이죠. 왜냐하면 그 집합들 각각은 합성되는 두 함수들 중 하나의 치역이자 다른 하나의 정의역이 되어야 하기 때문입니다. 물론, 처음과 마지막의 집합들은 제외하는 겁니다.
반면에 그 집합들이 서로 맞을 수 있도록 그 집합들의 범위를 조절해 볼 수도 있겠죠. 또한, 순차적으로 나열된 함수들 사이에 해당 집합들이 서로 맞도록 적당한 함수를 끼워넣을 수도 있겠죠.

자 이제 그럼, 이제까지의 내용은 함성함수가 만들어질 수 있는 요건에 관한 것입니다. 그 요건이라는 것은 해당 데이터 집합들 즉, 해당 정의역들과 치역들이 서로 맞아야 한다는 것이죠. 그러면 이젠, 위에서 언급한 그 차이를 알아내기 위하여 함성함수를 함수의 메커니즘의 관점에서 보도록 하죠. 보통의 집합과 순서집합(順序集合)이 서로 어떻게 다른가를 보면 그 차이를 이해할 수 있을 겁니다.

집합이라는 것에 속하는 사물을 원소라고 하죠. 자 이제, 집합이라는 것은 특정 원소들의 집단일 뿐입니다. 즉, 집합에서 중요한 것은 특정 원소의 특정 집단에 대한 소속 여부(所屬 與否)입니다. 그리하여, 소속 그 자체가 고려의 대상인 것이죠. 또한 마찬가지의 이유로 하여, 하나의 집합에 있는 원소들을 나열했을 때 하나의 원소가 두 번 이상 나타나지 않는다는 것입니다.

그러나, 이는 순서집합(順序集合)에 대하여는 다릅니다. 즉, 수열에 대하여는 그 경우가 다르다는 것이죠. 그 소속뿐만이 아니라 어떻게 그 원소들이 제각기 상대적으로 위치하고 있느냐 도 고려의 대상이 되는 것이죠. 즉, 그것들이 그 집단에서 어떻게 나열되어 있느냐 도 중요하다는 겁니다.

이는 함수에 대하여도 마찬가집니다. 더 정확히 말하자면, 그와 유사한 개념이 함수에도 적용된다는 것이죠. 함수들의 정의역들이 모두 서로 다 같고 치역들도 모두 서로 다 같다고 해도 그것만으로는 그 함수들이 다 같은 것들이라고 할 수 없다는 것이죠. 왜냐하면 그것들 각각은 하나의 집합에 지나지 않기 때문입니다. 정의역들이 서로 같고, 치역들이 서로 같으면 그 때는 그 함수들이 다들 같은 집단의 입력들로 같은 집단의 출력들을 만들어내므로 그 함수들은 모두 같은 것이 아니냐는 의문을 가질 수도 있어요. 특히, 치역에서 원소들이 모두 서로 다른 경우에 더욱 혼란스럽습니다. 즉, 그 함수들이 일대일(一對一) 대응 함수들이면 그렇다는 것이죠. 그런 경우에는 실수직선(實數直線) 상에서 차지하는 치역들의 범위가 다 같고 그 각각의 원소들도 서도 다 다르니까 오히려 그 함수들이 더욱 같은 것처럼 보이는 것이지요.

그러나, **그 출력들이** 치역에 **나타나는 방식이** 각 함수에서 마다 **다를 수 있는 것**이죠.

그 방식은 각 함수의 **메커니즘이 설명합니다.** 다시 말해서, 같은 입력에 대하여 각 함수의 다른 메커니즘때문에 모든 함수로부터의 출력들이 전부 다르게 나올 수도 있는 것이죠. 예를 들면, 입력이 3 일 때, 그 함수들 중의 하나로부터의 출력이 5 이고 다른 하나로부터의 출력은 9 이며 또 다른 하나의 함수로부터의 출력은 7 일 수도 있는 것이죠. 함수에서의 메커니즘의 개념은 수열에서의 일반항의 개념과 같은 것이죠.

함수 g 의 **정의역은** 그저 하나의 **집합**에 지나지 않죠. 그러나, 함수 f 로부터의 출력들로 이루어지는 **데이터 집단**은 그저 하나의 집합이 아니라 순서집합(順序集合)인 것이죠. 합성함수의 경우에는, g 가 이 순서집합에서 입력을 취하는 겁니다. 그러면, 이 함수 g 가 함수 f 가 만들어낸 출력들을 입력으로 취할 때 그 출력들이 순차적으로 그 치역에 나타나는 방식은 g 가 보통 집합의 원소들을 입력으로 취할 때 그 출력들이 순차적으로 그 치역에 나타나는 방식과는 다른 것이죠. 예를 들어:

A = {1, 2, 3, 4}이고 B = {1, 3, 2, 1, 4, 2, 2, 4, 1, 3}이며 C = {2, 1, 4, 3}이라고 하세요. 그러면:
집합의 관점에서는 이 세 개의 집합들 A 와 B 와 C 는 모두 서로 같은 것입니다.
그러나, 순서집합의 관점에서는 이들은 모두 서로 다른 것이죠.

이제, 합성함수의 제조과정(製造過程)을 좀더 자세히 살펴보기로 하죠.

하나의 합성함수 g{f(x)}를 만들 때 g•f 와 같은 연산(演算)을 하는데 이 반점(斑點) • 이 합성연산 기호입니다.

g•f 는 **단지** 함수의 호출명이라는 것을 유의하여야 합니다.
그 합성함수의 완전한 이름은 보통 (g•f)(x)로 붙여줍니다.
어째서 그저 g•f(x)라고 하는 대신에 (g•f)(x)라고 하는 거죠?
그건 왜냐하면 함수 g•f가 x 의 함수이기 때문이고 'g•f(x)'는 '(g•f)(x)'보다 더 모호할 수도 있기 때문이죠.
또한 g{f(x)}도 g(f(x))로 표현할 수도 있지만 g{f(x)}이 g(f(x))보다 더욱 분명해 보이죠.

하지만, 호출명인 'g•f' 는 이리저리 가지고 다니기가 영 거북스럽겠죠.
그래서, 보통 'g•f' 대신에 보다 간단한 이름을 붙여줍니다.
그저 단일한 문자를 쓰면 되는 거죠.
예를 들면, 그걸 h 라고 할 수 있죠. 물론, 이 h 도 호출명이죠.
그러면, 합성함수 h 의 정의(定義)를 다음과 같이 표현할 수 있겠습니다:

X 와 Y 및 Z 는 실수의 집합들이다.

f: X ⟶ Y 이며 g: Y ⟶ Z.

h: X ⟶ Z.

h = g•f

이제, z = h(x) 라고 가정하세요.
그러면, $x \in X$ 이며 $z \in Z$ 입니다.
그러면, z = h(x) = (g•f)(x) = g{f(x)} 라는 것을 알 수 있죠.
또한, h 는 x 의 함수이며 $h \neq g$ 라는 것을 인지할 수 있네요. 이는 왜냐하면 g 가 y 의 함수이므로 이 g 는 h 의 것과는 다른 정의역 Y 에서 입력을 취하기 때문이고 또한, 치역들이 서로 같다고 하더라도 g 는 h 의 것과는 다른 메커니즘을 갖을 수 있기 때문이죠.

합성연산에서는 순서(順序)가 중요하다는 것을 유의해야 합니다:
위에서의 함수 h 의 정의에서는 이 연산이 **f•g** 가 아니라 **g•f** 입니다.

그러면 이제, 합성함수라는 것을 가지고 무엇을 할 수 있을까요?

특정한 입력 범위와 출력 범위를 유지하면서 두개 이상의 특정 함수들을 통합하여 데이터를 생성해낼 수도 있는 것이죠. 즉, 출력 데이터가 만들어지는 방식을 특정 목적에 따라 조종해 볼 수도 있다는 겁니다.
단순한 예를 들면, 특정 함수로부터의 출력 값들을 두 배로 늘린다든가 또는, 이를 반(半)으로 줄이고 특정한 값을 추가해볼 수도 있는 것이죠. 이 과정은 그 범위에 있는 모든 출력들 각각에 적용되는 것이죠. 그러면, 이러한 메커니즘을 가지고 있는 새로운 함수를 그 특정 함수에 적용하는 것이죠.
하나의 수열에 부가적(附加的)으로 특정한 패턴을 적용하여 새로운 수열을 만드는 경우에서의 개념과 마찬가지의 개념입니다.
함수에 대하여 잘 알고 있으며 경험이 많으면, 여러 함수를 사용하여 필요에 맞게 새로운 함수를 합성하여 쓸 수도 있는 것이죠.
사실, 이는 함수 변환(變換)의 한가지라고 할 수도 있어요. 이는 **함수와 그래프의 기초** 시리즈(series)에서의 두 번째 책, **그래프 조작**에서 다루고있습니다.

그러면 이제, 그 제조과정을 복습(復習)해 보기로 하죠.
세 개의 데이터 집단이 X, Y, Z 의 순차(順次)로 되어 있습니다.
함수 f 와 g 가 다음과 같이 정의되어 있습니다:

f: X ⟶ Y.
g: Y ⟶ Z.

함수 f 가 정의역 X 로부터 입력을 취하여 출력을 만들고 나면 그 출력은 치역 Y 에 속하게 됩니다.
함수 g 가 정의역 Y 로부터 입력을 취하여 출력을 만들고 나면 그 출력은 치역 Z 에 속하게 됩니다

그러면 이제, 이 • 연산 기호를 이용하여 함수 f 와 g 를 통합해서 (g•f)(x)를 갖게 되는데 이것은 x 의 함수이죠 왜냐하면:
합성함수 g•f 가 정의역 X 에서 입력을 취하여 그 출력을 만들고 나면 그 출력은 Z 에 속하게 되는데 이때, 그 입력 변수가 x 이고 이 x 가 입력을 취하는 정의역이 이 X 이기 때문입니다.

요약:

X --▶ f --▶ **Y** --▶ g --▶ **Z**

⇒

X ---▶ g•f ---▶ **Z**

⇒

g•f: **X ⟶ Z.**

그러면 이제, $g \bullet f$ 대신에 $f \bullet g$ 를 만들 수 있나요?
집합 Z 가 집합 X 와 같으면 그 땐 만들 수 있죠 왜냐하면:

$g: Y \longrightarrow Z$ 이며 $f: X \longrightarrow Y$.

물론 데이터 집합들이 모두 서로 다를 필요는 없죠.
예를 들면, 다음과 같은 상황이 있을 수 있는 것이죠:

$f: X \longrightarrow X$ 이며 $g: X \longrightarrow X$.

또는

$f: X \longrightarrow Y$ 이고 $g: Y \longrightarrow X$.

그러면, $f \bullet g$ 와 $g \bullet f$ 둘 다 만들 수 있는 것이죠:

$f \bullet g: X \longrightarrow X$.
$g \bullet f: X \longrightarrow X$.

그러나, **일반적으로는 $f \bullet g \neq g \bullet f$** 라는 것을 유의하여야 합니다.

그러면 이제, 하나의 특정 합성함수의 완전(完全)한 정의(定義)의 예를 보도록 하죠.

X 와 Y 및 Z 는 각각 모든 실수의 집합들이다.
$f: X \longrightarrow Y$ 이며 $g: Y \longrightarrow Z$.
$y = f(x) = 2x + 3$ 이며 $z = g(y) = y^2 + 1$.
$h: X \longrightarrow Z$.
$z = h(x) = (g \bullet f)(x) = 4x^2 + 12x + 10$.

이 합성함수 h 는 x-z 좌표계에 놓인 것입니다.
이제, 이 h 를 x-y 좌표계에 놓기로 하죠.
그러면, 입력변수의 이름은 그대로 놓아두고 출력변수의 이름만 y 로 바꾸면 되는 것이죠.
그리하여, 모든 실수 x에 대하여 $y = h(x) = 4x^2 + 12x + 10$ 입니다.

그러면, $y \in Y$?
아니죠! 이 y 는 단지 h 의 출력변수의 이름에 지나지 않는 것이고 $y \in Z$ 입니다.
그런데, 어떻게 이 h의 메커니즘(mechanism)이 $4x^2 + 12x + 10$ 이죠?
$(g \bullet f)(x) = g\{f(x)\}$ 이고 $g(y) = y^2 + 1$ 이며 $f(x) = 2x + 3$ 이라는 것을 알고있죠.
그러면, $h(x) = (g \bullet f)(x) = g\{f(x)\} = \{f(x)\}^2 + 1 = (2x + 3)^2 + 1 = 4x^2 + 12x + 10$.

그러면 이제, 비슷한 예를 하나 보기로 하죠.

$X = \{x| 1 \le x \le 2\}$ 이고 $Y = \{y| 5 \le y \le 7\}$ 이며 $Z = \{z| 26 \le z \le 50\}$.
$f: X \longrightarrow Y$ 이며 $g: Y \longrightarrow Z$.
$y = f(x) = 2x + 3$ 이며 $z = g(y) = y^2 + 1$.
$h: X \longrightarrow Z$.
$z = h(x) = (g \bullet f)(x) = 4x^2 + 12x + 10$.

그러면, 각각의 정의역들과 치역들이 서로 맞는지 알아보기로 하죠.

$1 \le x \le 2 \Rightarrow 5 \le 2x + 3 \le 7 \Rightarrow 5 \le f(x) \le 7 \Rightarrow 5 \le y \le 7.$

$5 \le y \le 7 \Rightarrow 26 \le y^2 + 1 \le 50 \Rightarrow 26 \le g(y) \le 50 \Rightarrow 26 \le z \le 50.$

$1 \le x \le 2 \Rightarrow 26 \le 4x^2 + 12x + 10 \le 50 \Rightarrow 26 \le h(x) \le 50 \Rightarrow 26 \le z \le 50.$

그러면 이제, 또 하나의 예를 들어보기로 하죠.
$X = \{x| 1 \le x \le 2\}$ 이고 **$Y = \{y| 2 \le y \le 3\}$** 이며 **$Z = \{z| 5 \le z \le 7\}$.**
$f: X \longrightarrow Y$ 이며 **$g: Y \longrightarrow Z$.**
$y = f(x) = x + 1$ 이며 **$y = g(x) = 2x + 1$.**
$h: X \longrightarrow Z$.
$y = h(x) = (g \bullet f)(x) = 2x + 3$.

위의 예에서는 세 함수들 모두 x-y 좌표계에 놓여있는 것이죠.
함수 $y = f(x)$의 정의역은 X이고 치역은 Y이므로 $x \in X$이고 $y \in Y$입니다.
함수 $y = g(x)$의 정의역은 Y이고 치역은 Z이므로 $x \in Y$이고 $y \in Z$입니다.
함수 $y = h(x)$의 정의역은 X이고 치역은 Z이므로 $x \in X$이고 $y \in Z$입니다.

그러면, 이 세 함수들을 하나의 그래프에 표현해보도록 하죠.

그림. 7.0 $y = f(x) = x + 1$ 이며 $1 \le x \le 2$. $y = g(x) = 2x + 1$ 이며 $2 \le x \le 3$.
$y = h(x) = (g \bullet f)(x) = 2x + 3$ 이며 $1 \le x \le 2$.

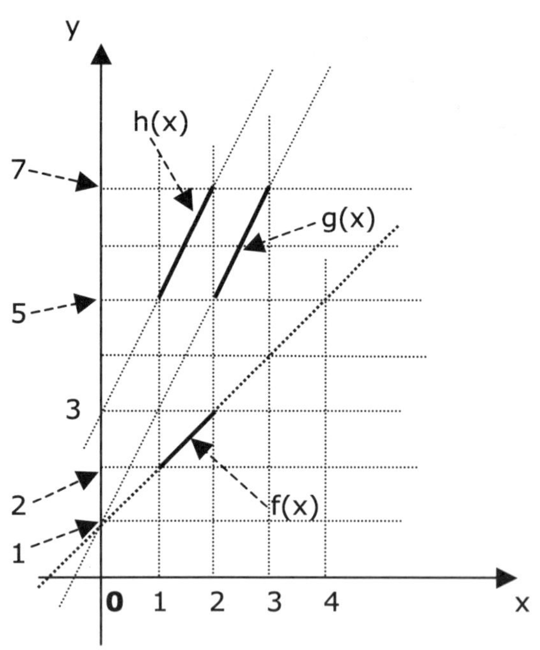

그러면 이제, 예제를 몇 개 더 다루어보도록 합시다.

예제(例題)

합성함수(合成函數)

0. x는 실수이고 다음과 같은 3개의 함수들이 있다고 하세요.

f: x ⟶ x

g: x ⟶ $2x^2 + 1$

h: x ⟶ $3x^3 + 2$

그러면, 다음과 같은 합성함수들을 표현해보도록 하세요.

0. g•f
1. f•g
2. g•h
3. h•g
4. h•(g•f)
5. (h•g)•f
6. h•(g•g)
7. (h•g)•g

1. x는 실수이고 다음과 같은 3개의 함수들이 있다고 하세요.

f: x ⟶ 2x

g: x ⟶ $3x^2$

h: x ⟶ $4x^3$

그러면, h•(g•f) = (h•g)•f 이 성립하는지 알아보세요.

2. f{(2x + 1)/3} = 2x + 5라 하고 f(7)과 f{(3x – 2)/2}의 값들을 구해보도록 하세요.

3. f{(2x – 1)/x}} = $(1 - 2x^2)(3x^2 + x + 2)$ 라고 하고 f(8)의 값을 구해보세요.

4. $f(x) = 2x/(3x + 1)$, and $g(x) = x/(3 - 2x)$ 라하고 다음의 x에 관한 방정식을 풀어보세요: $(f\bullet g)(x) = f(x)$.

5. R은 모든 실수의 집합이며 $x \in R$이고 두개의 함수 f와 g가 다음과 같이 정의된다고 하세요:

$f: x \longrightarrow 9ax - 5$ 이며 $g: x \longrightarrow 7 - 2ax$ 여기에서 a는 상수입니다. 그러면:

0. $g\bullet f = f\bullet g$를 만족하는 a의 값을 구하세요.
1. $f\bullet h = g$를 만족하는 함수 h를 구하세요.
2. $h\bullet g\bullet f = f$를 성립시키는 h를 구하세요.

6. 하나의 함수 $f_1(x)$가 있는데 이 함수 $f_1(x)$을 가지고 다음과 같은 방식으로 합성함수로 되어있는 순차 열(順次列)을 만든다고 하세요: $f_2 = f_1\bullet f_1$, $f_3 = f_2\bullet f_1$, $f_4 = f_3\bullet f_1$ . . . $f_k = f_{k-1}\bullet f_1$.
아래의 그래프는 두개의 함수 $y = f(x)$ 와 $y = g(x) = x$ 를 나타내는데 f(x)는 검정 색이고 g(x)는 회색입니다. 그리고 a, b, c, d, and e 는 상수들입니다.

그림. 6.0

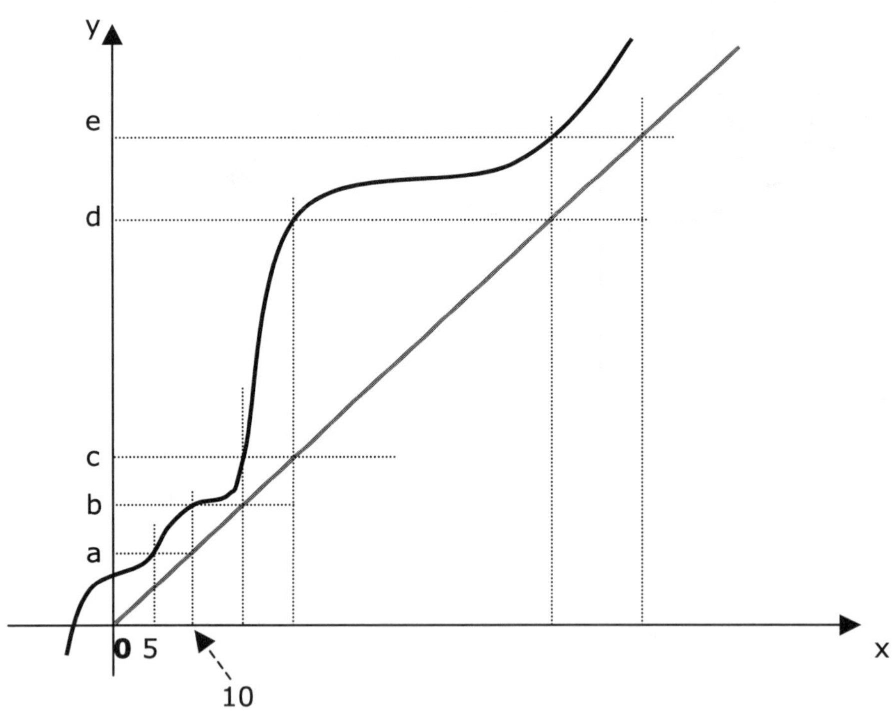

그러면:

0. $f_4(10)$의 값을 구하세요.

1. 다음 3개의 방정식들 각각에서 x의 값을 구하세요:

1.0. $f_2(x) = c$

1.1. $f_2(x) = b$

1.2. $f_3(x) = c$

힌트(hint):

y = g(x) = x의 커브에서의 각각의 점(點)에서는 x좌표와 y좌표가 서로 같다는 것을 알고있죠.

그러므로, a = 10, f(10) = b, f(b) = c, f(c) = d 이며 f(d) = e.

그러면, 다음과 같이 그래프를 더 자세하게 표현할 수 있겠죠.

그림. 6.1

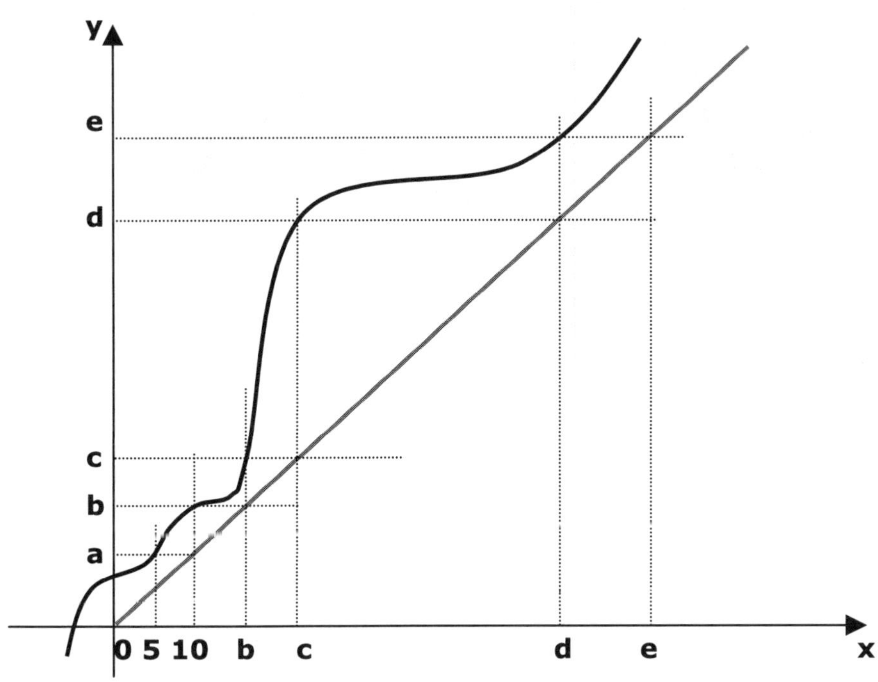

제안과 풀이
0 번 예제에서의 **0** 번 문제

x 는 실수이고 다음과 같은 3 개의 함수들이 있다고 하세요.

f: $x \longrightarrow x$

g: $x \longrightarrow 2x^2 + 1$

h: $x \longrightarrow 3x^3 + 2$

그러면, 합성함수 g•f 를 표현해보도록 하세요.

g•f = (g•f)(x) = g{f(x)}, and f(x) = x 라는 것을 알고있죠.

그러니까, g(x)를 f(x)에 있는 x 에 대입(代入)하면, g•f = g{f(x)}가 되죠.

f(x) = x and g(x) = $2x^2 + 1$ 이죠.
그러니, (g•f)(x) = g{f(x)} = $2\{f(x)\}^2 + 1 = 2x^2 + 1$.

그리하여, g•f = $2x^2 + 1$ 가 되고, 이것은 함수 g와 같은 것이네요.

요약:

f(x) = x 이고 g(x) = $2x^2 + 1$ 입니다.

⇒

g•f = (g•f)(x) = g{f(x)} = $2\{f(x)\}^2 + 1 = 2x^2 + 1$.

제안과 풀이
0 번 예제에서의 1 번 문제

x 는 실수이고 다음과 같은 3 개의 함수들이 있다고 하세요.

f: x ⟶ x

g: x ⟶ $2x^2 + 1$

h: x ⟶ $3x^3 + 2$

그러면, 합성함수 f•g 를 표현해보도록 하세요.

f•g = (f•g)(x) = f{g(x)}, and g(x) = $2x^2 + 1$ 라는 것을 알고있죠.

그러면, g(x) = $2x^2 + 1$ 를 f(x)에 있는 x에 대입해야 하겠죠.

그러면, f(x) = x이므로 **f•g** = f{g(x)} = f($2x^2 + 1$) = $2x^2 + 1$ 가 됩니다.

그리하여, **f•g** = $2x^2 + 1$ 이고, 이것은 (문제에서 주어진) **g**와 같습니다.

요약:

f(x) = x 이며 g(x) = $2x^2 + 1$.

⇒

f•g = f{g(x)} = f($2x^2 + 1$) = $2x^2 + 1$.

제안과 풀이
0 번 예제에서의 **2** 번 문제

x 는 실수이고 다음과 같은 3 개의 함수들이 있다고 하세요.

f: x ⟶ x

g: x ⟶ $2x^2 + 1$

h: x ⟶ $3x^3 + 2$

그러면, 합성함수 g•h 를 표현해보도록 하세요.

$g \bullet h = (g \bullet h)(x) = g\{h(x)\}$라는 것과 $h(x) = 3x^3 + 2$ 라는 것을 알고있죠.

그러면, $h(x) = 3x^3 + 2$ 을 $g(x) = 2x^2 + 1$ 에 있는 x에 대입해야 하죠.

그러면, $g \bullet h = g\{h(x)\} = g(3x^3 + 2) = 2(3x^3 + 2)^2 + 1 = 2(9x^6 + 12x^3 + 4) + 1$ 이 됩니다.

그리하여, $g \bullet h = 18x^6 + 24x^3 + 9$.

요약:

$g(x) = 2x^2 + 1$ 이고 $h(x) = 3x^3 + 2$.

$\Rightarrow$

$g \bullet h = g\{h(x)\} = g(3x^3 + 2)$

$= 2(3x^3 + 2)^2 + 1 = 2(9x^6 + 12x^3 + 4) + 1 = 18x^6 + 24x^3 + 9$.

제안과 풀이
0 번 예제에서의 **3** 번 문제

x 는 실수이고 다음과 같은 3 개의 함수들이 있다고 하세요.

f: x ⟶ x

g: x ⟶ $2x^2 + 1$

h: x ⟶ $3x^3 + 2$

그러면, 합성함수 h•g 를 표현해보도록 하세요.

h•g = (h•g)(x) = h{g(x)}이라는 것과 g(x) = $2x^2 + 1$ 이라는 것을 알고있죠.

그러면, g(x) = $2x^3 + 1$ 을 h(x) = $3x^3 + 2$ 에 있는 x에 대입(代入)해 야죠.

그러면, h•g = h{g(x)} = h($2x^2$ + 1) = 3($2x^2 + 1)^3$ + 2 = 3($8x^6$ +$12x^4$ + $6x^2$ + 1) + 2 이 됩니다.

그리하여, h•g = $24x^6 + 36x^4 + 18x^2 + 5$.

g•h = $18x^6 + 24x^3 + 9$ 이라는 것을 위의 2 번 문제에서 이미 알아내었죠.

그러면 이제, h•g ≠ g•h 라는 것을 알 수 있죠; 그러니까, 교환법칙(交換法則)이 성립(成立)하지는 않는 것이죠.

요약:

g(x) = $2x^2 + 1$ 이고 h(x) = $3x^3 + 2$.

⇒

h•g = h{g(x)} = h($2x^2$ + 1)

= 3($2x^2 + 1)^3$ + 2 = 3($8x^6$ +$12x^4$ + $6x^2$ + 1) + 2= $24x^6 + 36x^4 + 18x^2 + 5$.

제안과 풀이
0번 예제에서의 **4**번 문제

x는 실수이고 다음과 같은 3개의 함수들이 있다고 하세요.

f: x ⟶ x

g: x ⟶ $2x^2 + 1$

h: x ⟶ $3x^3 + 2$

그러면, 합성함수 h•(g•f)를 표현해보도록 하세요.

g•f는 합성함수인데, 이건 또 하나의 함수이죠. 이 함수를 k라고 해보죠.

그러면, h•(g•f) = h•k가 되는데, 이것도, 하나의 합성함수가 되네요.

그러면 g•(h•(g•f))에 대해서는 어떤가요? 마찬가지의 경우죠.

그러면,h•(g•f)를 m이라고 해보죠.

그러면, h•k = m이고, g•(h•(g•f)) = g•(h•k) = g•m 이 되는데, 이것도 여전히 또 하나의 합성함수가 되네요.

필요로 하는 만큼 얼마든지 여러 함수들을 가지고 위와 같이 순차적으로 합성 작업을 할 수 있어요. 그러나, 두개 이상의 함수들을 가지고 언제든지 합성함수를 만들 수 있는 것은 아니죠. 합성함수를 만드는 모든 과정에서 서로 관련되는 모든 정의역과 치역이 맞아 떨어져야만 하죠. 합쳐지는 두개의 함수들 중에 첫번째 함수의 치역이 그 두 번째 함수의 정의역이 되어야만 할겁니다. 그러면, 이것들은 꼭 그래야만 하는 거죠. 하지만, 이 예제에서는 서로 관련된 정의역들과 치역들이 맞아 떨어지는 것으로 간주하고 있습니다.

그러면 이제, **h•(g•f)**에 대하여 작업을 시작해보도록 하죠. **g•f**부터 시작합니다.

그런데, g•f = $2x^2 + 1$ = g라는 것을 위의 0번 문제의 해답으로부터 즉각 알 수 있네요.

그러니, h•(g•f) = h•g가 되는데, 이 **h•g** 또한 위의 3번 문제에서 이미 처리된 것이죠.

요약:

f(x) = x, g(x) = $2x^2 + 1$ 이고 h(x) = $3x^3 + 2$.

$\Rightarrow$ g•f = $2x^2 + 1$ = g $\Rightarrow$ h•(g•f) = h•g = h{g(x)} = h($2x^2 + 1$) = $24x^6 + 36x^4 + 18x^2 + 5$.

제안과 풀이
0 번 예제에서의 **5** 번 문제

x 는 실수이고 다음과 같은 3 개의 함수들이 있다고 하세요.

f: x ⟶ x

g: x ⟶ $2x^2 + 1$

h: x ⟶ $3x^3 + 2$

그러면, 합성함수 (h•g)•f 를 표현해보도록 하세요.

(우선) h•g 부터 먼저 해야겠는데, 이건 위의 3 번에서 이미 처리된 것이죠.

s = h•g 로 놓아보죠.

그러면, $s(x) = (h•g)(x) = h\{g(x)\} = 24x^6 + 36x^4 + 18x^2 + 5$ 가 되네요

s•f = s{f(x)}, and f(x) = x 이죠.

그러면, s•f = s{f(x)} = s(x)가 됩니다.

그러므로, $(h•g)•f = 24x^6 + 36x^4 + 18x^2 + 5$.

요약:

위의 3 번 문제에서 f(x) = x and $h•g = 24x^6 + 36x^4 + 18x^2 + 5$.

s = h•g 로 하세요.

그러면, (h•g)•f = s•f = s(x) 왜냐하면 f(x) = x.

그리하여, $(h•g)•f = 24x^6 + 36x^4 + 18x^2 + 5$.

제안과 풀이
0 번 예제에서의 6 번 문제

x 는 실수이고 다음과 같은 3 개의 함수들이 있다고 하세요.

f: x ⟶ x

g: x ⟶ $2x^2 + 1$

h: x ⟶ $3x^3 + 2$

그러면, 합성함수 h•(g•g)를 표현해보도록 하세요.

g•g = g{g(x)} 이고 g(x) = $2x^2 + 1$ 라는 것을 알고있죠.

그러면 g•g = $2(2x^2 + 1)^2 + 1$ 이 되죠.

t = g•g로 놓아보죠. 그럼, t(x) = $2(2x^2 + 1)^2 + 1$ 이 되죠.

그러면 이제, h•t 에 대하여 작업해 야죠.

h•t = h{t(x)}이죠, 여기에서 t(x) = $2(2x^2 + 1)^2 + 1$ 이고 h(x) = $3x^3 + 2$ 입니다.

그러면, h{t(x)} = $3\{2(2x^2 + 1)^2 + 1\}^3 + 2$ 가 되죠.

그리하여, h•(g•g) = $3\{2(2x^2 + 1)^2 + 1\}^3 + 2$ 가 됩니다.

요약:

g(x) = $2x^2 + 1$ 이고 h(x) = $3x^3 + 2$.

⇒ g•g = g{g(x)} = $2(2x^2 + 1)^2 + 1$.

t = g•g 라 하세요.

그러면, h•(g•g) = h{t(x)} = $3\{2(2x^2 + 1)^2 + 1\}^3 + 2$.

제안과 풀이
0 번 예제에서의 7 번 문제

x 는 실수이고 다음과 같은 3 개의 함수들이 있다고 하세요.

f: x ⟶ x

g: x ⟶ $2x^2 + 1$

h: x ⟶ $3x^3 + 2$

그러면, 합성함수 (h•g)•g 를 표현해보도록 하세요.

먼저 h•g 에 대하여 작업해 야죠.

그런데, h•g는 이미 위의 3 번에서 처리되었고, $24x^6 + 36x^4 + 18x^2 + 5$ 이죠.

u = h•g 로 놓아보죠.

그러면, $u(x) = 24x^6 + 36x^4 + 18x^2 + 5$.

그래서, (h•g)•g = u•g = u{g(x)}.

$g(x) = 2x^2 + 1$ 라는 것을 알고있죠.

그러면, $u\{g(x)\} = 24(2x^2 + 1)^6 + 36(2x^2 + 1)^4 + 18(2x^2 + 1)^2 + 5$.

요약:

$g(x) = 2x^2 + 1$ 이고 $h(x) = 3x^3 + 2$.

u = h•g 라 하세요.

$\Rightarrow u(x) = 24x^6 + 36x^4 + 18x^2 + 5$.

$\Rightarrow$ (h•g)•g = u•g = u{g(x)} = = $24(2x^2 + 1)^6 + 36(2x^2 + 1)^4 + 18(2x^2 + 1)^2 + 5$.

그럼, 또 하나의 예제를 다루어보도록 하죠.

제안과 풀이
1 번 예제에서의 문제

x 는 실수이고 다음과 같은 3 개의 함수들이 있다고 하세요.

f: x ⟶ x

g: x ⟶ $2x^2 + 1$

h: x ⟶ $3x^3 + 2$

그러면, **h•(g•f) = (h•g)•f** 가 되는지 알아보세요.

이번 예제에서는 합성함수 연산에서 결합법칙(結合法則)이 성립(成立)하는 지를 알아보자는 겁니다.

s = g•f 로 놓아보죠.

그러면, $s(x) = g\{f(x)\} = g(2x) = 3(2x)^2 = 12x^2$.

그러니까, $h•(g•f) = h•s = h\{s(x)\} = 4(12x^2)^3 = 4(12^3x^6) = 2^2(3^3 4^3 x^6) = 2^8 3^3 x^6$.

t = h•g 로 놓아보죠.

그럼, $t(x) = h\{g(x)\} = h(3x^2) = 4(3x^2)^3 = 4(3^3x^6)$.

그러니, $(h•g)•f = t•f = t\{f(x)\} = 4(3^3(2x)^6) = 4(3^3(2^6x^6)) = 2^8 3^3 x^6$.

자, 이젠 h•(g•f) = (h•g)•f 라는 것을 알겠죠.
그러면, 결합법칙이 성립한다고 할 수 있을까요? 그런 것 같긴 하네요.
그러나 이 것을 증명할 때까지는 확실하게 "Yes!" 라고 할 수는 없죠.
이것이 이미 증명되었다면 이것은 math 에서 효과적으로 사용할 수 있는 도구인 것이죠. 그러면, 문제풀이에 이걸 즉각 사용할 수 있는 겁니다. 이와 같은 효과적인 도구를 정리(定理)라고 부릅니다. 하나의 정리라는 것은 하나의 증명된 사실을 말합니다. (물론 맞는 사실이죠.) (그러나 그 내용이 틀리면 그건 하나의 틀린 사실이며 이는 거짓입니다.) 사실, 이는 이미 증명되었으며 현재 널리 사용되고 있죠. 그렇지만, 연습 삼아서 이걸(결합법칙이 성립한다는 것을) 증명하는 것을 시도해보도록 하죠.

A, B, C, 및 D 가 다음 문장들을 만족하는 데이터 그룹들(data groups)이라고 해보죠:

f: A ⟶ B 이고 g: B ⟶ C 이며 h: C ⟶ D.

그러면, h•(g•f) = (h•g)•f = h•g•f 라는 것을 증명해보도록 하겠습니다.
h•(g•f)에 대하여 먼저 작업을 시작해도 되겠죠.
그러면, g•f 부터 시작하죠.
g•f = g{f(x)}이고 f 의 치역이 g 의 정의역인 것을 알고있죠.
그러면, g•f 의 정의역이 f 의 정의역이고 g•f 의 치역은 g 의 치역이죠.
f 의 정의역은 A 이며 g 의 치역이 c 라는 것을 알고있죠.
그러면, g•f: A ⟶ C 가 되는 것을 알 수 있네요.
이제, s = g•f 라고 해 보세요.
그러면, s: A ⟶ C 이며, s 의 정의역은 A 이고 s 의 치역은 C 이죠.

그러면 이제, h•(g•f) = h•s 가 되는 거죠.

h•s = h{s(x)}라는 것과 s 의 치역이 h 의 정의역이라는 것을 알고있죠.
그러면, h•s 의 정의역은 s 의 정의역이고 h•s 의 치역은 h 의 치역이죠.
s 의 정의역이 A 라는 것과 h 의 치역이 D 라는 것을 알고있죠.
그러면, h•s: A ⟶ D 라는 것을 알 수 있네요.
h•(g•f) = h•s = h{s(x)} 라는 것과 s(x) = g•f = g{f(x)} 라는 것을 알고 있죠.
그러니, h•(g•f) = h{g{f(x)}} 라는 것을 알 수 있네요.

그럼 이제, (h•g)•f 에 대하여 작업해 야죠.
그러면 h•g 를 먼저 처리해야 겠네요.
h•g = h{g(x)} 라는 것과 g 의 치역이 h 의 정의역이라는 것을 알고있죠.
그러면, h•g 의 정의역은 g 의 치역이고 h•g 의 치역은 h 의 치역이네요.
g 의 정의역은 B 라는 것과 h 의 치역이 D 라는 것을 알고있죠.
h•g: B ⟶ D 라는 것을 알 수 있네요.
이제, t = h•g 라 해보죠.
그러면, t: B ⟶ D 이며 t 의 정의역은 B 이고 t 의 치역은 D 입니다.

그러니, (h•g)•f = t•f 라는 것을 알 수 있네요.

t•f = t{f(x)} 라는 것을 알고있죠.

그러면, f 의 치역은 t 의 정의역이고, t•f 의 정의역은 f 의 정의역이며, t•f 의 치역은 t 의 치역이네요.
f 의 정의역이 집합 A 라는 것과 t 의 치역이 집합 D 라는 것을 알고있죠.
그러면,t•f: A ⟶ D 라는 것을 알 수 있네요.
(h•g)•f = t•f = t{f(x)} 라는 것과 t(x) = h•g = h{g(x)} 라는 것을 알고있죠.
그럼, t{f(x)} = h{g{f(x)}} 라는 것을 알 수 있죠 왜냐하면 t•f 를 확보(確保)하려면 f(x)를 h{g(x)}에 있는 x 에 대입(代入)해야 하기 때문이죠.
그러면, (h•g)•f = t•f = t{f(x)} = h{g{f(x)}} 입니다.

또한 h•(g•f) = h{g{f(x)}} 라는 것을 알고있죠.
그럼, h•(g•f) = (h•g)•f 라는 것을 알 수 있네요.

그러면 이제, 다음을 하나의 **정리(定理)**라고 할 수 있겠습니다:

A, B, C, D 가 데이터 그룹들이고 이 그룹들은 다음을 만족한다고 하세요:
f: A ⟶ B 이고 g: B ⟶ C 이며 h: C ⟶ D.
그러면, h•(g•f) = (h•g)•f = h•g•f.

요약:

A, B, C, and D 가 데이터 그룹들이며 이 그룹들은 다음을 만족한다고 하세요:
f: A ⟶ B 이고 g: B ⟶ C 이며 h: C ⟶ D.

h•(g•f)에 대하여 먼저 작업을 시작해보죠.

s = g•f 로 놓으세요.
그러면, s: A ⟶ C.
그러면, h•(g•f) = h•s 가 됩니다.
h•s = h{s(x)} 라는 것을 알고있죠.
그러면, h•s: A ⟶ D 라는 것을 알 수 있네요.
h•(g•f) = h•s = h{s(x)} 라는 것과 s(x) = g•f = g{f(x)} 라는 것을 알고있죠.
그러면 h•(g•f) = h{g{f(x)}} 라는 것을 알 수 있네요.

그러면 이제, (h•g)•f 에 대하여 작업해야 하죠.
h•g = h{g(x)} 라는 것을 알고있죠.
t = h•g 라고 하세요.
그러면, t: B ⟶ D.
그러면, (h•g)•f = t•f 라는 것을 알 수 있네요.
t•f = t{f(x)} 라는 것을 알고있죠.
그러면, t•f: A ⟶ D 라는 것을 알 수 있네요
(h•g)•f = t•f = t{f(x)} 라는 것과 t(x) = h•g = h{g(x)} 라는 것을 알고있죠.
그럼, (h•g)•f = t•f = t{f(x)} = h{g{f(x)}}.

또한, h•(g•f) = h{g{f(x)}} 라는 것을 알고있죠.
그리하여, h•(g•f) = (h•g)•f.

정리(定理)라는 것은 하나의 증명(證明)된 사실(事實)입니다 그래서 그 정리가 관련(關聯)이 되는 문제에 대하여 작업을 할 때 그 정리를 하나의 도구(道具)로서 사용할 수 있죠. 위의 정리는 합성함수에 관련된 많은 문제에 대하여 작업을 할 때 상당히 널리 사용되는 도구입니다. 보통은, 일반 math 수준에서는 데이터(data) 집합들이 서로 맞는 것으로 간주되고 있으므로 주로 그 데이터 집합을 구체적으로 표현하지 않고 h•(g•f) = (h•g)•f = h•g•f 라는 사실을 사용합니다. 그러나 만약 의심이 나면 그 집합들을 검사(檢査)해보는 것이 좋겠네요.

다음과 같은 또 하나의 간단한 정리(定理)를 한번 보기로 하죠:

X 와 Y 는 데이터 집합들이며 다음과 같은 내용을 만족한다고 하세요:
f: X ⟶ Y.
또한, 다음과 같이 가정하세요:
A 는 하나의 데이터 집합인데 공집합(空集合)은 아니다.
i: A ⟶ A.
x ∈ A 인 모든 x 에 대하여 i(x) = x.
그러면, 이 i 는 하나의 항등함수(恒等函數)이며, f•i = i•f = f.

그러면 이제, 이 정리가 어떻게 성립(成立)하는지 알아보아야지요.

유의사항:

하나의 함수가 항등함수(恒等函數)이면 그 때는 정의역과 치역은 서로 같죠 하지만, 그 역(逆)(순서를 반대로 하여 하는 말)은 맞는 사실이 아닙니다. 다시 말해서, 항등함수가 아닌 함수에 대하여도 정의역과 치역이 서로 같을 수 있다는 것이죠. 또한, 항등함수에 대한 정의역과 치역은 **특정** 데이터 집합들이 **아닙니다**. 다시 말해서, 만약에 집합들이 항등함수에 대한 것들이면 그 집합들은 서로 동일한 것이기만 하면 된다는 것이죠. 물론, 이것들이 공집합(空集合)은 아닙니다. 그러면, 항등함수라는 것은 무엇에 관한 건가요? 항등함수라는 것은 일대일(一對一) 함수이죠. 항등함수에서는 각각의 출력이 그에 대응하는 입력과 동일합니다 그리고 그게 전부 다입니다. 이건 마치 복사기 같은 것이죠.

그러면 이제, 어떻게 해서 **f•i** = **i•f** = f 이 되는지 알아보기로 하죠.

다음과 같은 함수 f가 있습니다:

f: X ⟶ Y

또한, 다음과 같은 항등함수 i도 있죠:

A는 실수의 집합이며 x ∈ A.

i: x ⟶ x.

{바로 위의 문장에서의 **x**는 집합의 이름이 아니라 변수의 이름이라는 것을 유의해야 합니다.}

그러면 이제, **f•i**와 **i•f**에 대하여 작업을 시작하기로 하죠.
f•i에 대하여, A = X라고 놓아보도록 하죠.

어떻게 A = X 라고 놓을 수 있는 건가요?
그것은 항등함수라는 것은 정의역과 치역으로서 어떤 특정한 집합을 갖는 것이 아니며 그 항등함수에 대한 정의역과 치역에 대한 필수사항(必須事項)은 그 집합들이 서로 동일해야 한다는 것 뿐이기 때문입니다. 다시 말해서, 그 항등함수는 그 정의역과 치역이 같기만 하면 그 어떤 집합도 그 정의역과 치역으로 할 수 있는 겁니다. 물론, 공집합은 안되죠.

그러면, 이 i는 다음과 같이 정의될 수 있어요:
i: X ⟶ X.
x ∈ X인 x에 대하여 i(x) = x.

그러면, 이 f의 정의역이 X이므로 이제, i의 치역과 같은 것이죠.
그러면 이제, f와 i로 하나의 합성함수를 만들 수 있는 겁니다.

i의 정의역이 X라는 것을 알고있죠. 그러면, **f•i**의 정의역은 X입니다.
f의 치역이 Y라는 것을 알고있죠. 그러면, **f•i**의 치역는 Y입니다.

그러면:

f•i: X ⟶ Y.
f•i = (**f•i**)(x) = f{i(x)} = f(x) 왜냐하면 i(x) = x.
그리하여, **f•i** = f 라는 것을 알 수 있네요.

이제, i•f 로 넘어가보기로 하죠.

이 i•f 에 대하여는 A = Y 라고 놓을 겁니다. 즉, i: Y ⟶ Y.

그러면, 이 i 는 다음과 같죠:

i: Y ⟶ Y.
Y 에 속하는 x 에 대하여 i(x) = x.

그러면, i 의 정의역은 Y 이며, f 의 치역과 같습니다.
그러면, f 와 i 를 합성하여 하나의 함수를 만들 수 있죠.

f 의 정의역이 X 라는 것을 알고 있죠. 그러면, i•f 의 정의역은 X 입니다.
i 의 치역이 Y 라는 것을 알고 있죠. 그러면, i•f 의 치역은 Y 입니다.

그러면 이제:

i•f: X ⟶ Y.
i•f = (i•f)(x) = i{f(x)} = f(x) 그 이유는 i(x) = x.

그리하여, i•f = f 라는 것을 알 수 있네요.
그러면 이제, f•i = i•f = f 이며 여기에서 i 가 항등함수이다 라는 것을 알 수 있습니다.

요약:

f: X ⟶ Y 입니다.
A 는 실수의 집합이며 x ∈ A 라고 하세요.
또한 i: x ⟶ x 라고 하세요. 그러면, i 는 하나의 항등함수입니다.
A = X 로 놓습니다. 그러면, i: X ⟶ X 이며, X 에 속하는 x 에 대하여 i(x) = x 입니다.
그러면:
f•i: X ⟶ Y.
f•i = (f•i)(x) = f{i(x)} = f(x) 왜냐하면 i(x) = x.
그러면, f•i = f 입니다.
A = Y 라고 놓으세요. 그러면, i: Y ⟶ Y 이며, Y 에 속하는 x 에 대하여 i(x) = x 입니다.
그러면:
i•f: X ⟶ Y.
i•f = (i•f)(x) = i{f(x)} = f(x) 왜냐하면 i(x) = x.
그러면, i•f = f 입니다.
그리하여, f•i = i•f = f 이며 여기에서 i 는 하나의 항등함수입니다.

그러면, 뭐 (이런 것에) 대단한 거라도 있는 겁니까?
이게 별 것은 아니지만 이런 합성(함수)연산이 어떻게 돌아가는지는 알아 둘만하다는 것이죠. 그러면, 일반적으로 함수들을 합성하는 연산에서 작업을 더 잘 할 수도 있는 것이죠. 특히, 다음 절(節)에서 다루어질 역함수(逆函數)에 대하여 작업할 때 이런 것이 꽤나 유용합니다.

제안과 풀이
2 번 예제에서의 문제

f{(2x + 1)/3} = 2x + 5 라 하고 **f(7)**과 **f{(3x – 2)/2}**의 값들을 구해보도록 하세요.

정의역이 명시되어있지 않으면 이를 모든 실수의 집합으로 간주합니다.
그러면 이제, 이 문제에서는 먼저 무엇에 대하여 알아내어야 하는 거죠? 그것은 f 입니다.
이 f 가 무슨 메커니즘(mechanism)을 갖고 있는지를 알면 f(7)을 구할 수 있는 것이죠.

이 문제에 합성함수의 개념을 적용하면 함수 f{(2x + 1)/3}이 합성함수라는 것을 알 수 있으며 이 합성함수는 함수 f 와 (2x + 1)/3 이라는 메커니즘을 가지고있는 또 하나의 함수로 만들어진 것이죠. 그런데, 함수 f 의 입력변수로서 x 를 사용하지 않아도 됩니다 왜냐하면 일관성이 유지되는 한 어떤 문자라도 함수에서의 변수로서 사용할 수 있기 때문이죠. 예를 들면, x 대신에 실수의 집합에 속하는 t 를 사용할 수도 있으며 그렇게 되면, f(t)를 사용하게 되는 것이죠.

함수 f 가 t 의 함수이며 g(x) = (2x + 1)/3 이라고 가정하세요.
그리고 나서, f•g 의 연산을 하면 f 에 있는 모든 t 를 g 로 교체하게 되고 그 교체 결과는 f(g)가 되죠.

그러면, f(t)•g(x) = (f•g)(x) = f(g) = f{g(x)} = 2x + 5 라는 것을 알 수 있으며 여기에서 g(x) = (2x + 1)/3 입니다.
그러면, 2x + 5 는 아마도 f 에 있는 모든 t 를 g 로 교체한 결과를 간단히 한 것일 겁니다.
다시 말해서, f 에 있는 모든 t 를 g 로 교체하면 그 모든 교체 후에 하나의 수식(數式)이 만들어 지는데 간단히 해야 할 필요가 있기에 그 수식을 간단히 하고 나면 그렇게 간단히 한 결과로서 2x + 5 을 갖게 된다는 것이죠. 물론 간단히 할 필요가 없을 수도 있죠, 그러면 그 모든 교체 후 곧바로 2x + 5 를 갖게 될 겁니다.

그러면 이제, 이 f 를 구체적으로 표현해 야죠.

f•g = f{g(x)} 라는 것과 f(t)에 있는 t 를 g(x)로 교체하면 f{g(x)}를 갖게 되는 것을 알고있죠.
그러니까, t = g(x) 라고 놓는 겁니다, 여기에서 g 는 (2x + 1)/3 이죠.

그러면, t = g(x) = (2x + 1)/3 이 되죠.
그러면, f(t) = f{g(x)} = f•g = 2x + 5 라는 사실을 갖게 되죠.
그럼, f(t) = 2x + 5 이죠; 하지만, 이 f 는 t 의 함수입니다.
그러니까, 그 메커니즘이 t 가 아니라 x 로 되어있으므로 f(7)의 값을 구하기 위하여 단순히 t = 7 이라고 놓을 수 없는 것이죠.
그러면 이제, 2x + 5 를 t 로 된 수식(數式)으로 표현해야 한다는 것을 알 수 있죠.
좀더 정확하게 말하자면, 이 x 를 단순히 t 로 교체하는 것이 아니라, 이 x 를 t 로 된 수식으로 표현해야 한다는 것입니다.

어떻게 요?

이 t 와 x 사이의 직접적(直接的)인 관계식(關係式)을 갖고 있죠.
그 관계식은 t = (2x + 1)/3 라는 것입니다. 그러면, x = (3t – 1)/2 이라는 것을 알 수 있네요.

그러면 이제, 2x + 5 의 식에서 이 x 를 (3t – 1)/2 로 교체할 수 있습니다.
그러면, f(t) = 2{(3t – 1)/2} + 5 = 3t – 1 + 5 = 3t + 4 가 됩니다.
그리하여, f(t) = 3t + 4 이며 f(7) = 3 X 7 + 4 = 25 입니다.

3t + 4 는 2x + 5 와 마찬가지라는 것을 유의(留意)해야 합니다.

다시 말해서, $f(t) = 3t + 4 \equiv f \bullet g = f(g) = f\{g(x)\} = 2x + 5$ 라는 것이죠.
좀더 자세히 이야기하자면, g(x)가 입력을 취하여 이 입력에 대한 출력을 만들고 나면 f(t)에서의 t 가 g 의 이 출력을 취하죠, 그리고 나서, 3t + 4가 처리되는 것입니다.

g(x)에 있는 x의 어떤 값에 대하여 f(t)에 있는 t가 7을 갖는 겁니까?
$t = g(x) = (2x + 1)/3$ 라는 것을 알고있죠.
그러면, $7 = (2x + 1)/3$ 라는 방정식을 x에 대하여 풀어야 합니다.
그러면, $x = (21 - 1)/2 = 10$ 입니다.

$x = 10$ 이 정말로 맞는 것인지 알아보기로 하죠.
그러면, 2x + 5 라는 수식에 있는 x에 10을 대입합니다.
그러면, $2 \times 10 + 5 = 25$ 을 갖게 되고 이것은 f(7)이네요.

이제, $f\{(3x - 2)/2\}$에 대하여 작업을 시작하기로 하죠.
위의 예에서 f(t)를 이미 구체적으로 표현했으며, $f(t) = 3t + 4$ 입니다.
그러면 이제, 우리가 작업해야 할 것은 f와 (3x - 2)/2 의 메커니즘을 가진 함수로 만들어진 또 하나의 합성함수에 지나지 않는 것입니다.

$g(x) = (3x - 2)/2$ 라고 가정하세요.
$f(t) = 3t + 4$ 라는 것을 알고있죠. {f에 있는 입력변수가 g에 있는 입력변수와 같지 않기 때문에 f에서의 입력변수에 대하여 어떤 문자(文字)이든 선택해도 문제없습니다. 그러나 헷갈릴 수 있으니까 g 에서와 동일한 문자는 선택하지않는 것이 좋겠죠.}

그러면, $f \bullet g = f(g) = (f \bullet g)(x) = f\{g(x)\}$

$= f\{(3x - 2)/2\} = 3(g(x)) + 4 = 3\{(3x - 2)/2\} + 4 = 9x/2 - 3 + 4 = 9x/2 + 1.$

요약:

먼저 f(7)의 값을 구할 겁니다. $t = g(x) = (2x + 1)/3$ 라고 해보죠.
그러면, $f(t) = f\{g(x)\} = f \bullet g = 2x + 5.$
그러니까, $f(t) = 2x + 5.$

$t = (2x + 1)/3 \Rightarrow x = (3t - 1)/2.$

그러면, $f(t) = 2\{(3t - 1)/2\} + 5 = 3t - 1 + 5 = 3t + 4.$
그러므로, $f(t) = 3t + 4$ 이므로 $f(7) = 3 \times 7 + 4 = 25.$

이제, $f\{(3x - 2)/2\}$에 대하여 작업을 시작하기로 하죠.
$f(t) = 3t + 4$ 입니다.
$g(x) = (3x - 2)/2$ 라고 해보죠.

그러면, $f \bullet g = f(g) = (f \bullet g)(x) = f\{g(x)\}$
$= f\{(3x - 2)/2\} = 3(g(x)) + 4 = 3\{(3x - 2)/2\} + 4 = 9x/2 - 3 + 4 = 9x/2 + 1.$

그러면 이제, 다음 예제에서 비슷한 문제를 풀어보도록 하죠.

제안과 풀이
3번 예제에서의 문제

$f\{(2x - 1)/x\}\} = (1 - 2x^2)(3x^2 + x + 2)$ 라 하고 f(8)의 값을 구해 보세요.

함수에 대하여 정의역이 명시되어있지 않으면 그 정의역을 모든 실수의 집합으로 간주합니다.

$f\{(2x - 1)/x\}$가 합성함수라는 것을 알 수 있죠.
$f\{(2x - 1)/x\} = (f\bullet g)(x)$ 라고 가정하세요.
그러면, 0이 아닌 모든 x에 대하여 $g(x) = (2x - 1)/x$입니다. 0은 왜 안 되는지 알고있죠. 0으로 나누는 나눗셈은 없습니다.

이제, f를 t의 함수라고 하세요.
그러면, f(8)은 t = 8에 대한 출력이라는 것을 알 수 있죠.
그러면, f(t)를 구체적으로 표현해야 하죠. 다시 말해서, 이 f의 메커니즘을 알아야 하는데 이 메커니즘은 t에 관한 식으로 표현되어야 합니다. 그렇지만, 꼭 그래야 할(그 메커니즘을 꼭 알아야 할) 필요는 없습니다.

왜 그렇죠?

이 f(8)은 x의 함수인 합성함수 $f\bullet g$의 출력과 같다는 것을 알고있죠.
그러면, x = 8이란 말인가요?
그런 경우는 아닙니다.

자 그럼, $(1 - 2x^2)(3x^2 + x + 2)$에서 이 x는 어디에서 온 것인가요?
그건 g(x)에서 온 것이죠 왜냐하면:

$g(x) = (2x - 1)/x$ 이고 $f(t)\bullet g(x) = f\{g(x)\} = (f\bullet g)(x) = f\{(2x - 1)/x\} = (1 - 2x^2)(3x^2 + x + 2)$이기 때문입니다.

자 이제, f(8)에서 이 8은 무엇을 의미하는 거죠?
그 8은 x의 특정한 값에 대한 g(x)의 출력입니다.
g(x) = 8이 되는 x의 값을 찾을 수가 있나요? 물론 찾을 수 있습니다.
g(x) = 8이라는 방정식을 x에 대하여 풀면 되는 거죠.
그렇게 되면 이제, $(1 - 2x^2)(3x^2 + x + 2)$의 수식으로부터 직접 f(8)의 값을 찾을 수가 있는 것이죠 왜냐하면:
$(1 - 2x^2)(3x^2 + x + 2)$의 수식에 있는 이 x는 g(x)에 있는 x와 같기 때문입니다.

그러므로, g(x) = 8이라는 방정식을 x에 대하여 풀어서 그 x의 값을 $(1 - 2x^2)(3x^2 + x + 2)$의 수식에 대입하는 것이죠.

그러면, $g(x) = (2x - 1)/x = 8$.

$\Rightarrow 2x - 1 = 8x \Rightarrow 6x = -1 \Rightarrow x = -1/6$.

그리하여, x = -1/6 일 때, g = 8이라는 것을 알 수 있죠.

그러면 이제, $f\bullet g = f\{g(x)\} = (1 - 2x^2)(3x^2 + x + 2)$ 이고 x = -1/6일 때 g = 8입니다.
그리하여, $f(8) = f\{g(-1/6)\}$이 되는 겁니다.
g(x)에 있는 x가 $(1 - 2x^2)(3x^2 + x + 2)$의 수식에 있는 x와 같다는 것을 알고있죠. 그러면:

$f(8) = f\{g(-1/6)\} = \{1 - 2(-1/6)^2\}\{3(-1/6)^2 + (-1/6) + 2\}$
$= (36/36 - 2/36)(3/36 - 6/36 + 72/36) = (34/36)(69/36) = (17/18)(13/12) = (17 \times 13)/(18 \times 12)$
$= 221/216$.

요약:

먼저 f(8)의 값을 구할 겁니다.

$f\{(2x - 1)/x\} = (f \bullet g)(x)$라고 하죠.
그러면, $g(x) = (2x - 1)/x$ 여기에서 $x \neq 0$.

그러면, $g(x) = (2x - 1)/x = 8$.
$\Rightarrow 2x - 1 = 8x \Rightarrow 6x = -1 \Rightarrow x = -1/6$.

그리하여, $f(8) = f\{g(-1/6)\} = \{1 - 2(-1/6)^2\}\{3(-1/6)^2 + (-1/6) + 2\}$
$= (36/36 - 2/36)(3/36 - 6/36 + 72/36)$
$= (34/36)(69/36) = (17/18)(13/12) = (17 \times 13)/(18 \times 12) = 221/216$.

그럼, 이와 같은 방법이 바로 이전의 예제에 대하여도 작동하는지 알아보죠.

$f\{(2x + 1)/3\} = 2x + 5$ 이죠. f(7)의 값을 구해보죠.
그러면, 방정식 $(2x + 1)/3 = 7$ 을 x 에 관해서 풀어야 하죠.
그러면, $(2x + 1)/3 = 7 \Rightarrow 2x + 1 = 21 \Rightarrow x = 10$.
그러면, $2x + 5$ 에 있는 x 에 10 을 대입해야 하죠..
$2 \times 10 + 5 = 25$.

작동하네요.

제안과 풀이
4번 예제에서의 문제

f(x) = 2x/(3x + 1) 이고 **g(x) = x/(3 − 2x)** 라하고 다음의 **x**에 관한 방정식을 풀어보세요: **(f•g)(x) = f(x).**

유의사항: '∴' 는 '그리하여' 라는 뜻입니다.

f•g를 구체적으로 표현하는 것부터 시작할 겁니다.

(f•g)(x) = f{g(x)} = 2{x/(3 − 2x)}/[3{x/(3 − 2x)} + 1]
= {2x/(3 − 2x)}/{3x/(3 − 2x) + 1} = {2x/(3 − 2x)}/{3x/(3 − 2x) + (3 − 2x)/(3 − 2x)}
= {2x/(3 − 2x)}/{(3x + 3 − 2x)/(3 − 2x)} = 2x/(x + 3).

⇒ 2x/(x + 3) = f(x) 왜냐하면 문제의 정의(定義)에 의하여 **f•g** = f 이기 때문이죠.

(문제의 정의라는 것은 문제가 무엇이다 라는 것을 말합니다. 즉, 이는 문제에 있는 내용이죠.)

f(x) = 2x/(3x + 1) 라는 것을 알고있죠.
그러면, 2x/(x + 3) = 2x/(3x + 1)입니다.
그러면, x = 0이 답이 될 수 있다는 것을 바로 알 수 있죠.

이제, x ≠ 0 이라고 가정하세요. {방정식의 양변(兩邊)을 2x로 나누려 하기 때문이죠.}
그러면, 1/(x + 3) = 1/(3x + 1) ⇒ x + 3 = 3x + 1 ⇒ 2x = 2 ⇒ x = 1.

∴ x = 0 또는 1.

이제 다음 예제로 넘어가보도록 하죠.

제안과 풀이
5번 예제에서의 **0**번 문제

R은 모든 실수의 집합이며 **x** $\in$ **R**이고 두개의 함수 **f**와 **g**가 다음과 같이 정의된다고 하세요:
f: x $\longrightarrow$ **9ax − 5** 이고 **g: x** $\longrightarrow$ **7 − 2ax** 여기에서 **a**는 상수입니다.
그러면**, g•f = f•g**를 만족하는 **a**의 값을 구하세요**.**

$f(x) = 9ax - 5$ 이며 $g(x) = 7 - 2ax$ 입니다.

그러면, $g \bullet f = g\{f(x)\} = 7 - 2a(f(x)) = 7 - 2a(9ax - 5) = 7 - 18a^2x + 10a$ 라는 것을 알 수 있죠.

또한, $f \bullet g = f\{g(x)\} = 9a(g(x)) - 5 = 9a(7 - 2ax) - 5 = 63a - 18a^2x - 5$ 라는 것도 알 수 있네요.

그러면:
$g \bullet f = f \bullet g \Rightarrow 7 - 18a^2x + 10a = 63a - 18a^2x - 5$

$\Rightarrow 7 + 10a = 63a - 5 \Rightarrow 53a = 12 \Rightarrow a = 12/53$

요약**:**

$f(x) = 9ax - 5$ 이고 $g(x) = 7 - 2ax$.
$\Rightarrow$
$g \bullet f = g\{f(x)\} = 7 - 2a(f(x)) = 7 - 2a(9ax - 5) = 7 - 18a^2x + 10a$.
$f \bullet g = f\{g(x)\} = 9a(g(x)) - 5 = 9a(7 - 2ax) - 5 = 63a - 18a^2x - 5$.

$g \bullet f = f \bullet g \Rightarrow 7 - 18a^2x + 10a = 63a - 18a^2x - 5$
$\Rightarrow 7 + 10a = 63a - 5 \Rightarrow 53a = 12 \Rightarrow a = 12/53$.

제안과 풀이
5번 예제에서의 1번 문제

R은 모든 실수의 집합이며 x ∈ R이고 두개의 함수 f와 g가 다음과 같이 정의된다고 하세요:

f: x ⟶ 9ax – 5 이고 **g: x ⟶ 7 – 2ax** 여기에서 **a는 상수입니다.**

그러면, f•h = g를 만족하는 함수 h를 구하세요.

f(x) = 9ax – 5 라는 것과 g(x) = 7 – 2ax 라는 것을 알고있죠, 그리고 바로 위의 0번 문제에서 a = 12/53이라는 것을 알아냈죠. 그러면:

f(x) = 9(12/53)x – 5 = 108x/53 – 5. g(x) = 7 – 2ax = 7 – 2(12/53)x = 7 – 24x/53.

자 이제, 함수의 호출명을 하나의 변수로 취급해 볼 수도 있습니다 왜냐하면 그 함수의 출력변수가 그 함수로부터의 출력을 취하므로 보통 다음과 같이 놓기 때문이죠:

출력변수 = 입력변수와 함께 함수의 호출명.

예를 들면, **y = f(x)** 여기에서 y는 출력변수이고 f는 호출명이며 x는 입력변수.

또한, 다음과 같이 놓는 경우도 흔하죠:

출력 변수 = 함수의 호출명.

예를 들면, **y = f** 여기에서 y는 출력변수이고 f는 호출명.

그러면 이제, f•h = f(h)로 놓을 수가 있죠.
그러면, f(x) = 108x/53 – 5 이니까 f(h) = 108h/53 – 5라는 것을 알 수 있죠.
f•h = g 라는 것을 알고있죠.
그러면, 108h/53 – 5 = 7 – 24x/53 이죠.
이는 왜냐하면 f•h = f(h) 이고 f•h = g 이므로 f(h) = g. 그러면:

108h/53 – 5 = 7 – 24x/53 ⇒ 108h/53 = 12 – 24x/53

⇒ h = (12 x 53)/108 – 24x/108 = (53 – 2x)/9.

그리하여, h(x) = (53 – 2x)/9.

요약:

f(x) = 9ax – 5 이고 g(x) = 7 – 2ax 이며 a = 12/53. ⇒ f(x) = 9(12/53)x – 5 = 108x/53 – 5.

g(x) = 7 – 2ax = 7 – 2(12/53)x = 7 – 24x/53.

그러면, f•h = g ⇒ f•h = f(h) = g.

f(x) = 108x/53 – 5 ⇒ f(h) = 108h/53 – 5.

그러면, 108h/53 – 5 = 7 – 24x/53

⇒ 108h/53 = 12 – 24x/53 ⇒ h = (12 x 53)/108 – 24x/108 = (53 – 2x)/9.

그러므로, h(x) = (53 – 2x)/9.

제안과 풀이
5번 예제에서의 2번 문제

R은 모든 실수의 집합이며 **x** ∈ **R**이고 두개의 함수 **f**와 **g**가 다음과 같이 정의된다고 하세요:

f: x ⟶ 9ax – 5 이고 **g: x ⟶ 7 – 2ax** 여기에서 **a**는 상수입니다.

그러면, **h•g•f = f**를 성립시키는 **h**를 구하세요.

유의사항:
A ⇔ B 다음과 같은 두개의 문장들을 동시(同時)에 의미(意味)하는 것입니다:
"A이면 B이다." 와 "B이면 A이다."
A ⇔ B를 "A if and only if B." 라고 읽습니다.
이 경우(境遇)에 A ⇔ B는 B ⇔ A와 같은 것이므로 B if and only if A라고 할 수도 있죠.
이러한 경우에는 A와 B 둘 다 서로 동등(同等)한 것이라고 할 수 있습니다. 즉, A = B 라는 것이죠.

다음과 같은 정리(定理)가 하나 있죠: h•(g•f) = (h•g)•f = h•g•f.

위의 정리로부터, h•g•f = f ⇔ h•(g•f) = f 라는 것을 알 수 있네요.

g(x) = 7 – 24x/53 이고 f(x) = 108x/53 – 5 라는 것을 알고있죠.

u = 7, v = -24/53, r = 108/53 및 s = -5 로 놓아보기로 하죠.

그러면, g(x) = u + vx 이고 f(x) = rx + s.

그러면, g•f = g(f) = u + v(f) = u + v(rx + s) = u + s + vrx.

그럼 이제, h(g•f) = h(u + s + vrx).

그러면, h•(g•f) = f ⇒ h(u + s + vrx) = rx + s.

그런데 지금 뭘 찾고있는 겁니까?

h(t)의 구체적인 표현을 찾고있는 것이죠 여기에서 t는 단순히 하나의 입력변수입니다.

다시 말해서, h의 메커니즘(mechanism)과 정의역을 찾으려 하는 거죠.

이제, t = u + s + vrx 로 놓아보기로 하죠. 그러면, h(t) = rx + s입니다.

그럼 이제, x를 t로 표현할 겁니다.

간단히 하기위해서 k = u + s로 놓아보기로 하죠.

그러면, t = vrx + k ⇒ x = (t - k)/vr.

그러면, 다음과 같은 사실을 알 수 있죠:

h(t) = rx + s, and x = (t - k)/vr ⇒ h(t) = r{(t – k)/vr} + s = (t – k)/v + s.

그러면, h(t) = (t – k)/v + s입니다.

자 이제, 함수의 구체적인 표현은 **입력과 출력 사이의 관계**를 보여주는 것이라는 것을 잊지 말아야 합니다. 즉, 함수가 나타내는 바는 그 변수들의 역할과 그 변수들이 어떻게 연관되어있는가 입니다. 그러므로, 일관성이 유지되는 한 변수로서 어떤 문자를 선택하더라도 달라질 것이 없다는 것이죠.
그리하여, h(t) = (t - k)/v + s 은 h(n) = (n - k)/v + s 와 마찬가지입니다. 즉, 변수 n 이나 t 는 단지 한번에 하나의 값을 담는 하나의 용기(容器)일 뿐이라는 겁니다.

함수 h 의 구체적 표현은 다음과 사실을 말하고있는 것 뿐입니다:
이 h 가 하나의 입력 값을 입력변수에 투입하고 나면 그 메커니즘은 그 입력변수에 있는 값에서 k 를 빼어 (또는 -k 를 더하고) 그 차에 1/v 를 곱하고 그 곱에 s 를 더하여 그 합(合)을 만든다, 그리고 나면, 그 합이 그 입력에 대한 출력이다.

그러면 이제, 다음과 같이 말할 수 있죠:

h(x) = (x – k)/v + s 여기에서 k = u + s, u = 7, s = -5 및 v = -24/53.

⇒ h(x) = [x – {7 + (-5)}]/(-24/53) + (-5) = (x – 2)/(-24/53) – 5 = 53(2 – x)/24 – 5

= (106 – 53x – 120)/24 = -(53x + 14)/24 = -53x/24 – 7/12.

그리하여, h(x) = (-53/24)x – 7/12.

요약(要約)**:**

h•(g•f) = (h•g)•f = h•g•f ⇒ h•g•f = f ⇔ h•(g•f) = f.

g(x) = 7 – 24x/53 이고 f(x) = 108x/53 – 5.

u = 7, v = -24/53, r = 108/53, 및 s = -5 라고 하세요.

그러면, g(x) = u + vx, and f(x) = rx + s.

그러면, g•f = g(f) = u + v(f) = u + v(rx + s) = u + s + vrx.

그럼 이제, h(g•f) = h(u + s + vrx).

그러면, h•(g•f) = f ⇒ h(u + s + vrx) = rx + s.

t = u + s + vrx 라고 하세요. ⇒ h(t) = rx + s.

k = u + s 라고 하세요.

그러면, t = vrx + k ⇒ x = (t - k)/vr.

h(t) = rx + s, and x = (t - k)/vr ⇒ h(t) = r{(t – k)/vr} + s = (t – k)/v + s.

h(x) = (x – k)/v + s 여기에서 k = u + s, u = 7, s = -5 및 v = -24/53.

⇒ h(x) = [x – {7 + (-5)}]/(-24/53) + (-5) = (x – 2)/(-24/53) – 5 = 53(2 – x)/24 – 5

= (106 – 53x – 120)/24 = -(53x + 14)/24 = -53x/24 – 7/12.

그리하여, h(x) = (-53/24)x – 7/12.

제안과 풀이
6 번 예제에서의 **0** 번 문제

하나의 함수 $\mathbf{f_1(x)}$가 있는데 이 함수 $\mathbf{f_1(x)}$을 가지고 다음과 같은 방식으로 합성함수로 되어있는 순차 열을 만든다고 하세요: $\mathbf{f_2 = f_1 \bullet f_1,\ f_3 = f_2 \bullet f_1,\ f_4 = f_3 \bullet f_1 \ldots f_k = f_{k-1} \bullet f_1}$.
아래의 그래프는 두개의 함수 **y = f(x)** 와 **y = g(x) = x** 를 나타내는데 **f(x)**는 검정 색이고 **g(x)**는 회색입니다.
그리고 **a, b, c, d, and e** 는 상수들입니다.

그림. **6.0**

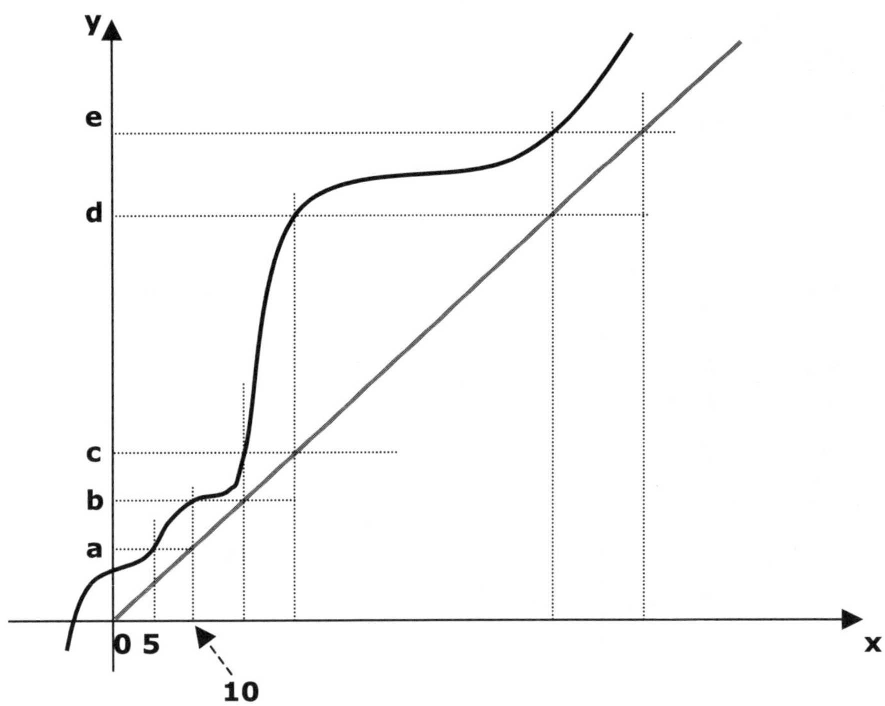

그러면, $\mathbf{f_4(10)}$의 값을 구하세요.

y = g(x) = x 의 커브에서의 각각의 점에서는 x 좌표와 y 좌표가 서로 같다는 것을 알고있죠.
그러므로, a = 10, f(10) = b, f(b) = c, f(c) = d 및 f(d) = e.

그러면 다음과 같이 그래프를 더 자세하게 표현할 수 있겠죠.

그림. 6.1

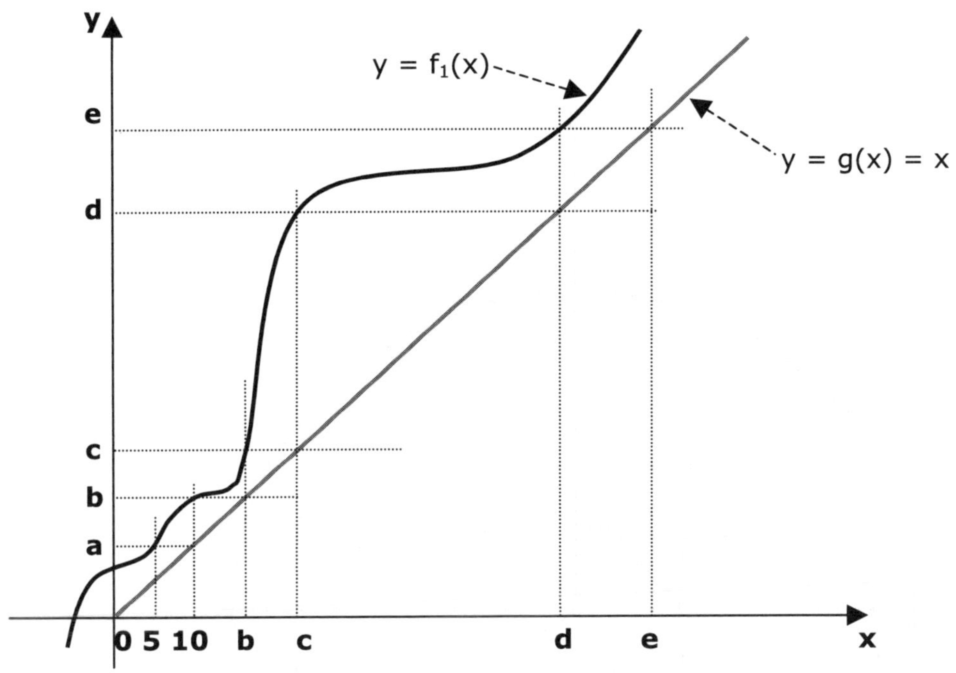

x = 10일 때의 합성함수 $f_4(x)$의 값을 구하려 하는 것이죠.

$f_4 = f_3 \bullet f_1$ 라는 것을 알고있죠

그러면, $f_4(x) = (f_3 \bullet f_1)(x) = f_3\{f_1(x)\}$.

그러면, $f_4(10) = f_3\{f_1(10)\}$ 라는 것을 알 수 있네요.

$f_1(10) = b$이라는 것을 알고있죠.

그러면, $f_3\{f_1(10)\} = f_3(b)$입니다.

그러면 이제, 마찬가지 방식으로 하여, $f_3(b) = f_2\{f_1(b)\} = f_2(c) = f_1\{f_1(c)\} = f_1(d) = e$ 라는 것을 알 수 있습니다.

그리하여, $f_4(10) = e$.

요약(要約)하면, $f_4(10) = f_3\{f_1(10)\} = f_3(b) = f_2\{f_1(b)\} = f_2(c) = f_1\{f_1(c)\} = f_1(d) = e$.

제안과 풀이
6번 예제에서의 1.0번 문제

하나의 함수 $f_1(x)$가 있는데 이 함수 $f_1(x)$을 가지고 다음과 같은 방식으로 합성함수로 되어있는 순차 열을 만든다고 하세요: $f_2 = f_1 \cdot f_1$, $f_3 = f_2 \cdot f_1$, $f_4 = f_3 \cdot f_1 \ldots f_k = f_{k-1} \cdot f_1$.

아래의 그래프는 두개의 함수 $y = f(x)$ 와 $y = g(x) = x$ 를 나타내는데 $f(x)$는 검정 색이고 $g(x)$는 회색입니다. 그리고 **a, b, c, d, and e** 는 상수들입니다.

그림. **6.0**

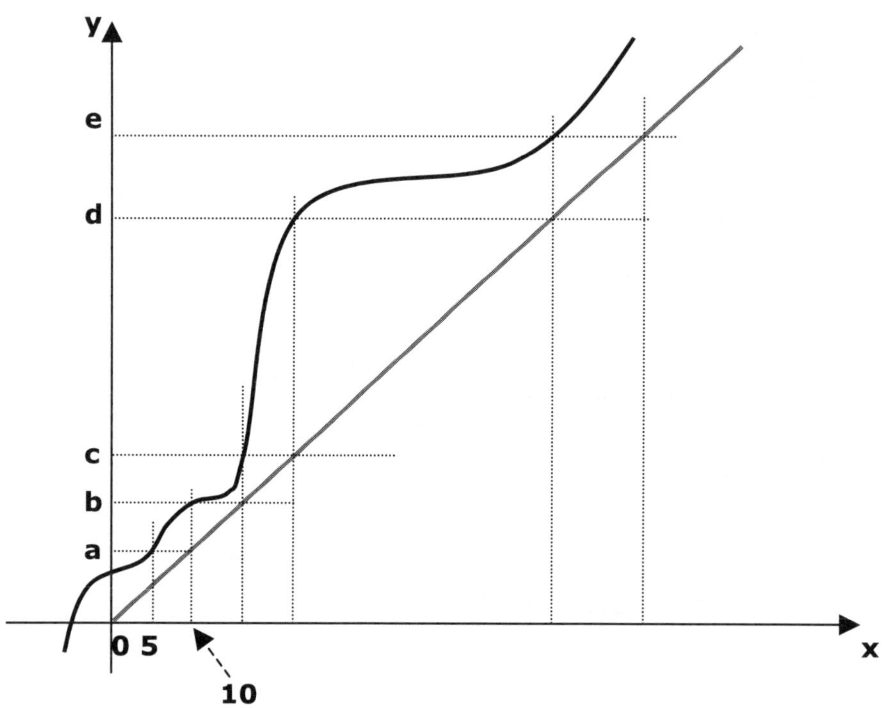

그러면, 다음과 같은 방정식을 **x** 에 대하여 풀어보세요:

$f_2(x) = c.$

y = g(x) = x 의 커브에서의 각각의 점에서는 x 좌표와 y 좌표가 서로 같다는 것을 알고있죠.

그러므로, a = 10, f(10) = b, f(b) = c, f(c) = d 및 f(d) = e.

그러면, 다음과 같이 그래프를 더 자세하게 표현할 수 있겠죠.

그림. 6.1

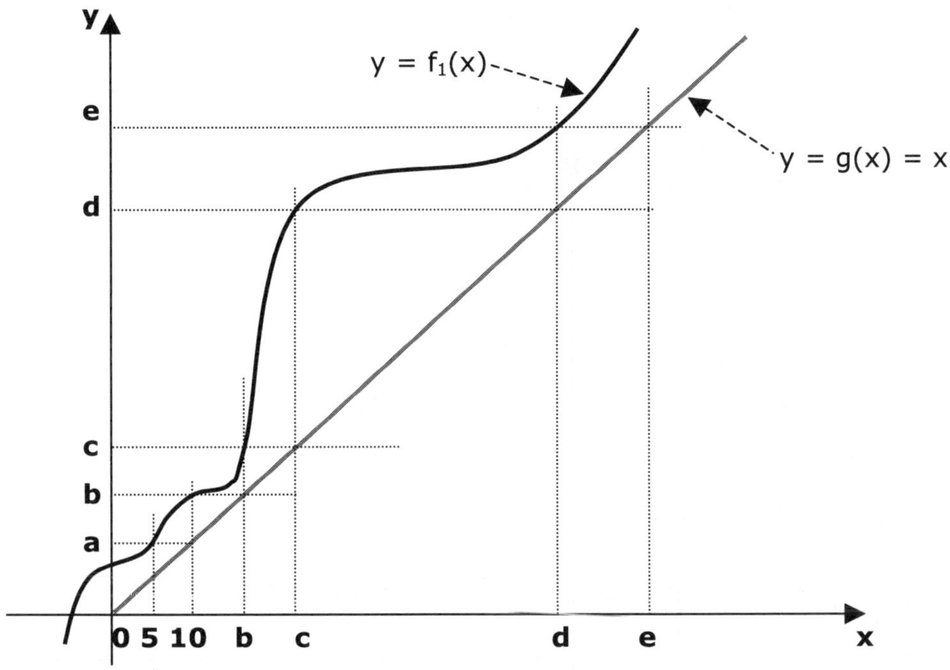

x에 대하여 방정식 $f_2(x) = c$를 풀려는 것이죠.
$f_2(x) = c$ 라는 것을 알고있죠. $\Rightarrow f_1\{f_1(x)\} = c$.
이 방정식이 의미하는 것이 무엇인가요?
이 방정식은 $\mathbf{f_1}$**에 있는 x**의 특정한 값에 대하여 합성함수 $f_2(x) = (f_1 \bullet f_1)(x)$가 c를 만든다는 것을 말해 주며 그 특정한 값을 찾으라고 하고있는 것이죠.
f_2도 또한 x의 함수라는 것을 유의해야 하며 이 x를 추적(追跡)해보는 것이 좋을 것 같네요.
그 특정한 값 = k 라고 가정하세요.
위의 그래프를 검사(檢査)해보면 $f_1(b) = c$ 라는 것을 알 수 있습니다.
그러면, 합성함수 $f_1(f_1)$에서 괄호 안에 있는 f_1이 x = k일 때 b이어야 한다는 것을 알 수 있죠.
그러면, x = k에 대하여 함수 f_1은 b를 만들어내야 합니다; 즉, $f_1(k) = b$이죠.
지금은 이 k의 값이 무엇인지는 모르지만, x가 k의 값을 갖을 때 함수 f_1이 b를 만든다는 것과 $f_2(k) = (f_1 \bullet f_1)(k) = f_1\{f_1(k)\} = f_1(b) = c$ 라는 것은 말할 수 있죠.
그러면 이제, k에 대하여 방정식 $b = f_1(k)$을 풀어야지요.
히지만, 위의 그래프루 돌아가보면, $f_1(10) = b$라는 것을 알 수 있습니다.
그러면, k = 10 이고, 이것이 바로 답이죠.
그러면 이제, x = 10 일 때 $f_2(x) = c$가 되는 것이죠; 다시 말해서, $f_2(10) = c$가 되는 겁니다.

요약:

$f_2(x) = c$라는 것을 알고있죠. $\Rightarrow f_1\{f_1(x)\} = c$.
그래프로부터, $f_1(b) = c$입니다. 그러면, $f_1(x) = b$이죠.
그래프로부터, $f_1(10) = b$입니다. 그러면, x = 10 이죠.
그리하여, $f_2(10) = c$입니다.

제안과 풀이
6 번 예제에서의 1.1 번 문제

하나의 함수 $f_1(x)$가 있는데 이 함수 $f_1(x)$을 가지고 다음과 같은 방식으로 합성함수로 되어있는 순차 열을 만든다고 하세요: $f_2 = f_1 \bullet f_1$, $f_3 = f_2 \bullet f_1$, $f_4 = f_3 \bullet f_1 \ldots f_k = f_{k-1} \bullet f_1$.
아래의 그래프는 두개의 함수 **y = f(x)** 와 **y = g(x) = x** 를 나타내는데 **f(x)**는 검정 색이고 **g(x)**는 회색입니다.
그리고 **a, b, c, d, and e** 는 상수들입니다.

그림. **6.0**

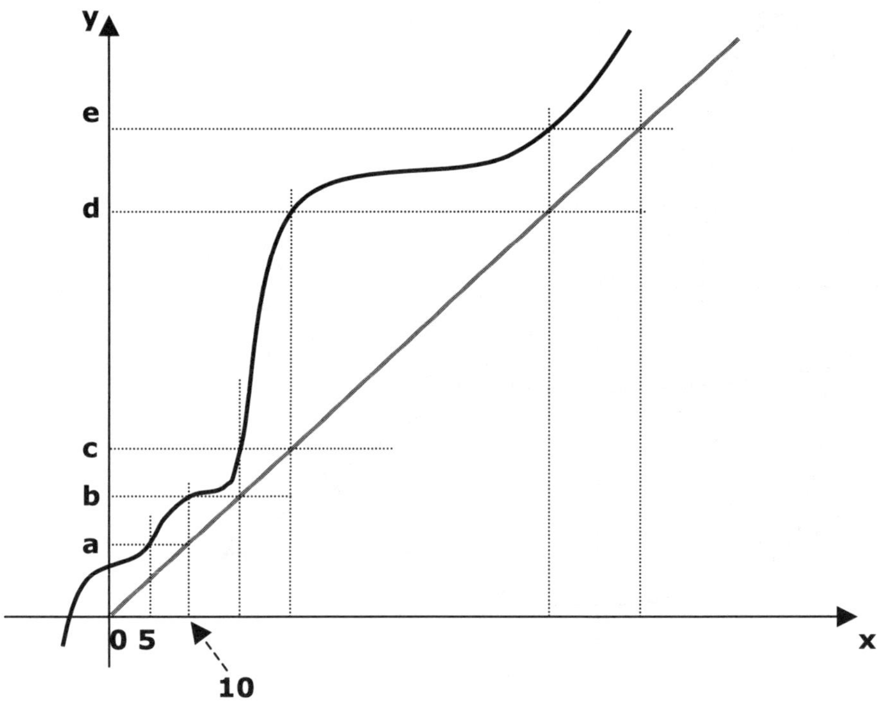

그러면, 다음과 같은 방정식을 **x** 에 대하여 풀어보세요:

$f_2(x) = b$.

y = g(x) = x 의 커브에서의 각각의 점에서는 x 좌표와 y 좌표가 서로 같다는 것을 알고있죠.
그러므로, a = 10, f(10) = b, f(b) = c, f(c) = d 및 f(d) = e.
방정식 $f_2(x) = b$을 x에 관하여 풀 것입니다.
$f_2(x) = b$라는 것을 알고있죠. $\Rightarrow f_1\{f_1(x)\} = b$.
이 방정식은 무엇을 의미하는 건가요?
이 방정식은 f_1에 있는 x의 특정한 값에 대하여 합성함수 $f_2(x) = (f_1 \bullet f_1)(x)$가 b를 만든다는 것을 말해주며 **그 특정한 값**을 찾으라고 하고있는 것이죠.
f_2도 또한 x의 함수라는 것을 유의해야 하죠. 그러니, 이 x를 추적(追跡)해봐야 할 것 같네요.

그림. 6.1

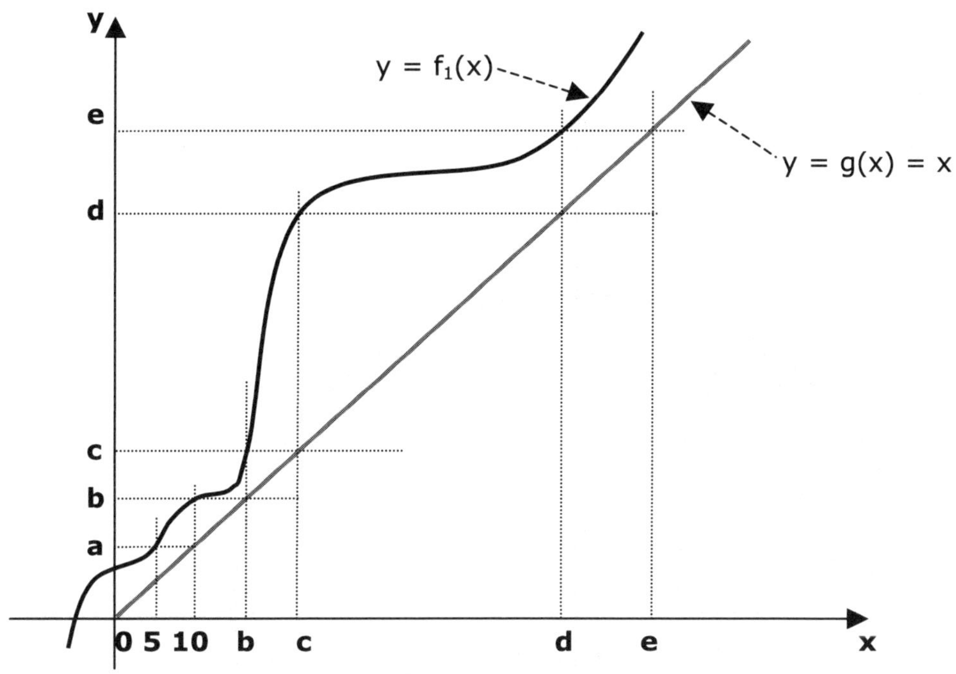

위의 그래프를 검사(檢査)해보면 $f_1(10) = b$ 라는 것을 알 수 있습니다.
이제, $f_1(p) = 10$ 라고 가정하세요.
그러면, 합성함수 $f_1(f_1)$에서 괄호 안에 있는 f_1은 $x = p$일 때 10 이어야 한다는 것을 알 수 있죠.
즉, $f_1\{f_1(p)\} = f_1(10) = b$입니다.
그러면, 이 p가 바로 이전(以前) 쪽에서 언급(言及)된 그 특정한 값을 갖고있는 것이며, 이 p의 값이 답(答)인 것이죠. 그러면 다시, 위의 그래프(graph)로 돌아가보면, $a = 10$ 이며 $f_1(5) = a$ 라는 것을 알 수 있습니다.
그러면, $f_1(5) = 10$ 이라는 것을 알 수 있네요. 그럼 이제, $p = 5$ 이며, 이것이 바로 답이죠.
다시 말해서, $x = 5$ 에 대하여 $f_1(x) = 10$ 인 것입니다.
그리하여, $x = 5$ 일 때, $f_1(x) = 10$ 이고 따라서, $f_1\{f_1(5)\} = f_1(10) = b$입니다.
그러면 이제, $x = 5$ 일 때, $f_2(x) = b$입니다; 즉, $f_2(5) = b$인 것이죠.

요약:

$f_2(x) = b$라 것을 알고있죠. $\Rightarrow f_1\{f_1(x)\} = b$. 그래프로부터, $f_1(10) = b$입니다.
그래프로부터, $a = 10$ 이며 $f_1(5) = a$ 입니다. $\Rightarrow f_1(5) = 10. \Rightarrow f_1\{f_1(5)\} = f_1(10) = b$.
그리하여, $f_2(5) = b$ 입니다.

제안과 풀이
6 번 예제에서의 1.2 번 문제

하나의 함수 $f_1(x)$가 있는데 이 함수 $f_1(x)$을 가지고 다음과 같은 방식으로 합성함수로 되어있는 순차 열을 만든다고 하세요: $f_2 = f_1 \bullet f_1$, $f_3 = f_2 \bullet f_1$, $f_4 = f_3 \bullet f_1 \ldots f_k = f_{k-1} \bullet f_1$.
아래의 그래프는 두개의 함수 **y = f(x)** 와 **y = g(x) = x** 를 나타내는데 **f(x)**는 검정 색이고 **g(x)**는 회색입니다. 그리고 **a, b, c, d, and e** 는 상수들입니다.

그림. **6.0**

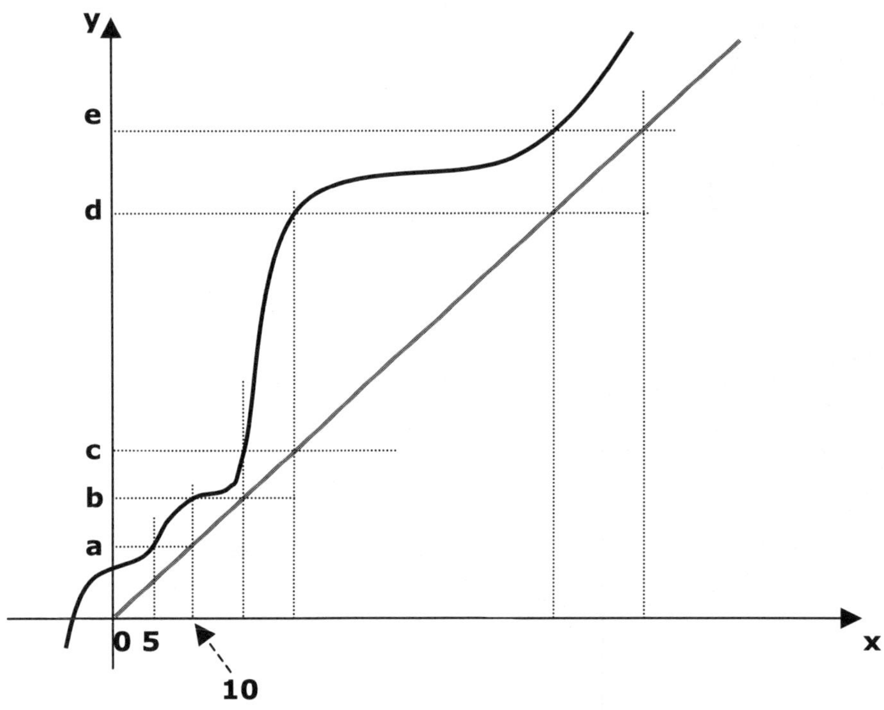

그러면, 다음과 같은 방정식을 **x**에 대하여 풀어보세요: $f_3(x) = c$.

y = g(x) = x 의 커브에서의 각각의 점에서는 x 좌표와 y 좌표가 서로 같다는 것을 알고있죠.
그러므로, a = 10, f(10) = b, f(b) = c, f(c) = d 및 f(d) = e.
방정식 $f_3(x) = c$를 x에 관하여 풀 것입니다.
$f_3(x) = c$라는 것을 알고 있죠. $\Rightarrow f_2\{f_1(x)\} = f_1\{f_1(x)\} \bullet f_1 = f_1[f_1\{f_1(x)\}] = c$.
이 방정식은 뭘 의미하는 거죠?
이 방정식은 f_1에 있는 x의 특정한 값에 대하여 합성함수 $f_3(x) = (f_2 \bullet f_1)(x) = f_1 \bullet f_1 \bullet f_1$가 c를 만든다는 것을 말해주며 그 특정한 값을 찾으라고 하고있는 것이죠.
F_3도 또한 x의 함수라는 것을 알고있죠.
그래서, 이 x를 추적해볼 겁니다.

그림. 6.1

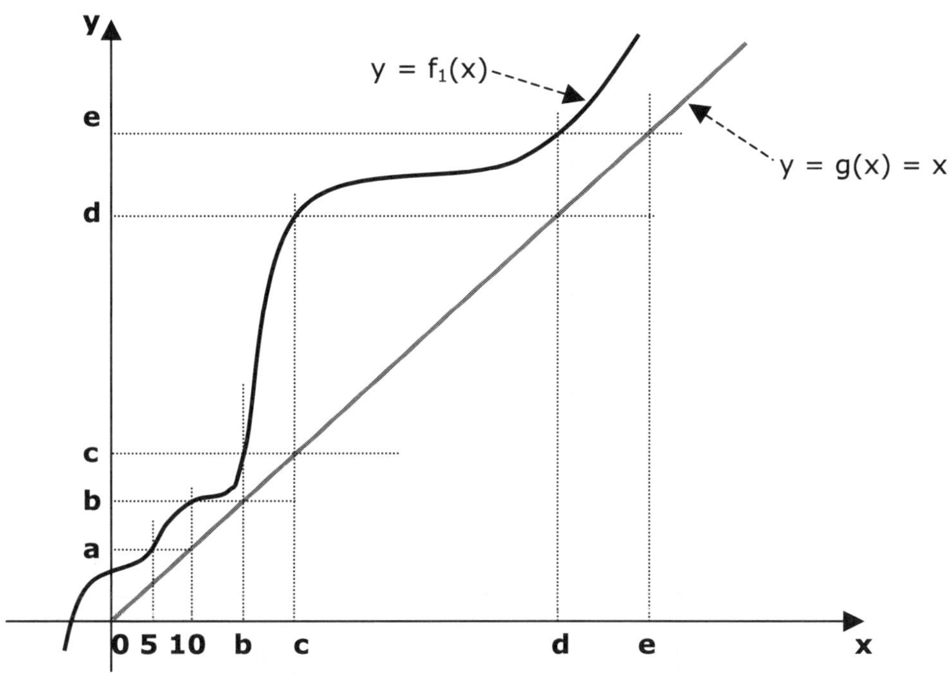

위의 그래프를 검사해보면 $f_1(b) = c$ 라는 것을 알 수 있습니다.

이제, $f_1\{f_1(u)\} = b$ 라고 가정하세요. 그러면, 합성함수 $f_1\{f_1(f_1)\}$에서 $f_1(f_1)$은 $x = u$일 때 b이어야 한다는 것을 알 수 있죠.

즉, $f_1\{f_1\{f_1(u)\}\} = f_1(b) = c$이며, 이 u의 값이 답(答)인 것이죠.
$f_2 = f_1(f_1)$라는 것을 알고있죠.

그리하여, $x = u$에 대하여 함수 f_2 는 b를 만들어야 하죠.

지금은 이 u의 값이 무엇인지는 모르지만, $x = u$일 때 함수 f_2가 b를 만든다는 것과 $f_1\{f_1(f_1)\} = f_1 \bullet f_1 \bullet f_1 = f_3$가 c를 만든다 라는 것은 말할 수 있죠.

그러면 다시, 위의 그래프로 돌아가보면, $f_1(10) = b$ 라는 것을 알 수 있습니다.
그러면, 합성함수 $f_1(f_1)$에서 괄호 안에 있는 f_1은 $x = u$일 때 10 이어야 한다는 것을 알 수 있죠. 즉, $f_1(u) = 10$입니다.

여전히 지금, 이 u의 값이 무엇인지는 모르지만, $x = u$일 때 함수 f_1이 10을 만든다는 것과 $f_1(f_1) = f_1 \bullet f_1 = f_2$가 b를 만든다 라는 것은 말할 수 있죠.

그러면 다시, 위의 그래프로 돌아가보면, $a = 10$ 이며 $f_1(5) = a$ 라는 것을 알 수 있습니다.
그러면, $f_1(5) = 10$ 이라는 것과 $u = 5$ 이며 이것이 답이라는 것을 알 수 있네요.

그러면, $f_1\{f_1(5)\} = f_1(10) = b$라는 것을 알 수 있죠.
그럼 이제, $x = 5$ 일 때 $f_2(x) = b$라는 것을 알 수 있네요; 즉, $f_2(5) = b$이죠.
따라서, $f_1[f_1\{f_1(5)\}] = f_1\{f_1(10)\} = f_1(b) = c$입니다. $\Rightarrow x = 5$ 에 대하여 $f_3(x) = c$이죠.

그리하여, $f_3(5) = c$입니다.

요약:

$f_3(x) = c$라는 것을 알고있죠. $\Rightarrow f_2\{f(x)\} = f_1\{f_1(x)\}\bullet f_1 = f_1[f_1\{f_1(x)\}] = c$.

그래프(graph)로부터, $f_1(b) = c$.

$f_1\{f_1(u)\} = b$라고 하세요.
그러면, $f_1\{f_1\{f_1(u)\}\} = f_1(b) = c$.

그래프로부터, $f_1(10) = b$.
그러면, $f_1(u) = 10$.

그래프로부터, $a = 10$ 이고 $f_1(5) = a$. $\Rightarrow f_1(5) = 10 \Rightarrow u = 5$.

그러면, $f_1\{f_1(5)\} = f_1(10) = b$.
따라서, $f_1[f_1\{f_1(5)\}] = f_1\{f_1(10)\} = f_1(b) = c \Rightarrow f_3(x) = c$ for $x = 5$.

그리하여, $f_3(5) = c$.

8. 역함수(逆函數)

f 라 하는 함수가 하나 있는데 그 정의역은 X 이고 그 치역은 Y 라고 하세요. 더 나아가서, 이 함수 f 는 일대일(一對一)이라고 하세요. 그러면, 이 함수 f 는 역전(逆轉)이 가능하다라고 하죠. 이 함수 f 를 역전시키고 나면 함수 f 의 역(逆)을 갖게 되는데, 이것을 f 의 역함수(逆函數)라고 합니다. 흔히 하나의 역함수라는 것을 줄여서 그저 역(逆)이라고도 하죠. 그래서, 함수에 대하여 작업을 할 때 하나의 역이라고 하면 보통, 그것은 역함수를 의미하는 것이죠. 하나의 함수의 역함수를 만들 때에는 그 함수의 역함수를 취한다라고 합니다. 그런데, 함수가 일대일 함수가 아니면 그 함수는 역전되지 않아요. 다시 말해서, 일대일 함수만이 역함수를 갖는 겁니다.

이제, 이 함수 f 의 역함수를 어떻게 만들어야 하는지 알아내보기로 하죠. 그러면, 이 f 를 원래함수(原來函數)라고 해도 되겠죠. 함수 f 의 역함수를 취할 때 이 f 에서 사용되는 것들과 동일한 데이터(data) 집합들을 사용합니다. 그렇지만, 이 역함수는 f 의 정의역을 치역으로 취급하고 f 의 치역을 정의역으로 취급하죠; 그리하여, 그 데이터 집합들의 역할이 역전되는 것이죠. 다시 말해서, 집합 X 는 이 역함수의 치역이고 집합 Y 는 이 역함수의 정의역인 것이죠. 그 외에도, 함수 f 가 항등함수(恒等函數)가 아니라면, 그 역함수의 메커니즘(mechanism)은 이 f 에서의 것과는 다릅니다.

먼저, 원래(原來)함수 f 의 정의역이 그 역함수의 치역이 되고 원래함수 f 의 치역이 그 역함수의 정의역이 된다는 것을 유의해야 하죠. 그리하여, 이 역함수는 원래함수인 f 의 치역이었던 정의역에서 하나의 원소(元素)를 취하여 입력변수에게 할당하고 그 원소에 대응하는 출력을 만들어 출력변수에게 할당하죠 그리고 나면, 그 출력은 치역에 속하는데 이는 원래함수 f 의 정의역이었죠. 그러나, 단순히 함수의 작동 방향만이 역전되는 것은 아닙니다. 역함수의 출력을 원래함수인 f 에 입력하면 이 f 는 역함수에서 그 출력을 유발(誘發)시켰던 바로 그 입력을 만들어내어야 하는 것이죠. 수열에 비유하자면, 수열에서 특정 항을 지명하면 그 특정 항에 대한 인덱스(index)를 명시(明示)할 수 있어야 하는 것이죠. 그리하여, 역함수에서는 역(逆)으로 각각의 항들이 인덱스가 되고 그에 대응하는 인덱스가 항이 되는 것입니다.

역함수도 하나의 함수이므로 이것도 그 자신의 특정 메커니즘을 갖고있죠. 그러면, 그 특정 메커니즘이 원래함수의 치역에 속하는 각각의 모든 원소를 입력으로 하여 이 입력에 원래 대응하는 출력을 만들어내어야 하는 것이며 물론, 이 출력은 원래함수의 정의역에 속하는 것이어야 하죠. 그러면, 그 역함수에서의 특정 메커니즘은 역으로 원래함수에서의 데이터들 간의 기존의 대응 연결을 역으로 복원해야만 하는 겁니다. 어떻게 요? 원래함수의 치역에 있는 원소를 그 역함수에 입력하면 그 출력이 원래함수의 정의역에 속하는 원소이어야 하죠. 그러면 이제, 그 역함수가 만든 그 출력을 원래함수에 입력합니다. 그러면, 이 원래함수가 하나의 출력을 만드는데, 이 출력이 처음에 역함수에 입력했던 바로 그 원소이어야 하는 것이죠. 단순한 예를 하나 들어서, 원래함수의 메커니즘을 통하여 출력이 입력의 두 배가 된다고 해보세요. 그러면, 그 역함수의 메커니즘을 통해서는 출력이 입력의 반이 되어야 하는 것이죠. 그리하여, 원래함수가 항등함수가 아니라면 그 역함수에 있는 메커니즘은 그 원래함수에 있는 메커니즘과는 다른 것이고, 그 역함수를 만들 때 우리는 그 메커니즘을 찾아내어야 하는 겁니다.

(방정식의 해(解)라는 것은 그 방정식의 답(答)을 뜻하는 것입니다. 즉, 해답(解答)을 말하는 것이죠.)

그런데, 그 역함수의 메커니즘을 찾는 일이 대체로 쉬운 일은 아닙니다. 그럼, 왜 역함수의 메커니즘을 구하는 것이 일반적으로 쉽지않은 것이죠? 결론을 이야기 하자면, 역함수의 메커니즘을 구하려면 대개의 경우 원래함수의 메커니즘으로 이루어진 방정식을 풀어야 하는데, 그 원래함수에 있는 메커니즘의 수식이 일반적으로 간단하지가 않은 것이죠. 좀 더 자세히 이야기하면, 일반적으로 방정식을 풀어서 하나의 특정해(特定解)가 아니라 일반해(一般

解)를 구해야 하는데, 그 일반해를 구하는 것이 대개의 경우 쉬운 일이 아닌 거죠. 사실, 특정해를 구하는 것만 해도 일반적으로는 쉬운 일이 아니거든요. 예를 들면, 원래함수의 메커니즘이 $2x + 1$ 과 같이 간단한 수식이라면 그 역함수의 메커니즘을 찾는 것은 어렵지 않습니다 그러나, 원래 함수의 메커니즘이 $x^5 + 2x^4 - 3/x + 5$ 같은 것이면, 그 때는 그 역함수의 메커니즘은 고사하고 특정해 하나를 찾는 것만도 이는 만만치 않은 것이죠. 그런데, 이런 메커니즘을 갖는 함수는 일대일 함수가 아닌데 성가시게 왜 존재하지도 않는 역함수를 구하느냐고요? 일반적으론 일대일 함수가 아니죠 그러나, 정의역을 어떻게 놓느냐에 따라 일대일 함수가 될 수도 있는 겁니다. 아무튼, 역함수가 존재하고 또한 그걸 확보해야 하면, 그 땐 그 시도는 해보아야 하겠죠. 자 그럼 이제, 그런 작업에 대하여 우리가 무엇을 어떻게 할 수 있을지 알아보기로 하죠.

그러면, 역함수의 정의부터 먼저 알아보아야 하죠. 역함수도 하나의 함수이므로 역함수를 정의할 때 일반 함수에서와 마찬가지의 방법을 사용합니다. 물론, 그 원래의 함수가 이미 제대로 정의되어있어야 하며, 역함수는 원래의 함수에 기초하므로 역함수의 정의는 그 원래함수의 정의도 포함합니다. 주로, g가 f의 역함수라는 것을 $g = f^{-1}$ 라는 등식으로 표기하며 f^{-1}는 f inverse 라고 읽습니다. 역함수를 다음과 같이 정의할 수 있어요.

X와 Y는 실수의 집합.
f: X ⟶ Y 이며 f는 일대일.
g: Y ⟶ X.
$y = f(x) \Leftrightarrow x = f^{-1}(y)$. $g = f^{-1}$.

위의 정의는 "역함수라는 것이 무엇인가?" 라는 물음에 대한 답변에 지나지않네요. 즉, 이것이 특정한 역함수의 정의는 아닌 것이죠. 이뿐만 아니라, 이 정의는 완전한 정의가 아니고 그저 하나의 약식정의(略式定義)일 뿐이죠. 이것은 함수에서의 실질적인 요소인 메커니즘이 결여되어있는 피상적인 정의에 불과하죠. 기껏해야 역함수의 이름과 역함수라는 것을 이런 방식으로 나타낸다 라는 것을 나타내어줄 뿐이죠. 즉, 원래함수에 대하여 그 역함수를 어떻게 표시한다는 것을 알려주는 것뿐입니다.

하지만, 이는 그런대로 용도가 있는 것이긴 합니다. 이것은 역함수의 특성 또는 성질을 이용하여 문제를 해결한다거나 특정 정리(定理)를 설명할 때 요긴하게 쓰일 수도 있는 것이죠. 위의 정의에게 원래함수와 그 역함수의 메커니즘들이 추가되었더라면 이는 완전한 정의가 될 수 있었겠죠. 그러나, 앞서 설명된 바와 같이 역함수의 메커니즘을 구하는 것이 대체로 쉬운 일은 아닙니다. 그래서, 일단은 이런 약식정의를 주로 사용하는 겁니다.

이제까지는, 그 **무엇**에 대한 부분을 다룬 겁니다. 이 부분은 역함수에 대한 약식정의와 역함수에 대하여 무엇을 할 것인가 대한 답으로 되어있죠. 그 답은 그 역함수의 메커니즘을 찾아야 한다는 것이죠. 그러면 이제, **어떻게** 할 것인가에 대한 부분을 다루려 합니다. 먼저, 이 약식정의를 가지고 역함수라는 것이 어떻게 작동하는가를 논의할 겁니다. 그리고 나서, 어떻게 역함수의 메커니즘을 찾는가를 논의해보려는 것이죠. 역함수가 어떻게 작동하는가에 대하여는 역함수에 관련된 정리(定理)들을 논의하면서 알아낼 겁니다. 그리고 나서, 어떻게 역함수를 완성하는 가를 예제를 사용하여 논의할 겁니다.

특정 함수의 역함수를 만드는 작업을 할 때는 주로 역함수를 취한다고 합니다. 특정 함수에 대하여 역함수를 취한다는 것은 위에서 소개된 바와 같이 그 약식정의를 제시하거나 실제로 그 역함수의 메커니즘을 찾아내는 것을 의미합니다. 만약, 그 메커니즘을 도저히 구할 수가 없다면, 그렇게 되기가 쉽기는 하지만 그러면, 최소한 그 특정 함수의 특정 출력에 대응하는 그 입력을 찾아내는 작업을 하는 것이죠. 이런 경우에는 주로 수치해석(數値解析) 분야에서의 도구들을 사용하죠. 그런데, 너무 걱정하진 마세요. 역함수의 원리를 제대로 알고 연습을 좀 하면 학교시험(學校試驗) 같은데 나오는 문제에서는 대체로 그 메커니즘을 찾는 것이 그렇게 어려운 일은 아닙니다. 또한, 많은 경우에 위에서 소개된 역함수의 정의 그 자체를 사용해서 문제를 풀거든요.

역함수의 메커니즘을 구하려면 대개의 경우 원래함수의 메커니즘으로 이루어진 방정식을 풀어야 하는데, 그 원래함수에 있는 메커니즘의 수식이 일반적으로 간단하지가 않은 것이죠. 이에 더하여, 방정식을 푸는 것만이 그 메커니즘을 구하는 문제 해결에 대한 전부는 아닙니다. 방정식을 풀면서 역함수가 만들어지는 원리를 제대로 따라야만이 그 역함수를 제대로 구할 수 있는 경우가 적지않습니다. 그러면 이제, 역함수에 관련된 정리(定理)들을 논의함으로 하여 그 원리라는 것에 대하여 알아내고 그 방정식은 어떻게 다루는지에 대하여도 알아내도록 하죠.

역함수에 관한 정리(定理)들에 대한 논의를 진행하기에 앞서 역함수의 개념을 복습하기로 하죠. 역함수의 개념이라는 것은 원래함수(原來函數)에서의 데이터 집합들 사이의 대응관계를 그대로 유지하면서 그 집합들의 역할을 역전시키는 것이죠. 함수에서의 두 집합들 중 하나의 역할은 정의역이고, 그 다른 하나의 역할은 치역이라는 것을 알고있죠. 그러면, 그 역함수에서는 그 정의역이라는 것이 원래함수의 치역이었고, 그 치역이라는 것은 원래함수의 정의역이었다는 것을 알 수 있는 것이죠. 그러니까, 원래함수로부터의 출력이 역함수로의 입력인 것이고, 원래함수로의 입력은 역함수로부터의 출력인 것이죠. 그런데 이때, 중요한 것은 그 데이터 집합들 사이의 기존 대응관계는 여전히 마찬가지인 채로 있어야 한다는 겁니다.

그러면 잠깐, 수열의 세계(世界)로 들어가보기로 하죠. 하나의 수열에서의 일반항을 알고 있으며 그 일반항을 이용하여 특정 엔트리(entry)들을 알아내려 한다고 하세요. 물론, 이 특정 엔트리들을 알아내는데 필요한 인덱스(index)들은 알고있는 겁니다. 그러면, 이 인덱스들 중의 하나를 이 일반항에 투입하죠 그래서, 이 일반항에 있는 연산(演算)들이 수행되고 나면 그 인덱스에 대응하는 엔트리가 만들어집니다. 그러면, 마찬가지의 과정이 나머지의 모든 인덱스들 하나하나에 대하여 이루어지고, 그에 대응하는 나머지 모든 엔트리들 하나하나가 만들어지는 것이죠. 그러면 이제, 마찬가지의 작업을 역으로 하는 겁니다. 또한, 위에서와 똑같은 수열에 대하여 작업하는 것이고요. 그러니까 이번엔, 역으로 인덱스들을 만들어내려는 것인데 위에서 찾아낸 엔트리들을 사용하려는 것이죠. 그러면, 이 인덱스들은 위에서 사용된 것들과 같은 것들이네요. 그러면, 이 엔트리들 중의 하나를 하나의 일반항에 투입해야 하죠 그러면, 이 일반항에 있는 연산들이 수행되고 나서, 그 엔트리에 대응하는 인덱스가 만들어집니다. 그러면, 마찬가지의 과정이 나머지 모든 엔트리 하나하나에 대하여 이루어지고, 그에 대응하는 나머지 모든 인덱스 하나하나가 만들어지는 것이죠. 그런데, 그 일반항은 어떤 일반항인가요? 그것이 그 원래 수열의 일반항은 분명히 아닙니다. 그러면, 그것은 일반적인 방법으로 인덱스를 만들어내는 것이므로, 그것을 일반항이 아니라 일반 인덱스라고 해야하나요? 하지만, 일반 인덱스라는 말은 보통은 다른 목적으로 사용합니다. 그러면, 역(逆) 일반항이라고 하면 어떨까요? 그러면 이제, 그 역 일반항을 찾아내어야 하겠네요. 하나의 인덱스와 그에 대응하는 엔트리 사이에 놓여 있는 길은 왕복통행(往復通行) 도로(道路)가 아니라 일방통행(一方通行) 도로인 겁니다. 하나의 엔트리가 그에 대응하는 인덱스를 만나기 위하여 그 인덱스가 왔던 같은 길로 들어가면, 엉뚱한 인덱스를 만나게 됩니다. 그 대응하는 인덱스로 돌아가는 길은 그 일반항과는 다른 그 역 일반항인 것이죠.

그러면 이제, 함수)의 세계로 돌아가보기로 하죠. 하나의 특정 함수의 메커니즘을 알고있으며, 그 메커니즘을 이용하여 특정 출력들을 알아내려 한다고 하세요. 물론, 그 특정 출력들에 대한 입력들은 알고있는 것이죠. 그러면, 그 입력들 중의 하나를 그 메커니즘에 투입하죠 그래서, 그 메커니즘에 있는 연산들이 수행되고 나면, 그 입력에 대응하는 출력이 만들어집니다. 그러면, 마찬가지의 과정이 나머지의 모든 입력들 하나하나에 대하여 이루어지고, 그들에 대응하는 나머지 모든 출력들 하나하나가 만들어지는 것이죠. 그러면 이제, 마찬가지의 작업을 역으로 하는 겁니다. 또한, 위에서와 똑같은 함수에 대하여 작업하는 것이고요. 그러니까 이번엔, 역으로 입력들을 만들어내려는 것인데 위에서 만들어진 출력들을 사용하려는 것이죠. 그러면, 이 입력들은 위에서 사용된 것들과 같은 것들이네요. 그러면, 이 출력들 중의 하나를 하나의 메커니즘에 투입해야 하죠 그러면, 이 메커니즘에 있는 연산들이 수행되고 나서, 그 출력에 대응하는 입력이 만들어집니다. 그러면, 마찬가지의 과정이 나머지 모든 출력 하나하나에 대하여 반복되고, 그들에 대응하는 나머지 모든 입력 하나하나가 만들어지는 것이죠. 그런데, 이 메커니즘은 어떤 메커니즘인가요? 이제, 그 특정 함수를 원래함수(原來函數)라고 하기로 하죠. 그러면, 원래함수의 출력이 만들어지는 것을 원하는 것이 아니고, 원래함수의 입력이 만들어지는 것을 기대하는 것이죠. 그러면, 원래함수는 그 출력을 만들어내므로, 위에서 사용된 메커니즘이 이 원래함수의 메커니즘은 분명히 아닌 것이죠. 원래함수의 입력들을 만들어내기 위하여 사용된 메커니즘은 새로운 메커니즘이죠. 그럼, 이 새로운 메커니즘은 어디서 오는 것인가요? 이 새로운 메커니즘은 원래함수의 입력을 만들어내는 그런 함수에서의 메커니즘이어야 하는 것이죠. 그 함수를 원래함수의 역함수라고 합니다. 그러면, 이 새로운 메커니즘은 이 역함수에서 와야 하는 것이죠. 바로 수열의 경우에서와 마찬가지로, 함수에서도 입력과 출력사이에 놓여있는 도로체계는 왕복통행이 아니고 일방통행인 거죠. 그러니, 하나의 출력이 그에 대응하는 입력을 만나기 위하여 그 입력이 왔던 같은 길로 들어가면, 엉뚱한 입력을 만나게 되는 거죠. 그 같은 길은 일방통행이므로, 그 출력이 그 길로 들어가면 안 되는 것이죠. 그러면 이제, 그 대응하는 입력으로 돌아가는 길을 찾아야 하죠. 그 길은 그 역함수의 메커니즘이죠. 역함수를 줄여서 그저 역이라고도 한다는 것을 알고있죠. (이 inverse를 우리나라 말로 할 때는 역함수라고 하는 것이 자연스럽습니다.)

역함수의 메커니즘을 어떻게 찾는가는 다음 절(節)에서 예제를 다룰 때 구체적으로 논의할 겁니다. 역함수의 특성들을 알면 역함수의 메커니즘을 찾는 것이 훨씬 수월해질 수 있죠. 그러면 이제, 역함수에 관한 정리(定理)들을 공부하면서 그 특성들을 알아내보기로 하죠. 함수 f에 대한 역함수를 다음과 같이 정의(定義)할 수 있어요.

X와 Y는 실수의 집합.
$f: X \longrightarrow Y$ 이며 f는 일대일.
$g: Y \longrightarrow X$.
$y = f(x) \Leftrightarrow x = f^{-1}(y)$ 이며 $g = f^{-1}$.

그럼 이제, 역함수에 대한 다음과 같은 정리들에 관하여 알아내려 하는데, 위의 정의를 이 정리들 각각에 대한 근거로 하는 겁니다:

0. $(f^{-1})^{-1} = f$.

1. $f^{-1}\{f(x)\} = x$.

2. $f\{f^{-1}(y)\} = y$.

3. $y = f(x) = x$라 하세요. 그러면, $f^{-1}(f) = f(f^{-1})$.

4. 이 정리는 다음과 같이 두개의 부분으로 되어있습니다:

4.0. $I_x = f^{-1} \bullet f$ 이며 $I_y = f \bullet f^{-1}$ 인데 여기에서 I_x는 x의 항등함수이고 I_y는 y의 항등함수.

4.1. $g \bullet f = I_x$ 이고 $f \bullet g = I_y \Leftrightarrow g = f^{-1}$.

5. 다음과 같이 가정하세요:

Z는 실수의 집합.

$h: Y \longrightarrow Z$ 이며 $z = h(y)$는 일대일.

그러면, **$(h \bullet f)^{-1} = f^{-1} \bullet h^{-1}$.**

그러면 이제, 이 정리(定理)들이 맞는 사실(事實)이라는 것을 증명해보도록 하죠.
그럼, 틀린 사실이라는 것도 있나요? 물론이죠! 맞는 사실은 진실(眞實)이지만 틀린 사실은 거짓이죠.
이 정리들에 대한 증명은 이 정리들이 근거(根據)한 정의(定義)로부터 시작하며 그 정의는 다음과 같습니다.
X와 Y는 실수의 집합이다.
$f: X \longrightarrow Y$ 이며 f는 일대일.
$g: Y \longrightarrow X$.
$y = f(x) \Leftrightarrow x = f^{-1}(y)$ 이며 $g = f^{-1}$.

0. $f(x) = (f^{-1})^{-1}(x)$.

$y = f(x) \Leftrightarrow x = f^{-1}(y) \Leftrightarrow y = (f^{-1})^{-1}(x). \Rightarrow f(x) = (f^{-1})^{-1}(x)$.
뭐가 어떻게 돌아가는 거죠?
이 정리가 말하는 것은 역함수의 역함수는 원래함수(原來函數)라는 것이죠.

이 사실은 자명(自明)한 것으로 들리죠. 그렇지만, math 에서는 여전히 이런 사실도 이치에 맞게 설명해야 하는 겁니다. 그럴듯하게 들리는 것이 반드시 진실(眞實)은 아니죠. 그럴듯하게 들리기만 하지 참이 아닌 것은 거짓이죠.

위의 증명을 좀더 자세히 설명하자면 다음과 같습니다:

정의에 의하여, $y = f(x) \Leftrightarrow x = f^{-1}(y)$.
그러면, 다시 정의에 의하여, $x = f^{-1}(y) \Leftrightarrow y = (f^{-1})^{-1}(x)$.
어째서 요? $y = f(x) \Leftrightarrow x = f^{-1}(y)$라는 사실을 다시 사용하는 겁니다. 어떻게 요?
$y = f(x) \Rightarrow x = f^{-1}(y)$을 검토해보기로 하죠.
$y = f(x)$라는 식으로부터 $x = f^{-1}(y)$라는 식을 갖으려면, $y = f(x)$에서 y를 x로 교체하고 f를 f^{-1}로 교체하고 x는 y로 바꾸면 되는 것이죠. 반대 방향 즉, $x = f^{-1}(y) \Rightarrow y = f(x)$에 대하여도 비슷한 개념을 적용하면 됩니다.

이제, $y = f(x)$에서 y대신에 x를 사용하고, f(x)대신에 $f^{-1}(y)$를 사용하면, $x = f^{-1}(y)$라는 식이 되지요.
그러면, 이 $x = f^{-1}(y)$에 위와 똑같은 개념을 적용하는 것이죠.
그러면, $x = f^{-1}(y)$에서 x자리에 y를 넣고 f^{-1}자리에는 $(f^{-1})^{-1}$를 넣고 y자리에는 x를 넣는 것이죠.
그러면, $x = f^{-1}(y) \Rightarrow y = (f^{-1})^{-1}(x)$이 됩니다.
반대 방향 즉, $y = (f^{-1})^{-1}(x) \Rightarrow x = f^{-1}(y)$에 대하여도 비슷한 개념을 적용하면 됩니다.

자 이제:

$\mathbf{y = f(x) \Leftrightarrow x = f^{-1}(y)}$ 라는 문장(文章)에서 $\mathbf{y = f(x)}$입니다.
$\mathbf{x = f^{-1}(y) \Leftrightarrow y = (f^{-1})^{-1}(x)}$ 라는 문장에서는 $\mathbf{y = (f^{-1})^{-1}(x)}$이죠.

그러면, $y = f(x)$ 이며 $y = (f^{-1})^{-1}(x)$.
그러면, f(x)와 $(f^{-1})^{-1}(x)$는 서로 같은 것이죠.
그리하여, $f(x) = (f^{-1})^{-1}(x)$.

1. $f^{-1}\{f(x)\} = x$.
정의에 의하여, $y = f(x) \Leftrightarrow x = f^{-1}(y)$.
그러면, $y = f(x)$ 이니까 $f^{-1}(y) = f^{-1}\{f(x)\}$ 라는 것을 알 수 있죠.
그러면, $x = f^{-1}(y) = f^{-1}\{f(x)\} \Rightarrow x = f^{-1}\{f(x)\}$.

2. $f(f^{-1}(y)) = y$.
정의에 의하여, $y = f(x) \Leftrightarrow x = f^{-1}(y)$.
그러면, $x = f^{-1}(y)$ 이니까 $f(x) = f\{f^{-1}(y)\}$ 라는 것을 알 수 있죠.
그러면 또한, $y = f(x) = f\{f^{-1}(y)\}$ 라는 것도 알 수 있네요.
그러면, $y = f\{f^{-1}(y)\}$.

3. $y = f(x) = x$라 가정하세요. 그러면, $f^{-1}(f) = f(f^{-1})$.

정의에 의하여, $y = f(x) \Leftrightarrow x = f^{-1}(y)$.
그러면, 다음과 같은 사실을 알 수 있죠:

$x = f^{-1}(y) = f^{-1}\{f(x)\}$ 왜냐하면 $y = f(x) \Rightarrow x = f^{-1}\{f(x)\}$.
$y = f(x) = f\{f^{-1}(y)\}$ 왜냐하면 $x = f^{-1}(y) \Rightarrow y = f\{f^{-1}(y)\}$.

$y = x$ 라는 것을 알고있죠.
그러면, **$f\{f^{-1}(y)\} = f^{-1}\{f(x)\}$**.

또한, **$y = x$** 이니까 $f^{-1}\{f(x)\} = f^{-1}\{f(y)\}$라는 걸 알 수 있네요.
그러면, $f\{f^{-1}(y)\} = f^{-1}\{f(y)\}$이죠 왜냐하면, **$f\{f^{-1}(y)\} = f^{-1}\{f(x)\}$** $= f^{-1}\{f(y)\}$.

또한, $y = x$ 이므로 $f\{f^{-1}(y)\} = f^{-1}\{f(y)\} \Rightarrow f\{f^{-1}(x)\} = f^{-1}\{f(x)\}$.

그러면 이제, **함수 f**가 $y = f(x) = x$와 같은 **항등함수**라면 $f(f^{-1}) = f^{-1}(f)$인 것을 알 수 있는 것이죠.

4. 이 정리는 다음과 같이 두개의 부분으로 되어있습니다:

$I_x = f^{-1} \bullet f$ 이며 $I_y = f \bullet f^{-1}$ 인데 여기에서 I_x는 x의 항등함수이고 I_y는 y의 항등함수이다.

$g \bullet f = I_x$ 이고 $f \bullet g = I_y \Leftrightarrow g = f^{-1}$.

정의에 의하여, $y = f(x) \Leftrightarrow x = f^{-1}(y)$.
그런데, 증명을 시작하기 전에 다음과 같은 두개의 문장(文章)들로 무엇을 말하자는 건지 알아보기로 하죠.

I_x는 x의 항등함수이다.
I_y는 y의 항등함수이다.

처음 것부터 시작을 하도록 하죠: **I_x는 x의 항등함수이다.**

다음과 같은 함수가 있다고 가정하세요 $t = g(s) = s$.
그러면, $t = s$ 이므로 g는 s의 항등함수인 것이죠.
다시 말해서, g로부터의 출력은 이 출력에 대응하는 g로의 입력과 같다는 것입니다.
간단히 말해서, 입력과 출력이 같다는 겁니다.
그러면 이제, 다음과 같은 내용(內容)을 알 수 있는 거죠:

이 I_x는 그저 또 하나의 항등함수인 것이며 이는 x의 함수이다.

그러니까 예를 들면, I_x를 $I(x)$로 나타낼 수도 있는 것이죠; 즉, $I_x = I(x) = x$로 놓을 수 있다는 겁니다.
그러면 이제, $I_x = f^{-1} \bullet f$ 라는 것은 이 합성함수(合成函數) $f^{-1} \bullet f$도 x의 항등함수라는 것입니다.
즉, $f^{-1} \bullet f = x$.

이와 똑 같은 개념이 두 번째 것에도 적용되는 겁니다: **I_y는 y의 항등함수이다.**

즉, 이 $\mathbf{I_y}$**는 그저 또 하나의 항등함수이며, 이는 y의 함수라는 것**입니다.

그러니까 예를 들면, $I_y = I(y) = y$라고 놓을 수도 있는 것이죠.
그러니, $I_y = f{\bullet}f^{-1}$라는 것은 이 합성함수 $f{\bullet}f^{-1}$도 y의 함수인 항등함수라는 것입니다.
즉, $f{\bullet}f^{-1} = y$.
이 항등함수 I_y에서는 y가 입력변수인 것을 유의(留意)해야 합니다.

그러면 이제, 두 부분으로 되어있는 위의 4 번 정리(定理)가 어떻게 하여 성립(成立)할 수 있는지 알아내보기로 하죠. 즉, 이 정리에 대한 증명을 이제 시작하는 겁니다.

그 첫번째 부분은 다음과 같습니다: $\mathbf{y = f(x)}$**이면** $\mathbf{I_x = f^{-1}{\bullet}f}$ **이고** $\mathbf{I_y = f{\bullet}f^{-1}}$**이다.**

이 정리의 배경(背景)부터 시작해보기로 하죠:

$y = f(x)$ 입니다.
정의에 의하여, $y = f(x) \Leftrightarrow x = f^{-1}(y)$.

줄여 말하자면, $f^{-1}(y) = f^{-1}$이고 $f(x) = f$입니다. 그러면 또한 짧게 표현해서, $x = f^{-1}$ 이고 $y = f$ 이죠.

그럼 이제, 이 첫번째 부분의 처음 문장을 처리(處理)하도록 하죠: $\mathbf{I_x = f^{-1}{\bullet}f}$**는x의 항등함수이다.**

$f^{-1}{\bullet}f = f^{-1}(f) = f^{-1}\{f(x)\}$이며 이는 x의 함수라는 것을 알고있죠.
그러면, $f^{-1}{\bullet}f = f^{-1}(f) = f^{-1}(y)$ 라는 것을 알 수 있죠 왜냐하면, $y = f(x)$이고 줄이면 $y = f$이기 때문이죠.
그러면, $f^{-1}{\bullet}f = f^{-1}(y)$.
그러면, $f^{-1}{\bullet}f = x$ 임을 알 수 있네요 왜냐하면, $x = f^{-1}(y)$이기 때문입니다.
그러므로, $f^{-1}{\bullet}f$ 는 x의 항등함수입니다.

그러면 이제, 그 두 번째 문장을 보기로 하죠: $\mathbf{I_y = f{\bullet}f^{-1}}$**는 y의 항등함수이다.**

$f{\bullet}f^{-1} = f(f^{-1}) = f\{f^{-1}(y)\}$이며 이는y의 함수라는 것을 알고있죠.
그럼, $f{\bullet}f^{-1} = f(f^{-1}) = f(x)$ 라는 것을 알 수 있죠 왜냐하면, $x = f^{-1}(y)$이고 줄여서 $x = f^{-1}$이기 때문이죠.

그러면, $f{\bullet}f^{-1} = f(x)$.
그러니, $f{\bullet}f^{-1} = y$임을 알 수 있네요 왜냐하면, $y = f(x)$.
그러므로, $f{\bullet}f^{-1}$는 y의 항등함수입니다.

그럼 이제, 이 정리에서의 두 번째 부분을 증명할 겁니다: $\mathbf{g{\bullet}f = I_x}$**이며** $\mathbf{f{\bullet}g = I_y \Leftrightarrow g = f^{-1}}$**.**

$\Leftrightarrow$을 가지고 있는 명제(命題)를 증명할 때는 $\Leftrightarrow$의 양방향(兩方向)을 증명해야 합니다.
다시 말하면, 다음 두개의 명제들을 증명해야 한다는 것이죠:

$\mathbf{g{\bullet}f = I_x}$ 이고 $\mathbf{f{\bullet}g = I_y \Rightarrow g = f^{-1}}$**.**

$\mathbf{g = f^{-1} \Rightarrow g{\bullet}f = I_x}$ 이고 $\mathbf{f{\bullet}g = I_y}$**.**

다음과 같은 사실로부터 무엇을 알 수 있나요 $f: X \longrightarrow Y$ 이며 $g: Y \longrightarrow X$?
위의 사실로부터, 아마도 g가 f의 역함수일 것이라는 것을 알 수 있으며 반대로 말해도 되겠죠.
달리 말하자면, $f = g^{-1}$ 또는 $g = f^{-1}$일 가능성이 매우 높다는 것입니다.

사실은, $\mathbf{g \bullet f = I_x}$이며 $\mathbf{f \bullet g = I_y}$ 라는 사실을 가지고 f와 g가 서로 역함수라는 것을 보이려는 것이죠.
이제, 처음 것부터 시작해보도록 하죠: $\mathbf{g \bullet f = I_x}$이며 $\mathbf{f \bullet g = I_y \Rightarrow g = f^{-1}}$.

$g \bullet f = I_x$ 이고 $f \bullet g = I_y$ 라는 사실이 있습니다.
또한, $I_x = f^{-1} \bullet f$이며 $I_y = f \bullet f^{-1}$ 라는 사실도 있죠.
그러면, $g \bullet f = I_x = f^{-1} \bullet f$ 이고 $f \bullet g = I_y = f \bullet f^{-1}$이죠
그럼, $g \bullet f = f^{-1} \bullet f$이고 $f \bullet g = f \bullet f^{-1} \Rightarrow g = f^{-1}$.
그리하여, $g \bullet f = I_x$이고 $f \bullet g = I_y \Rightarrow g = f^{-1}$. 달리 이야기하면:
$y = f(x)$이고 $g \bullet f = x$이며 $f \bullet g = y$이면, 그러면 $g = f^{-1}$.

요약:
($I_x = f^{-1} \bullet f$이고 $I_x = g \bullet f$) $\Rightarrow g \bullet f = f^{-1} \bullet f$. ($I_y = f \bullet f^{-1}$이며 $I_y = f \bullet g$) $\Rightarrow f \bullet g = f \bullet f^{-1}$. 그러므로, $g = f^{-1}$.
그러면 이제, $\mathbf{g = f^{-1} \Rightarrow g \bullet f = I_x}$이며 $\mathbf{f \bullet g = I_y}$ 라는 것을 보일 겁니다.
$g = f^{-1}$이므로 $g \bullet f = f^{-1} \bullet f$이며 $f \bullet g = f \bullet f^{-1}$.
$I_x = f^{-1} \bullet f$이며 $I_y = f \bullet f^{-1}$ 라는 것을 알고있죠.
그러면, $g \bullet f = f^{-1} \bullet f = I_x$이고 $f \bullet g = f \bullet f^{-1} = I_y$.
그리하여, $g = f^{-1} \Rightarrow g \bullet f = I_x$이고 $f \bullet g = I_y$. 달리 말하면:
$y = f(x)$이고 $g = f^{-1}$이면 그러면, $g \bullet f = x$이고 $f \bullet g = y$.

요약:
$g = f^{-1} \Rightarrow g \bullet f = f^{-1} \bullet f$이며 $f \bullet g = f \bullet f^{-1}$.
($g \bullet f = f^{-1} \bullet f$ 이고 $f \bullet g = f \bullet f^{-1}$ 이며 $I_x = f^{-1} \bullet f$ 이라는 것과 $I_y = f \bullet f^{-1}$) $\Rightarrow g \bullet f = I_x$이고 $f \bullet g = I_y$.

그러면 이제, 다음 정리(定理)로 넘어가기로 하죠.
5. 다음과 같이 가정하세요:
Z 는 실수의 집합.
h: Y ⟶ Z 이며 z = h(y)는 일대일.

그러면, $(h \bullet f)^{-1} = f^{-1} \bullet h^{-1}$.

함수 s가 함수 t의 역함수라면 $s \bullet t$와 $t \bullet s$는 항등함수라는 것을 위의 4번 정리로부터 알 수 있죠.
$y = f(x)$이고 $z = h(y)$이죠.
그러면, 합성함수 $f \bullet h$ 는 X 로부터 Z 로의 함수라는 것과 이 합성함수의 역함수는 Z 에서 X 로의 함수라는 것을 알 수 있네요.
그러면 이제, $(f^{-1} \bullet h^{-1}) \bullet (h \bullet f) = I_x$이라는 것과 $(h \bullet f) \bullet (f^{-1} \bullet h^{-1}) = I_z$라는 것을 보이면 $(f^{-1} \bullet h^{-1}) = (h \bullet f)^{-1}$ 라는 것을 보인 것이 되는 것이죠.

또한, 다음과 같은 정리(定理)가 있죠.

A, B, C 와 D 가 다음의 문장을 만족하는 데이터 집합들이라고 가정하세요:
p: $A \longrightarrow B$, q: $B \longrightarrow C$ 이며 r: $C \longrightarrow D$.
그러면, $r \bullet (q \bullet p) = (r \bullet q) \bullet p = r \bullet q \bullet p$.

즉, 함성함수 연산(演算)에서 결합법칙(結合法則)이 성립(成立)한다는 겁니다.

그러면, **$(f^{-1} \bullet h^{-1}) \bullet (h \bullet f) = I_x$** 라는 것을 먼저 보이기로 하죠.

위의 정리로부터, $(f^{-1} \bullet h^{-1}) \bullet (h \bullet f) = f^{-1} \bullet (h^{-1} \bullet h) \bullet f$ 라는 것을 알 수 있죠.
또한, h가 y의 함수이기 때문에, 위의 4 번 정리로부터 $h^{-1} \bullet h = I_y$라는 것도 알 수 있네요.
그러면, $(f^{-1} \bullet h^{-1}) \bullet (h \bullet f) = f^{-1} \bullet I_y \bullet f$가 됩니다.

이 f^{-1}가 y의 함수라는 것을 알고 있죠.
그러면, $I_y = y$이니까 $f^{-1} \bullet I_y = f^{-1}$인 것이죠. 왜냐하면, f^{-1}에 있는 y를 모두 y로 바꾸면 f^{-1}는 변(變)하지 않고 그대로이기 때문이죠.

그러면, $(f^{-1} \bullet h^{-1}) \bullet (h \bullet f) = f^{-1} \bullet I_y \bullet f = f^{-1} \bullet f$라는 것을 알 수 있습니다.
이 f는 x의 함수이니까, 4 번 정리에 의해서 $f^{-1} \bullet f = I_x$ 라는 것을 알 수 있죠.
그러므로, $(f^{-1} \bullet h^{-1}) \bullet (h \bullet f) = I_x$.

그러면 이제, **$(h \bullet f) \bullet (f^{-1} \bullet h^{-1}) = I_z$** 라는 것을 보이기로 하죠.

위의 정리에 의하여, $(h \bullet f) \bullet (f^{-1} \bullet h^{-1}) = h \bullet (f \bullet f^{-1}) \bullet h^{-1}$라는 것을 알 수 있죠.
또한, 이 f^{-1}는 y의 함수이니까, 4 번 정리에 의해서 $f \bullet f^{-1} = I_y$라는 것도 알 수 있는 것이죠.
그러면, $(h \bullet f) \bullet (f^{-1} \bullet h^{-1}) = h \bullet I_y \bullet h^{-1}$가 됩니다.
h 가 y 의 함수라는 것을 알고있죠.
그러면, $I_y = y$이므로 $h \bullet I_y = h$인 것이죠.
그러면, $(h \bullet f) \bullet (f^{-1} \bullet h^{-1}) = h \bullet I_y \bullet h^{-1} = h \bullet h^{-1}$라는 것을 알 수 있죠.
이 h^{-1}가 z의 함수이므로, 4 번 정리에 의해서 $h \bullet h^{-1} = I_z$라는 것을 알 수 있네요.
그리하여, $(h \bullet f) \bullet (f^{-1} \bullet h^{-1}) = I_z$.

그러면 이제, 다음과 같이 되는 것이죠:

$(f^{-1} \bullet h^{-1}) \bullet (h \bullet f) = I_x$.

$(h \bullet f) \bullet (f^{-1} \bullet h^{-1}) = I_z$.

그리하여, 4 번 정리에 의하여 $(f^{-1} \bullet h^{-1}) = (h \bullet f)^{-1}$가 됩니다.

요약:

$y = f(x)$이며 $z = h(y)$입니다.

$(f^{-1} \bullet g^{-1}) \bullet (g \bullet f) = f^{-1} \bullet (g^{-1} \bullet g) \bullet f = f^{-1} \bullet I_y \bullet f = f^{-1} \bullet f = I_x$.

$(g \bullet f) \bullet (f^{-1} \bullet g^{-1}) = g \bullet (f \bullet f^{-1}) \bullet g^{-1} = g \bullet I_y \bullet g^{-1} = g \bullet g^{-1} = I_z$.

그리하여, 4 번 정리에 의하여 $(f^{-1} \bullet g^{-1}) = (g \bullet f)^{-1}$가 됩니다.

그러면 이제, 또 하나의 정리(定理)를 보기로 하죠.
이 정리는 역함수의 그래프(graph)에 관한 정리입니다.
하지만, 이것은 그저 그래프를 어떻게 만드는가 만을 다루는 것은 아닙니다. 이것은 또한 함수와 그 역함수의 관계를 그래프로 설명하는 것이죠.
예를 들어, y = f(x)라 하면 이 f 와 그 역함수의 그래프에 있는 커브(curve)들은 x-y 평면에서 y = x 인 직선에 관하여 서로 대칭이라는 것입니다.

이 정리는 큰 의미를 지닌 분야로의 연결을 제공하여 주기때문에, 상당히 중요한 것이며, 이 분야에서는 함수를 더욱 실질적으로 다룰 수 있죠. 이 분야는 함수의 변환(變換)이 존재하는 공간인데, 이는 제 2 권: **그래프 조작**에서 다루어집니다. 그러면 이제, 이 정리는 다음과 같습니다.

6. 다음과 같이 가정하세요:
X 와 **Y** 는 실수의 집합.
f: X ⟶ Y 이며 **y = f(x).** 이 **f** 는 일대일.
x-y 평면에서 이 **f** 의 그래프(graph)에 있는 커브(curve)는 다음과 같은 점(點)들의 집합이다:
{(x, f(x))| x ∈ X} = {(x, y)| x ∈ X 이며 **y ∈ Y}.**

그러면, 같은 **x-y** 평면에서, f^{-1} 의 그래프에 있는 커브는 다음과 같습니다:
하나의 점들의 집합, **{(f(x), x)| x ∈ X}**이며, 이는 **{(y, x)| x ∈ X** 이며 **y ∈ Y}**와 같다.

그러면 이제, 이 정리(定理)가 어떻게 성립할 수 있는지 알아보기로 하죠.

y = f(x)이며 이 f는 일대일입니다. 그러면, 정의(定義)에 의하여 $x = f^{-1}(y)$.

이 f^{-1}를 함수 f의 역함수라 하기 보다는 그저, 또 하나의 함수로 취급한다고 가정하고 또한, 그 이름도 일상적인 방법으로 f^{-1}에게 붙인다고 가정하세요. 예를 들면, 이것을 g또는 h라고 할 수도 있는 것이죠. 그렇지만, 이 역함수의 메커니즘은 물론 바뀌지 않고 그대로 마찬가집니다. 이에 더하여, 함수 f에서의 변수들로 사용된 문자(文字)들과는 다른 문자들을 이 f^{-1}에서의 변수들로 사용해보도록 하죠.

그러면 이제, 이 역함수를 g 라고 하며 g 에서의 입력변수를 s 라하고 t 를 g 에서의 출력변수라 한다고 하세요.
그러면, 이 f 의 역함수에 다음과 같은 식으로 이름을 붙일 수 있습니다: t = g(s).

그러면 이제, 이 f 와 g 가 어떻게 서로 연결되어있는지 알아보려 합니다.

함수 t = g(s)가 함수 y = f(x)의 역함수이다 라는 말에서, 다음과 같은 두개의 사실들을 알 수 있습니다:

이 t 는 g 에서 출력변수이다 그러나, 이 t 가 갖는 모든 값들의 하나하나는 f 에 있는 x 가 취하는 모든 값들의 하나하나가 될 것이다 이는 왜냐하면, 이 x 가 f 에서 입력변수이기 때문이다.

이 s 는 g 에서 입력변수이다 그러나, 이 s 가 갖는 모든 값들의 하나하나는 f 에 있는 y 가 취하는 모든 값들의 하나하나가 될 것이다 이는 왜냐하면, 이 y 가 f 에서 출력변수이기 때문이다.

그리하여, 이 f와 g 사이에서 일어나는 바는 다음과 같습니다:

$y = f(x) \Leftrightarrow x = f^{-1}(y) \Leftrightarrow x = g(y)$ 여기에서 이 f와 g는 물론 일대일(一對一)입니다.
위의 문장이 말하고 있는 바는 g 로의 입력이 f 로부터의 출력이고 g 로부터의 출력이 f 로의 입력이다 라는 것이죠.
다시 말해서, y 는 g 에서 입력변수이고 x 는 g 에서 출력변수라는 것입니다.
또, 마찬가지 이야기네요, 안 그래요? 그런데, 왜 반복하는 거죠?
이게 그토록 중요하기 때문이죠!

그러면 이제, f 와 g 의 그래프(graph)에 있는 커브들 에서의 점들의 집합들을 다음과 같이 구체적으로 표현할 수 있겠습니다:
이 f 의 그래프(graph)에서, 커브는 점(點)들의 집합으로 구성되어있다: **$\{(x, f(x)) | x \in X\}$.**
이 g 의 그래프에서, 커브는 점들의 집합으로 구성되어있다: **$\{(f(x), x) | x \in X\}$.**

그러면, 각각의 커브들로부터 두개의 서로 대응하는 점들이 한 쌍(雙)을 이루고 각 쌍에 있는 두 점들은 직선 y = x 에 관하여 대칭(對稱)입니다.

그리하여, 이 두개의 커브들을 x-y 좌표계에서의 같은 그래프에 놓으면, **이 커브들은 직선 y = x 에 관하여 대칭입니다.**

그림. 8.0

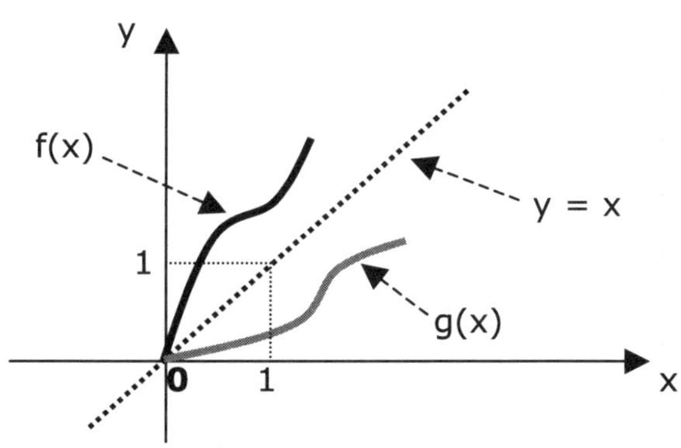

그러면 이제, 우리가 인지할 수 있는 또 하나의 중요한 전달사항은 y = f(x) 라는 수식을 x 에 관한 방정식으로 하여 답(答)을 구하면, 이 답이 g 의 메커니즘이라는 것입니다. 이는 왜냐하면, 그 답이라는 것이 y = f(x)에 있는 이 y 로 되어있는 수식이고, g 가 이 y 의 함수이기 때문이죠. 다시 말하면, 역함수 g 는 f 의 출력을 입력으로 사용하는데, f 의 출력은 y = f(x)에서의 이 y 에 놓이는 것이죠. 그러니, f 의 역함수인 g 의 메커니즘은 y = f(x)에서의 이 y 로 되어있는 수식이어야 하는 것입니다.

위에 있는 그래프를 보기로 하죠. 이 그래프에서 y 축을 g 에 대한 입력변수 축으로 보면, g 의 커브가 f 의 커브하고 일치하는 것을 알 수 있죠. 즉, f 로부터의 출력이 g 로의 입력이라는 것입니다. 그런데, 그래프에서 왜 g(y)가 아니고 g(x)이죠? 일관성이 유지되는 한, 변수에 대한 문자는 필요에 맞게 선택할 수 있습니다. g(y)에서의 y 는 y = f(x)에서의 y 와 같은 것이죠. 그러나, 함수 g 에서의 입력변수로도 또한 x 를 사용하는 이유는 g 의 커브를 f 의 커브가 놓여있는 같은 x-y 평면에 놓고자 하기 때문이죠. 즉, 이 두개의 커브들을 같은 그래프에 놓기 때문입니다. 이 x 가 g(x)에서 갖는 값은 y = f(x)에서 y 가 갖는 값하고 같은 것이지만 다만, g 의 입력 값을 x 축에서 선택하기 위한 것 뿐이죠. 다시 말해서, x 축에 있는 값을 f 로의 입력 값으로 하고 또한, 이와 동시에, 동일한 x 축에 있는 값을 g 로의 입력 값으로도 하는 것이죠. 즉, x-y 평면에서 x 축은 함수에게 입력 값을 제공하는 축에 지나지 않고, y 축은 그 함수에게 출력 값을 제공하는 축일 뿐이라는 것입니다.

하나의 x-y 평면에 어느 함수를 갖다 놓든 상관없이, 그 함수는 x 축에서 입력 값을 취하고 y 축에서 출력 값을 취하는 것이죠. 예를 들어, 함수 y = f(x)의 커브를 u-v 평면에 놓으려면 어떻게 해야 하나요? 그러면, 이 함수를 y = f(x)라 하지말고 v = f(u)라고 하면 됩니다. 그럼, x = g(y)는 어쩌고요? 함수 x = g(y)의 커브를 u-v 평면에 놓으려면 이 함수를 v = g(u)라고 하면 되죠. 이 u-v 평면에서는 함수에 상관없이 u 축이 입력변수 축이고, v 축이 출력변수 축일 뿐입니다.

"$y = f(x) \Leftrightarrow x = f^{-1}(y)$." 라는 문장에서 그 개념은 맞는 것이지만 x와 y가 좀 지나치게 또는 중복 사용되기 때문에, 이 문장은 모호(模糊)해지는 경향이 있습니다. 그래서, 이 문장을 그대로 가지고 작업을 진행하면, 그 역함수의 메커니즘을 만드는 일을 진행할 때 혼란에 빠지는 일이 자주 있는 것 같습니다.

그러면 이제, 마찬가지의 문장이 다음과 같이 "t = g(s)"와 함께 다시 쓰여질 수도 있죠:
$y = f(x) \Leftrightarrow x = f^{-1}(y) \equiv t = g(s)$ 여기에서 $t = x, s = y, g = f^{-1}$이며 이 f와 g는 일대일이다.

아예, 다음과 같이 y = f(x)와 t = g(s)만으로 다시 써도 되겠네요:
$y = f(x) \Leftrightarrow t = g(s)$ 여기에서 $t = x, s = y, g = f^{-1}$이며 이 f와 g는 일대일이다.

그리하여, 다소 번거롭기는 해도 역함수의 메커니즘이 만들어지는 과정으로부터 발생할 수도 있는 얼마간의 모호함을 줄일 수도 있는 것이죠.

위의 문장은 마찬가지의 이야기를 다시 하고있는 것이죠. 이는 $g = f^{-1}$라는 것, t는 x가 f에서 취하는 값을 할당 받는다는 것, 그리고 s는 y가 f에서 취하는 값을 할당 받는다는 것을 말해주고 있는 것이죠. 다시 말해서, f로의 입력이g로부터의 출력이고 g로의 입력은 f로부터의 출력이라는 것이죠. 즉, g는 f의 역함수라는 것입니다.

그러면 이제, g에서의 메커니즘을 만들기 위하여 무엇이 필요한지 알아내보기로 하죠. f(x)에 있는 x에는 f로의 모든 입력 값들 각각이 할당되는 것을 알고있죠. 또한, t는 g의 출력변수이며 x와 같다는 것도 알고있죠. 그러면, g가 만드는 것은 무엇입니까? 이 g가 만드는 것은 f(x)로의 입력입니다. 즉, g의 출력이 f의 입력이라는 것이죠. 그러면, 이 g는 무엇으로 어떻게 자신의 출력을 만드나요? 이 g는 f의 출력을 자신의 메커니즘에 투입하여 출력을 만듭니다 왜냐하면, g의 입력이 f의 출력이기 때문이죠. g의 출력은 t에 할당되는 것이죠. 그러면, g의 메커니즘을 만들기 위하여 어떻게 이 t가 만들어 지는지를 알아내어야 하겠네요. t = g(s)이므로 t는 s로 되어있는 수식과 같다고 놓을 수 있는 것이죠. 즉, t는 s로 표현될 수 있는 것입니다. t = x라는 것과 s = y라는 것을 알고있죠. 그러면 이제, x를 y로 표현하는 것이 필요하네요. 그러면, 무엇을 가지고 x를 y로 표현하나요? 그것은 x와 y로 되어있는 등식(等式)입니다. 어떤 등식인데요? 그것은 **y = 'f(x)의 메커니즘'** 입니다. 예를 들면, $f(x) = 2x^2 + x + 3$ 이라 하면 그 등식은 $y = 2x^2 + x + 3$ 인 것이죠. 그런데, 이 등식 **y = 'f(x)의 메커니즘'** 을 줄여서 y = f(x) 로 표현해도 됩니다. 그러면 이제, y = f(x)로 표현된 등식을 가지고 x를 y로 표현해야 되는 것이죠. 즉, y = f(x)로 되어있는 방정식을 x에 관하여 풀어내는 것이 필요한 것입니다.

그런데, 아직도 아리송하다 구요? 그러면, $y = f(x)$라는 것을 한번 더 보기로 하죠. 이것이 무엇을 말해주는 것이죠? 많은 것을 말해주고 있죠. 그 많은 것들 가운데, 이것은 이 y의 모든 값들이 어떻게 만들어지는가를 말해줍니다. 이 개념을 x로 되어있는 수식으로 표현하는 것이죠. 예를 들면, $y = f(x) = 2x^2 + x + 3$. 즉, $y = 2x^2 + x + 3$. 간단히 말해서, 이 y를 x로 표현하는 겁니다. 그러면 이제, 역(逆)으로 이 x의 모든 값들이 어떻게 만들어질 수 있는지 알아내봅시다. 그러면, x에 대하여도 y에 대하여 했던 같은 일을 해볼 수도 있겠죠. '그 **어떻게**' 를 이제 y로 되어있는 수식으로 표현할 수 있다고 가정하세요. 다시 말해서, 이 x를 y로 표현할 수 있다는 것이죠. 즉, 이 x를 y로 되어있는 수식과 같다는 것으로 표현할 수 있다는 겁니다. 그러면, 그 수식 자체가 g의 메커니즘이 되는 겁니다.

그러면 이제, 무엇을 해야 하는지 알죠. 그러면, 그것을 어떻게 해야 하는지 알아야 하죠. 먼저, 그 x 는 어디에 있나요? 그 x는 그 f에 있다는 것을 알고있죠. $y = f(x)$입니다. 그러면, 이 x에 대하여 무엇을 해야 하나요? $y = f(x)$라는 등식이 있습니다. 다시 말하자면, x 에 대하여 풀어볼 수 있는 방정식이 있다는 것이죠. 그래서, 그 답을 y 의 식으로 표현할 수 있다면, 그 답이 g 에서의 메커니즘이 되는 것입니다. 간단히 말해서, x 에 대한 방정식 $y = f(x)$를 풀어서 그 답을 역함수 g 에서의 메커니즘으로 하는 것이죠.

이제, x에 대한 방정식 $y = f(x)$의 답을 구했다고 하세요. 그러면, 그 답은 y로 된 수식으로 되어있을 겁니다. 예를 들면, 그 답은 $x = 7y + 3$일 수도 있어요. 그러면, $7y + 3$이라는 수식이 g 에서의 메커니즘이죠. 그러면 이제, g 에서의 메커니즘에서 이 y는 무엇인가요? 이 y는 g 에서는 **입력변수**입니다. 그러면, g 에서 $x = 7y + 3$에 있는 이 x는 무엇인가요? 이 x는 g 에서는 **출력변수**입니다. 그래서, 함수 g를 $x = g(y)$로 표현할 수도 있는 거죠.

이 x 와 y 는 변수들의 이름들이라는 것과 이 변수들의 본질(本質)과 일관성(一貫性)을 유지하는 한 무슨 이름이든 원하는 이름으로 바꿀 수도 있다는 것을 유의해야 합니다. $y = f(x)$에 있는 변수들이 $x = 7y + 3$에 있는 변수들이 갖고있는 이름들과 같은 이름들을 갖고있다는 것을 알고있죠. 그러면, 한 함수에서의 변수들을 다른 함수에서의 변수들과 혼동하기 쉽겠네요. 그러면 이제, 그 이름들을 바꾸기로 하죠.

위에서 예로 언급된 $x = 7y + 3$으로 돌아가보기로 하죠. 함수 g에 대하여는, y가 입력변수이고 x는 출력변수입니다. 그러나, 함수 f에 대하여는, y는 출력변수이고 x가 입력변수이죠. 그러면 이제, 혼동하지않도록 변수 이름들을 바꾸는 겁니다. 이미 위에서 f의 역함수를 $t = g(s)$로 표현한 바 있습니다. 그러면, $x = 7y + 3$에 있는 변수 이름들을 s와 t로 바꾸는 거죠. 그렇게 하면, $t = 7s + 3$이고 그리하여, $t = g(s) = 7s + 3$가 되는 겁니다. 즉, x를 t로 바꾸고 y를 s로 바꾸는 겁니다. 그런데, 어째서 x에 대하여 t이고 y에 대하여는 s이죠? 그것은 이 s가 g에서의 입력변수이고 $7y + 3$가 g의 메커니즘이 되는 것이기 때문입니다. 이 y가 f의 출력 값을 할당 받는다는 것과 이 f 의 출력 값이 g 의 입력 값이 될 것이라는 것을 알고있죠. 그러니, 이 y 의 값이 g 의 입력 값으로 되어야 하는 것이죠. 변수의 이름은 중요한 것이지만 그 변수의 본질(本質)은 더욱 중요한 겁니다. 사람들이 같은 옷을 입을 수는 있지만 그 사람들은 서로 다르다는 것을 알고있죠.

그럼 이제, 다된 건가요? **그렇습니다** 이기도 하고 **그렇지 않습니다** 이기도 합니다! 그렇기도 하고 그렇지 않기도 하다니 무슨 말이죠? 이 g 를 현재상태로 있는 그대로 가지고, 계속 진행하며 사용하겠다면 그 대답이 **그렇습니다** 라는 것이죠. 하지만, g의 커브를 f의 커브가 있는 그래프에 놓으려 하면 한단계를 더 나아가야 합니다. 왜냐하면, g 의 그래프를 f 의 그래프가 놓여있는 x-y 평면에 놓기 때문에, 그 변수들의 이름들이 그 그래프가 놓이는 좌표계에 있는 축들의 이름들과 맞아야만 하기 때문이죠. 이 좌표계는 x 축과 y 축을 갖고있습니다. 그리면, 이 좌표계에서 x는 입력변수에 대한 것이고 y는 출력변수에 대한 것이죠. 그러니, $t = g(s)$에서 t를 y로 바꾸고 s를 x로 바꾸어야 하는 것이죠. 그러면 이제, $y = g(x) = 7x + 3$이 되는 겁니다. $y = g(x)$에 있는 x와 y는 $y = f(x)$와는 하등(何等)의 관계가 없습니다. 다시 말해서, g 에 있는 x 와 f 에 있는 x 는 이름만 같을 뿐이고 그들의 본질은 다르다는 것이죠. 이와 같은 개념은 y에도 적용되죠. 이름이 같은 변수들은 같은 축을 공유하고 있을 뿐입니다. 그러면, f 와 g 의 그래프들은 같은 축들과 공간을 공유하는 것이죠. 그리하여, 같은 그래프에 있는 그 두개의 커브들을 볼 수 있는 것이죠. 이제, 다 됐네요.

예제(例題)

역함수(逆函數)

0. 실수 x에 대한 함수 $f(x) = ax + b$의 역함수를 구해봅시다 여기에서 a와 b는 상수들이고 $a \neq 0$.

1. 다음과 같은 함수들의 역함수를 구하세요.

0. $y = f(x) = (2 - x)^{1/2} + 3$ 이며 $x \leq 2$.

1. $y = f(x) = (2x - 1)(2x + 5)$이며 $x \geq 0$.

2. $y = f(x) = 2/(1 - 2x) + 3$ 이며 $x \neq 1/2$.

3. $y = f(x) = 2(x - 3)^3$이며 x는 실수.

4. $y = f(x) = (x - 1)(x - 2)(x - 3)$이며 $x \geq 0$.

5. $y = f(x) = (x - 1)^4$이며 x는 실수.

2. $f(x) = (2ax + b)/(cx - 2)$가 다음과 같은 역함수를 갖는다고 하세요:
$f^{-1}(x) = (x + 2)/(2x - 3)$이며 $x \neq 3/2$.
그러면, a와 b 및 c의 값들을 구하세요.

3. $f(x) = 2x + u$ 이고 $g(x) = v - 3x$ 라고 하세요. 그러면:
0. f^{-1}, g^{-1}, $g \bullet f$, $(g \bullet f)^{-1}$을 알아내고 $(g \bullet f)^{-1} = f^{-1} \bullet g^{-1}$ 이 성립하는지 알아보세요.
1. $(g \bullet f) \bullet (g \bullet f)^{-1}$을 구해보세요.

4. 다음과 같이 가정하세요. $f(x) = (4x^2 - 1)^{1/2} = \sqrt{4x^2 - 1}$ 이며 $x \geq 1/2$. $g(x) = x(x^2 - 2x - 1)$이며 $x \geq 2$.
그러면, $f^{-1}(1)$과 $g^{-1}(-2)$를 구해보세요.

5. 다음과 같이 가정하세요:
$(g \bullet f)(x) = 2x + 1$ 이며 x는 실수이고 여기에서 $f(x) = 3x + 4$.
$(u \bullet v)(x) = 2x + 1$ 이며 x는 실수이고 여기에서 $u(x) = 3x + 4$.

그러면, $g(x)$와 $v(x)$를 구해보세요.

6. $f(x) = x^2 - 3x + 2$ 이며 $x \geq 2$ 라고 하고 $g\{f(x)\} = x$를 만족하는 $g(x)$를 구해보세요.

제안과 풀이
0 번 예제에서의 문제

실수 x 에 대한 함수 f(x) = ax + b 의 역함수를 구해봅시다 여기에서 a 와 b 는 상수들이고 a ≠ 0.

역함수에 대한 개념이 매우 혼동을 일으키는 경향이 있기 때문에 이 예제를 학습하기 이전에 이 개념을 복습해보도록 하죠. 그러나, 충분히 자신이 있으면 141 쪽으로 건너 뛰세요.

함수의 주요 구성요소가 정의역과 치역 그리고 메커니즘이라는 것을 알고있죠. 함수는 정의역에서 하나의 입력을 취하여 입력변수에 투입하고 메커니즘을 수단으로 하여 출력을 만들고 나서, 그 출력을 출력변수에 할당합니다. 그러면, 그 출력은 치역에 속하는 것이죠.

그러면 이제, 역함수가 하는 것은 같은 일을 하는 건데 역순(逆順)으로 하는 것이죠. 다시 말해서, 역함수는 하나의 입력을 취하는데 그것은 원래함수의 치역에 속하는 것이죠 그러면, 이 입력을 입력변수에 투입하고 메커니즘을 수단으로 하여 출력을 만들고 나서, 그 출력을 출력변수에 할당합니다. 그러면, 그 출력은 원래함수의 정의역에 속하는 것이죠. 그러니까, 역함수의 정의역은 원래함수의 치역인 것이며 역함수의 치역은 원래함수의 정의역이라는 것을 알 수 있네요. 그러면, 원래함수의 정의역과 치역이 변하는 것은 아니고 단지 역할만을 서로 교환할 뿐인 것이죠. 그럼, 이게 다 입니까? 물론 아니죠! 이건 시작에 불과하죠. 그러면 이제, 주요 변화는 원래함수의 메커니즘에 일어나는 겁니다. 원래함수의 입력을 구하기 위하여 그에 대응하는 출력을 그저 원래함수의 메커니즘에 투입하는 것이 아니죠. 물론, 그 원래함수가 항등함수라면 그래도 되죠. 그렇지만, 그 어떤 함수이더라도 다른 함수에서는 그게 안되죠. 그러한 일이 되게 할 수 있는 새로운 메커니즘을 찾아야 합니다. 이 새로운 메커니즘은 그 역함수의 메커니즘이죠. 그런데 보통, 그 역함수에 대한 메커니즘을 찾는 것이 쉽지않습니다. 그건 왜냐하면 주로 방정식을 풀어서 그 답을 메커니즘으로 해야 하는데, 보통 그 방정식이라는 것이 그 메커니즘으로 할 수 있는 그런 답을 찾을 수 있을 만큼 그렇게 간단하지않기 때문입니다.

아무튼, 그게 어렵든 말든 간에, 그 역함수의 메커니즘은 어떻게 찾을 수 있는 거죠? 원래함수가 하나의 특정 입력을 취하여 특정 출력을 하나 만들었다고 하세요. 그러면, 역함수에 원래함수로부터의 그 특정 출력을 입력시키는 겁니다. 그러면, 역함수에 의하여 만들어지는 출력은 원래함수의 정의역에 있는 원소들 중의 하나죠. 그런데 이제, 더욱 중요한 것은 이 출력이 원래함수로 공급한 그 특정 입력이어야 한다는 겁니다. 사실, 이 역함수를 만든다는 것은 함수 변환(變換)에서 하나의 특정 종류입니다. 무엇을 근거로 해서 역함수를 만드나요? 이는 그 원래함수이죠. 역함수는 그 원래함수를 근거로 해야만 하는 것이죠. 어떻게 요? 원래함수에서의 입출력 변수들간의 상호관계를 근거로 해서 그 역함수에서의 입출력 변수들간의 상호관계를 설정하는 겁니다. 즉, 원래함수의 입출력 변수들이 만드는 관계식으로부터 그 역함수의 입출력 변수들간의 관계식이 만들어져야 하는 것이죠. 특히, 역함수는 원래함수의 출력을 그 입력으로 하는 함수이죠. 그러면 이제, 이 역함수의 메커니즘은 원래함수의 출력변수로 이루어져야 한다는 것을 인지할 수 있죠. 이 함수 변환은 **함수와 그래프의 기초** 시리즈(series)에서의 두 번째 책, **그래프 조작**에서 다루고있습니다.

그러면 이제, 역함수의 메커니즘에 대하여 그 메커니즘에서의 연산작업(演算作業) 내용을 가지고 이야기해보도록 하죠. 함수의 메커니즘은 입력변수로 되어있는 하나의 수식이며 주로 다음과 같은 방법으로 함수를 구체적으로 표현한다는 것을 알고있죠:

출력변수 = 함수 이름 = 메커니즘과 정의역.

예를 들면, **$y = f(x) = 2x + 5$** 이며 **$x \geq 1$** 인데 여기에서 y 는 출력변수이고 f(x)는 함수 이름이며 2x + 5 는 메커니즘이고 $x \geq 1$ 이 정의역의 표현이죠.

위의 예에서, 출력이 15 이면 그 입력을 어떻게 찾나요?
그 출력이 15 이면 이 y 는 15 를 할당 받는 것이죠. 즉, y = 15 입니다.
그러면, 다음과 같은 x 에 대한 방정식을 갖게 되죠: 15 = 2x + 5.
그러면 이제, 이 방정식을 x 에 대하여 풀면, 15 라는 출력에 대응하는 입력을 구하게 되는 것이죠.

$15 = 2x + 5 \Rightarrow 2x = 10 \Rightarrow x = 5$. 그 입력이 5 라는 것을 알 수 있네요.

물론, 5 라는 것은 x 에 대한 하나의 특정해(特定解)입니다. 그러면 이제, 모든 출력들 각각에 대한 모든 입력을 찾도록 하죠. 그러면, x 에 대한 특정해가 아니라 일반해(一般解)를 찾아야 하는 것이죠. 그 일반해가 x 에 해당될 수 있는 모든 값들을 망라(網羅)하는 것이죠. 그러면 이제 위의 예에서, x 에 대한 일반해는 어떻게 구할 수 있겠나 요? 그 예에서는, y = f(x) = 2x + 5 이고 여기에서 y 는 모든 출력 값들 각각에 대한 것이고 x 는 모든 입력 값들 각각에 대한 것이죠. 이 y 는 입력변수인 x 의 식으로 되어있죠. 바로 이 식이 f 가 모든 출력을 만들어내는데 사용하는 메커니즘이죠. 그러면 이제 역(逆)으로, 입력변수인 이 x 를 함수 f 에서의 출력변수인 y 의 수식으로 나타내면, 그 수식에 y 의 모든 값을 투입하여 x 의 모든 값을 만들어낼 수 있는 것이네요. 그러면, 바로 이 수식이 이 x 에 대한 일반해가 되는 것이죠. 또한, 이 x 는 원래함수 f 의 모든 입력 값을 할당 받는다는 것과 이 y 는 이 f 의 모든 출력 값을 할당 받는다는 것을 알고있죠. 그러니까, 이 수식은 이 f 의 모든 출력 값에 대하여 모든 입력 값을 만들어내는 것이네요. 그러면 이제, 바로 이 수식이 그 역함수의 메커니즘이 되는 것이죠.

이제, x 에 대하여 그 방정식을 풀어보죠.

$y = 2x + 5 \Rightarrow 2x = y - 5 \Rightarrow x = (y - 5)/2$.

그러면, (y − 5)/2 가 그 역함수의 메커니즘이 되는 것이죠.

하지만, 아직 다 된 것은 아닙니다.

그러면 이제, 다음과 같은 사실을 유념(留念)하는 것이 매우 중요합니다:

메커니즘 '(y − 5)/2'는 "**어떻게 하여** 원래함수 f 의 입력이 만들어진다."를 이야기하는 것이죠.
또한, 메커니즘 '(y − 5)/2'는 "**어떻게 하여** 그 역함수의 출력이 만들어진다."를 이야기하는 것이며 이때, 이 y 는 역함수의 입력 값을 (담기)위한 그저 하나의 용기(容器)에 지나지않는 것입니다.

일단 역함수의 메커니즘이 만들어지면, 이 메커니즘에서의 y 라는 문자는 더 이상 f 에서의 출력변수가 아니고 역함수에서의 입력변수인 것이죠. 그렇지만, 이 y 는 f 에서 또한 여전히 출력변수로서 사용되죠. 서로 다른 사물들에 대하여 같은 이름을 사용하는 것은 혼란스럽습니다. 일관성을 유지하는 한 변수들의 이름을 바꿀 수 있죠. 즉, 그 이름들을 바꿀 때 관련된 변수들 각각의 본질을 훼손하지않고 그대로 온전히 유지하는 것이 중요하다는 것이죠. 그러면, 이 y 말고 그 어떤 문자라도 이 역함수의 입력변수로 선택할 수 있는 겁니다. 예를 들어서, 이 역함수의 호출명을 g 로 하고 s 를 g 에서의 입력변수로 하고 t 를 출력변수로 할 수 있습니다. 그러면, 이 역함수 g 를 s-t 좌표계(座標系)에 놓을 수가 있고 다음과 같이 구체적으로 표현할 수 있는 것이죠:

$t = g(s) = (s - 5)/2$ 이며 $s \geq 7$.

잠깐만 요! 그런데, 어째서 정의역이 $s \ge 7$ 이죠?

그 이유는 원래함수 f 에서 정의역이 $x \ge 1$ 이므로 f 의 치역이 $y \ge 7$ 이고 이 역함수 g 는 f 의 치역에 있는 값을 입력으로 하기 때문이죠. 사실, 이점도 매우 중요한 것이죠 왜냐하면 정의역이 없으면 그 함수도 없는 것이고 정의역이 다르면 메커니즘이 같아도 그 것은 다른 함수인 것이니까요.

또 하나의 예를 들어, 이 역함수의 호출명을 g 로 하고 x 를 g 에서의 입력변수로 하고 y 를 출력변수로 할 수도 있죠. 그러면, 이 역함수 g 를 x-y 좌표계에 놓을 수가 있고 다음과 같이 구체적으로 표현할 수 있는 것이죠:

$y = g(x) = (x - 5)/2$ 이며 $x \ge 7$.

x-y 좌표계를 자주 사용하는 관계로 주로 두 번째의 예를 선택하여 사용합니다.
그러면 이제, 다음과 같이 두개의 함수 f 와 g 가 구체적으로 표현되는 것이죠:

$y = f(x) = 2x + 5$ 이며 $x \ge 1$. $y = g(x) = (x - 5)/2$ 이며 $x \ge 7$. $g = f^{-1}$.

요약하면, 역함수를 구할 때 $y = 2x + 5$ 와 같이 그 원래함수의 메커니즘과 그 출력변수 사이의 관계식을 방정식으로 하여 그 방정식을 그 입력변수에 관하여 풀고 그 답을 그 역함수의 메커니즘으로 하죠, 그리고 나서, 그 역함수에서 사용될 변수들의 문자들을 선택하는 겁니다. 예를 들어서, 그 역함수의 호출명을 g 로 하고 이 g 에서의 입력변수는 u 로 하며 그 출력변수는 v 로 한다면 어떨까요? 그것들이 (그 함수와) 관련된 수식들 중에 그 어떤 것에서도 혼란을 일으키지 않는다면, 그렇게 해도 됩니다. 그러면, 그 역함수를 u-v 좌표계에 놓는 것이며 다음과 같이 구체적으로 표현합니다:

$v = g(u) = (u - 5)/2$ 이며 $u \ge 7$.

그러면 이제:
이 u 는 원래 함수 $y = f(x) = 2x + 5$ for $x \ge 1$ 에서 y 가 취하는 값을 취하죠.
이 v 는 원래 함수 $y = f(x) = 2x + 5$ for $x \ge 1$ 에서 x 가 취하는 값을 취하죠.

함수를 놓을 좌표계에 따라서 그 함수에서의 변수들에 대한 문자(文字)들을 선택합니다.

이제, 다 된 겁니다.

그럼 이제, 이 예제에서의 문제에 대하여 작업을 시작하기로 하죠.

실수 x 에 대한 함수 f(x) = ax + b 의 역함수를 찾고자 하는데 여기에서 a 와 b 는 상수들이고 a ≠ 0.

이 f 에서의 입력변수는 x 이고 출력변수는 y 입니다. 그리하여, y = ax + b 를 x 에 대한 방정식으로 하여 x 에 대하여 풀고 나면, 그 답이 y 로 된 하나의 수식(數式)이죠. 그러면, 이 답이 그 역함수의 메커니즘입니다.

y = ax + b ⇒ x = (1/a)(y - b).

그러면, (1/a)(y – b)이 그 역함수의 메커니즘이고 여기에서 이 y 는 이 역함수의 입력변수인 것이죠.

역함수의 정의(定義)와 관련하여 원래함수 f 와 그 역함수 g 와의 사이에서 뭐가 어떻게 돌아가고 있는지 한번 보기로 하죠.

다음과 같이 가정하세요:

X 와 Y 는 실수의 집합이며 f: X ⟶ Y.

f(x) = ax + b 이며 여기에서 x ∈ X, y ∈ Y 이고 a 와 b 는 0 이 아닌 상수.

역함수의 호출명은 g 이고 그 입력변수는 u 이며 그 출력변수는 v.

그러면, g: Y ⟶ X 이고 v = g(u) = (1/a)(u – b)이며 여기에서 u ∈ Y 이고 v ∈ X.

또한, 이것을 다음과 같은 방법으로 표현할 수도 있습니다.

다음과 같이 가정하세요:

X 와 Y 는 실수의 집합.

f: x ⟶ ax + b 이며 여기에서 x ∈ X, ax + b ∈ Y 이고 a 와 b 는 상수들이며 a ≠ 0.

역함수의 호출명은 g 이고 그 입력변수는 u.

그러면, g: u ⟶ (1/a)(u – b)이며 여기에서 u ∈ Y 이고 (1/a)(u – b) ∈ X.

그러면 이제, 함수 g 를 x-y 좌표계에 놓으려 합니다.

그러면, 그 변수들의 이름들을 이 좌표계에 맞게 바꾸어야 하죠.

x-y 좌표계에서는 x 가 입력변수이고 y 가 출력변수라는 것을 알고있죠.

그러므로, 이 역함수를 y = g(x) = (1/a)(x – b)로 놓을 수 있는 것이죠.

요약:

y = f(x) = ax + b이며 g = f^{-1} 라고 하세요.

y = ax + b ⇒ x = (y – b)/a.

⇒ 이 g 를 x-y 좌표계에 놓는다면 y = g(x) = (x – b)/a.

이제, 다음 예제를 보기로 하죠.

제안과 풀이
1 번 예제에서의 0 번 문제

다음과 같은 함수의 역함수를 구하세요: $y = f(x) = (2 - x)^{1/2} + 3$ 이며 $x \le 2$.

이 f(x)에 있는 x 를 y 로 구체적(具體的)으로 표현(表現)해야 하죠.
즉, 이 역함수의 메커니즘(mechanism)을 찾아내야 하는 것입니다.
그러면, $y = (2 - x)^{1/2} + 3$ 을 x에 대한 방정식으로 하고 그 답을 그 메커니즘으로 하는 것이죠 왜냐하면, 그 답이 y로 된 수식(數式)이기 때문이죠; 즉, **x = 그 수식** 인데 이는 y의 식(式)으로 된 것이죠.
그러나, 더 진행(進行)하기 전(前)에 이 f 의 치역이 무엇인지 알아야 하죠.
그러면, 이 f 의 치역은 그 역함수의 정의역이 무엇인지 알려줄 것입니다.

함수를 구체적으로 표현할 때에는 적어도 그 메커니즘(mechanism)과 정의역은 구체적으로 표현하여야 하는 것이죠.
특히, 역함수를 표현할 때에는 만약에 그 역함수의 정의역을 생략(省略)하면 그 역함수의 메커니즘이 원래함수(原來函數)의 정의역에 속할 수 없는 출력을 만들어낼 수도 있기 때문에, 그 메커니즘과 함께 그 정의역을 구체적으로 표현할 수 있어야 합니다. 정의역이 다르면 그것은 다른 함수라는 것을 알고있죠.

y = f(x)에서는 **정의역 = {x| x ≤ 2}**라는 것을 알고있으며 **$y = (2 - x)^{1/2} + 3$** 이죠.
$(2 - x)^{1/2} \ge 0$ 라는 것을 알고있죠.
그러면, $y = (2 - x)^{1/2} + 3 \ge 3$ 이라는 것을 알 수 있는 것이죠.
그리하여, y ≥ 3. 그러면 이제, 이 f 의 치역 = {e| e ≥ 3}.

잠시만 요! 어째서 집합 {e| e ≥ 3}의 표기에서 y 가 아니고 e 인가요? 물론, 위의 집합 표기에서 e 대신에 y 를 사용할 수 있죠. 또한, 그 집합 표기에서 e 대신에 a, b, c 및 기타 등등 중에서 그 어느 것을 사용해도 됩니다. 일관성이 유지되는 한 하나의 집합의 일반원소에 대한 기호로서 그 어느 문자를 사용해도 달라지는 것은 없어요. 집합의 일반원소에 대한 기호는 마치 변수와도 같은 것이죠. 다시 말해서, 그 기호는 하나의 상자나 사발과 같이 그저 하나의 용기일 뿐인 것이죠. 그리하여, 예를 들면 이 f 의 정의역을 {t| t ≥ 3}로 표현할 수도 있는 겁니다.

그러면 이제, $y = (2 - x)^{1/2} + 3$ 에서 x에 대하여 풀어 야죠.
$y = (2 - x)^{1/2} + 3 \Rightarrow y - 3 = (2 - x)^{1/2}$.
양변의 제곱을 취하면, $2 - x = (y - 3)^2 \Rightarrow x = 2 - (y - 3)^2$.
이제, 그 역함수의 이름을 g(s)라고 하세요.
그러면, $g(s) = 2 - (s - 3)^2$이며 $s \ge 3$ 입니다.
어째서 s ≥ 3 이죠?
그것은 이 f 의 치역이 {e| e ≥ 3}이고 이 f 의 치역은 이제 g 의 정의역이 되기 때문입니다.
이 역함수를 g(x)라고 이름 붙여도 되나요? 물론, 그렇게 이름 붙여도 됩니다.
그러면, 이 역함수는 $g(x) = 2 - (x - 3)^2$이며 $x \ge 3$ 이죠.

또한, y 를 g 에서의 출력변수로 할 수도 있죠.

그리하여, 이 f 의 역함수를 다음과 같은 방식으로 구체적으로 표현할 수 있는 것이죠:

$g = f^{-1}$이고 $y = g(x) = 2 - (x - 3)^2$ 이며 $x \geq 3$ 이고 $y \leq 2$.

사실, g 의 치역은 표현하지않아도 되죠 왜냐하면 이 치역은 이미 f 의 정의역에 의하여 구체적으로 표현 되어있기 때문입니다.

요약:

$y = f(x) = (2 - x)^{1/2} + 3$ 이며 $x \leq 2 \Rightarrow y \geq 3$.

$y = (2 - x)^{1/2} + 3 \Rightarrow y - 3 = (2 - x)^{1/2} \Rightarrow 2 - x = (y - 3)^2 \Rightarrow x = 2 - (y - 3)^2$.

$g = f^{-1}$라 하고 g를 x-y 좌표계에 놓기로 하죠.

그러면, $y = g(x) = 2 - (x - 3)^2$이며 $x \geq 3$.

그림. 1.0.0

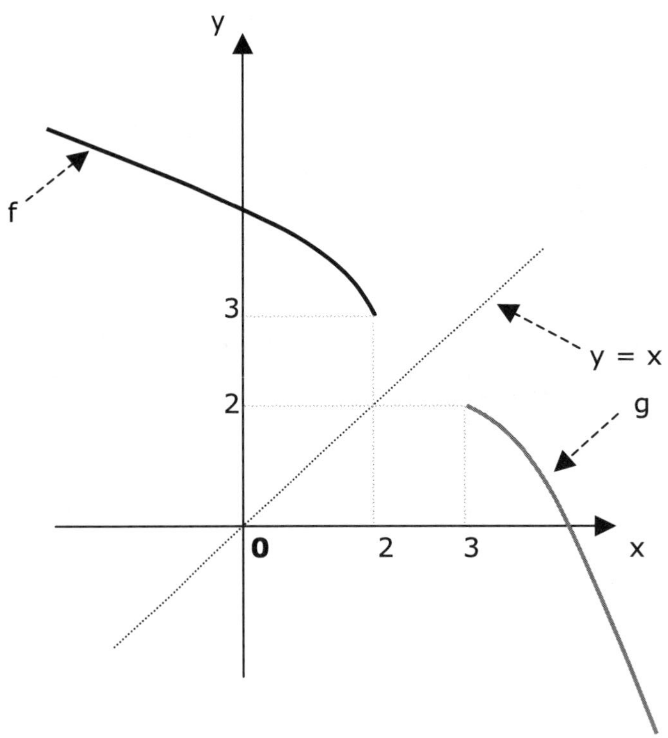

이 역함수 g 의 커브는 하나의 x-y 평면 위에 f 의 커브와 함께 놓여있으며 이때, 이것들은 직선 y = x 에 관하여 대칭입니다.

제안과 풀이
1 번 예제에서의 1 번 문제

다음과 같은 함수의 역함수를 구하세요: $y = f(x) = (2x - 1)(2x + 5)$ 이며 $x \geq 0$.

그러면, x 에 대한 방정식 $y = (2x - 1)(2x + 5)$을 풀어서 그 답을 y 의 식으로 표현해야 하죠. 물론, 이 f 의 정의역과 치역이 둘 다 구체적으로 표현되도록 조치(措置)할 겁니다.

x 에 대한 방정식을 풀 수 있도록 이 메커니즘을 전개(展開)하도록 하죠.

$y = (2x - 1)(2x + 5) = 4x^2 + (10 - 2)x - 5 = 4x^2 + 8x - 5.$

물론, 이 방정식을 $4x^2 + 8x - 5 - y = 0$ 으로 놓고 근(根)의 공식을 사용해도 됩니다.
그렇지만, 이 방정식에서의 y 때문에 방정식이 꽤나 거북하게 보이죠.
아무튼, 그 공식을 잊었다면 어쩌죠?
그러면, 이 방정식에서 완전 제곱식을 추출해내어 그 공식을 되찾으면 됩니다.
그런데, 완전 제곱식을 구하는 것이 더 쉬워보이니까 구하기로 하죠. 그걸 f 의 메커니즘에서 구할 겁니다 그리고 나서, x 에 대하여 풀 겁니다.

$y = 4x^2 + 8x - 5 = 4(x^2 + 2x) - 5 = 4(x^2 + 2x + 1 - 1) - 5 = 4(x^2 + 2x + 1) - 4 - 5$
$= 4(x + 1)^2 - 9.$

그럼 이제, 이 시점에서 f 의 치역을 표현해야지요 왜냐하면, 지금 그것을 쉽게 알아낼 수 있기 때문입니다.
그 어떤 실수라 해도 그것의 제곱은 0 보다 크거나 같으니까 $(x + 1)^2 \geq 0$ 이므로 $y = 4(x + 1)^2 - 9 \geq -9$ 라고 할 수 있을까요? 이 경우에 그 대답은 "아니오!" 입니다.
이 f 의 정의역이 $x \geq 0$ 으로 표현되어있는 것을 알고있죠.
그러면, $x \geq 0 \Rightarrow (x + 1)^2 \geq 1 \Rightarrow 4(x + 1)^2 \geq 4.$
그리하여, $y = 4(x + 1)^2 - 9 \geq -5.$
그러면 이제, 이 f 의 치역은 $y \geq -5$ 로 표현되는 것이죠.
그럼 이제, 역함수의 메커니즘을 완료(完了)해야 하죠.

$y = 4(x + 1)^2 - 9$ 입니다.
$\Rightarrow y + 9 = 4(x + 1)^2 \Rightarrow (x + 1)^2 = (y + 9)/4 \Rightarrow x + 1 = \pm(y + 9)^{1/2}/2$
$\Rightarrow x = \pm(y + 9)^{1/2}/2 - 1.$

그럼 이제, ±의 두개의 부호들 중에서 하나를 선택해야 하죠.
이 f 에서 $x \geq 0$ 이라는 것을 알고있죠.
그러면, 이 x는 $-(y + 9)^{1/2}/2 - 1$ 이 될 수는 없습니다 왜냐하면, $y \geq -5$ 이니까 $(y + 9)^{1/2} \geq 2$ 이기 때문입니다.
그러면, $x = (y + 9)^{1/2}/2 - 1$ 이고 여기에서 이 x가 f에서는 입력변수로 사용되었었죠.

그러면, 역함수에서의 메커니즘은 $(y + 9)^{1/2}/2 - 1$ 으로 되는데 여기에서 이 y는 이제부터는 역함수의 입력변수입니다. 그럼 이제, 다 된 건가요? 거의 다 되어갑니다!

이제, $y = g(x)$가 f의 역함수라고 가정하세요; 즉, 이 역함수는 x-y 좌표계에 놓여지게 되는 것이죠.
그러면 이제, $g = f^{-1}$ 이고 $y = g(x) = (x + 9)^{1/2}/2 - 1$ 이며 $x \geq -5$ 이고 $y \geq 0$.
이제, 다 된 겁니다.

요약:

$y = (2x - 1)(2x + 5) = 4x^2 + (10 - 2)x - 5 = 4x^2 + 8x - 5 = 4(x^2 + 2x) - 5$
$= 4(x^2 + 2x + 1 - 1) - 5 = 4(x^2 + 2x + 1) - 4 - 5 = 4(x + 1)^2 - 9.$
$x \geq 0$ 이며 $(x + 1)^2 \geq 1 \Rightarrow 4(x + 1)^2 \geq 4.$
그러므로, $y = 4(x + 1)^2 - 9 \geq -5 \Rightarrow y \geq -5.$
$y = 4(x + 1)^2 - 9 \Rightarrow y + 9 = 4(x + 1)^2 \Rightarrow (x + 1)^2 = (y + 9)/4 \Rightarrow x + 1 = \pm(y + 9)^{1/2}/2$
$\Rightarrow x = \pm(y + 9)^{1/2}/2 - 1.$
$x = (y + 9)^{1/2}/2 - 1$ 왜냐하면 $x \geq 0$.
이제, $y = g(x)$가 f의 역함수라고 하세요.
그럼 이제, $g = f^{-1}$ 이며 $y = g(x) = (x + 9)^{1/2}/2 - 1$ 이고 $x \geq -5$ 이며 $y \geq 0$.

그림. 1.1.0

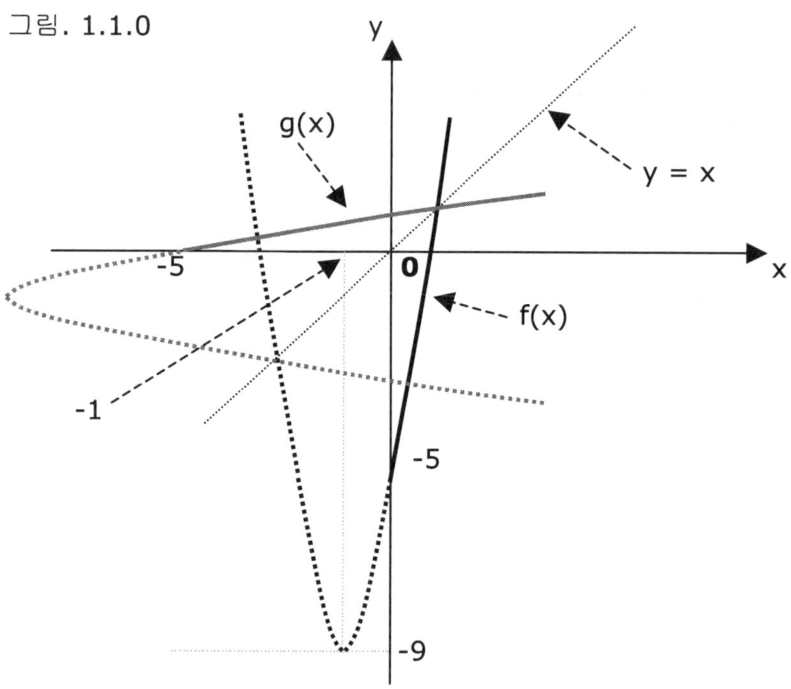

f와 g의 커브들은 직선 $y = x$에 관하여 대칭입니다.

제안과 풀이
1번 예제에서의 2번 문제

다음과 같은 함수의 역함수를 구하세요: $y = f(x) = 2/(1 - 2x) + 1$ 이며 $x \neq 1/2$.

그림. 1.2.0

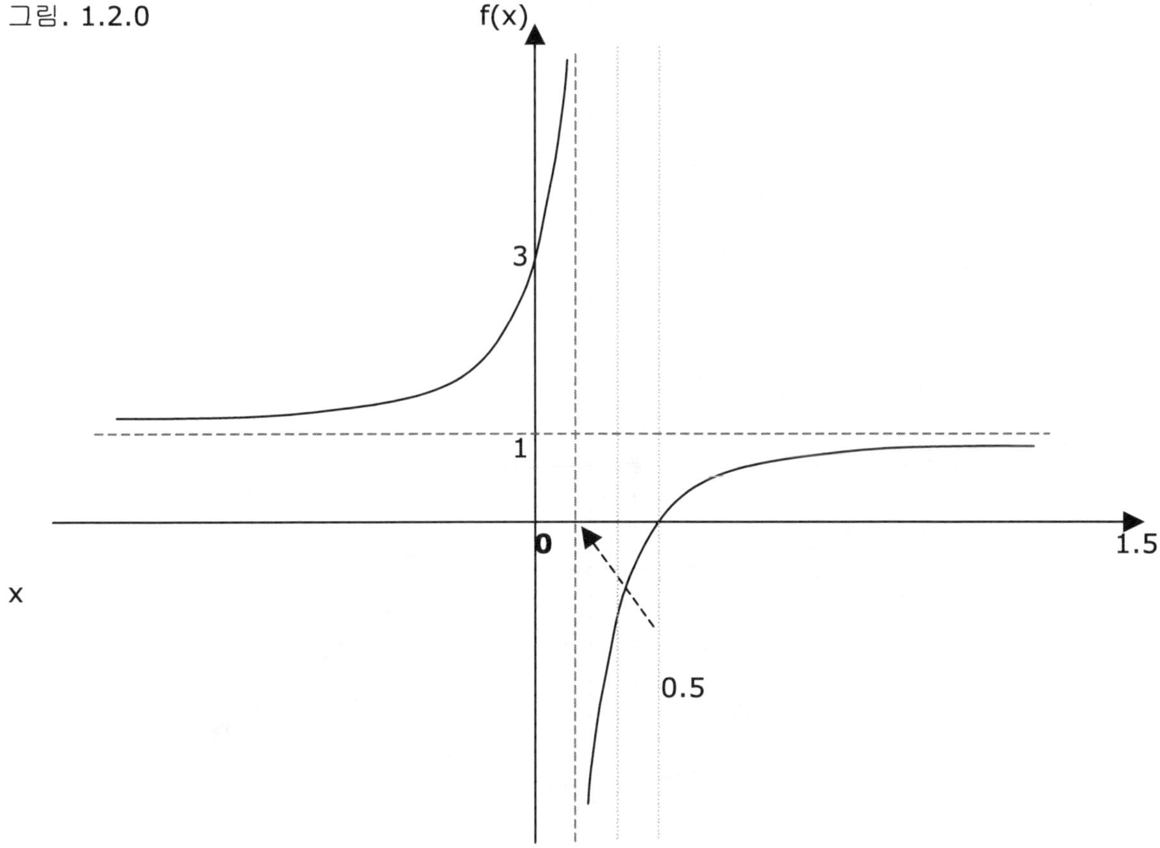

이 f의 치역은 무엇이죠?

R이 모든 실수의 집합이라고 하세요.

그러면, f의 치역 = R – {1}. 즉, f의 치역은 1을 제외한 모든 실수의 집합이죠.

이는 그 어떤 x값에 대하여도 2/(1 – 2x)가 0이 될 수 없으니까 y가 1이 될 수 없기 때문입니다.

이 f의 치역은 1/2을 제외한 모든 실수의 집합이죠 왜냐하면 0으로 나누는 나눗셈은 허용되지 않기 때문입니다.

1 – 2x는 분모이며 x = 1/2일 때 1 – 2x = 0이죠.

그럼 이제, 역함수의 메커니즘을 구해보기로 하죠.

$y = 2/(1 - 2x) + 1 \Rightarrow y - 1 = 2/(1 - 2x) \Rightarrow 1 - 2x = 2/(y - 1) \Rightarrow 2x = 1 - 2/(y - 1)$

$\Rightarrow x = 1/2 - 1/(y - 1)$.

이제, 역함수에서의 메커니즘이 1/2 – 1/(y – 1)이라는 걸 알 수 있죠 여기에서 이 y는 이제부터는 역함수에서의 입력변수입니다.

역함수가 y = g(x)로 되어있다고 하세요; 즉, 역함수를 x-y 좌표계에 놓는 것입니다.
그러면, 역함수를 $y = g(x) = 1/2 - 1/(x - 1)$이며 $x \neq 1$ 로 표현하게 됩니다.
g 의 정의역이 $R - \{1\}$이며 치역은 $R - \{1/2\}$이라는 것을 알 수 있죠.

요약:
f 의 치역 = $R - \{1\}$ 여기에서 R 은 모든 실수의 집합.
f 의 정의역 = $R - \{1/2\}$.
$y = 2/(1 - 2x) + 1 \Rightarrow y - 1 = 2/(1 - 2x) \Rightarrow 1 - 2x = 2/(y - 1) \Rightarrow 2x = 1 - 2/(y - 1)$
$\Rightarrow x = 1/2 - 1/(y - 1)$.
역함수가 y = g(x)로 되어있다고 하세요.
그러면, $y = g(x) = 1/2 - 1/(x - 1)$이며 $x \neq 1$.

f 의 커브는 검정 색이며 g 의 커브는 회색입니다.

그림. 1.2.1

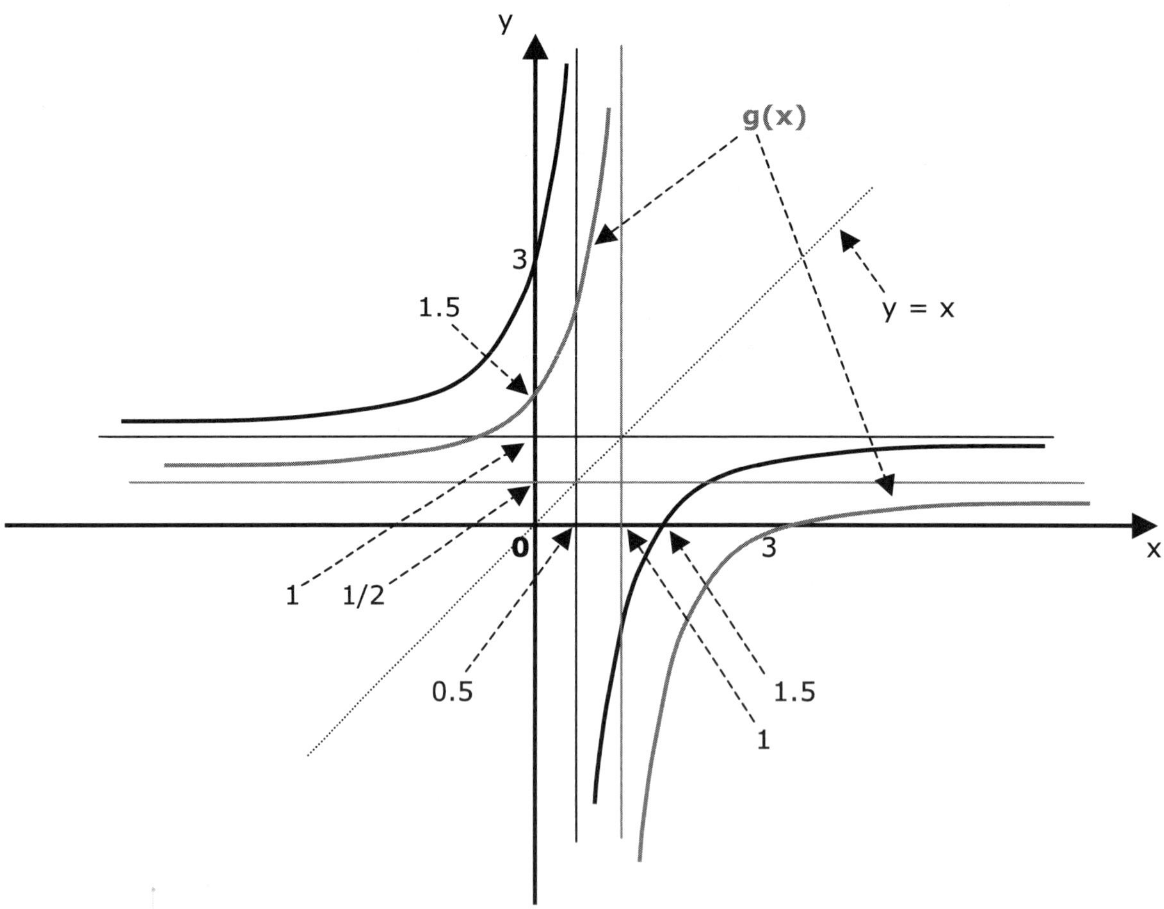

제안과 풀이
1번 예제에서의 3번 문제

다음과 같은 함수의 역함수를 구하세요: $y = f(x) = 2(x - 3)^3$이며 x는 실수.

이 f의 치역은 무엇이죠? 이 f의 치역은 모든 실수의 집합입니다.

그러면, $g = f^{-1}$ 라 하고 g의 메커니즘을 구해보도록 하죠.
$y = 2(x - 3)^3$ 입니다 $\Rightarrow (x - 3)^3 = y/2 \Rightarrow x - 3 = (y/2)^{1/3} \Rightarrow x = (y/2)^{1/3} + 3$.

역함수가 $y = g(x)$로 되어있다고 하세요.
그럼 이제, $y = g(x) = (x/2)^{1/3} + 3$ 이며 x는 실수.

그림. 1.3.0

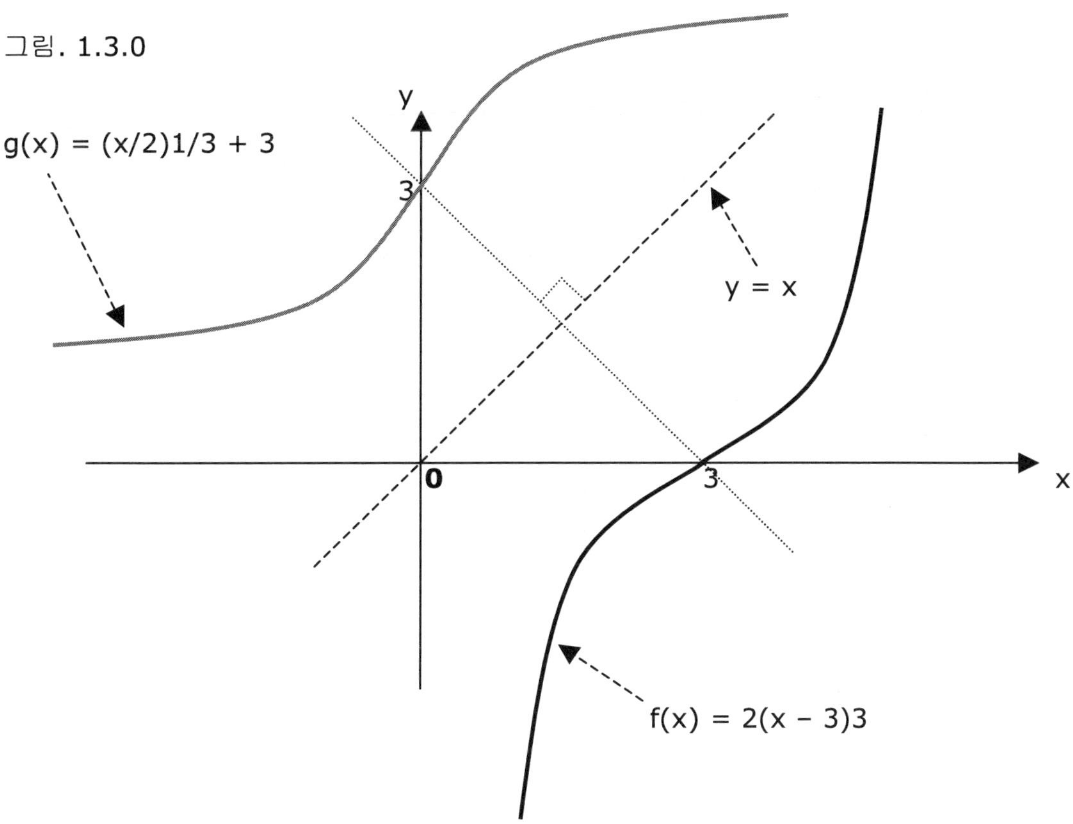

역함수와 원래함수의 커브들은 직선 $y = x$에 대하여 대칭입니다.

제안과 풀이
1 번 예제에서의 4 번 문제

다음과 같은 함수의 역함수를 구하세요: $y = f(x) = (x - 1)(x - 2)(x - 3)$이며 $x \geq 0$.

이 f 의 치역은 무엇이죠?
이 경우에는 즉각적으로는 손쉽게 알아낼 수 있을 것 같지 않은데요.
그러면, 그 치역이 어떤 것인지 알 수 있도록 이 f 의 그래프를 시도해볼 수도 있겠네요.
그렇지만, 그저 함수가 개략적으로 어떻게 행동하는지를 알면 되니까, 그래프를 정밀하게 작성할 필요는 없습니다.

그림. 1.4.0

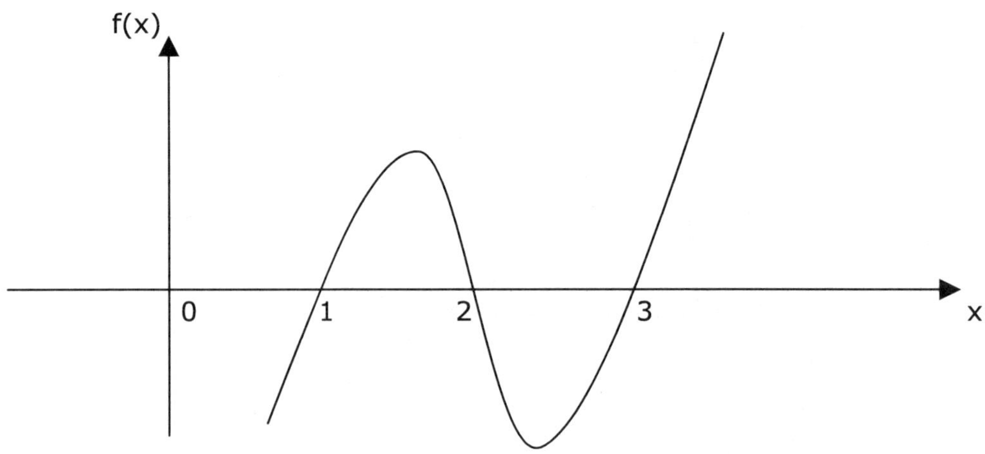

그럼, 무엇인가를 알 수 있는데 이는 지금 치역보다도 더 중요한 것입니다.
치역을 찾으려고 굳이 애를 쓸 필요도 없습니다.
$x \geq 0$ 로 되어있는 정의역에 대하여 이 함수 f 는 일대일(一對一)이 아닙니다.
그러므로, 역함수는 없는 것이죠!

정의역이 다음과 같다면 어떻습니까: $x \leq 1$ 이거나 $x \geq 3$?
그러면, 그 함수는 일대일이며 그 치역은 $x \leq 1$ 인 x 에 대하여는 $\{t | t \leq 0\}$이고 $x \geq 3$ 인 x 에 대하여는 $\{t | t \geq 0\}$이죠.

그렇지만, 분석적인 방법으로는 좀처럼 그 메커니즘을 찾을 수가 없지요. 즉, 그 역함수의 메커니즘을 구체적으로 표현하기 위하여 수식을 도출할 수는 거의 없다는 것이죠. 그렇다 하더라도, 여전히 그 메커니즘을 만들어낼 수 있죠. 수치해석으로 그걸 할 수도 있어요. 다시 말해서, 그 메커니즘을 만들어내기 위하여 수치해석에서의 방법들을 사용하는 것이죠. 주로, algorithm 을 적용하여 위와 같은 함수의 역함수에 대하여 작업을 합니다. Algorithm 이라는 것은 문제해결 과정들의 집단인데 이 과정들은 순차적으로 연결되어있습니다. 이런 경우에는, 주로 컴퓨터(computer)를 사용합니다.

제안과 풀이
1 번 예제에서의 5 번 문제

다음과 같은 함수의 역함수를 구하세요: $y = f(x) = (x - 1)^4$이며 x는 실수.

이 f의 치역은 무엇이죠? 이 f의 치역 = {e| e ≥ 0}.
하지만, 이 f는 일대일이 아니므로 역함수를 갖을 수가 없다는 것을 알 수 있습니다.
이 f의 그래프의 모양은 다음과 같습니다:

그림. 1.5.0

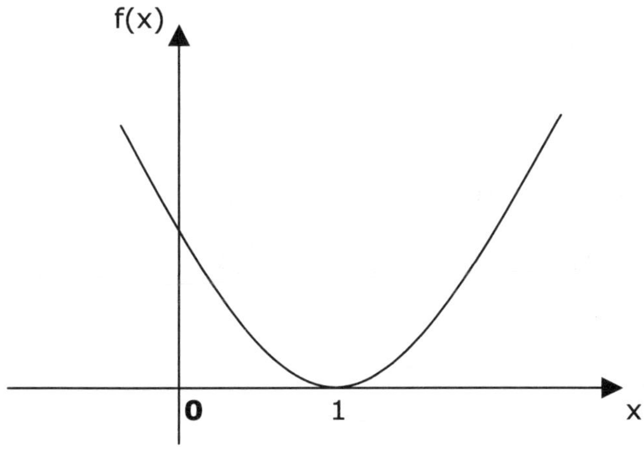

정의역이 다음과 같으면 어떤가요: x ≥ 1?
그러면, 이 f는 그 정의역에 대하여는 일대일이므로 역함수를 갖을 수가 있죠.

그림. 1.5.1

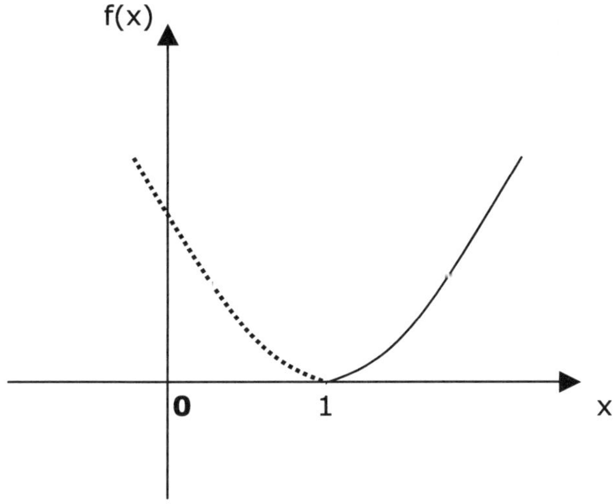

그러면, 이 f의 치역은 무엇이죠? 그 치역은 {e| e ≥ 0}입니다. 그러면, y ≥ 0.
그럼 이제, 그 메커니즘을 구해보도록 하죠.

$y = (x-1)^4 \Rightarrow x - 1 = \pm y^{1/4} \Rightarrow x = \pm y^{1/4} + 1.$
$x \geq 1$ 이고 $y \geq 0$ 이므로 $x = y^{1/4} + 1.$
역함수가 $y = g(x)$로 되어있다고 가정하세요.
그러면, $y = g(x) = x^{1/4} + 1$ 이며 $x \geq 0.$

g의 정의역이 {x| x ≥ 0}이며 치역은 {x| x ≥ 1}이라는 것을 알 수 있죠.

그림. 1.5.2

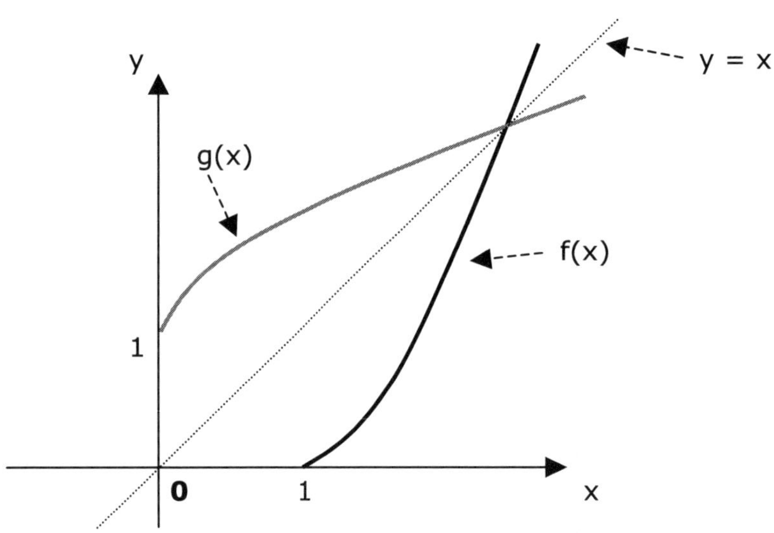

제안과 풀이
2번 예제에서의 문제

$f(x) = (2ax + b)/(cx - 2)$가 다음과 같은 역함수를 갖는다고 하세요:
$f^{-1}(x) = (x + 2)/(2x - 3)$ 이며 $x \neq 3/2$.
그러면, a와 b 및 c의 값들을 구하세요.

함수 $y = f(x)$의 역함수의 정의(定義)를 알고있죠:
$y = f(x) \Leftrightarrow x = f^{-1}(y)$이며 여기에서 $f(x)$는 일대일(一對一)이다.

그러면, 문제의 내용설명에서 $f^{-1}(x)$은 무엇을 의미하는 것이죠? 그게 $f^{-1}(y)$가 되야 하는 거 아니에요? 이 $f^{-1}(x)$에는 잘못된 것이 아무것도 없는 것이며 이는 f의 역함수라는 함수에서의 출력변수로서 하나의 문자 x가 사용되기 위하여 선택되었다는 것을 의미하는 것 뿐입니다.

어째서 요?

위에 있는 f의 역함수의 정의에서는, $x = f^{-1}(y)$이죠.
그러면, 이 x는 f^{-1}에서의 출력변수이고 이 y는 f^{-1}에서의 입력변수이죠.
그럼 이제, 이 역함수의 정의가 나타내는 바는 이 f^{-1}가 f로부터의 출력을 그 자신으로의 입력으로 취급한다는 사실과 f로의 입력을 그 자신으로부터의 출력으로서 취급한다는 사실에 지나지않는 것입니다.
이 f^{-1}가 하나의 함수라는 것을 알고있죠. 그러면, 이 f^{-1}를 역함수 라기 보다는 그저 또 하나의 함수로 취급할 수도 있죠. 그럼 이제, $x = f^{-1}(y)$에서 x와 y는 단지 변수들의 이름들일 뿐이죠.

이제, 이 f^{-1}를 x-y좌표계에 놓으려 한다고 하세요, 이 좌표계에서 x축은 입력변수에 대한 것이고 y축은 출력변수에 대한 것이죠. 그러면, 이 f^{-1}에서의 출력변수로 문자 y를 선택할 수 있고 입력변수로 문자 x를 선택할 수 있는 것이죠; 그리하여, $x = f^{-1}(y)$에서 문자 y를 문자 x로 교체하고 문자 x를 문자 y로 교체할 수 있는 것입니다. 그럼 이제, $y = f^{-1}(x)$로 역함수를 표현하는 것이죠 여기에서 함수 자체에 관한 한 x와 y는 f와는 더 이상 아무런 관계가 없는 것이죠. 물론, 언제든지 원하면, 이것들을 f에서의 변수들과 연결시킬 수는 있죠. 그땐 각 변수에 아래 첨자(添字)를 추가하는 것이 좋을 겁니다.

이제, a와 b 그리고 c의 값들에 대하여 작업을 시작하기로 하죠. $y = f(x)$라고 하세요.
그러면, $y = (2ax + b)/(cx - 2)$을 x에 대한 방정식으로 하고, 그 답을 y의 식으로 나타내고 나서 그 답을 그 역함수의 메커니즘으로 취급하는 겁니다.

그러면, $y = (2ax + b)/(cx - 2) \Rightarrow (cx - 2)y = 2ax + b \Rightarrow x(cy - 2a) = b + 2y$

$\Rightarrow x = (2y + b)/(cy - 2a). \Rightarrow f^{-1}(x) = (2x + b)/(cx - 2a).$

$f^{-1}(x) = (x + 2)/(2x - 3)$라는 것을 알고있죠.
그러면, a와 b 그리고 c의 값들을 찾아내기 위하여 계수들과 상수들을 비교할 수 있도록 $f^{-1}(x)$의 메커니즘의 모습을 바꾸어야 하겠네요.

$(2x + b)/(cx - 2a)$에서 계수들은 2와 c이고 상수들은 b와 $-2a$입니다.

$f^{-1}(x) = (x + 2)/(2x - 3) = 2(x + 2)/\{2(2x - 3)\} = (2x + 4)/(4x - 6).$

그럼 이제, 비교를 해볼 수가 있네요.

$f^{-1}(x) = (x + 2)/(2x - 3) = (2x + 4)/(4x - 6) = (2x + b)/(cx - 2a)$라는 것을 알고있죠.

$\Rightarrow (2x + b)/(cx - 2a) = (2x + 4)/(4x - 6). \Rightarrow a = 3, b = 4,$ and $c = 4.$

f의 f^{-1}가 존재하면 $(f^{-1})^{-1} = f$라는 것을 유의하세요.
그렇게 해도 되는지 알아보기로 하죠.
$y = f^{-1}(x) = (x + 2)/(2x - 3)$입니다.
그럼 이제, 이 $f^{-1}(x)$의 역함수를 취해보기로 하죠.

$y = (x + 2)/(2x - 3) \Rightarrow (2x - 3)y = x + 2 \Rightarrow x(2y - 1) = 3y + 2$

$\Rightarrow x = (3y + 2)/(2y - 1) \Rightarrow f(x) = (3x + 2)/(2x - 1) \Rightarrow (3x + 2)/(2x - 1) = (2ax + b)/(cx - 2).$

계수들과 상수들을 비교할 수 있도록 $(3x + 2)/(2x - 1)$의 모습을 바꿀 수가 있죠.

$(2ax + b)/(cx - 2)$에서 계수들은 $2a$ 와 c 이고 상수들은 b 와 -2 입니다.

$(3x + 2)/(2x - 1) = 2(3x + 2)/\{2(2x - 1)\} = (6x + 4)/(4x - 2).$

그럼 이제, $(6x + 4)/(4x - 2) = (2ax + b)/(cx - 2)$에서 비교를 해볼 수가 있죠.

그러면, $a = 3$ 이며 $b = 4$ 이고 $c = 4$ 라는 것을 알 수 있습니다.

요약:

$y = f(x)$라 하세요.

그러면, $y = (2ax + b)/(cx - 2) \Rightarrow (cx - 2)y = 2ax + b \Rightarrow x(cy - 2a) = b + 2y$

$\Rightarrow x = (2y + b)/(cy - 2a). \Rightarrow f^{-1}(x) = (2x + b)/(cx - 2a).$

$f^{-1}(x) = (x + 2)/(2x - 3)$라는 것을 알고있죠.

$f^{-1}(x) = (x + 2)/(2x - 3) = 2(x + 2)/\{2(2x - 3)\} = (2x + 4)/(4x - 6).$

$\Rightarrow (2x + b)/(cx - 2a) = (2x + 4)/(4x - 6). \Rightarrow a = 3$ 이고 $b = 4$ 이며 $c = 4$ 입니다.

다른 방법:

$y = f^{-1}(x) = (x + 2)/(2x - 3)$라 하세요.

$y = (x + 2)/(2x - 3). \Rightarrow (2x - 3)y = x + 2 \Rightarrow x(2y - 1) = 3y + 2$

$\Rightarrow x = (3y + 2)/(2y - 1). \Rightarrow f(x) = (3x + 2)/(2x - 1).$

$\Rightarrow (3x + 2)/(2x - 1) = (2ax + b)/(cx - 2)$

$(3x + 2)/(2x - 1) = 2(3x + 2)/\{2(2x - 1)\} = (6x + 4)/(4x - 2).$

그러면, $(6x + 4)/(4x - 2) = (2ax + b)/(cx - 2) \Rightarrow a = 3$ 이고 $b = 4$ 이며 $c = 4.$

제안과 풀이
3 번 예제에서의 0 번 문제

$f(x) = 2x + u$이고 $g(x) = v - 3x$라고 하고 f^{-1}, g^{-1}, $g•f$, $(g•f)^{-1}$을 알아내고 $(g•f)^{-1} = f^{-1}•g^{-1}$ 이 성립하는지 알아보세요.

$y = f(x) = 2x + u$ 라고 가정하세요.
그러면, $y = 2x + u \Rightarrow x = (y - u)/2$.
그러면, $f^{-1}(x) = (x - u)/2$.

$y = g(x) = v - 3x$ 라고 가정하세요.
그러면, $y = v - 3x \Rightarrow x = (v - y)/3$.
그럼, $g^{-1}(x) = (v - x)/3$.

그러면 이제, $g•f = g\{f(x)\} = v - 3f(x) = v - 3(2x + u) = v - 3u - 6x$.

이제, $g•f$ 의 역함수를 찾아내기로 하죠.
$y = g•f$ 라고 가정하세요.
그러면, $y = v - 3u - 6x \Rightarrow x = (v - 3u - y)/6$.
그리하여, $(g•f)^{-1}(x) = (v - 3u - x)/6$.

정의에 의하여 $(g•f)^{-1} = f^{-1}•g^{-1}$ 라는 것을 알고있죠.
하지만, 연습 삼아 이 정리가 작동하는지 알아보기로 하죠.

$(f^{-1}•g^{-1})(x)$
$= f^{-1}(g^{-1})(x)$
$= ((g^{-1}) - u)/2$ {왜냐하면 $f^{-1}(x) = (x - u)/2$.}
$= [\{(v - x)/3\} - u]/2$ {왜냐하면 $g^{-1}(x) = (v - x)/3$.}
$= (v - 3u - x)/6$, 이는 $(g•f)^{-1}(x)$와 같은 것이죠.

제안과 풀이
3번 예제에서의 **1**번 문제

$f(x) = 2x + u$이고 $g(x) = v - 3x$라고 하고 $(g \bullet f) \bullet (g \bullet f)^{-1}$을 구해보세요.

역함수에 관한 본문에서 학습한 4번 정리에 의하여 $(g \bullet f) \bullet (g \bullet f)^{-1}$ 은 $y = x$와도 같은 하나의 항등함수라는 것을 알고있죠.

그렇지만, 연습으로서 이 정리가 작동하는지 알아볼 필요는 있습니다.

이전 문제에서 다음과 같은 내용을 알아내었죠:

$(g \bullet f)(x) = v - 3u - 6x$이며 $(g \bullet f)^{-1} = (v - 3u - x)/6$.

$(g \bullet f)(x) = h(x)$이고 $(g \bullet f)^{-1}(x) = z(x)$ 라고 하세요. 그러면:

$(g \bullet f) \bullet (g \bullet f)^{-1} = h \bullet z = h(z)$

$= v - 3u - 6(z) = v - 3u - 6\{(v - 3u - x)/6\}$

$= v - 3u - v + 3u + x$

$= x.$

그저 알아 본겁니다!

그럼 이제, 다음 예제로 넘어가보죠.

제안과 풀이
4번 예제에서의 문제

다음과 같이 가정하세요:

$f(x) = (4x^2 - 1)^{1/2} = \sqrt{4x^2 - 1}$이며 $x \geq 1/2$.

$g(x) = x(x^2 - 2x - 1)$이며 $x \geq 2$.

그러면, $f^{-1}(1)$과 $g^{-1}(-2)$를 구하세요.

함수 f를 먼저 보기로 하죠. 이 문제에 대하여 두 가지의 접근 방법이 있습니다.
그 중 한가지 방법에서는 먼저 역함수를 찾는 것이죠.

$y = f(x) = (4x^2 - 1)^{1/2}$이며 $x \geq 1/2$ 라고 가정하세요. 그러면, $y \geq 0$.

그러면, $y = (4x^2 - 1)^{1/2} \Rightarrow 4x^2 - 1 = y^2 \Rightarrow x = \pm(y^2 + 1)^{1/2}/2$.

$x \geq 1/2$라는 것을 알고있죠.

그러면, 이 x는 어쨌든 양(陽)이죠. $\Rightarrow x = (y^2 + 1)^{1/2}/2$.

$\Rightarrow f^{-1}(x) = (x^2 + 1)^{1/2}/2. \Rightarrow f^{-1}(1) = (1 + 1)^{1/2}/2 = 2^{1/2}/2 = \sqrt{2}/2$.

그 중 다른 한가지 방법에서는 역함수의 정의를 사용하는 것입니다: $y = f(x) \Leftrightarrow x = f^{-1}(y)$.

다시 말해서, $f = 1$이 되는 f(x)에서의 x의 값을 찾는 것이죠.

즉, $x = f^{-1}(1)$을 만족하는 x의 값을 찾으려 하는 것입니다.

$y = f(x) = (4x^2 - 1)^{1/2}$라는 것을 알고있죠. 그러면, $y = 1$이 되는 x의 값을 찾아야 하죠.

그러면, $1 = (4x^2 - 1)^{1/2} \Rightarrow 4x^2 - 1 = 1 \Rightarrow x = \pm(1 + 1)^{1/2}/2 = \pm 2^{1/2}/2$.

$x \geq 1/2$이므로 $x = 2^{1/2}/2$이라는 것을 알 수 있죠. 그리하여, $f^{-1}(1) = 2^{1/2}/2$.

요약:

$y = f(x) = (4x^2 - 1)^{1/2}$이며 $x \geq 1/2$라 하세요.

그러면, $y \geq 0$이고 $y = (4x^2 - 1)^{1/2}$ 입니다. $\Rightarrow 4x^2 - 1 = y^2 \Rightarrow x = \pm(y^2 + 1)^{1/2}/2$.

$x \geq 1/2 \Rightarrow x = (y^2 + 1)^{1/2}/2. \Rightarrow f^{-1}(x) = (x^2 + 1)^{1/2}/2. \Rightarrow f^{-1}(1) = (1 + 1)^{1/2}/2 = 2^{1/2}/2 = \sqrt{2}/2$.

다른 방법:

$y = f(x) \Leftrightarrow x = f^{-1}(y)$이죠.

$y = f(x) = (4x^2 - 1)^{1/2}$이며 $x \geq 1/2$ 라고 하세요. 그러면, $1 = f(x) \Leftrightarrow x = f^{-1}(1)$.

그러면, $1 = (4x^2 - 1)^{1/2} \Rightarrow 4x^2 - 1 = 1 \Rightarrow x = \pm(1 + 1)^{1/2}/2 = \pm 2^{1/2}/2$.

그러면, $x \geq 1/2$이므로 $x = 2^{1/2}/2$ 입니다. 그리하여, $f^{-1}(1) = 2^{1/2}/2$.

그럼 이제, g 로 넘어가기로 하죠.

$g(x) = x(x^2 - 2x - 1)$이며 $x \ge 2$ 이죠.

이 g 의 메커니즘에 문제가 있군요. 이것은 x 에 대한 3 차 다항식이죠, 그래서 분석적인 방법으로는 역함수를 구하지 못할 수도 있습니다.

이 g 의 그래프(graph)를 간단하게 작성하여 한번 보기로 하죠.

그러면, 출력이 어디에서 0 이 되는지 알 수 있도록 g 에서의 메커니즘의 인수분해를 먼저 시도해보도록 하죠.

인수분해 이후에는 $g(x) = x(x + 1)(x - 2)$이 됩니다.

그러면, x = 0, -1, 또는 2 에서 g = 0 이죠.

그림. 4.0

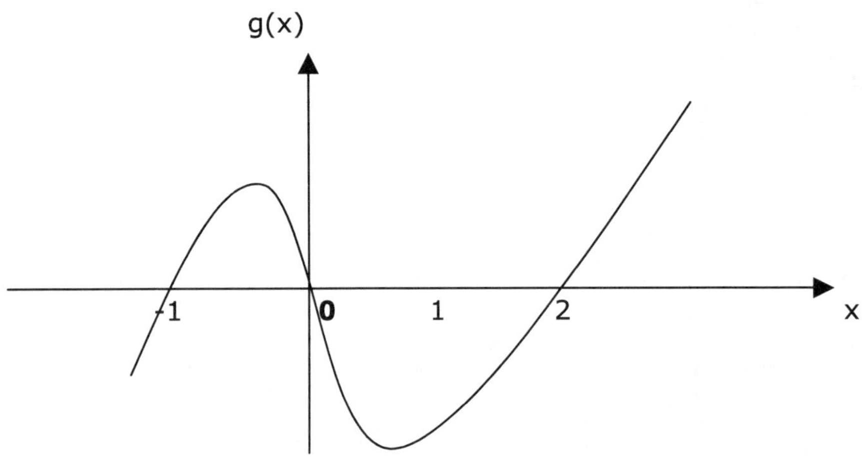

실질적으로는 이 g가 역함수를 갖는다는 것을 알 수는 있네요 왜냐하면 이것이 $x \ge 2$ 인 x에 대하여는 일대일이니까요; 그렇지만, g^{-1}는 분석적인 방법으로는 거의 찾을 수가 없는 것이죠.

그러면 이제, 위에서의 f 의 경우에서와 같이 답에 대한 그 두 번째 접근 방법을 시도하여 보기로 하죠.

역함수의 정의를 사용할 것입니다: $y = g(x) \Leftrightarrow x = g^{-1}(y)$.

다시 말해서, g = -2 가 되는 g(x)에서의 x 값을 찾으려 하는 겁니다. 즉, $x = g^{-1}(-2)$를 만족하는 x의 값을 찾아야 한다는 것이죠.

그러면, $-2 = x(x^2 - 2x - 1) \Rightarrow -2 = x^3 - 2x^2 - x \Rightarrow x^3 - 2x^2 - x + 2 = 0$.

그러면 이제, 이 3 차 방정식을 풀어야 합니다.

인수분해 방법을 사용해 보고 이게 되는지 알아보기로 하죠.

제일(第一) 마지막 항이 2 이니까 2 의 '± 소수(素數)의 약수(約數)들'을 사용해서 시행착오(施行錯誤)를 통(通)한 접근 방법을 사용해야 하죠.

$h(x) = x^3 - 2x^2 - x + 2$ 라고 하세요.

1 을 가지고 시도를 해보죠. 그럼, $h(1) = 1 - 2 - 1 + 2 = 0$ 이죠 그러면, 1 은 되는 것이네요.

-1 은 어떨까요? 그럼, $h(1) = 1 - 2 - 1 + 2 = 0$ 이죠 그러면, –1 도 되는 겁니다.

2 는 어떨까요? 그럼, $h(2) = 8 - 8 - 2 + 2 = 0$ 이죠 그러면, 2 도 되는 것이죠.

그러면, $2x^3 - 2x^2 - x + 2 = (x + 1)(x - 1)(x - 2)$라는 것을 알 수 있죠.

그러면 이제, $(x + 1)(x - 1)(x - 2) = 0 \Rightarrow x = -1, 1,$ 또는 2.
이 문제의 정의에 의해서 $x \geq 2$ 라는 것을 알고있죠. 그리하여, $g^{-1}(-2) = 2$.

그런데, 이 인수분해 방법이 3 차의 다항식으로 되어있는 모든 방정식에 대하여 다 통하는 것인가요?
이 방법은 매우 제한되어있는 것이며 그런 방정식들 대부분에 대하여 통하지않습니다. 그런 방정식들 뿐만 아니라 일반적으로 대부분의 방정식을 풀기 위하여는 주로 컴퓨터(computer)와 함께 수치해석(數値解析)에서의 방법들을 사용합니다.

요약:

$g(x) = x(x^2 - 2x - 1)$이며 $x \geq 2$ 이죠.
$g(x) = x(x + 1)(x - 2) \Rightarrow x = 0, -1,$ 또는 2 에 대하여 $g = 0$.

그림. 4.0

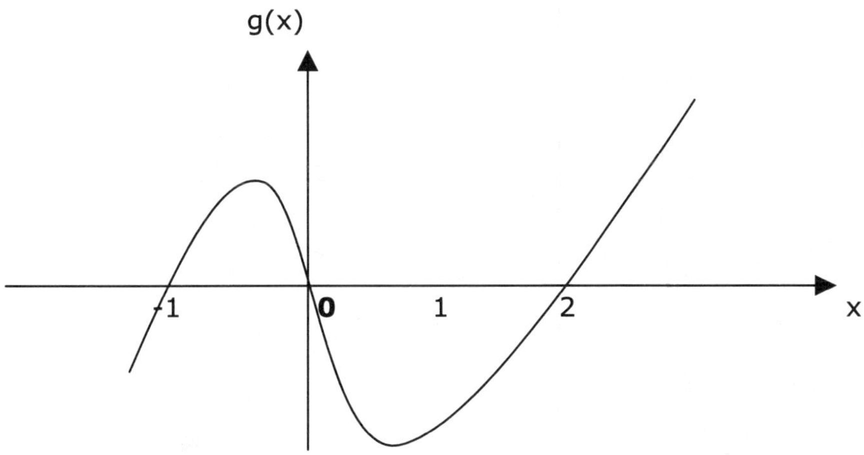

g 가 역함수를 갖는 것을 알 수 있죠 왜냐하면, 이것은 $x \geq 2$ 일 때 일대일이기 때문입니다.

$y = g(x) \Leftrightarrow x = g^{-1}(y)$입니다. 그러면, $-2 = g(x) \Leftrightarrow x = g^{-1}(-2)$.

그러면, $-2 = x(x^2 - 2x - 1) \Rightarrow -2 = x^3 - 2x^2 - x \Rightarrow x^3 - 2x^2 - x + 2 = 0$.

$h(x) = x^3 - 2x^2 - x + 2$ 라고 하세요. 그러면:

$h(1) = 1 - 2 - 1 + 2 = 0$.

$h(-1) = -1 - 2 + 1 + 2 = 0$.

$h(2) = 8 - 8 - 2 + 2 = 0$.

$\Rightarrow 2x^3 - 2x^2 - x + 2 = (x + 1)(x - 1)(x - 2)$.

그러면, $(x + 1)(x - 1)(x - 2) = 0 \Rightarrow x = -1, 1,$ 또는 2. $x \geq 2 \Rightarrow x = 2$.

그리하여, $g^{-1}(-2) = 2$.

제안과 풀이
5번 예제에서의 문제

다음과 같이 가정하세요:

$(g•f)(x) = 2x + 1$ 이며 x는 실수이고 여기에서 $f(x) = 3x + 4$.

$(u•v)(x) = 2x + 1$ 이며 x는 실수이고 여기에서 $u(x) = 3x + 4$.

그러면, g(x)와 v(x)를 구해보세요.

다음과 같은 정리(定理)들이 있습니다:
$f•f^{-1}$와 $f^{-1}•f$는 $y = x$와도 같은 항등함수.
$p•q•r = (p•q)•r = p•(q•r)$이며 여기에서 p와 q 그리고 r은 함수.

그러면, $h•f•f^{-1} = h$, $h•f•f^{-1} = h$, $f•f^{-1}•h = h$이며 $f^{-1}•f•h = h$라는 것을 알 수 있죠.
그러면 이제, $g•f•f^{-1} = g$ 라는 사실을 사용할 것입니다. 그러면, f^{-1}를 알아내야 하죠.
$y = f(x) = 3x + 4$ 라고 하세요.
그러면, $y = 3x + 4 \Rightarrow x = (4 - y)/3 \Rightarrow f^{-1}(x) = (4 - x)/3$ 이며 x는 실수입니다.
이제, $(g•f)(x) = 2x + 1$ 이고 $f^{-1}(x) = (4 - x)/3$ 이죠.
$h = g•f$ 라고 하세요. 그러면, $h(x) = 2x + 1$.
그러면, $g = (g•f)•f^{-1} = h•f^{-1} = h(f^{-1}) = 2f^{-1} + 1 = 2(4 - x)/3 + 1 = (8 - 2x + 3)/3 = (11 - 2x)/3$.
그리하여, $g(x) = (11 - 2x)/3$.

요약:

$y = f(x) = 3x + 4$ 라고 하세요.
그러면, $y = 3x + 4 \Rightarrow x = (4 - y)/3 \Rightarrow f^{-1}(x) = (4 - x)/3$ 이고 x는 실수입니다.
$h = g•f$ 라고 하세요. 그러면, $h(x) = 2x + 1$.
그러면, $g = (g•f)•f^{-1} = h•f^{-1} = h(f^{-1}) = 2f^{-1} + 1 = 2(4 - x)/3 + 1 = (8 - 2x + 3)/3 = (11 - 2x)/3$.
그리하여, $g(x) = (11 - 2x)/3$.

그러면 이제, v를 구해보도록 하죠. 그러면, 같은 방법으로, u^{-1}를 구할 수 있으면 v를 구할 수가 있죠 왜냐하면 $u^{-1}•u•v = v$ 라는 사실을 사용할 수 있기 때문입니다. 이미 u의 역함수는 구했습니다 왜냐하면 이전 부분에서 $u(x) = f(x) = 3x + 4$ 이며 $f^{-1} = (4 - x)/3$ 이라는 것이 밝혀졌기 때문이죠.
그러면, $u^{-1}(x) = (4 - x)/3$ 이며 x는 실수라는 것을 알 수 있네요. 그럼 이제, $u^{-1}•u•v = v$ 라는 사실을 사용해야 하죠. $(u•v)(x) = 2x + 1$ 이며 $u^{-1}(x) = (4 - x)/3$ 이라는 것을 알고있죠.
$j = u•v$ 라고 가정하세요. 그러면, $j(x) = 2x + 1$.
그러면, $v = u^{-1}•(u•v) = u^{-1}•j = u^{-1}(j) = (4 - j)/3 = \{4 - (2x + 1)\}/3 = (3 - 2x)/3$.
그리하여, $v(x) = 1 - 2x/3$.

요약:

$j(x) = (u•v)(x) = 2x + 1$ 라고 하세요. $\Rightarrow v = u^{-1}•(u•v) = u^{-1}•j = u^{-1}(j)$.

$u = f$이므로 $u^{-1}(x) = f^{-1}(x) = (4 - x)/3$.

$v = (4 - j)/3 = \{4 - (2x + 1)\}/3 = (3 - 2x)/3 \Rightarrow v(x) = 1 - 2x/3$.

제안과 풀이
6 번 예제에서의 문제

$f(x) = x^2 - 3x + 2$ 이며 $x \geq 2$ 라고 하고 $g\{f(x)\} = x$를 만족하는 $g(x)$를 구해보세요.

$g\{f(x)\} = x$ 라는 것으로 무엇을 말하자는 것이죠?

$g\{f(x)\} = g \bullet f$ 이라는 것을 알고있죠.

그러면 이제, $g \bullet f = x$ 라는 것은 $g \bullet f$ 가 항등함수라는 것을 의미하는 것입니다.

이 f가 x의 함수라면 $f^{-1} \bullet f = x$ 라는 정리가 있습니다.

그러니까, $g = f^{-1}$.

이제, $y = f(x) = x^2 - 3x + 2$ 라고 가정하세요.

그러면, 이 f의 치역을 알아내야 하고 이 f가 일대일 이라는 것을 확인해야 하죠.

$y = x^2 - 3x + 2 = (x - 1)(x - 2) \geq 0$ 이며 $x \geq 2$ 이죠.

그림. 6.0

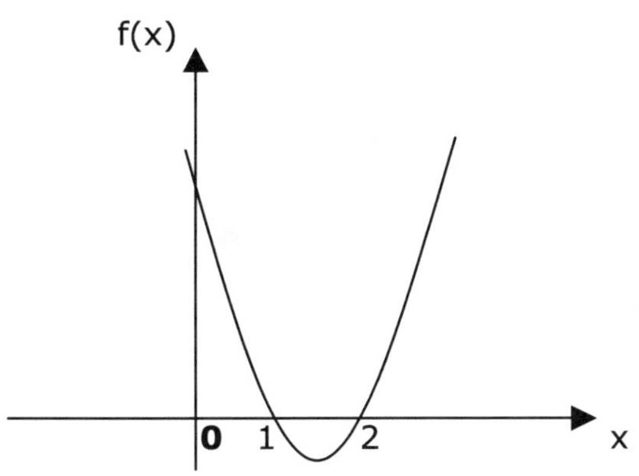

그러면, $y \geq 0$ 이며 이 f는 $x \geq 2$ 에서 일대일이라는 것을 알 수 있네요.

그러면 이제, $y = x^2 - 3x + 2 = x^2 - 3x + (3/2)^2 - (3/2)^2 + 2 = (x - 3/2)^2 - (3/2)^2 + 2$
$= (x - 3/2)^2 - 9/4 + 8/4 = (x - 3/2)^2 - 1/4$.

그러면, $y + 1/4 = (x - 3/2)^2$. $\Rightarrow x - 3/2 = \pm(y + 1/4)^{1/2}$. $\Rightarrow x = \pm(y + 1/4)^{1/2} + 3/2$.

$x \geq 2$ 라는 것을 알고있죠.

또한, $y \geq 0$ 이므로 $(y + 1/4)^{1/2} \geq 1/2$ 이지만 $-(y + 1/4)^{1/2} \leq -1/2$ 라는 것을 알 수 있습니다.

그러면, $x = (y + 1/4)^{1/2} + 3/2$.

그러면 이제, $f^{-1}(x) = (x + 1/4)^{1/2} + 3/2$.

그리하여, $g(x) = (x + 1/4)^{1/2} + 3/2$ for $x \geq 0$.

요약:

$g\{f(x)\} = g \bullet f$이며 $g \bullet f = x \Rightarrow g = f^{-1}$.

$y = f(x) = x^2 - 3x + 2$ 이며 $x \geq 2$ 라고 하세요. $\Rightarrow x \geq 2$ 일 때 $y = (x - 1)(x - 2) \geq 0$.

그림. 6.0

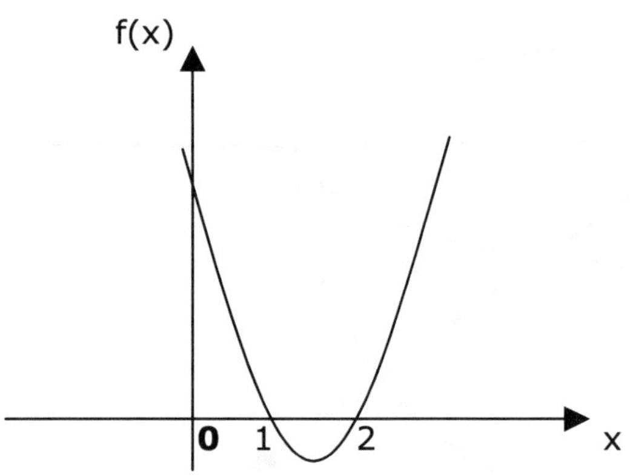

그러면, $y \geq 0$ 이며 이 f는 $x \geq 2$ 에서 일대일입니다.

$y = x^2 - 3x + 2 = x^2 - 3x + (3/2)^2 - (3/2)^2 + 2 = (x - 3/2)^2 - (3/2)^2 + 2$

$= (x - 3/2)^2 - 9/4 + 8/4 = (x - 3/2)^2 - 1/4$.

$\Rightarrow y + 1/4 = (x - 3/2)^2. \Rightarrow x - 3/2 = \pm(y + 1/4)^{1/2}. \Rightarrow x = \pm(y + 1/4)^{1/2} + 3/2$.

$y \geq 0$ 이므로 $(y + 1/4)^{1/2} \geq 1/2$ 이지만 $-(y + 1/4)^{1/2} \leq -1/2$ 입니다.

그러면, $x \geq 2$ 이므로 $x = (y + 1/4)^{1/2} + 3/2. \Rightarrow f^{-1}(x) = g(x) = (x + 1/4)^{1/2} + 3/2$ 이며$x \geq 0$.

9. 지수함수(指數函數)

이 절에서는 학생들이 지수의 개념과 지수법칙에 대하여 이미 많이 알고있는 것으로 간주합니다. 또한, 무리수(無理數)의 개념에 대해서도 이미 익숙해 있는 것으로 합니다. 예를 들면 다음과 같은 표현들을 이해할 수 있어야 하는 것이죠.:

$2^{-3} = 1/2^3$ and $2^3 \times 2^5 = 2^{3+5} = 2^8 = (2^2)^4 = 2^{10-2} = 2^{10}/2^2 = 2^{16/2} = (2^{16})^{1/2} = (2^{16})^{0.5} = (2^{1.6})^5 =$ 등등.

지수를 가지고 있는 실수를 표현할 때 그 실수는 두 부분으로 구성되는 것이죠. 그 부분들은 **밑**과 **지수**입니다. 예를 들면, a^3 과 같은 표현에서 3 이 지수이고 a가 이 지수에 대한 밑입니다.

실수의 공간에서 수에 대하여 작업할 때, 그 밑과 지수로서 선택할 수 있는 수에 대하여 약간의 제한이 따른다는 것을 고려해야 한다는 것을 알고있죠. 또한, 그 지수에 따라서 그 밑에 대한 수의 선택에서도 제한을 받을 수가 있죠. 예를 들어, 그 지수가 하나의 유리수(有理數)인 분수로 되어있는데 여기에서 그 분모가 짝수의 정수(整數)이지만 그 분자는 홀수의 정수일 때, 그 밑에 대한 수로서는 음(陰)의 실수를 사용할 수가 없는 것이죠. 그 이유는 그 어느 실수이든지 그 실수를 1 에 짝수 번 곱해서는 음의 수를 만들 수가 없기 때문이죠. 예를 들자면, $(-2)^{3/2}$는 실수의 공간에는 존재할 수 없는 거죠. $(-2)^{3/2} = ((-2)^3)^{1/2} = (-8)^{1/2}$ 이라는 것을 알고있죠 그리고, 1 에 그 어느 실수이든 그 실수를 두 번 곱하면 그 곱은 0 보다 크거나 같다는 것; 즉, 그 곱은 절대로 음이 될 수 없다는 것을 알고있죠. 그러므로, 그게 그 어느 실수이든 상관없이, 1 을 그 실수로 두 번 곱해서는 –8 을 갖지 못하는 겁니다.

또한, 분모가 짝수인 정수로 되어있는 무리수인 지수를 갖고있는 실수에 대하여도 이는 마찬가집니다. 다시 말해서, 그러한 지수에 대하여는 그 밑이 0 보다 크거나 같아야 한다는 것이죠. 즉, 그러한 지수에 대하여는 그 밑이 음(陰)이 되지 못한다는 겁니다. 예를 들면, 실수의 공간에서는, $(-2)^{\pi/2}$ 을 사용할 수 없다는 것이죠 여기에서 π 는 원주율(圓周率)인데 이는 3.141592654… 입니다. $(-2)^{\pi/2} = (-2^{\pi})^{1/2} = \sqrt{-2^{\pi}}$ 이라는 것을 알고있죠 그리고, -2^{π} 이 음의 실수라는 것도 알고있죠. 또 하나의 예를 들자면, $(-2)^{\sqrt{3}/2}$ 이 될 수 있습니다. $(-2)^{\sqrt{3}/2} = (-2^{\sqrt{3}})^{1/2} = \sqrt{-2^{\sqrt{3}}}$ 은 실수 공간에는 존재하지않는 것이죠 왜냐하면, $-2^{\sqrt{3}}$ 이 음의 수이고 음의 수는 이중근호(二重根號) $\sqrt{\ }$ 안에는 허용되지않기 때문이죠.

어쨌든, 지수가 실수일 수 있어요. 특히, 그 밑이 양(陽)일 때에는 그 지수로서 그 어떤 실수를 사용해도 되는 것이죠. Math 에서의 많은 표현에서 지수를 매우 자주 사용합니다. 특히, 함수와 방정식에서 지수를 많이 사용하죠. 자 이제, 지수를 갖고있는 수가 있는데 그 밑은 양이지만 1 은 아니라고 하세요. 그러면, 실수의 공간에서 그 지수가 변함에 따라 그 수의 값이 어떻게 변하는지 알아보기로 하죠. 즉, 입력변수가 지수인 함수에 관해서 이야기하려는 겁니다.

많은 함수에서, 몇 개의 항들이 지수를 가지고 있으며 그 지수들이 입력변수인 메커니즘을 보게 되는 경우가 많죠. 또한, 다른 많은 함수에서는 밑과 지수 둘 다 입력변수이죠. 예를 들면, $g(x) = 3^{2x} + 5^x + 1$ 이며 $x > 1$ 또는 $h(x) = (2x)^x + 3^{2x} + 2$ 이며 $x \geq 3$. 이러한 함수들을 지수함수라고 합니다. 간단함을 목적으로 해서, 밑이 지수가 아니라 상수이고 그 상수는 양(陽)의 실수인 지수함수를 다룰 겁니다. 예를 들면, 함수 $y = f(x) = a^x$ 가 있는데 여기에서 a는 양의 상수라고 하세요. 그러면, 보통은, $a > 0$ 이며 $a \neq 1$ 라고 간주해야 하는 것입니다.

반면에, 그러한 지수함수의 역함수에 대하여 작업해야 하는 경우가 많이 있죠. 그 지수함수가 일대일이면, 그 역함수가 정의될 수도 있는 것이죠. 그 역함수를 **로그(log) 함수**라고 합니다. (우리말로는 줄여도 로그 함수네요.) $9 = 3^2$이며 여기에서 3 이 밑이고 2 가 지수라는 것을 알고있죠. 그러면, 다음과 같은 방식으로 이와 동일한 개념을 표현할 수 있어요:

$2 = \log_3 9$, 여기에서 3 을 **밑**이라 하고, 9 를 **진수(眞數)**라고 합니다.

그러면 이제, 진수가 입력변수인 로그 함수를 갖을 수 있는 것이죠. 즉, 로그 함수는 지수함수의 역함수이고 지수함수의 입력이 지수의 값이므로, 로그 함수에서는 출력이 지수의 값인 것이죠.

예를 들면, $y = f(x) = \log_a x$ 이며 $x > 0 \Leftrightarrow x = a^y$.

유의사항**:**
로그(log)에 대한 전반적인 특성과 사칙연산(四則演算)은 **Run Equations** 라는 별도의 책에서 다루어집니다.

지수함수를 만들 때에는 그 밑은 양수(陽數)이지만 1 은 아니라는 것으로 간주합니다. 0 이나 1 은 왜 아니죠? 그 이유는 밑이 0 이거나 1 이면 함수의 의미가 별로 없기 때문이죠. $0^2 = 0^3 = \ldots = 0$ 이고 $1^2 = 1^{0.3} = \ldots = 1$. 그러므로, 보통은 그 밑을 0 이나 1 이 되게 하지는 않는 것이죠. 그러면 이제, 지수함수에 대하여 작업할 때 그 밑이 두 가지 범주 중에 한가지에 속한다는 사실을 고려해야 하는 겁니다. 하나의 지수함수에서 그 밑이 a라고 하세요. 그러면, 그 둘 중 한가지 범주는 이 a가 0 과 1 사이라는 것이고 다른 한가지 범주는 이 a가 1 보다 크다는 겁니다. 그리하여, 지수함수 문제를 다룰 때에는 다음과 같은 사실을 유념(留念)하여야 합니다:

$0 < a < 1$ 이거나 아니면 $a > 1$.

그러면 이제, 하나의 지수함수 f 를 정의(定義)해보도록 하죠.
R 은 모든 실수의 집합. r 은 모든 양(陽)의 실수의 집합.
a 는 하나의 실수 상수이며 $a > 0$, 그러나 $a \neq 1$.
$f: R \longrightarrow r$
$y = f(x) = a^x$.
또는 마찬가지로:
$f: x \longrightarrow a^x$
$y = f(x)$.

간단하게 하자면, 하나의 지수함수 f 를 보통 다음과 같은 식으로 정의합니다:

$y = f(x) = a^x$ 여기에서 x 는 실수이고 $a > 0$ 이며 $a \neq 1$.

그러면 이제, 그 역함수(逆函數)는 어떤가요?
하나의 함수가 역함수를 가지려면 그 함수는 일대일(一對一)이어야 하는 것이죠.
그러면, 먼저 이 함수 f가 일대일이라는 것을 보여야 하겠네요.
그러면, 두개 이상의 서로 다른 입력들 각각에 대하여 하나의 동일한 출력이 만들어질 수 없다는 것을 보여야 하죠.

그러면, 서로 다른 일반 입력 두개를 만들어서 함수 f에 투입하고 나서 그 출력들이 서로 같지 않다는 것을 보여야지요.

그러면, m과 n이 실수 상수들이고 $m \neq n$ 이라고 가정하세요.
그러면, m과 n이 그 두개의 일반 입력들이고 $f(m) \neq f(n)$ 이라는 것을 보여야 하죠.
그러면 이제, $m \neq n$ 이니까 $m - n \neq 0$ 이죠.
$y = f(x) = a^x$ 이며 여기에서 $a > 0$ 이며 $a \neq 1$ 이죠.
$a^0 = 1$ 이라는 것을 알고있죠.
그러면, $m - n \neq 0$ 이니까 $a^m/a^n = a^{m-n} \neq a^0 = 1$ 이죠.
그러므로, $a^m/a^n \neq 1 \Rightarrow a^m \neq a^n \Rightarrow f(m) \neq f(n)$.

그러면 이제, 이 f는 역함수를 갖을 수 있는 것이네요.
그러면, 이 f의 역함수는 어떻게 정의하는지 알아내보도록 하죠.
특히, 이 역함수를 로그(log) 함수라고 합니다.

보통의 경우, 지수함수의 정의역은 모든 실수의 집합이고 그 치역은 모든 양(陽)의 실수의 집합입니다. 그러면, 다음과 같은 사실을 알 수 있습니다:

그 역함수(즉, 로그 함수)의 정의역은 모든 양의 실수의 집합이다 왜냐하면 그 정의역이 지수함수인 원래함수 f 의 치역이어야 하기 때문.
그 역함수의 치역은 모든 실수의 집합이다 왜냐하면 그 치역이 이 f의 정의역이어야 하기 때문.

역함수의 정의를 알고있죠: $y = f(x) \Leftrightarrow x = f^{-1}(y)$.
이제, 그 역함수의 정의는 다음과 같습니다.
R은 모든 실수의 집합이고 r은 모든 양의 실수의 집합이다.
f: R ⟶ r
$y = f(x) = a^x$ 여기에서 a는 실수 상수이며 $0 < a < 1$ 이거나 아니면 $a > 1$.
g: r ⟶ R.
$g = f^{-1}$.
$y = g(x) = \log_a x$.

또한, 이 g만 단독(單獨)으로 다음과 같은 방식으로 정의될 수도 있습니다.
R은 모든 실수의 집합이고 r은 모든 양(陽)의 실수의 집합이다.
$x \in r$ 이며 $y \in R$ 이고 a는 실수 상수이고 $0 < a < 1$ 이거나 아니면 $a > 1$.
g: x ⟶ $\log_a x$
$y = g(x)$.

그러면 이제, 하나의 역함수의 정의와 위의 정의들을 다음과 같은 방식으로 합칠 수도 있습니다:

$y = f(x) = a^x \Leftrightarrow x = f^{-1}(y) = \log_a y$

여기에서 **a**는 상수이고 **$0 < a < 1$** 이거나 아니면 **$a > 1$.**

그러면, 역함수로서의 로그 함수와 원래함수로서의 지수함수를 서로 비교해보고 이것들이 서로 어떻게 연결되는지 알아보기로 하죠.

$y = g(x) = \log_a x$ 입니다.
이제, 이 x는 무엇인가요? 이 x는 진수(眞數)이며 이는 우리가 지수(指數)를 수단으로 하여 표현하는 수입니다.
그러면, y가 지수인 것이죠.
그러면 또한, '$\log_a x$' 자체가 그 지수인 것을 알 수 있네요 왜냐하면 $y = \log_a x$ 이기 때문입니다.
다시 말해서, $y = \log_a x$ 이면 $a^y = x$ 라는 것이죠.
그리하여, $a^{\log_a x} = x$ 라는 것을 알 수 있습니다. 예를 들면, $8 = 2^3 \Leftrightarrow 3 = \log_2 8 \Leftrightarrow 2^{\log_2 8} = 8$.

그러면 이제, 입력이 변함에 따라 지수함수 $y = f(x) = a^x$에서 어떤 일이 생기는지 한번 보도록 하죠.
다음과 같은 것을 알 수 있습니다:
$a > 1$ 일 때에는 x가 증가함에 따라 y도 증가합니다.
즉, 지수(指數)가 증가함에 따라 진수(眞數)도 증가하는 것이죠.

그러나, $0 < a < 1$ 일 때에는 x가 증가함에 따라 y는 감소(減少)합니다.
즉, 지수가 증가함에 따라 진수는 감소하는 것이죠.
그러면, 진수 y는 얼마나 작아질 수 있나요? 0이 될 수도 있나요?
아니오, 그것이 0이 될 수는 없습니다, 그러나 양(陽)이면서도 무한히 작을 수는 있죠.
그럼, 대체 얼마나 작아질 수 있다는 거죠?
무한소(無限小)가 될 것입니다.
무한소라는 것은 0이나 마찬가지입니다 그렇지만, 0은 아니죠.

그러면 이제, 입력이 변함에 따라 로그함수 $y = g(x) = \log_a x$에서는 어떤 일이 생기는지 한번 보도록 하죠.
다음과 같은 것을 알 수 있습니다:
$a > 1$ 일 때에는 x가 증가함에 따라 y도 증가합니다.
즉, 진수가 증가함에 따라 지수도 증가하는 것이죠.

그러나, $0 < a < 1$ 일 때에는 x가 증가함에 따라 y는 감소합니다.
즉, 진수가 증가함에 따라 지수는 감소하는 것이죠.
다시 말해서, 진수가 감소하면 지수는 증가하는 것이죠.
이는 당연히 맞는 것이죠. 밑이 0과 1 사이이고 지수가 증가하면 진수는 감소해야 하는 것이죠.
예를 들면, $(1/2)^2 = 1/4$ 이고 $(1/2)^3 = 1/8$ 입니다.

역함수와 그 원래함수의 그래프에 있는 커브들은 그 함수들이 x-y 좌표계에 있다면 **직선 $y = x$**에 관하여 대칭이라는 것을 알고있죠. **$y = f(x) = a^x$**와 **$y = g(x) = \log_a x$**의 커브들은 서로가 역함수이므로 직선 $y = x$에 관하여 대칭입니다. 그러면 이제, 이 두 함수의 그래프를 작성해보도록 하죠. 각 함수에 대하여 두 가지 다른 경우가 있을 수 있습니다. 이 함수들에서 밑 a에 대하여 두 개의 다른 범주가 있지요. 그 중 하나는 $0 < a < 1$ 이고 그 다른 하나는 $a > 1$ 입니다.

그러나 우선, 이 a의 범주에 상관없이 다음과 같다는 사실을 알 수 있죠:
$y = f(x) = a^x$에서는 $x = 0$일 때 $y = 1$이다. $y = g(x) = \log_a x$에서는 $x = 1$일 때 $y = 0$이다.

그러면 이제, 그래프를 작성해보면 이 a의 범주에 따라 함수 f가 매우 다르게 행동한다는 것을 알 수 있습니다.
이는 g에 대하여도 마찬가지입니다.
어떻게 다른데요? 그 행동은 서로 반대이죠. 정반대는 아니긴 하지만요.

그러면 이제, 이 함수들의 행동에 대하여 좀더 자세한 설명을 해보도록 하죠.
$y = f(x) = a^x$이며 $y = g(x) = \log_a x$인데 여기에서 **a > 1** 라고 하세요.
그러면, 다음과 같은 사실을 알 수 있습니다:
이 f로의 입력 값이 커짐에 따라 이 f로부터의 출력 값도 커진다.
이는 그 역함수 g에 대하여도 마찬가지이다.

이 두 함수의 커브들이 직선 $y = x$에 대하여 대칭이라는 것을 알고있죠.
이는 이 함수들이 서로 역함수이기 때문이죠.

그러면 이제, 이 두 함수 f와 g의 그래프는 다음과 같습니다:

그림. 9.0.

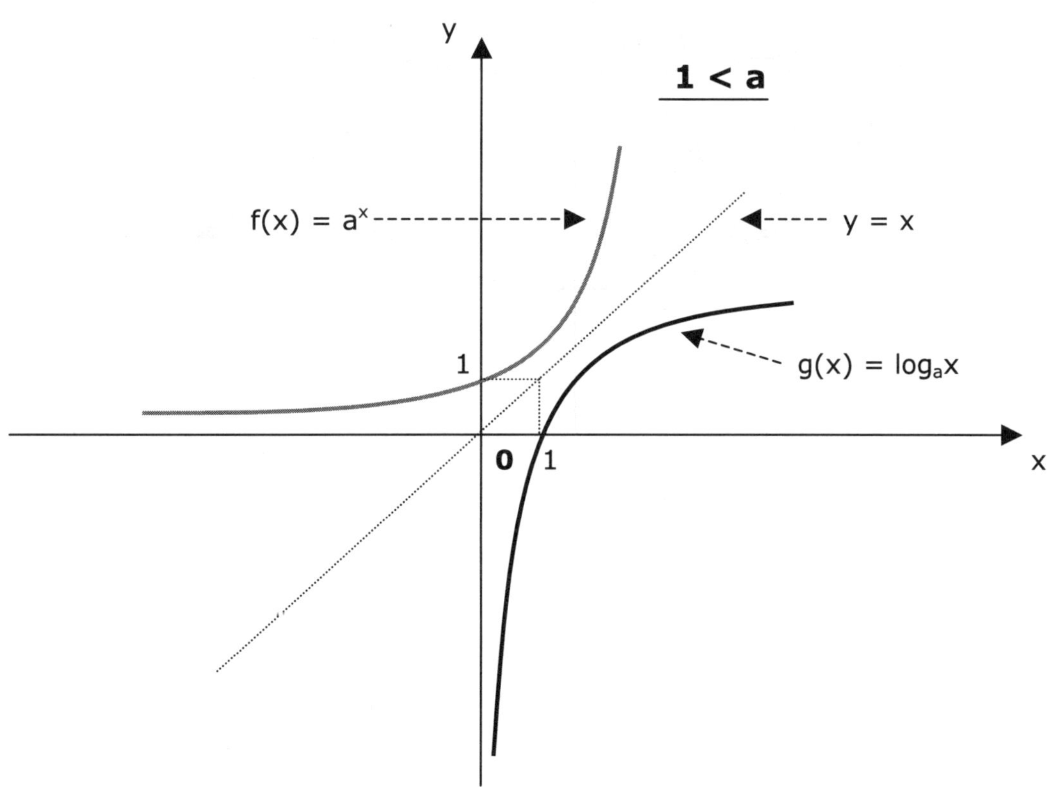

이제, $y = f(x) = a^x$이며 $y = g(x) = \log_a x$인데 여기에서 **$0 < a < 1$** 라고 하세요.
그러면, 다음과 같은 내용을 알 수 있습니다:
이 f로의 입력 값이 커짐에 따라 이 f로부터의 출력 값은 작아진다.
이는 그 역함수 g에 대하여도 마찬가지이다.

이 두 함수의 커브들도 직선 $y = x$에 대하여 대칭이라는 것을 알고있죠.
이는 이 함수들이 서로 역함수이기 때문이죠.

그러면 이제, 이 두 함수 f와 g의 그래프는 다음과 같습니다:

그림. 9.1.

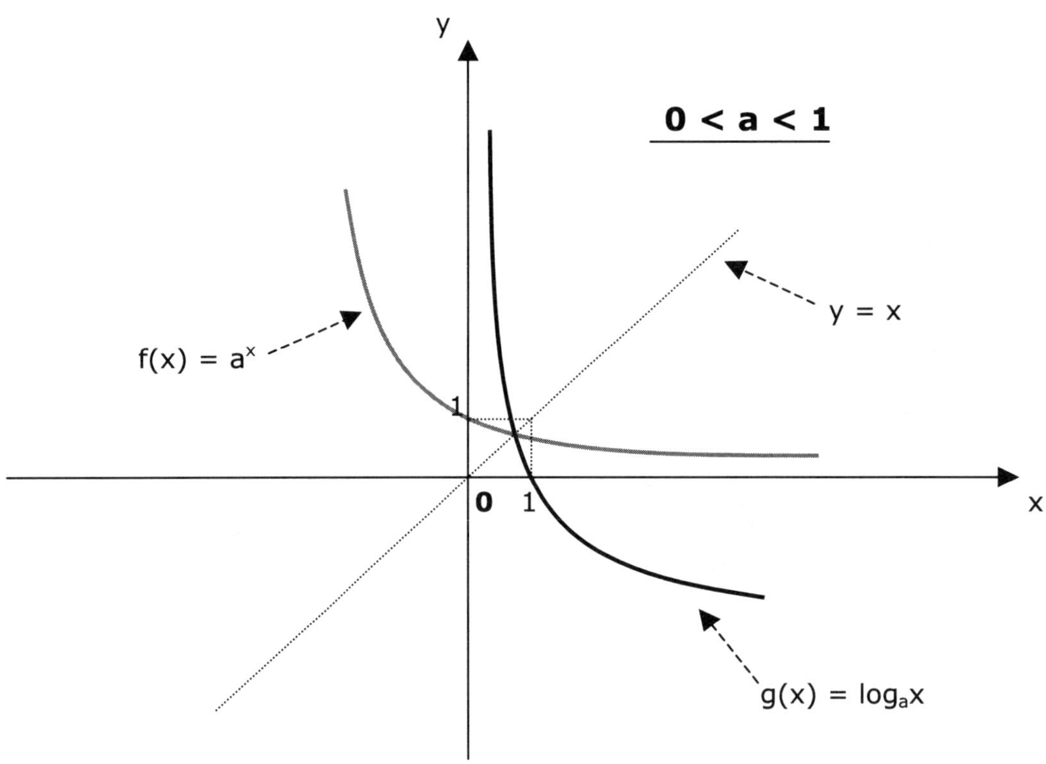

유의사항:

직선 $y = 0$ (즉, x축)을 $y = a^x$에 대한 점근선(漸近線)이라고 합니다. 특히, 이것을 수평(水平) 점근선이라고 하죠.
직선 $x = 0$ (즉, y축)을 $y = \log_a x$에 대한 점근선이라고 합니다. 이것은 특히, 수직(垂直) 점근선이라고 합니다.

그러면 이제, 예제를 몇 개 다루어보도록 하죠.

예제(例題)

지수함수(指數函數)

0. 다음과 같은 함수들의 역함수를 구해보도록 합시다:

0. $f(x) = 6(2^{x-1})$ 여기에서 x는 실수.
1. $f(x) = (e^x - e^{-x})/5$ 여기에서 e는 상수이며 1 보다 크다.
2. $f(x) = \log_3\{x + (x^2 - 9)^{1/2}\} - 1$ 이며 $x \geq 3$.

1. 다음과 같은 함수들의 그래프를 작성해보도록 합시다:

0. $y = 2^{|x|}$ 여기에서 x는 실수.
1. $y = (2^x + 2^{-x})/2$ 여기에서 x는 실수.

2. 다음과 같은 등식(等式)의 그래프를 작성해보도록 합시다:

$|y| = \log_2|x|$.

제안과 풀이
0 번 예제에서의 **0** 번 문제

다음과 같은 함수의 역함수를 구해보도록 합시다: $f(x) = 6(2^{x-1})$ 여기에서 x는 실수.

지수함수(指數函數)의 역함수(逆函數)의 정의(定義)는 다음과 같습니다:

$y = f(x) = a^x$이며 x는 실수이고 $a > 0$ 이며 $a \neq 1$.

그러면, $y = f(x) = a^x \Leftrightarrow x = \log_a y$, 이는 $f^{-1}(y)$이다.

이제, $y = f(x)$이며 $f^{-1} = g$ 라고 가정하세요.

그러면, $y = 6(2^{x-1})$. $\Rightarrow y/6 = 2^{x-1}$.

그러면 이제, 정의에 의하여 $y/6 = 2^{x-1} \Leftrightarrow x - 1 = \log_2(y/6)$.

그러면, $x = \log_2(y/6) + 1$.

이 역함수를 x-y 좌표계에 놓기로 하죠.

그러면, $y = f^{-1}(x) = g(x) = \log_2(x/6) + 1$.

요약:

$y = f(x)$이며 $f^{-1} = g$ 라 하세요.

그러면, $y = 6(2^{x-1})$. $\Rightarrow y/6 = 2^{x-1}$.

그러면 정의에 의하여, $y/6 = 2^{x-1} \Leftrightarrow x - 1 = \log_2(y/6)$.

그러면, $x = \log_2(y/6) + 1 \Rightarrow y = f^{-1}(x) = g(x) = \log_2(x/6) + 1$.

다음 방식은 약간 다른 것 같지만 위와 마찬가지 방식입니다.
역함수 구하기로 진행해 들어가기 전에 f의 메커니즘을 약간 간단히 해보죠.

$f(x) = 6(2^{x-1})$.
그러면, $f(x) = 6(2^{x-1}) = 3(2)(2^{x-1}) = 3(2^{x-1+1}) = 3(2^x)$.

그럼 이제, $y = f(x) = 3(2^x)$로 놓으세요.
그러면, $y = 3(2^x)$. $\Rightarrow y/3 = 2^x$.

그러면 정의에 의하여, $y/3 = 2^x \Leftrightarrow x = \log_2(y/3)$.
그러면, $y = f^{-1}(x) = g(x) = \log_2(x/3)$.

그러면 이제, 두 가지 결과는 같은 겁니다.
이전 방법으로는 $y = g(x) = \log_2(x/6) + 1$ 이죠.
$\log_2(x/6) + 1 = \log_2(x/6) + \log_2 2 = \log_2(x/6)2 = \log_2(x/3)$.

그런데, $\log_2(x/3) = \log_2 x - \log_2 3$.
어째서 요?
이 x 와 3 은 진수(眞數)이고 로그(log)는 지수(指數)라는 것을 알고있죠. 진수끼리 나누면 지수끼리는 빼게 되죠. 이 경우에 밑이 같아야 하는 것은 물론이죠.

그림. 0.0.0

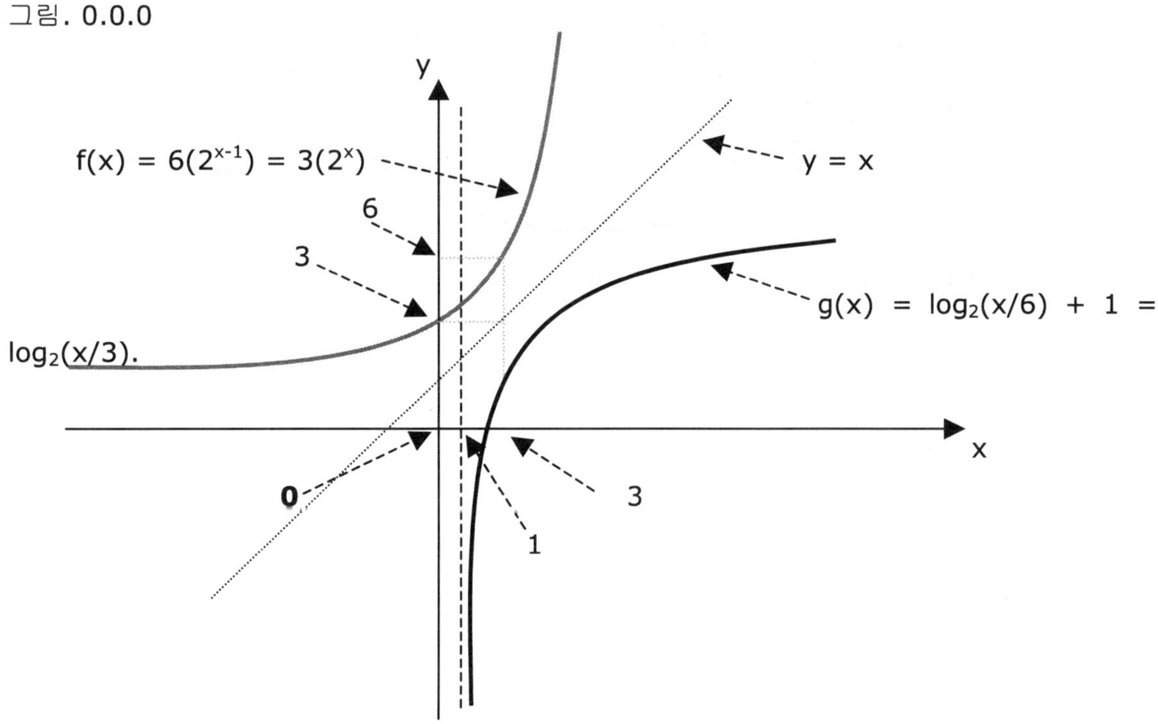

제안과 풀이
0 번 예제에서의 **1** 번 문제

다음과 같은 함수의 역함수를 구해보도록 합시다:

$f(x) = (e^x - e^{-x})/5$ 여기에서 e는 상수이며 1 보다 크다.

지수함수의 역함수의 정의는 다음과 같습니다:
$y = f(x) = a^x$이며 x는 실수이고 $a > 0$ 이며 $a \neq 1$.
$y = f(x) = a^x \Leftrightarrow x = \log_a y$, 이는 $f^{-1}(y)$이다.

이 f 의 역함수를 x-y 좌표계에 놓는다 하고 이 역함수의 이름은 g 라고 하세요.
그러면, 이 역함수를 $y = f^{-1}(x) = g(x) = \log_a x$ 라 표현할 수 있으며 여기에서:
x 는 진수(眞數)이고 0 보다 크며 y 는 지수(指數)입니다.

자 이제, 문제에 대한 작업을 시작하기로 하죠.
$y = f(x)$ 라고 하세요. 그러면, $y = (e^x - e^{-x})/5$.
그러면, 위의 등식을 방정식으로 하고 x 에 대하여 풀어야 하는데, 직접적인 방식으로는 좀처럼 풀 수가 없죠.
그러면, e^x 전체를 미지수(未知數)로 하고 먼저 e^x에 대하여 푸는 것이죠.
그러면, 그 답(答)은 하나의 등식이 될 것인데, 이는 필경 e^x와 하나의 수식으로 이루어질 겁니다. 또한, 이 수식은 y로 되어있는 수식이 될 겁니다. 그러면, 그 답을 또 하나의 방정식으로 하고 x에 대하여 푸는 것이죠.

그러면 이제, $t = e^x$ 로 놓기로 하죠. 그러면, $e^{-x} = 1/e^x = 1/t$. 그러면:
$y = (e^x - e^{-x})/5 = (t - 1/t)/5 \Rightarrow 5y = t - 1/t \Rightarrow t^2 - 5yt - 1 = 0.$
$\Rightarrow t^2 - 5yt - 1 = t^2 - 5yt + (5y/2)^2 - (5y/2)^2 - 1 = (t - 5y/2)^2 - 25y^2/4 - 1$
$= (t - 5y/2)^2 - (25y^2 + 4)/4 = 0.$

$\Rightarrow (t - 5y/2)^2 = (25y^2 + 4)/4.$
$\Rightarrow t = 5y/2 \pm (25y^2 + 4)^{1/2}/2 = \{5y \pm (25y^2 + 4)^{1/2}\}/2.$

그럼 이제, + 와 - 의 두 개의 부호들 중에 하나를 선택해야 하죠.
$t = e^x$ 이며 $e^x > 0$ 라는 것을 알고있죠. $\Rightarrow t > 0$.

또한, 다음과 같은 내용도 알고있죠:
$(25y^2 + 4)^{1/2} \geq 2$, 이는 어쨌든 양(陽)입니다.
$|5y| < (25y^2 + 4)^{1/2}$.

그러면, $5y + (25y^2 + 4)^{1/2} > 0$; 그러나, $5y - (25y^2 + 4)^{1/2} < 0$.
그러면, $t > 0$ 이니까 $t = \{5y + (25y^2 + 4)^{1/2}\}/2$ 라는 것을 알 수 있습니다.
그러면, $t = e^x = \{5y + (25y^2 + 4)^{1/2}\}/2$.

그러면 이제, x 에 대한 이 방정식을 어떻게 풀죠?
이는 지수함수의 역함수의 정의(定義)를 수단으로 하여 푸는 것이죠.
처음에 명시(明示)되었던 그 정의에서 $\mathbf{y = a^x \Leftrightarrow x = \log_a y}$ 라는 것을 알고있죠.
그리하여, 정의에 의하여$x = \log_e\{5y + (25y^2 + 4)^{1/2}\}/2$.
그러면, 역함수의 메커니즘은 $\log_e\{5y + (25y^2 + 4)^{1/2}\}/2$ 이죠 여기에서 y는 이제 역함수에서의 입력변수입니다.
그러면 이제, f(x)의 역함수를 x-y 좌표계에 놓기로 하고 그 역함수의 이름을 g(x)라고 하기로 하죠.
그러면, $f^{-1}(x) = g(x) = \log_e\{5x + (25x^2 + 4)^{1/2}\}/2$.

요약:

$y = f(x) = (e^x - e^{-x})/5$, $f^{-1} = g$, and $t = e^x$ 라 하세요. 그러면:
$e^{-x} = 1/e^x = 1/t$이며 $y = (e^x - e^{-x})/5 = (t - 1/t)/5 \Rightarrow 5y = t - 1/t \Rightarrow t^2 - 5yt - 1 = 0$.
$\Rightarrow t^2 - 5yt - 1 = t^2 - 5yt + (5y/2)^2 - (5y/2)^2 - 1 = (t - 5y/2)^2 - 25y^2/4 - 1$
$= (t - 5y/2)^2 - (25y^2 + 4)/4 = 0$.
$\Rightarrow (t - 5y/2)^2 = (25y^2 + 4)/4. \Rightarrow t = 5y/2 \pm (25y^2 + 4)^{1/2}/2 = \{5y \pm (25y^2 + 4)^{1/2}\}/2$.
$t = e^x$ 이고 $e^x > 0. \Rightarrow t > 0$.
$(25y^2 + 4)^{1/2} \geq 2$ 이고 $|5y| < (25y^2 + 4)^{1/2}. \Rightarrow 5y + (25y^2 + 4)^{1/2} > 0$; 그러나,
$5y - (25y^2 + 4)^{1/2} < 0. \Rightarrow t = \{5y + (25y^2 + 4)^{1/2}\}/2$.
그러면, $t = e^x = \{5y + (25y^2 + 4)^{1/2}\}/2 \Rightarrow$ 정의에 의하여 $x = \log_e\{5y + (25y^2 + 4)^{1/2}\}/2$.
그리하여, $f^{-1}(x) = g(x) = \log_e\{5x + (25x^2 + 4)^{1/2}\}/2$.

그림. 0.1.0.

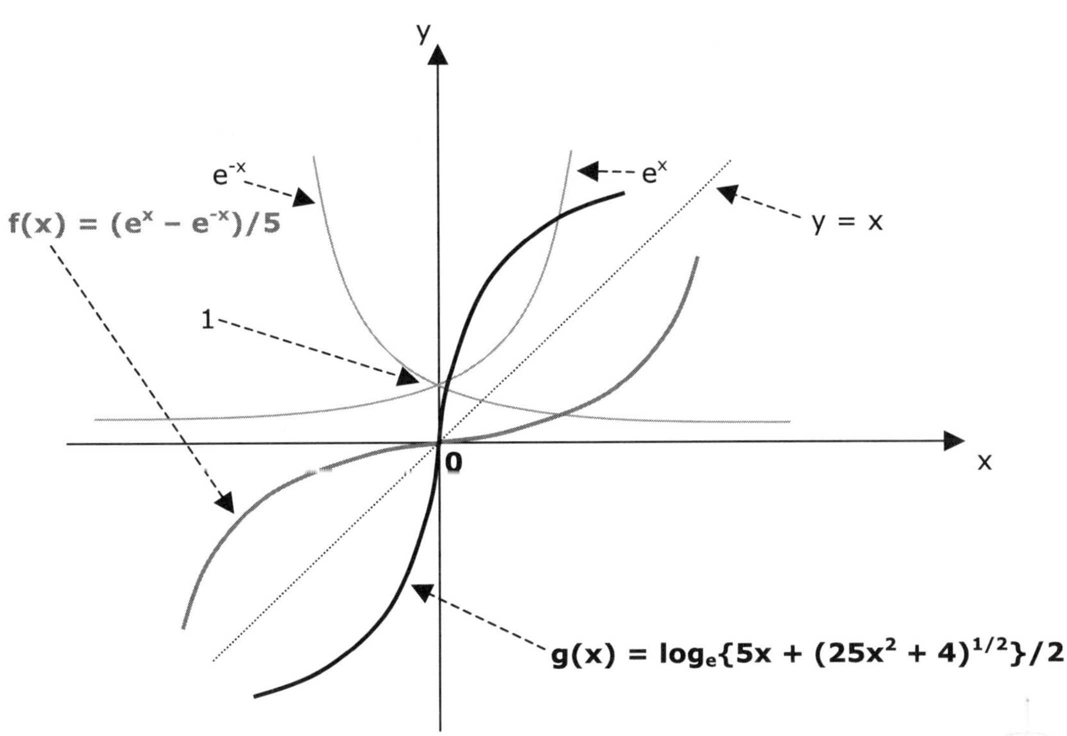

제안과 풀이
0 번 예제에서의 **2** 번 문제

다음과 같은 함수의 역함수를 구해보도록 합시다:

$f(x) = \log_3\{x + (x^2 - 9)^{1/2}\} - 1$ 이며 $x \geq 3$.

지수함수의 역함수의 정의는 다음과 같습니다:

$y = f(x) = a^x$이며 x는 실수이고 $a > 0$ 이며 $a \neq 1$.

$y = f(x) = a^x \Leftrightarrow x = \log_a y$, 이는 $f^{-1}(y)$입니다.

이제 다음과 같이 가정하세요:
이 f의 역함수를 x-y 좌표계에 놓는다.
이 역함수의 이름은 g이다.

그러면, 이 역함수를 $y = f^{-1}(x) = g(x) = \log_a x$ 라 표현할 수 있으며 여기에서:
x는 진수이고 0보다 크며 y는 지수입니다.

자 이제, 문제에 대한 작업을 시작하기로 하죠.
우선, 진수가 양(陽)인지 확인해보고 f의 치역을 알아내 야죠.

$x \geq 3$일 때 $x^2 - 9 \geq 0$이므로 $(x^2 - 9)^{1/2}$은 합당한 것이며 $(x^2 - 9)^{1/2} \geq 0$인 것을 알 수 있죠.

그러면, $x \geq 3$이므로 $x + (x^2 - 9)^{1/2} \geq 3$ 입니다.
그리하여, $\log_3 3 = 1$이므로 $\log_3\{x + (x^2 - 9)^{1/2}\} \geq 1$ 입니다.

그러면, $f(x) = \log_3\{x + (x^2 - 9)^{1/2}\} - 1 \geq 0$이며 $x \geq 3$ 이죠 그래서, 그 치역은 $\{e| e \geq 0\}$입니다.

이제, $y = f(x)$ 라 하세요.

그러면, $y = \log_3\{x + (x^2 - 9)^{1/2}\} - 1$이고 $x \geq 3$입니다. $\Rightarrow y \geq 0$ 이며 $y + 1 = \log_3\{x + (x^2 - 9)^{1/2}\}$.

$\Rightarrow$ 정의(定義)에 의하여 $3^{y+1} = x + (x^2 - 9)^{1/2}$ 이죠, 이 정의는 물론, 처음에 명시(明示)된 지수함수의 역함수의 정의입니다.

$t = 3^{y+1}$ 라 가정하세요.

그러면, $y \geq 0$ 이므로 $t \geq 3$ 이며 $t = x + (x^2 - 9)^{1/2}$.

$\Rightarrow t - x = (x^2 - 9)^{1/2} \Rightarrow t^2 - 2tx + x^2 = x^2 - 9 \Rightarrow t^2 - 2tx = -9 \Rightarrow x = (t^2 + 9)/2t = t/2 + 9/(2t)$.

$t = 3^{y+1}$ 이라는 것을 알고있죠.

그러면, $x = 3^{y+1}/2 + 9/\{2(3^{y+1})\} = 3^{y+1}/2 - 3^2(3^{-y-1})/2 = 3^{y+1}/2 + 3^{-y+1}/2$

$= (3^{y+1} + 3^{-y+1})/2 = \{3(3^y) + 3(3^{-y})\}/2 = 3(3^y + 3^{-y})/2$.

그러면, 그 역함수의 메커니즘은 $3(3^y + 3^{-y})/2$ 이며 여기에서 이 y는 이제 이 역함수에서의 입력변수입니다.

그러면 이제, f(x)의 역함수를 x-y 좌표계에 놓기로 하죠.

그러면, $y = f^{-1}(x) = g(x) = 3(3^x + 3^{-x})/2$ 이며 $x \geq 0$입니다.

요약:

= $f(x) = \log_3\{x + (x^2 - 9)^{1/2}\} - 1$ 이며 $x \geq 3$ 이고 $f^{-1} = g$ 라 하세요.

$x + (x^2 - 9)^{1/2} \geq 3$ for $x \geq 3 \Rightarrow \log_3\{x + (x^2 - 9)^{1/2}\} \geq 1$ 왜냐하면 $\log_3 3 = 1$.

$\Rightarrow f(x) = \log_3\{x + (x^2 - 9)^{1/2}\} - 1 \geq 0$ for $x \geq 3$.

$\Rightarrow y \geq 0$, and $y + 1 = \log_3\{x + (x^2 - 9)^{1/2}\}$.

$\Rightarrow$ 정의에 의하여 $3^{y+1} = x + (x^2 - 9)^{1/2}$.

$t = 3^{y+1}$ 라 하세요.

그러면, since $y \geq 0$ 이므로 $t \geq 3$ 이고 $t = x + (x^2 - 9)^{1/2}$.

$\Rightarrow t - x = (x^2 - 9)^{1/2} \Rightarrow t^2 - 2tx + x^2 = x^2 - 9 \Rightarrow t^2 - 2tx = -9 \Rightarrow x = (t^2 + 9)/2t = t/2 + 9/(2t)$.

$t = 3^{y+1}$ 이므로 $x = 3^{y+1}/2 + 9/\{2(3^{y+1})\} = 3^{y+1}/2 - 3^2(3^{-y-1})/2 = 3^{y+1}/2 + 3^{-y+1}/2$

$= (3^{y+1} + 3^{-y+1})/2 = \{3(3^y) + 3(3^{-y})\}/2 = 3(3^y + 3^{-y})/2$.

그리하여, $y = f^{-1}(x) = g(x) = 3(3^x + 3^{-x})/2$ for $x \geq 0$.

그림. 0.2.0

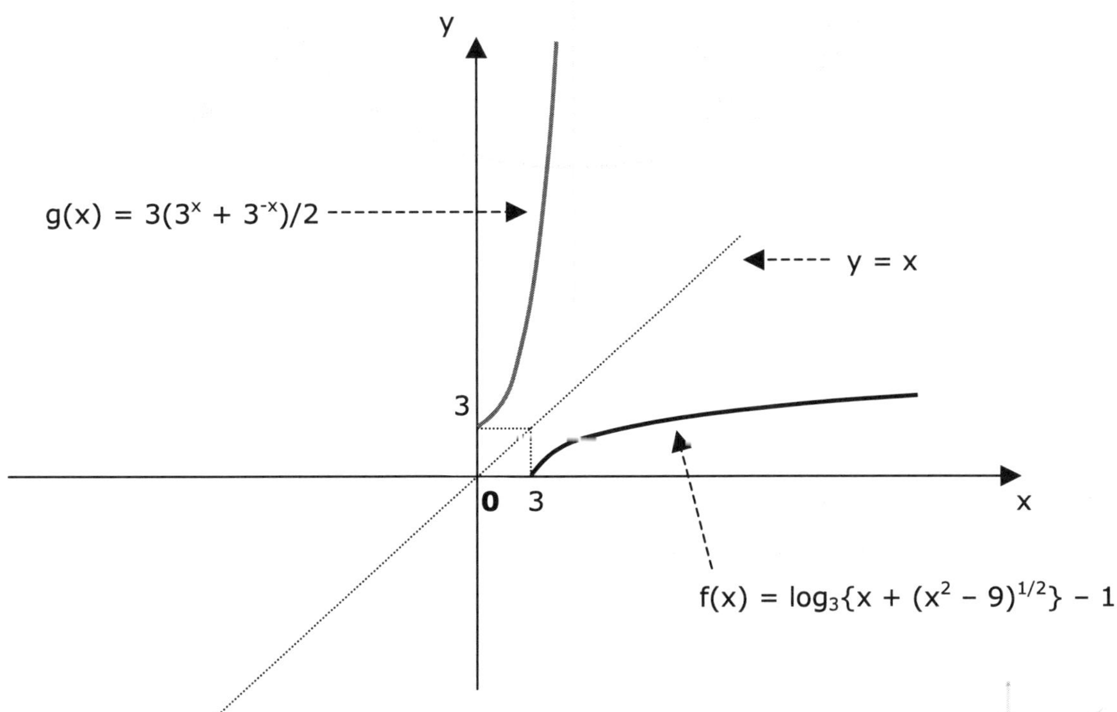

제안과 풀이
1 번 예제에서의 **0** 번 문제

다음과 같은 함수의 그래프를 작성해보도록 합시다: $y = 2^{|x|}$ 여기에서 x는 실수.

모든 x 값에 대하여 $|x| \geq 0$ 라는 것을 알고있죠.
그러면, x값의 부호(+ 또는 -)에 상관없이 2^x 의 값은 항상 $x \geq 0$ 인 것처럼 되어야 하는 것이죠.
그러므로, $x \geq 0$ 에 대한 커브와 $x < 0$ 에 대한 커브를 고려해야 합니다.

$x \geq 0$ 일 때 $y = 2^x$ 의 커브입니다.
$x < 0$ 일 때 $y = 2^{-x}$ 의 커브입니다.

그러면, $y = 2^{-x}$ 는 y축에 관하여 $y = 2^x$ 와 대칭으로 행동함을 알 수 있습니다.
그리하여, 그 커브는 아래의 그래프에서와 같이 y 축에 관하여 대칭이 될 겁니다.

그림. 1.0.0

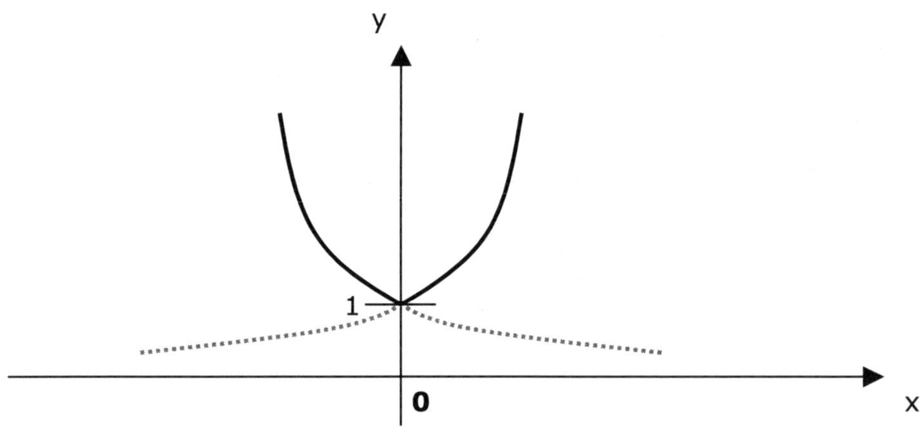

일반적으로:

$y = f(|x|)$의 커브는 y 축에 관하여 대칭입니다.
$|y| = f(x)$의 커브는 x 축에 관하여 대칭입니다.
$|y| = f(|x|)$의 커브는 두 축들과 원점(原點)에 관하여 각각 대칭입니다.

제안과 풀이
1 번 예제에서의 1 번 문제

다음과 같은 함수의 그래프를 작성해보도록 합시다: **$y = (2^x + 2^{-x})/2$** 여기에서 **x** 는 실수.

$y_1 = 2^x$ 이며 $y_2 = 2^{-x}$ 라 하세요.

그러면, x 값 각각에 대하여 y_1과 y_2 의 평균을 취하는 겁니다.

그림. 1.2.0

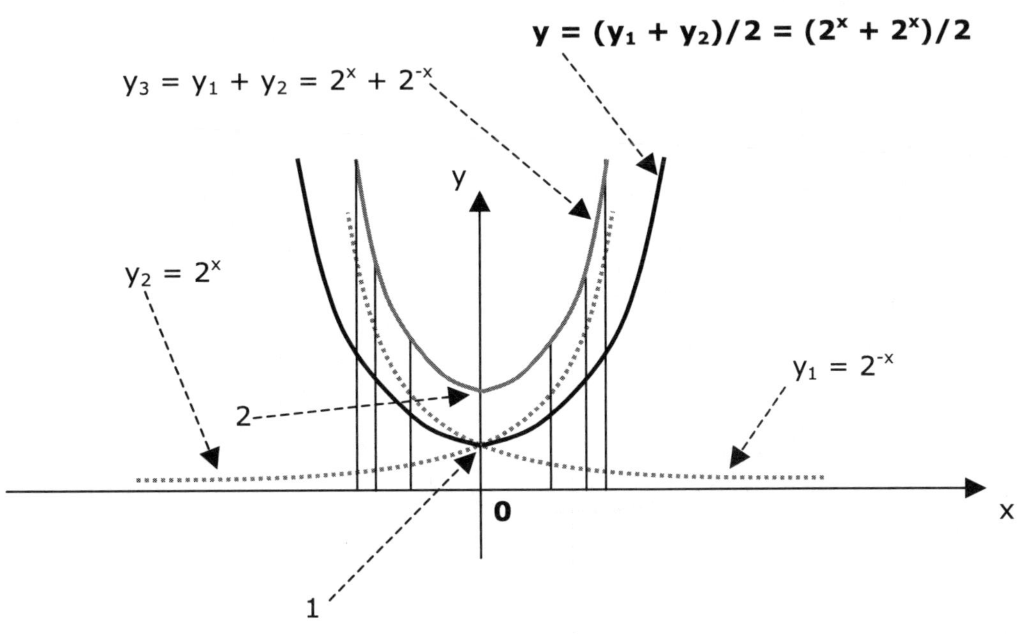

제안과 풀이
2번 예제에서의 문제

다음과 같은 등식의 그래프를 작성해보도록 합시다: **$|y| = \log_2|x|$.**

$|y| = f(|x|)$의 커브는 두 좌표축들과 원점(原點)에 관하여 각각 대칭입니다.

이런 예제와 비슷한 문제에서는 흔히 네 개의 다른 경우들을 고려해야 합니다. 그러나, 이 예제에서는 다음과 같이 여덟 개의 다른 경우들을 고려해야 하죠. 이는 왜냐하면 각 경우에 따라 변수들의 부호(+ 또는 -)가 바뀌어야 하기 때문입니다.

$y \geq 0$ 이고 $x \geq 1$ 일 때 $y = \log_2 x$ 의 커브이며 검정 색 부분입니다, 이는 다음에 대칭입니다:

y축에 관하여는 $y = \log_2(-x)$ 의 커브.

x축에 관하여는 $-y = \log_2 x$ 의 커브.

원점에 관하여는 $-y = \log_2(-x)$ 의 커브.

$y \geq 0$ 이고 $0 < x < 1$ 일 때 $-y = \log_2 x$ 의 커브이며 회색 부분입니다, 이는 다음에 대칭입니다:

y축에 관하여는 $-y = \log_2(-x)$ 의 커브.

x축에 관하여는 $y = \log_2 x$ 의 커브.

원점에 관하여는 $y = \log_2(-x)$ 의 커브.

$y \geq 0$ 이고 $-1 < x < 0$ 일 때 $-y = \log_2(-x)$ 의 커브이며 회색 부분입니다, 이는 다음에 대칭입니다:

y축에 관하여는 $-y = \log_2 x$ 의 커브.

x축에 관하여는 $y = \log_2(-x)$ 의 커브.

원점에 관하여는 $y = \log_2 x$ 의 커브.

$y \geq 0$ 이고 $x \leq -1$ 일 때 $y = \log_2(-x)$ 의 커브이며 검정 색 부분입니다, 이는 다음에 대칭입니다:

y축에 관하여는 $y = \log_2 x$ 의 커브.

x축에 관하여는 $-y = \log_2(-x)$ 의 커브.

원점에 관하여는 $-y = \log_2 x$ 의 커브.

그림. 2.0.

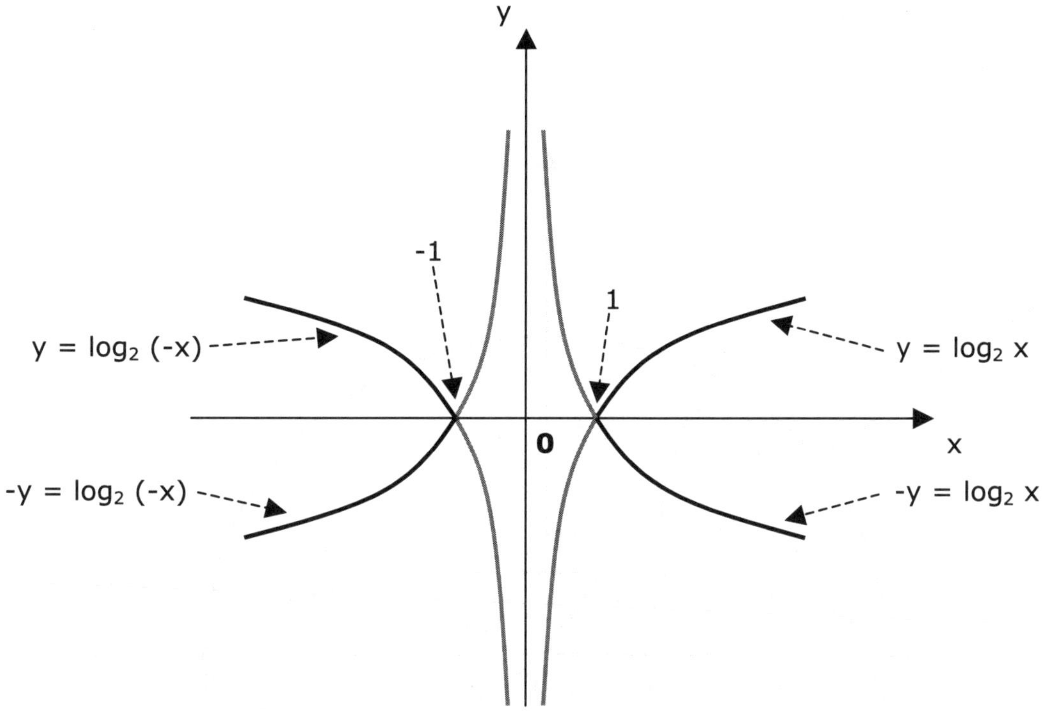

$y < 0$ 이고 $x \geq 1$ 일 때 $-y = \log_2 x$ 의 커브이며 검정 색 부분입니다, 이는 다음에 대칭입니다:
x축에 관하여는 $y = \log_2 x$ 의 커브.
y축에 관하여는 $-y = \log_2(-x)$ 의 커브.
원점에 관하여는 $y = \log_2 (-x)$ 의 커브.

$y < 0$ 이고 $0 < x < 1$ 일 때 $y = \log_2 x$ 의 커브이며 회색 부분입니다, 이는 다음에 대칭입니다:
x축에 관하여는 $-y = \log_2 x$ 의 커브.
y축에 관하여는 $y = \log_2(-x)$ 의 커브.
원점에 관하여는 $-y = \log_2(-x)$ 의 커브.

$y < 0$ 이고 $-1 < x < 0$ 일 때 $y = \log_2 (-x)$의 커브이며 회색 부분입니다, 이는 다음에 대칭입니다:
x축에 관하여는 $-y = \log_2(-x)$ 의 커브.
y축에 관하여는 $y = \log_2 x$ 의 커브.
원점에 관하여는 $-y = \log_2 x$ 의 커브.

$y < 0$ 이며 $x \leq -1$ 일 때 $-y = \log_2(-x)$의 커브이며 검정 색 부분입니다, 이는 다음에 대칭입니다:

x축에 관하여는 $y = \log_2(-x)$ 의 커브.

y축에 관하여는 $-y = \log_2 x$ 의 커브.

원점에 관하여는 $y = \log_2 x$ 의 커브.

그림. 2.0.

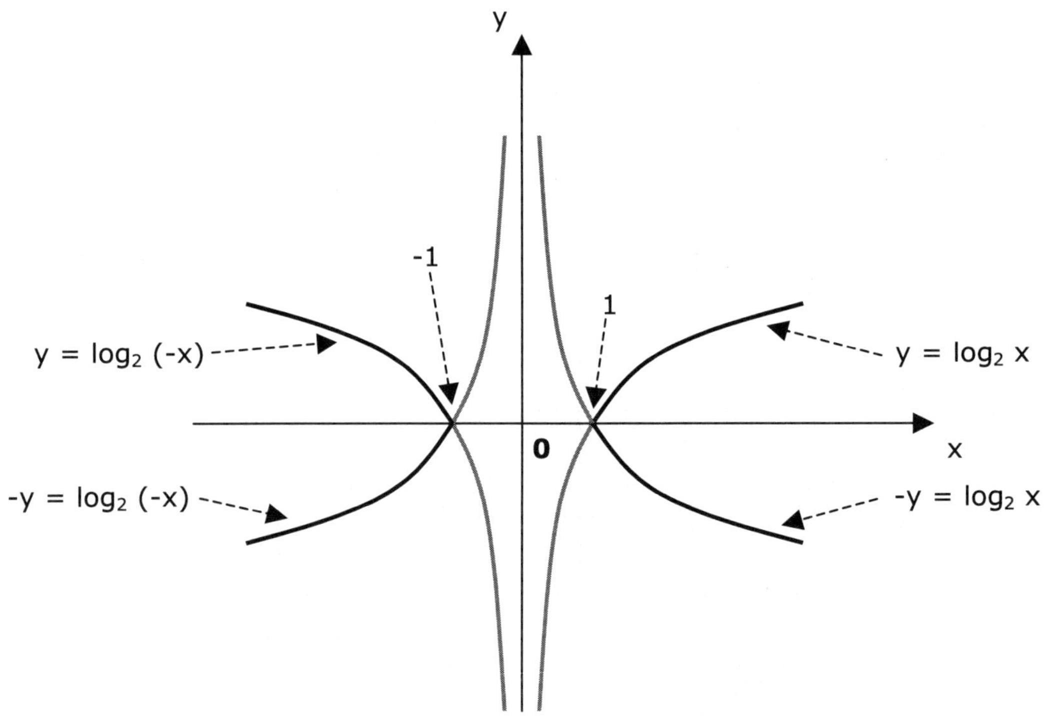

$|y| = \log_2|x|$ 은 함수가 아니라 등식입니다.

등식이라는 것은 양적(量的)인 관계를 구체적으로 나타내주는 것이고 함수의 구체적 표현과 비슷하게 보이기는 해도 함수는 아니죠. 말 그대로, 하나의 등식은 하나의 등호(等號)를 수단으로 하여 두개의 수식들이 서로 동등하다는 것을 나타내주는 것입니다.

함수라는 것은 양적인 관계가 아니라 대응관계(對應關係)를 나타내주는 것이며, 함수에서는 출력변수에 절대값 부호를 사용할 수 없는 것이죠. 동일한 입력에 대하여 그 출력을 바꾸려면 그 함수를 바꾸어야 하죠. 물론, 이 절대값 부호는 그 메커니즘에서는 사용해도 됩니다.

A. 주기함수(週期函數)

일반적으로 함수는 여러 개의 서로 다른 출력들을 만들어냅니다. 어떤 종류의 함수는 같은 출력을 두 번 이상 만들어내죠. 그러한 종류의 함수들 중에 특히 어떤 함수들은 서로 다른 많은 출력들을 반복적으로 만들어냅니다. 다시 말해서, 그러한 함수에서는 서로 다른 모든 출력들 각각이 반복적으로 만들어지는 것이죠. 좀더 자세하게 말하면, 그러한 함수는 다수의 상이(相異)한 출력들을 만들지만 특정 입력들 각각에 대하여는 하나의 동일한 출력을 만들고 그 모든 특정 입력들 간의 **차이(差異)**는 **특정한 값**의 **정수배(整數倍)**가 되는 겁니다. 즉, 그런 모든 특정 입력들의 집합은 하나의 등차수열(等差數列)을 이루는 거죠. 이는 그 함수에서의 그 이외의 다른 모든 출력들 각각에 대하여도 마찬가집니다. 그러면, 입력이 그 **특정한 값**만큼 증가할 때마다 하나의 동일한 출력이 주기적(週期的)으로 만들어지는 것이죠.

그러면 이제, 그 특정한 값을 그 함수에 대한 **주기(週期)**라고 합니다. 그 주기는 그 함수에서의 입력 값들의 특정 범위(範圍)입니다. 그러면, 그 특정 범위에서 그 함수의 모든 출력들이 만들어지는 것이죠. 즉, 입력에서의 매 주기(每週期)마다 이 함수의 치역이 반복되는 겁니다. 그러나, 이 함수는 하나의 주기 내에서 반드시 일대일이어야 하는 것은 아니죠. 즉, 치역의 어떤 원소들은 하나의 주기이내(週期以內)에서 두 번 이상 출력으로서 나타날 수도 있다는 것이죠. 특히, 이 함수는 그 각 주기마다 매번 처음과 끝 양쪽에서 같은 출력을 만들죠. 그러면, 그 주기는 그런 방식으로 설정되는 겁니다. 그러면 이제, 이 함수는 동일한 특정 출력을 주기적으로 반복하는 것이죠. 이는 나머지 다른 모든 출력들에 대하여도 마찬가집니다. 그래서, 주기함수(週期函數) 입니다!

그러면 이제, 주기함수는 동일한 특정 행동을 주기적으로 반복하는 것이죠. 그러면, 그 특정 행동의 길이가 주기입니다. 그러면, 주기함수는 주기에 대한 특정 행동으로 이루어진 함수네요. 그런데, 무슨 길이가 그 특정 행동의 길이죠? 주기함수의 그래프(graph)를 작성해보면 그 커브(curve)의 특정한 양(量) (또는 부분)이 입력변수 축에서의 매 일정한 간격에 대하여 규칙적으로 반복된다는 것을 알 수 있어요. 그러면, 그 일정한 간격의 크기가 그 길이죠. 그리하여, 그 전체 커브를 그 커브의 한 특정 조각을 복제한 것 들을 하나의 직선을 따라 선형(線形)으로 모아놓은 것으로 취급할 수도 있는 것이죠. 이때, 그 직선은 **수평(水平)**이어야 한다는 것을 유의해야 합니다. 어떤 식으로 수평이죠? 그 수평직선(水平直線)은 그 함수가 놓인 좌표계에서의 **입력변수 축과 평행**한 것입니다. 다음과 같은 커브 조각이 하나 있다고 해보세요:

그림. A.0

이제, 다음과 같이 그 커브 조각의 복사본(複寫本) 들을 만든다고 가정하세요.

그림. A.1

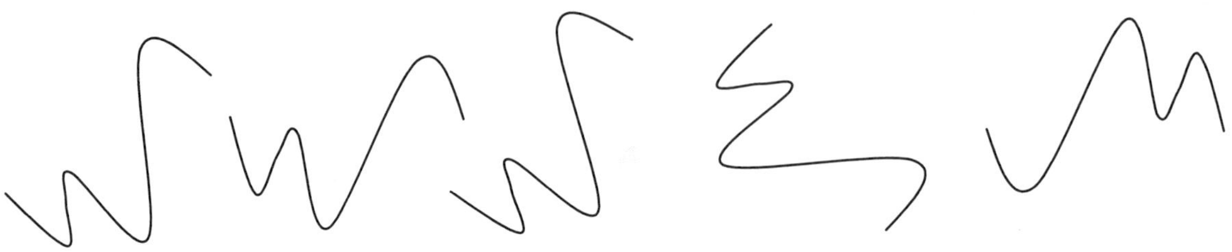

그러면 이제, 이 조각들을 선형(線形)으로 모으는 겁니다 그러면, 다음과 같은 주기적인 커브를 갖게 되는 것이죠.

그림. A.2

또 하나의 예는 다음과 같습니다:

그림. A.3

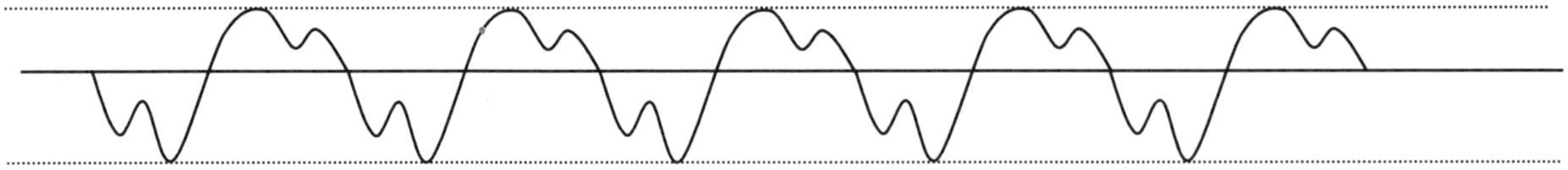

어떤 커브들은 주기적인 것처럼 보일 수도 있는데 그렇지는(주기적이지는) 않은 것이죠. 아래의 커브는 같은 커브 조각들을 반복하기는 하지만 주기적이라고는 하지않습니다 왜냐하면, 그 전체 커브가 위에서 설명한 바대로의 그렇게 선형으로 모아놓은 것은 아니기 때문이죠. 그 조각들이 하나의 직선 위에 나열되어있기는 하죠 그러나, 이는 수평이 아니라 기울어져있는 것이죠. 다시 말해서, 그 조각들은 그 함수가 놓인 좌표계의 입력변수 축에 **평행**한 수평직선(水平直線)을 따라 연결되지않은 것입니다.

그림. A.4

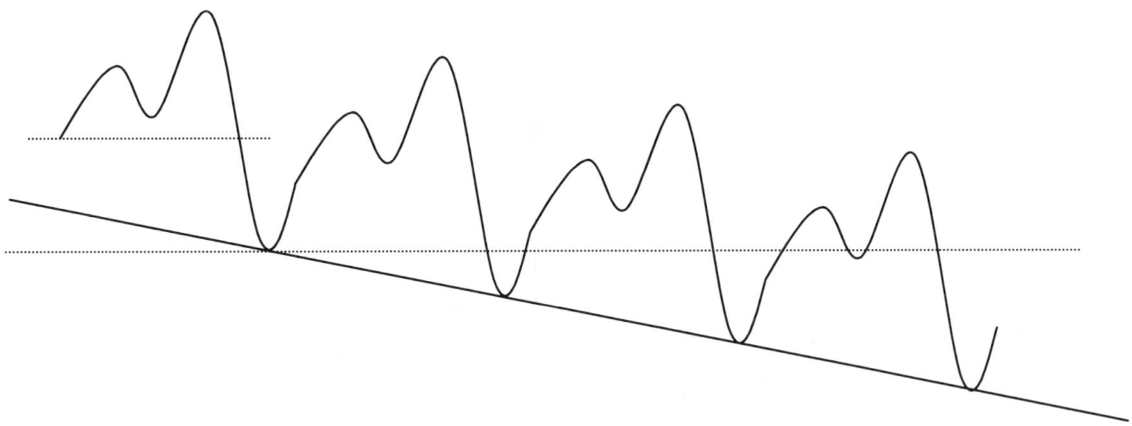

이는 왜냐하면, 그 주기(週期)의 시작에서의 출력이 그 주기의 끝에서의 출력과 같지않기 때문입니다.

그림. A.5

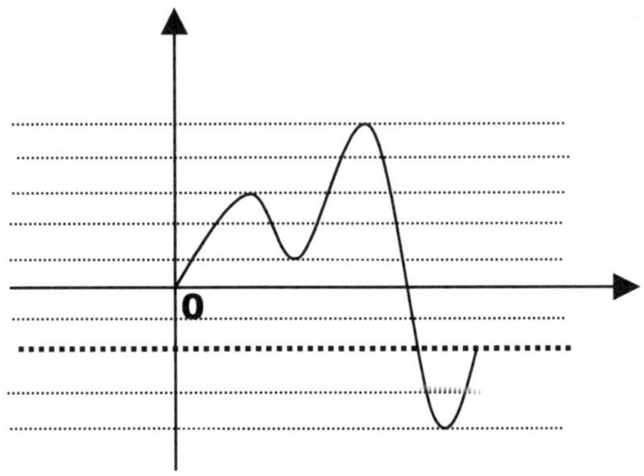

그림. A.6

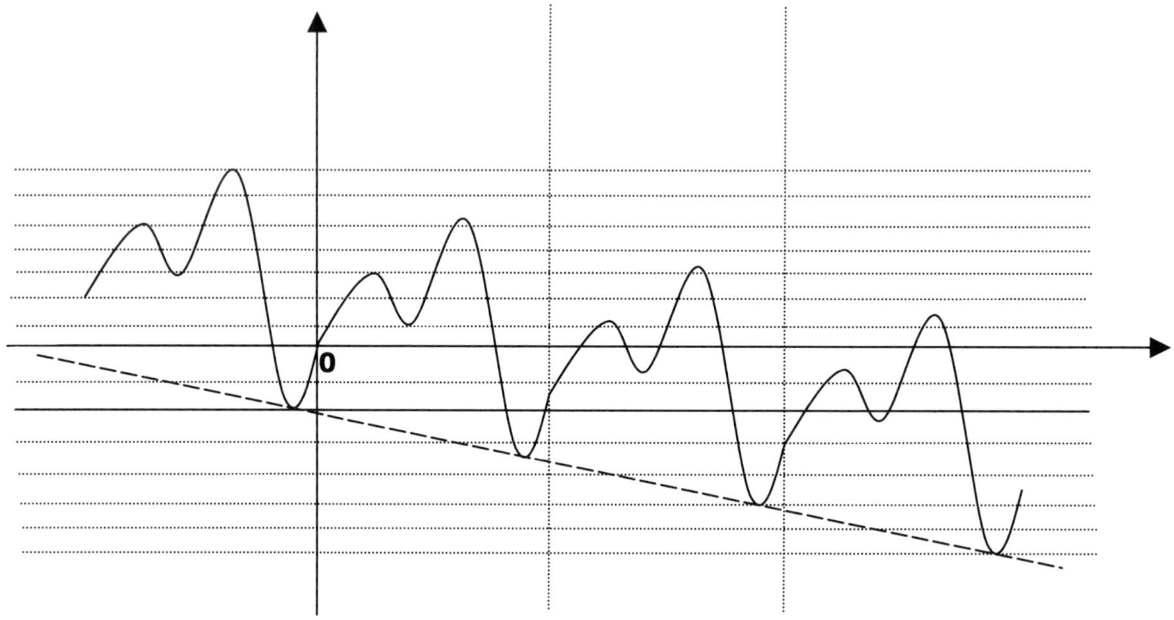

주기함수라는 것은 기본적으로는 연속함수(連續函數)입니다. 하지만, 연속이 아닌 주기함수도 있어요. 그렇지만, 그런 함수들도 보통은 그 주기이내(週期以內)에서는 연속이죠. 다시 말해서, 이런 함수는 다음 주기로 넘어갈 때마다 불연속인 것이죠.

그림. A.7

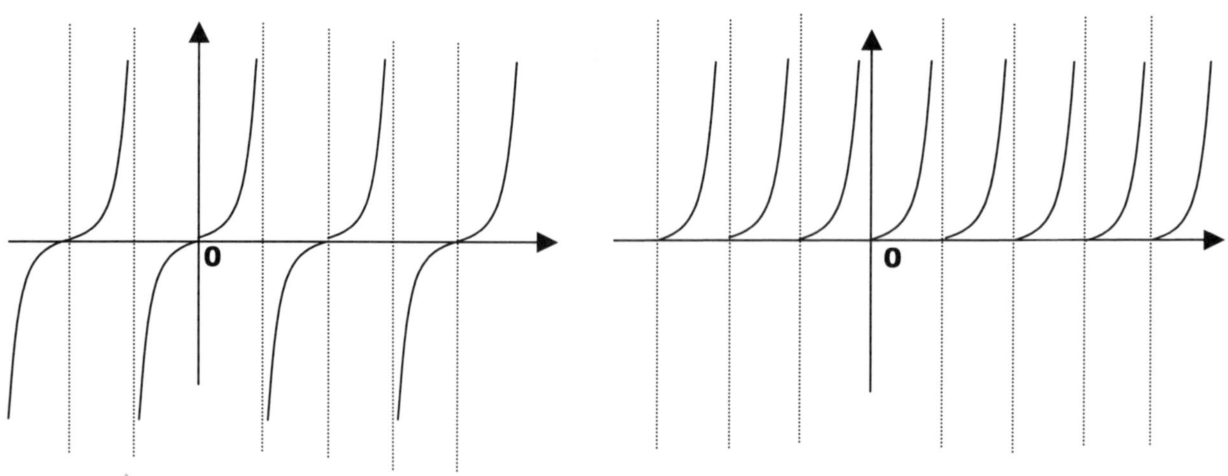

그러면 이제, 주기함수의 정의에 대하여 알아보기로 하죠. 하나의 함수를 정의(定義)할 때 메커니즘과 더불어 정의역과 치역을 구체적으로 표현해야 하는 거죠. 먼저,주기함수의 정의역과 치역부터 시작하겠습니다. 하나의 주기함수를 정의할 때에 그 함수는 보통, "$x \ge 0$" 또는 "x 는 실수이다." 와 같은 무제한(無制限)의 정의역을 갖지만 그 치역(値域)은 흔히 한정(限定)되어 있어요. 예를 들면, 그 치역이 $-1 \le y \le 1$ 이거나 $0 \le t \le 3$ 일 수도 있는데 여기에서 y 와 t 는 어떤 주기함수들에서의 출력변수들이죠. 그렇기는 해도, 치역도 또한 무제한으로 되는 수도 있죠; 예를 들면, $v \in R$ 와 $q \in r$ 인데 여기에서 v 와 q 는 어떤 주기함수들에서의 출력변수들이고 R 은 모든 실수의 집합이며 r 은 0 보다 크거나 같은 모든 실수의 집합입니다.

그러면 이제 가장 중요한 것은, 그 함수가 주기함수이므로, 그 정의에 그 주기를 명시(明示)해야 하는 것이죠. 그러면, 어떻게 그 주기를 명시하나요? 그저 그 주기가 p 라하고 그 정의 안에 $p = 2$ 와 같은 말을 그저 살짝 던져 넣는 것은 아니죠. 주기함수도 다른 함수들처럼 서로 다른 출력들을 많이 만들어내죠. 특히, 주기함수는 특정한 입력들에 대하여 동일한 출력을 만들어내는데 그 특정한 입력들이 등차수열(等差數列)을 이룬다는 것을 알고있죠. 또한, 이 등차수열에서의 공차가 그 주기이죠. 그러면, 현재의 입력 값에 공차를 더해서 그 합을 또 하나의 입력으로 하면, 그 출력은 마찬가지가 되겠죠. 이는 나머지 다른 모든 출력들 각각에 대하여도 마찬가지인 것이죠. 다시 말해서, 일반 출력이 그 함수로부터 그런 방식으로 만들어진다는 겁니다. 즉, 주기 함수에서는 어느 출력이든 그런 방식으로 만들어지는 거죠. 그러면 이제, 하나의 주기함수 f 를 다음과 같이 정의할 수 있는 겁니다:

X 와 Y 는 실수의 집합들이며 p 는 상수.
f: X⟶ Y.
$y = f(x) = f(x + p)$.

그러면 위의 정의로부터, f 는 주기함수(週期函數)이며 p 가 그 주기(週期)라는 것을 알 수 있습니다.
또한, 다음과 같은 내용도 알 수 있죠:

$f(x) = f(x + p) \Rightarrow f(x + p) = f\{(x + p) + p\} = f(x + 2p)$

$f(x) = f(x + p) \Rightarrow f(x + 2p) = f\{(x + 2p) + p\} = f(x + 3p)$

$f(x) = f(x + p) \Rightarrow f(x + 3p) = f\{(x + 3p) + p\} = f(x + 4p)$

. . .

그러면 이제, $f(x) = f(x + np)$이고 여기에서 n 이 정수(整數)라면 f 는 주기함수이며 그 주기는 p 라고 말할 수 있는 것이죠. 이제 예를 좀 들어보기로 하는데 이 예에서 위에서 설명한 바와 같은 특정한 입력들에 대하여 동일한 출력들이 어떻게 만들어지는지를 볼 수 있어요. 그 특정한 입력들은 하나의 등차수열을 이루며 이 수열에서 그 주기가 공차(公差)라는 것을 알고있죠. 이제, $y = f(x) = f(x + p)$에서 p 가 1 이라고 하세요. 그러면:

$x = 1$ 일 때, $f(1) = f(1 + 1) = f(2) = f(1 + 1p)$

$x = 2$ 일 때, $f(2) = f(2 + 1) = f(3) = f(1 + 2p)$

$x = 3$ 일 때, $f(3) = f(3 + 1) = f(4) = f(1 + 3p)$

...

$x = 0.2$ 일 때, $f(0.2) = f(0.2 + 1) = f(1.2) = f(0.2 + 1p)$

$x = 2.2$ 일 때, $f(2.2) = f(2.2 + 1) = f(3.2) = f(0.2 + 3p)$

$x = 5.2$ 일 때, $f(5.2) = f(5.2 + 1) = f(6.2) = f(0.2 + 6p)$

$\ldots f(5.2) = f(4.2 + 1) = f(4.2) = f(0.2 + 4p) = f(3.2 + 1) = f(3.2) = f(0.2 + 3p) \ldots$

$x = 17.9$ 일 때, $f(17.9) = f(17.9 + 1) = f(18.9) = f(0.9 + 18p)$

$x = 23.9$ 일 때, $f(23. 9) = f(23.9 + 1) = f(24.9) = f(0.9 + 24p)$

$x = -3$ 일 때, $f(-3) = f(-3 + 1) = f(-2) = f(-3 + 1p)$

$x = -2$ 일 때, $f(-2) = f(-2 + 1) = f(-1) = f(-3 + 2p)$

$x = -1$ 일 때, $f(-1) = f(-1 + 1) = f(0) = f(-3 + 3p)$

그러면 이제, f가 등차수열을 이루는 특정 입력들에 대하여 모두 같은 출력을 만든다는 것과 그 수열에서의 공차는 p라는 것을 알 수 있죠. 예를 들면, **f(0.7) = f(0.7 + p의 모든 정수배)** 이며 여기에서 p가 주기입니다 그리고, 이번 예에서는 $p = 1$ 인 것이죠.
다시 말해서, **f(0.7) = f(0.7 + np)** 이며 여기에서 n은 정수(整數)이고 p가 주기이죠; 이번 예에서는 $p = 1$ 이므로 **f(0.7) = f(0.7 + n)**인 것입니다.

유의사항:

또한, $f(0.7) = f(0.7 + 0 \times p)$.

또한, $f(0.7) = f(-0.3)$ 왜냐하면, -1은 정수(整數)이며 $f(0.7) = f(0.7 + (-1)p) = f(0.7 - 1)$.

그러나, 다른 입력 값에 대하여도 같은 출력이 발생할 수도 있는 것이죠. 다시 말해서, 주기함수는 하나의 주기 안에서 두개 이상의 동일한 출력들을 만들어낼 수도 있다는 것입니다. 그리하여, $f(x)$가 $f(x + p)$와 같을 뿐만 아니라 $f(x)$는 $f(x + q)$, $f(x + r)$, 등등과도 같을 수 있다는 것이고 여기에서 p, q, r, 등등은 모두 서로 다른 상수들이죠. 그러나, 그 주기는 단지 p뿐 이므로 $f(x) \neq f(x + nq)$, $f(x) \neq f(x + nr)$, 등등이며 여기에서 n은 정수입니다.

그림. A.8

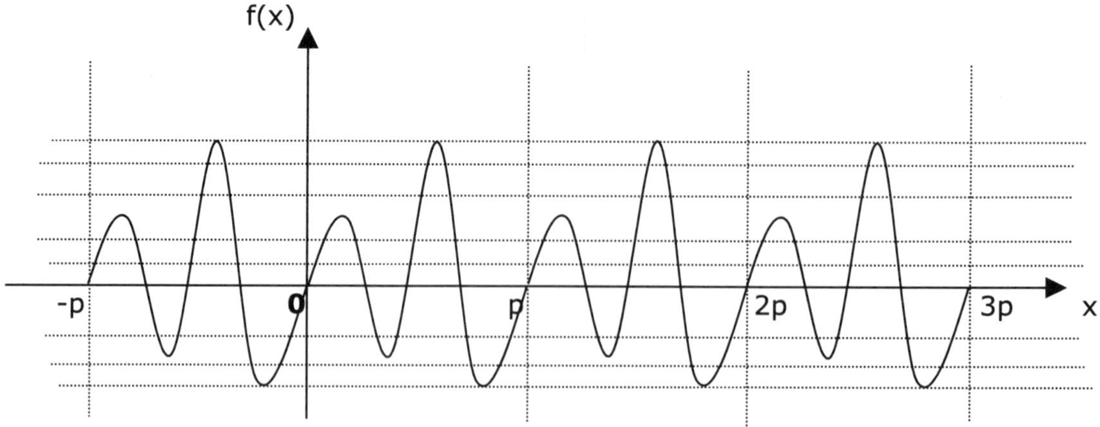

주기함수 중에 많이 드는 예로는 삼각함수(三角函數)라는 것이 있는데 이는 삼각기하(三角幾何)에서 다룰 것입니다. 사인(sine)과 코사인(cosine) 그리고 탄젠트(tangent) 함수들이 그러한 예들 중에서 전형적인 것들이죠. 사실, 주기함수에서의 많은 예들은 이 삼각함수들 중의 몇 가지를 조합하여 만든 것들이죠. 그것들은 일반적으로 파동(波動) 함수들입니다. 예를 들면, 이것들 중의 몇 개는 톱니(Sawtooth) 함수, 정사각형(Square) 함수와 삼각형(Triangular) 함수라고 불립니다. 이 함수들은 일반 math 의 범위를 벗어나는 것들이죠. 하지만, 삼각기하는 일반 math 의 일부입니다. 이것은 매우 중요한 비(比)를 다루는 것이죠: 삼각비(三角比). 삼각함수는 이해하기에 쉬운 것은 아니지만 이해하기에 너무 어려운 것도 아닙니다. 이것들은 **Run Trigonometry** 라는 책에서 다룹니다. 하나의 다항식과 같은 단일한 수식을 메커니즘으로 하는 주기함수는 거의 찾을 수가 없어요. 주기함수에서의 단순한 예를 몇 개 들어보기로 하죠 하지만, 이것들 각각은 둘 이상의 수식들로 구성된 메커니즘을 갖고있어요. 즉, 이 주기함수들 각각의 메커니즘은 둘 이상의 수식들로 이루어져있다는 것이죠.

$k \le x < k + 1$ 인 **x** 에 대하여 **$f(x) = x - k$** 이며 여기에서 **k** 는 **정수**라고 하세요.

그러면, 이 f 는 1 을 주기로 하는 주기함수입니다.

그리하여, **$f(x) = f(x + 1)$**이고 $f(x) = f(x + np) = f(x + n)$이며 여기에서 n 은 정수이고 p 는 주기죠.

이 f 의 정의역은 모든 실수의 집합입니다. 어떻게 요?

이 f 의 정의역은 {x| $k \le x < k + 1$ 여기에서 k 는 정수.}

= {x| . . . $-3 \le x < -2, -2 \le x < -1, -1 \le x < 0, 0 \le x < 1, 1 \le x < 2, 2 \le x < 3$ . . .}이고,

이는 결국 모든 실수의 집합이라는 것이죠.

이 f 의 치역은 {r| $0 \le r < 1$} 입니다.

이 f 는 다대일(多對一) 함수이므로 그 전체로서는 역함수를 갖지않죠.

그러나, 이 함수는 각 주기에서는 일대일이므로 모든 주기 하나하나에 대하여는 그 역함수를 찾을 수가 있습니다.

그림. A.9

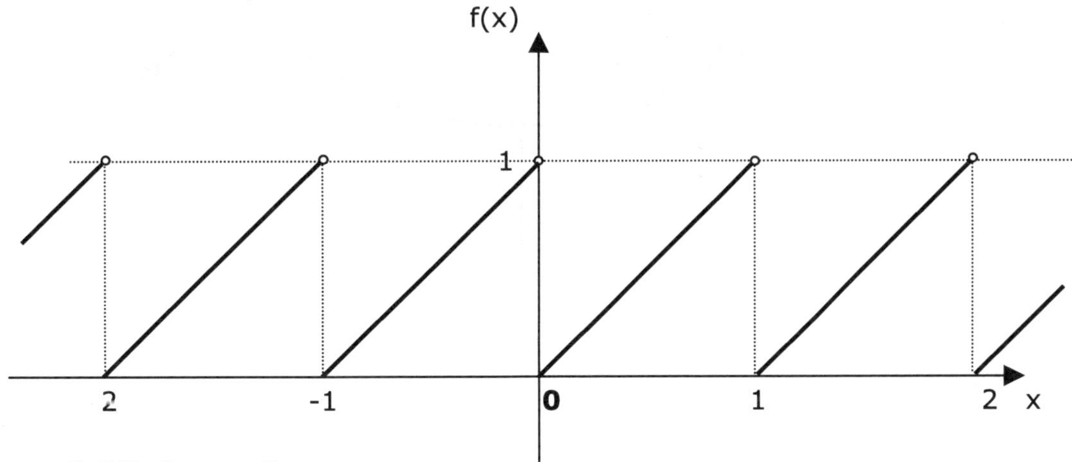

. . .

$f(x) = x + 2$ 이며 **$-3 \le x < -2$**

$f(x) = x + 2$ 이며 **$-2 \le x < -1$**

$f(x) = x + 1$ 이며 **$-1 \le x < 0$**

$f(x) = x$ 이며 **$0 \le x < 1$.**

$f(x) = x - 1$ 이며 **$1 \le x < 2$**

$f(x) = x - 2$ 이며 **$2 \le x < 3$**

. . .

다음과 같은 함수에 대하여는 어떤가요?

$2k - 1 \le x \le 2k$ 인 x 에 대하여 $f(x) = x - 2k + 1$ 이며 여기에서 k 는 정수입니다.

이 f 는 2 를 주기로 하는 주기함수입니다.

$f(x) = f(x + 2)$이고 $f(x) = f(x + 2n)$이며 여기에서 n 은 정수입니다.

이 f 의 정의역은 {x| $2k - 1 \le x \le 2k$ 여기에서 k 는 정수.}

= {x| . . . $-3 \le x \le -2$, $-1 \le x \le 0$, $1 \le x \le 2$, $3 \le x \le 4$ . . .}이죠,

그러나, 이것이 **모든 실수**의 집합을 의미하는 것은 **아니죠.**

이 f 의 치역은 {x| $0 \le x \le 1$}입니다.

이 f 는 다대일(多對一) 함수이므로 그 전체로서는 역함수를 갖지않죠.

그러나, 이 함수는 각 주기에서는 일대일이므로 모든 주기 하나하나에 대하여는 그 역함수를 찾을 수는 있죠.

그림. A.A

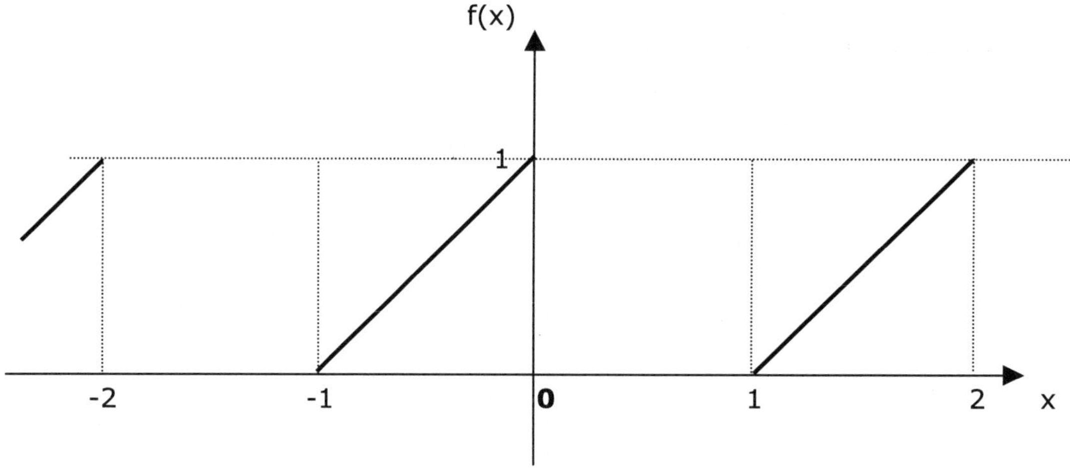

. . .

$f(x) = x + 3$ 이며 **$-3 \le x \le -2$**

$f(x) = x + 1$ 이며 **$-1 \le x \le 0$**

$f(x) = x - 1$ 이며 **$1 \le x \le 2$**

. . .

다음의 예는 어떨까요?

k < x ≤ k + 1 인 **x** 에 대하여 **f(x) = -x + k + 1** 이며 여기에서 **k** 는 정수.

이 f 는 1 을 주기로 하는 주기함수이죠.
f(x) = f(x + 1)이고 f(x) = f(x + n)이며 여기에서 n 은 정수입니다.
이 f 의 정의역은 모든 실수의 집합이죠.
이 f 의 치역은 {x| 0 ≤ x < 1} 입니다.
이 f 는 다대일 함수이므로 그 전체로서는 역함수를 갖지않죠.
그러나, 이 함수는 각 주기에서는 일대일이므로 모든 주기 하나하나에 대하여는 그 역함수를 찾을 수는 있죠.

그림. A.B

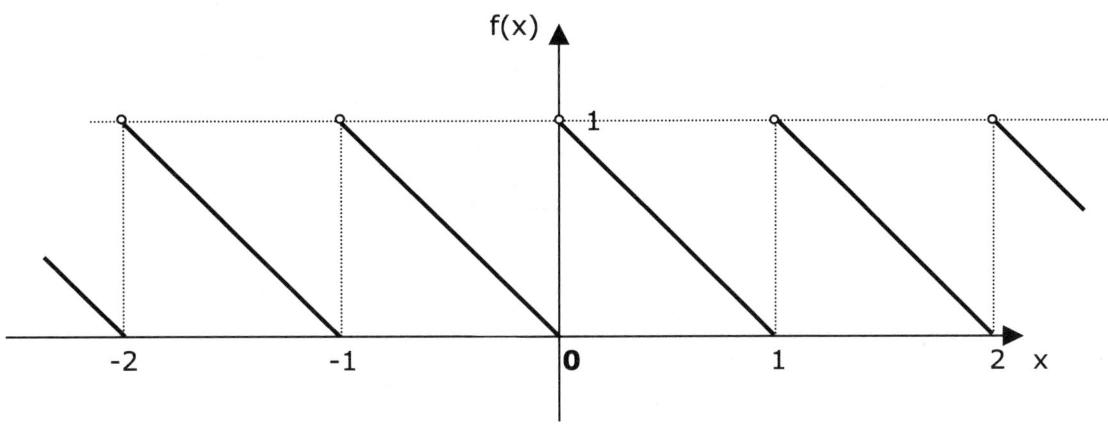

...

f(x) = -x - 2 이며 **-3 < x ≤ -2**

f(x) = -x − 1 이며 **-2 < x ≤ -1**

f(x) = -x 이며 **−1 < x ≤ 0**

f(x) = -x + 1 이며 **0 < x ≤ 1.**

f(x) = -x + 2 이며 **1 < x ≤ 2**

f(x) = -x + 3 이며 **2 < x ≤ 3**

...

다음 것은 어떨까요?

2k + 1 ≤ x ≤ 2(k + 1)인 **x** 에 대하여 **f(x) = -x + 2(k + 1)**이며 여기에서 **k** 는 정수.

이 f 는 2 를 주기로 하는 주기함수입니다.
f(x) = f(x + 2)이고 f(x) = f(x + 2n)이며 여기에서 n 은 정수입니다.
이 f 의 정의역은 {d| 2k + 1 ≤ d ≤ 2(k + 1) 여기에서 k 는 정수.} 입니다.
이 f 의 치역은 {r| 0 ≤ r ≤ 1} 입니다.
이 f 는 다대일 함수이므로 그 전체로서는 역함수를 갖지않죠.
그러나, 이 함수는 각 주기에서는 일대일이므로 모든 주기 하나하나에 대하여는 그 역함수를 찾을 수는 있죠.

그림. A.C

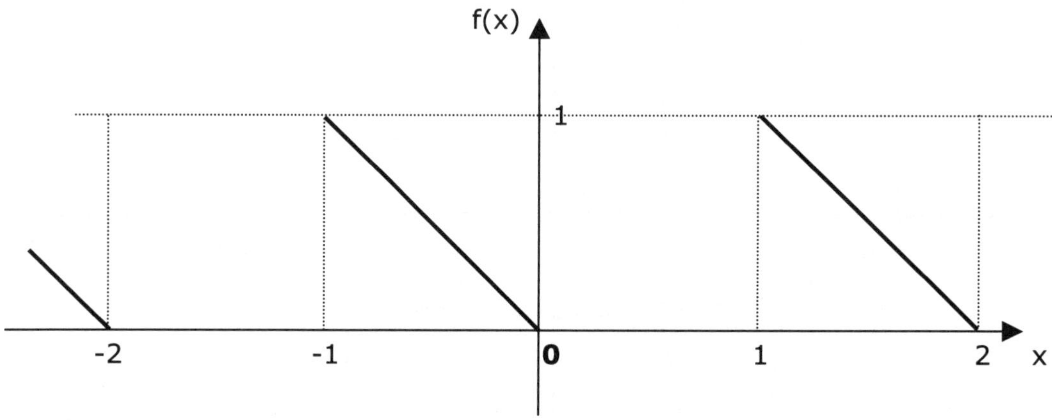

...

f(x) = -x + 2 이며 **1 ≤ x ≤ 2**

f(x) = -x 이며 **−1 ≤ x ≤ 0**

f(x) = -x − 2 이며 **−3 ≤ x ≤ -2**

...

위의 그래프에 있는 커브를 x 축 방향으로 −1 만큼(즉, 왼쪽으로 1 만큼) 평행이동 시키기로 하죠. 그러면, 이 평행이동 이후에 새로운 커브를 만드는 그 새로운 함수를 만들기 위하여 이 f 에 무엇을 해야 하나요?
이 함수의 정의에서 x + 1 을 x 로 바꾸어야 하고 정의역의 표현에 −1 을 더하여야 하죠. 그러면, 다음과 같은 함수 g 를 갖게 될 겁니다. 어째서 요? 그 자세한 내용은 제 2 권: **그래프 조작**에서 다루어질 겁니다.

g(x) = f(x + 1) = -(x + 1) + 2(k + 1) = -x − 1 + 2k + 2 = -x + 2k + 1

여기에서 **k** 는 정수이며 **2k + 1 + (-1) ≤ x ≤ 2(k + 1) + (-1).**

그리하여, $2k \le x \le 2k + 1$ 인 **x** 에 대하여 $g(x) = -x + 2k + 1$ 이며 여기에서 **k** 는 정수.

그림. A.D

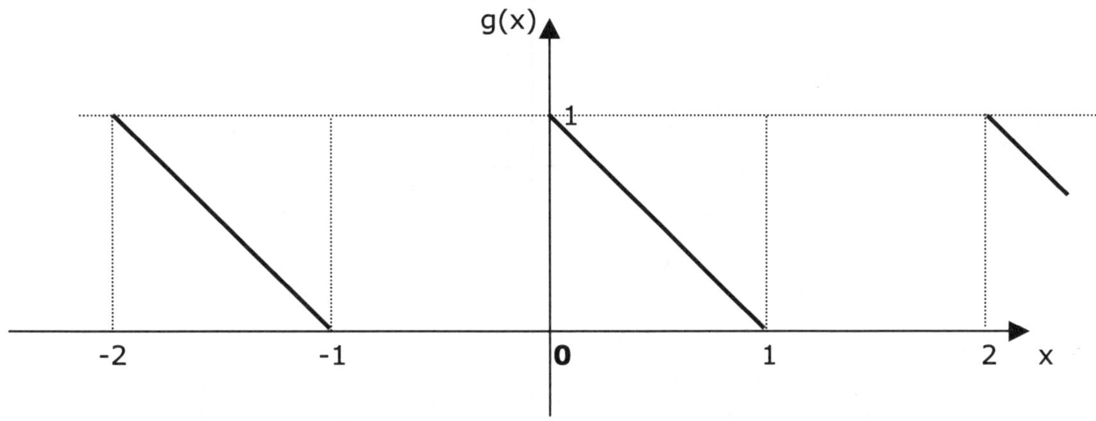

...

$g(x) = -x - 1$ 이며 $-2 \le x \le -1$

$g(x) = -x + 1$ 이며 $0 \le x \le 1$

$g(x) = -x + 3$ 이며 $2 \le x \le 3$

...

그러면 이제, 첫번째 예에서의 그래프와 바로 위에 있는 그래프를 합치기로 하죠.
그 두 그래프들에 대한 함수들은 다음과 같습니다:
$2k - 1 \le x < 2k$ 인 **x** 에 대하여 $f(x) = x - 2k + 1$ 이며 여기에서 **k** 는 정수.
$2k \le x < 2k + 1$ 인 **x** 에 대하여 $g(x) = -x + 2k + 1$ 이며 여기에서 **k** 는 정수.

이 두 그래프를 합친 후에는 다음과 같은 새로운 그래프를 갖는 것이죠:

그림. A.E

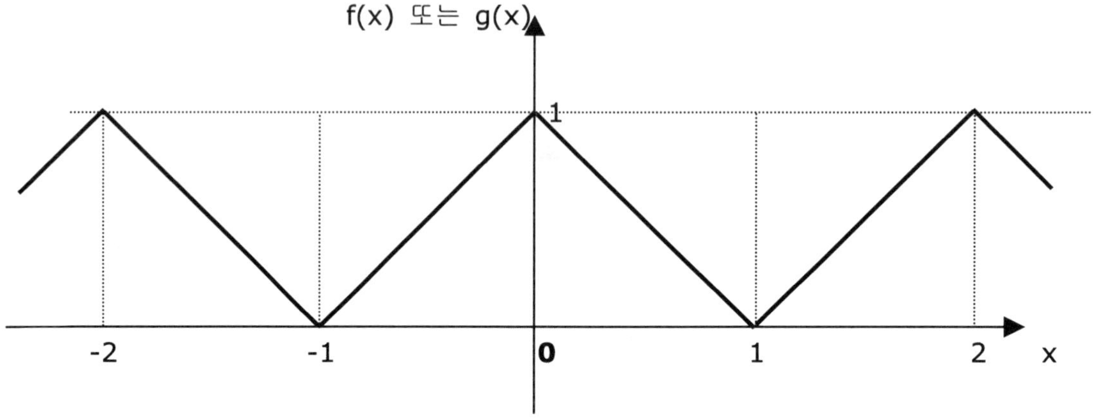

...

f(x) = x + 3 이며 **−3 ≤ x < -2**

g(x) = -x − 1 이며 **−2 ≤ x < -1**

f(x) = x + 1 이며 **−1 ≤ x < 0**

g(x) = -x + 1 이며 **0 ≤ x < 1**

f(x) = x − 1 이며 **1 ≤ x < 2**

g(x) = -x + 3 이며 **2 ≤ x < 3**

...

그러면 이제, h 라 하는 새로운 함수를 만들기 위하여 이 두 함수들 f 와 g 를 합치기로 하는데 이 h 는 바로 위의 새로운 그래프를 만드는 겁니다. 그러면, 단순히 그 두개의 이름 f 와 g 를 h 로 바꾸는 것이죠. 그러면, 함수 h 를 다음과 같이 갖게 될 겁니다:

h(x) = x + 3 이며 **−3 ≤ x < -2** **h(x) = -x − 1** 이며 **−2 ≤ x < -1**

h(x) = x + 1 이며 **−1 ≤ x < 0** **h(x) = -x + 1** 이며 **0 ≤ x < 1**

h(x) = x − 1 이며 **1 ≤ x < 2** **h(x) = -x + 3** 이며 **2 ≤ x < 3**

그러면 이제, 이 h 는 주기함수인가요? 예, 이것은 주기함수입니다.
그러면, 그 주기는 무엇이죠? 2 이죠.
h(x) = h(x + 2)이고 h(x) = h(x + 2n)이며 여기에서 n 은 정수입니다.
이 h 의 정의역은 모든 실수의 집합이죠.
이 h 의 치역은 {r| 0 ≤ r ≤ 1} 입니다.
이 h 는 다대일(多對一) 함수이므로 역함수를 갖지않죠.
또한, 이 함수는 각 주기에서도 일대일이 아니므로 각 주기에 대하여도 역함수를 갖을 수 없는 거죠.

그러면, 또 하나의 예를 들어보기로 하죠.

$k - 1 \le x < k$인 x에 대하여 $f(x) = \{1 - (x - k)^2\}^{1/2} = \sqrt{1-(x-k)^2}$ 이며 여기에서 **k는 정수.**

이 f는 1을 주기로 하는 주기함수입니다.

$f(x) = f(x + 1)$이고 $f(x) = f(x + n)$이며 여기에서 n은 정수입니다.

이 f의 정의역은 모든 실수의 집합입니다.
이 f의 치역은 $\{r| 0 \le r < 1\}$ 입니다.
이 f는 다대일 함수이므로 역함수를 갖지않죠.
그러나, 이 함수는 각 주기에서는 일대일이므로 모든 주기 하나하나에 대하여는 그 역함수를 찾을 수는 있죠.

그림. A.F

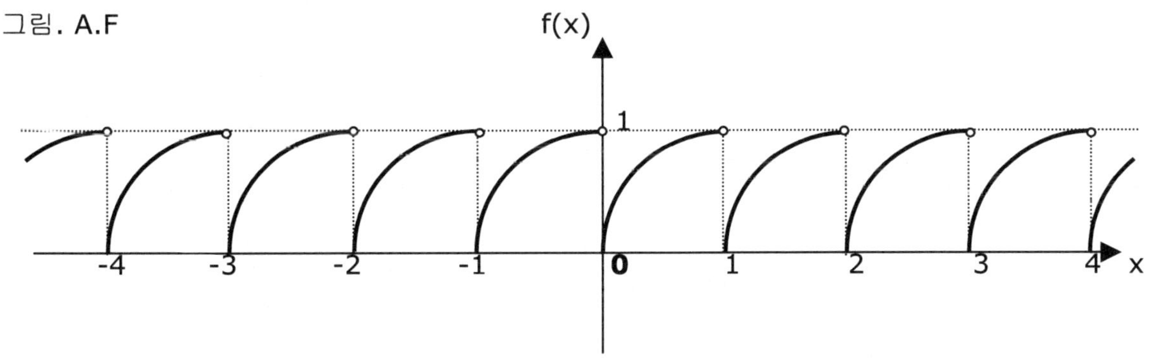

이 커브의 동일한 조각들 각각은 반지름을 1로 하는 사분원(四分圓)이라는 것을 알 수 있죠.
또한, (k, 0)가 이 원들 각각의 중심이라는 것도 알 수 있죠.

...

$f(x) = \sqrt{1 - x^2}$ 이며 **$-1 \le x < 0$.**

$f(x) = \sqrt{1 - (x - 1)^2}$ 이며 **$0 \le x < 1$.**

...

그러면 이제, 하나의 예를 더 들어보도록 하죠.

$f(x) = [1 - \{x - (2k - 1)\}^2]^{1/2}$ 이며 **$2k - 1 - 1 \le x \le 2k - 1 + 1$** 이고 여기에서 **k**는 정수.

이 f가 만드는 커브는 1을 반지름으로 하는 반원(半圓)들을 선형(線形)으로 모아놓은 것입니다.
이 원들에서 중심(中心)들 각각은 (2k - 1, 0)에 있는 것이죠.
위의 수식들을 간단히 하고 나면 다음과 같은 f의 정의를 갖게 되죠:

$f(x) = \{1 - (x - 2k + 1)^2\}^{1/2} = \sqrt{1 - (x - 2k + 1)^2}$ 이며 **$2(k - 1) \le x \le 2k$** 여기에서 **k**는 정수.

이 f는 2를 주기로 하는 주기함수입니다.

$f(x) = f(x + 2)$이고 $f(x) = f(x + 2n)$이며 여기에서 n은 정수입니다.

이 f의 정의역은 모든 실수의 집합입니다.
이 f의 치역은 $\{x| 0 \le x \le 1\}$ 입니다.
이 f는 다대일 함수이므로 역함수를 갖지않죠.
또한, 이 함수는 각 주기에서도 일대일이 아니므로 각 주기에 대하여도 역함수를 갖을 수는 없습니다.

그림. A.G

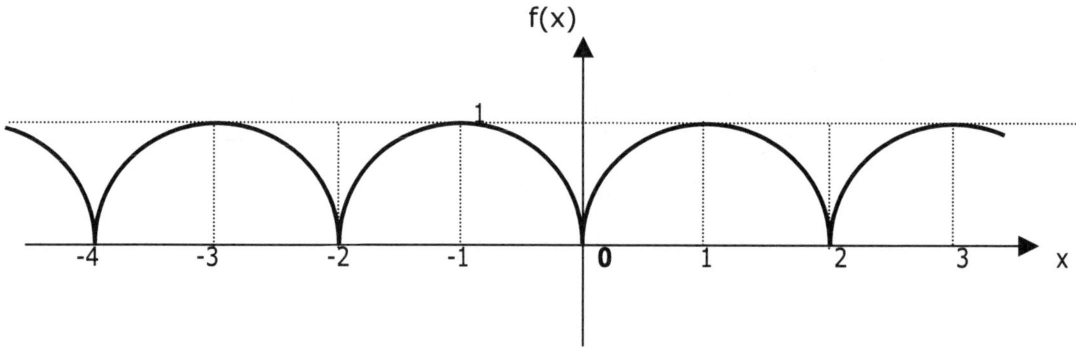

...

$f(x) = \sqrt{1 - (x + 1)^2}$ 이며 **$-2 \le x \le 0$.**

$f(x) = \sqrt{1 - (x - 1)^2}$ 이며 **$0 \le x \le 2$.**

...

함수와 그래프의 기초 - 제 1권 : 무슨 함수? -

2007년 6월 11일 초판 인쇄
2007년 6월 20일 초판 발행

저 자 / 김성렬
발행자 / 오판근
발행처 / 교우사

주 소 / 서울 동대문구 제기2동 148-19
전 화 / 925-2861, 929-4865
팩 스 / 925-2860
E-mail / kw2861 @ chollian. net
http: // www. kyowoo. co. kr
등록 / 1994. 3. 24 제6-0256호

값(한글 · 영문판) **25,000원**

Fundamentals of Functions and Graphs

Book 1: What Functions?

Seong Ryeol Kim

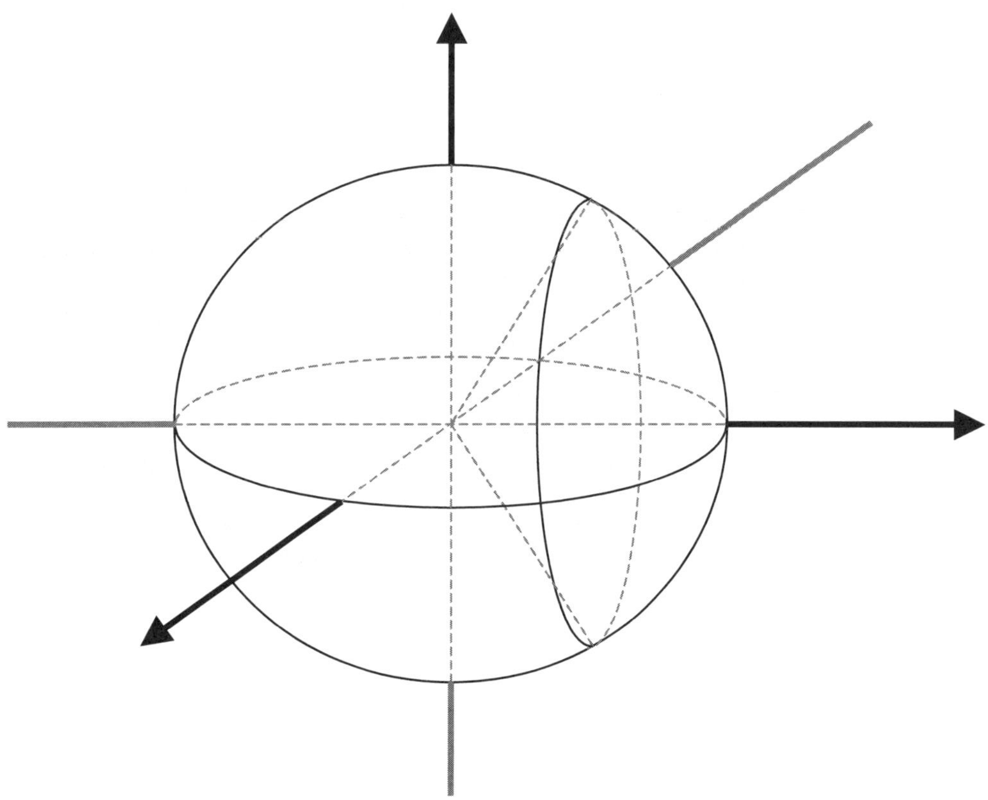

Fundamentals of Functions and Graphs
Runmath

To the Readers

This book is the first book in the series of **Fundamentals of Functions and Graphs.**

This book has been written for those students who are not good at learning in math. What is math? Is it a bunch of calculations with numbers? We do math not to calculate. Of course, we cannot avoid calculations completely. Math is a field where we find how to solve problems without much of useless or nuisance boring calculation and put the findings in actions. In addition, it is the filed where we build such skills or techniques. Essentially, math is a field where we discuss what it is if it is significant, and what we are going to do with it. This is book is for those students who have too much trouble solving problems or even hate leaning math since they are not quite sure of what functions are, what to do with them, and how to do it. Nevertheless, It is not the case where excellent students should not read this book.

Before we do performances with functions, we should know what functions are. There are quite a few students who have leaned functions already, and are probably working on many problems with functions. However, there seem to be few students who know properly the ideas of functions in concrete manner.

There are probably few books that explain functions and graphs more easily and elaborate on them more than this book. More precisely, this book is on functions, equations, and their graphs. Functions and graphs are very serious ideas. If not quite sure of functions and graphs, let alone engineering math at college, we can hardly do any math properly in grade schools. Nonetheless, they are not the objects of austere discussions in solemn atmosphere. However, providing explanations as though we just play or give jokes does not mean that we give easy explanations. Easy explanation helps students understand. Of course, it is important for students to find amusement in the explanations. Therefore, it is a good idea, too, to inject a note of humor into the explanations. However, what is the most important is precise or correct understanding. It should begin with the one the readers know and end up with the one the readers understand. No matter how easy it may be, it is hard if it is unknown, and it is no fun if we don't know what's going on. No matter how hard we may try the one we don't know about, we can't see it. We are not seeking after something in some mysticism, are we?

So, this book makes choices of the easiest possible ones and takes them for objects of explanations. Although the author might look great if the author presents a brief solution to a hard and complicated problem as if it were nothing to the author or if the author puts emphasis on tricks producing solutions as if playing the trump card, the book may not be a great help to those students who want to understand particular ideas. And yet, it could rather cause them to hate the ideas or the subject itself. That is, on the contrary, it could amplify the disgust or make the students feel powerless. What the most students truly want is, what the problem is talking about first, and then, how such a solution gets made rather than the brief and cleaver solution. This book is for those students who don't know much about or have no idea on functions and graphs. This book is applicable to any student who needs specific help in learning functions and graphs.

Preface

This book is the first book in the series, **Fundamentals of Functions and Graphs**. If we know what functions are, how they get constructed, and how to use them, and also, can understand how to construct, use, and manipulate the graphs, then we have properly covered the most part of the fundamentals of functions and graphs. The second book in this series is **Graph Operations**, which is a book on graphs.

In this book, the discussion will be heavily on functions themselves. We are going to find out about what basic functions are, how they get constructed, and also, how to use them. We will get to understand what we can do about functions and how we can do it in a concrete manner. What's truly important in a function itself is where the function is defined and what the function produces. That is, the domain and range are important. It is important that we properly set up the domain and the range in the function and see how they are correlated. How important is it, then? Lack of the knowledge is fatal to solving many problems.

Note:
In this book and all the other books in the series of **Runmath**, the **expression part** in a presentation of a function is called a **mechanism** of the function. For instance, in $\mathbf{f(x) = 2x^3 + 3/x}$ and $\mathbf{g(x) = \sin^3(x^2) + x^2 + 3}$, the mechanism of the **f** is $\mathbf{2x^3 + 3/x}$ and that of the **g** is $\mathbf{\sin^3(x^2) + x^2 + 3}$. Besides, the '**f**' and '**g**' are called function **designator**s, and **f(x)** and **g(x)** are the **name**s of the functions.

Equalities or equations should not be just taken for functions. Besides, even though the mechanisms in some functions are the same, they might not be the same functions. A mechanism is merely a part of a function. On the other hand, there are some functions, too, that have just different names but are actually the same. Among equalities, we have equations. Connective expressions between variables are called equations, too. However, functions and equations are not in the same category. A function has two kinds in variables. One of them is for the input and the other is for the output. A function has one output variable but can have many input variables. However, an equation has just variables. That is, we don't say an input variable or output variable of an equation.

When we express in a coordinate system a particular geometric object such as a line or parabola, we often use an equation, which is called the equation of the object. Such a geometric object is usually called a curve. We take a straight line for a curve, too. Therefore, such an equation is called the equation of the curve. For instance, if we put a circle in an equation in a coordinate system, the equation of the curve is called the equation of the circle. If the curve is a line, the equation of the curve is the equation of the line.

Now, a curve in a graph of a function can be a line or parabola. However, some parabola cannot be a curve of a function. That parabola can be a curve of an equation, though. In addition, a curve of a function cannot be a circle, either. A presentation of a circle requires at least two functions. At any rate, we don't say a function of a curve. Of course, we can say a curve of a function.

Fundamentals of Functions and Graphs
Runmath

Curves are very important because we can see the functions via the curves. Separate books will cover respectively the graphs of basic functions or equations having such curves as lines, parabolas, circles, etc. from the basics to the applications.

In this book we are going to learn the basic functions covered by the math courses in the grade schools or basic Calculus courses. In fact, the clear understanding of such functions is important. Besides, since we are learning the fundamentals of functions, we are going to limit the amount of terminologies to the minimum. We are going to use only two terminologies for the sets used in a definition of a function. One is a domain where the function is defined and the other is a range that the function produces. The clear knowledge of the two is very important, too. If we use this that and the other, we only get confused. We still tend to get confused even though otherwise. We can say that there are infinite kinds in functions. It all depends on its definition.

Among the items in the main text or examples in this book, there can be some example problems or items too easy for some students. They can say "what's the point of doing such trivial or trifling things?". Now, it's important for many students to make sure their understanding of the easy ones first. Then, from that time on, it all depends on the individuals' practices or exercises. However, we don't get much out of practices or exercises if the foundation is weak. Functions are essentially not fair game. For instance, inverse functions or periodic functions are not fair game at all. The same is true for exponential functions or log functions. In fact, no function is fair game. When many students were asked if they know about a function, most of them did not readily answer, and eventually, said no idea about it. Besides, those students who said that they know about functions answered $y = f(x)$ at most. They know some tricks or techniques for solving problems with functions and no more than that.

Now, those students who are not quite sure of what functions are should begin with working on sequences before they proceed with functions in math. Then, they should move on to series, and then, continue with basic functions in general math. Why the sequences first, then? That's because the main idea in functions is a relationship between objects in terms of correspondence, and the sequences have much to do with the basic idea of such a relationship. When we talk about functions, a correspondence means a response or an agreement with each other. We can practically see the basic idea in the display of a sequence. That is, a sequence can show us a relationship in terms of correspondence between the elements of two sets in a concrete manner. What are the two sets? We will talk about them shortly.

We say that the purpose of studying math is **problem-solving skill**. Working on sequences and series, we often make various partitions in such a group of numbers and put the partitions together in accordance with many rules or principles, or rearrange the numbers or the partitions in a variety of ways. Then, we put such processes in a sequential manner. Why do we do such things, then? It is after all, for solving problems. It can be said that we work on sequences and series since we want to come up with an **algorithm** that is a sequence of **problem-solving processes**.

Just as in numbers, we have an unboundedly large variety of sequences and series. Therefore, we may say that there are as many sequences and series as there are numbers. Don't get intimidated, though. When we work on sequences in general math, the objective is not that we can cover them all, and is not either that we can cover most or many of them. The objective is that we want to find out what they are about, how they work, and what we are going to do with them. The ideas in sequences and series are fundamental to functions, functions are basic elements in Calculus, and consequently, the ideas are fundamentals of Calculus. The destination in the series of **Runmath** is Calculus. In Calculus, we break apart all kinds of objects into unlimitedly many pieces, and put them together in a series. Now, let's begin with sequences.

Contents

0.0. Sequences

Probably, the typical of the most related to math are definitions and patterns. We may say that the main content of math is composed of definitions and patterns. It can be said that math begins with definitions, and also, ends up with definitions. In addition, we may take the processes of doing math for processes of finding patterns or specifying the patterns found, recognized, or noticed.

Besides definitions and patterns, math has a lot to do with such words as follows: regularity, consistency, order, relationship, logical interpretation, etc. Many of the words indicate a particular idea in common. It is prediction. When we make a decision, we want to know ahead of time what will happen. What are we talking about? Are we talking about something fortune-tellers do? Not anything in such a nature, but we are now interested in scientific predictions. Each of the scientific predictions definitely has an objective basis. The basis is composed of relevant facts flavored with the relevant or governing rules or principles. In other words, the facts are connected by applicable rules or principles. In such a manner, we want to come up with a scientific prediction that can rationally foretell us the possible outcomes or consequences. By means of such a prediction, we like to see what will (or is likely to) happen so that we can be prepared for it.

When we make a decision, a scientific prediction can help us make better decision, and the prediction needs to have a basis. How can we get the basis, then? We may collect relevant facts and put them in a sequential manner. We may call the facts data. Then, what do we do with the data? We can search the sequence of data for a pattern. We can make better prediction if we can detect and specify the pattern in the sequence of data.

A sequence is a group of objects arranged in an order. Components in a sequence are called entries. A sequence is however, made up of pattern as well as the entries. The pattern governs the entries. Among many things we do as we study in general math, we grow and enhance our capacity and power in pattern recognition. Suppose that we want to make a decision on a particular problem and can find a group of facts relevant to the problem. Then, we may put the facts in a sequence. Also, there can be many ways to put them in a sequence. Now, we reason with the relevant facts based on relevant or governing rules or principles to discover a pattern that can help us make a scientific and rational decision. The pattern can not only help us make a prediction but lead us to a solution plan to a problem. Math is often said to be a study of pattern. We run math to find the pattern that can help us procure the solution plan to a problem as well as to study patterns.

There are many sequences in kind. To name a few, we can have a sequence of polygons, a sequence of colors, and a sequence of letters. We can put almost anything in a sequence. We can take a sequence of numbers for a simple model that can represent all kinds in sequences. When we say a sequence in general math, we normally mean a sequence of numbers. Therefore, we usually call a sequence of numbers simply a sequence. Besides, we often call it a progression. We can do various practices in recognizing patterns in many of the sequences. That's because it is convenient to work with numbers. Therefore, we work on sequences in general math to find out the ways to specify the patterns that control the entries and do practices on presentation of patterns. During the practices, we also get to find a variety in ways where we can add many numbers in very effective manner. How effective? We can often get the sum almost at once, for instance. Also, working on the sequences, we grow and enhance the skill in pattern recognition, of course.

0.1. Sequences of Numbers

The content on sequences and series in this book is merely for the introduction of functions in math, and includes a few easy or moderate examples. Therefore, it covers not a substantial amount of material for sequences and series. It is selected for only the purpose of helping students understand the ideas on functions in math. As mentioned earlier, we may not cover entire space of sequences. However, we can cover the ideas on sequences and see what they are about and how they work. In fact, the same is true for any other object in the study of general math. A sequence is the gateway of the world of math, and is a very typical example of essences of math. Now, let's look into some sequences.

We usually begin with arithmetic operations when we learn basic math in our childhood. The operations begin with additions. How do we learn the additions then? We begin with simple counting where a simple sequence proceeds. When we count normally, we simply keep adding one at a time. We normally count with numbers in such a way that one, two, three, four, and so on. In counting, we use a pattern that the same amount or number is added to the current number to make the next number. The same number is 1 in the case above. The counting usually begins with 1, but we can let it start with 0 instead of 1. Then, we can put numbers into the counting in such an order that 0, 1, 2, etc.

Then, we add two, three, or more at a time as we get used to the pattern. On the other hand, the counting often goes backward in the same fashion as in counting forward. That is, we keep subtracting a number. Then, we sometimes want to find out what number (or amount) will be for a particular entry in the counting, which is a sequence. On the other hand, we may like to know where a particular entry is in the sequence. Then, we get to build a simple function, which is discrete (discontinuous) and can be thought of quite a primitive function. In such a simple function, there are two sets one of which has integers and the other of which has multiples of a particular integer. For instance:

1, 2, 3 . . . (multiples of 1)
2, 4, 6, 8 . . . (multiples of 2)
10, 20, 30 . . . (multiples of 10)

In particular, there is an order in each of the sets, which is an ordered set, which in turn, is a sequence. In fact, strictly speaking, we may not say that a sequence is a set but can say that it is a group since the same number can appear repeatedly in a sequence but we don't specify the same number repeatedly in a set. However, since we normally use a set expression for convenience purposes when we present a sequence, we usually say that a sequence is a set.

Now, we begin again with additions to learn general math. In general math apart from basic math however, we do not just add the same numbers one at a time. Also, we sometimes subtract a number in the counting. In other words, the sequence may have to go up and down. Then also, we sometime want to locate the position where a particular entry is in the sequence. Then, we get to build a little more complicated function, which is still discrete though. In such a function, there are usually two sets also one of which has integers and the other of which can have some variety of multiples of several integers. There is a clear order in one of the sets, but there seems to be something else as well as an order in the other set. In fact, there is one. It is a pattern. The pattern has to do with a particular relationship in terms of correspondence between entries in both of the sets. For instance:

1, 2, 4, 8 . . .
1, 3, 6, 10 . . .
1, 2, 3, 5, 7, 9, 8, 7, 6, 4, 2, 0, 1, 2, 3, 6, 9, 12, 10, 8 . . .

In counting, we set up various patterns. How? We do something to the same amount or number added. What do we do to the same amount? We normally change the amount or select another amount. We usually call the same amount added is a common difference. We may set the common difference to any fixed amount such as 1, -1, 2, -2, 1/2, -1/2, or 3/4. If the common difference is 3/4, the counting may proceed in such a way that 5/4, 8/4, 11/4, 14/4 . . ., and also, if the common difference is −1/2, the counting may proceed in such a way that 2, 3/2, 2/2, 1/2, 0, -1/2, -2/2, -3/2 . . .

In basic counting, we use a common difference. We can either count up or count down. Suppose that the common difference is 2 now. Then, the counting may go 0, 2, 4, 6, 8 and so on. Suppose now, that the difference is -1. Then, the counting may proceed in 100, 98, 96, 94, 92 and so forth. Suppose also, that the difference is 1/2, then the counting can generate numbers in 0, 1/2, 1, 1 and 1/2, 2, 2 and 1/2, 3, 3 and 1/2, and so on. In general counting however, we don't have to use a common difference. Nonetheless, we can let the difference itself between consecutive numbers change in a particular pattern. For instance, a counting may proceed in one of the ways as follows:

0, 1, 3, 6, 10, 15, and so on.

0, 1, 2, 4, 6, 9, 12, 16, 20, and so forth.

0, 1, 2, 1, 0, 2, 4, 2, 0, 3, 6, 3, 0 . . .

We can notice that there is a pattern in each counting in the examples above, and that the pattern governs the counting. However, the last of the three examples above doesn't look like any counting anymore. Then, we are now getting into the space of sequences. In the space, the counting forms a sequence, and we can see not only all kinds in counting but many other sets of numbers in all kinds of patterns. We can make up such sequences as follows:

0, 1, 2, 3, 4, 5, 6 . . .

0, 2, 4, 6, 8 . . .

0, 1, 3, 6, 10 . . .

. . . -2, -1, 0, 1, 2, 3 . . .

-1, -1/2, -1/3, -1/4 . . .

1/2, 3/4, 5/6, 7/8 . . .

0, 1, 2, 3, 4, 5, 4, 3, 2, 1, 0, 1, 2 . . .

0, 1, 0, 1, 0, 1, 0 . . .

0, 1, 2, 0, 2, 3, 0, 3, 4, 0, 4, 5, 0 . . .

Now, it seems that some of the sequences shown above have nothing to do with counting any more. However, the counting still stays in every one of the sequences. In fact, a sequence is composed of two groups of numbers. However, we can only see that there is only one group of numbers in each sequence. For instance, we can see only one group of numbers proceeding in such a sequence as 0, 2, 4, 6, 8 . . . How come there are two groups in a sequence, then? One of the two groups is **exposed** and the other is **embedded**. How?

When we work with a sequence, we usually want to know what number shows up at a particular place in the sequence. In other words, we want to find out a particular number corresponding to a particular position in the sequence without putting down all the numbers until the position. For instance, we may try to find out what the 2357th number is. We normally give a number to each position in a sequence. Then, the position number is the entry number, but we usually call the position number the index. Now, we get to see two groups of numbers in a sequence. One of the two is **a set of the entries** that constitute the sequence, and the other is **a set of the indices**.

0.2. How do we define sequences?

As soon as we look at a sequence, we will find ourselves looking for a pattern (or order) in the sequence. Normally, we can't help it: it's just a human nature. It's an intellectual activity that humans can hardly avoid. We can quickly notice that there is a pattern in each of the sequences above. In some sequences, we can find out the patterns immediately, and also, can specify them without much effort. In some others, it may take us some time to figure out the patterns. In many sequences, we should in fact, make some efforts we until we recognize the patterns. Also, there are many sequences where we can instantly notice the fact that a pattern exists but we may have to take a considerable amount of time to see the pattern specifically or specify the pattern. What is the most significant to us is that we express the pattern in a concrete manner. Now, when we put the pattern specifically in its entirety, we say that we define the sequence. Then, let's find out now how we can specify the pattern in such a manner. In other words, we want to find out how to define a sequence.

We need data to form a sequence. The data is composed of two groups of numbers. We can use the idea of a set to specify each of the two groups. Usually, one of the two groups is composed of integers, which are the indices, and the other is a set of particular numbers, which are the entries in the sequence. Now, we analyze the set of entries, and find a pattern in the set.

We should be able to identify a sequence prior to the definition of the sequence. Then, we simply give a name to it. For instance, we can name a sequence **S**. Then, we also like to give a name to each of the individual entries. How do we name all of them then? We can put a tag on each of the entries. We usually use nonnegative integers to put a tag on each of the entries in a sequence. In other words, we index entries in the sequence, and normally use nonnegative integers for the indices. Then, we can specify the position of each entry. We specify the position of each entry in the sequence with a subscript, which is normally an integer. The positioning of entries in the sequence in such a way as above can be called indexing. Indexing is important in working on a sequence. Now, it is recommended that we should not limit ourselves to use of nonnegative integers only when we index entries in a sequence. That is, if necessary, we should be able to use negative integers as well as the nonnegative. It all depends on the situation or the purpose of our use of the sequence. Now, a sequence has a set of integers, which are the indices in the sequence.

Then, let's move on to the other set of the two, the set of entries. Instead of the word **entry**, we frequently use another word for it. It is called a **term** that is pretty common in the language of math. Both are often the same but have their respective traits. Entries indicate memberships, and terms are in connection with values or functions.

We say that a sequence is an ordered set of numbers. So, it is a set, and we use the notation for the sets in math. We use a pair of curly brackets {braces} to specify a set. A set is a collection of a particular kind of elements. The elements are often numbers and usually called entries or members also.

Suppose that **A** is a set of nonnegative integers.
Then, we normally put the set **A** in one of such two ways as follows:

A = {0, 1, 2 . . .}

A = {k| k is a nonnegative integer}

How do we read the second statement above?
It reads, "The set **A** is composed of **k** such that **k** is an integer."
So, we can notice that the vertical bar '|' means 'such that'. Also, we say that the **A** is an infinite set since it has unlimited entries. If a set has a particular number of entries however, it is called a finite set. For instance, suppose now that **B** is a set of five integers as follows:

B = {31, 25, 8, 19, 107}.

Then, the **B** is a finite set. Also, since the **B** is just a set, it is true that:

B = {31, 25, 19, 8, 107} = {107, 19, 25, 31, 8} = {8, 107, 31, 19, 25} = etc.

In other words, there is no order in the **B**. There is no order in a set, and the same entry does not appear more than once. However, there is an order in an ordered set, and the same entry may appear twice or more.

In math, a sequence is an object, too. Just as we name other objects, we give a name to a sequence. Suppose that we make up a sequence called **S** as follows:

S = {0, 1, 2, 3, 4, 5, 6, 7. . .}

Then, the **S** is a sequence of nonnegative integers. We can see that the **S** has unlimited entries. Then, the **S** is called an infinite sequence. However, if a sequence has a particular number of entries, we call the sequence a finite sequence. For instance, we can have a finite sequence **F** as follows:

F = {-1000, -999, -998 . . . -2, -1, 0, 1, 2 . . . 1000}.

There can be several similar ways we can specify or define a sequence. For instance, we can put the sequence **S** above in such a way as follows:

S = {S_k| S_k = k, and k = 0, 1, 2 . . .} (S_k is read 'S sub k'.)

Also, we can put the **S** in **S = {E_k| E_k = k, and k is a nonnegative integer}** since:

{E_k| E_k = k, and k is a nonnegative integer} = {0, 1, 2, 3, 4, 5, 6, 7. . .}.

What matters in a sequence is **both the indices and the actual entries**.
What matters in a set is **the actual entries only**.

In the examples above, we have the sequence **F = {-1000, -999, -998 . . . -2, -1, 0, 1, 2 . . . 1000}**.

Then, we may specify the **F** in one of such two ways as follows:

F = {F_k| F_k = k, and k = -1000, -999 . . . -2, -1, 0, 1, 2... 1000}

F = {F_k| F_k = k, k is an integer, and $-1000 \leq k \leq 1000$}.

What if the set **F** is not an ordered set and is not a sequence?
Then, we can simply put the **F** in **F = {x| x is an integer, and $-1000 \leq x \leq 1000$}**.

Suppose that we have two sequences as follows:

T = {1000, 999, 998 . . . 2, 1, 0}

V = {0, 1, 2 . . . 999, 1000}.

Then, $T \neq V$.

Why not equal?
We know that a sequence is not simply a set but an **ordered** set. We can see that the elements in the **T** and the **V** are not in the same order. We can put the two sequences in:

T = {T_k| T_k = 1000 – k where k = 0, 1, 2 . . . 1000}

V = {V_k| V_k = k where k = 0, 1, 2 . . . 1000}.

Now, wait a minute!
How do we know if the **T** is not a set {1000, 999, 998 . . . 15, 289, 7, 25, 2, 1, 0}?

It is a good idea to ask questions when there is any ambiguity in a definition. We also do math to remove ambiguity as much as possible. When we itemize the entries in a sequence to define the sequence, we do not normally list all the entries, and we only need to show the entries until the pattern is clear. In other words, we have to assume that all the other entries have to be governed by the same pattern with the amount shown. In the sequence T = {1000, 999, 998 . . . 0}, we can see the fact that:

The sequence begins with the first entry = 1000.
Each of the subsequent entries is one less than the previous one.
The last entry is 0.

We don't need to show any of the other entries that follow the third one in the example **T** above because the pattern is clear with the amount of the entries listed in the set. So, we can assume that all the other respective entries that follow the third one is 1 less than the immediately previous. However, there can be still a room for an argument. Therefore, we get to come up with another measure to that matter.

Now, let's get back to the simple sequence **S** as follows:

S = {0, 1, 2, 3, 4, 5, 6, 7. . .}.

Then, what is the 100th entry in the sequence **S** above? Is it 100? It is not 100 but 99. Frequently, it is misleading to use ordinary descriptions for the places of the entries in the sequence. Therefore, it is often advised that we use a subscript when we position a particular entry in the sequence, and that we specify the system of indices in accordance with the nature of the sequence.
Suppose that the indexing begins with 0.
Then, the subscriptions nicely match the entries.
Then, instead of saying the 100th entry, we can specify the position of the entry by S_{99}, and instead of the first entry, we can say S_0.

The indexing all depends on our needs. As long as we keep the index system clear and consistent, we can use any indexing we think is efficient to suit our needs.

Now, how do we find the particular entry for a particular index? If we complete specifically the recognition of the pattern, we can see that there is a particular mechanism that produces each entry for the corresponding index, and eventually, can specify the mechanism. Then, we can put down the pattern in writing in terms of the mechanism. Therefore, we can find the particular entry by means of the mechanism along with the particular index. How do we specify the mechanism then?

In a sequence, a particular term (entry) is usually correlated with a particular spot (index) in the sequence. In other words, the particular term and the index are normally corresponding to each other. In some sequences, a particular term can happen in many places, though. Then, the mechanism should be able to produce the term based on the corresponding index. Then, the mechanism should be specified in terms of the general index. What is the general index, then? The general index represents all the indices in the sequence. (It is like a variable in a function in math.) Then, we can generalize all the terms (entries) specifying the mechanism. Now, we call the mechanism the general term. Therefore, we usually define a sequence by the general term in the sequence if we can specify the general term. In fact, we've already seen some examples of general terms in sequences:

In the S = $\{S_k | S_k = k$ for k is a nonnegative integer$\}$, the general term is $S_k = k$.
In the F = $\{F_k | F_k = k$, k is an integer, and $-1000 \le k \le 1000\}$, the general term is $F_k = k$.
In the T = $\{T_k | T_k = 1000 - k$ where k = 0, 1, 2 . . . 1000$\}$, the general term is $T_k = 1000 - k$.

We can see that the **k** in each of the sequences above is the general index.
Let's now make up another sequence called **Q** as follows:

Q = {0, 2, 4, 6, 8 . . .}.

The **Q** is a simple sequence also, and is a sequence of nonnegative even integers.
In the sequence **Q**, the general term is $Q_n = 2n$ for n = 0, 1, 2 . . .
We know that the **n** is the general index in the **Q**.
Then, we can define the sequence **Q** by means of its general term as follows:

Q = $\{Q_n | Q_n = 2n$ for n is a nonnegative integer.$\}$.

Also, we can define the **Q** in either of the two as follows:

Q = $\{q_n | q_n = 2n$ where n is a nonnegative integer.$\}$
Q = $\{t_k | t_k = 2k$, and k = 0, 1, 2, 3 . . .$\}$.

Using the general term, we can specify any particular term in the sequence. What is Q_{1000}? It is 2 X 1000 = 2000. We know that the indexing begins with 0, and can see that the 2000 is **the one thousand and first** term in the sequence **Q**.

Now, we can see that we need to make sure two facts in a definition of a sequence:

One of the two is the general term, of course.
The other is where the indexing begins or ends.

In an infinite sequence, we may have two different cases regarding the indexing.

In the first case, the indexing may not end. Then, we need to show in the definition that it doesn't end. The example **Q** above can be the case.

In the second case, there is neither the beginning nor the ending. Nevertheless, we still have to show that it is the case. For instance, we can have sequences **X** and **Y** as follows:

X = {. . . -9, -6, -3, 0, 3, 6, 9 . . .}, and
Y = {. . . -3/4, -2/3, -1/2, 0, 1/2, 2/3, 3/4 . . .}.

Then, we can define the **X** and the **Y** in such ways as follows:

X = $\{X_n | X_n = 3n$ for n is an integer$\}$.
Y = $\{Y_n | Y_n = n/(n+1)$ for n is a nonnegative integer, or **$Y_n = n/(1 - n)$ for n is a negative integer$\}$.** We know that **0/1 = 0**.

Is that it about the definition of a sequence?
Not quite yet!
Suppose that we have a sequence U as follows:
U = {0, 1, 3, 6, 10, 15, 21 . . .}.

Then, we can first notice that the sequence **U** is different in nature from the ones in the examples above. The difference between consecutive terms is not constant. Suppose further that we may not be able to specify the general term for some reason. Then, we may try defining the **U** by means of the relationship between the general term and the previous term to the general term in the **U**.

Then, the general term can be put in such a way as follows:
$\mathbf{U_n = U_{n-1} + n}$ **for** $\mathbf{n = 1, 2, 3 \ldots}$ **and** $\mathbf{U_0 = 0}$.

Therefore, the **U** can be defined in:
$\mathbf{U = \{U_n | \ U_n = U_{n-1} + n}$ **for** $\mathbf{n = 1, 2, 3 \ldots}$ **and** $\mathbf{U_0 = 0\}}$.

When we define a sequence in such a way as above, we say that we use an iterative formula.
In this case, the iterative formula for the **U** is $\mathbf{U_n = U_{n-1} + n}$ **for** $\mathbf{n = 1, 2, 3 \ldots}$

We need to note that the indexing in the **U** begins with **not 1 but 0**.
In the **U** above, we can see that we need to specify the first term, which is the U_0. That's because the formula alone cannot specify the U_1 without the U_0; consequently, it can specify none of the terms.

We need to make sure that the definition of a sequence can specify all the terms in the sequence.

We normally want to express a general term without consulting the previous term. The drawback in such a definition is that when we want to find a particular entry, we need to find all the entries preceding the particular entry. Then, we have to repeat the same calculations all the way until we get to the entry we want to find. So, when the general term is not readily obtainable, we may use such an iterative formula for an alternative.

Also, some iterative formulas do not show the relationship between the general term and the immediate previous term apart from the case of the **U**. For instance, some formulas can be made up of the general term and the third previous or the second next term as follows:

$\mathbf{C_n = C_{n+2} + 3}$ **for** $\mathbf{n = 1, 2, 3 \ldots}$
$\mathbf{D_n - D_{n-3} = n}$ **for** $\mathbf{n = 3, 4, 5 \ldots}$

Then, $\mathbf{C = \{C_k | \ C_k = C_{k+2} + 3}$ **for k is a positive integer}**.
The indexing in the **C** begins with 1. Now, we can see that the definition of the sequence **C** above is not sufficient, and that we need to specify the first two entries in the **C**. That's because the iterative formula alone cannot specify the first two entries.

How come?

We can list the entries in the **C** by means of the formula and sum up all the equalities in such a way as follows:

$C_1 = C_3 + 3$
$C_2 = C_4 + 3$
$C_3 = C_5 + 3$
$C_4 = C_6 + 3$
. . .
$C_{n-4} = C_{n-2} + 3$
$C_{n-3} = C_{n-1} + 3$
$C_{n-2} = C_n + 3$
$C_{n-1} = C_{n+1} + 3$
$C_n = C_{n+2} + 3$

$\Rightarrow$

$C_1 + C_2 + C_3 + C_4 + . . . + C_{n-4} + C_{n-3} + C_{n-2} + C_{n-1} + C_n$

$= (C_3 + 3) + (C_4 + 3) + (C_5 + 3) + (C_6 + 3) + . . . + (C_{n-2} + 3) +$
$(C_{n-1} + 3) + (C_n + 3) + (C_{n+1} + 3) + (C_{n+2} + 3)$

$= C_3 + C_4 + C_5 + C_6 + . . . + C_{n-2} + C_{n-1} + C_n + C_{n+1} + C_{n+2} + 3n$ since there are n of 3s.

$\Rightarrow C_1 + C_2 = C_{n+1} + C_{n+2} + 3n.$

Therefore, we can see that the formula alone cannot specify the C_1 and the C_2.
Then, **$C = \{C_k | C_k = C_{k+2} + 3$ for k is a positive integer and $C_1 = 1$, and $C_2 = 2\}$**.

In the definition of the **C**, we are allowed to assign the C_1 and C_2 values other than 1 and 2 as necessary, but we need to specify the C_1 and the C_2 anyway since the formula alone cannot specify the first two entries.

Let's move on to the **D** now. We have:
$D = \{D_k | D_k = D_{k-3} + n$ for k = 3, 4, 5 . . . where $D_0 = 1$, $D_1 = 2$, and $D_2 = 3\}$.

The indexing in the C begins with 0. In the definition of the D, we can assign the D_0, the D_1, and the D_2 values other than 1, 2, and 3, but we need to specify the D_0, the D_1, and the D_2 anyway since the formula alone cannot specify the first three terms. If we assign the general index n each of numbers beginning with 3, we can see that the D_0, the D_1, and the D_2 have to be specified separately in the definition.

Now, how do we find the general term? There is no particular method found yet. However, there are several suggestions that may help us work on finding the general term in a sequence. One of the suggestions is that we add in more terms in the sequence if we don't see any pattern with the current amount. So, we may keep putting more terms until we can find the pattern. Another can be as follows. We often need to do some arithmetic operations to find a clue to a pattern. We need to make use of the general index and keep the indexing in mind when we do the operations. Let's get back to the example sequence **U** as follows:

$U_n = U_{n-1} + n$ for n = 1, 2, 3 . . . and $U_0 = 0$.

Then, let's now specify the general term U_n.
Then, we may list the terms so that we can see the pattern:

0, 1, 3, 6, 10, 15, 21, 28, 36, 45 . . .

No pattern yet? Then, we need to try some arithmetic on the terms:

$0 = 0, 1 = 1, 3 = 1 + 2, 6 = 1 + 2 + 3, 10 = 1 + 2 + 3 + 4$

Each of the terms is a sum of a particular number of consecutive integers.
If we make the index begin with 0, we can notice that the particular number is the index of the term. In other words, the general term U_n is the sum of n consecutive integers beginning with 0.

Then, we can put the general term in such a way as follows:

$\mathbf{U_n = 0 + 1 + 2 + 3 + 4 + 5 + \ldots + n.}$

Therefore, $\mathbf{U_n = n(n + 1)/2}$ **for** $\mathbf{n = 0, 1, 2 \ldots}$

How do we get that? How do we know that the sum has to be in $n(n + 1)/2$?
We will see how when we discuss on the idea of the **series** in math in the next section.

Then, do we have to make the index begin with 0? Not necessarily! We can make the indexing begin with 1 instead of 0. Then, the general term has to be changed (or adjusted) as follows:

$\mathbf{U_n = n(n - 1)/2}$ **for** $\mathbf{n = 1, 2, 3 \ldots}$

The adjustment we just have made to the general term is called shifting. We often do the shifting to suit our needs in our work. Therefore, we can put the definition of the U in either of the two ways as follows:

$\mathbf{U = \{U_n | U_n = n(n + 1)/2}$ **for** $\mathbf{n = 0, 1, 2 \ldots\}.}$
$\mathbf{U = \{U_n | U_n = n(n - 1)/2}$ **for** $\mathbf{n = 1, 2, 3 \ldots\}.}$

Let's consider another sequence **E** as follows: $\mathbf{E = \{1, 2, 5, 10, 17, 26 \ldots\}}$

Now, take 1 out of each entry. Then, we get the altered sequence **G** as follows:

$\mathbf{G = \{0, 1, 4, 9, 16, 25 \ldots\}.}$

Then, we can now see the pattern that governs the altered sequence **G**, and the pattern can be put in such a way as follows: $\mathbf{G_m = m^2}$ **for** $\mathbf{m = 0, 1, 2 \ldots}$ where the G_m is the general term in the sequence **G**.

So, the original sequence **E** will have the general term as follows: $\mathbf{E_n = n^2 + 1}$ **for** $\mathbf{n = 0, 1, 2 \ldots}$

Therefore, $\mathbf{E = \{E_n | E_n = n^2 + 1}$ **for** $\mathbf{n = 0, 1, 2 \ldots\}}$.

Why not m but n for the index? Does it matter to switch the index to n from m? No, it doesn't. We can use any letter for the index as long as the consistency is maintained.
Now, is that the only way to find the general term? Of course not! Some of us might have noticed that the difference between two consecutive terms goes 1, 3, 5, 7 . . . Therefore, we could have used the fact and arrived at the same general term, too.

What if we want the indexing to begin with 1 instead of 0?
Then, try the shifting. Then, $\mathbf{E = \{E_n | \ E_n = (n - 1)^2 + 1 \text{ for } n = 1, 2, 3 \ldots\}}$.

Now, let's consider the next sequence H as follows: $\mathbf{H = \{3, 5, 11, 21, 35, 53, 75 \ldots\}}$.
Let's take 3 out of each term in the sequence, and see what happens to the sequence.
Then, we have an altered sequence. Let's call it **I**.
Then, $\mathbf{I = \{0, 2, 8, 18, 32, 50, 72 \ldots\}}$.

We can see that the **I** is a sequence of even numbers. Then, try dividing each of the terms by 2.
Then, we get another altered sequence **J** as follows:
$\mathbf{J = \{0, 1, 4, 9, 16, 25, 36 \ldots\}}$.

Now, it looks much better.
We can see that each of the terms is a square of an integer that can be the index of the term.
Then, we can put the general term in the J in $\mathbf{J_m = m^2 \text{ for } m = 0, 1, 2 \ldots}$

Then, we need to recover the original sequence now.
We can see that the $\mathbf{J_m = I_m/2 \text{ for } m = 0, 1, 2 \ldots}$ since we have divided the entries in the **I** by 2 to made the **J**. Then, $\mathbf{I_m = 2J_m \Rightarrow I_m = 2m^2 \text{ for } m = 0, 1, 2 \ldots}$

Let's bring up the original sequence **H** now.
We can see that the $\mathbf{I_k = H_k - 3 \text{ for } k = 0, 1, 2 \ldots}$ since we took 3 out of each of the entries in the **H** to make the corresponding entry in the **I**.
Then, $\mathbf{H_k = I_k + 3 \text{ for } k = 0, 1, 2 \ldots \Rightarrow H_n = 2n^2 + 3 \text{ for } n = 0, 1, 2 \ldots}$
Therefore, $\mathbf{H = \{H_k | \ H_k = 2k^2 + 3 \text{ for } k = 0, 1, 2 \ldots\}}$.

Now, why the series then? We do not simply take a sum of just few numbers when we do additions in general math. We often have to add a large amount of numbers. We frequently have to take a sum of many numbers that do not readily seem to be in order. Quite often, we have to add infinitely many (infinite) numbers, too. How do we add such numbers? We normally partition the large group of numbers into a sequence of smaller groups, and then, add all the numbers by means of a pattern among the sums of numbers in the smaller groups. In other words, we find a pattern in a sequence of the sums and get the grand sum by means of the pattern. In such cases, we can hardly add up all the numbers if we just try adding them up with such a simple tool as straight addition. In general math, we use structured tools. The tools are embedded in sequences and series in math. In particular, they are often vital when we work on the main objects in Calculus. What are the main objects? They are called derivatives and integrals in Calculus. We basically break things apart and put the parts together in Calculus. We also do the same in general math though. We don't just break them randomly, of course. In Calculus, we break an object into infinitely tiny (infinitesimal) parts, and then, put them together; however, each of the fine parts is not just extremely tiny only, and still, retains the flavor of the object. How do we put them together, then? We still add them up; however, we integrate rather than add in Calculus. Integration is summation. However, it is not just a summation but an abstract (theoretically conceptual) summation. Now, why series prior to the study of functions in math? It is for the conceptual summation in preparation for Calculus. Hence, Precalculus! That's also because we usually get to work on the pattern in a sequence of sums when we work on a series in math. In short, that's because of the study of the pattern.

0.3. Series

Why do we use the series?
That's because we want to get the sum of a large amount of numbers.
How large?
It can be unreasonably large; therefore, we cannot get the sum if we use ordinary arithmetic only.

We want to find the sum of all the terms in a sequence.
Then, we need to add together all the terms in the sequence, but don't want to add one at a time.
There can be infinitely many terms in a sequence; in other words, the sequence may have an **infinite** length. However, we still want to add them all; moreover, we want to get the sum in a few steps or reasonably fast.

We may have to rearrange the numbers.
We may have to break the numbers apart and put them together in a variety of ways.

The objective is that **we get the sum in a productive manner and in a reasonable amount of time.**

We frequently add a group of numbers. Sometimes, we have to add a large group of numbers in a short amount of time. Some other times, the size of the group is so large that we can't add all the individual entries in a reasonable amount of time. In many other cases, it can be impossible to get the sum of all the entries if we just try adding them all in an ordinary manner. No matter how fast our calculation may be, the ordinary arithmetic alone cannot help much in such cases. In many cases, calculators or even high speed super computers can't help much either. That's because the size of the group of numbers can be infinitely large (infinite). What can help, then? It is not arithmetic but math for the summation.

Suppose that many numbers form a group and we need to add up all the numbers. Also, the numbers are made in order and form the group. That is, they are produced one after another. In fact, it doesn't matter even if they get produced at once or at random. Then, we can assign a turn to each of the numbers in the group. Then, the group is an ordered set of numbers, and the set is a sequence. If we carefully look at how the numbers are generated in the group, we often see a pattern in the group. Then, each of all the numbers forming the group is generated by the pattern.

Now, when we add the numbers in such a group that is a sequence, **we should take advantage of the pattern** that constructs such a group. Then, **we are likely to come up with a method to sum up the whole entries in an effective manner.**

How? We usually get to generate another particular sequence summing up the terms in the sequence. Then, we may find another pattern in the particular sequence. As we continue adding the terms in a sequence, the number of the terms added increases. Now, the sum of a part of all the terms in the sequence is called a partial sum. The part can have one or more terms in the sequence, of course. Then, as the number of the terms added increases, the partial sum changes. In other words, we generate many partial terms in a sequential manner. Therefore, we can get a sequence of the partial sums. Then also, we will try to find a particular pattern in the sequence of the partial sums. Usually, the particular pattern is there, and therefore, what we have to do is find and use it.

Now, it's not a matter of additions but the matter of summations. In other words, we are not talking about how to add one number to another but we are looking for how to get the sum of many numbers in few steps. For instance, we don't want to do additions thousands of times but want to do several arithmetic operations when we need to find the sum of thousands of numbers.

Now, when all the entries in a particular sequence are connected by means of additions (plus signs), the group of terms connected is called a series in math. For instance, 1 + 2 + 3 + 4 + 5 + . . . is a series in math. Suppose that we begin connecting the terms in a sequence by additions. Then, as the series gets longer, the sum of the terms will get changed. Then, we get a sequence in sums of numbers in the growing series. What sums? They are usually the sums in partial series in the whole series. That is, they are partial sums. For instance:

1, 1 + 2 = 3, 1 + 2 + 3 = 6, 1 + 2 + 3 + 4 = 10 . . .

Now, we try finding the particular pattern in the changing sums in the series. In many of the cases, the particular pattern can lead us to the general term in the sequence of the partial sums. Then, the general terms is the sum we have been looking for. Now, we call the sum the general sum in a series.

Let's now consider a sequence of numbers as follows:
S = {1, 2, 3, 4, 5, 6, 7, 8, 9, 10}.

The **S** is just a simple finite sequence. Now, we add up all the entries in the **S**. Of course, it's not a big deal. Some of us just add them up one number at a time. Some others may come up with other approaches. In math, there are many ways to approach the same solution. The point is, however, how efficient (productive) it is.

In the recent past, there was a famous mathematician who was a prodigy in math. His name is Johann Carl Friedrich Gauss. Gauss is his last name. He was a German mathematician in the 18th - 19th century; also, he was a physicist and an astronomer. At his very early age, probably at the age of 10, he approached the sum in terms of the series and found the sum in no time. His approach was as follows. He made another but the same series in a reverse order:
T = 10 + 9 + 8 + 7 + ... + 2 + 1.

Then, he paired up corresponding entries so that the sum of the numbers in each of the pairs is the same, which is 11:

$$\begin{array}{r|l} & \mathbf{T = 1 + 2 + 3 + 4 + \ldots + 9 + 10} \\ + & \mathbf{T = 10 + 9 + 8 + 7 + \ldots + 2 + 1} \\ \hline & \mathbf{2T = 11 + 11 + \ldots \quad + 11 + 11} \end{array}$$

Then, he put together all the sums in all the pairs. How?
He multiplied the sum in a pair by the number of the pairs:
10 x 11 = 110.

Then, he divided the product by 2 since it is double the sum he was after:
110/2 = 55, which is the same as 1 + 2 + 3 + . . . + 9 + 10.

$$
\begin{array}{r|l}
 & T = 1 + 2 + 3 + 4 + \ldots + 9 + 10 \\
+ & T = 10 + 9 + 8 + 7 + \ldots + 2 + 1 \\
\hline
\end{array}
$$

$$
\begin{aligned}
2T &= 11 + 11 + \ldots \quad + 11 + 11 \\
&= 11 \times 10 \\
&= 110
\end{aligned}
$$

Therefore, T = 110 / 2 = 55.

Some of us might say that it's not a big deal. It is not trivial, however, when the S becomes as follows:

S = {1, 2, 3 . . . 1000000000000}.

Now, finding the sum of all the entries in the S doesn't look easy at all. It looks impossible. In fact, it is impossible for us to add them up in an ordinary manner. The series is as follows:

T = 1 + 2 + 3 + ... + 1,000,000,000,000.

If we just add them up by means of ordinary additions; that is, adding one number at a time, it will take us almost forever. In fact, it will take far much more than 30,000 years to find the sum even if a single addition takes only 1 second. However, we now can finish the work in a minute or far less than a minute if we approach the sum with the idea of series in math. We can do it in such a way as follows:

Suppose that **A = 10^{12} = 1,000,000,000,000.** Then:

$$
\begin{array}{r|lllll}
 & T = & 1 + & 2 + & 3 + \ldots & + A \\
+ & T = & A + & (A - 1) + & (A - 2) + \ldots & + 1 \\
\hline
\end{array}
$$

$$
\begin{aligned}
2T &= (A + 1) + (A + 1) + (A + 1) + \ldots \quad + (A + 1) \\
&= A(A + 1).
\end{aligned}
$$

Then:

T = A(A + 1)/2

= $10^{12}(10^{12} + 1)/ 2$

= $5 \times 10^{11}(10^{12} + 1) = 5 \times 10^{11} \times$ 1,000,000,000,001

= 5 x 100,000,000,000,100,000,000,000

= 500,000,000,000,500,000,000,000.

The summation is called Gauss's method.

There can be another approach too, but is basically the same:

T = 1 + 2 + 3 + ... + 9 + 10

= (1 + 9) + (2 + 8) + (3 + 7) + (4 + 6) + 10 + 5

= 5 x 10 + 5 = 55.

Then, let's apply the idea to the **T** now. We have **T = 1 + 2 + 3 + ... + 1,000,000,000,000.**

Suppose that **A = 1,000,000,000,000 = 10^{12}** and that **B = A/2 = 5×10^{11}**. Then:

T = 1 + 2 + 3 + ... + 1,000,000,000,000
= (1 + 999,999,999,999) + (2 + 999,999,999,998) + . . . + (A/2 − 1 + A/2 + 1) + A/2 + A
= (1 + A - 1) + (2 + A - 2) + ... + (B - 1 + B + 1) + B + A
= (**1** + A - **1**) + (**2** + A - **2**) + ... + {**B - 1** + A − **(B - 1)**} + A + B
= (B − 1)A + A + B
= A{(B − 1) + 1} + B
= AB + B
= B(A + 1)
= 5 x $10^{11}(10^{12} + 1)$
= 500,000,000,000,500,000,000,000.

Note:
B - 1 + **B + 1**
= b - 1 + **(A − B) + 1** {That's because B = A - B since B = A/2.}
= B − 1 + **A − (B − 1)**

What we want to do is find the pattern that governs the summation in the series.
In the two approaches above, we have two expressions as follows: A(A + 1)/2 and AB + B.
The two expressions look different from each other, but are the same. Let's have a look at the second expression AB + B:

We know that the B = A/2.
AB + B = A(A/2) + A/2 = (A + 1)(A/2) = A(A + 1)/2, which is the same as the first one.

Now, we have a pattern that governs the series.
What is the pattern? The pattern says that the grand sum is half the sum of the first and the last terms in such a sequence (or series).

No matter how many entries the series may have, we can readily find the sum using the pattern. It is like a general term in a sequence. In fact, the pattern is the general sum. In such a particular kind of series as above, if we know the first and the last entries (or terms), we can readily find the sum of the series by means of the general sum. In the **T**, the 1 is the first entry and the **A** is the last.

Let's now consider a sequence S as follows:

S = {a, a + d, a + 2d, a + 3d... a + (n - 1)d}.

We can see that the difference between consecutive terms is constant in the sequence **S** and it is **d**.
Then, we can use the general term, and write the sequence **S** in such a way as follows:

S = {S_k| S_k = a + (k - 1)d for k = 1, 2... n}.

Now, let's form a series from the sequence **S**.
We usually use a name of the sequence to name the series. Along with the name, we also use a subscript that shows the number of the entries in the series. In particular, we take a letter such as n for the subscript, and use the name of the series for the name of the general sum, too:

S_n = a + (a + d) + (a + 2d) + ... + {a + (n − 1)d}.

There are n entries in the series S_n.
Let's find the general sum, now. We are using the Gauss's method:
Suppose that L is the last term in the S_n.
Then, the $\mathbf{L = a + (n - 1)d}$. Then:

$$
\begin{array}{r|l}
 & S_n = a \quad + (a + d) + (a + 2d) + \dots + L \\
+ & S_n = L \quad + (L - d) + (L - 2d) + \dots + a \\
\hline
\end{array}
$$

$$2S_n = (a + L) + (a + L) + (a + L) + \dots + (a + L)$$
$$= n(a + L)$$

Therefore, the general sum $\mathbf{S_n = n(a + L)/2}$ where $\mathbf{L = a + (n - 1)d}$ **for n is a positive integer**.

In the sequence S above, we call the **d** a **common difference**. That is, the difference is always the same between each pair of consecutive terms in the sequence. In particular, such a sequence is called an **arithmetic sequence**. Consequently, such a series is called an **arithmetic series**. In this particular kind of sequence, the last term, $L = a + (n - 1)d$ is the general term. We know that the **a** is the first term in the sequence **S**. The n is the number of the first **n** terms to be added.

Besides, we can still find the sum of a series without the knowledge of the last term.
Suppose that we know the number of all the terms to be added and the first term along with the common difference only. We know that the last of all the terms to be added together in the sequence S can be put in the expression $L = a + (n - 1)d$.

Then, we can put the general sum S_n in such a way as follows:

$\mathbf{S_n = n(a + L)/2}$ **and** $\mathbf{L = a + (n - 1)d}$

$\Rightarrow \mathbf{S_n = n\{a + a + (n - 1)d\}/2 = n\{2a + (n - 1)d\}/2.}$

Therefore, the $\mathbf{S_n = n\{2a + (n - 1)d\}/2}$.

Then, we can still get the sum S_n by means of the expression right above. Now, we need to note that in the expression above, the **a** is the first of all the terms **to be added together**.

We may say that the general sum, $\mathbf{S_n = n(a + L)/2}$ and the general term, $\mathbf{a + (n - 1)d}$ can be formulas. Then, we may try to put them in our memory for a quick use when they are needed. Of course, they can be formulas. Memorization can help and we should do it. However, keeping things in memory is not easy. If we derive the formulas several times, it will soon be part of our math. We will get used to the formulas through the practices. Then, shortly, we are going to have substantial meanings in the formulas. Then, they are ours. Besides, during the derivation, we are likely to find more ideas with value. In other words, we don't want to keep our knowledge in our pantry as we do so to food. Instead, we should eat and digest it. We make it part of our body. Also, we do exercises to keep our body in shape and strong. That's the way we should take when we study in math and other areas of study.

Let's now take a look at another example as follows:

$\mathbf{U = \{a, ar, ar^2, ar^3, \dots, ar^{n-1}\}}$.

We can see that the ratio between consecutive terms is constant in the sequence **U** and it is **r**.

Then, we can use the general term, and put the sequence S in such a way as follows:

$\mathbf{U = \{v_k | \ v_k = ar^{k-1} \text{ for } k = 1, 2... n\}.}$

In the sequence U, each term gets multiplied by a particular value **r** to produce the next term. That is, the ratio between consecutive terms is constant. We say that the **r** is a **common ratio**. In particular, such a sequence is said to be a **geometric sequence**. Consequently, such a series is called a **geometric series**.

Let's form the series U_n now.

$\mathbf{U_n = a + ar + ar^2 + ar^3 + ... + ar^{n-1}.}$

This time, let's bring up an idea where we can remove most of the terms in the series instead of adding them together. Putting the terms in reverse order won't help much in this case.

We know the pattern is that each of the terms is the product of the common ratio **r** and the previous term. Now, let's multiply each of all the terms by the common ratio **r**. Then, we get the fact as follows:

$\mathbf{rS_n = r\{a + ar + ar^2 + ar^3 + ... + ar^{n-1}\} = ar + ar^2 + ar^3 + ... + ar^{n-1+1}}$

$\mathbf{= ar + ar^2 + ar^3 + ... + ar^n}$

Now, we can remove most of the terms with the exponents. How?
By subtractions term by term as follows:

$$
\begin{array}{r|l}
 & S_n = a + ar + ar^2 + ar^3 + ... + ar^{(n-1)} \\
- & rS_n = \quad\ ar + ar^2 + ar^3 + ... + ar^{(n-1)} + ar^n \\
\hline
\multicolumn{2}{l}{S_n - rS_n = a + 0 + 0 + ... \qquad + 0 - ar^n}
\end{array}
$$

Then, $\mathbf{S_n - rS_n = a - ar^n \Rightarrow S_n(1 - r) = a(1 - r^n)}$.

Therefore, $\mathbf{S_n = a(1 - r^n)/(1 - r)}$.

In such a particular sequence also, the last term is the general term. We know that the **a** is the first term in the sequence **U**. The **n** is the number of the terms to be added together.

Now, we may have noticed that when we get the sum in a series, we don't actually add together all the individual entries. We find the sum by means of the general term in the sequence. Also, on the contrary to adding, we should be able to remove most of the terms in the series. How do we remove them, then? We excavate the governing idea in the series. By the time we get the idea, most of the terms can be removed. What's the idea? It is a pattern, too. What pattern is it? There are two kinds in the pattern. One of the two can lead us to the general term in the sequence. If we use the pattern properly, we can readily get rid of many of the terms. The other kind can lead us to the general term in the sequence of the partial sums. We call the general term the general sum in the series.

1.2. Mathematical Induction (a posteriori approach)

We often use theorems when we solve problems in math. A theorem is a tool in math. Therefore, we can readily take care of the problems by means of applicable theorems just as we use screw drivers for fastening or unscrewing screws. Then, a theorem is a mathematical tool for solving problems. Therefore, it is also important to use theorems properly for solving problems in math. However, we use the theorem premising that it has been proven true that the theorem works in accordance with what it says. That is, a theorem is a fact that has been proven true already. Nonetheless, in learning in math, it is also important to explain how the theorem's statement is true. In other words, it is important to know how the theorem holds, and also, to explain it properly. Then, we can not only make suitable uses of the theorem but are more likely to excavate other theorems.

When we claim that a fact is true, we often need to have a burden of proof. That is, we need to explain and support the fact in objective manner. When we do the work of proof, we normally use other facts that have been already proven or assumed true. Then, we can eventually explain the fact in question. There may be many approaches we can take to explain facts in mathematics. One of them is a mathematical inductive method. For short, it is called the induction. In particular, when we explain general terms in sequences, we often find that the mathematical induction is quite useful.

Suppose that a sequence $\mathbf{S = \{a_n | \ n = 0, 1, 2...\}}$ has its general term $\mathbf{a_n = f(n)}$.
For instance, $\mathbf{f(n) = n^2 + 1}$. Then, $\mathbf{f(0) = 0^2 + 1 = 1, f(1) = 1^2 + 1 = 2, f(2) = 2^2 + 1 = 5}$, **etc.**

Then, we often tend to agree that it is correct that $a_n = f(n)$ for $n = 0, 1, 2 \ldots$ if we see that $a_n = f(n)$ holds for some many random choices of the **n**. In other words, unless we can readily find any counter example for the **n**, we tend to generalize the choices and accept the general term.

However, the approach made as above is not quite mathematical. Suppose that we say that the alleged general term simply holds for quite a few random choices of the **n**. Then, the idea also indicates that the alleged (unconfirmed) general term may not hold for some other specific choices of **n**, which we are not sure of yet. Normally, we cannot make sure that a fact is true for all the individual cases since the number of all the cases are usually unlimitedly large.

When we prove a proposition, the explanations have to be thorough and complete as well as objective. Also, if there are exceptions to the proposition that is claimed true, we have to specifically clarify the exceptions. Now, let's find out how the inductive method works.

If we apply the mathematical induction to a proof of a proposition, we need to prove two facts.
(We call a random case an arbitrary case.)

First of all, we specify the base and prove its validity. The base states the initial case of all the cases the proposition covers. In other words, we prove the truth of the base.

Then, admitting the fact that a random case in the proposition is proven true, we need to prove the truth of the case directly subsequent to the random case.

Then, the two proofs can now cover the truth of the proposition in its entirety.

How come?

An arbitrary case means any case among all the cases applicable.
We have proved that the immediately next case to an arbitrary case is true under the assumption that the arbitrary case is true.
The base has been proved true, and the arbitrary case can now be the base, and therefore, the truth of the immediately next case to the base can hold.
By the same token, the next case can hold. Consequently, any other case can hold if the case is subject to the proposition.
Therefore, the proposition has been proven true.

Another usual method is a mathematical deduction (a priori approach), which is the opposite method of the induction in the direction of the argument. We prove particulars by means of an idea that has been already accepted as a truth. In other words, the idea can be a principle or a rule and the particulars can be the examples under the principle or the rule. As an example of the deduction, "People need to behave; therefore, we need to behave since we are people."

In the deduction, the principle covers the specific instances. Therefore, it is usually reasonable to accept such instances.

In the induction, instances cover the principle. Therefore, the procedure and the processes where we take the necessary instances need to be comprehensive and systematic.

Then, let's now find out how we use the induction when we prove a general term in a sequence through an example as follows.

When we use the mathematical induction to prove the validity of the general term $a_n = f(n)$ holds for $n = 0, 1, 2 \ldots$ in a sequence **S**, we need to show two facts in such a way as follows:

We need to show the fact that $a_n = f(n)$ holds for $n = 0$.
In other words, we show that $a_0 = f(0)$.

We need to show the fact that $a_n = f(n)$ holds for $n = k + 1$ admitting the fact that $a_n = f(n)$ holds for $n = k$. The k is an integer that is greater than or equal to 0, of course.
In other words, we show that $a_{k+1} = f(k + 1)$ assuming that $a_k = f(k)$.

Then, we can now say that the proposition $a_n = f(n)$ for $n = 0, 1, 2 \ldots$ is proven true.

1. What is a function?

A function is a system where a particular relationship between groups of data is specified. Usually, in a function, two groups of data are specified in explicit manner and classified in accordance with the nature of each of the groups. One of the two is called the domain and the other is called the range. An element in the domain is supplied for the function, and in return, the function produces an element belongs to the range. The same is true for all the other elements in the domain and range. In short, an element in the domain causes an element in the range. Specifically again, an element from the domain is put into the mechanism of the function, and the function runs the machine called the mechanism and produces an element belongs to the range.

A function explains a particular mechanical relationship and a relationship between two objects in terms of correspondence. The objects are sets of numbers. Now, each and every number in one of the two sets has one corresponding number in the other set, and a particular mechanism connects the numbers corresponding to each other, and also, explains the mechanical relationship. Now, let's find out about the details.

In this book, for succinctness purposes, we are going to cover mainly the basics of some fundamental functions rather than a variety of the functions. That's because the abstract in functions is not easy to digest quickly, but we want to get to the point as swiftly and simply as possible. Then, we can widen the area later if necessary.

A function is in much connection with the idea of a sequence. In basic concept, a function is not much different from a sequence. In fact, we can take sequences for the basis of functions, and an the idea of functions can be said to be the expansion of the idea of sequences. If we specify a particular index in the general term in a sequence, the general term produces a value of the term that has the index. That is, the value of the term corresponds to the index. Then, a sequence is, in fact, a function in math. Its domain is composed of the indices, the range consists of the values of the terms, and the mechanism is the general term.

The indices in a sequence is normally in integer. Then, we expand the idea of the index, and can take for the index in a function not only an integer but a number in any other kind. For instance, we can use a rational or irrational number for an index in a function. Actually, we usually use a real number for an index in a function. There is no gap between consecutive real numbers. Therefore, the indices in a function are in general not at intervals but continuous. In turn, in a sequence called a function, the terms are not usually separate from each other but are continuous, and there is no gap between consecutive terms. Therefore, we get to secure a great flexibility since we get to acquire way more room for choices in index and term. The purpose of doing math is problem-solving skill, and flexibility is one of the core elements in the skill.

There are many kinds in functions as in the cases of sequences and series. Therefore, there are as many kinds as we can think of. In the entire spectrum of functions, we can use complex numbers and any other objects for the indices. The same is true for the terms, of course. In general, we use real numbers for the two kinds.

We need information to form a sequence or a function in math. The information is composed of two groups of data. In a sequence, one of the two groups is composed of integers, which are the indices, and the other is a set of particular numbers, which are the entries. Then, we analyze the entries, find a pattern, and specify the pattern to define the sequence. The specification is usually put in terms of the general term if we can. Almost the same is true for a function. In a function, the two groups of data are specified in explicit manner and classified in accordance with the nature of each of the groups. One of the two groups is called the domain and the other is called the range. An element in the domain is provided for the function, and in return, the function produces an element belongs to the range. The same is true for all the other elements in the domain and range. In short, an element in the domain causes an element in the range. The element (index) from the domain is put into the mechanism (general term) of the function, and function runs the machine called the mechanism and produce an element (entry) belongs to the range. Who runs functions, then? We do.

Running a function begins with defining a function. More specifically, we define the domain, the range, and the mechanism. A function feeds on the elements in the domain and produces the elements in the range. Therefore, an element in the domain is called an input, and an element in the range is called an output. Then, we may put a function in such a way as follows. We may take a mechanism for a cannon, an input data for a bombshell, and an output data for the warhead's landing point. Then, the input causes the output to come up. How? We choose a bombshell called an input in a bombshell storehouse called a domain and load a cannon called a mechanism with the bombshell, and then, the cannon operates and the warhead is discharged, and then, the warhead makes its landing point called an output in an area called a range. Now, a function is composed of the bombshell storehouse, the landing area, and the cannon. Of course, the bombshell storehouse is full of bombshells, the landing area is made up of landing points, and the cannon is a machine.

We usually say an input **of** a function or an input **to** a function and an output **of** a function or an output **from** a function. More precisely speaking however, we should say an input to the mechanism of a function and an output from the mechanism of a function. Of course, we can say an input from a domain and an output to a range. More importantly however, we should recognize the fact that **a function is a system where a particular relationship between groups of data is specified**.

We designate areas or spaces where the input data and the output data reside respectively. The **space for the inputs** is called a **domain**, and the **space for the outputs** is called a **range.** In most functions, elements in the domain and the range are usually real numbers, and they are assumed to be continuous. In sequences, however, we work with discrete data, which are not continuous. In math, continuity means that there is no gap or interruption.

We can have a sequence where all the entries are different from each other. In other words, the general term produces a term for each particular index and the term is different from all the other terms. That is to say that there are no same terms in the sequence. If the same is true for a function, the function is called a one-to-one function. On the other hand, some entries can be the same in some sequences; of course, the entries have different indices. If the same is true in a function, the function is called a many-to-one function.

A function explains a particular mechanical relationship and a relationship between two objects in terms of correspondence. The objects are sets of numbers. Now, each and every number in one of the two sets has one corresponding number in the other set, and a particular mechanism connects the numbers corresponding to each other, and also, explains the mechanical relationship.

What mechanical relationship, and how does such a mechanism connect the numbers in the sets, then? Let's begin with the mechanism. A mechanism is in fact, like a general term in a sequence. If we apply a particular index to the general term in a sequence, we can find the particular term in the sequence. The general term is usually composed of algebraic operations. The same is true for the mechanism in a function. Therefore, the mechanism normally consists of algebraic operations, too. For instance, **2x + 1** can be such a mechanism, where we put an appropriate number into the **x** and do the operations.

A sequence and a function are different from each other, of course. What is different and how is it different between a function and a sequence, then? In functions, we use different terminologies from the ones in sequences. We use in sequences such terminologies as an index, a term or an entry, and a general term. In this book, we are going to use for those words such vocabulary as an input, an output, and a mechanism when we discuss on functions. In other words, an input is an index, an output is a term or entry, and a mechanism is a general term. We know that the terms and the indices in functions are generally continuous, and therefore, there is no gap between the indices and between the terms. We will cover the more detailed explanations on the fact shortly. Also in functions, we specify not only the set of the terms but the set of the indices in a separate manner. That is, we define the set of inputs and the set of outputs respectively. In fact, the set of inputs can be more important in functions. That's because it is the region where a function is defined. That is, in the region only, the function can hold. Therefore in functions, we normally define the set of inputs in explicit manner, but the set of outputs can be defined implicitly.

Now, let's get back to the simple mechanism in the example above. Then, we connect two sets by means of a mechanism in a function. Usually, a group of algebraic operations is performed in the mechanism. In the operations then, each of all the elements in one of the two sets is used for the operands; however, only one element can be put into the mechanism at a time. In the example of **2x + 1** taken above, the mechanism consists of an addition and a multiplication. **2x** and **1** are the operands in the addition operation; and, **2** and the **x** are the operands in the multiplication operation. Then, the **x** takes the one element, and the element becomes the operand in place of the **x**. The final result from all the operations in the mechanism is a number. Then, the number is now one of the elements in the other of the two sets. Then, a pair of numbers get connected to each other. That's how a mechanism in a function connects all the numbers in the two sets, and therefore, connects the sets, after all.

Let's now move on to the mechanical relationship. We know that a machine basically repeats the same work. The mechanism is in terms of algebraic operations. Every time an element is put into the mechanism, the same group of operations repeats. Then, by the mechanism in a function, we can set up a mechanical relationship between sets of numbers, and the operations in the mechanism specify the mechanical relationship.

Like any other ideas in math, a function is a tool, of course. A function can be taken for a machine that relates two sets of numbers in a mechanical manner through a mechanism. Therefore, a function is basically composed of two sets of numbers and a mechanism. How does a function connect the two sets, then? Superficially, it looks as though the connection were made set-to-set in their entirety, but practically as explained in the example above, the mechanism connects each and every number in each of the sets from one set to the other set.

As mentioned above, both of the sets are usually composed of numbers. In general, we call the numbers data values. However, the two sets are different from each other in nature. A definition of a function normally begins with the definitions of the two sets, and each of the sets is usually specified in terms of particular extent on a real number line. That is, we set up each of the particular areas in terms of the particular extent where the data values belong. By the way, we can see with the fact just mentioned now how the terms and the indices in functions are generally continuous, and therefore, there is no gap between the indices and between the terms. Now, one of the two sets is called a domain, and the other is called a range. A domain is an area where the function is defined. In other words, outside the domain, there is no significance in the function or the function does not exist. What about the range, then? The mechanism takes for the raw material the elements in the domain, and produces the elements in the range. Math is not magic, and therefore, in math, there is no product without the raw material. There is no range without the domain, and also, if there is a domain, there has to be the range for the domain.

Note: A data = a data element = a datum

Now, we can put the relation between the two sets above in such a way as follows. If an element is chosen in the domain, then in the range, one element corresponds to the element chosen in the domain. However, each element in the range corresponds to at least one element in the domain. In other words, in some functions, one element in the range can correspond to more than one element in the domain. The elements in such a relationship in terms of correspondence are connected through the mechanism briefly described above. Then, since an element in the range corresponds to an element in the domain, we can say that the element in the domain cause the element in the range. That is to say that if an element is chosen in the domain, one corresponding element is to be determined in the range. In other words, the data in the range are to be made in accordance with the data in the domain. Therefore, the range can be said to be dependent upon the domain. Now, by means of a function, we can explain a dependence relationship between two groups of data. Also, with a function, we can set up a dependence relationship between sets of numbers, and the mechanism specifies the relationship.

In this book, we assume that we have to consider **all** the elements in the data sets defined. In other words, every element in each of the sets has to correspond to at least one element in the other set. That is to say, "No one is left alone." Therefore, a function can show us how each and every element in one set is corresponding to at least one element in the other set.

In functions, we apply to the two sets the original meaning of the set. In other words, the domain and the range are not necessarily ordered sets. Literally, each of them is just a set. Therefore, the same number is not presented repeatedly in the set. That is, no matter how many times the same number may get produced repeatedly, the number is recorded once only.

Suppose that we make different sequences with different functions, and that all the domains are the same and all the range are the same. Suppose also, that the domains and the ranges are defined in terms of extent of real numbers, but we could put in writing all the individual terms(outputs) for all the indices(inputs) - actually, we cannot do so -, and that the same term never repeats itself in each of all the sequences. Then, all the different sequences could look the same. For instance, suppose that the range is from 0 to 10. Then, all the real numbers from 0 to 10 will be displayed in all the cases. Therefore, the sequences can look the same. What do we mean by the statement that the functions are different, then? It means that the terms can be different for the same index. For instance, the index is **1.5**, and the term for the index in one function is **3** and the term for the index in another function is **0.9**. How come? The mechanisms are different from each other. For instance, the mechanism in the first function can be **2x** and the mechanism in the second can be $\mathbf{x^2/2.5}$.

We may not say that several functions are the same since the functions have the identical domains and the identical ranges. In order for several functions to be same, not only do they have identical domains and identical ranges but the mechanisms have to be the same as each other. Once a domain is chosen, then a mechanism works on it and produces all the elements that belong to the range. The mechanism does not change in general. Then, if the domain gets changed, the range can be changed. Therefore, the domain and the mechanism are crucial to a function. However, even if the domain changes, the range may not change still. Then, in case where we want a particular range, we can adjust the domain accordingly; also, we can change the domain keeping the range intact. It also depends on the mechanism, of course.

Now, why functions? What can we do with functions? During the observation of particular phenomena or activities of an object, we normally get to collect data in groups. Suppose now, that we've secured two groups of data. Then, we usually get to work on the groups of data, and then, we often want to relate the groups to each other. In other words, we want to find and explain the particular manner in which the groups are connected. On the other hand, we might want to construct and show the relationship between the groups. More specifically, we want to connect the two groups in a specific manner, and **specify the connection**. More specifically again, we want to specify how **each** of all the data in one group is connected to **one or more** data in the other group. Now, we find or make and use a particular pattern to show how each of the data in one group gets connected to one or more data in the other group. Then, we do such a work by means of a function.

If we take the data in one of the two groups for causes or conditions, the data in the other group can be taken for the effects or results. Then, we can put the idea in a statement that the data meaning the effects correspond to the data meaning the causes or conditions. Now, we put together the two data groups, and can take it for a sequence. We take for the indices the data meaning the causes or conditions, and take for the terms the data meaning the effects. Now, we get to find the general term in the sequence. It is not generally an easy work to find the general term, though. Anyway, suppose that we have somehow found the general term. Nevertheless, suppose that we are not completely satisfied with it. We want to be able to get access to all the data in a particular extent that includes any feasible data not presented in the group of the data collected. Further, we want to fill up the spaces between the individual data and secure a flexibility in a reasonable manner. In other words, we want to set up a particular area as much as we need and get any data we want with a flexibility and in a reasonable manner. Therefore, we have come up with a tool for the purpose, and the tool is called a function in math. That is, we make and use a function to connect each of all the existing or possible data in one group to the relevant ones in the other group a in a specific manner. The relevant data are called corresponding data in math.

What is this all about, then?
After all, solutions to problems!
We can see better where the solutions are around by means of functions in math.

In fact, the most practical part is to find the general term and secure the mechanism, but the work normally requires particular professional skill in math. We can do the work if we have high-degree professional knowledge in math, particularly in numerical analysis along with ample amount of experience in sequences and functions. In fact, securing the mechanism usually means that we construct the approximation to the actual mechanism. The work is usually called data fitting. We don't just make the approximation but we make a composite use of many tools mainly in numerical analysis and construct the approximation. However, we work on functions in general math so that we first understand the principles in functions with the existing functions and can properly utilize the tool called a function or provide ourselves with the foundation on the professional activities rather than acquiring the skill in the construction of the mechanism.

When we study or work on objects that can move or change, we often use functions to explain particular behaviors of the objects. By means of functions, we can scientifically predict what will happen at a certain point of time, for instance. For more specific instance, we can show how a distance covered by a car changes over a period of time. Then, we can specify where the car will be at a particular moment of time. In fact, the changing object in consideration is not the car but the distance covered. What is changing is not the car but the distance covered. The time and the distance covered in the example above are data, but the data can be any object that can change such as an area, a volume, a weight, a price, a population, a temperature, etc.

For another instance, we can draw a trajectory of an object that was launched by a projectile force by means of the function between the distance and the time. There can be two kinds in distances covered. We normally put a horizontal distance simply in a distance, and we put a vertical distance in a height. Then, we can have two functions one of which is between the horizontal distance and the time and the other of which is between the height and the time. Also, we can have a function between the horizontal distance and the height. Therefore, we may be able to intercept the flying object far enough ahead of time before the object causes any problem to us.

Also, we can define a particular geometric object in terms of function expressions. For instance, in a plane or space, we can define a variety of lines, polygons such as triangles or quadrangles, and a circle with a particular radius centered at a particular point.

In many cases, we can use the idea of function when we solve an equation. In such cases, we can take the equation for a mechanism in a function and use the graph of the function. Why the graph? That's because we can visualize the equation. Then, more conveniently and effectively, we can see how the equations behave, and therefore, are more likely to see where the solutions should be around.

Note: The drawings or graphs in this book are not exact, and are approximate or conceptual ones.

2. How do we make a Function?

A function is a tool in math. Like any other tools in math, we make a function by defining it. Then, let's now find out how a function is defined. What does a function do? A function connects two groups of data by a particular mechanism. The mechanism is usually an arithmetic or algebraic expression. Then, what are the most significant components to be specified in the definition of the function? A function includes three critical components, and they are two groups of data and a mechanism. Then, the definition of the function should consist of the specifications of the very critical components along with other expressions if necessary.

Then, let's now, find out about the critical components first before we define a function. The first time we begin working on an object in math, what do we normally do first to the object? We put a name on it. A function, too, is an object in math. Then, we begin the definition of a function with naming the function. Also, the function itself has objects, which are three essential ones. They are two data groups and a mechanism. Then, we should give names to them, too. For instance, we can call a function **F**, one of the two groups **X**, and the other **Y**. What about the mechanism, then? We may call it just **F**, for now. Now, the function **F** connects the two data groups **X** and **Y** by means of the mechanism **F**.

However, the **F** alone cannot be a complete name of a function yet. Such a name of a function is merely a function designator. If we want to give a function a complete name, we need to name the function in a structured manner. We will discuss it after the discussions on the specifications of the data groups the **X** and the **Y**. What about the mechanism? We will cover it later, too.

Let's continue the discussion on the definition of the function **F** with specifying the two data groups the **X** and the **Y**. We say that such specifications are the definitions of the domain and the range. Both of the groups are two sets of data in numbers, but are different in nature. One of the two is a **domain**, and the other is a **range**. Then, we need to clarify which of the two sets is the domain or the range. For instance, we may take the **X** for the domain and the **Y** for the range. When we define the domain and the range, it is a good idea to declare one of the two sets to be the domain and the other to be the range. However in general, we don't actually have to write and include the declaration in the definition of the function. Such a declaration is just a mere statement that one of the two sets is the domain and the other is the range, and also, it will be presented implicitly but clearly in the definition of the function after all. Let's make a concrete case now.

Suppose that we have two sets of data elements, name them **X** and **Y**, and specify them in such a way as follows: $\mathbf{X = \{x|\ 0 \le x \le 1\}}$, and $\mathbf{Y = \{y|\ 38 \le y \le 40\}}$.

Then, we are now going to declare the **X** to be the domain and the **Y** to be the range. Then, we can make a note as follows:

The domain: $\mathbf{X = \{x|\ 0 \le x \le 1\}}$**. The range:** $\mathbf{Y = \{y|\ 38 \le y \le 40\}}$**.**

Then, the domain **X** is a set of all the values that are greater than or equal to 0 and less than or equal to 1, and the range **Y** is a set of all the values that are greater than or equal to 38 and less than or equal to 40.

The lowercase **x** and **y** are objects that can be taken for variables in the function **F**. More specifically, the **x** can be the input variable, and the **y** can be the output variable. A variable can be regarded as a container. A variable can hold one element only at a time. However, it has to be able to hold every element in the relevant set. In other words, the variable **x** has to be able to hold every element in the set **X**, and the variable **y** has to be able to hold every value from 38 to 40. We also call an input variable an **independent variable** since the input variable takes the input in the domain and the elements in the domain are independent data. On the other hand, an output variable is also called a **dependent variable**. We will cover the details on variables in the section applicable.

How can we tell which of the two sets is the domain, then? We are now getting into the discussion on it. Then, we need to know what the domain and the range mean in more concrete manner. We do not just randomly pick one of the two groups of data, and declare it to be a domain and the other to be a range. **The range depends on the domain.** A function acts on the data in the domain, produces the results, and then, puts the results into the range. More specifically, a function picks up a data element from the domain, the element is fed into the mechanism, the operations are performed in the mechanism, and the result is placed in the range. Now, a data element in the range results in accordance with a data element in the domain. Then, data in the range depend on the data in the domain. Therefore, we say that the elements in the range are dependent data. On the other hand, the elements in the domain are called independent data. Therefore, we should make sure which of the two sets has independent data before we declare one of the two to be the domain. However, it is not the case where the data in the domain have any independence day or they can hold alone since we call them independent data. We merely call them so as opposed to the data in the range. However, we can take the relationship between the domain and the range for a relationship between causes and effects. An element of the domain is a cause and the effect exists in the range as an element. In other words, we can say that an element of the domain causes an element of the range, or that an element of the domain effects an element of the range.

Normally, we say that an element in the range corresponds to an element in the domain. In such cases, we consider the dependence relationship between the two sets, and also, we interpret the word called 'correspond' as the word, **answer**. That is, we take an element of the range for a reaction to an element of the domain. On the other hand, we often interpret the word, 'correspond' as the vocabulary, **'be in agreement with'**. In such cases, we discuss the connection itself between the two data groups without counting the dependence relationship. Then, we get to talk about mutual correspondence. Therefore, if we limit the discussions to the connection only, an element in one of the two data sets is in agreement with an element in the other. Nevertheless, we still need to differentiate between the data sets. That is, one of the two is the domain and the other is the range.

Then, by means of categories in correspondence, let's talk about how each element in the domain corresponds to each element in the range. First of all, each and every element in the domain and the range has to participate in the correspondence. That is, no element is left out. There are basically two different categories in correspondence. In some functions, each element in the domain corresponds to a different element in the range. In other words, in such a function, it is not possible for more than one element in the domain to correspond to the same one element in the range. Those functions are called one-to-one functions. In some other functions, two or more different elements in the domain can correspond to the same element in the range. That is to say that in such a function, the same one output can be produced for each of more than one input. Those functions are called many-to-one functions.

Then, let's continue the discussions on defining a function by means of how functions work. **The elements from the domain** are called **input elements**, **input data**, **input values**, or just **inputs**, for short. **The elements to the range** are called **output elements**, **output data**, **output values**, or simply **outputs**, for short. Then, a function takes an input from the domain, feeds it to the mechanism, and produces the output that belongs to the range. Reflecting the example above, the F takes an input from the **X**, feeds it to the mechanism, and produces the output that belongs to the **Y**. Also, we should note that the function takes **every** element in the domain for the input and **every** element in the range for the output.

Now, we can start talking about the complete name of a function. Let's get back to the same example, the **F** where the **X** and the **Y** are the domain and the range. When we give a complete name to a function, we use a function designator, the input variable, and a pair of parentheses. In the example above, we used F for the function designator. We know that the input variable is the **x** in the example. Then, the complete name of the function **F** is **F(x)**. We normally read it **'F of x'**, which is short for **"The F is a function of x."** When we refer to a function, we often use the function designator only, though. Now, we don't normally name the mechanism of a function separately, but we usually specify the mechanism along with the function name. Suppose that the mechanism in the function **F** is 2x + 38. Then, with the mechanism, the function **F** multiplies an input by 2, adds 1 to the product, and takes the sum for the output for the input. Then, we usually specify the mechanism in such a way that F(x) = 2x + 38, or we can specify it in F = 2x + 38.

What about the output variable **y**, then? We know that the function **F** takes an input data from the **X** and produces an output data corresponding to the input data, and that the output data belongs to the **Y**. Suppose that the **F** is using 0.8 as an input now. Then, the input variable **x** holds 0.8, and we say that the x = 0.8. Then, we can express the output as F(0.8), which is read 'F of 0.8'. In other words, F(0.8) is the corresponding output to the input 0.8. In short, F(0.8) corresponds to 0.8. Now, we know that the **y** holds every output. It holds one output at a time, of course. Then, we can say that the y = F(0.8) when the x = 0.8, and that he same idea applies to every element in the **X** and the **Y**. Then, we put the idea in a statement that the y = F(x). Let's now, take the mechanism in x + 38 for an example. We know that F(x) = 2x + 38. Then, we can see that F(0.8) = 2(0.8) + 38 = 39.8 that is the value of the y for the x = 0.8. That is, the F takes 0.8, puts it into the mechanism (2x + 38), and produces 39.8 (= 2(0.8) + 38). Therefore, we can see in the **F** that 0.8 corresponds to 39.8 and vice versa. In other words, the y = 39.8 for the x = 0.8 in the **F**. Also, we have y = F(x), and F(x) = 2x + 38, and then, we can also see that we can put the mechanism in such a way that y = 2x + 38. Therefore, we can put:

y = F(x) = 2x + 38 for x $\in$ **X** (or **0** $\leq$ **x** $\leq$ **1).**

In such a particular case as above, we say that the **F is a function of x**.

Let's take another example as follows. Suppose that:

We call the function G.
The domain is S = {e| 0 $\leq$ e $\leq$ 8}, and the range is T = {e| 3 $\leq$ e $\leq$ 67}.
The input variable is s, and the output variable is t.
The mechanism is s^2 + 3.

Then:
The function designator is **G**.
We can say that the **G** is G(s). Then, we can say that the **G is a function of s**.
We can put t = G(s). Also, we can directly put $t = s^2 + 3$.
Now, when s = 3, the G produces G(3) that is equal to $3^2 + 3 = 12$.
Therefore, the output variable t will hold 12 that is the same as G(3).
How about G(9)? The **G** cannot produce G(9) since 9 does not belong to the domain. In such a case, we say that the function **G** is not defined for s = 9.

Now, let's look at functions in a little different angle. We know that in a function, a particular element in the range corresponds to one or more particular elements in the domain. In other words, if we specify a particular element in the range, the corresponding element in the domain can be determined. Therefore, we often use functions to find solutions to problems that get converted to equations. For instance, the problem often gets eventually summarized in such an equation that $y = 3x^2 + 1$, and we may try to find the value of the **x** when the y = 1 in accordance with what the problem is asking. Then, $y = 3x^2 + 1$ and $y = 1 \Rightarrow 1 = 3x^2 + 1 \Rightarrow x = 0$. Then, we should reason that the value of the **x** meets all the conditions stated in the problem. That is, we may have to make sure if 0 belongs to the area where the problem can hold. Then, we take the expression in $3x^2 + 1$ for a mechanism in a function and check to see if 0 is included in the area where the mechanism can work. The area is the domain of the function. Then, if 0 is not included in the domain, the solution is that the **y** cannot be 1. How do we find the domain, then? We can usually find the domain if we properly interpret all the conditions presented in the problem. Also, we may have to consider the nature of the problem to get the domain. Let's take another example as follows.

Suppose that:
We have a problem that gets summarized in two connective expressions: $y = 2x - 1$ and $y = x^2$. We want to find the value of the x when the value of the y is the same. That is, we want to know the value of the x that can cause the same output in both functions where the mechanisms are in $x - 2$ and x^2.

Then, we can see that $x - 2 = x^2$.
Therefore, we get a single equation for the x in $x^2 - x + 2 = 0$.
Then, $x^2 - x + 2 = (x - 2)(x + 1) = 0 \Rightarrow x = -1$ or 2.
Now, we may have to make sure if the values of the x can meet all the conditions in the problem.
Then, we make another function. We take the polynomial in $x^2 - x + 2$ for a mechanism of the function, and set up the domain in accordance with the conditions or the nature of the problem. For instance, we may get to reason that the domain is composed of the numbers greater than 1.
Then, when x = -1, the problem cannot hold, and in this case, x = 2 only can be the solution.

Summary:

Keep in mind that a function has not only a mechanism but a **domain** and a **range**.
When we define a function, we define the domain and the range along with the mechanism.
First of all, since we should be able to call the function by some name, we need to choose the function designator, and also, name the domain and the range.

The domain and the range are data groups, and the data are usually in numbers.
The data in the domain represent causes or conditions, and the data in the range represent the effects. Therefore, the data in the range are said to be dependent on the data in the domain. Also, the data in the domain are called independent data and the data in the range are called dependent data.
Also, we say that the data in the domain are inputs and the data in the range are outputs.
Then, we specify the domain and the range in terms of the presentation of sets in math.

A particular element in the domain and a particular element in the range mutually correspond to each other.
Each and every element in the domain and the range has to participate in the correspondence.
In some functions, each element in the domain corresponds to a different element in the range.
In other words, it is impossible for more than one element in the domain to correspond to the same one element in the range in such a function.
Those functions are called one-to-one functions.
In some other functions, more than one element in the domain can correspond to the same one element in the range. In other words, the same one output can be produced for each of more than one input in such a function.
Those functions are called many-to-one functions.

We specify how the correspondence is made in terms of a mechanism, and the mechanism is usually in an algebraic expression.
An input variable gets an input, and an output variable gets an output.
When we give a complete name to a function, we use the function designator and the input variable written inside a pair of parentheses.

Where there is **a relationship in terms of correspondence**, there is **a function**.

When we define a function, we are normally expected to define the function in complete manner. When we completely define a function, we say that we produce a full or complete definition of the function. A full definition of a function is composed of the name, the domain and range, and the mechanism of the function. Instead of producing the full definition of a function however, we often produce a specification only of the function. We often take the specification for a definition of the function, but we should call it a short definition of the function. When we specify a function, too, we need to specify at least the **domain** along with the function designator and the mechanism. However, when the specification of the mechanism is not available at the moment or is not necessary for the moment, we do a short definition by the name and the domain only, and it can be the minimal definition. However, we often use the name of the function or the function designator only if all the essential information on the function is clear already or such information is not necessary for the moment; of course, we cannot define a function by the name only.

Let's suppose that we introduce and specify a new function. Then, it is not sufficient to produce the name of the function or the designator and the mechanism only. For instance, $f(x) = 3x^2 + 8x + 2$ alone is insufficient. That's because we cannot see for what value of the **x** the function is defined. We need to include the domain in the specification. However, we normally do not use the set notation for the domain when we produce only the specification of a function instead of producing the full definition of the function. Instead, we specify the extent of the values that the input variable can take to specify the domain. We normally specify the domain in terms of extent of the input values on a real number line. Also, unless specified otherwise, all the real numbers are assumed to be used for the input values, and then, the domain is defined by our doing so. For instance, all the following specifications are sufficient:

$f(x) = 3x^2 + 8x + 2$ for $x \geq -1$.

$f = 3x^2 + 8x + 2$ for $x \geq -1$.

$g(x) = 3x^2 + x$ for x is real.

$h(t) = 2t^2 + 3$ where $t \leq 5$.

$v(s) = s + 2$, and $s \geq 0$.

If a function is specified by the function name and the mechanism only such as **$f(x) = 3x + 5$**, the domain of the **f** is considered to be a set of all real numbers.
In other words, we consider it as **$f(x) = 3x + 5$ for x that is real**.

We often use the output variable instead of a function name or the designator when we specify the function.
In the example above, we have a function **$f(x) = 3x^2 + 8x + 2$ for $x \geq -1$**.

Suppose now, that **y** is the output variable in the **f**.
Then, we often specify the **f** in **$y = 3x^2 + 8x + 2$ for $x \geq -1$**.
The idea is self-evident since **$y = f(x)$**.

How about $g(x) = 1/(x - 1)$ for $x \geq 0$?
We can see that the g is not defined for $x = 1$. How come?
That's because division by 0 is not allowed: when $x = 1$, $x - 1 = 0$.
Therefore, the specification needs to include such a statement that $x \neq 1$.

Then, we can put the specification in either of the two ways as follows:

$g(x) = 1/(x - 1)$ for $x \geq 0$ **and** $x \neq 1$.

$g = 1/(x - 1)$, $0 \leq x < 1$ **or** $1 < x$.

Examples
How do we make a function?

These practice sets can be too easy to some students. Nevertheless, try them all.

0. Suppose that we have a function $y = f(x) = x$ for x is real, and find the output value for each of the input values as follows.

0.0. $x = 0$

0.1. $x = 1$

0.2. $x = 3$

0.3. $x = 0.2$

0.4. $x = -0.7$

1. Suppose that we have a function $y = f(x) = 2x + 3$ for x is real, and find the output value for each of the input values as follows.

1.0. $x = 0$

1.1. $x = 1$

1.2. $x = 2$

1.3. $x = 3$

1.4. $x = -0.7$

1.5. $x = -0.6$

1.6 $x = -0.5$

2. Suppose that we have a function $y = f(x) = x^2 - 1$ for $-1 \le x \le 2$, and find the output value for each of the input values as follows.

2.0. $x = 0$

2.1. $x = 1$

2.2. $x = 2$

2.3. $x = 3$

2.4. $x = -0.5$

2.5. $x = -0.6$

2.6. $x = -1.5$

3. Let's find the range of each of the functions as follows.

3.0. $y = f(x) = x$ for x is real.

3.1. $y = f(x) = x$ for $0 \le x \le 1$.

3.2. $y = f(x) = 2x$ for x is real.

3.3. $y = f(x) = 2x$ for $0 \le x \le 1$.

3.4. $y = f(x) = 2x - 3$ for $0 \le x \le 1$.

3.5. $y = f(x) = x^2$ for x is real.

3.6. $y = f(x) = x^2$ for $x \ge 0$.

3.7. $y = f(x) = x^2$ for $x \le 0$.

3.8. $y = f(x) = x^2$ for $0 \le x \le 1$.

3.9. $y = f(x) = x^2$ for $x \ge 1$.

3.A. $y = f(x) = x^2$ for $x \ge -1$.

3.B. $y = f(x) = x^2$ for $x \le 1$.

3.C. $y = f(x) = x^2$ for $1 \le x < 2$.

3.D. $y = f(x) = x^2$ for $1 \le x \le 2$ or $-2 \le x \le -1$.

3.E. $y = f(x) = x^2$ for $0 \le x < 1$ or $-2 \le x \le -1$.

3.F. $y = f(x) = x^2$ for $0 \le x < 0.1$ or $-2 \le x < -1$.

3.G. $y = f(x) = -x^2$ for x is real.

3.H. $y = f(x) = -x^2$ for $x \ge 0$.

3.I. $y = f(x) = -x^2$ for $x \le 0$.

3.J. $y = f(x) = -x^2$ for $0 \le x \le 1$.

3.K. $y = f(x) = -x^2$ for $x \ge 1$.

3.L. $y = f(x) = -x^2$ for $x \ge -1$.

3.M. $y = f(x) = -x^2$ for $x \le 1$.

3.N. $y = f(x) = -x^2$ for $1 \le x < 2$.

3.O. $y = f(x) = -x^2$ for $1 \le x \le 2$ or $-2 \le x \le -1$.

3.P. $y = f(x) = -x^2$ for $0 \le x < 1$ or $-2 \le x \le -1$.

3.Q. $y = f(x) = -x^2$ for $0 \le x < 0.1$ or $-2 \le x < -1$.

3.R. $y = f(x) = 2x^2$ for x is real.

3.S. $y = f(x) = 2x^2$ for $x \ge 0$.

3.T. $y = f(x) = 2x^2$ for $x \le 0$.

3.U. $y = f(x) = 2x^2$ for $0 \le x \le 1$.

3.V. $y = f(x) = 2x^2$ for $x \ge 1$.

3.W. $y = f(x) = -2x^2$ for $x \ge -1$.

3.X. $y = f(x) = -2x^2$ for $x \le 1$.

3.Y. $y = f(x) = -2x^2$ for $1 < x \le 2$.

3.Z. $y = f(x) = 2x^2 + x$ for $1 \le x \le 2$ or $-2 \le x \le -1$.

3.a. $y = f(x) = -x^2 + 2x$ for $0 \le x < 1$ or $-2 \le x \le -1$.

3.b. $y = f(x) = -2x^2$ for $0 \le x < 0.1$ or $-2 \le x < -1$.

3.c. $y = f(x) = 1/x^2$ for x is nonzero real.

3.d. $y = f(x) = -1/x^2$ for $x > 0$.

3.e. $y = f(x) = -1/x^2$ for $-1 \le x < 0$ or $x > 0$.

Suggestions or Solutions
To the **Problems** in the Example **0**

0. Suppose that we have a function y = f(x) = x for x is real, and find the output value for each of the input values as follows.

0.0. x = 0

f(0) = 0.

0.1. x = 1

f(1) = 1.

0.2. x = 3

f(3) = 3.

0.3. x = 0.2

f(0.3) = 0.3.

0.4. x = -0.7

f(-0.7) = -0.7.

The input and output are same as each other. Such a function is called an identity function.

Suggestions or Solutions
To the Problems in the Example 1

1. Suppose that we have a function $y = f(x) = 2x + 3$ for x is real, and find the output value for each of the input values as follows.

1.0. $x = 0$

$f(0) = 2(0) + 3 = 0 + 3 = 0.$

1.1. $x = 1$

$f(1) = 2(1) + 3 = 2 + 3 = 5.$

1.2. $x = 2$

$f(2) = 2(2) + 3 = 4 + 3 = 7.$

1.3. $x = 3$

$f(3) = 2(3) + 3 = 6 + 3 = 9.$

1.4. $x = -0.7$

$f(-0.7) = 2(-0.7) + 3 = -1.4 + 3 = 1.6.$

1.5. $x = -0.6$

$f(-0.6) = 2(-0.6) + 3 = -1.2 + 3 = 1.8.$

1.6 $x = -0.5$

$f(-0.5) = 2(-0.5) + 3 = -1 + 3 = 2.$

Suggestions or Solutions
To the Problems in the Example 2

2. Suppose that we have a function $y = f(x) = x^2 - 1$ for $-1 \leq x \leq 2$, and find the output value for each of the input values as follows.

2.0. $x = 0$

$f(0) = 0^2 - 1 = -1$.

2.1. $x = 1$

$f(1) = 1^2 - 1 = 0$.

2.2. $x = 2$

$f(2) = 2^2 - 1 = 3$.

2.3. $x = 3$

Since 3 is not included in the domain, the function **f** does not hold at $x = 3$. Therefore, $f(3)$ does not exist.

2.4. $x = -0.5$

$f(-0.5) = (-0.5)^2 - 1 = 0.25 - 1 = -0.75$.

2.5. $x = -0.6$

$f(-0.6) = (-0.6)^2 - 1 = 0.36 - 1 = -0.64$.

2.6. $x = -1.5$

Since -1.5 is not included in the domain, the function **f** does not hold at $x = -1.5$.

Therefore, $f(-1.5)$ does not exist.

Suggestions or Solutions
To the Problems in the Example 3

3. Let's find the domain of each of the functions as follows.

3.0. $y = f(x) = x$ for x is real.

The **x** is real means that the input value can be any real number.
That is, the domain is a set of all real numbers.
Therefore, the function **f** can hold for all real numbers.
Since the input and output are the same as each other in the function **f**, the range is a set of all real numbers also.
Of course, each of all the output values is different for each input.
Such a function is called an identity function.

3.1. $y = f(x) = x$ for $0 \leq x \leq 1$.

The range is the same as the domain since the function **f** is an identity function and the input and output are the same in such a function.
The domain is a set of all the real numbers from 0 to 1.
Therefore, the function **f** holds for all the real numbers that are greater than or equal to 0 and less than or equal to 1.
We can also put the range in terms of the extent of the output values.
Therefore, the range is $0 \leq y \leq 1$.

3.2. $y = f(x) = 2x$ for x is real.

The **x** is real means that the input value can be any real number.
That is, the domain is a set of all real numbers.
The function **f** can hold for all real numbers, and each of all the outputs is different for each of all the inputs. Therefore, the set of all the outputs is a set of all real numbers.
That is, the range is a set of all real numbers.

3.3. $y = f(x) = 2x$ for $0 \leq x \leq 1$.

The domain is a set of all the real numbers from 0 to 1.
Therefore, the function **f** can hold for all the real numbers greater than or equal to 0 and less than or equal to 1.
The output value is twice the input value.
We can also show the range by means of the extent of the output values.
The output variable is **y**, and $y = 2x$.
$0 \leq x \leq 1 \Rightarrow 0 \leq 2x \leq 2$.
Therefore, the range is $0 \leq y \leq 2$.

3.4. $y = f(x) = 2x - 3$ for $0 \le x \le 1$.

The domain is a set of all the real numbers greater than or equal to 0 and less than or equal to 1. Therefore, the function **f** can hold for all the real numbers from 0 to 1.
If we multiply the input by 2 and subtract 3 from the product, the difference is the output.
The output variable is **y**, and $y = 2x - 3$.
$0 \le x \le 1 \Rightarrow 0 \le 2x \le 2 \Rightarrow 0 - 3 \le 2x - 3 \le 2 - 3 \Rightarrow -3 \le y \le -1$.
Therefore, the range is $-3 \le y \le -1$.

3.5. $y = f(x) = x^2$ for x is real.

The **x** is real means that the input value can be any real number.
That is, the domain is a set of all real numbers.
Therefore, the function **f** can hold for all real numbers.
No matter what a real number may be, the square of the real number is greater than or equal to 0.
That is, the minimum of a square of a real number is 0.
However, there is no maximum of a square of a real number since the square can be unboundedly large.
Therefore, the range is $y \ge 0$.

3.6. $y = f(x) = x^2$ for $x \ge 0$.

The domain is a set of all the real numbers greater than or equal to 0.
Therefore, the function **f** can hold for all the real numbers greater than or equal to 0.
The square of such a real number is greater than or equal to 0.
That is, the minimum of the output is 0.
Also, there is no maximum of a square of such a real number since the real number can be unlimitedly large, and consequently, the square of the real number can also be unlimitedly large.
That is, there is no maximum of the output.
Therefore, the range is $y \ge 0$.

3.7. $y = f(x) = x^2$ for $x \le 0$.

The domain is a set of all the real numbers less than or equal to 0.
Therefore, the function **f** can hold for all the real numbers less than or equal to 0.
The square of such a real number is greater than or equal to 0.
That is, the minimum of the output is 0.
Also, there is no maximum of a square of such a real number since the **magnitude** of the real number can be infinitely large, and consequently, the square of the real number can also be infinitely large.
That is, there is no maximum of the output.
Therefore, the range is $y \ge 0$.

3.8. $y = f(x) = x^2$ for $0 \le x \le 1$.

The domain is a set of all the real numbers from 0 to 1.
Therefore, the function **f** can hold for all the real numbers greater than or equal to 0 and less than or equal to 1.
The output variable is **y**, and $y = x^2$.
$0 \le x \le 1 \Rightarrow 0 \le x^2 \le 1 \Rightarrow 0 \le y \le 1$.
Therefore, the range is $0 \le y \le 1$.

3.9. $y = f(x) = x^2$ for $x \ge 1$.

The domain is a set of all the real numbers greater than or equal to 1.
Therefore, the function **f** can hold for all the real numbers greater than or equal to 1.
The square of such a real number is greater than or equal to 1. That is, the minimum of the output is 1.
Also, there is no maximum of a square of such a real number since the real number can be infinitely large, and consequently, the square of the real number can also be infinitely large. That is, there is no maximum of the output.
Therefore, the range is $y \ge 1$.

3.A. $y = f(x) = x^2$ for $x \ge -1$.

The domain is a set of all the real numbers greater than or equal to -1.
Therefore, the function **f** can hold for all the real numbers greater than or equal to -1.
The square of such a real number is not greater than or equal to not 1 but 0.
For instance, the **x** can be 0, and the square of 0 is 0. That is, the minimum of the output is 0.
Also, there is no maximum of a square of such a real number since the real number can be unlimitedly large, and consequently, the square of the real number can also be unlimitedly large. That is, there is no maximum of the output.
Therefore, the range is $y \ge 0$.

3.B. $y = f(x) = x^2$ for $x \le 1$.

The domain is a set of all the real numbers less than or equal to 1.
Therefore, the function **f** can hold for all the real numbers less than or equal to 1.
The square of such a real number is greater than or equal to not 1 but 0.
For instance, the **x** can be 0, and the square of 0 is 0. That is, the minimum of the output is 0.
Also, there is no maximum of a square of such a real number since the **magnitude** of the real number can be unboundedly large, and consequently, the square of the real number can also be unboundedly large. That is, there is no maximum of the output.
Therefore, the range is $y \ge 0$.

3.C. $y = f(x) = x^2$ for $1 \le x < 2$.

The domain is a set of all the real numbers greater than or equal to 1 and less than 2. We need to note that the domain does not include 2. Therefore, the function **f** can hold for all the real numbers greater than or equal to 1 and less than 2. The output variable is **y**, and $y = x^2$.

$1 \le x < 2 \Rightarrow 1 \le x^2 < 4 \Rightarrow 1 \le y < 4$.

Therefore, the range is $1 \le y < 4$.

Since the domain does not include 2, the range does not include 4 that is the output corresponding to 2.

3.D. $y = f(x) = x^2$ for $1 \le x \le 2$ or $-2 \le x \le -1$.

The domain is a set of all the real numbers greater than or equal to 1 and less than or equal to 2 or a set of all the real numbers from -2 to -1. Therefore, the function **f** can hold for all the real numbers from 1 to 2 and all the real numbers greater than or equal to -2 and less than or equal to -1. The output variable is **y**, and $y = x^2$.

$(1 \le x \le 2 \text{ or } -2 \le x \le -1) \Rightarrow (1 \le x^2 \le 4 \text{ or } 1 \le x^2 \le 4) \Rightarrow 1 \le x^2 \le 4 \Rightarrow 1 \le y \le 4$.

Therefore, the range is $1 \le y \le 4$.

3.E. $y = f(x) = x^2$ for $0 \le x < 1$ or $-2 \le x \le -1$.

The domain is a set of all the real numbers greater than or equal to 0 and less than 1, or a set of all the real numbers from -2 to -1. Therefore, the function **f** can hold for all the real numbers greater than or equal to 0 and less than 1, and all the real numbers greater than or equal to -2 and less than or equal to -1. The output variable is **y**, and $y = x^2$.

$(0 \le x < 1 \text{ or } -2 \le x \le -1) \Rightarrow (0 \le x^2 < 1 \text{ or } 1 \le x^2 \le 4) \Rightarrow 0 \le x^2 \le 4 \Rightarrow 0 \le y \le 4$.

Therefore, the range is $0 \le y \le 4$.

3.F. $y = f(x) = x^2$ for $0 \le x < 0.1$ or $-2 \le x < -1$.

The domain is a set of all the real numbers greater than or equal to 0 and less than 0.1 or a set of all the real numbers greater than or equal to -2 and less than -1. Therefore, the function **f** can hold for all the real numbers greater than or equal to 0 and less than 0.1, and all the real numbers greater than or equal to -2 and less than -1. The output variable is **y**, and $y = x^2$.

$(0 \le x < 0.1 \text{ or } -2 \le x < -1) \Rightarrow (0 \le x^2 < 0.01 \text{ or } 1 < x^2 \le 4) \Rightarrow 0 \le y < 0.01 \text{ or } 1 < y \le 4$.

Therefore, the range is $0 \le y < 0.01$ or $1 < y \le 4$.

3.G. $y = f(x) = -x^2$ for x that is real.

The **x** is real means that the input value can be any real number. That is, the domain is a set of all real numbers. Therefore, the function **f** can hold for all real numbers. Whatever a real number may be, the square of the real number is greater than or equal to 0. That is, the minimum of a square of a real number is 0. However, there is no maximum of a square of a real number since the square can be infinitely large. However, the output is the negative value of the square.

Then, the output is less and or equal to 0.

Therefore, the range is $y \le 0$.

3.H. $y = f(x) = -x^2$ for $x \geq 0$.

The domain is a set of all the real numbers greater than or equal to 0.
Therefore, the function **f** can hold for all the real numbers greater than or equal to 0.
The square of such a real number is greater than or equal to 0.
However, the output is the negative value of the square. Then, the output is less and or equal to 0.
Therefore, the range is $y \leq 0$.

3.I. $y = f(x) = -x^2$ for $x \leq 0$.

The domain is a set of all the real numbers less than or equal to 0.
Therefore, the function **f** can hold for all the real numbers less than or equal to 0.
The square of such a real number is greater than or equal to 0.
However, the output is the negative value of the square.
Then, the output is less and or equal to 0. Therefore, the range is $y \leq 0$.

3.J. $y = f(x) = -x^2$ for $0 \leq x \leq 1$.

The domain is a set of all the real numbers from 0 to 1.
So, the function f can hold for all the real numbers greater than or equal to 0 and less than or equal to 1.
The output variable is **y**, and $y = -x^2$.
$0 \leq x \leq 1 \Rightarrow 0 \leq x^2 \leq 1 \Rightarrow -1 \leq -x^2 \leq 0 \Rightarrow -1 \leq y \leq 0$. Therefore, the range is $-1 \leq y \leq 0$.

3.K. $y = f(x) = -x^2$ for $x \geq 1$.

The domain is a set of all the real numbers greater than or equal to 1.
Therefore, the function **f** can hold for all the real numbers greater than or equal to 1.
The square of such a real number is greater than or equal to 1.
However, the output is the negative value of the square.
Then, the output is less and or equal to -1. Therefore, the range is $y \leq -1$.

3.L. $y = f(x) = -x^2$ for $x \geq -1$.

The domain is a set of all the real numbers greater than or equal to -1.
Therefore, the function **f** can hold for all the real numbers greater than or equal to -1.
The square of such a real number is greater than or equal to not 1 but 0.
For instance, the **x** can be 0, and the square of 0 is 0.
However, the output is the negative value of the square.
Then, the output is less and or equal to 0.
Therefore, the range is $y \leq 0$.

3.M. $y = f(x) = -x^2$ for $x \leq 1$.

The domain is a set of all the real numbers less than or equal to 1. Therefore, the function **f** can hold for all the real numbers less than or equal to 1. The square of such a real number is greater than or equal to not 1 but 0. For instance, the **x** can be 0, and the square of 0 is 0. However, the output is the negative value of the square. Then, the output is less and or equal to 0.
Therefore, the range is $y \leq 0$.

3.N. $y = f(x) = -x^2$ for $1 \leq x < 2$.

The domain is a set of all the real numbers greater than or equal to 1 and less than 2. We need to note that the domain does not include 2.
Therefore, the function **f** can hold for all the real numbers greater than or equal to 1 and less than 2.
The output variable is **y**, and $y = -x^2$.
$1 \leq x < 2 \Rightarrow 1 \leq x^2 < 4 \Rightarrow -4 < -x^2 \leq -1 \Rightarrow -4 < y \leq -1$.
Therefore, the range is $-4 < y \leq -1$.
Since the domain does not include 2, the range does not include -4 that is the output corresponding to 2.

3.O. $y = f(x) = -x^2$ for $1 \leq x \leq 2$ or $-2 \leq x \leq -1$.

The domain is a set of all the real numbers greater than or equal to 1 and less than or equal to 2 or a set of all the real numbers from −2 to -1. Therefore, the function **f** can hold for all the real numbers from 1 to 2 and all the real numbers greater than or equal to -2 and less than or equal to -1. The output variable is y, and $y = -x^2$.
$(1 \leq x \leq 2 \text{ or } -2 \leq x \leq -1) \Rightarrow (1 \leq x^2 \leq 4 \text{ or } 1 \leq x^2 \leq 4) \Rightarrow 1 \leq x^2 \leq 4 \Rightarrow -4 \leq -x^2 \leq -1 \Rightarrow -4 \leq y \leq -1$.
Therefore, the range is $-4 \leq y \leq -1$.

3.P. $y = f(x) = -x^2$ for $0 \leq x < 1$ or $-2 \leq x \leq -1$.

The domain is a set of all the real numbers greater than or equal to 0 and less than 1, or a set of all the real numbers from −2 to -1. Therefore, the function **f** can hold for all the real numbers greater than or equal to 0 and less than 1, and all the real numbers greater than or equal to -2 and less than or equal to -1. The output variable is **y**, and $y = -x^2$.
$(0 \leq x < 1 \text{ or } -2 \leq x \leq -1) \Rightarrow (0 \leq x^2 < 1 \text{ or } 1 \leq x^2 \leq 4) \Rightarrow 0 \leq x^2 \leq 4 \Rightarrow -4 \leq -x^2 \leq 0 \Rightarrow -4 \leq y \leq 0$.
Therefore, the range is $-4 \leq y \leq 0$.

3.Q. $y = f(x) = -x^2$ for $0 \leq x < 0.1$ or $-2 \leq x < -1$.

The domain is a set of all the real numbers greater than or equal to 0 and less than 0.1 or a set of all the real numbers greater than or equal to −2 and less than -1. Therefore, the function **f** can hold for all the real numbers greater than or equal to 0 and less than 0.1, and all the real numbers greater than or equal to -2 and less than -1. The output variable is y, and $y = -x^2$.
$(0 \leq x < 0.1 \text{ or } -2 \leq x < -1) \Rightarrow (0 \leq x^2 < 0.01 \text{ or } 1 < x^2 \leq 4)$
$\Rightarrow (-0.01 < -x^2 \leq 0 \text{ or } -4 \leq -x^2 < -1) \Rightarrow -0.01 < y \leq 0 \text{ or } -4 \leq y < -1$.
Therefore, the range is $-0.01 < y \leq 0$ or $-4 \leq y < -1$.

3.R. $y = f(x) = 2x^2$ for x that is real.

The x is real means that the input value can be any real number. That is, the domain is a set of all real numbers. Therefore, the function **f** can hold for all real numbers.
Whatever a real number may be, the square of the real number is greater than or equal to 0. That is, the minimum of a square of a real number is 0. However, there is no maximum of a square of a real number since the square can be infinitely large. The output is twice the square. Nevertheless, the output is still greater than or equal to 0.
Therefore, the range is $y \geq 0$.

3.S. $y = f(x) = 2x^2$ for $x \geq 0$.

The domain is a set of all the real numbers greater than or equal to 0.
Therefore, the function **f** can hold for all the real numbers greater than or equal to 0.
The square of such a real number is greater than or equal to 0.
Also, although we multiply the square of such a real number by a number greater than or equal to 0, the product is still greater than or equal to 0.
(It is logically correct for 0 is greater than or equal to 0.)
That is, the output is greater than or equal to 0.
Therefore, the range is $y \geq 0$.

3.T. $y = f(x) = 2x^2$ for $x \leq 0$.

The domain is a set of all the real numbers less than or equal to 0.
Therefore, the function **f** can hold for all the real numbers less than or equal to 0.
The square of such a real number is greater than or equal to 0.
Also, although we multiply the square of such a real number by a number greater than or equal to 0, the product is still greater than or equal to 0.
That is, the output is greater than or equal to 0.
Therefore, the range is $y \geq 0$.

3.U. $y = f(x) = 2x^2$ for $0 \leq x \leq 1$.

The domain is a set of all the real numbers from 0 to 1.
Consequently, the function **f** can hold for all the real numbers greater than or equal to 0 and less than or equal to 1.
The output variable is **y**, and $y = 2x^2$.
$\mathbf{0 \leq x \leq 1 \Rightarrow 0 \leq x^2 \leq 1 \Rightarrow 0 \leq 2x^2 \leq 2 \Rightarrow 0 \leq y \leq 2.}$
Therefore, the range is $0 \leq y \leq 2$.

3.V. $y = f(x) = 2x^2$ for $x \geq 1$.

The domain is a set of all the real numbers greater than or equal to 1.
Consequently, the function **f** can hold for all the real numbers greater than or equal to 1.
The output variable is y, and $y = 2x^2$.
$\mathbf{1 \leq x \Rightarrow 1 \leq x^2 \Rightarrow 2 \leq 2x^2 \Rightarrow 2 \leq y}$.
Therefore, the range is $2 \leq y$.

3.W. $y = f(x) = -2x^2$ for $x \geq -1$.

The domain is a set of all the real numbers greater than or equal to -1.
Consequently, the function **f** can hold for all the real numbers greater than or equal to -1.
The output variable is **y**, and $y = -2x^2$.
$\mathbf{-1 \leq x \Rightarrow 0 \leq x^2}$ since the x can be 0, and then, $x^2 = 0$.
$\mathbf{\Rightarrow 0 \leq 2x^2 \Rightarrow -2x^2 \leq 0 \Rightarrow y \leq 0}$.
Therefore, the range is $y \leq 0$.

3.X. $y = f(x) = -2x^2$ for $x \leq 1$.

The domain is a set of all the real numbers less than or equal to 1.
Consequently, the function **f** can hold for all the real numbers less than or equal to 1.
The output variable is **y**, and $y = -2x^2$.
$\mathbf{1 \geq x \Rightarrow 0 \leq x^2}$ since the x can be 0, and then, $x^2 = 0$.
$\mathbf{\Rightarrow 0 \leq 2x^2 \Rightarrow -2x^2 \leq 0 \Rightarrow y \leq 0}$.
Therefore, the range is $y \leq 0$.

3.Y. $1 < x \leq 2$ 이며 $y = f(x) = -2x^2$.

The domain is a set of all the real numbers greater than 1 and less than or equal to 2. We need to note that the domain does not include 1.
Therefore, the function f can hold for all the real numbers greater than 1 and less than or equal to 2.
The output variable is **y**, and $y = -2x^2$.
$\mathbf{1 < x \leq 2 \Rightarrow 1 < x^2 \leq 4 \Rightarrow -4 \leq -x^2 < -1 \Rightarrow -8 \leq -2x^2 < -2 \Rightarrow -8 \leq y < -2}$.
Therefore, the range is $-8 \leq y < -2$.
Since the domain does not include 1, the range does not include -2 that is the output corresponding to 1.

3.Z. $y = f(x) = 2x^2 + x$ for $1 \le x \le 2$ or $-2 \le x \le -1$.

The domain is a set of all the real numbers greater than or equal to 1 and less than or equal to 2 or a set of all the real numbers from −2 to -1.

Therefore, the function **f** can hold for all the real numbers from 1 to 2 and all the real numbers greater than or equal to -2 and less than or equal to -1.

The output variable is **y**, and $y = 2x^2 + x$.

The domain is in two intervals as follows: $1 \le x \le 2$ or $-2 \le x \le -1$.

Then, we get two cases as follows:

$1 \le x \le 2 \Rightarrow 1 \le x^2 \le 4 \Rightarrow 2 \le 2x^2 \le 8$.

$-2 \le x \le -1 \Rightarrow 1 \le x^2 \le 4 \Rightarrow 2 \le 2x^2 \le 8$.

Now, we need to consider the two cases.

The first case is that $1 \le x \le 2$ and $2 \le 2x^2 \le 8$.

When **x** is 1, $2x^2$ is 2.

When **x** is 2, $2x^2$ is 8.

If the value of the **x** increases, the value of the $2x^2$ increases, too.

Then, the value of the $2x^2 + x$ is greater than or equal to the sum of the minimums of the $2x^2$ and the **x**, and less than or equal to the sum of the maximums of the two.

Therefore, **$2 + 1 \le 2x^2 + x \le 8 + 2 \Rightarrow 3 \le 2x^2 + x \le 10$.**

The second case is that $-2 \le x \le -1$ and $2 \le 2x^2 \le 8$.

When **x** is -2, $2x^2$ is 8.

When **x** is -1, $2x^2$ is 2.

If the value of the **x** increases, the value of the $2x^2$ decreases.

Also, the value of the $2x^2$ dominates constantly the value of the **x**.

Then, the value of the $2x^2 + x$ decreases constantly.

Then, the value of the $2x^2 + x$ is less than or equal to the sum of the maximum of the $2x^2$ and the minimum of the x, and greater than or equal to the sum of the minimum of the $2x^2$ and the maximum of the **x**.

Therefore, **$2 + (-1) \le 2x^2 + x \le 8 + (-2) \Rightarrow 1 \le 2x^2 + x \le 6$.**

Then, **$3 \le 2x^2 + x \le 10$ or $1 \le 2x^2 + x \le 6$.**

Therefore, $1 \le 2x^2 + x \le 10$.

Then, $1 \le y \le 10$ since $y = 2x^2 + x$.

Therefore, the range is $1 \le y \le 10$.

3.a. $y = f(x) = -x^2 + 2x$ for $0 \le x < 1$ or $-2 \le x \le -1$.

The domain is a set of all the real numbers greater than or equal to 0 and less than 1 or a set of all the real numbers from −2 to -1.

Therefore, the function **f** can hold for all the real numbers greater than or equal to 0 and less than 1, and all the real numbers greater than or equal to -2 and less than or equal to -1.

The output variable is **y**, and $y = -x^2 + 2x$.

The domain is in two intervals as follows: $0 \le x < 1$ or $-2 \le x \le -1$.

Then, we get two cases as follows:

$\mathbf{0 \le x < 1 \Rightarrow 0 \le x^2 < 1 \Rightarrow -1 < -x^2 \le 0.}$
$\mathbf{0 \le x < 1 \Rightarrow 0 \le 2x < 2.}$

$\mathbf{-2 \le x \le -1 \Rightarrow 1 \le x^2 \le 4 \Rightarrow -4 \le -x^2 \le -1.}$
$\mathbf{-2 \le x \le -1 \Rightarrow -4 \le 2x \le -2.}$

Now, we need to consider the two cases.

The first case is that when $0 \le x < 1$, $-1 < -x^2 \le 0$ and $0 \le 2x < 2$.

When the value of the **x** increases from 0 to 1, the value of the $-x^2$ decreases from 0 to −1, but −1 is not included. On the other hand, when the value of the **x** increases from 0 to 1, the value of the 2x increases from 0 to 2, but 2 is not included.

The value of the 2x dominates constantly the value of the $-x^2$.

Then, the value of the $-x^2 + 2x$ increases constantly.

Then, the value of the $-x^2 + 2x$ is greater than or equal to the sum of the maximum of the $-x^2$ and the minimum of the 2x, and less than the sum of the minimum of the $-x^2$ and the maximum of the 2x.

Therefore, $\mathbf{0 + 0 \le -x^2 + 2x < -1 + 2 \Rightarrow 0 \le -x^2 + 2x < 1}$.

The second case is that when $-2 \le x \le -1$, $-4 \le -x^2 \le -1$ and $-4 \le 2x \le -2$.

When the value of the **x** increases from -2 to -1, the value of the $-x^2$ increases from -4 to −1.

When the value of the **x** increases from -2 to -1, the value of the 2x increases from -4 to −2.

Then, the value of the $-x^2 + 2x$ increases constantly. Then, the value of the $-x^2 + 2x$ is greater than or equal to the sum of the minimums of the $-x^2$ and the 2x, and less than or equal to the sum of the maximums of the two. Therefore, $\mathbf{-4 + (-4) \le -x^2 + 2x \le -1 + (-2) \Rightarrow -8 \le -x^2 + 2x \le -3}$.

Then, $\mathbf{0 \le -x^2 + 2x < 1}$ **or** $\mathbf{-8 \le -x^2 + 2x \le -3}$.

Then, since $y = -x^2 + 2x$, $\mathbf{0 \le y < 1}$ **or** $\mathbf{-8 \le y \le -3}$. Therefore, the range is $\mathbf{0 \le y < 1}$ **or** $\mathbf{-8 \le y \le -3}$.

More specifically:

When the domain is $0 \le x < 1$, the range is $0 \le y < 1$.

When the domain is $-2 \le x \le -1$, the range is $-8 \le y \le -3$.

3.b. $y = f(x) = -2x^2$ for $0 \le x < 0.1$ or $-2 \le x < -1$.

The domain is a set of all the real numbers greater than or equal to 0 and less than 0.1 or a set of all the real numbers greater than or equal to −2 and less than -1.
Therefore, the function **f** can hold for all the real numbers greater than or equal to 0 and less than 0.1, and all the real numbers greater than or equal to -2 and less than -1.
The output variable is **y**, and $y = -2x^2$.
$0 \le x < 0.1$ or $-2 \le x < -1 \Rightarrow 0 \le x^2 < 0.01$ or $1 < x^2 \le 4$
$\Rightarrow -0.02 < -2x^2 \le 0$ or $-8 \le -2x^2 < -2 \Rightarrow -0.02 < y \le 0$ or $-8 \le y < -2$.
Therefore, the range is $-0.02 < y \le 0$ or $-8 \le y < -2$.

3.c. $y = f(x) = 1/x^2$ for x that is nonzero real.

The **x** is nonzero real means that the input value can be any real number if the real number is not 0.
That is, the domain is a set of all real numbers except 0.
Therefore, the function **f** can hold for all real numbers but 0.
In fact, the function cannot hold for 0 since the denominator becomes 0 if the input is 0.
We know that we can do no division by 0.

In case where the **magnitude** of the value of the **x** is between 0 and 1, the value of the x^2 is between 0 and 1, too.
Then, the value of the $1/x^2$ is greater than 1.
The output variable is **y**, and $y = 1/x^2$.
Then, $y > 1$.

On the other hand, in case where the **magnitude** of the value of the **x** is greater than or equal to 1, the value of the x^2 is greater than or equal to 1, too.
Then, the value of the $1/x^2$ is less than or equal to 1, but is greater than 0.
Then, $0 < y \le 1$.

Then, $y > 1$ or $0 < y \le 1$. Therefore, the range is $y > 0$.

3.d. $y = f(x) = -1/x^2$ for $x > 0$.

The domain is a set of all the real numbers greater than 0.
Consequently, the function **f** can hold for all the real numbers greater than 0.
In case where the value of the **x** is between 0 and 1, the value of the x^2 is between 0 and 1, too.
Then, the value of the $1/x^2$ is greater than 1. Then, the value of the $-1/x^2$ is less than −1.
The output variable is **y**, and $y = -1/x^2$. Then, $y < -1$.
On the other hand, in case where the value of the **x** is greater than or equal to 1, the value of the x^2 is greater than or equal to 1, too.
Then, the value of the $1/x^2$ is less than or equal to 1, but is greater than 0.
Then, the value of the $-1/x^2$ is greater than or equal to −1, but is less than 0.
Then, $-1 \le y < 0$. Then, $y < -1$ or $-1 \le y < 0$. Therefore, the range is $y < 0$.

3.e. $y = f(x) = -1/x^2$ for $-1 \le x < 0$ or $x > 0$.

The domain is a set of all the real numbers greater than or equal to −1 excluding 0.
In turn, the function **f** can hold for all the real numbers greater than or equal to −1 but 0.

We can consider such three cases as follows:

$-1 < x < 0$ or $0 < x < 1$; that is, the **magnitude** of the value of the **x** is between 0 and 1.
$x \ge 1$.
$x = -1$.

In case where the **magnitude** of the value of the **x** is between 0 and 1, the value of the x^2 is between 0 and 1, too.
Then, the value of the $1/x^2$ is greater than 1.
Then, the value of the $-1/x^2$ is less than −1.
The output variable is **y**, and $y = -1/x^2$.
Then, $y < -1$.

On the other hand, in case where the value of the **x** is greater than or equal to 1, the value of the x^2 is greater than or equal to 1, too.
Then, the value of the $1/x^2$ is less than or equal to 1, but is greater than 0.
Then, the value of the $-1/x^2$ is greater than or equal to −1, but is less than 0.
Then, $-1 \le y < 0$.

Now, in case where the value of the **x** is −1, $\mathbf{-1/x^2 = -1}$.

Then, $\mathbf{y < -1}$, $\mathbf{y = -1}$, **or** $\mathbf{-1 \le y < 0}$.
Therefore, the range is $y < 0$.

More specifically:
When the domain is $-1 \le x < 0$, the range is $y \le -1$.
When the domain is $x > 0$, the range is $y < 0$.

3. Why Variables?

When we work in math, we usually work on objects that have values. Among the objects with values, we have lengths, temperatures, weights, etc. for instance. How do we show the values of such objects? We use numbers to show the values, of course. Besides, we specify the nature of the value in terms of metrology such as meter and kilogram. For instance, in such a statement that the length of a line is 7 meters, the length is the object, 7 is the value, and meter is the nature of the value. How does an object have a value, then? We give a value to it. That is, we assign a value to the object by means of a number.

In math, we have three cases where we distinguish and classify objects that get assigned values. In the first case, we can assign a number to an object, and that's it. Period! In the second, we construct a group of values (i.e., numbers), make a choice of a value among the group, and assign it to an object, and then later, we may make another choice, and assign again the new value to the object. However, the object has to have only one value. Now, the old value assigned to the object is erased and the object has the new value. Then, what is the difference between the first case and the second? **It is the choice.** In the first case, there is no choice, and we've got to give the only value to the object. Now, in the last of the three cases, we make a group of values, and we give all the values to the object. Wait a minute! How can we give all the values to the object? Of course, we don't give all the values to it at once. We can't even give two values to the object at a time, either. The object gets assigned only one value at a time. Then, what is the difference between the second case and the third? The object in the third case has to eventually get assigned all the values in the group even though one value is assigned at a time, and we don't know what value it gets at any particular moment of time. However, the one in the second case has to wait until we make another choice for it. If we do not choose and assign another value to it anymore, then that's it. In such a case where no more new assignment happens, the object keeps the last value assigned, of course. What's common in all the three cases, then? An object gets assigned one value only at a time.

Now, how do we call each of the three objects? We call the first one a **number**, the second a **constant**, and the third a **variable**. Therefore, of such objects with values, some are classified into numbers, some others into constants, and the others variables.

During the early stage where we work on constants and variables, it is not easy to tell which is a constant and which is a variable. Then, let's take a look at the ideas above one more time. When we assign an object a value, we know that there are three different ways. First of all, we do not want an object to change its value once we have assigned a value to the object. Secondly, an abject can change the value when we make another choice of a value and assign it to the object. More specifically in this case, we construct a group of values, make a choice in the group, and assign it to the object; and then, we make another choice whenever we want, and give it to the object. If we don't choose and assign a new value anymore however, then the object keeps the last value assigned. Thirdly, we construct a group of values, and give all the values in the group to an object; however, the object can take one value only at a time. Besides, we don't know what value the object has at any particular moment of time. Of the three cases above, the first one is a number such as 7 or 29, the second is a constant, and the third is a variable. We may have already noticed that the objects in the first two cases, a number and a constant are about the same: they do not change their values on their own. However, the third one keeps changing its value since it has to have all the values in the group we have constructed, but can hold one value only at a time. In other words, we have to allow it to get all the values in the group, but it has to get assigned one value only at a time. Therefore, we can see that it **has to change** its value. For short, it changes its value. Hence, a variable!

What do we do and how do we do it if we want to work with a constant? First of all, we construct a group of numbers where we make choices of values for the constant. How do we construct the group of numbers? We do the construction by defining the constant. That is, if we define the constant, the definition includes and also explains the group.

For instance, let's suppose that **c is a constant, and gets a value in integer**.

Then, we just have defined a constant called **c**, and also, have constructed a group of all the values that the constant **c** can take. The group is composed of all integers. Then, the c is an **integer constant**, which can take any integer. In other words, we make a choice of a value out of all integers, and can take it for the value of the **c**.

Note:

We can use '$\in$' to show that particular objects **belong to** other object.
For instance, **a** $\in$ **B** means that the **a** belongs to the **B**, and **u and v** $\in$ **W** means that the **u** and the **v** belong to the **W**.

Let's define another constant now:

Suppose that **d is a constant and gets a value in integer that is greater than 7 and less than 29**.

Then, we just have defined a constant called **d**, and also, have constructed a group of all the values that the constant **d** can take.
The group is composed of integers that are greater than 7 and less than 29.
Then, the **d** is an integer constant, which can take any integer between 7 and 29.
In other words, we make a choice of a value out of all the integers from 8 to 28, and can take it for the value of the **d**. Also, we can put the same idea in such a way as follows:

$A = \{e \mid 7 < e < 29$ where e is an integer$\}$, d is a constant, and $d \in A$.

Then, **d** is now an integer constant, which can have any integer between 7 and 29.
Let's define one more constant:

$B = \{t \mid 1 < t < 2$ where t is a real number$\}$, p is a constant, and $p \in B$.

Then, the **p** is now a constant, which can have any real number between 1 and 2.
Then, we just have defined another constant named **p**, and also, have constructed a group of all the values that the constant **p** can take. The group is called **B**, which is a set of all the real numbers that are greater than 1 and less than 2.
Then, the **p** is a **real number constant** (or a **real constant**, for short), which can take any real number belongs to the **B**.
That is, we make a choice of a value out of the **B**, and can take it for the value of the **p**.
Later, if we want to make another choice of a value for the **p**, then we pick the value we want among all the real numbers in the **B**, and can take it for the value of the **p**.
Of course, the previous value is discarded for the time being, and can be chosen again later.
Until we make another choice, the **p** has to maintain the same value; in other words, the **p** does not change the value by itself, and the value of the **p** is constant until our next choice.
Hence, a constant!

Note:

Since a number has a value, but can't change the value by itself, a number such as 3 or 8 is often taken for a constant, too. Strictly speaking however, since there is no room for any choice of a value in a number, a number should be taken for differently from a constant. A number has to do nothing but keeping the same value all the time. On the other hand, a constant should not be simply taken for a number, but it is sometimes taken for a number in some restricted cases where once the selection in its value is made, we consider the fact only that the value is constant.

Now, **why variables, then?** More specifically, how come do we frequently have to make and use, or work with variables? When a particular object in math is in movement, another object changes and the change is caused by the movement. How does it change, then? The object changes by changing the value of itself. For instance, suppose that we travel in a car along a path. Then, the distance the car covers changes as we proceed with the travel. Suppose now, that we take the distance the car has covered, and want to keep the records of all the distances taken. For instance, we may try to take the distance at every second, minute, hour, every 12 minutes, or every 15 seconds. Now, what do we need to keep track of all the records?

We need an object and want the object to keep track of all the records. How do we want it to do the work? We want the object to change its value at a time whenever we take the distance covered. In other words, the object has one new value at every time the measurement of the distance is taken. Then, one at a time, the object can eventually take all the values of all the measurements. In short, we need an object that can hold all the records but one record at a time. A distance is an object that can have a value. Then, we take the distance object for an object that can take many values one at a time. Then, we take the distance for the object that can keep track of all the records. Now, we can take the distance object for a variable, which changes its value in the way we want along the flow of time. We normally use a letter to name the distance variable for efficiency purposes. For instance, we can call the **distance variable d**. Now, the **d** can take all the values of all the measurements. However, the value of the **d** keeps changing since it can have one value only at a time. What we know is therefore, only the fact that the **d** can take any of all the values of all the measurements. Another fact we know is that the measurements have been taken along the flow of time. Then, if we know a particular moment of time, we may be able to see the value of the **d** at that time.

We can apply the same idea to somewhere else. For instance, we can use as a variable such an object as a speed, an inventory, an amount of time, a price, a height, a depth, a volume, a force, an area, etc. In other words, a variable can be in any object that has to change its value covering all the values specified (defined). A variable is a tool for many uses, isn't it?

Note:

Where there is a movement, there is a change. Where there is a change, there is change in value. Where there is change in value, there is a rate of change. What rate? A rate of change! What rate of change, then? For instance, it is usually a time rate of change, and we frequently use a time rate of change in distance. We usually call it a speed for short. For instance, light travels at approximately three hundred thousand kilometers a second, and 300,000 is the magnitude of the rate, which is the speed.

Now, **why a rate, then?** That's because we need to work on an amount of change. For instance, we often need to measure the amount of change. We make and use a rate to take the measurement. We normally use a ruler when we take a measurement of a length, for instance. A ruler is made up of many of the same rates. A ruler is composed of many marks or dots. We assign the same amount of length to every interval between marks (or dots) in a ruler. The same amount is the magnitude of the rate. Now, how do we take the measurement of a length of an object? When we take a measurement of the length of the object, we take the ruler to the object to be measured, and count the number of the marks (or dots) that cover the object. Each and every interval between the marks is the rate. Also, we often have to take a part of the rate, of course. A rate is an important object in math, and the details on the object are covered in the book, **Run Relationship in Quantity**.

4. How do we know if it is one–to–one?

Working on a function, we sometimes need to make sure if it is a one-to-one function. Then, we need to give it a test to see if it produces a different output for each of all the inputs. How? We check to see if different outputs are made when different inputs are put into the mechanism of the function. However, we don't just pick several numbers from the domain and take them for the inputs. That's because we need to confirm that the function produces an individually different output for each of all the inputs from the domain. That is, the test has to be comprehensive or general.

How do we do such a test, then? The test has to be general, and we can do such a test with general inputs. We make two different general inputs that belong to the domain. Then, we put the two general inputs into the mechanism and see if the outputs are different. How do we make the two general inputs to the function, then? A general input means a constant that can cover all the values in the domain. Therefore, we make two constants that have two different names other than the names of the input and output variables in the function. How do we make the two constants? We can choose and use two letters for the names of the two constants, and define the two constants that can take all the values in the range. For instance, we select two letters such as **u**, **v**, **s**, **t**, **p**, **q** or whatever else other than **x** and **y** if the **x** and the **y** are the variables already used in the function, and specify that they belong to the domain. Now, how can we see if the two outputs are not the same as each other? If **A** and **B** are the same, then A - B = 0, or A/B = 1; otherwise, we can see that they are different from each other. Of course, in the latter, **B** cannot be 0.

It can be thought that in a one-to-one function, the domain and the range have to be the same in terms of the number of data elements or magnitude of extent of data values. That's because the number of elements in the domain has got to be the same as the number of elements in the range since all the elements have to completely pair up one-to-one. In case where we can count the number of the data elements, the argument is valid. However, if the domain and the range are in extent of data values, the magnitudes of the extents do not have to be the same as each other even if the function is one-to-one. Anyway, we can check this out. Let's take a specific instance as follows:

Suppose that the domain of a function is specified by an extent of data values. For instance, the elements in the domain are all the values from 3 to 8. Then, each of all the values from 3 to 8 can be an input. Suppose also, that the range is specified by an extent of data values, and that the elements in the range are all the values from 0 to 1, for instance. Then, the domain is larger than the range. Also, each and every one of all the values from 3 to 8 has to be able to be an output. Then, can the function be a one-to-one function? Now, the claim is that the function cannot be a one-to-one function since all the elements in both of the sets have to participate in the correspondence and we can say that the domain has far much more elements than the range has.

However, it is true that the function can be a one-to-one function still. That's because we cannot say that the domain has more elements than the range has, and in fact, strictly speaking, we can say that the amount of the elements in the domain and the amount in the range are the same as each other. How come? We know that in the domain, we may not be able to separate all the individual numbers that can be the inputs. The same is true for the range. Even though we could separate them all, the number of all the inputs is not finite. The same is true for the outputs. It is true that there are many elements in each of the domain and the range. Then, how many elements are there in the domain? There are infinitely many. The same is true for the range. Then, we can say that both the domain and the range have **infinitely many** elements respectively. Now, we may say that the amount of the elements in the domain is the same as the amount in the range. How come the same? That's because both the domain and the range **equally** have an infinite amount of elements respectively. It sounds a bit of a sophistry, doesn't it? However, it is not even a bit of a sophistry but a true fact.

So, what is the amount? The amount is infinitely many. **Infinitely many** means **infinite**, doesn't it? So, the amount is an infinity. We need to keep in mind that we are working on not only physical objects but also **ideas** when we work in math. Therefore, they exist in our thoughts as well as on paper. Among the many ideas, when we work on ideas of amounts, we usually use numbers. Therefore, numbers are means of presentation of ideas. Now, whatever the amount may be, it is a limited amount. That is, there is no number that can present an unlimited amount. What about an infinity, then? In fact, an infinity is not a number. What is it. then? It is an idea.

Any number is meaningless when we try to describe an infinity along with the number. However, an infinity is an object in math. If we compare a particular limited amount to an unlimitedly large amount, the amount is as good as 0. An infinity means large, of course. How large is it, then? It is unlimitedly large. Therefore, since we do not know how large it is, we cannot present it in any number, and also, there is no point comparing magnitudes in the idea of infinity. An infinity is an important object in math however. For instance, we use the idea in calculations. What calculations? It is not ordinary arithmetic, of course. We use the idea when we do calculations on unlimited amount of numbers or objects, but we do get a finite value as the result of the calculations depending on the nature of the calculations. We will cover the idea of infinity in **Run Calculus**.

Then, let's now consider an example as follows:

Note: '$\Rightarrow$' means 'imply'.

Suppose that:

P = {t| t ≥ 0}. Q = {t| t ≥ b where b is a constant.}.

f(x) = ax^2 + b where a is a constant and a ≠ 0.

The P is the domain of the function f, and the Q is the range of the function f.

Then, let's show that the **f** is a one-to-one function.
We need to show that it is impossible for more than one element in the domain **P** to correspond to the same one element in the range **Q**.
That is, the same output cannot be produced for each of more than one input.
Then, we need to make two different general inputs that belong to the domain, put them into the mechanism, and see if the outputs are different from each other.

Suppose now that:
u and **v** are constants.
u and **v** $\in$ P, and u ≠ v.

Then, for any **u** and **v** such that u ≠ v where **u** and **v** $\in$ P, we need to show that f(u) ≠ f(v), and that f(u) and f(v) $\in$ Q. Let's begin with f(u) ≠ f(v) first.

Then, how do we show the fact that $A \neq B$ is true?
We can show the fact is true if we can show either that $A - B \neq 0$, or that $B \neq 0$ and $A/B \neq 1$.
Then, we need to check and see if $f(u) - f(v) \neq 0$.

We know that $f(x) = ax^2 + b$.
Then, $f(u) - f(v) = (au^2 + b) - (av^2 + b) = a(u^2 - v^2) = a(u + v)(u - v)$.

Now, we need to show that $a(u + v)(u - v) \neq 0$.

We know that $a > 0$. Then, $a \neq 0$.
Also, $u - v \neq 0$ since $u \neq v$.

We know that u and $v \in P$.
Then, $u \geq 0$ and $v \geq 0$. Therefore, both **u** and **v** are not negative.
Also, we know that $u \geq 0$ and $v \geq 0$ but $u \neq v$.
Then, we can also see that **u** and **v** cannot be 0 at the same time.
Then, $u \neq -v$ since **u** and **v** cannot be 0 concurrently and both **u** and **v** are not negative.
We can also, put it in $v \neq -u$ for the same reason as above.
Therefore, $u + v \neq 0$.

Then, we have $a \neq 0$, $u + v \neq 0$, and $u - v \neq 0$.
Then, $a(u + v)(u - v) \neq 0$.
Therefore, $f(u) - f(v) \neq 0 \Rightarrow f(u) \neq f(v)$.

Now, let's move on to "f(u) and $f(v) \in Q$."

$f(u) = au^2 + b \geq b$ since $a > 0 \Rightarrow f(u) \geq b \Rightarrow f(u) \in Q$.
$f(v) = av^2 + b \geq b$ since $a > 0 \Rightarrow f(v) \geq b \Rightarrow f(v) \in Q$.

Therefore, the **f** is a one-to-one function.

In short:

Let **u** and **v** $\in P$ and $u \neq v$.
Then, $f(u) - f(v) = (au^2 + b) - (av^2 + b) = a(u^2 - v^2) = a(u + v)(u - v)$.

$a > 0 \Rightarrow a \neq 0$. $u \neq v \Rightarrow u - v \neq 0$.

Since **u** and **v** $\in P$, $u \geq 0$ and $v \geq 0$, and also, we know that $u \neq v$.
Then, $u \neq -v$ since **u** and **v** cannot be 0 at the same time. Then, $u + v \neq 0$.

Then, we have $a \neq 0$, $u - v \neq 0$, and $u + v \neq 0$.
Therefore, $a(u + v)(u - v) \neq 0 \Rightarrow f(u) - f(v) \neq 0 \Rightarrow f(u) \neq f(v)$.

$f(u) = au^2 + b \geq b$ since $a > 0 \Rightarrow f(u) \geq b \Rightarrow f(u) \in Q$.
$f(v) = av^2 + b \geq b$ since $a > 0 \Rightarrow f(v) \geq b \Rightarrow f(v) \in Q$.

Therefore, the **f** is one-to-one.

Let's take another example as follows.

Suppose that:
The domain of a function g is a set of all real numbers.
$g(x) = (x - 1)(x - 2)(x - 3)$.

Then, let's show that the **f** is not a one-to-one function.

We need to show that the function **g** produces the same output for two different inputs that belong to the domain, and that the output belongs to the range. In this case, we do not have to make general inputs. That's because we want to show the counterexample or counterevidence against the fact that the **g** is one-to-one. In case where we want to produce a counterexample or counterevidence, we don't have to show many. Only one is sufficient.

Then, we make two different inputs that belong to the domain, put them into the mechanism, and make sure that the outputs can be the same. Then, the fact can be the counterexample.

Since the domain of the function **g** is a set of all real numbers, the range is the set of all real numbers. We know that 1 and 2 are real numbers, and that $1 \neq 2$.

Then, $g(1) = (1 - 1)(1 - 2)(1 - 3) = 0$ and $g(2) = (2 - 1)(2 - 2)(2 - 3) = 0$.
Then, $g(1) = g(2)$.

We also know that 0 is a real number.
Therefore, the **g** is not a one-to-one function since $g(1) = g(2)$.

In short:

Suppose that **R** is a set of all real numbers.
Then, $x \in R \Rightarrow g(x) \in R$.
1 and $2 \in R$ and $1 \neq 2$.
Then, $g(1) = (1 - 1)(1 - 2)(1 - 3) = 0$, and $g(2) = (2 - 1)(2 - 2)(2 - 3) = 0$.
Then, $g(1) = g(2)$.
0 is a real number.
Therefore, $g(1) = g(2) \Rightarrow$ the g is not a one-to-one function.

5. Conventional Definitions

When we define a function, we use either a full definition or a short definition depending on how much detail we produce on the function. We have covered the ideas already in the section where we discuss how to specify a function. Let's briefly go over the material on the ideas however, and move on to the next. When we completely define a function, we say that we produce a full or complete definition of the function. A full definition of a function is composed of the name, the domain and range, and the mechanism of the function. Instead of producing the full definition of a function however, we often produce a specification only of the function. A function specification can be said to be a short definition of the function, and the short definition is composed of the name of the function or the designator, mechanism, and the domain only. In addition, when the specification of the mechanism is not available at the moment or is not necessary for the moment, we do a short definition by the name and the domain only, too. A short definition can be called a brief definition or a semi-definition.

When we produce a definition of an object with a particular structure or property, we don't describe the object by fragmentary examples such as several individual instances of the kind but we mainly use symbols and present a comprehensive description of the structure or property based on rules, principles, or theories. Now, let's talk about a conventionally used method in which we define a function in math. That is to say that we want to discuss on conventional definitions of functions. In other words, we are now going to discuss how to make a definition of a function, which is commonly used and officially acceptable in math. We call such a definition a formal definition of a function. Now, the word, formal has more meaning of symbolic and abstract than the meaning of official. In this sense, the usage of the word, abstract is not for the meaning of unrealistic or indefinitely general but for the meaning of intellectual or theoretical. Also, the word, symbolic means that we minimize the use of natural language such as Korean and English and mainly use symbols. Therefore, we also call a formal definition a symbolic definition because of heavy use of symbols. Now, when we produce a formal definition of an object, we avoid the use of natural language as much as possible, and instead, mainly use symbols and present a comprehensive description of the structure or property of the object based on rules, principles, or theories. The detailed explanation on a **definition** itself **in math** can be found in the first book in the whole series of **Runmath**.

Don't be too concerned about the word 'formal'. The more formal it is, the easier it gets in math. The worst thing in math is an ambiguity. We can reduce the amount of an ambiguity by means of a formal definition of an object. How come? That's because it is more concise in specification and it can alleviate the weakness or limitation of natural languages by means of symbols in meaning, and therefore, it can not only remove more of the room for the ambiguity but provide a laconic presentation.

Note:

We use '$\equiv$' to show that particular objects are **identical** to each other.
For instance, $\mathbf{A} \equiv \mathbf{B}$ means that the A and the B are identical to each other.
We use '$\neq$' to show that particular objects are **not equal to** each other.
For instance, $\mathbf{A} \neq \mathbf{B}$ means that the A is not equal to the B; that is, they are not the same as each other.
The symbol $\varnothing$ indicates an **empty set**, which has no element in itself and can be expressed in **{}**.
We use '$\subseteq$' to indicate that a particular set is a **subset** of other set.
For instance, $\mathbf{S} \subseteq \mathbf{T}$ (or $\mathbf{T} \supseteq \mathbf{S}$) says that the S is a subset of the T.

When we define a function, we need to make sure what values the function is working on. More specifically, we usually have to specify the domain where the input variable can take the values. Then, we can see what values the function can produce, and therefore, we can specify the range of the function. Therefore, we normally begin a definition of a function with the definitions of the domain and the range. Now, in what manner do we define the domain and the range? We usually define the domain and the range in terms of sets. We need to specify the name and the mechanism of the function, of course, and we present the mechanism normally in an algebraic expression. Let's now get into the detail and begin with an example as follows. We can define a function called **G** in such a way as follows.

Suppose that:

The function designator is G.
X is a set of all the real numbers that are greater than or equal to 1 and less than or equal to 2.
Y is a set of all the real numbers that are greater than or equal to 14 and less than or equal to 17.
The domain is the X and the range is the Y.
The mechanism is 3x + 11.

Then, **y = G(x).**

There is nothing wrong with the definition of the function **G** above, but it seems to be somewhat verbose. In math, we normally want to express ideas with small use of words, and often try to use as many symbols as possible that have meanings of particular words. Then, we can make the expression clearer and more succinct. Now, let's try defining the function **G** with the less use of words. The definition made in such a manner is called a formal definition. It also can be called a **symbolic definition**. When we make a formal definition of a function **G**, we normally use one of many ways as below:

0.0

$X = \{e \mid 1 \le e \le 2\}$ **and** $Y = \{e \mid 14 \le e \le 17\}$.

$G: X \longrightarrow Y$.

$y = G(x) = 3x + 11$.

0.1

$X = \{e \mid 1 \le e \le 2\}$ **and** $Y = \{3s + 11 \mid s \in X\}$.

$G: X \longrightarrow Y$.

$y = G(x)$.

0.2

$X = \{e \mid 1 \le e \le 2\}$ **and** $Y = \{3s + 11 \mid 1 \le s \le 2\}$.

$G: X \longrightarrow Y$.

$y = G(x)$.

Firstly, all the three definitions above are the same as each other.

We specify data groups by the set notation.

Therefore:

X = {e| 1 ≤ e ≤ 2} is telling us that the data group called X is composed of all the real numbers that are greater than or equal to 1 and less than or equal to 2.
Y = {e| 14 ≤ e ≤ 17} is saying that the data group called Y comprises all the real numbers that are greater than or equal to 14 and less than or equal to 17.

Normally, we simply say that **the X is a set of all the real numbers greater than or equal to 1 and less than or equal to 2** and that **the Y is a set of all the real numbers greater than or equal to 14 and less than or equal to 17**.

In a symbolic definition, we don't have to declare the domain and the range, and still can specify which one of the two sets is the domain. As in the example above, we classify the two sets into the domain and the range by means of the arrow after the specifications of the two sets. Since by means of **the direction of an arrow**, we can describe a function in a statement that it is **a function from a particular domain to a particular range**, we use an arrow for a symbol and can show which of the two sets is the domain.

Therefore, the statement in "**G: X ⟶ Y.**" is clearly saying that **the function G is a function from the X to the Y**.

We can notice that there are three ways we can specify the range.

{e| 14 ≤ e ≤ 17}, **{3s + 11| s ∈ X}**, and **{3s + 11| 1 ≤ s ≤ 2}** are eventually all the same since **X = {e| 1 ≤ e ≤ 2}**.

Of course, there can be some other ways where we use a set notation and can specify a domain and a range, too.

The mechanism has already been specified in the specification of the range in **0.1** and **0.2**, and therefore, we don't have to specify the mechanism again when we specify the name of the function. Keep in mind that we can choose any letter for a variable insofar as the consistency is maintained.

The expression **y = G(x)** is saying that the **y** is the output variable and the **x** is the input variable.

Now, from the definition of the function **G** as above, we can see that:

The G is a function of x, picks an input value from the X, and puts the value into the x.
The input value gets into the mechanism in 3x + 11, the operations are performed, and the function G takes the result of the operation for the output value for the input value.
The y holds the output value for the input value, and the output value belongs to the Y.

The following three symbolic definitions are the same as each other also, and they all define the function **G** defined above.

1.0
X = {e| 1 ≤ e ≤ 2}, and Y = {e| 14 ≤ e ≤ 17}.
X $\xrightarrow{G}$ Y.
y = G(x) = 3x + 11.

1.1
$X = \{e|\ 1 \le e \le 2\}$, and $Y = \{3t + 11|\ t \in X\}$.
$X \xrightarrow{G} Y$. $y = G(x)$.

1.2
$X = \{e|\ 1 \le e \le 2\}$, and $Y = \{3t + 11|\ 1 \le t \le 2\}$.
$X \xrightarrow{G} Y$. $y = G(x)$.

In the definitions above, we put the function designator on the arrow and other than that, they are all the same as the previous ones.
That is, **$G: X \longrightarrow Y$** $\equiv$ **$X \xrightarrow{G} Y$.**

Now, let's see another way. All the following three definitions are the same also, and define the function **G** defined above.

2.0
$X = \{e|\ 1 \le e \le 2\}$ and $Y = \{e|\ 14 \le e \le 17\}$.
$y = G(x) = 3x + 11$ where $x \in X$, and $y \in Y$.

2.1
$X = \{e|\ 1 \le e \le 2\}$ and $Y = \{3t + 11|\ t \in X\}$.
$y = G(x)$ where $x \in X$, and $y \in Y$.

2.2
$X = \{e|\ 1 \le e \le 2\}$ and $Y = \{3t + 11|\ 1 \le t \le 2\}$.
$y = G(x)$ where $x \in X$, and $y \in Y$.

In the definitions above, we have not used the arrow.
How can we see the domain and the range, then?
The last statement is telling us which sets the domain and the range are each.

In the expression **$y = G(x)$**, we can see that **the y is the output variable** and **the x is the input variable**. We know that **an input variable takes the value belongs to a domain**, and that **an output variable takes the value belongs to a range**.
Then, we can see that **the set X has to be the domain**, and that **the set Y has to be the range** from the statement that **$x \in X$, and $y \in Y$.**
Now, let's define another function called **F** in such ways as follows:

0.
X and y are sets of real numbers.
$F: X \longrightarrow Y$.
$y = F(x) = 2x + 1$.

1.
R is a set of all real numbers, and X and $Y \subseteq R$.
$F: X \longrightarrow Y$.
$y = F(x) = 2x + 1$.

2.
X is a set of real numbers.
$Y = \{2x + 1 | x \in X\}$.
$F: X \longrightarrow Y$. $y = F(x)$.

3.
R is a set of all real numbers, and $X \subseteq R$.
$Y = \{2x + 1 | x \in X\}$.
$F: X \longrightarrow Y$. $y = F(x)$.

4.
R is a set of all real numbers, and $X \subseteq R$.
$Y = \{F(x) | x \in X\}$ where $F(x) = 2x + 1$. $y = F(x)$.

All the five definitions above are the same.

Now, in all the definitions above, it looks as though the domain and the range were specified, but in fact, they are not. Particularly, the range looks quite expressly presented. The numbers that the domain is composed of are just real numbers only and we don't know what real numbers they are.

The statement that **X is a set of real numbers** means that the **X** can include **either** all the real numbers **or** only a part of all the real numbers. Therefore, from such a statement, we cannot draw the only decision that the **X** is a set of entire real numbers.

Therefore, the domain is unclear. For instance, for the domain, there is no such specification as a particular extent of the real numbers. Also, we know that the range is determined in accordance with the range. Therefore, the domain is indefinite, and in turn, the range is not definite either.

However, such definitions are pretty common although the data sets are not specific. Each of them can be used for a temporary or provisional definition. Therefore, a clarification on the domain is likely, and then, the range will be clear automatically also.
Note: A statement that a domain is a set of all real numbers is a specific and clear expression.

In the definition **4**, the range looks quite drastically different from the ones in the other definitions. That's because it also includes the mechanism along with the function name. Nonetheless, it is still valid.

In the definitions above, we can see that:

The function **F** is a function **from the X to the Y.**
The **X is the domain** of the **F**, and the **Y is the range**.
The input variable is the **x** and the output variable is the **y**.
The mechanism is 2x + 1.

Also, we often say that **the y is an image of the x by the function F(x)**.
Therefore, **the Y is the set of the images of all the elements in the X by the function F**.

The domain and range are not empty sets, of course; in other words, the $X \neq \emptyset$, and the $Y \neq \emptyset$.

We also have another way where we can define a function. We may directly express the mechanism along with the arrow. For instance, we can define the same function **F** as above in such a way as follows:

X is a set of real numbers. $Y = \{F(x) | x \in X\}$. $F: x \longrightarrow 2x + 1$. $y = F(x)$.

Note: $F: x \longrightarrow 2x + 1 \equiv x \xrightarrow{F} 2x + 1$.

From the definition of the **F** above, we can see that the **X** is the domain, and that the **Y** is the range. Also, we can see that for each value of the **x**, the **F** generates the output value by means of $2x + 1$; therefore, we can see that $y = F(x) = 2x + 1 \in Y$ for $x \in X$.

There can be many other ways we can define a function. For instance, we can sometimes use parameters, too. When we use parameters, we say that we parameterize functions. We apply a parameter to variables in more than one existing function, and eventually, connect the variables, and then, we get a new function. We will cover parameterizations in the book, **Graph Operations**.

Anyhow, whatever the way we may choose, if we want to produce a full definition of a function, we need to specify the name of the function, the domain and range, and the mechanism if the mechanism has been established. What if the mechanism has not been established yet? We should do a short definition, then.

Now, we need to keep in mind that what a function wants to show us in the definition is the **relationship** between the input and the output, and the relationship is specified by the mechanism. In other words, it doesn't matter what letter we choose for the variable as long as the consistency is maintained. That is to say that we can freely choose the letter provided that we keep the consistency. Therefore for instance, **"$g(s) = 8(3 - s)$ where $s \geq 1$."** is the same as **"$g(u) = 8(3 - u)$ where $u \geq 1$."** In other words, the variable **s** or **u** is no more than a container for one value at a time in the function **g**. More precisely, the choice of the letter is made in accordance with the situation or need we have at the moment. From the definition of the function **g**, what we can see is that:

The g puts into the input variable an input greater than or equal to 1, and then by means of the mechanism, subtracts the input from 3, multiplies the difference by 8, and then, the product is the output for the input.
The same is true for each of all the other inputs greater than or equal to 1.

6. What are Graphs of Functions?

Note: In general, we put together all the lines and planes either curved or straight, and any other geometric objects in graphs, and call one of them just a curve.

Now, why graphs? That's because when we want to work in more concrete manner on functions or problems with functions, we often need to have **visual presentations** of the functions as well as the definitions. That is, we frequently like to see how the input and output variables correspond to each other in not only conceptual but substantial manner. Therefore, we can actually look at the behavior of the function by means of the graph of the function, and work not only more concretely but more efficiently and easily. The same is true for equations, of course.

We take either of two directions when we construct a graph of a function. In one direction, we build a graph based on the data collected. For instance, we collect the data from particular experiments or exercises, put them in the graph, connect them, and complete the graph. In the other, we generate the data from the definition of a function given, connect them, and complete the graph. In the processes of learning functions or equations, we normally proceed in the second direction, and cover the graphs that we construct based on the definitions of given functions or equations.

When we proceed in the first direction, we can try finding the mechanism during the construction of the graph but it is not often the case where we can find the exact mechanism. Working on functions in real world however, we often get to proceed in the first direction, and it normally requires an ample amount of data, and consequently, a lot of experiments. Besides, we should have a large amount of experience and knowledge we should get or accomplish when we proceed in the second direction. When we take the first direction, we often use tools in numerical analysis, which can be taken for more realistic and practical math. For instance, we often use interpolations and extrapolations to connect the data in such math in more reasonable manner. However, the tools are not for directly finding the mechanism itself but for finding the necessary data without doing the experiments but based on the data collected.

When we construct a graph of a function, we often say that we draw the graph. In fact, when we make a graph of a function, we can say that we draw the curve of the function. However, we are not drawing it just as if we drew a picture. When we draw the curve, we are connecting the data collected so that we can possibly show the other feasible data in between the data in a reasonable manner. We cannot normally specify all the data that the function can generate for all the possible inputs. Therefore, we construct the model that can represent all the data that can be generated by the function, and then, we call the model the graph of the function. Also, a graph of a function is a simplified version of the actual structure of the function which should provide us with the look of the nature or the concrete behavior of the function.

On the other hand, we can practically, in fact actually, draw a particular object by means of graphs of functions. The particular object can be anything such as a cup, parts of a car or the shape of the car, an airfoil in a propeller, the shape of a ship or a space craft, etc. We often call the work graphics. Computer graphics is widely in use now. Mathematicians, computer scientists, and computer engineers develop core parts of the tools for the graphics. The tools are many application programs by which we actually draw the geometric objects on monitor screens. The main working part in such a tool is composed of many mathematical modules, and each of the modules has much to do with functions or equations. We can take a piece of work in computer graphics for a collection of curves of functions or equations.

What is a graph of a function, then? It is a visual presentation of the relationship between data groups, or it is a visual presentation of the behavior of the function, and is a tool that often effectively tells us where the solutions should be around when we work on problems.

6.1. What do we need when we construct graphs?

First of all, we need a place where we can put the graph. How do we get the place then? We create a coordinate system in a particular dimensional space such as 2-D or 3-D space. We normally place the system in a plane in general math, which is in 2-D space. How do we create the coordinate system? We put two coordinate axes in the plane. Each of the axes is a number line where we can find all the values each of the variables of the function can take. In other words, we put the domain and the range on the axes. Then, we get a coordinate plane. Among the coordinate systems widely in use, we frequently use a perpendicular coordinate system for many graphs, and also, the system is called Cartesian coordinate system. In the system, all the axes are straight lines, and the lines are perpendicular to each other. Some other systems widely in use are polar, cylindrical, and spherical. Depending on the nature of the variables used in the function, we choose an appropriate system to work with.

We need to have data that are to be put into the system, of course. Suppose that we are given a function definition to be presented in a system. Then, we normally generate data by a sequence of executions of the function. How does the execution work? We choose an input value from the domain and put the value into the input variable in the mechanism, and then, get the final result from all the calculations done in the mechanism. However, we don't just make random choices for the input values and put the values into the variable even if the choices are in the domain. If the data are too big or small, it is problematic to practically put them in the actual graph. Also, we need to design the axes so that both the input and output values should be nicely fit the axes. Then, we need to consider the amount of the physical space where the graph is put such as the size of the paper when we design the axes since the data values are frequently too big or small. Then, we should be able to apply a proper scale to the axes.

Now, we make a choice of the coordinate system, and design the axes. When the choice is made and the design is done, we can say that the coordinate system is fully defined. We will use the perpendicular coordinate system in this book, and it is often called Cartesian coordinate system. We will cover polar, cylindrical, and spherical coordinate systems in the book **Run Calculus**.

Fig. 6.1.0

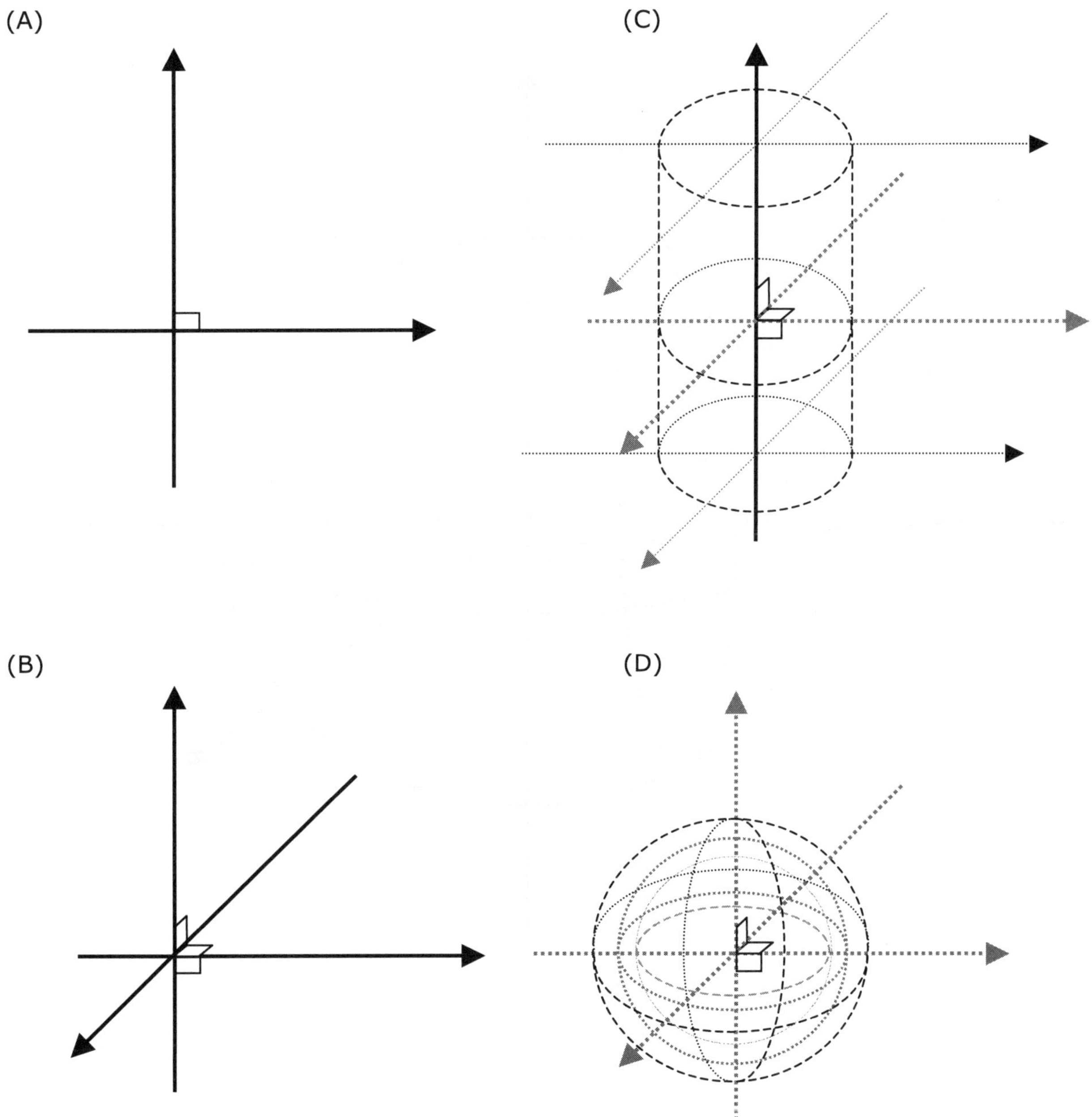

(A) Perpendicular coordinate system in 2D
(B) Perpendicular coordinate system in 3D
(C) Cylindrical coordinate system in 3D
(D) Spherical coordinate system in 3D

6.2. Perpendicular Coordinate System in 2-D?

For many functions, we usually choose a perpendicular (Cartesian) coordinate system, where the axes meet in perpendicular manner. Now, let's set up the coordinate system. Then, we need to begin with a particular dimensional space where we put the system. That is, we need to choose the number of the axes. For the simplest, we normally choose a 2-D space to show the relationship between the input data and the output data. In 2-D space, we have to take two measurements. Then, the elements we put in the system are 2-D objects, and each of the elements has two components in a pair. One of the two components is a value of the input, and the other is a value of the output corresponding to the input.

FIg. 6.2.0

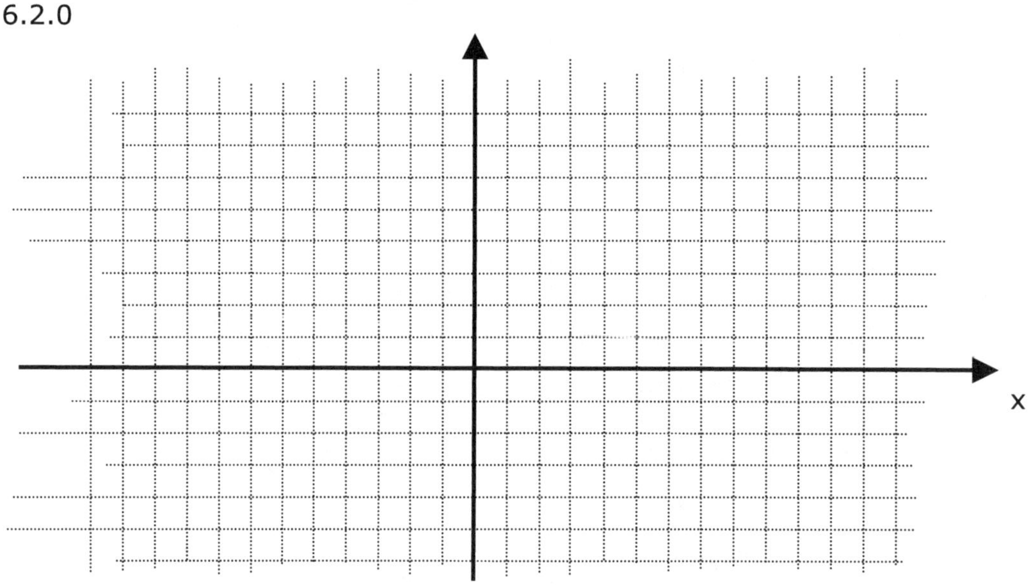

The major components of a graph are the axes and the curve. The curve is a collection of particular elements each of which is composed of a pair of data values. One of the two in the pair is an input value and the other is the output value corresponding to the input value. We call each of the elements a **point** in the curve. The curve is short for a curved line, and should be taken for an idea rather than an actual curved line. Also, for simplicity purposes, the idea of the curve normally includes all straight lines, too. Then, each point in a curve in a graph has two values one of which is for the input, and the other is for the output. Therefore, we can specify a particular point in a curve in terms of the two values at the point

Suppose now that we set up the simplest perpendicular (Cartesian) coordinate system. Then, we need to put two axes in such a way that they are perpendicular to each other. Each of the axes is an object in math. What do we do to an object in math when the first time we begin working with the object? We give a name to it. Then, we put names to the axes. However, we don't just give any names to them. One of two axes is for the values from the domain, and the other is for the values to the range. Therefore, one of the axes will have the name of the input variable, and the other will have the name of the output variable. Also, we often use the function designator or the complete name of the function for the name of the axis that will have the name of the output variable.

Suppose that we have a function y = f(x). Then, the **x** is the input variable, and the **y** is the output variable. Therefore, we name one of the two axes **x-axis**, which is normally horizontal, and the other **y-axis**, which is vertical. Then, we make the x-axis for all the inputs and the y-axis for all the outputs, and consequently, we get a coordinate plane called an **x-y** plane. As mentioned above, we also use f(x) or just **f** instead of the **y** for the name of the axis for the outputs. Therefore, we often construct a coordinate plane with an f(x)-axis or f-axis along with the x-axis.

Fig. 6.2.1

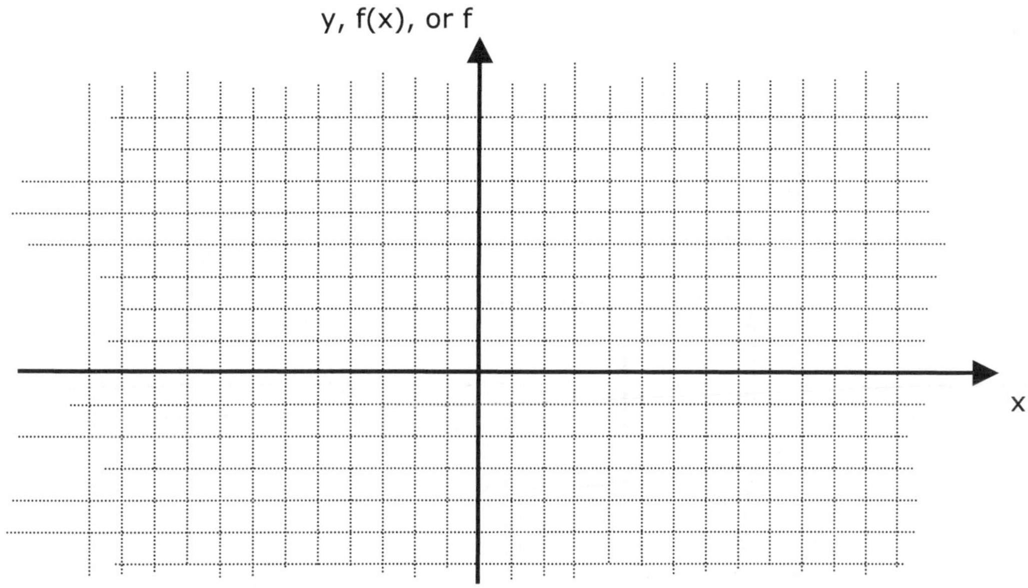

What do the axes look like, then? They are number lines and can look like long tape measures. On each of the axes therefore, we normally get to assign a number to a position at every same interval in a sequential manner. Usually, the intervals between all consecutive numbers on the axes are constant; however in some cases, they can change.

The numbers on the axis are called coordinate values, which are usually called **coordinates** for short. The numbers on the input axis are input coordinates, and the numbers on the output axis are output coordinates. When we specify each kind in coordinate, we normally use the name of the variable relevant to the applicable axis. In the example of a function y = f(x), we use **x** for the input variable and **y** for the output variable. Then, the numbers on the x-axis are x-coordinates, and the numbers on the y-axis (or f(x)-axis) are y-coordinates.

Also, we can see that the axes meet at a very special point on the plane in the system. We call the point the **origin**. The origin is the point where all the markings or measurements begin. An origin is a point on the plane, and can be specified by the coordinates. We assign the origin 0s for the two coordinate values. Also, we often mark the origin by 0 in bold face numeric character: **0**.

Fig. 6.2.2

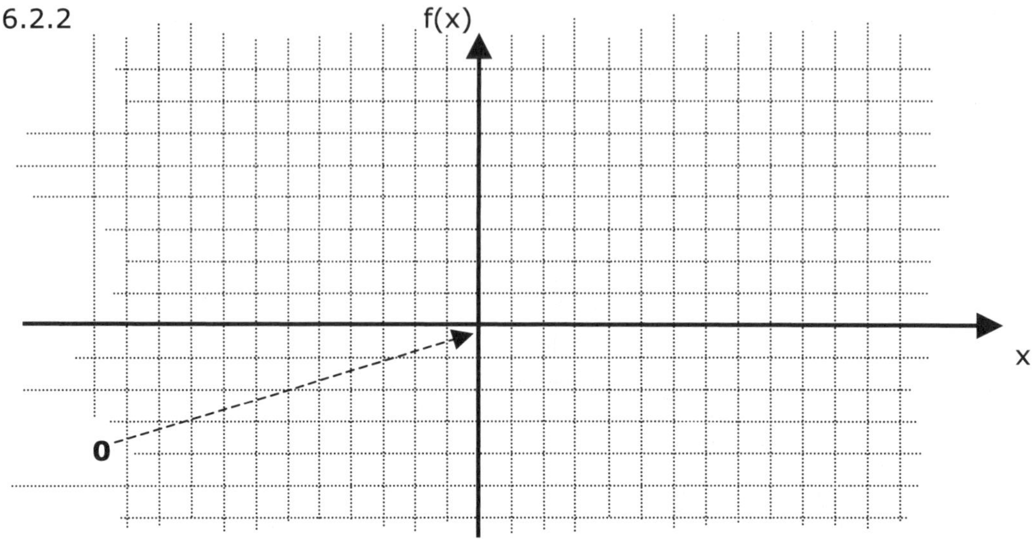

Then, how do we specify a point that has particular values of the coordinates? Let's suppose that we work on an **x-y** plane. Then, we specify a point in such a way that we put the values of the x-coordinate and the y-coordinate in a pair of parentheses, and the coordinate values are separated by a comma. For instance, a point can have 3 for the x-coordinate and 8 for the y-coordinate. Then, the point is specified by (3, 8). By the same token, the origin can be specified by (0, 0).

Fig. 6.2.3

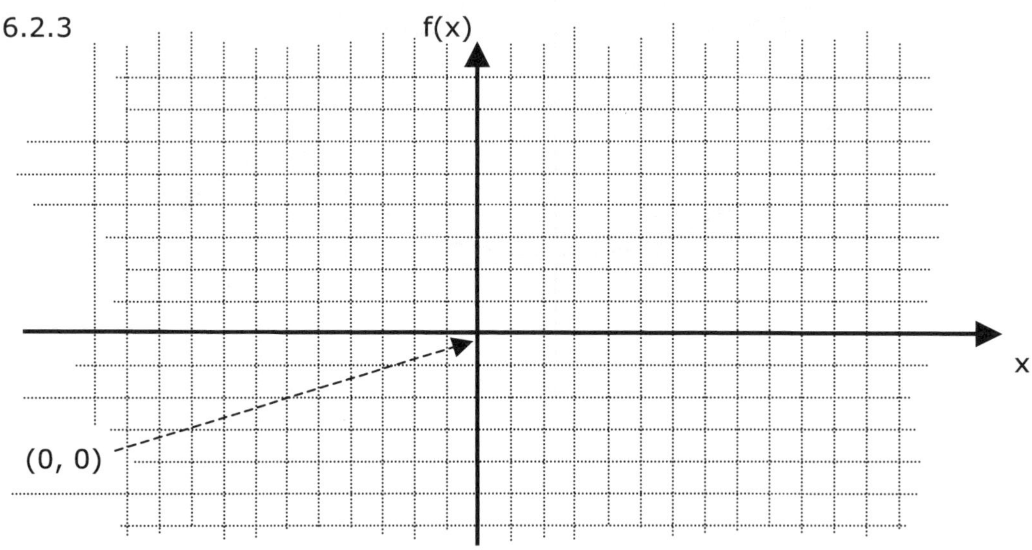

We can notice that there are four sections on the **x-y** plane above. Each of the sections is called a quadrant. Both coordinates for each of all the points in the first quadrant are positive. The x-coordinate for each of all the points in second quadrant is negative but the y-coordinate is positive. Both coordinates for each of all the points in the third quadrant are negative. The x-coordinate for each of all the points in the fourth quadrant is positive but the y-coordinate is negative. What about the points on the axes? The x-coordinates for all the points on the y-axis are 0s, and also, the y-coordinate for every point on the x-axis is 0, of course.

6.3. Scaling coordinates

Suppose that we set the origin. Then, we start putting marks on all the axes and assigning values to the marks. The marks are usually dots or tiny vertical or horizontal bars. Then, the values assigned to the marks are coordinate values. We normally call a coordinate value just a coordinate, for short.

When we assign values to the markings on the axes, we sometimes get in trouble since the data values are way too big or small. However, we don't want to be limited by the actual (physical) magnitudes of the data when we construct graphs of functions. Then, we can set up and use a proper scale. How should we do it, then? Taking for 1 the basic interval between markings, we assign a new appropriate value to the basic interval. The appropriate value is called a scale. Therefore, when we assign values to the markings on the axes, we apply a scale to the applicable axis.

We may have to apply each different scale to each of the axes. Sometimes, the values to be assigned to the markings on one axis are much bigger or smaller than those to be assigned to the marking on the other axis. That is, the input values can be much bigger or smaller than the output values. For instance, when the input values are 1, 2, 3 . . . , the output values are 1000, 2040, 1390 . . . or 0.003, 0.0043, 0.007 . . . In such cases, we may try setting the scale to be 1000 or 1/1000, and applying the scale to the axis for the output variable.

We need to keep a **consistency** in the presentation of the data in the graph. Therefore, when we put the markings for the coordinates on the axes, we should maintain the proportional distances between the markings in accordance with the actual values of the data. For instance, input values or output values are not usually specified in such a constant interval as -3, -2, -1, 0, 1, 2, 3 ... In other words, they are often specified in such an uneven interval as -5, -2, 3, 8, 14 ... Therefore, when we put markings on the axes, we need to make proportional to the difference between actual consecutive data the actual magnitude of the interval between markings neighboring to each other. In math, consistency matters.

Note:

Due to different scales, we may find that some graphs look different from each other even though they are for the same function.

Fig. 6.3.0

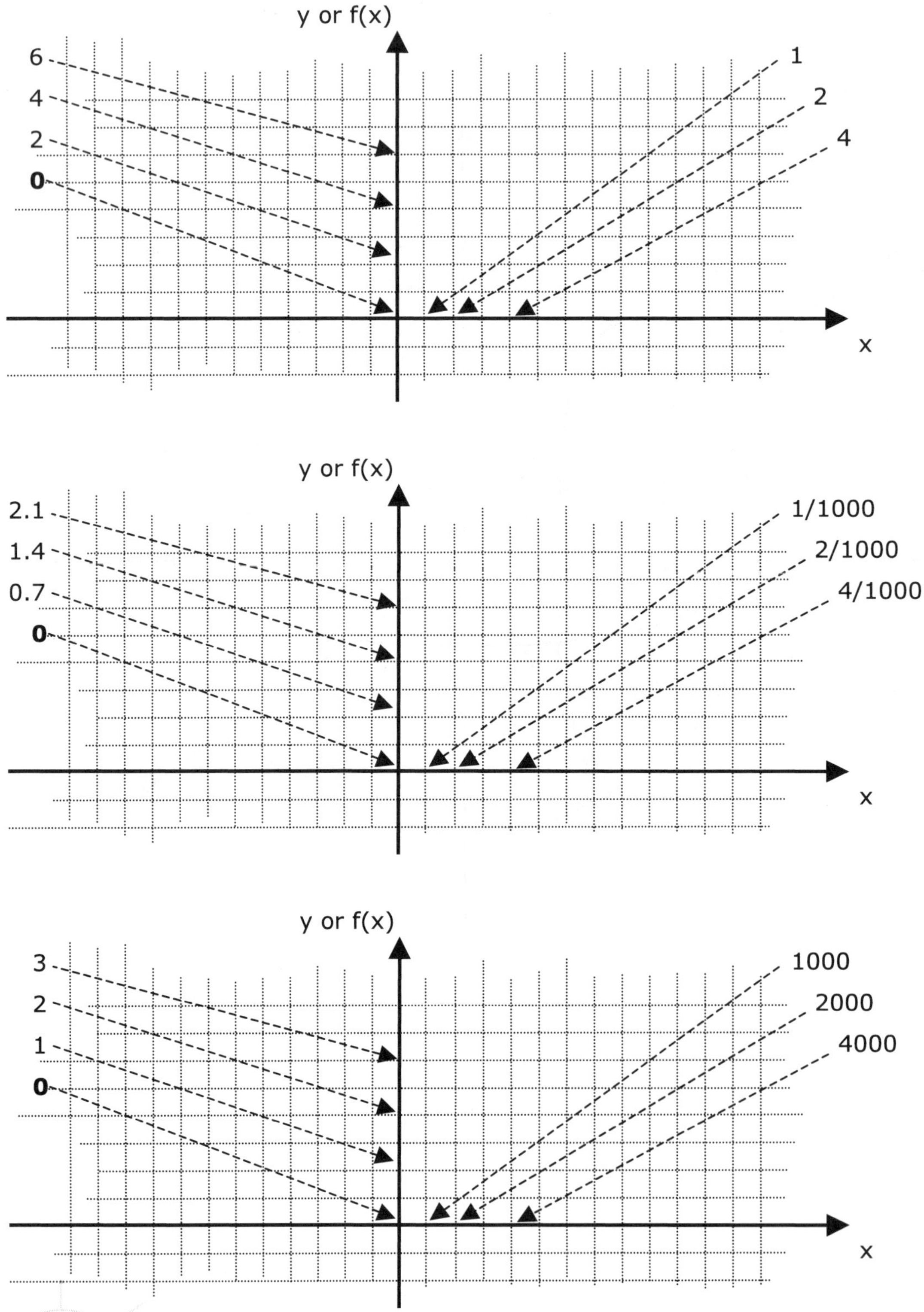
y or f(x)
6
4
2
0
1
2
4
x
y or f(x)
2.1
1.4
0.7
0
1/1000
2/1000
4/1000
x
y or f(x)
3
2
1
0
1000
2000
4000
x

6.4. How do we put in the graph points of the curve?

Now, we need to put the data in the coordinate system. How? We put points in the coordinate plane such as an **x-y** plane. Then, the points will constitute the curve in the graph. Each of the points has its components in a pair if the system is in 2-D. One of the two is an input value (that is an element in the domain) and is an input coordinate, and the other is the output value (that is the element in the range) for the input and is an output coordinate. Then, we find the mark for each coordinate on each of the axes. Then, we draw a straight line including the mark in such a way that the line is perpendicular to the axis. Then, we do the same for the other coordinate since the axes are perpendicular to each other. Now, we can see the position where the two perpendicular lines meet, and we put a dot at the position. Then, the dot has a pair of coordinates and is a part of the curve in the graph of the function. We keep adding dots in such a manner as above until the graph has sufficiently many dots. Then, we normally connect them with a line segment. The line segment can be a part of a curved line or a straight line. Now, the dots are the points on the curve in the graph.

A graph of a function is a means of visual presentation of the function. In other words, we present the relationship between the inputs and the outputs in a schematic manner. Therefore, the basic reason for the construction of the graph is that we want to see with a single look the overall correspondence between input values and output values. Then, we should be able to show how a function looks in reasonable and productive manner. However, we normally cannot specify the entire points on the curve, and have to put a limited number of the points in the graph. How many points are sufficient, then? There is no fixed number for that. Normally, we keep collecting the data and putting the points in the graph until we can see at least conceptually the behavior of the function. For instance, we notice approximately how the output changes as the input changes. Of the more functions we construct the graphs, the better and quicker we can conceptually notice the behavior of a particular function. We should be able to make a graph show the function's general behavior so that we can see reasonable approximations on the outputs for all the inputs. Then, it is a good and useful graph.

Let's assume that we put a sufficient number of points in the graph and connected them. Then, we get a curve in the graph. Then, we should be able to see how the function behaves and how the inputs and outputs are corresponding to each other. For instance, we should be able to see how rapidly or slow the output changes as the input changes. Nevertheless, the graph is not quite done yet. When we construct a graph, we normally specify some particularly important points in the curve in the graph. We need to keep in mind that a curve in a graph can be a line either straight or curved. If the curve cuts through or somehow meets at least one of the axes, we should specify the point where the meeting happens. That's because such points are usually critical or very significant when we are working on problems with equations or functions. We should put all such significant points in the graph.

If we draw the curve of the expression in an equation, then, almost always in the graph, we can easily see or anticipate where the solution can be. On top of that, drawing curves in graphs properly is often critical in solving problems. In fact, we can hardly work on many problems without their graphs. When we solve an equation, we normally look for the value of the unknown that can make the expression 0. We call the value the root. We can often draw the curve for the expression in the equation. Now, when we construct a graph of a function and draw the curve, we should specify all the points where the curve is in contact with the axes if we can see where such points are. Then, we can often see better where the roots can be around.

We will get to cover more on drawing curves in graphs such as moving, reducing, magnifying, etc. when we work on many areas in other books in the series of **Runmath**. The books are on function or equation transformations and conic sections where all the basic curves are included. The basic curves are straight lines, parabolas, circles, ellipses, and hyperbolas. The primary purpose of drawing curves in graphs of functions or equations is to find how the functions or equations behave in a concrete manner so that we can see better where the solutions can be around. What solutions? They are the solutions to the problems where the functions or equations are involved. Why do we do math, anyway? We do math to solve problems, that is, to find the solutions, after all, don't we? There are many kinds in solution's look or nature depending on the problems, of course. Now, let's look at some simple and fundamental examples.

Examples
What are Graphs of Functions?

These examples are very fundamental ones, too.

0. Suppose that we have a function $y = f(x) = x$ for x is real, and construct the graph of the function.

1. Suppose that we have a function $y = f(x) = 2x$ for x is real, and construct the graph of the function.

2. Suppose that we have a function $y = f(x) = x^2$ for x is real, and construct the graph of the function.

Suggestions or Solutions
To the **Problem** in the Example **0**

Suppose that we have a function y = f(x) = x for x is real, and construct the graph of the function.

Suppose that we use a perpendicular (Cartesian) coordinate system in 2-D.
We know that the input variable is **x** and the output variable is **y** in the function y = f(x).
Then, we need to put on an **x-y** plane x-axis and y-axis so that they are perpendicular to each other.
The **f** is an identity function; therefore, if an input is put into the mechanism, the output is the same as the input.

Some sample points are as follows:

(0, 0) (0.1, 0.1) (-0.1, -0.1) (0.5, 0.5) (-0.5, -0.5) (1, 1) (-1, -1) (2, 2)

For this particular function, we can easily see that the curve is a straight line, and that the angle between the curve and either of the two axes is 45°. In other words, the line is like a diagonal in a square.

Fig. 0.0

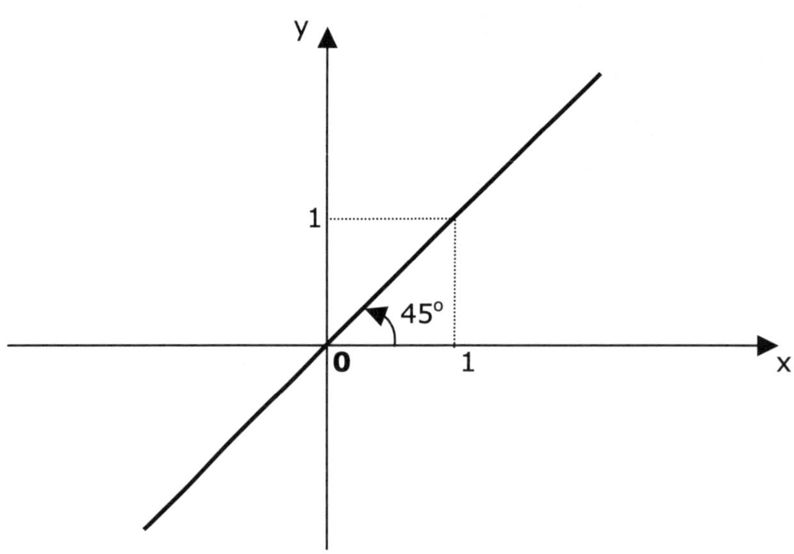

Suggestions or Solutions
To the Problem in the Example 1

Suppose that we have a function y = f(x) = 2x for x is real, and construct the graph of the function.

Let's assume that we use a perpendicular (Cartesian) coordinate system in 2-D.
We know that the input variable is **x** and the output variable is **y** in the function y = f(x).
Then, we need to put on an **x-y** plane x-axis and y-axis in such a way that they are perpendicular to each other.
We can see that the function produces an output that is twice the value of the input.

Some sample points are as follows:

(0, 0) (0.1, 0.2) (-0.1, -0.2) (0.5, 1) (-0.5, -1) (1, 2) (-1, -2) (2, 4)

For this particular function, we can easily see that the curve is a strait-line. The line is like a diagonal in a rectangle.

Fig. 1.0

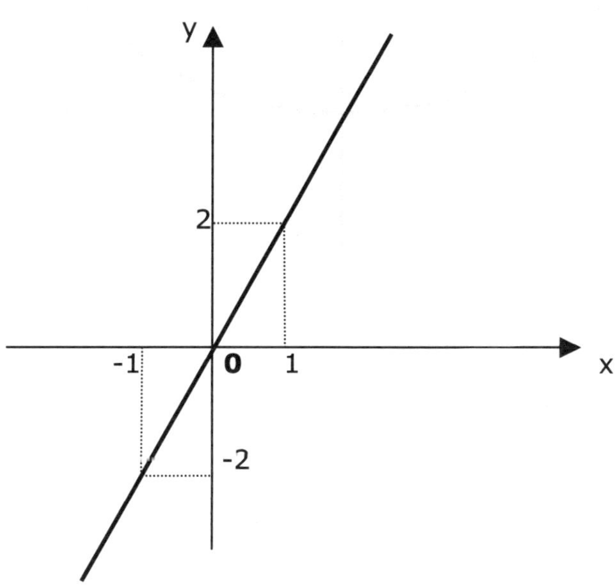

Suggestions or Solutions
To the **Problem** in the Example **2**

Suppose that we have a function $y = f(x) = x^2$ for x is real, and construct the graph of the function.

We need to put the curve on an x-y plane since the input variable is x and the output variable is y in the f. Then, we can see that an output from the function is the square of the value of the input.

Some sample points are as follows:

(0, 0) (0.1, 0.01) (-0.1, 0.01) (0.2, 0.04) (-0.2, 0.04) (0.3, 0.09) (-0.3, 0.09)
(0.4, 0.16) (-0.4, 0.16) (0.8, 0.64)(-0.8, 0.64) (1, 1) (-1, 1) (1.5, 2.25) (-1.5, 2.25)
(2, 4) (-2, 4)

As we generate the sample points, we can notice that the output is smaller than the input in magnitude when the input is between -1 and 0 and between 0 and 1, and that the input and the output are the same in magnitude when the input is -1, 0, and 1. Otherwise, the output is greater than the input in magnitude. In other words, for $|x| > 1$, $|y| = |f(x)| > |x|$. Note that $|A|$ is the magnitude of the A. For instance, $|-1| = |1| = 1$.

Fig. 2.0 The graph of $y = x^2$ for $-0.8 \le x < 0$ or $0 \le x \le 0.8$.

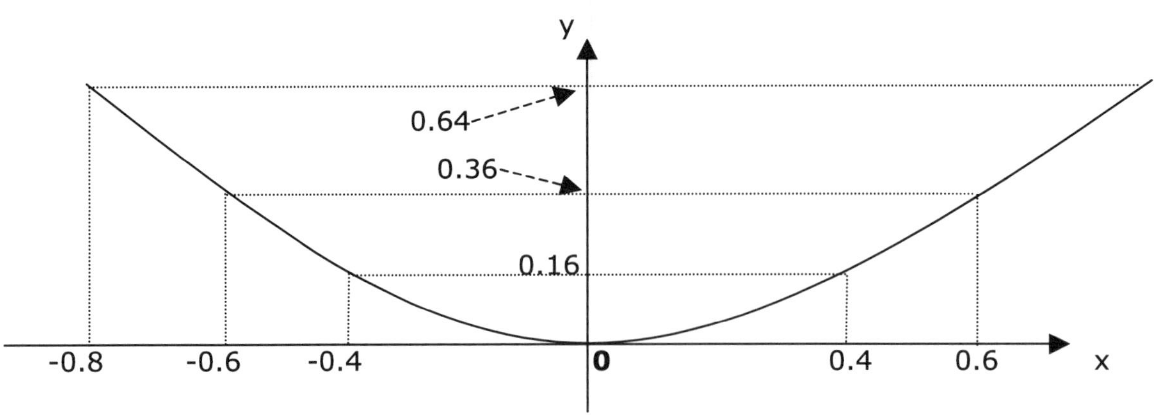

Fig. 2.1

The graph of $y = x^2$ for $|x| \geq 1$. "$|x| \geq 1$" ≡ "$x \leq -1$ or $x \geq 1$"

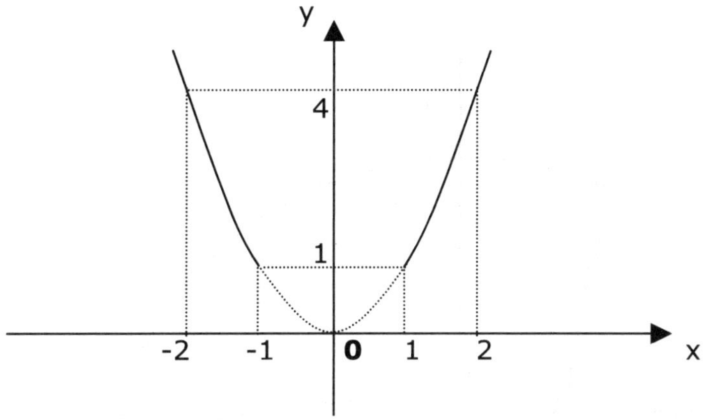

Fig. 2.2 The graph of $y = x^2$ for all x that is real.

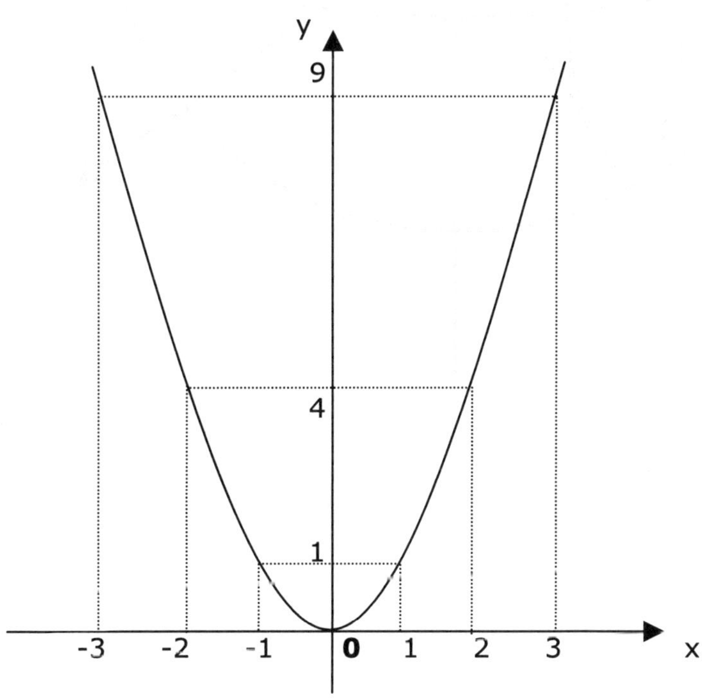

As we construct the graph, we can see conceptually how the function behaves, and in this example, the concepts are as follows:

As the magnitude of the input value increases from 0 to 1, the output value grows slow.
Then, each of the outputs is less than the magnitude of the corresponding input.

However, as the magnitude of the input value increases above 1, the output value grows rapidly.
Then, each of the outputs is much greater than the corresponding input in both value and magnitude.

We can also notice that the growing rate of the output gets larger as the magnitude of the input gets larger.

We can find other concepts, of course.

Fig. 2.3 The graph of $\mathbf{y = x^2}$, $y = x$, and $y = -x$.

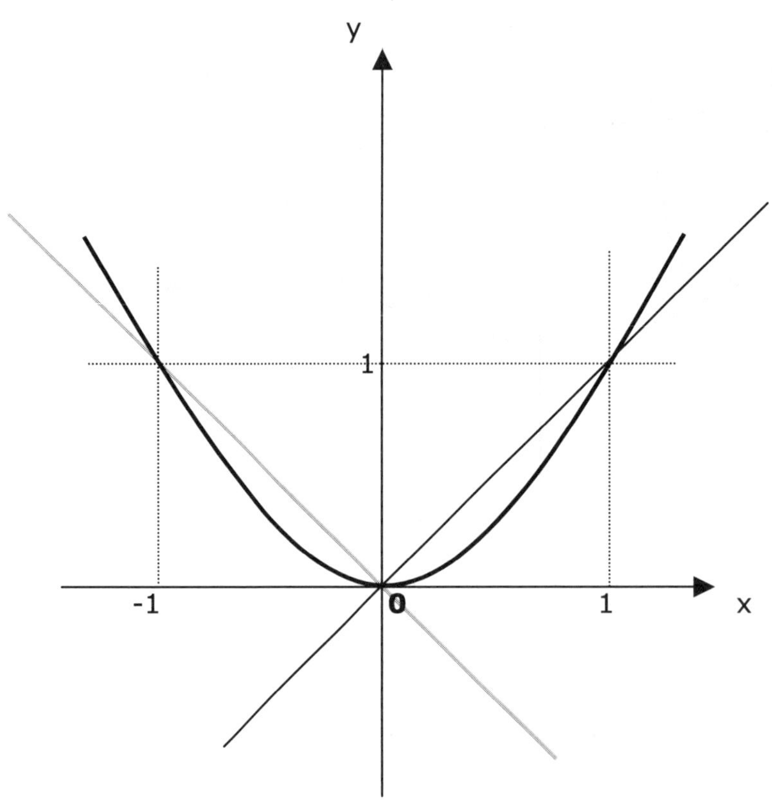

7. Composite Functions

We connect groups of data by means of a function, and we normally connect two groups of data. Sometimes however, we need to connect more than two groups of data. There can be many ways to connect many groups of data. Now, in this particular case:

We want to connect many data groups **in sequential manner**.
Also, there is **a function between two consecutive groups** in the sequence.

Then, the data groups are in a sequence, and we get to work on more than one function. However, we still want to apply one particular function to the entire work where we connect all the data groups. Then, we need to construct such one particular function and use it. Now, we combine all the functions connecting all the data groups, and construct the particular function we need. In other words, the function we want is composed of two or more functions. Therefore, we call such a function a **composite function**. It will not take many inputs at a time, though. Eventually, it will end up a function connecting two data groups. The two groups are the first one and the last one in the sequence.

Note:
In this book, we are working on functions that are in 2-D space. They are the most simple and basic functions. There are also functions in other dimensional space such as 3-D and 4-D space, or spaces with more Ds. It all depends on the number of input variables. In other words, a function can have more than one input variable. However, a function still has one output variable only. Therefore, a function can connect more than two data groups in a regular manner, too. Such an idea of a function is covered in Calculus.

Now, let's make an example and find out about what we can do about it.

Suppose that we have three data sets.
Suppose also that one of the three sets is **X**, one of the other two is **Y**, and the other is **Z**.
We know that the data sets are to be connected in sequential manner.

Suppose now, that the sets are in such an order that **X**, **Y**, and **Z**.
Then, there is to be a function between the **X** and the **Y**, and there is to be another between the **Y** and the **Z**.

Therefore in advance, we need to define the two functions before we define one particular function and get it to connect the three data groups.

Now, we need to make two pairs of data sets so that the pairs will be used for the definition of two functions each.

Then, we can see that one of three data sets will be used twice, and the one is the **Y**.
How do we think the data set **Y** is to be used twice, then?

The **Y** will be used for the range and the domain at the same time. That is, it will be the range for one of the two functions and the domain for the other function.

Then, we make two pairs out of the three data sets in such a way as follows:

X and Y. Y and Z.

Then, we can see that the **Y** is the data set that is the range of one of the two functions, and also, the domain of the other at the same time. Also, we can see that the **X** is the domain of the function in which the **Y** is the range, and that the **Z** is the range of the function where the **Y** is the domain.

Suppose now that one of the two functions is **f**, and the other is **g**.
Then, we can define the **f** and the **g** in such a way as follows.

X, Y, and Z are sets of real numbers.
f: X ⟶ Y, and g: Y ⟶ Z.
y = f(x), and z = g(y).

Then, we can see that the f is a function of $x \in X$ and $f(x) \in Y$, and that the g is a function of $y \in Y$ and $g(y) \in Z$.

When we make a composite function g{f(x)}, we do such an operation as g•f where the dot • is the composition operator. Then, we have **g•f = g{f(x)}**.
Then, we can define a composite function in such a way as follows:

f: X ⟶ Y, and g: Y ⟶ Z.
g•f: X ⟶ Z.

Equivalently, we can also put it in such a way as follows:

f: X ⟶ Y, and g: Y ⟶ Z.
y = f(x).
g•f: x ⟶ g{f(x)}.

g{f(x)} is read **'g of f of x'**.
It means that the function g{f(x)} is **a function of f that is a function of x**, and for short, we can put g{f(x)} in g(f), which is saying that g{f(x)} is a function of f. That is, the input to the function g(f) is the value of the f. The idea will be explained shortly.

The definitions above are short definitions, of course. If we add to the short definitions the specifications of the applicable mechanisms, they become the full definitions.

Now, what do we mean by g{f(x)}?
We know that f(x) gets a value when the **x** gets a value.
Then, g{f(x)} gets a value also since f(x) gets a value when the **x** gets a value.
More specifically:

If the x gets a value, the value is the input to the function **f.**
Then, the value the f(x) gets is the output from the f for the value of the **x**.
Then, the value the f(x) gets belongs to the range of the **f**.
We know that the range of the **f** is also the domain of the **g**.

Then, as soon as the f(x) gets a value, the value of the f(x) is the input value to the function **g**.
Suppose now that z = g(y).
Then, $z \in Z$, $y \in Y$, and y = f(x).
Then, the statement that **the value of the f(x) is the input value to the function g** means that **we put f(x) in place of the y in g(y)**.
Therefore, we get g{f(x)}. Why curly brackets? We use the curly brackets for clarity purposes. We can put it in g(f(x)) if we really want to.

Now, the value of the g{f(x)} is the output value from the **g** for the value of the **y** that is the value of the f(x).
That is to say that **the value of the g{f(x)} is the output from the g for the value of the f(x)**.

In short, if the **x** gets a value, the value eventually causes the value of the g{f(x)}.

Then, after all, the function g{f(x)} is a function of **x**.
Specifically, the g{f(x)} is a function from the **X** to the **Z**.
More specifically, taking the **Y** for a stepping stone, the g{f(x)} is a function that directly connects the **X** and the **Z**.

Now, let's reason out again what function the g{f(x)} is.

Where does the **x** gets the value?
The **x** gets the value from the domain of the **f**, which is the **X**.
Where does the **f** put the output?
The **f** puts the output into the range of the **f**, which is the **Y**.
What is the range of the f to the function **g**, then?
The range of the **f** is the domain of the **g**.
Then, the domain of the **g** is the set of all the outputs from the **f**.
In other words, every input to the **g** is an output from the **f**.
After all, the values in the domain of the **f** are as good as the inputs to another particular function. We know that the domain of the **f** is the **X**. Then, the domain of the particular function is the **X**. Also, all the outputs from the **g** belong to the **Z**. Therefore, the particular function has to be a function from the **X** to the **Z**.
The particular function is not exactly the **g** since the **g** is a function between the **Y** and the **Z**, but has to do with the **g**. Also, it has to do with the **f**, of course.

Now, let's supply all the outputs from the f to the function **g** and see what happens.
How do we put into the **g** all the outputs from the **f**. then?
We make a general output from the **f** and take the general output for the general input to the **g**.
We can put the general output from the **f** in terms of the mechanism of the **f**, which is like a general term in a sequence
We know that we can give a name to a mechanism in terms of the name of the function.
Then, we can simply put the mechanism in f(x).
Then, the general output from the **f** is f(x), which in tern, is the general input to the **g**.
Then, we give the general input to the input variable in the g(y).
The input variable in the **g** is the **y**.
How do we give it to the input variable, then?
We replace the input variable with it.

Then, we replace the **y** with the f(x).
Then, y = f(x) and g(y) ⇒ g{f(x)}. ("A ⇒ B" means that A implies B.)

Now, the particular function is g{f(x)}.
The function g{f(x)} is composed of two functions that are the **f** and the **g**.
Therefore, g{f(x)} is a composite function of the **f** and the **g**.
Then, we can see how a composite function is made and how it works now.

Now, wait a minute! Then, anyhow, the set of outputs from the **f** is the same as the domain of the **g**. Then, what is the difference between the fact that the output of the **f** is the input to the **g** and the fact that the element in the domain of the **g** is the input to the same function **g**?

Then, let's now find out about the difference and see what we can do with the idea of a composite function.

Suppose that we take an output from one of two functions for an input to the other function, and take the output from the other function for the final output.
Suppose however that we now want to get the final output at once instead of getting the final output by using those two functions respectively. That is, we want to make one function by putting the two functions together and do all the work.
Setting forth as a premise the fact that the range of one of the two functions is the same as the domain of the other function, we compose one function, using the two functions, and do the whole work.
Using the same method, we can also compose one function, using two or more functions in a sequential manner, and get the final output at once.
At the moment, what we need to consider regarding the data sets is that the data sets of the neighboring functions have to be in agreement with each other. That's because each of the sets has to be a range and a domain at the same time. Except for the first and the last sets, of course!
On the other hand, we may try making adjustment on the extents of the sets so that the sets can be in agreement with each other. In addition, we may try plugging in an appropriate function between the function displayed in the sequence so that the applicable sets can fit each other.

Now, the material we have covered until now is on the requirement to which a composite function can be constructed. The requirement is that the applicable data sets, that is, the applicable domains and the ranges have to fit each other. Let's now look at a composite function from the mechanism's point of view to find out about the difference mentioned above. We will be able to understand the difference if we see how an ordinary set and an ordered set are different from each other.

An object in a set is called an element. Now, a set is no more than a group of particular elements. That is to say that what matters in a set is whether particular elements belong to a particular group. Therefore, the membership itself is the object of consideration. For the same reason also, no element can appear twice or more in a set when we display the elements in the set.

However, the same is not true for an ordered set. That is, it is not the case when we consider a sequence. Not only the membership but how the individual elements are positioned is the object of consideration. That is to say that how they are placed in the group matters, too.

The same is true for a function. More precisely, the similar concept applies to a function. Even if the domains are the same and the ranges are the same, we cannot say that the functions are the same by the fact only. That's because each of them is no more than a set. If all the domains are the same and all the ranges are the same, then the functions produce the same groups of outputs with the same groups of inputs, and we may question the fact that the function may not be the same. Particularly in case where all the elements are different in each of all the ranges, it is more confusing. That is to say that it is the case when the functions are one-to-one. In such cases, the extents the ranges take up on real number line are the same and every element in each of the ranges is different, and rather, the functions look more alike.

However, **the way the outputs appear** in the range **can be different** in each of the functions.

The mechanism of each of the functions **explains the way**. In other words, for the same input, all the outputs from all the functions can be different due to the different mechanism in each of all the functions. For instance, when the input is 3, the output from one of the functions can be 5, the output from another can be 9, and the output from another function can be 7. The idea of a mechanism in a function is the same as the idea of a general term in a sequence.

The domain of the function **g** is merely a **set**. However, the **data group** composed of the outputs from the **f** is not just a set but an ordered set. In case of the composite function, the **g** takes the input in the ordered set. Then, the way the outputs appear sequentially in the range when the **g** takes for the inputs the outputs from the **f** is different from the way the outputs appear sequentially in the range when the **g** takes the inputs of the ordinary set. For instance, suppose that:

A = {1, 2, 3, 4}, B = {1, 3, 2, 1, 4, 2, 2, 4, 1, 3}, and C = {2, 1, 4, 3}. Then:

All the three sets **A**, **B**, and **C** are the same as each other from a set's point of view.
However, they are different from each other from an ordered set's point of view.

Let's now have a closer look at the production procedure of a composite function.

When we make a composite function g{f(x)}, we do such an operation as g•f where the dot • is the composition operator.

We need to note that g•f is a function designator.
We normally give the composite function the full name in (g•f)(x).
Why (g•f)(x) instead of just g•f(x)?
That's because the g•f is a function of x and 'g•f(x)' can be more ambiguous than '(g•f)(x)'.
We can put g{f(x)} in g(f(x)) also, but g{f(x)} looks clearer than g(f(x)).

However, the designator 'g•f' can be quite cumbersome for us to carry around.
Therefore, we usually give a simpler name to the composite function instead of the 'g•f'.
We can use a single letter for if.
For instance, we can call it **h**. The **h** is a function designator also, of course.
Then, we can put the definition of the composite function **h** in such a way as follows:

X, Y, and Z are sets of real numbers.

f: X ⟶ Y, and g: Y ⟶ Z.

h: X ⟶ Z.

h = g•f.

Suppose now that z = h(x).
Then, x ∈ X, and z ∈ Z.
Then, we can see that z = h(x) = (g•f)(x) = g{f(x)}.
We can also notice that the **h** is a function of **x**, and that h ≠ g. That's because the **g** is a function of **y**

and takes the input from its domain **Y** other than that of the **h**, and also, can have a mechanism other than that of the **h** even if the ranges are the same as each other.

We need to note that **the order is important in the composition operation**:
It is not f•g but g•f in the definition of the function **h** above.

Now, what can we do with a composite function?

We can combine two or more functions to generate data keeping intact the particular extents of the domain and range. That is, we may try controlling the way the outputs get produced for a particular purpose.
For simple instance, we may increase twice as much the outputs from a particular function, or decrease them in half and add a particular value. The process applies to each of all the outputs in the extent. Then, we apply a function with such a mechanism to the particular function.
The idea is the same as the one in a case where we apply an additional particular pattern to a sequence and make a new sequence.
With ample amount of experiences and a good knowledge, we can compose a new function, using many functions to suit out needs.
In fact, it is one of the kinds in function transformation. It is covered in the second book, **Graph Operations** in the series of **Fundamentals of Functions and Graphs**.

Now, let's go over the procedure.
We have three data groups in such a sequential manner that **X**, **Y**, and **Z**.
The functions **f** and **g** have been defined:

f: X⟶ Y
g: Y⟶ Z

The function **f** takes inputs from the domain **X**, produce the outputs, and then, the outputs get to belong to the range **Y**. The function **g** takes inputs from the domain **Y**, produce the outputs, and then, the outputs get to belong to the range **Z**.

Now, we put together the two functions **f** and g by means of the • operator, and we get (g•f)(x), which is a function of **x** since:

The composite function g•f takes inputs from the domain **X**, produces the outputs, and the outputs get to belong to the **Z**, and at the moment, the input variable is the **x** and the domain where the **x** takes the input is the **X**.

In short:

X--► f --► **Y**--► g--► **Z**

⇒

X --► g•f --► **Z**

⇒

g•f: **X**⟶ **Z.**

Now, can we make f•g instead of g•f?
If the set **Z** is the same as the set **X**, then we can since:

g: Y ⟶ Z, and f: X ⟶ Y.

Of course, all the data sets do not have to be different from each other.
For instance, we can have a situation where:

f: X ⟶ X, and g: X ⟶ X.

or

f: X ⟶ Y, and g: Y ⟶ X.

Then, we can construct both f•g and g•f:

f•g: X ⟶ X.
g•f: X ⟶ X.

However, we need to note that **f•g ≠ g•f in general**.

Now, let's have a look at an example of a full definition of a particular composite function.

X, Y, and Z are sets of all real numbers respectively.
f: X ⟶ Y, and g: Y ⟶ Z.
$y = f(x) = 2x + 3$, and $z = g(y) = y^2 + 1$.
h: X ⟶ Z.
$z = h(x) = (g•f)(x) = 4x^2 + 12x + 10$.

The composite function **h** is placed in an **x-z** coordinate system.
Let's put the **h** in the **x-y** system now.
Then, we can leave the name of the input variable intact and change only the name of the output variable to **y**.
Therefore, $y = h(x) = 4x^2 + 12x + 10$ for **x** that is real.

Then, $y \in Y$? No! The **y** is merely the name of the output variable of the **h** and $y \in Z$.
How come the mechanism of the **h** is $4x^2 + 12x + 10$, then?
We know that $(g•f)(x) = g\{f(x)\}$, $g(y) = y^2 + 1$, and $f(x) = 2x + 3$.
Then, $h(x) = (g•f)(x) = g\{f(x)\} = \{f(x)\}^2 + 1 = (2x + 3)^2 + 1 = 4x^2 + 12x + 10$.

Now, let's take a look at a similar example.

$X = \{x|\ 1 \le x \le 2\}$, $Y = \{y|\ 5 \le y \le 7\}$, and $Z = \{z|\ 26 \le z \le 50\}$.
f: X ⟶ Y, and g: Y ⟶ Z.
$y = f(x) = 2x + 3$, and $z = g(y) = y^2 + 1$.
h: X ⟶ Z.
$z = h(x) = (g•f)(x) = 4x^2 + 12x + 10$.

Then, let's see if the domains and the ranges agree with each other.

$1 \le x \le 2 \Rightarrow 5 \le 2x + 3 \le 7 \Rightarrow 5 \le f(x) \le 7 \Rightarrow 5 \le y \le 7.$

$5 \le y \le 7 \Rightarrow 26 \le y^2 + 1 \le 50 \Rightarrow 26 \le g(y) \le 50 \Rightarrow 26 \le z \le 50.$

$1 \le x \le 2 \Rightarrow 26 \le 4x^2 + 12x + 10 \le 50 \Rightarrow 26 \le h(x) \le 50 \Rightarrow 26 \le z \le 50.$

Now, let's take another example.

$X = \{x|\ 1 \le x \le 2\}$, $Y = \{y|\ 2 \le y \le 3\}$, and $Z = \{z|\ 5 \le z \le 7\}$.
$f: X \longrightarrow Y$, and $g: Y \longrightarrow Z$.
$y = f(x) = x + 1$, and $y = g(x) = 2x + 1$.
$h: X \longrightarrow Z$.
$y = h(x) = (g \bullet f)(x) = 2x + 3$.

In the example above, all the three functions are placed in the **x-y** system.
Since the domain of the function $y = f(x)$ is the X and the range is the Y, $x \in X$ and $y \in Y$.
Since the domain of the function $y = g(x)$ is the Y and the range is the Z, $x \in Y$ and $y \in Z$.
Since the domain of the function $y = h(x)$ is the X and the range is the Z, $x \in X$ and $y \in Z$.

Then, let's present the three functions in one graph.

Fig. 7.0 $y = f(x) = x + 1$ for $1 \le x \le 2$. $y = g(x) = 2x + 1$ for $2 \le x \le 3$.
$y = h(x) = (g \bullet f)(x) = 2x + 3$ for $1 \le x \le 2$.

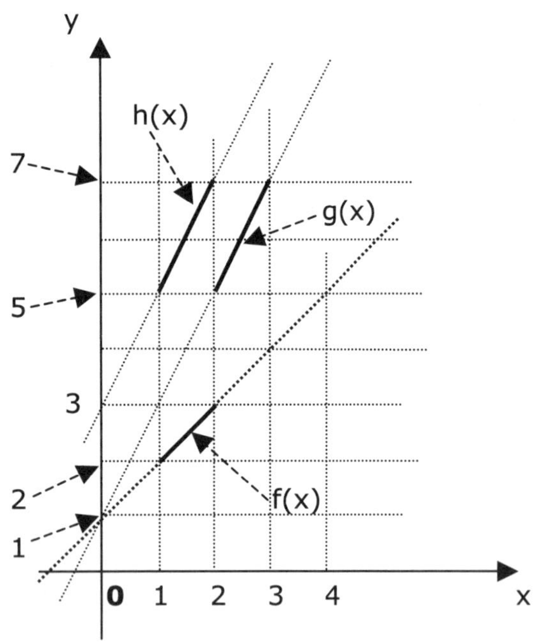

Now, let's take care of some more examples.

Examples
in Composite Functions

0. Suppose that **x** is real, and that we have the three functions as follows:

f: $x \longrightarrow x$

g: $x \longrightarrow 2x^2 + 1$

h: $x \longrightarrow 3x^3 + 2$

Then, specify the composite functions as below.

0. g•f
1. f•g
2. g•h
3. h•g
4. h•(g•f)
5. (h•g)•f
6. h•(g•g)
7. (h•g)•g

1. Suppose that **x** is real, and that we have the three functions as follows:

f: $x \longrightarrow 2x$

g: $x \longrightarrow 3x^2$

h: $x \longrightarrow 4x^3$

Then, check to see if h•(g•f) = (h•g)•f can hold.

2. Suppose that $f\{(2x + 1)/3\} = 2x + 5$ for $x \in R$, and specify f(7) and $f\{(3x - 2)/2\}$.

3. Suppose that $f\{(2x - 1)/x\} = (1 - 2x^2)(3x^2 + x + 2)$, and find the value of f(8).

4. Suppose that $f(x) = 2x/(3x + 1)$ and $g(x) = x/(3 - 2x)$, and solve for **x** in the equation as follows: $(f \bullet g)(x) = f(x)$.

5. Suppose that **R** is a set of real numbers, and $x \in R$, and that two functions **f** and **g** are defined as follows. $f: x \longrightarrow 9ax - 5$, and $g: x \longrightarrow 7 - 2ax$ where a is a constant. Then:

0. Find the value of the a such that $g \bullet f = f \bullet g$.
1. Specify **h** such that $f \bullet h = g$.
2. Specify **h** such that $h \bullet g \bullet f = f$.

6. Suppose that we have a function $f_1(x)$ and make a sequence of composite functions with the same function $f_1(x)$ in such a manner as follows: $f_2 = f_1 \bullet f_1$, $f_3 = f_2 \bullet f_1$, $f_4 = f_3 \bullet f_1 \ldots f_k = f_{k-1} \bullet f_1$.
The graph shown below represents $y = f_1(x)$ in black and $y = g(x) = x$ in grey, and **a**, **b**, **c**, **d**, and **e** are constants.

Fig. 6.0

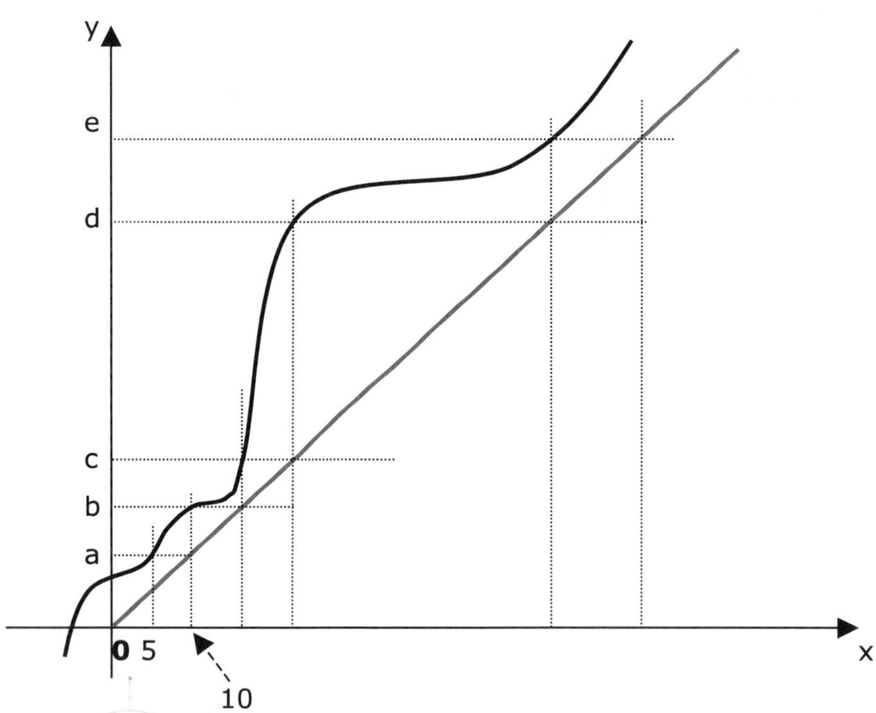

Then:

0. Specify $f_4(10)$.

1. Solve for the **x** in each of the three equations as follows:

1.0. $f_2(x) = c$

1.1. $f_2(x) = b$

1.2. $f_3(x) = c$

Hint:
We can see that the values are the same for both x-coordinate and y-coordinate at each point in the curve of $y = g(x) = x$.

Therefore, $a = 10$, $f_1(10) = b$, $f_1(b) = c$, $f_1(c) = d$ and $f_1(d) = e$.

Then, we can specify the graph further as below.

Fig. 6.1

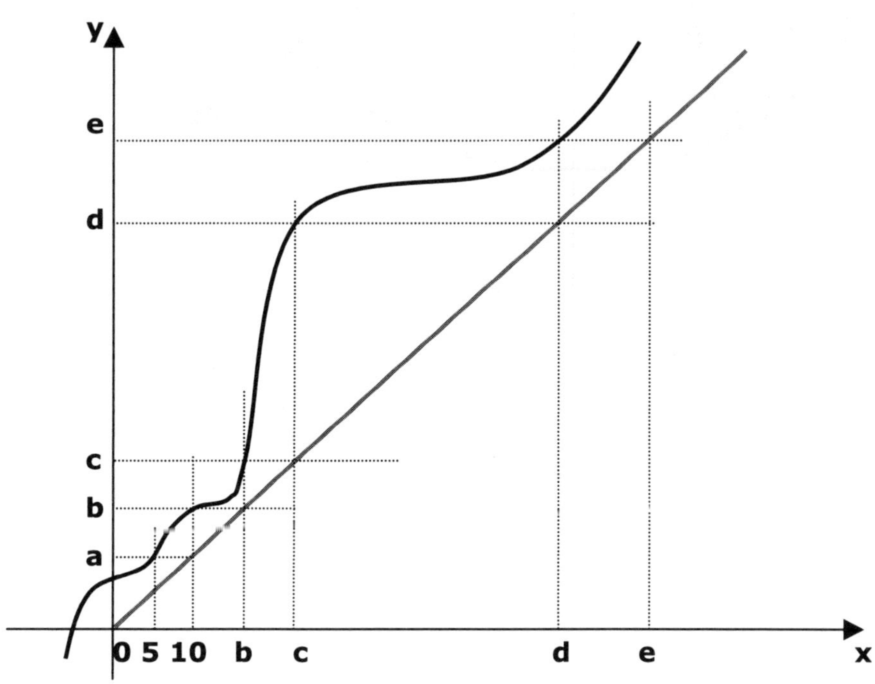

Suggestions or Solutions
To the Problem 0 in the Example 0

Suppose that x is real, and that we have the three functions as below:

f: x ⟶ x

g: x ⟶ $2x^2 + 1$

h: x ⟶ $3x^3 + 2$

Then, specify the composite function g•f.

We know that g•f = (g•f)(x) = g{f(x)}, and f(x) = x.

Therefore, if we put f(x) into the x in the g(x), we get g•f = g{f(x)}.

We know that f(x) = x and g(x) = $2x^2 + 1$.

Then, (g•f)(x) = g{f(x)} = $2\{f(x)\}^2 + 1 = 2x^2 + 1$.

Therefore, g•f = $2x^2 + 1$, which is the same as the function **g**.

In short:

f(x) = x and g(x) = $2x^2 + 1$.

⇒

g•f = (g•f)(x) = g{f(x)} = $2\{f(x)\}^2 + 1 = 2x^2 + 1$.

Suggestions or Solutions
To the Problem 1 in the Example 0

Suppose that x is real, and that we have the three functions as below:

f: x ⟶ x

g: x ⟶ $2x^2 + 1$

h: x ⟶ $3x^3 + 2$

Then, specify the composite function f•g.

We know that f•g = (f•g)(x) = f{g(x)}, and that $g(x) = 2x^2 + 1$.

Then, we need to put $g(x) = 2x^2 + 1$ into the x in the f(x).

Then, we get f•g = f{g(x)} = $f(2x^2 + 1) = 2x^2 + 1$ since f(x) = x.

Therefore, f•g = $2x^2 + 1$, which is the same as the g.

In short:

f(x) = x and $g(x) = 2x^2 + 1$.

⇒

f•g = f{g(x)} = $f(2x^2 + 1) = 2x^2 + 1$.

Suggestions or Solutions
To the **Problem 2** in the Example **0**

Suppose that x is real, and that we have the three functions as below:

f: x ⟶ x

g: x ⟶ $2x^2 + 1$

h: x ⟶ $3x^3 + 2$

Then, specify the composite function g•h.

We know that g•h = (g•h)(x) = g{h(x)}, and that $h(x) = 3x^3 + 2$.

Then, we need to put $h(x) = 3x^3 + 2$ into the x in the $g(x) = 2x^2 + 1$.

Then, we get $g•h = g\{h(x)\} = g(3x^3 + 2) = 2(3x^3 + 2)^2 + 1 = 2(9x^6 + 12x^3 + 4) + 1$

Therefore, $g•h = 18x^6 + 24x^3 + 9$.

In short:

$g(x) = 2x^2 + 1$ and $h(x) = 3x^3 + 2$.

⇒

$g•h = g\{h(x)\} = g(3x^3 + 2)$

$= 2(3x^3 + 2)^2 + 1 = 2(9x^6 + 12x^3 + 4) + 1 = 18x^6 + 24x^3 + 9$.

Suggestions or Solutions
To the Problem 3 in the Example 0

Suppose that x is real, and that we have the three functions as below:

f: $x \longrightarrow x$

g: $x \longrightarrow 2x^2 + 1$

h: $x \longrightarrow 3x^3 + 2$

Then, specify the composite function h•g.

We know that $h \bullet g = (h \bullet g)(x) = h\{g(x)\}$, and that $g(x) = 2x^2 + 1$.

Then, we need to put $g(x) = 2x^3 + 1$ into the x in the $h(x) = 3x^3 + 2$.

Then, we get $h \bullet g = h\{g(x)\} = h(2x^2 + 1) = 3(2x^2 + 1)^3 + 2 = 3(8x^6 + 12x^4 + 6x^2 + 1) + 2$.

Therefore, $h \bullet g = 24x^6 + 36x^4 + 18x^2 + 5$.

We have already found that $g \bullet h = 18x^6 + 24x^3 + 9$ in the problem 2 above.

We can now see that $h \bullet g \neq g \bullet h$; therefore, it is not commutative.

In short:

$g(x) = 2x^2 + 1$ and $h(x) = 3x^3 + 2$.

$\Rightarrow$

$h \bullet g = h\{g(x)\} = h(2x^2 + 1)$

$= 3(2x^2 + 1)^3 + 2 = 3(8x^6 + 12x^4 + 6x^2 + 1) + 2 = 24x^6 + 36x^4 + 18x^2 + 5$.

Suggestions or Solutions
To the Problem 4 in the Example 0

Suppose that x is real, and that we have the three functions as below:

f: x ⟶ x

g: x ⟶ $2x^2 + 1$

h: x ⟶ $3x^3 + 2$

Then, specify the composite function h•(g•f).

We know that g•f is a composite function that is another function. Say it is **k**.

Then, h•(g•f) = h•k, which again, is a composite function.

What about g•(h•(g•f))? The same idea applies to it.

Then, let's get h•(g•f) to be called m.

Then, h•k = m, and g•(h•(g•f)) = g•(h•k) = g•m which is still another composite function.

We can do a composition work in such a sequential manner as above with as many functions as we need. However, we need to note that it is not always possible to make a composite function with more than one function. During the entire course of the composition process, all the domains and ranges relevant to each other have to agree. We know that the range of the first of two functions to be combined will have to be the domain of the second. Then, they got to be so. In this example however, we consider all the relevant domains and ranges to agree.

Now, let's start working on h•(g•f). We begin with g•f.

However, we can readily see that g•f = $2x^2 + 1$ = g from the solution to the problem 0 above.

Then, we can see that h•(g•f) = h•g, which also has already been done in the problem 3 above.

In short:

$f(x) = x$, $g(x) = 2x^2 + 1$ and $h(x) = 3x^3 + 2$.

$\Rightarrow g\bullet f = 2x^2 + 1 = g \Rightarrow h\bullet(g\bullet f) = h\bullet g = h\{g(x)\} = h(2x^2 + 1) = 24x^6 + 36x^4 + 18x^2 + 5.$

Suggestions or Solutions
To the Problem 5 in the Example 0

Suppose that x is real, and that we have the three functions as below:

f: x ⟶ x

g: x ⟶ $2x^2 + 1$

h: x ⟶ $3x^3 + 2$

Then, specify the composite function (h•g)•f.

We need to work on h•g first, which however, has already been done in the 3 above.

Let's set s = h•g.

Then, we have $s(x) = (h \bullet g)(x) = h\{g(x)\} = 24x^6 + 36x^4 + 18x^2 + 5$.

We know that $s \bullet f = s\{f(x)\}$, and $f(x) = x$.

Then, $s \bullet f = s\{f(x)\} = s(x)$.

Therefore, $(h \bullet g) \bullet f = 24x^6 + 36x^4 + 18x^2 + 5$.

In short:

$f(x) = x$ and $h \bullet g = 24x^6 + 36x^4 + 18x^2 + 5$ from the solution to the problem 3 above.

Let s = h•g.

Then, $(h \bullet g) \bullet f = s \bullet f = s(x)$ since $f(x) = x$.

Therefore, $(h \bullet g) \bullet f = 24x^6 + 36x^4 + 18x^2 + 5$.

Suggestions or Solutions
To the Problem 6 in the Example 0

Suppose that x is real, and that we have the three functions as below:

f: x ⟶ x

g: x ⟶ $2x^2 + 1$

h: x ⟶ $3x^3 + 2$

Then, specify the composite function h•(g•g).

We know that g•g = g{g(x)}, and that $g(x) = 2x^2 + 1$.

Then, we can see that g•g = $2(2x^2 + 1)^2 + 1$.

Let's set t = g•g. Then, we have $t(x) = 2(2x^2 + 1)^2 + 1$.

Now, we need to work on h•t.

We know that h•t = h{t(x)} where $t(x) = 2(2x^2 + 1)^2 + 1$, and $h(x) = 3x^3 + 2$.

Then, h{t(x)} = $3\{2(2x^2 + 1)^2 + 1\}^3 + 2$.

Therefore, h•(g•g) = $3\{2(2x^2 + 1)^2 + 1\}^3 + 2$.

In short:

$g(x) = 2x^2 + 1$ and $h(x) = 3x^3 + 2$.
⇒ g•g = g{g(x)} = $2(2x^2 + 1)^2 + 1$.

Let t = g•g.
Then, h•(g•g) = h{t(x)} = $3\{2(2x^2 + 1)^2 + 1\}^3 + 2$.

Suggestions or Solutions
To the Problem 7 in the Example 0

Suppose that x is real, and that we have the three functions as below:

f: $x \longrightarrow x$

g: $x \longrightarrow 2x^2 + 1$

h: $x \longrightarrow 3x^3 + 2$

Then, specify the composite function (h•g)•g.

We need to work on h•g first.

However, the h•g has already been done in the 3 above, and is $24x^6 + 36x^4 + 18x^2 + 5$.

Let's set u = h•g.

Then, $u(x) = 24x^6 + 36x^4 + 18x^2 + 5$.

Then, (h•g)•g = u•g = u{g(x)}.

We know that $g(x) = 2x^2 + 1$.

Then, $u\{g(x)\} = 24(2x^2 + 1)^6 + 36(2x^2 + 1)^4 + 18(2x^2 + 1)^2 + 5$.

In short:

$g(x) = 2x^2 + 1$ and $h(x) = 3x^3 + 2$.

Let u = h•g.

$\Rightarrow u(x) = 24x^6 + 36x^4 + 18x^2 + 5$.

$\Rightarrow (h\bullet g)\bullet g = u\bullet g - u\{g(x)\} = = 24(2x^2 + 1)^6 + 36(2x^2 + 1)^4 + 18(2x^2 + 1)^2 + 5$.

Now, let's take another example.

Suggestions or Solutions
To the **Problem** in the Example **1**

Suppose that x is real, and that we have the three functions as below:

f: x ⟶ x

g: x ⟶ $2x^2 + 1$

h: x ⟶ $3x^3 + 2$

Then, check to see if h•(g•f) = (h•g)•f can hold.

In this example, we want to see if the composition operation is associative.

Let's set s = g•f.
Then, s(x) = g{f(x)} = g(2x) = $3(2x)^2 = 12x^2$.
Then, h•(g•f) = h•s = h{s(x)} = $4(12x^2)^3 = 4(12^3x^6) = 2^2(3^34^3x^6) = 2^83^3x^6$.

Let's set t = h•g.
Then, t(x) = h{g(x)} = h($3x^2$) = $4(3x^2)^3 = 4(3^3x^6)$.
Then, (h•g)•f = t•f = t{f(x)} = $4(3^3(2x)^6) = 4(3^3(2^6x^6)) = 2^83^3x^6$.

Then, we can now see that h•(g•f) = (h•g)•f.
Then, can we say that it is associative? It looks like it.
However, we can't say, "Yes!" for sure until we prove it.
If it has been proved already, it is a working tool in math. Then, we can readily use it when we work on problems. We call such a working tool a theorem. A theorem is a proven fact (proven true, of course). (However, if the content of a fact is false, the fact is a false fact, which is an untruth.) In fact, it has been proved already and is now widely in use. Nonetheless, let's try proving it as exercises.

Suppose that A, B, C, and D are data groups that satisfy the following statement:
f: A ⟶ B, g: B ⟶ C, and h: C ⟶ D.

Then, we like to prove that h•(g•f) = (h•g)•f = h•g•f.
We can start working on h•(g•f) first.
Then, let's begin with g•f.
We know that g•f = g{f(x)}, and that the range of the **f** is the domain of the **g**.
Then, the domain of the g•f is the domain of the **f**, and the range of the g•f is the range of the **g**.
We know that the domain of the **f** is **A**, and that the range of the **g** is **C**.
Then, we can see that g•f: A ⟶ C.
Suppose now that s = g•f.
Then, s: A ⟶ C, the domain of the **s** is the **A**, and the range of the **s** is the **C**.

Now, we have h•(g•f) = h•s.

We know that h•s = h{s(x)}, and that the range of the **s** is the domain of the **h**.
Then, the domain of the h•s is the domain of the **s**, and the range of the h•s is the range of the **h**.
We know that the domain of the **s** is the **A**, and that the range of the **h** is the **D**.
Then, we can see that h•s: A ⟶ D.
We know that h•(g•f) = h•s = h{s(x)}, and s(x) = g•f = g{f(x)}.
Then, we can see that h•(g•f) = h{g{f(x)}}.

Now, we need to work on (h•g)•f.
Then, we should take care of h•g first.
We know that h•g = h{g(x)}, and that the range of the **g** is the domain of the **h**.
Then, the domain of the h•g is the domain of the **g**, and the range of the h•g is the range of the **h**.
We know that the domain of the **g** is the **B**, and that the range of the **h** is the **D**.
Then, we can see that h•g: B ⟶ D.
Suppose now that t = h•g.
Then, t: B ⟶ D, the domain of the **t** is the **B**, and the range of the **t** is the **D**.

Then, we can see that (h•g)•f = t•f.

We know that t•f = t{f(x)}.

Then, the range of the **f** is the domain of the **t**, the domain of the t•f is the domain of the **f**, and the range of the t•f is the range of the **t**.
We know that the domain of the **f** is the set **A**, and that the range of the **t** is the set **D**.
Then, we can see that t•f: A ⟶ D.
We know that (h•g)•f = t•f = t{f(x)}, and t(x) = h•g = h{g(x)}.
Then, we can see that t{f(x)} = h{g{f(x)}} since we need to put f(x) into the **x** in h{g(x)} if we want to secure t•f.
Then, (h•g)•f = t•f = t{f(x)} = h{g{f(x)}}.

We know that h•(g•f) = h{g{f(x)}} also.
Then, we can see that h•(g•f) = (h•g)•f.

Now, we can take the following for a **theorem**:
Suppose that A, B, C, and D are data groups that satisfy the following statement:
f: A ⟶ B, g: B ⟶ C, and h: C ⟶ D.
Then, h•(g•f) = (h•g)•f = h•g•f.

In short:

Suppose that **A**, **B**, **C**, and **D** are data groups that satisfy the following statement:
f: A ⟶ B, g: B ⟶ C, and h: C ⟶ D.

Let's start working on h•(g•f) first.

Let s = g•f.
Then, s: A ⟶ C.
Then, we have h•(g•f) = h•s.
We know that h•s = h{s(x)}.
Then, we can see that h•s: A ⟶ D.
We know that h•(g•f) = h•s = h{s(x)}, and s(x) = g•f = g{f(x)}.
Then, we can see that h•(g•f) = h{g{f(x)}}.

Now, we need to work on (h•g)•f.
We know that h•g = h{g(x)}.
Let t = h•g.
Then, t: B ⟶ D.
Then, we can see that (h•g)•f = t•f.
We know that t•f = t{f(x)}.
Then, we can see that t•f: A ⟶ D.
We know that (h•g)•f = t•f = t{f(x)}, and t(x) = h•g = h{g(x)}.
Then, (h•g)•f = t•f = t{f(x)} = h{g{f(x)}}.

Also, we know that h•(g•f) = h{g{f(x)}}.
Therefore, h•(g•f) = (h•g)•f.

A theorem is a proven fact, and we can use it as a tool when we work on problems where the theorem is relevant. The theorem above is quite a popular tool when we work on many problems regarding composite functions. Usually, the data sets are considered to agree in all the problems in general math level, and therefore, we normally use the fact that h•(g•f) = (h•g)•f = h•g•f without the specification of the data sets. However, should they are suspicious, then give them a check.

Let's have a look at another simple theorem as follows:

Suppose that X and Y are data sets that satisfy a statement as follows:
f: X ⟶ Y.
Suppose also that:
A is a set of data, and is not empty.
i: A ⟶ A.
i(x) = x for all x $\in$ A.
Then, the i is an identity function, and f•i = i•f = f.

Now, we need to see how the theorem can hold.

Note:

If a function is an identity function, then the domain and the range are the same, but the reverse is not true. In other words, the domain and the range can be the same for functions other than identity functions. Also, the domain and the range for an identity function are **not particular** sets of data. In other words, if the sets are for an identity function, all they have to be is that they are the same. They are not empty sets, of course. What is an identity function about, then? An identity function is a one-to-one function. In an identity function, each output is the same as the corresponding input, and that's it. It's like a copy machine.

Then, let's see how f•i = i•f = f now.

We have the function **f** such that:

f: X ⟶ Y

Also, we have the identity function **i** as follows:

A is a set of real numbers, and x ∈ A.

i: x ⟶ x.

{We need to note that in the statement right above, the **x** is not the name of a set but a variable.}

Now, let's begin working on f•i and i•f.
For the f•i, let's set A = X.

How come we can set A = X?
That's because an identity function does not have any particular set for the domain and the range, and the only requirement for the domain and the range of the identity function is that they have to be the same. In other words, the identity function can take any set of data for the domain and the range as far as the domain and the range are the same. The set cannot be empty, of course.

Then, the i can be defined in such a way as follows:
i: X ⟶ X.
i(x) = x for x ∈ X.

Then, the domain of the **f** is the **X**, and is now the same as the range of the **i**.
Then, we can now compose a function, using the **f** and the **i**.

We know that the domain of the **i** is the **X**. Then, the domain of the f•i is the **X**.
We know that the range of the **f** is the **Y**. Then, the range of the f•i is the **Y**.

Then:

f•i: X ⟶ Y.

f•i = (f•i)(x) = f{i(x)} = f(x) since i(x) = x.

Therefore, we can see that f•i = f.

Let's now move on to the i•f.

For the i•f, we will set A = Y. In other words, i: Y⟶ Y.

Then, we have the **i** as follows:
i: Y⟶ Y.
i(x) = x for x ∈ Y.

Then, the domain of the **i** is the **Y**, and is the same as the range of the **f**.
Then, we can make a composite function with the f and the i.

We know that the domain of the **f** is the **X**. Then, the domain of the i•f is the **X**.
We know that the range of the **i** is the **Y**. Then, the range of the i•f is the **Y**.

Now:
i•f: X⟶ Y.
i•f = (i•f)(x) = i{f(x)} = f(x) since i(x) = x.

Therefore, we can see that i•f = f.
Then, we can now see that f•i = i•f = f where **i** is an identity function.

In short:

We have f: X⟶ Y.
Suppose that A is a set of real numbers, and that x ∈ A.
Suppose also that i: x ⟶ x. Then, the i is an identity function.
Let the A = X. Then, i: X⟶ X and i(x) = x for x ∈ X.
Then:
f•i: X⟶ Y.
f•i = (f•i)(x) = f{i(x)} = f(x) since i(x) = x.
Then, f•i = f.
Let the A = Y. Then, i: Y⟶ Y and i(x) = x for x ∈ X.
Then:
i•f: X⟶ Y.
i•f = (i•f)(x) = i{f(x)} = f(x) since i(x) = x.
Then, i•f = f.
Therefore, f•i = i•f = f where i is an identity function.

Now, what's the big deal?
It's not a big deal but how such composition operation works is worth knowing. Then, we can work better in operations where we composite functions in general. In particular, it is quite useful when we work on problems with inverse functions, which will get covered in the next section.

Suggestions or Solutions
To the Problem in the Example 2

Suppose that f{(2x + 1)/3} = 2x + 5 for x ∈ R, and specify f(7) and f{(3x − 2)/2}.

If there is no specification on the domain, then we just consider it to be set of all real numbers.
Now, what do we need to find out about first in this problem? It is the **f**.
If we can see what mechanism the **f** has, we can get f(7).

If we apply the idea of a composite function to this problem, we can see that the function f{(2x + 1)/3} is a composite function, which is made out of the function **f** and another function where the mechanism is (2x + 1)/3. By the way, we don't have to use **x** for the input variable of the function **f** since we can use any letter for a variable in a function as long as the consistency is maintained. For instance, instead of an **x**, we can use a **t** belong to a set of real numbers, and then, we get to use f(t).

Suppose that the function **f** is a function of **t**, and that g(x) = (2x + 1)/3.
Then, if we do the operation of f•g, we get to replace every **t** in the **f** with the **g** and the replacement results in f(g).

Then, we can see that f(t)•g(x) = (f•g)(x) = f(g) = f{g(x)} = 2x + 5 where g(x) = (2x + 1)/3.
Then, 2x + 5 is probably the simplified result of replacing every t in the f with the **g**.
In other words, if we replace every **t** in the **f** with the **g**, an algebraic expression gets made after all the replacements, and we simplify the expression since a simplification is needed, and then, we get 2x + 5 as the result of the simplification. Of course, any simplification may not be needed, and then, we get 2x + 5 directly after all the replacements.

Then, we need to specify the **f** now.

We know that f•g = f{g(x)}, and that if we replace the **t** in f(t) with g(x), we get f{g(x)}.
Then, we set the t = g(x), which is (2x + 1)/3.

Then, the t = g(x) = (2x + 1)/3.
Then, we get a fact that f(t) = f{g(x)} = f•g = 2x + 5.
Then, f(t) = 2x + 5; however, the f is a function of **t**.
Then, we cannot just set the t = 7 to get the value of f(7) since the mechanism is in terms of not the **t** but the **x**.
Now, we can see that we need to express 2x + 5 in terms of the **t**.
More precisely, we don't just replace the **x** with the t, but need to express the **x** in terms of the **t**.

How?

We have the direct relationship between the t and the **x**.
The relationship is that t = (2x + 1)/3. Then, we can see that x = (3t − 1)/2.

Now, we can replace the x with (3t − 1)/2 in the expression 2x + 5.
Then, f(t) = 2{(3t − 1)/2} + 5 = 3t − 1 + 5 = 3t + 4.
Therefore, f(t) = 3t + 4, and f(7) = 3 X 7 + 4 = 25.

We need to note that 3t + 4 is equivalent to 2x + 5.

In other words, $f(t) = 3t + 4 \equiv f \bullet g = f(g) = f\{g(x)\} = 2x + 5$.
More specifically speaking, the g(x) gets an input and produces the output for the input, and then, the **t** in the f(t) gets the output of the **g**, and then, 3t + 4 is processed.

For what value of the x in the g(x), does the **t** in the f(t) get 7?
We know that $t = g(x) = (2x + 1)/3$.
Then, we need to solve the equation $7 = (2x + 1)/3$ for **x**.
Then, $x = (21 - 1)/2 = 10$.

Let's check and see if x = 10 really works.
Then, we plug 10 into the x in the expression 2x + 5.
Then, we get $2 \times 10 + 5 = 25$, which is the f(7).

Now, let's begin working on $f\{(3x - 2)/2\}$.
We've specified f(t) already in the example above, and we have $f(t) = 3t + 4$.
Now, what we need to work on is nothing but another composite function that is made out of the **f** and a function with the mechanism of (3x – 2)/2.

Suppose that $g(x) = (3x - 2)/2$.
We know that $f(t) = 3t + 4$. {It doesn't matter with the choice of the letter for the input variable in the **f** since the input variable in the **f** is not the same as the input variable in the **g**. We'd better not however, choose the same letter as the one in the **g** since it can be confusing.}

Then, $f \bullet g = f(g) = (f \bullet g)(x) = f\{g(x)\}$

$= f\{(3x - 2)/2\} = 3(g(x)) + 4 = 3\{(3x - 2)/2\} + 4 = 9x/2 - 3 + 4 = 9x/2 + 1$.

In short:

We will specify f(7) first. Let $t = g(x) = (2x + 1)/3$.
Then, $f(t) = f\{g(x)\} = f \bullet g = 2x + 5$.
Then, $f(t) = 2x + 5$.

$t = (2x + 1)/3 \Rightarrow x = (3t - 1)/2$.

Then, $f(t) = 2\{(3t - 1)/2\} + 5 = 3t - 1 + 5 = 3t + 4$.
Therefore, $f(t) = 3t + 4$, and $f(7) = 3 \times 7 + 4 = 25$.

Now, let's begin working on $f\{(3x - 2)/2\}$.
We have $f(t) = 3t + 4$.
Let $g(x) = (3x - 2)/2$.

Then, $f \bullet g = f(g) = (f \bullet g)(x) = f\{g(x)\}$
$= f\{(3x - 2)/2\} = 3(g(x)) + 4 = 3\{(3x - 2)/2\} + 4 = 9x/2 - 3 + 4 = 9x/2 + 1$.

Now, let's try a similar one in the next example.

Suggestions or Solutions
To the Problem in the Example 3

Suppose that f{(2x − 1)/x}} = $(1 - 2x^2)(3x^2 + x + 2)$, and find the value of f(8).

If no domain is specified for a function, then we just consider the domain to be set of all real numbers.

We can see that f{(2x − 1)/x} is a composite function.
Suppose that f{(2x − 1)/x} = (f•g)(x).
Then, g(x) = (2x − 1)/x for all **x** other than 0. We know why not 0. There is no division by 0.

Suppose now that the **f** is a function of **t**.
Then, we can see that f(8) is an output of the **f** for the t = 8.
Then, we need to specify the f(t). In other words, we have to see the mechanism of the **f**, and the mechanism is to be in terms of the **t**. However, we don't have to.

How come?

We know that the f(8) is the same as the output of the composite function f•g which is a function of **x**.
Then, does it mean that x = 8?
No, it is not the case.

Now, where is the x in the expression of $(1 - 2x^2)(3x^2 + x + 2)$ from?
It is from the g(x) since:

g(x) = (2x − 1)/x and f(t)•g(x) = f{g(x)} = (f•g)(x) = f{(2x − 1)/x} = $(1 - 2x^2)(3x^2 + x + 2)$.

Now, what do we mean by the 8 in the f(8), then?
The 8 is the output of the g(x) for a particular value of the **x**.
Can we find the value of the **x** for which the g(x) = 8? Of course, we can.
We can if we solve the equation g(x) = 8 for the **x**.
Now, we can find the value of f(8) directly from the expression of $(1 - 2x^2)(3x^2 + x + 2)$ since:

The x in the expression of $(1 - 2x^2)(3x^2 + x + 2)$ is the same as the x in the g(x).

Therefore, we solve the equation g(x) = 8 for the **x**, and then, put the value of the **x** into the expression of $(1 - 2x^2)(3x^2 + x + 2)$.

Then, g(x) = (2x − 1)/x = 8.

$\Rightarrow 2x - 1 = 8x \Rightarrow 6x = -1 \Rightarrow x = -1/6$.

Therefore, we can see that when x = -1/6, g = 8.

Now, we have f•g = f{g(x)} = $(1 - 2x^2)(3x^2 + x + 2)$, and g = 8 when x = -1/6.

Therefore, f(8) = f{g(-1/6)}.

We know that the **x** in the g(x) is the same as the **x** in the expression of $(1 - 2x^2)(3x^2 + x + 2)$. Then:

$f(8) = f\{g(-1/6)\} = \{1 - 2(-1/6)^2\}\{3(-1/6)^2 + (-1/6) + 2\}$
$= (36/36 - 2/36)(3/36 - 6/36 + 72/36) = (34/36)(69/36) = (17/18)(13/12) = (17 \times 13)/(18 \times 12)$
$= 221/216$.

In short:

We will specify f(8) first.

Let $f\{(2x - 1)/x\} = (f \circ g)(x)$.
Then, $g(x) = (2x - 1)/x$ where $x \neq 0$.

Then, $g(x) = (2x - 1)/x = 8$.
$\Rightarrow 2x - 1 = 8x \Rightarrow 6x = -1 \Rightarrow x = -1/6$.

Therefore, $f(8) = f\{g(-1/6)\} = \{1 - 2(-1/6)^2\}\{3(-1/6)^2 + (-1/6) + 2\}$
$= (36/36 - 2/36)(3/36 - 6/36 + 72/36)$
$= (34/36)(69/36) = (17/18)(13/12) = (17 \times 13)/(18 \times 12) = 221/216$.

Now, let's see if the same method works for the previous example.

We have $f\{(2x + 1)/3\} = 2x + 5$. Let's find the value of f(7).
Then, we need to solve the equation $(2x + 1)/3 = 7$ for x.
Then, $(2x + 1)/3 = 7 \Rightarrow 2x + 1 = 21 \Rightarrow x = 10$.
Then, we need to plug 10 in the **x** in $2x + 5$.
$2 \times 10 + 5 = 25$.

It does.

To the **Problem** in the Example **4**

Suppose that f(x) = 2x/(3x + 1) and g(x) = x/(3 - 2x), and solve for x in the equation as follows: (f•g)(x) = f(x).

Note: '∴' means 'therefore'.

We will begin with specifying the f•g.

(f•g)(x) = f{g(x)} = 2{x/(3 - 2x)}/[3{x/(3 - 2x)} + 1]
= {2x/(3 - 2x)}/{3x/(3 - 2x) + 1} = {2x/(3 - 2x)}/{3x/(3 - 2x) + (3 - 2x)/(3 - 2x)}
= {2x/(3 - 2x)}/{(3x + 3 - 2x)/(3 - 2x)} = 2x/(x + 3).

⇒ 2x/(x + 3) = f(x) since f•g = f by the problem definition.

(The problem definition says what the problem is. That is, it is the problem description.)

We know that f(x) = 2x/(3x + 1).
Then, 2x/(x + 3) = 2x/(3x + 1).
Then, we can readily see that x = 0 can be a solution.

Suppose now that x ≠ 0. {That's because we want to divide both sides of the equation by 2x.}

Then, 1/(x + 3) = 1/(3x + 1) ⇒ x + 3 = 3x + 1 ⇒ 2x = 2 ⇒ x = 1.

∴ x = 0 or 1.

Let's now move on to the next example.

Suggestions or Solutions

To the **Problem 0** in the Example **5**

Suppose that R is a set of real numbers, and $x \in R$, and that two functions f and g are defined as follows. f: $x \longrightarrow 9ax - 5$, and g: $x \longrightarrow 7 - 2ax$ where a is a constant.
Then, find the value of the a such that $g \bullet f = f \bullet g$.

We have $f(x) = 9ax - 5$, and $g(x) = 7 - 2ax$.

Then, we can see that $g \bullet f = g\{f(x)\} = 7 - 2a(f(x)) = 7 - 2a(9ax - 5) = 7 - 18a^2x + 10a$.

Also, we can see that $f \bullet g = f\{g(x)\} = 9a(g(x)) - 5 = 9a(7 - 2ax) - 5 = 63a - 18a^2x - 5$.

Then:
$g \bullet f = f \bullet g \Rightarrow 7 - 18a^2x + 10a = 63a - 18a^2x - 5$

$\Rightarrow 7 + 10a = 63a - 5 \Rightarrow 53a = 12 \Rightarrow a = 12/53$

In short:

$f(x) = 9ax - 5$, and $g(x) = 7 - 2ax$.
$\Rightarrow$
$g \bullet f = g\{f(x)\} = 7 - 2a(f(x)) = 7 - 2a(9ax - 5) = 7 - 18a^2x + 10a$.
$f \bullet g = f\{g(x)\} = 9a(g(x)) - 5 = 9a(7 - 2ax) - 5 = 63a - 18a^2x - 5$.

$g \bullet f = f \bullet g \Rightarrow 7 - 18a^2x + 10a = 63a - 18a^2x - 5$
$\Rightarrow 7 + 10a = 63a - 5 \Rightarrow 53a = 12 \Rightarrow a = 12/53$.

To the Problem 1 in the Example 5

Suppose that R is a set of real numbers, and x ∈ R, and that two functions f and g are defined as follows. f: x ⟶ 9ax – 5, and g: x ⟶ 7 – 2ax where a is a constant.
Then, specify h such that f•h = g.

We know that f(x) = 9ax – 5 and g(x) = 7 – 2ax, and found that a = 12/53 in the problem 0 right above.
Then:
f(x) = 9(12/53)x – 5 = 108x/53 – 5. g(x) = 7 – 2ax = 7 – 2(12/53)x = 7 – 24x/53.

Now, we may take a function designator for a variable since the output variable of the function gets the output from the function, and we usually set:

output variable = function designator along with input variable.

For instance, **y = f(x)** where the **y** is the output variable, the **f** is the designator, and the **x** is the input variable.

Also, we often set:

output variable = function designator.

For instance, **y = f** where y is the output variable and the **f** is the designator.

Now, we can set f•h = f(h).
Then, since f(x) = 108x/53 – 5, we can see that f(h) = 108h/53 – 5.
We know that f•h = g.
Then, 108h/53 – 5 = 7 – 24x/53.
That's because f•h = f(h) and f•h = g, and therefore, f(h) = g. Then:
108h/53 – 5 = 7 – 24x/53 ⇒ 108h/53 = 12 – 24x/53
⇒ h = (12 x 53)/108 – 24x/108 = (53 – 2x)/9.
Therefore, h(x) = (53 – 2x)/9.

In short:
f(x) = 9ax – 5, and g(x) = 7 – 2ax, and a = 12/53. ⇒ f(x) = 9(12/53)x – 5 = 108x/53 – 5.
g(x) = 7 – 2ax = 7 – 2(12/53)x = 7 – 24x/53.
Then, f•h = g ⇒ f•h = f(h) = g.
f(x) = 108x/53 – 5 ⇒ f(h) = 108h/53 – 5.
Then, 108h/53 – 5 = 7 – 24x/53
⇒ 108h/53 = 12 – 24x/53 ⇒ h = (12 x 53)/108 – 24x/108 = (53 – 2x)/9.
Therefore, h(x) = (53 – 2x)/9.

Suggestions or Solutions
To the **Problem 2** in the Example **5**

Suppose that R is a set of real numbers, and $x \in R$, and that two functions f and g are defined as follows. f: $x \longrightarrow 9ax - 5$, and g: $x \longrightarrow 7 - 2ax$ where a is a constant.

Then, specify h such that h•g•f = f.

Note:

A ⇔ B means at the same time both of the two statements as follows:
"If **A** then **B**." and "If **B** then **A**."
We read A ⇔ B in "**A** if and only if **B**."
In this case, we can also say that **B** if and only if **A** since A ⇔ B is the same as B ⇔ A.
In such cases, we can say that both **A** and **B** are the same. In other words, A = B.

We have such a theorem as follows: h•(g•f) = (h•g)•f = h•g•f.

From the theorem above, we can see that h•g•f = f ⇔ h•(g•f) = f.

We know that $g(x) = 7 - 24x/53$, and that $f(x) = 108x/53 - 5$.

Let's set $u = 7$, $v = -24/53$, $r = 108/53$, and $s = -5$.

Then, $g(x) = u + vx$, and $f(x) = rx + s$.

Then, $g \bullet f = g(f) = u + v(f) = u + v(rx + s) = u + s + vrx$.

Now, $h(g \bullet f) = h(u + s + vrx)$.

Then, $h \bullet (g \bullet f) = f \Rightarrow h(u + s + vrx) = rx + s$.

Then, what are we looking for now?

We are looking for the specification of the h(t) where the **t** is just an input variable.

In other words, we want to find the mechanism and the domain of the **h**.

Let's now set $t = u + s + vrx$. Then, we get $h(t) = rx + s$.

Now, we will express the **x** in terms of the **t**.

Let's set $k = u + s$ just for simplification purposes.

Then, $t = vrx + k \Rightarrow x = (t - k)/vr$.

Then, we can see that:

$h(t) = rx + s$, and $x = (t - k)/vr \Rightarrow h(t) = r\{(t - k)/vr\} + s = (t - k)/v + s$.

Then, we have $h(t) = (t - k)/v + s$.

Now, we need to keep in mind that a specification of a function shows us **the relationship between the input and output**. That is, what a function presents is the roles of the variables and how the variables are related to each other. Therefore, it doesn't matter with the choice of letter for the variable as long as

the consistency is maintained.
Therefore, $h(t) = (t - k)/v + s$ is the same as $h(n) = (n - k)/v + s$. That is, the variable n or t is just a container for one value at a time.

The specification of the function h says the fact only as follows:
The h puts an input value into the input variable, and then, the mechanism subtracts the k from (or adds $-k$ to) the value in the input variable, multiplies the difference by $1/v$, adds the s to the product, produces the sum, and then, the sum is the output for the input.

Now, we can say that:

$h(x) = (x - k)/v + s$ where $k = u + s$, $u = 7$, $s = -5$, and $v = -24/53$.

$\Rightarrow h(x) = [x - \{7 + (-5)\}]/(-24/53) + (-5) = (x - 2)/(-24/53) - 5 = 53(2 - x)/24 - 5$

$= (106 - 53x - 120)/24 = -(53x + 14)/24 = -53x/24 - 7/12$.

Therefore, $h(x) = (-53/24)x - 7/12$.

In short:

$h\bullet(g\bullet f) = (h\bullet g)\bullet f = h\bullet g\bullet f \Rightarrow h\bullet g\bullet f = f \Leftrightarrow h\bullet(g\bullet f) = f$.

$g(x) = 7 - 24x/53$, and $f(x) = 108x/53 - 5$.

Let $u = 7$, $v = -24/53$, $r = 108/53$, and $s = -5$.

Then, $g(x) = u + vx$, and $f(x) = rx + s$.

Then, $g\bullet f = g(f) = u + v(f) = u + v(rx + s) = u + s + vrx$.

Now, $h(g\bullet f) = h(u + s + vrx)$.

Then, $h\bullet(g\bullet f) = f \Rightarrow h(u + s + vrx) = rx + s$.

Let $t = u + s + vrx$. $\Rightarrow h(t) = rx + s$.

Let $k = u + s$.

Then, $t = vrx + k \Rightarrow x = (t - k)/vr$.

$h(t) = rx + s$, and $x = (t - k)/vr \Rightarrow h(t) = r\{(t - k)/vr\} + s = (t - k)/v + s$.

$h(x) = (x - k)/v + s$ where $k = u + s$, $u = 7$, $s = -5$, and $v = -24/53$.

$\Rightarrow h(x) = [x - \{7 + (5)\}]/(-24/53) + (-5) = (x - 2)/(-24/53) - 5 = 53(2 - x)/24 - 5$

$= (106 - 53x - 120)/24 = -(53x + 14)/24 = -53x/24 - 7/12$.

Therefore, $h(x) = (-53/24)x - 7/12$.

Suggestions or Solutions
To the Problem 0 in the Example 6

Suppose that we have a function $f_1(x)$ and make a sequence of composite functions with the same function $f_1(x)$ in such a manner as follows: $f_2 = f_1 \bullet f_1$, $f_3 = f_2 \bullet f_1$, $f_4 = f_3 \bullet f_1 \ldots f_k = f_{k-1} \bullet f_1$. The graph shown below represents $y = f_1(x)$ in black and $y = g(x) = x$ in gray, and a, b, c, d, and e are constants.

Fig. 6.0

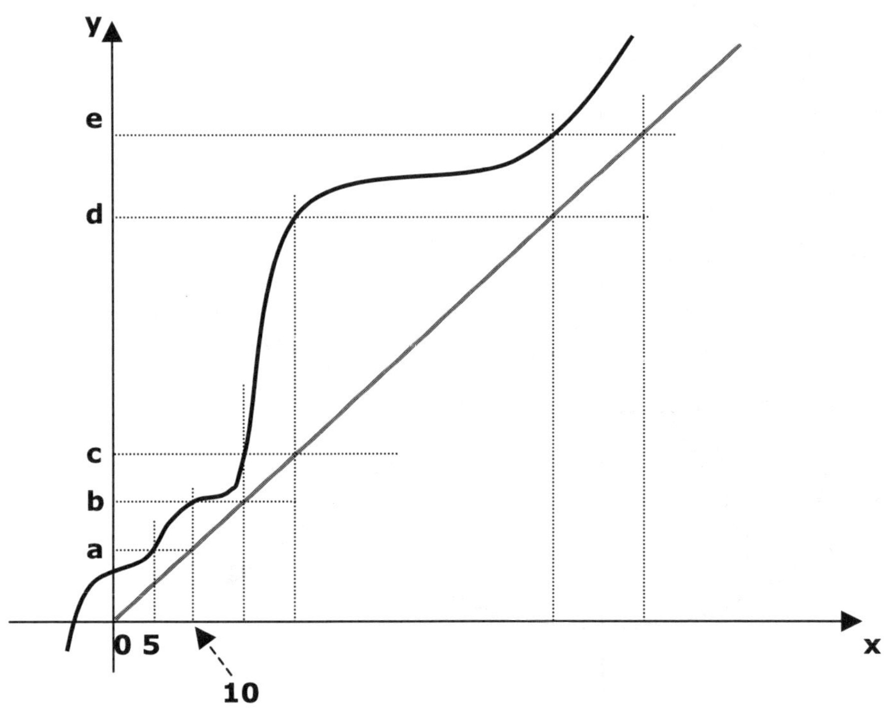

Then, specify $f_4(10)$.

We can see that the values are the same for both x-coordinate and y-coordinate at each point in the curve of $y = g(x) = x$.

Therefore, $a = 10$, $f_1(10) = b$, $f_1(b) = c$, $f_1(c) = d$ and $f_1(d) = e$.

Then, we can specify the graph further as below.

Fig. 6.1

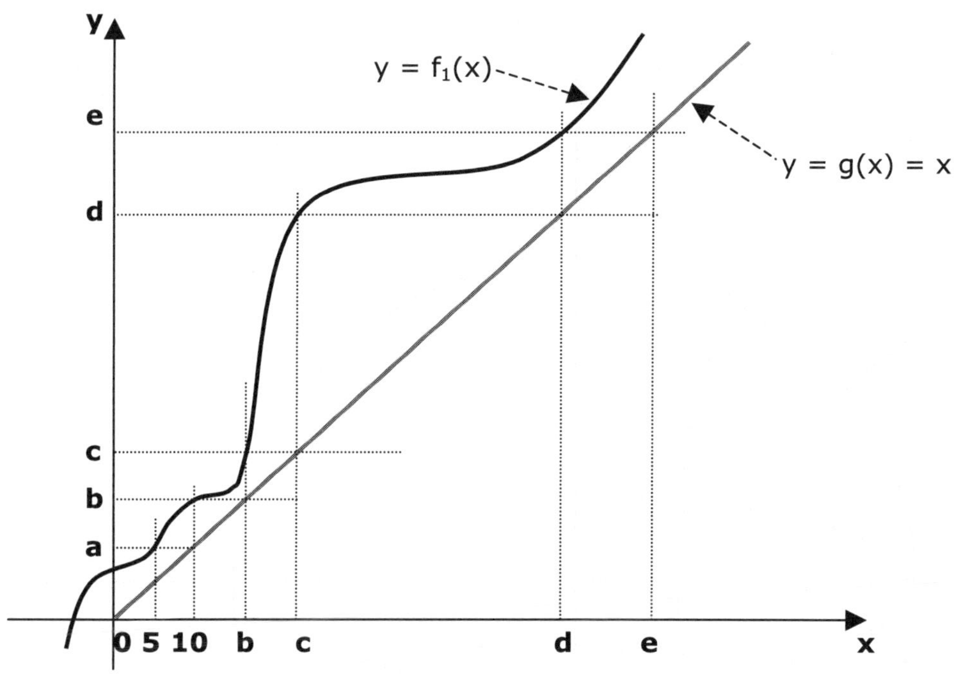

We want to find the output of the composite function $f_4(x)$ when x = 10.

We know that $f_4 = f_3 \bullet f_1$.

Then, $f_4(x) = (f_3 \bullet f_1)(x) = f_3\{f_1(x)\}$.

Then, we can see that $f_4(10) = f_3\{f_1(10)\}$.

We know that $f_1(10) = b$.

Then, $f_3\{f_1(10)\} = f_3(b)$.

Then, by the same token, we can now see that $f_3(b) = f_2\{f_1(b)\} = f_2(c) = f_1\{f_1(c)\} = f_1(d) = e$.

Therefore, $f_4(10) = e$.

In short, $f_4(10) = f_3\{f_1(10)\} = f_3(b) = f_2\{f_1(b)\} = f_2(c) = f_1\{f_1(c)\} = f_1(d) = e$.

Suggestions or Solutions
To the **Problem 1.0** in the Example **6**

Suppose that we have a function $f_1(x)$ and make a sequence of composite functions with the same function $f_1(x)$ in such a manner as follows: $f_2 = f_1 \bullet f_1$, $f_3 = f_2 \bullet f_1$, $f_4 = f_3 \bullet f_1 \ldots f_k = f_{k-1} \bullet f_1$. The graph shown below represents $y = f_1(x)$ in black and $y = g(x) = x$ in gray, and a, b, c, d, and e are constants.

Fig. 6.0

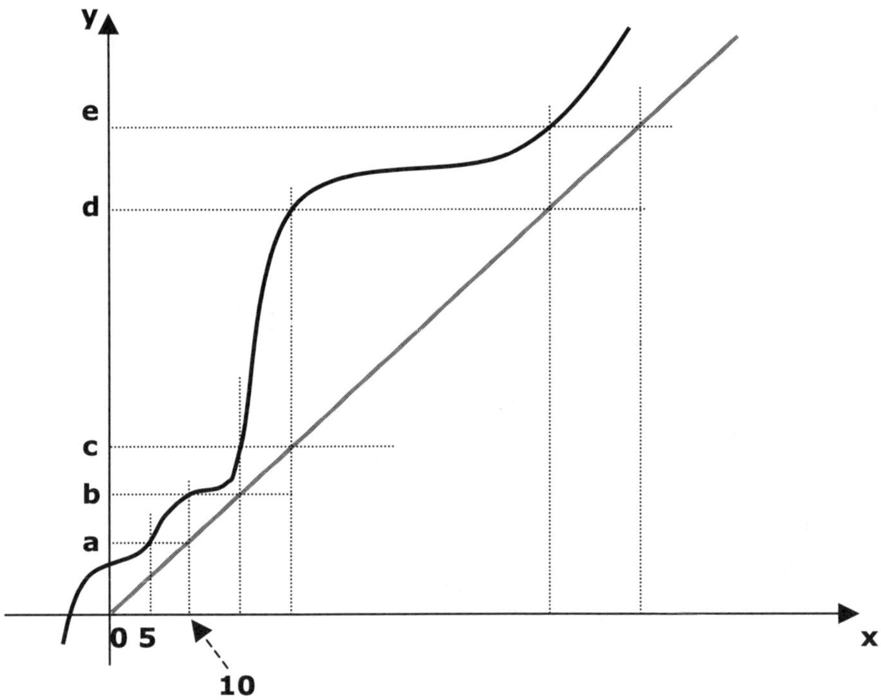

Then, solve for x in the equation as follows:

$f_2(x) = c$.

We can see that the values are the same for both x-coordinate and y-coordinate at each point in the curve of $y = g(x) = x$.

Therefore, $a = 10$, $f_1(10) = b$, $f_1(b) = c$, $f_1(c) = d$ and $f_1(d) = e$.

Then, we can specify the graph further as below.

Fig. 6.1

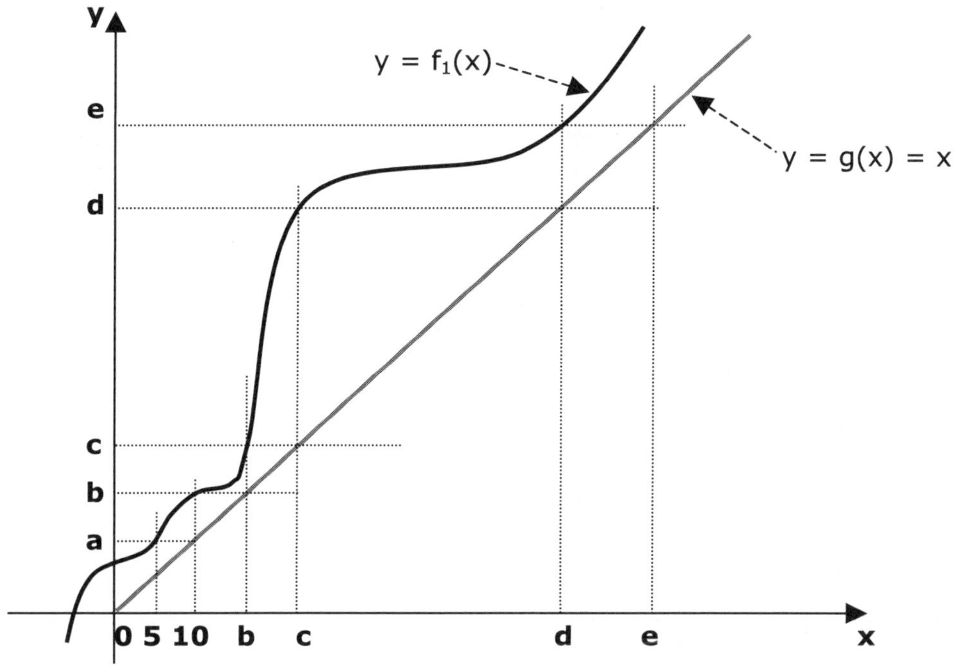

We want to solve the equation $f_2(x) = c$ for **x**.
We know that $f_2(x) = c \Rightarrow f_1\{f_1(x)\} = c$.
What does the equation mean?
The equation tells us that the composite function $f_2(x) = (f_1 \bullet f_1)(x)$ produces **c** for a particular value of **x in the f_1**, and is asking us to find the particular value.
We need to note that f_2 is a function of **x**, too, and we should keep track of the **x**.
Suppose now, that the particular value = k.
If we examine the graph above, we can see that $f_1(b) = c$.
Then, we can see that in the composite function $f_1(f_1)$, the f_1 inside the parentheses has to be **b** when the x = k.
Then, the function f_1 needs to produce **b** for the x = k; in other words, $f_1(k) = b$.
We don't know what value the **k** has for now, but we can say that when the **x** has the value of the **k**, the function f_1 produces **b**, and that $f_2(k) = (f_1 \bullet f_1)(k) = f_1\{f_1(k)\} = f_1(b) = c$.
Now, we need to solve the equation $b = f_1(k)$ for **k**.
However, if we go back to the graph above, we can see that $f_1(10) = b$.
Then, the k = 10, which is the solution.
Now, we can see that when x = 10, $f_2(x) = c$; in other words, $f_2(10) = c$.

In short:

We know that $f_2(x) = c \Rightarrow f_1\{f_1(x)\} = c$.
From the graph, $f_1(b) = c$. Then, $f_1(x) = b$.
From the graph, $f_1(10) = b$. Then, x = 10.
Therefore, $f_2(10) = c$.

Suggestions or Solutions
To the Problem 1.1 in the Example 6

Suppose that we have a function $f_1(x)$ and make a sequence of composite functions with the same function $f_1(x)$ in such a manner as follows: $f_2 = f_1 \bullet f_1$, $f_3 = f_2 \bullet f_1$, $f_4 = f_3 \bullet f_1 \ldots f_k = f_{k-1} \bullet f_1$. The graph shown below represents $y = f_1(x)$ in black and $y = g(x) = x$ in gray, and a, b, c, d, and e are constants.

Fig. 6.0

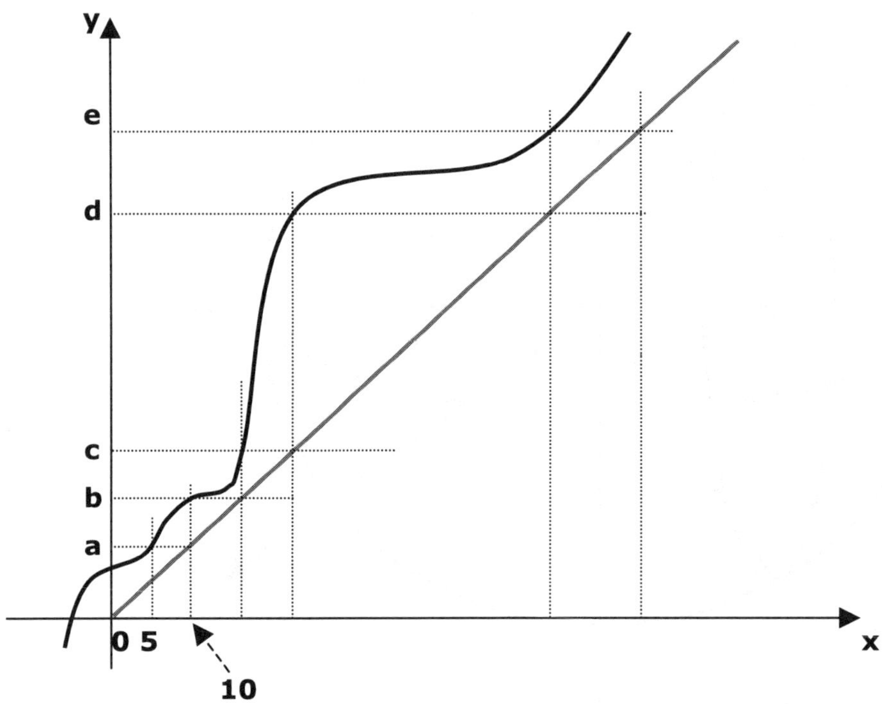

Then, solve for x in the equation as follows:

$f_2(x) = b$.

We can see that the values are the same for both x-coordinate and y-coordinate at each point in the curve of $y = g(x) = x$.
Therefore, $a = 10$, $f_1(10) = b$, $f_1(b) = c$, $f_1(c) = d$ and $f_1(d) = e$.
We are going to solve the equation $f_2(x) = b$ for **x**.
We know that $f_2(x) = b \Rightarrow f_1\{f_1(x)\} = b$.
What does the equation mean?
The equation tells us that the composite function $f_2(x) = (f_1 \bullet f_1)(x)$ produces **b** for a particular value of the **x** in the $f_1(x)$, and is asking us to find **the particular value**.
We need to note that f_2 is a function of **x**, too. Therefore, we may have to keep track of the **x**.

Fig. 6.1

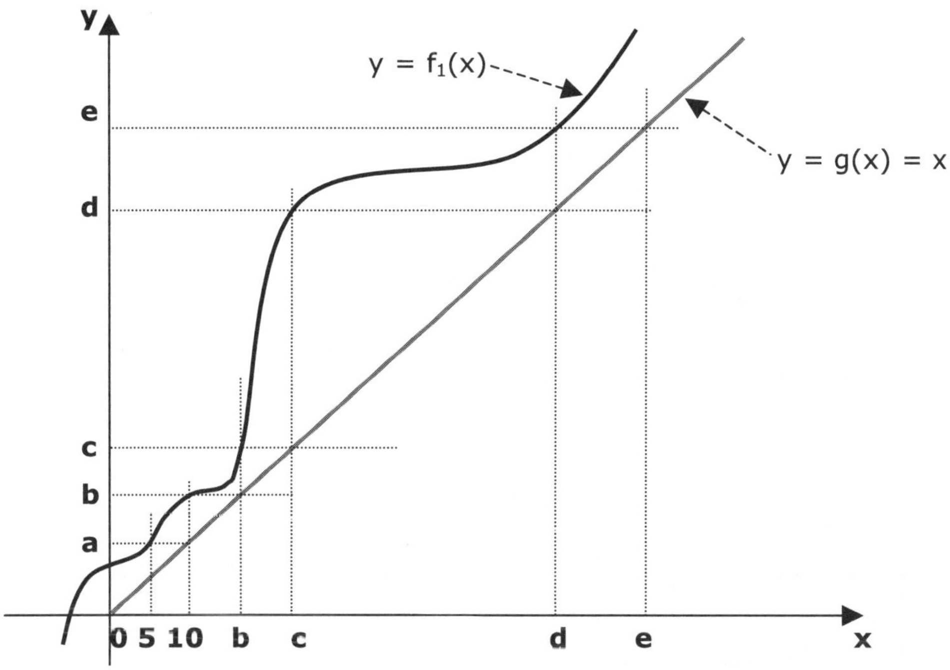

If we examine the graph above, we can see that $f_1(10) = b$.

Suppose now, that $f_1(p) = 10$.

Then, we can see that in the composite function $f_1(f_1)$, the f inside the parentheses has to be 10 when the x = p. In other words, $f_1\{f_1(p)\} = f_1(10) = b$.

Then, the **p** has the particular value stated in the previous page, and the value of the **p** is the solution.

Then again, if we go back to the graph above, we can see that a = 10 and $f_1(5) = a$.

Then, we can see that $f_1(5) = 10$.

Now, we can see that the p = 5, which is the solution.

In other words, $f_1(x) = 10$ for x = 5.

Therefore, we can see that when x = 5, $f_1(x) = 10$, and in turn, $f_1\{f_1(5)\} = f_1(10) = b$.

Now, when x = 5, $f_2(x) = b$; in other words, $f_2(5) = b$.

In short:

We know that $f_2(x) = b \Rightarrow f_1\{f_1(x)\} = b$. From the graph, $f_1(10) = b$.

From the graph, a = 10 and $f_1(5) = a$. $\Rightarrow f_1(5) = 10$. $\Rightarrow f_1\{f_1(5)\} = f_1(10) = b$.

Therefore, $f_2(5) = b$.

Suggestions or Solutions
To the Problem 1.2 in the Example 6

Suppose that we have a function $f_1(x)$ and make a sequence of composite functions with the same function $f_1(x)$ in such a manner as follows: $f_2 = f_1 \bullet f_1$, $f_3 = f_2 \bullet f_1$, $f_4 = f_3 \bullet f_1 \ldots f_k = f_{k-1} \bullet f_1$. The graph shown below represents $y = f_1(x)$ in black and $y = g(x) = x$ in gray, and a, b, c, d, and e are constants.

Fig. 6.0

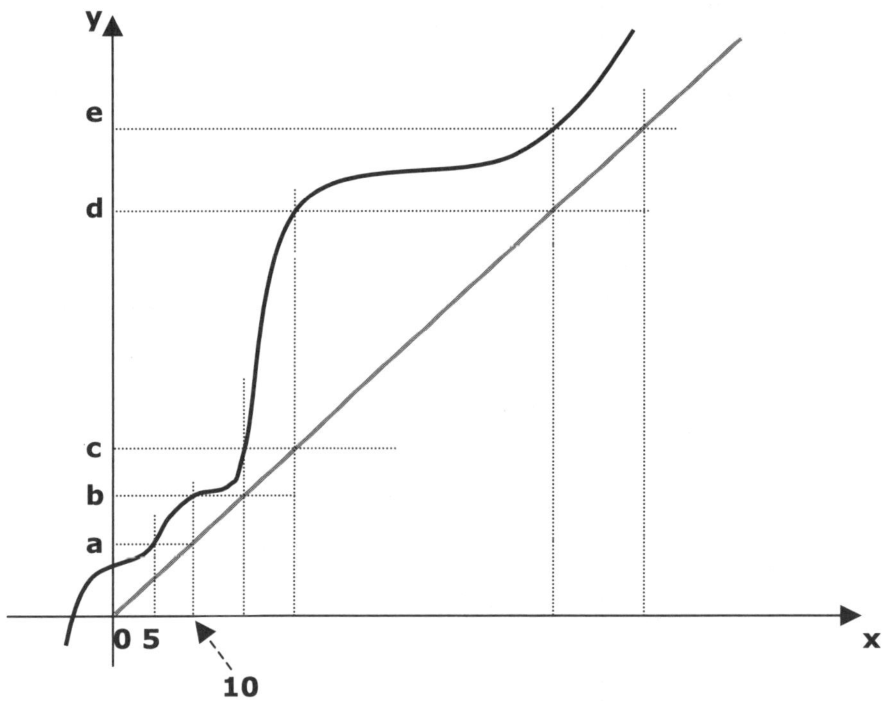

Then, solve for x in the equation as follows: $f_3(x) = c$.

We can see that the values are the same for both x-coordinate and y-coordinate at each point in the curve of $y = g(x) = x$.
Therefore, $a = 10$, $f_1(10) = b$, $f_1(b) = c$, $f_1(c) = d$ and $f_1(d) = e$.
We are going to solve the equation $f_3(x) = c$ for x.
We know that $f_3(x) = c \Rightarrow f_2\{f_1(x)\} = f_1\{f_1(x)\} \bullet f_1 = f_1[f_1\{f_1(x)\}] = c$.
What does the equation mean?
The equation tells us that the composite function $f_3(x) = (f_2 \bullet f_1)(x) = f_1 \bullet f_1 \bullet f_1$ produces **c** for a particular value of the x in the f_1, and is asking us to find the particular value.
We know that the f_3 is a function of **x**, too.
Therefore, we will keep track of the **x**.

Fig. 6.1

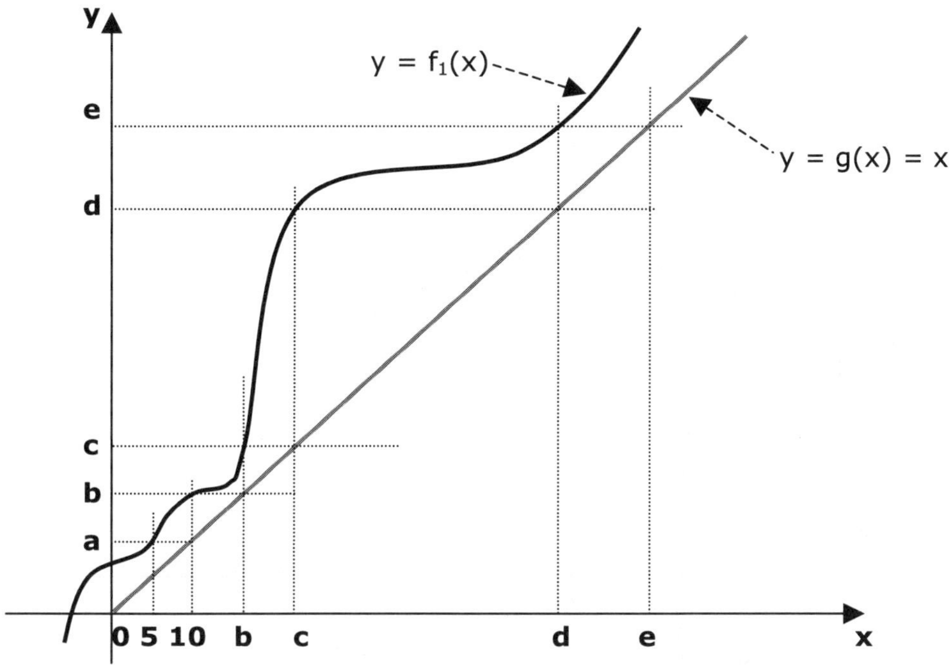

If we examine the graph above, we can see that $f_1(b) = c$.

Suppose now that $f_1\{f_1(u)\} = b$. Then, we can see that in the composite function $f_1\{f_1(f_1)\}$, the $f_1(f_1)$ has to be the **b** when the x = u.

That is, $f_1\{f_1\{f_1(u)\}\} = f_1(b) = c$, and the value of the **u** is the solution.
We know that $f_2 = f_1(f_1)$.

Therefore, the function f_2 needs to produce the b for x = u.

We don't know what the value of the **u** is for now, but we can say that when the x = u, the function f_2 produces the **b**, and that $f_1\{f_1(f_1)\} = f_1 \bullet f_1 \bullet f_1 = f_3$ produces the **c**.

Then again, if we go back to the graph above, we can see that $f_1(10) = b$.
Then, we can see that in the composite function $f_1(f_1)$, the f_1 inside the parentheses has to be 10 when the x = u. In other words, $f_1(u) = 10$.

We still don't know what the value of the **u** is now, but we can say that when the x = u, the function f_1 produces 10, and that $f_1(f_1) = f_1 \bullet f_1 = f_2$ produces the **b**.

Then again, if we go back to the graph above, we can see that $a = 10$ and $f_1(5) = a$. Then, we can see that $f_1(5) = 10$, and that the $u = 5$, which is the solution.

Then, we can see that $f_1\{f_1(5)\} = f_1(10) = b$.
Now, we can see that when $x = 5$, $f_2(x) = b$; in other words, $f_2(5) = b$.
In turn, $f_1[f_1\{f_1(5)\}] = f_1\{f_1(10)\} = f_1(b) = c \Rightarrow f_3(x) = c$ for $x = 5$.

Therefore, $f_3(5) = c$.

In short:

We know that $f_3(x) = c \Rightarrow f_2\{f(x)\} = f_1\{f_1(x)\}\bullet f_1 = f_1[f_1\{f_1(x)\}] = c$.

From the graph, $f_1(b) = c$.

Let $f_1\{f_1(u)\} = b$.
Then, $f_1\{f_1\{f_1(u)\}\} = f_1(b) = c$.

From the graph, $f_1(10) = b$.
Then, $f_1(u) = 10$.

From the graph, $a = 10$ and $f_1(5) = a. \Rightarrow f_1(5) = 10 \Rightarrow u = 5$.

Then, $f_1\{f_1(5)\} = f_1(10) = b$.
In turn, $f_1[f_1\{f_1(5)\}] = f_1\{f_1(10)\} = f_1(b) = c \Rightarrow f_3(x) = c$ for $x = 5$.

Therefore, $f_3(5) = c$.

8. Inverse Functions

Suppose that we have a function called **f**, that the domain is **X**, and that the range is **Y**. Suppose further that the function **f** is one-to-one. Then, we say that the function **f** is invertible. After we invert the function **f**, we get the inverse of the function **f**, which we call the inverse function of the f. An inverse function is often called just an inverse, for short. Therefore, if we say an inverse when we work on functions, it usually means an inverse function. When we construct the inverse of a function, we say that we take the inverse of the function. Now, if a function is not a one-to-one function, the function is not invertible. In other words, only a one-to-one function has the inverse.

Let's now find out about how we should construct the inverse of the function **f**. Then, we may call the **f** the original function. When we take the inverse of the function f, we use the same data sets as the ones used in the **f**. However, the inverse function takes the domain of the **f** for the range and the range of the **f** for the domain; therefore, the roles of the data sets get reversed. In other words, the set **X** is the range of the inverse, and the set **Y** is the domain of the inverse. Besides, the mechanism in the inverse is different from the one in the **f** if the function **f** is not an identity function.

We first need to note that the domain of the original function **f** becomes the range of the inverse, and the range of the original function **f** becomes the domain of the inverse. Therefore, the inverse function picks an element from the domain that was the range of the original function **f**, assigns the element to the input variable, produces its corresponding output, assigns the output to the output variable, and then, the output belongs to the range which was the domain of the original function **f**. However, it is not true that only the direction of the work of function is reversed. If we input to the **f** the output of the inverse, then the **f** has to produce the very input that caused the output in the inverse. Comparing to a sequence, we may say that if we specify a particular term in a sequence, we should be able to produce the index for the particular term. In inverse function, therefore in reverse manner, each of the terms becomes the index and the corresponding index becomes the term.

Since an inverse function, too, is a function, it has its own particular mechanism. Then, the particular mechanism takes for the input each of all the elements belong to the range of the original function and has to produce the output originally corresponding to the input, and of course, the output has to belong to the domain of the original function. Then, the particular mechanism in the inverse has to restore the connections in terms of correspondence established between the data elements in the original function in reverse manner. How? If we input to the inverse an element in the range of the original function, the output has to be the element that belongs to the domain of the original function. Now, we input to the original function the output that has been produced by the inverse. Then, the original function produces an output and the output is the very element that was input to the inverse at the beginning. For a simple instance, suppose that the output gets twice the input through the mechanism of the original function. Then, the output has to be half the amount of the input through the mechanism of the inverse. Therefore, if the original function is not an identity function, the particular mechanism is different from the one in the original function, and we need to find the particular mechanism when we construct the inverse.

As a matter of fact, it is by and large, not easy to find the mechanism of the inverse. Why is it not generally easy to find the mechanism of the inverse, then? To tell the conclusion, if we want to find the mechanism of the inverse, we need to solve an equation made of the mechanism of the original function in most cases, but the expression of the mechanism in the original function is not simple in general. A little more specifically, we generally have to solve the equation and have to find not a particular solution but a general solution, but it is not easy to find the general solution in most cases. In fact, it is not generally easy either even if we find a particular solution only. For instance, if the mechanism of the original function is such a simple expression as 2x + 1, it is not hard to find the mechanism of the inverse; however, if the mechanism of the original function is such an expression as $x^5 + 2x^4 - 3/x + 5$, then let alone the mechanism of the inverse, it is a hard nut to crack to merely find a particular solution. However, the function with such a mechanism is not a one-to-one function, and why bother to find the non-existent inverse? It is not a one-to-one function in general, yet it can be a one-to-one function depending on how we set the domain. Anyway, if the inverse exists and also we need to secure it, then we should give it a try. Now, let's see what we can do about such a work and how we can do about it.

Then, we need to find out about the definitions first. Since an inverse function is a function, we use the same method as in the case of a general function when we define an inverse function. The original function should have been properly defined already, of course, and since an inverse function is based on the original function, the definition of the inverse includes the definition of the original function, too. We usually put in writing the fact that the **g** is the inverse of the **f** in an equality that $g = f^{-1}$, and f^{-1} is read 'f inverse'. We can define an inverse function as follows.

X and Y are sets of real numbers.
f: X ⟶ Y, and the f is one-to-one.
g: Y ⟶ X.
$y = f(x) \Leftrightarrow x = f^{-1}(y)$.
$g = f^{-1}$.

The definition above is merely the answer to the question, "What is an inverse function?" That is, it is not a definition of a particular inverse function. Also, the definition above is not a full definition but just a short definition. It is merely a superficial definition lacking the mechanism that is the practical component in a function. It show us at most, the name of the inverse function and how we put the inverse in such a way only. That is, it merely tell us how we indicate the inverse of an original function.

It is in possession of usefulness in its own way, though. It can come in very handy when we solve problems by means of the properties or nature of an inverse function or when we explain particular theorems. If the definition above was supplemented with the two mechanisms of the original function and the inverse, then it could be a full definition. However, as previously explained, it is not generally easy to find the mechanism of the inverse. Therefore, we normally use such a short definition for the time being.

Now, we have covered the **what**-part. The part is composed of the short definition of an inverse function and the answer to what we are going to do about the inverse. The answer is that we need to find the mechanism of the inverse. Now, we want to cover the **how**-part. We are first going to discuss how an inverse function works by means of the short definition. Then, we want to discuss how to find the mechanism of an inverse function. Discussing the theorems relevant to inverse functions, we are going to find out how an inverse function works. Then, we will discuss how to complete an inverse function by means of examples.

When we are working on making the inverse of a particular function, we usually say that we take the inverse. Taking the inverse of a particular function means that we produce such a short definition as the one introduced above, or we actually find the mechanism of the inverse. If we cannot by any means find the mechanism, which is likely the case though, then we work in search of the inputs corresponding to the particular outputs of the particular function. In such cases, we usually use the tools in the field of numerical analysis. Don't be too concerned about it, though. If we know the principles of inverse function properly and do some practices, then it is not so hard to find the inverses in the problems that are presented in such tests as the ones at school. Also, there are many cases where we do problems by means of definition itself introduced above.

If we want to find the mechanism of the inverse, we need to solve an equation made of the mechanism of the original function in most cases, but the expression of the mechanism in the original function is not simple in general. In addition, merely solving such an equation is not all for the solution to the problem with finding the mechanism, however. There are many cases where we can find the correct inverse only if we properly follow the principle by which the inverse is constructed solving the equation. Now, let's find out about the principle and how we take care of such an equation by means of discussions on the theorems on inverse functions.

Let's go over the idea of an inverse function before we proceed with the discussions on the theorems on inverse functions. The idea of the inverse is that we reverse roles of the data sets keeping intact the relationship in terms of correspondence between the sets in the original function. We know that the role of one of the two data sets in a function is a domain, and that of the other is a range. Then, in the inverse, we can see that the domain was the range of the original function and the range was the domain of the original function. Then, the output from the original is the input to the inverse, and the input to the original is the output from the inverse. Now, what's important at this point is that the existing relationship in terms of correspondence between the data sets has to remain the same.

Let's now get into the space of sequences for a moment. Suppose that we know the general term in a sequence and want to find particular entries by means of the general term. Of course, we know the indices necessary to find the particular entries. Then, we put one of the indices into the general term, and the operations in the general term are performed, and then, the corresponding entry gets produced. Then, the same process is made for every one of all the other indices, and each of all the other corresponding entries is produced. Now, we do the same work in reverse manner. Also, we work on the same sequence as above. In this case then, we want to produce indices in reverse manner and use the entries found above. Then, the indices are the same as the ones used above. Then, we need to put one of the entries into a general term, and the operations in the general term are performed, and then, the corresponding index gets produced. Then, the same process gets made for every one of all the other entries, and each of all the other corresponding indices is produced. Now, what general term is the general term? It is certainly not the general term of the original sequence. Should we call it not a general term but a general index since it produces indices in general manner. However, we normally use the word general index for a different purpose. Then, how about calling it an inverse general term? Now, we've got to find the inverse general term. The road between an index and the corresponding entry is not a two-way highway but a one-way highway. If an entry wants to see the corresponding index and gets into the same road that the corresponding index took, then the entry gets to see a wrong index. The way back to the corresponding index is the inverse general term that is different from the general term.

Now, let's get back to the space of functions. Suppose that we know the mechanism of a particular function and want to find particular outputs by means of the mechanism. We know the inputs for the particular outputs, of course. Then, we put one of the inputs into the mechanism, and the operations in the mechanism are performed, and then, the corresponding output gets produced. Then, the same process is made for every one of all the other inputs, and each of all the other corresponding outputs is produced. Now, we do the same work in reverse manner. Also, we work on the same particular function as above. In this case then, we want to produce the inputs in reverse manner and use the outputs made above. Then, the inputs are the same as the ones used above. Then, we need to put one of the outputs into a mechanism, and the operations in the mechanism are performed, and then, the corresponding input gets produced. Then, the same process gets repeated for every one of all the other outputs, and each of all the other corresponding inputs is produced. Now, what mechanism is the mechanism? Let's call the particular function the original function. Then, we don't want the outputs of the original function to be produced, but do expect the inputs of the original function to be produced. Then, the mechanism used above is certainly not the mechanism in the original functions since the original function produces the output. The mechanism used to produce the inputs of the original function is a new mechanism. Then, where is the new mechanism from? The new mechanism has to be the one in such a function that produces the inputs of the original function. We call that function the inverse function of the original function. Then, the new mechanism is from the inverse function. Just as in the cases of sequences, the road system in a function between an input and the corresponding output is not two-way but one-way traffic. Therefore, if an output wants to see the corresponding input and gets into the same road that the corresponding input has taken, then the output gets to see a wrong input. The output shouldn't get into the same road since the road is one-way. Now, we need to find the way back to the corresponding input. The way is the mechanism of the inverse function. We know that an inverse function is also called just an inverse, for short.

We will cover the concrete discussions on how to find the mechanism of an inverse when we cover the examples in the next section. If we know the properties of inverse functions, it can be much easier to find the mechanisms of inverse functions. Now, let's find out the properties working on the theorems on inverse functions. We have the definition of the inverse of a function f as follows.

X and Y are sets of real numbers.
$f: X \longrightarrow Y$, and the f is one-to-one.
$g: Y \longrightarrow X$.
$y = f(x)$.
$y = f(x) \Leftrightarrow x = f^{-1}(y)$, and $g = f^{-1}$.

Now, we are going to find out about theorems on inverse functions as follows taking the definition above for the basis for each of the theorems:

0. $(f^{-1})^{-1} = f$.

1. $f^{-1}\{f(x)\} = x$.

2. $f\{f^{-1}(y)\} = y$.

3. Suppose that $y = f(x) = x$. Then, $f^{-1}(f) = f(f^{-1})$.

4. The theorem is in two parts as follows:

4.0. $I_x = f^{-1} \bullet f$ and $I_y = f \bullet f^{-1}$ where I_x is an identity function of x and I_y is an identity function of y.

4.1. $g \bullet f = I_x$ and $f \bullet g = I_y \Leftrightarrow g = f^{-1}$.

5. Suppose that:

Z is a set of real numbers.

$h: Y \longrightarrow Z$, and $z = h(y)$ is one-to-one.

Then, $(h \bullet f)^{-1} = f^{-1} \bullet h^{-1}$.

Now, let's prove that the theorems are true facts. Is there a false fact, then? Of course! A true fact is a truth, but a false fact is an untruth. The proofs of the theorems begin with the definition that the theorems are based on, and the definition is as follows.
X and Y are sets of real numbers.
$f: X \longrightarrow Y$, and the f is one-to-one.
$g: Y \longrightarrow X$.
$y = f(x) \Leftrightarrow x = f^{-1}(y)$, and $g = f^{-1}$.

0. $f(x) = (f^{-1})^{-1}(x)$.

$y = f(x) \Leftrightarrow x = f^{-1}(y) \Leftrightarrow y = (f^{-1})^{-1}(x). \Rightarrow f(x) = (f^{-1})^{-1}(x)$.
What's going on?
The theorem is saying that the inverse of the inverse is the original function.

The fact sounds self-evident. Nevertheless in math, we still need to reason out such a fact too. Something sounds true is not necessarily a truth. Something only sounds true but is not true is an untruth.

To put more detail into the proof above, it is as follows:

By definition, $y = f(x) \Leftrightarrow x = f^{-1}(y)$.
Then, by definition again, $x = f^{-1}(y) \Leftrightarrow y = (f^{-1})^{-1}(x)$.
Why? We use again the fact that $y = f(x) \Leftrightarrow x = f^{-1}(y)$.
How?
Let's examine $y = f(x) \Rightarrow x = f^{-1}(y)$.
If we want to get the expression $x = f^{-1}(y)$ from the expression $y = f(x)$, then in $y = f(x)$, we replace the **x** with the **y**, the **f** with the f^{-1}, and the **x** with the **y**.
We can apply the similar idea to the opposite direction, that is, $x = f^{-1}(y) \Rightarrow y = f(x)$.

Now, if in $y = f(x)$, we use **x** in place of the **y** and the $f^{-1}(y)$ in place of the $f(x)$, then we get the expression $x = f^{-1}(y)$.
Then, we apply the same idea as above to $x = f^{-1}(y)$.
Then, in $x = f^{-1}(y)$, we put the **y** in place of the **x**, the f^{-1} with the $(f^{-1})^{-1}$, and the **y** with the **x**.
Then, we get $x = f^{-1}(y) \Rightarrow y = (f^{-1})^{-1}(x)$.
The similar idea is true for the opposite direction, that is, $y = (f^{-1})^{-1}(x) \Rightarrow x = f^{-1}(y)$.

Now, we have:

$y = f(x)$ in the statement that **$y = f(x) \Leftrightarrow x = f^{-1}(y)$.**

$y = (f^{-1})^{-1}(x)$ in the statement that **$x = f^{-1}(y) \Leftrightarrow y = (f^{-1})^{-1}(x)$.**

Then, $y = f(x)$ and $y = (f^{-1})^{-1}(x)$.
Then, $f(x)$ and $(f^{-1})^{-1}(x)$ are the same as each other.
Therefore, $f(x) = (f^{-1})^{-1}(x)$.

1. $f^{-1}\{f(x)\} = x$.

By definition, $y = f(x) \Leftrightarrow x = f^{-1}(y)$.
Then, we can see that $f^{-1}(y) = f^{-1}\{f(x)\}$ since $y = f(x)$.
Then, $x = f^{-1}(y) = f^{-1}\{f(x)\} \Rightarrow x - f^{-1}\{f(x)\}$.

2. $f(f^{-1}(y)) = y$.

By definition, $y = f(x) \Leftrightarrow x = f^{-1}(y)$.
Then, we can see that $f(x) = f\{f^{-1}(y)\}$ since $x = f^{-1}(y)$.
Then, we can also see that $y = f(x) = f\{f^{-1}(y)\}$.
Then, $y = f\{f^{-1}(y)\}$.

3. Suppose that $y = f(x) = x$. Then, $f^{-1}(f) = f(f^{-1})$.

By definition, $y = f(x) \Leftrightarrow x = f^{-1}(y)$.
Then, we can see that:

$x = f^{-1}(y) = f^{-1}\{f(x)\}$ since $y = f(x) \Rightarrow x = f^{-1}\{f(x)\}$.
$y = f(x) = f\{f^{-1}(y)\}$ since $x = f^{-1}(y) \Rightarrow y = f\{f^{-1}(y)\}$.

We know that $\mathbf{y = x}$.
Then, $\mathbf{f\{f^{-1}(y)\} = f^{-1}\{f(x)\}}$.

We can also see that $\mathbf{f^{-1}\{f(x)\} = f^{-1}\{f(y)\}}$ since $\mathbf{y = x}$.
Then, $f\{f^{-1}(y)\} = f^{-1}\{f(y)\}$ since $\mathbf{f\{f^{-1}(y)\} = f^{-1}\{f(x)\}} = f^{-1}\{f(y)\}$.

Also, $f\{f^{-1}(y)\} = f^{-1}\{f(y)\} \Rightarrow f\{f^{-1}(x)\} = f^{-1}\{f(x)\}$ since $y = x$.

Then, we can now say that $f(f^{-1}) = f^{-1}(f)$ if **the function f** is **an identity function** such as $y = f(x) = x$.

4. The theorem is in two parts as follows:

$I_x = f^{-1}\bullet f$ and $I_y = f\bullet f^{-1}$ where I_x is an identity function of x and I_y is an identity function of y.

$g\bullet f = I_x$ and $f\bullet g = I_y \Leftrightarrow g = f^{-1}$.

By definition, $y = f(x) \Leftrightarrow x = f^{-1}(y)$.
Then, before we proceed with the proof, let's find out what we mean by the two statements as follows:

I_x is an identity function of **x**.

I_y is an identity function of **y**.

Let's begin with the fist one: **I_x is an identity function of x.**

Suppose that we have a function $t = g(s) = s$.
Then, the g is an identity function of s since $t = s$.
In other words, the output from the **g** is the same as the corresponding input to the **g**.
In short, the input and the output are the same.
Now, we can see that:

The I_x is just another identity function, which is a function of x.

Therefore, we can put I_x in $I(x)$, for instance; that is, we can set $I_x = I(x) = x$.

Now, $I_x = f^{-1}\bullet f$ means that the composite function $f^{-1}\bullet f$ is also an identity function of **x**.

That is, $f^{-1}\bullet f = x$.

The same idea applies to the second one: **I_y is an identity function of y.**

That is, **the I_y is just another identity function, which is a function of y.**

Therefore, we can set $I_y = I(y) = y$, for instance.
Then, $I_y = f \bullet f^{-1}$ means that the composite function $f \bullet f^{-1}$ is also an identity function that is a function of **y**.
That is, $f \bullet f^{-1} = y$.
We need to note that the **y** is the input variable in the identity function I_y.

Now, let's find out how the theorem 4 above that is in two parts can hold. That is, we now begin the proof of the theorem.

The first part is as follows: **$I_x = f^{-1} \bullet f$, and $I_y = f \bullet f^{-1}$ provided that $y = f(x)$.**

Let's begin with the background of the theorem:
We have $y = f(x)$.
By definition, $y = f(x) \Leftrightarrow x = f^{-1}(y)$.

$f^{-1}(y) = f^{-1}$, for short, and $f(x) = f$, for short. Then, $x = f^{-1}$ and $y = f$, for short, too.

Let's now take care of the first statement of the first part: **$I_x = f^{-1} \bullet f$ is an identity function of x.**

We know that $f^{-1} \bullet f = f^{-1}(f) = f^{-1}\{f(x)\}$, which is a function of **x**.
Then, we can see that $f^{-1} \bullet f = f^{-1}(f) = f^{-1}(y)$ since $y = f(x)$ and $y = f$, for short.
Then, $f^{-1} \bullet f = f^{-1}(y)$.
Then, we can see that $f^{-1} \bullet f = x$ since $x = f^{-1}(y)$.
Therefore, $f^{-1} \bullet f$ is an identity function of x.

Now, let's have a look at the second statement: **$I_y = f \bullet f^{-1}$ is an identity function of y.**

We know that $f \bullet f^{-1} = f(f^{-1}) = f\{f^{-1}(y)\}$, which is a function of **y**.
Then, we can see that $f \bullet f^{-1} = f(f^{-1}) = f(x)$ since $x = f^{-1}(y)$ and $x = f^{-1}$, for short.

Then, $f \bullet f^{-1} = f(x)$.
Then, we can see that $f \bullet f^{-1} = y$ since $y = f(x)$.
Therefore, $f \bullet f^{-1}$ is an identity function of **y**.

Now, we will prove the second part in this theorem: **$g \bullet f = I_x$ and $f \bullet g = I_y \Leftrightarrow g = f^{-1}$.**

When we prove a proposition that has $\Leftrightarrow$, we need to prove both ways of $\Leftrightarrow$.
In other words, we need to prove the two propositions that:

$g \bullet f = I_x$ and $f \bullet g = I_y \Rightarrow g = f^{-1}$.

$g = f^{-1} \Rightarrow g \bullet f = I_x$ and $f \bullet g = I_y$.

What can we see from the fact that $f: X \longrightarrow Y$ and $g: Y \longrightarrow X$?

From the fact above, we can see that the **g** is probably the inverse of the **f** and vice versa.

In other words, it is very likely that $f = g^{-1}$ or $g = f^{-1}$.

In fact, we want to show that the **f** and the **g** are the inverses of each other by means of the fact that **$g \bullet f = I_x$ and $f \bullet g = I_y$.**

Let's now begin with the first one: **$g \bullet f = I_x$ and $f \bullet g = I_y \Rightarrow g = f^{-1}$.**

We have the fact that $g \bullet f = I_x$ and $f \bullet g = I_y$.
We also have the fact that $I_x = f^{-1} \bullet f$ and $I_y = f \bullet f^{-1}$.
Then, $g \bullet f = I_x = f^{-1} \bullet f$, and $f \bullet g = I_y = f \bullet f^{-1}$.
Then, $g \bullet f = f^{-1} \bullet f$, and $f \bullet g = f \bullet f^{-1} \Rightarrow g = f^{-1}$.
Therefore, $g \bullet f = I_x$ and $f \bullet g = I_y \Rightarrow g = f^{-1}$. In other words:
If $y = f(x)$, $g \bullet f = x$, and $f \bullet g = y$, then $g = f^{-1}$.

In short:

$(I_x = f^{-1} \bullet f$ and $I_x = g \bullet f) \Rightarrow g \bullet f = f^{-1} \bullet f$. $(I_y = f \bullet f^{-1}$ and $I_y = f \bullet g) \Rightarrow f \bullet g = f \bullet f^{-1}$. Therefore, $g = f^{-1}$.

Now, we will show that **$g = f^{-1} \Rightarrow g \bullet f = I_x$ and $f \bullet g = I_y$.**

Since $g = f^{-1}$, $g \bullet f = f^{-1} \bullet f$ and $f \bullet g = f \bullet f^{-1}$.

We know that $I_x = f^{-1} \bullet f$, and that $I_y = f \bullet f^{-1}$.

Then, $g \bullet f = f^{-1} \bullet f = I_x$ and $f \bullet g = f \bullet f^{-1} = I_y$.

Therefore, $g = f^{-1} \Rightarrow g \bullet f = I_x$ and $f \bullet g = I_y$. In other words:

If $y = f(x)$ and $g = f^{-1}$, then $g \bullet f = x$, and $f \bullet g = y$.

In short:

$g = f^{-1} \Rightarrow g \bullet f = f^{-1} \bullet f$ and $f \bullet g = f \bullet f^{-1}$.

$g \bullet f = f^{-1} \bullet f$, $f \bullet g = f \bullet f^{-1}$, $I_x = f^{-1} \bullet f$, and $I_y = f \bullet f^{-1} \Rightarrow g \bullet f = I_x$ and $f \bullet g = I_y$.

Now, let's move on to the next theorem.
5. Suppose that:
Z is a set of real numbers.
h: Y ⟶ Z, and z = h(y) is one-to-one.

Then, $(h \bullet f)^{-1} = f^{-1} \bullet h^{-1}$.

We can see that if a function **s** is the inverse of a function **t**, then $s \bullet t$ and $t \bullet s$ are identity functions from the theorem 4 above.
We have $y = f(x)$ and $z = h(y)$.
Then, we can see that the composite function $f \bullet h$ is a function from the **X** to the **Z**, and that the inverse of the composite function is a function from the **Z** to the **X**.
Now, showing that $(f^{-1} \bullet h^{-1}) \bullet (h \bullet f) = I_x$ and that $(h \bullet f) \bullet (f^{-1} \bullet h^{-1}) = I_z$ amounts to showing that $(f^{-1} \bullet h^{-1}) = (h \bullet f)^{-1}$.

Also, we've got a theorem as follows.

Suppose that A, B, C, and D are data sets that satisfy the following statement:
$p: A \longrightarrow B$, $q: B \longrightarrow C$, and $r: C \longrightarrow D$.
Then, $r \bullet (q \bullet p) = (r \bullet q) \bullet p = r \bullet q \bullet p$

That is, the composite function operation is associative.

Let's now show **$(f^{-1} \bullet h^{-1}) \bullet (h \bullet f) = I_x$** first.

We can see that $(f^{-1} \bullet h^{-1}) \bullet (h \bullet f) = f^{-1} \bullet (h^{-1} \bullet h) \bullet f$ by the theorem above.
We can also see that $h^{-1} \bullet h = I_y$ by the theorem 4 above since the **h** is a function of **y**.
Then, we get $(f^{-1} \bullet h^{-1}) \bullet (h \bullet f) = f^{-1} \bullet I_y \bullet f$.

We know that the f^{-1} is a function of **y**.
Then, $f^{-1} \bullet I_y = f^{-1}$ since $I_y = y$. That's because if we replace every **y** in the f^{-1} with the **y**, then the f^{-1} does not change and remains itself.

Then, we can see that $(f^{-1} \bullet h^{-1}) \bullet (h \bullet f) = f^{-1} \bullet I_y \bullet f = f^{-1} \bullet f$.
We can see that $f^{-1} \bullet f = I_x$ by the theorem 4 since the **f** is a function of **x**.
Therefore, $(f^{-1} \bullet h^{-1}) \bullet (h \bullet f) = I_x$.

Now, let's show that **$(h \bullet f) \bullet (f^{-1} \bullet h^{-1}) = I_z$.**

We can see that $(h \bullet f) \bullet (f^{-1} \bullet h^{-1}) = h \bullet (f \bullet f^{-1}) \bullet h^{-1}$ by the theorem above.
We can also see that $f \bullet f^{-1} = I_y$ by the theorem 4 above since the f^{-1} is a function of **y**.
Then, we get $(h \bullet f) \bullet (f^{-1} \bullet h^{-1}) = h \bullet I_y \bullet h^{-1}$.
We know that the h is a function of y. Then, $h \bullet I_y = h$ since $I_y = y$.
Then, we can see that $(h \bullet f) \bullet (f^{-1} \bullet h^{-1}) = h \bullet I_y \bullet h^{-1} = h \bullet h^{-1}$.
We can see that $h \bullet h^{-1} = I_z$ by the theorem 4 since the h^{-1} is a function of **z**.
Therefore $(h \bullet f) \bullet (f^{-1} \bullet h^{-1}) = I_z$. Now, we have:
$(f^{-1} \bullet h^{-1}) \bullet (h \bullet f) = I_x$. $(h \bullet f) \bullet (f^{-1} \bullet h^{-1}) = I_z$.
Therefore, $(f^{-1} \bullet h^{-1}) = (h \bullet f)^{-1}$ by the theorem 4.

In short.

We have $y = f(x)$ and $z = g(y)$.
$(f^{-1} \bullet h^{-1}) \bullet (h \bullet f) = f^{-1} \bullet (h^{-1} \bullet h) \bullet f = f^{-1} \bullet I_y \bullet f = f^{-1} \bullet f = I_x$.
$(h \bullet f) \bullet (f^{-1} \bullet h^{-1}) = h \bullet (f \bullet f^{-1}) \bullet h^{-1} = h \bullet I_y \bullet h^{-1} = h \bullet h^{-1} = I_z$.
Therefore, $(f^{-1} \bullet h^{-1}) = (h \bullet f)^{-1}$ by the theorem 4.

Now, let's have a look at another theorem.

The theorem is about graphs of inverse functions. However, it doesn't merely cover how to construct the graphs. It also explains the relationship between a function and the inverse in terms of graph. For instance, if y = f(x), then the curve in the graph of the f and the inverse are symmetric about the straight line in y = x in the **x–y** plane.

The theorem is of much importance since it provides us with a connection to a very significant area where we can manage functions in more practical manner. The area is a space where function transformations are, which is to be covered in the Book 2: **Graph Operations**. Now, the theorem is as follows.

6. Suppose that:
X and Y are sets of real numbers.
f: X ⟶ Y and y = f(x). The f is one-to-one.
On x-y plane, the curve in the graph of the f is a set of points:
$\{(x, f(x)) | x \in X\} = \{(x, y) | x \in X \text{ and } y \in Y\}$.

Then, on the same x-y plane, the curve in the graph of the f^{-1} is:
A set of points, $\{(f(x), x) | x \in X\}$, which is the same as $\{(y, x) | x \in X \text{ and } y \in Y\}$.

Let's see now, how the theorem can hold.

We have y = f(x), and the **f** is one-to-one. Then, $x = f^{-1}(y)$ by definition.

Suppose that we take the f^{-1} for just another function rather than the inverse of the function **f**, and also, that we name the f^{-1} in an ordinary way. For instance, we can name it **g** or **h**. Nonetheless, the mechanism of the inverse doesn't get changed and remains the same, of course. In addition, let's use for the variables in the f^{-1} other letters than the ones for the variables in the function **f**.

Suppose now, that the inverse is called **g**, that the input variable in the **g** is **s**, and **t** is the output variable in the **g**.
Then, we can name the inverse of the **f** in such a way as follows: t = g(s).

Now, we like to see how the **f** and the **g** are connected to each other.

In the statement that **the function t = g(s) is the inverse of the function y = f(x)**, we can see the two facts that:

The **t** is the output variable in the **g**, but each of all the values the **t** gets will be each of all the values the **x** gets in the **f** since the **x** is the input variable in the **f**.

The **s** is the input variable in the **g**, but each of all the values the **s** gets will be each of all the values the **y** gets in the **f** since the **y** is the output variable in the **f**.

Therefore, what happens between the f and the g is as follows:

$y = f(x) \Leftrightarrow x = f^{-1}(y) \Leftrightarrow x = g(y)$ where the f and the g are one-to-one, of course.

What the statement above is saying is that the input to the **g** is the output from the **f**, and that the output from the **g** is the input to the **f**. In other words, the **y** is the input variable in the **g**, and the **x** is the output variable in the **g**.

The same story again, isn't it? Why repeat, then? Because it is so important!

Now, we can specify the sets of points on the curves in the graphs of the **f** and the **g** as follows:

In the graph of the **f**, the curve is composed of the set of points: $\{(x, f(x)) | x \in X\}$.

In the graph of the **g**, the curve is composed of the set of points: $\{(f(x), x) | x \in X\}$.

Then, two corresponding points from each of the two curves make a pair, and the two points in each pair are symmetric about the straight line y = x.

Therefore, if we put both of the curves in the same graph in the **x-y** system, **the curves are symmetric about the straight line y = x.**

Fig. 6.0

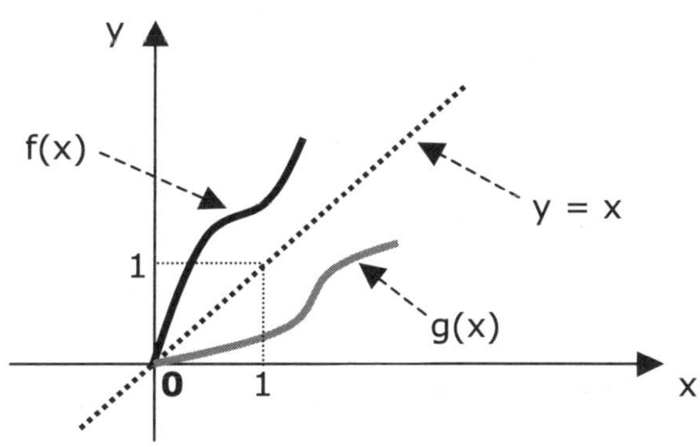

Now, another important message we can notice is that if we take the expression y = f(x) for an equation for the **x** and find the solution, the solution is the mechanism of the **g**. That's because the solution is an algebraic expression in terms of the **y** in y = f(x), and the **g** is a function of the **y**. In other words, the inverse function **g** uses for the inputs the outputs of the **f**, and the outputs of the **f** are put in the **y** in y = f(x). Therefore, the mechanism of the **g** that is the inverse of the **f** has to be an algebraic expression in terms of the **y** in y = f(x).

Let's have a look at the graph above. If we take the y-axis for the input axis for the **g**, we can see that the curve of the **g** is identical to the curve of the **f**. That is, the output from the **f** is the input to the **g**. Why not g(y) but g(x) in the graph, then? As long as the consistency is maintained, we can choose any letter for the variable to suit our needs. The **y** in g(y) is the same as the **y** in y = f(x). However, the reason that we use the **x**, too, for the input variable in the function is that we want to put the curve of the **g** in the same **x-y** plane as the curve of the **f** is placed in. That is, we put the two curves in the same graph. The values the **x** gets in the **g** are the same as the values the **y** gets in y = f(x), but we merely want to choose from the x-axis the input values of the **g**. In other words, we take the values in the x-axis for the input values to the f, and also, take the values in the same x-axis for the input values to the **g** at the same time. That is, the x-axis in the **x-y** plane is nothing more than the axis that supplies functions with the input values, and the y-axis is merely the axis that supplies the functions with the output values.

No matter what function we may put in an **x-y** plane, the function takes the input on the x-axis and the output on the y-axis. For instance, what should we do if we want to put the curve of the function y = f(x) in a **u-v** plane? Then, we put the function not in y = f(x) but in v = f(u). What about x = g(y), then? If we want to put the function x = g(y) in the **u-v** plane, then we put the function in v = g(u). In the **u-v** plane, the u-axis is merely the input axis and the v-axis is merely the output axis regardless of the functions.

The idea in the statement, "$y = f(x) \Leftrightarrow x = f^{-1}(y)$." is correct, but the statement is prone to be ambiguous since the **x** and the **y** are somewhat overly or doubly used. Therefore, if we carry on with the statement as it is, it seems that we often get into confusion when we proceed with the construction of the mechanism of the inverse.

Now, the equivalent statement can be rewritten along with "t = g(s)" as follows:
$y = f(x) \Leftrightarrow x = f^{-1}(y) \equiv t = g(s)$ where t = x, s = y, $g = f^{-1}$, and the **f** and the **g** are one-to-one.

Entirely, we may rewrite it in terms of y = f(x) and t = g(s) only as follows:
$y = f(x) \Leftrightarrow t = g(s)$ where t = x, s = y, $g = f^{-1}$, and the **f** and the **g** are one-to-one.

Therefore, although it is somewhat intricate, we can remove some ambiguity likely from the process where the mechanism of the inverse is constructed.

The statement above says the same story again. It tells us that $g = f^{-1}$, the **t** is assigned the value the **x** gets in the **f**, and the **s** is assigned the value the **y** gets in the **f**. In other words, the input to the **f** is the output from the **g**, and the input to the **g** is the output from the **f**. That is, the **g** is the inverse of the **f**.

Now, let's find out what we need to construct the mechanism in the **g**. We know that the **x** gets assigned each of all the input values to the **f**. Also, we know that the **t** is the output variable of the **g** and is equal to the **x**. Then, what does the **g** make? What the **g** makes is the inputs to the **f**. That is, the outputs of the **g** are the inputs of the **f**. Then, what does the **g** use to make its own output and how does the **g** make its own output? The **g** puts the output of the **f** into its own mechanism and produces its own output since the input of the **g** is the output of the **f**. The output of the **g** is assigned to the **t**. Then, we need to find out how the **t** is made to construct the mechanism of the **g**. Since t = g(s), the **t** can be set equal to the expression in terms of the **s**. That is, the t can be presented in terms of the **s**. We know that t = x, and that s = y. Now, we need to express the **x** in terms of the **y**. With what do we express the **x** in terms of the **y**, then? It is the equality in terms of the **x** and the **y**. What equality? It is **y = 'the mechanism of the f(x)'**. For instance, if $f(x) = 2x^2 + x + 3$, then the equality is $y = 2x^2 + x + 3$. By the way, we may put the equality **y = 'the mechanism of the f(x)'** in y = f(x), for short. Now, we should express the **x** in terms of the **y** by means of the equality in y = f(x). That is, we need to solve for the **x** the equation in y = f(x).

Is it foggy yet? Then, let's have one more look at the y = f(x) = the mechanism of the **f**. What does it tell us? It tells us a lot. Among those many, it tells us how all the values of the **y** are produced. The idea is specified by an algebraic expression in terms of the **x**. For instance, y = f(x) = 2x + 1. That is, y = 2x + 1. In short, we express the **y** in terms of the **x**. Now, in reverse, let's find out how all the values of the **x** can be produced. Then, we can try doing the same work to the **x** as the work done to the **y**. Suppose that we can now specify 'the **how**' with an expression in terms of the **y**. In other words, we can express the **x** in terms of the **y**. That is, we can set the **x** equal to the expression in terms of the **y**. Then, the expression itself is the mechanism in the **g**.

Now, we know what to do. Then, we need to find out how to do it. First of all, where is the **x**? We know that the **x** is in the **f**. We have y = f(x). Then, what should we do for the **x**? We have the equality in y = f(x). In other words, we have an equation that we can try solving for the **x**. Then, if we can put the solution in an expression in terms of the **y**, then the solution is the mechanism in the **g**. In short, we solve the equation y = f(x) for the **x**, and take the solution for the mechanism in the inverse **g**.

Suppose now that we have found the solution to the equation y = f(x) for the **x**. Then, the solution will be in terms of the **y**. It can be x = 7y + 3, for instance. Then, the algebraic expression in 7y + 3 is the mechanism in the **g**. Now, what is the **y** in the mechanism in the **g**? The **y** is the **input variable** in the **g**. What is the **x** in x = 7y + 3 in the **g**, then? The **x** is the **output variable** in the **g**. Therefore, we can put the function g in x = g(y).

We need to note that the **x** and the **y** are names of the variables, and we can change the names whatever we want as long as we keep the natures of the variables and the consistency. We know that the variables in y = f(x) have the same names as the variables have in x = 7y + 3. Then, we are prone to confuse variables in one function with the ones in the other function. Let's now change the names, then.

Let's get back to the example, x = 7y + 3 stated above. For the function **g**, the **y** is the input variable and the **x** is the output variable. For the function **f** however, the **y** is the output variable and the **x** is the input variable. Now, we change the variable names so that we don't get confused. We have already put the inverse of the **f** in t = g(s) above. Then, we replace the variable names in the x = 7y + 3 with the **s** and the **t**. Then, t = 7s + 3, and therefore, we get t = g(s) = 7s + 3. That is, we change the **x** to the **t**, the **y** to the **s**. Now, why the **t** for the **x** and the **s** for the **y**? That's because the **s** is the input variable in the **g** and 7y + 3 gets to be the mechanism of the **g**. We know that the **y** is assigned the output value of the **f**, and that the output value of the **f** will be the input value of the **g**. Therefore, the value of the **y** needs to be the input value of the **g**. The name of a variable is important, but the nature of the variable is more important. We know that people can wear the same clothes, but the people are different from each other.

Now, are we there yet? **Yes** and **no!** What do we mean by yes and no? If we want to go ahead and use the **g** as is, then the answer is **yes**. However, if we want to put the curve of the **g** in the graph where the curve of the **f** is, then we need to take one more step. Since we put the graph of the **g** in the **x-y** plane where the graph of the **f** is placed, the variable names have to match the names of the axes in the coordinate system where the graph is located. The system has the x-axis and the y-axis. Then in the system, the **x** is for the input variable, and the **y** is for the output variable. Then, we need to change the **t** to **y** and **s** to **x** in t = g(s). Now, we have y = g(x) = 7x + 3. The **x** and the **y** in the y = g(x) have got nothing to do with the y = f(x). In other words, the **x** in the **g** and the **x** in the **f** are merely the same in name, but their natures are different. The same idea applies to the **y**. The variables in the same name merely share the same axes. Then, the graphs of the **f** and the **g** share the same axes and space. Therefore, we can see both of the curves in the same graph. We are there now.

Examples
in Inverse Functions

0. Let's find the inverse of the function $f(x) = ax + b$ where **x** is real, **a** and **b** are constant, and $a \neq 0$.

1. Find the inverses of the functions as follows.

0. $y = f(x) = (2 - x)^{1/2} + 3$ for $x \leq 2$.

1. $y = f(x) = (2x - 1)(2x + 5)$ for $x \geq 0$.

2. $y = f(x) = 2/(1 - 2x) + 3$ for $x \neq 1/2$.

3. $y = f(x) = 2(x - 3)^3$ for x is real.

4. $y = f(x) = (x - 1)(x - 2)(x - 3)$ for $x \geq 0$.

5. $y = f(x) = (x - 1)^4$ for x is real.

2. Suppose that $f(x) = (2ax + b)/(cx - 2)$ has its inverse as follows:
$f^{-1}(x) = (x + 2)/(2x - 3)$ for $x \neq 3/2$.
Then, let's find the values of the **a**, the **b** and the **c**.

3. Suppose that $f(x) = 2x + u$ and $g(x) = v - 3x$. Then:
0. Find f^{-1}, g^{-1}, $g \bullet f$, and $(g \bullet f)^{-1}$, and see if $(g \bullet f)^{-1} = f^{-1} \bullet g^{-1}$.
1. Find $(g \bullet f) \bullet (g \bullet f)^{-1}$.

4. Suppose that $f(x) = (4x^2 - 1)^{1/2} = \sqrt{4x^2 - 1}$ for $x \geq 1/2$, and $g(x) = x(x^2 - 2x - 1)$ for $x \geq 2$.
Then, find $f^{-1}(1)$ and $g^{-1}(-2)$.

5. Suppose that:
$(g \bullet f)(x) = 2x + 1$ for x is real where $f(x) = 3x + 4$.
$(u \bullet v)(x) = 2x + 1$ for x is real where $u(x) = 3x + 4$.

Then, find the $g(x)$ and the $v(x)$.

6. Suppose that $f(x) = x^2 - 3x + 2$ for $x \geq 2$, and find $g(x)$ such that $g\{f(x)\} = x$.

Suggestions or Solutions
To the Problem in the Example 0

Let's find the inverse of the function f(x) = ax + b where the x is real, a and b are constant, and a ≠ 0.

Before we work on the example, let's go over the idea on inverse functions since the idea tends to be very confusing. If confident enough however, then skip to the page 141.

We know that the main components of a function are the domain, the range, and the mechanism. The function takes an input from the domain, puts the input into the input variable, produces the output by means of the mechanism, and then, assigns the output to the output variable. Then, the output belongs to the range.

Now, what the inverse function does is to do the same work but in reverse order. In other words, the inverse takes an input, which belongs to the range of the original function, and then, puts the input into the input variable, produces the output by means of the mechanism, and then, assigns the output to the output variable. Then, the output belongs to the domain of the original function. Therefore, we can see that the domain of the inverse is the range of the original function, and the range of the inverse is the domain of the original function. Then, the domain and the range of the original function do not change but exchange their roles only. Is that it, then? Of course not! It's only the beginning. Now, the major change does happen to the mechanism of the original function. We don't just put an output of the original function into the mechanism of the original function to get the corresponding input of the original function. It works of course, if the original function is an identity function. For any other function however, it won't work. We've got to find a new mechanism that does the work. The new mechanism is the mechanism of the inverse. Usually, finding the mechanism for the inverse is not easy. That's because we normally have to solve an equation and take the solution for the mechanism, but the equation is usually not simple enough to find such a solution that can be the mechanism.

Anyhow, whether it is hard or not, how do we find the mechanism for the inverse? Suppose that the original function has taken a particular input and produced a particular output. Then, we input to the inverse the particular output from the original function. Then, the output produced by the inverse is one of the elements in the domain of the original function. Now, what's more important is that the output has to be the particular input that we have supplied to the original function. In fact, the construction of the inverse is a particular kind in function transformation. On what base do we construct the inverse? It is the original function. The inverse has to be based on the original function. How? We establish the correlation between the input and output variables in the inverse based on the correlation between the input and output variables in the original function. That is, the relational expression between the input and output variables in the inverse has to be made from the relational expression between the input and output variables in the original function. In particular, the inverse is a function that takes for the input the output of the original function. Now, we can notice that the mechanism of the inverse has to be constructed in terms of the output variable of the original function. The function transformation is covered in the second book, **Graph Operations** in the series of Run Functions.

Now, let's talk about the mechanism of the inverse in terms of the operations in the mechanism. We know that a mechanism of a function is an expression in terms of the input variable, and that we usually specify a function in such a way as follows:

output variable = function name = mechanism along with domain.

For instance, **$y = f(x) = 2x + 5$ for $x \geq 1$**, where the **y** is the output variable, f(x) is the function name, 2x + 5 is the mechanism, and $x \geq 1$ is the specification of the domain.

In the example above, how do we find the input value if the output is 15?
If the output is 15, then the **y** is assigned 15. In other words, the y = 15.
Then, we get such an equation for the **x** as follows: 15 = 2x + 5.
Now, if we solve the equation for the **x**, then we get the corresponding input to the output that is 15.

$15 = 2x + 5 \Rightarrow 2x = 10 \Rightarrow x = 5$. We can see that the input is 5.

Of course, 5 is a specific solution for the **x**. Now, let's find every input for each of all the outputs. Then, we need to find not a particular solution but a general solution for the **x**. The general solution covers the entire values that are eligible for the **x**. Now in the example above, how do we get the general solution for the **x**? In the example, we have y = f(x) = 2x + 5 in which the **y** is for each of all the output values, and the **x** is for each of all the input values. The **y** is expressed in terms of the **x** that is the input variable. That expression is the mechanism that the **f** uses to produce all the output values. Now in reverse, if we express the input variable **x** in terms of the **y** that is the output variable in the function **f**, then we can put every value of the **y** into the expression and produce every value of the **x**. Then, that expression is the general solution for the **x**. Also, we know that the **x** gets assigned every input of the original function **f**, and that the **y** gets assigned every output of the **f**. Therefore, the expression produces every input value of the **f** for every output of the **f**. Now, that expression is the mechanism for the inverse.

Let's solve the equation for the **x** now.

$y = 2x + 5 \Rightarrow 2x = y - 5 \Rightarrow x = (y - 5)/2$.

Then, (y − 5)/2 is the mechanism of the inverse.

However, we are not quite there yet. Now, it is crucial to note that:

The mechanism '(y − 5)/2' tells us "**how** the input of the original function **f** is produced."
Also, the mechanism '(y − 5)/2' tells us "**how** the output of the inverse is produced.", and then, the **y** is merely a container for the input value of the inverse.

Once the mechanism of the inverse is made, the letter **y** in the mechanism is not the output variable in the **f** anymore, but is now the input variable in the inverse. However, the **y** is also still used as the output variable in the **f**. It is confusing to use the same names for objects different from each other. We can change names as long as the consistency is maintained. That is to say that it is important to keep intact the nature of each of the variables involved when we change the names. Then, we can choose any letter for the input variable in the inverse other than the **y**. For instance, we can take **g** for the inverse function designator, **s** for the input variable in the **g**, and **t** for the output variable. Then, we can put the inverse **g** in the **s-t** coordinate system and specify it in such a way as follows:

$t = g(s) = (s - 5)/2$ for $s \geq 7$.

Wait a second! How come the domain is s ≥ 7, then?

The reason is that the range of the original function **f** is y ≥ 7 since the domain in the **f** is x ≥ 1, and that the inverse **g** takes the values in the range of the **f** for the inputs. In fact, the point is crucial, too, since if no domain, then no function, and if the domain is different, then it is a different function even if the mechanism is the same.

For another instance, we can take **g** for the inverse function designator, **x** for the input variable in the **g**, and **y** for the output variable. Then, we can put the inverse **g** in the **x-y** coordinate system and specify it in such a way as follows:

y = g(x) = (x − 5)/2 for x ≥ 7.

Since we often use **x-y** coordinate system, we usually choose the second example for use.
Now, we have two functions **f** and **g** specified as follows:

y = f(x) = 2x + 5 for x ≥ 1. y = g(x) = (x − 5)/2 for x ≥ 7. g = f^{-1}.

In short, when we find the mechanism of the inverse, we take for an equation the connective expression between the mechanism of the original function and the output variable such as y = 2x + 5, solve the equation for the input variable, take the solution for the mechanism of the inverse, and then, make choices for the letters of the variables to be used in the inverse. For instance, what if we want to choose the letter **g** for the inverse function designator, the letter **u** for the input variable in the **g**, and the letter **v** for the output variable? If they do not get us confused in any other expressions involved, then we can go ahead and do so. Then, we put the inverse in a **u-v** coordinate system and specify it in such a way as follows:

v = g(u) = (u − 5)/2 for u ≥ 7.

Now:

The **u** takes the value that the **y** takes in the original function y = f(x) = 2x + 5 for x ≥ 1.

The **v** takes the value that the **x** takes in the original function y = f(x) = 2x + 5 for x ≥ 1.

We choose the letters for the variables in a function in accordance with the coordinate system where we put the function.

We are there now.

Now, let's begin working on the problem in this example.
We want to find the inverse of the function $f(x) = ax + b$ where x is real, a and b are constant, and $a \neq 0$.

The input variable in the f is the x, and the output variable is the y. Therefore, we take $y = ax + b$ for an equation for the **x**, solve the equation for the **x**, and then, the solution is an expression in terms of the **y**. Then, the solution is the mechanism of the inverse.

$y = ax + b \Rightarrow x = (1/a)(y - b)$.

Then, the mechanism of the inverse is $(1/a)(y - b)$ where the **y** is the input variable in the inverse.
Let's have a look at what's going on between the original function **f** and the inverse **g** in terms of the definition of the inverse.

Suppose that:
X and Y are sets of real numbers, and that $f: X \longrightarrow Y$.
$f(x) = y = ax + b$ where $x \in X$, $y \in Y$, and **a** and **b** are nonzero constants.
The function designator of the inverse is **g**, that the input variable is **u**, and that the output variable is **v**.
Then, $g: Y \longrightarrow X$, and $v = g(u) = (1/a)(u - b)$ where $u \in Y$ and $v \in X$.

Also, we may put it in such a way as follows.
Suppose that:
X and Y are sets of real numbers.
$f: x \longrightarrow ax + b$ where $x \in X$, $ax + b \in Y$, a and b are constants, and $a \neq 0$.
The function designator of the inverse is **g**, and that the input variable is **u**.
Then, $g: u \longrightarrow (1/a)(u - b)$ where $u \in Y$, and $(1/a)(u - b) \in X$.

Now, we want to put the function **g** in the **x-y** coordinate system.
Then, we need to change the names of the variables in accordance with the system.
We know that the **x** is for the input variable, and the **y** is for the output variable in the **x-y** system.
Therefore, we can put the inverse in $y = g(x) = (1/a)(x - b)$.

In short:
Let $y = f(x) = ax + b$, and $g = f^{-1}$.
$y = ax + b \Rightarrow x = (y - b)/a$.
$\Rightarrow y = g(x) = (x - b)/a$ if we put the **g** in the **x-y** system.

Let's now have a look at the next example.

Suggestions or Solutions
To the Problem 0 in the Example 1

Find the inverse of the function as follows: 0. $y = f(x) = (2 - x)^{1/2} + 3$ for $x \le 2$.

We need to specify the x in the f(x) in terms of the y.
That is, we need to find the mechanism of the inverse.
Then, we take $y = (2 - x)^{1/2} + 3$ for an equation for the x, and take the solution for the mechanism of the inverse since the solution is an expression in terms of the y; that is, **x = the expression**, which is in terms of the y.
However, before we move on further, we need to see what the range of the f is.
Then, the range of the f will tell us what the domain of the inverse is.

When we specify a function, we should specify at least the mechanism and the domain.
Particularly, when we specify an inverse function, we should be able to specify the domain along with the mechanism since the mechanism of the inverse can produce an output that may not belong to the domain of the original function if we omit the domain of the inverse. We know that if the domain is different, then it is a different function.

We know that **the domain = $\{x | x \le 2\}$** in the $y = f(x)$, and we have **$y = (2 - x)^{1/2} + 3$**.
We know that $(2 - x)^{1/2} \ge 0$.
Then, we can see that $y = (2 - x)^{1/2} + 3 \ge 3$.
Therefore, the $y \ge 3$. Now, the range of the f = $\{e| e \ge 3\}$.

Wait a minute! Why not **y** but **e** in the notation of the set $\{e| e \ge 3\}$? We can use **y** instead of the **e** in the set notation above, of course. We may also use any of **a**, **b**, **c**, etc. instead of the **e** in the set notation. It doesn't matter whatever the letter we use for the symbol for the general element of a set as long as the consistency is maintained. The symbol for the general element of a set is like a variable. In other words, the symbol is just a container such as a box or a bowl. Therefore, we can put the domain of the **f** in $\{t| t \ge 3\}$, for instance.

Now, we need to solve for the **x** in $y = (2 - x)^{1/2} + 3$.
$y = (2 - x)^{1/2} + 3 \Rightarrow y - 3 = (2 - x)^{1/2}$.
If we take the square of both sides, we get $2 - x = (y - 3)^2 \Rightarrow x = 2 - (y - 3)^2$.
Suppose now that the name of the inverse is g(s).
Then, $g(s) = 2 - (s - 3)^2$ for $t \ge 3$.
Why $t \ge 3$?
That's because the range of the **f** is $\{e| e \ge 3\}$, and the range of the **f** is now the domain of the **g**.
Can the inverse be named g(x)? Of course, we can name it that way.
Then, the inverse is $g(x) = 2 - (x - 3)^2$ for $x \ge 3$.

We can take the letter **y** for the output variable in the **g**, too.

Therefore, we can specify the inverse of the **f** in such a way as follows:

$g = f^{-1}$ and $y = g(x) = 2 - (x - 3)^2$ for $x \geq 3$ and $y \leq 2$.

In fact, we do not have to specify the range of the **g** since the range has already been specified by the domain of the **f**.

In short:

$y = f(x) = (2 - x)^{1/2} + 3$ for $x \leq 2 \Rightarrow y \geq 3$.

$y = (2 - x)^{1/2} + 3 \Rightarrow y - 3 = (2 - x)^{1/2} \Rightarrow 2 - x = (y - 3)^2 \Rightarrow x = 2 - (y - 3)^2$.

Let $g = f^{-1}$ and put the **g** in the **x-y** system.

Then, $y = g(x) = 2 - (x - 3)^2$ for $x \geq 3$.

Fig. 1.0.0

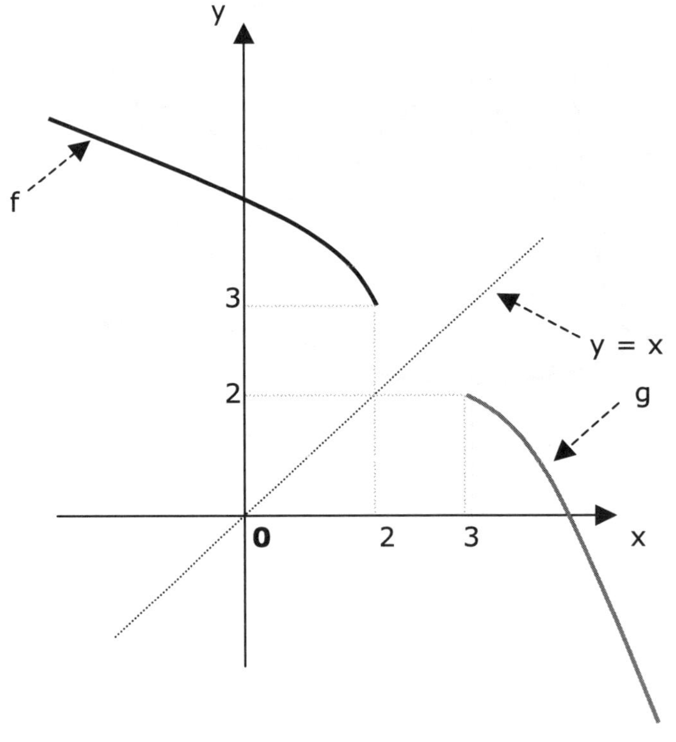

The curve the inverse **g** is put on an **x-y** plane together with the curve of the **f**, and then, they are symmetric about the straight line $y = x$.

Suggestions or Solutions
To the **Problem 1** in the Example **1**

Find the inverse of the function as follows: $y = f(x) = (2x - 1)(2x + 5)$ for $x \geq 0$.

Then, we need to solve the equation, $y = (2x - 1)(2x + 5)$ for the **x**, and put the solution in an expression in terms of the **y**. Of course, we are going to make sure that we get both the domain and the range of the f to be specified.

Let's expand the mechanism so that we can solve the equation for the **x**.

$y = (2x - 1)(2x + 5) = 4x^2 + (10 - 2)x - 5 = 4x^2 + 8x - 5.$

We may put the equation in $4x^2 + 8x - 5 - y = 0$ and use the formula for the root, of course.
However, the equation looks quite messy because of the **y** in the equation.
Anyways, what if we forgot the formula?
Then, we extract the complete square out of the equation, and we get the formula back.
Now, let's extract the complete square since it looks easier to do it. We will get it from the mechanism of the **f**, and then, solve for the **x**.

$y = 4x^2 + 8x - 5 = 4(x^2 + 2x) - 5 = 4(x^2 + 2x + 1 - 1) - 5 = 4(x^2 + 2x + 1) - 4 - 5$

$= 4(x + 1)^2 - 9.$

Now, we need to specify the range of the **f** at this point since we can easily see it now.
Can we say that $y = 4(x + 1)^2 - 9 \geq -9$ since $(x + 1)^2 \geq 0$ because of the fact that the square of any real number is greater than or equal to 0? The answer is "No!" in this case.
We know that the domain of the **f** is specified by $x \geq 0$.
Then, $x \geq 0 \Rightarrow (x + 1)^2 \geq 1 \Rightarrow 4(x + 1)^2 \geq 4$.
Therefore, $y = 4(x + 1)^2 - 9 \geq -5$.
Now, the range of the f is specified in $y \geq -5$.
Then, we need to complete the mechanism of the inverse now.

We have $y = 4(x + 1)^2 - 9$.

$\Rightarrow y + 9 = 4(x + 1)^2 \Rightarrow (x + 1)^2 = (y + 9)/4 \Rightarrow x + 1 = \pm(y + 9)^{1/2}/2$

$\Rightarrow x = \pm(y + 9)^{1/2}/2 - 1.$

Now, we need to choose either of the two signs of $\pm$.
We know that $x \geq 0$ in the **f**.
Then, the x cannot be $-(y + 9)^{1/2}/2 - 1$ because $(y + 9)^{1/2} \geq 2$ since $y > -5$
Then, $x = (y + 9)^{1/2}/2 - 1$ where the **x** was used for the input variable in the **f**.

Then, the mechanism in the inverse is in $(y + 9)^{1/2}/2 - 1$ where the **y** is the input variable in the inverse from now on. Now, are we there yet? Almost!

Suppose now that y = g(x) is the inverse of the **f**; in other words, the inverse is to be put in the **x-y** coordinate system.

Now, $g = f^{-1}$, and $y = g(x) = (x + 9)^{1/2}/2 - 1$ for $x \geq -5$ and $y \geq 0$.

We are there now.

In short:

$y = (2x - 1)(2x + 5) = 4x^2 + (10 - 2)x - 5 = 4x^2 + 8x - 5 = 4(x^2 + 2x) - 5$

$= 4(x^2 + 2x + 1 - 1) - 5 = 4(x^2 + 2x + 1) - 4 - 5 = 4(x + 1)^2 - 9.$

$x \geq 0$ and $(x + 1)^2 \geq 1 \Rightarrow 4(x + 1)^2 \geq 4.$

Therefore, $y = 4(x + 1)^2 - 9 \geq -5 \Rightarrow y \geq -5.$

$y = 4(x + 1)^2 - 9 \Rightarrow y + 9 = 4(x + 1)^2 \Rightarrow (x + 1)^2 = (y + 9)/4 \Rightarrow x + 1 = \pm(y + 9)^{1/2}/2$

$\Rightarrow x = \pm(y + 9)^{1/2}/2 - 1.$

$x = (y + 9)^{1/2}/2 - 1$ since $x \geq 0$.

Suppose now that y = g(x) is the inverse of the **f**.

Then, $g = f^{-1}$, and $y = g(x) = (x + 9)^{1/2}/2 - 1$ for $x \geq -5$ and $y \geq 0$.

Fig. 1.1.0

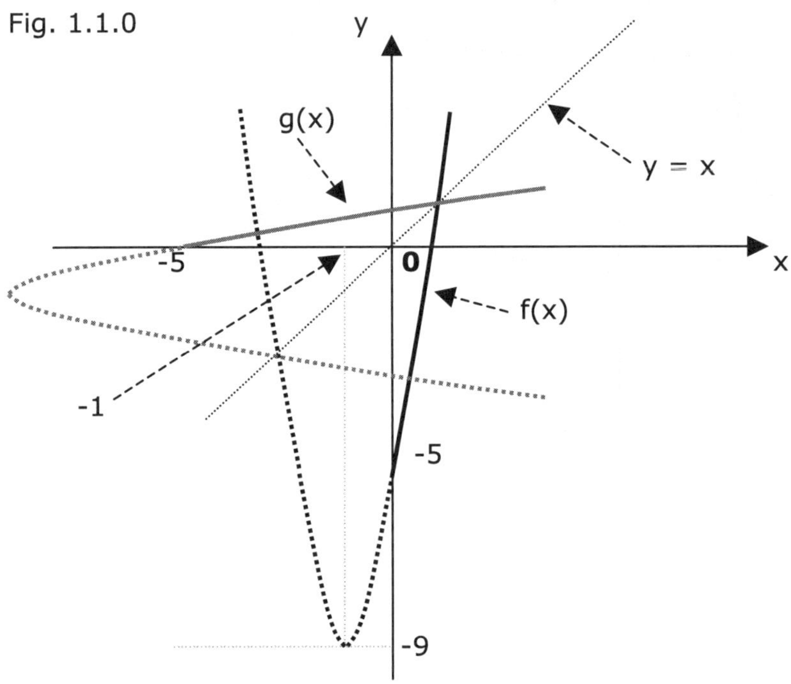

The curves of the **f** and the **g** are symmetric about the straight line y = x.

Suggestions or Solutions
To the Problem 2 in the Example 1

Find the inverse of the function as follows: y = f(x) = 2/(1 - 2x) + 1 for x ≠ 1/2.

Fig. 1.2.0

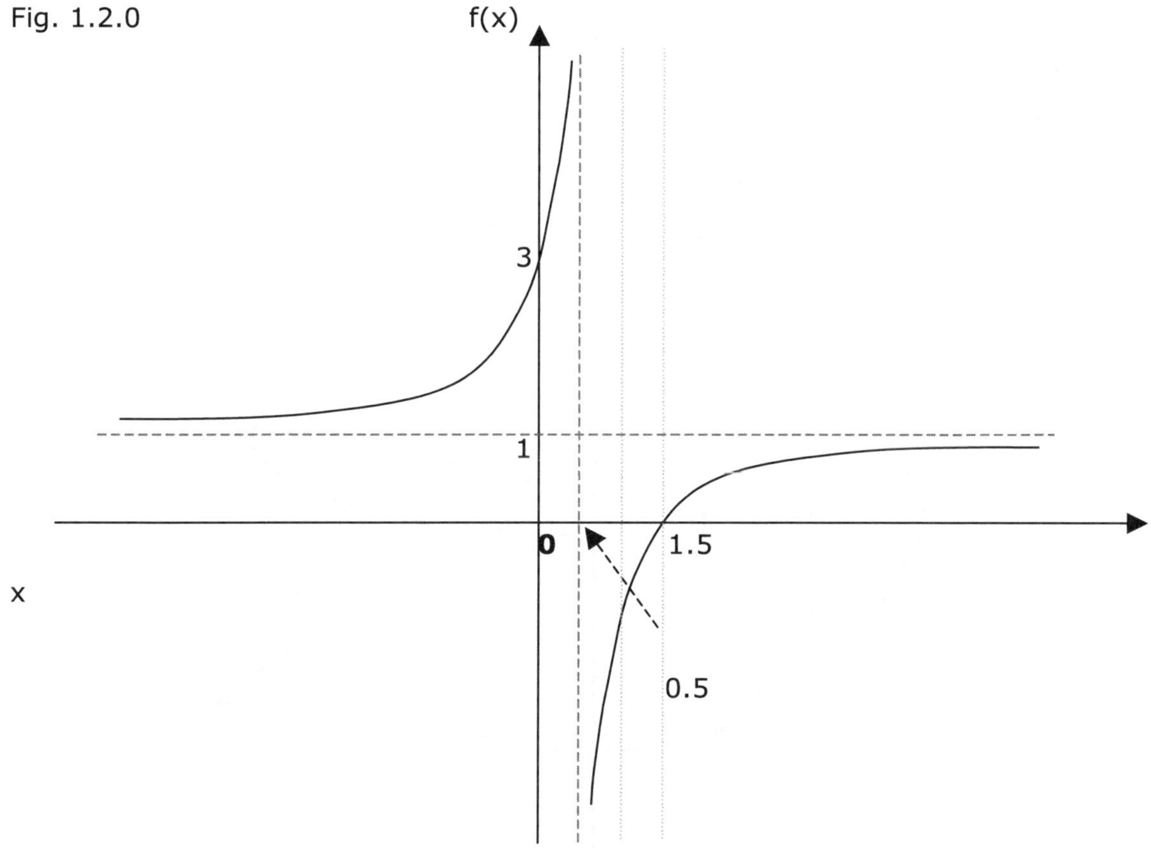

What is the range of the **f**?

Suppose that **R** is a set of real numbers.

Then, the range of the f = R - {1}. In other words, the range of the **f** is the set of all real numbers except 1. That's because the **y** cannot be 1 since 2/(1 - 2x) cannot be 0 for any value of the **x**.

The domain of the f is the set of all real numbers except 1/2 since division by 0 is not allowed.

1 - 2x is the denominator, and when x = 1/2, 1 - 2x = 0.

Now, let's find the mechanism of the inverse.

y = 2/(1 - 2x) + 1 ⇒ y - 1 = 2/(1 - 2x) ⇒ 1 - 2x = 2/(y - 1) ⇒ 2x = 1 - 2/(y - 1)

⇒ x = 1/2 - 1/(y - 1).

We now can see that the mechanism in the inverse is 1/2 - 1/(y - 1) where the y is the input variable in the inverse from now on.

Suppose that the inverse is in y = g(x); in other words, we put the inverse in the x-y coordinate system.
Then, we get to put the inverse in y = g(x) = 1/2 - 1/(x - 1) for x ≠ 1.
We can see that the domain of the g is R - {1}, and that the range is R - {1/2}.

In short:

The range of the f = R - {1} where R is a set of real numbers.
The domain of the f = R - {1/2}.
$y = 2/(1 - 2x) + 1 \Rightarrow y - 1 = 2/(1 - 2x) \Rightarrow 1 - 2x = 2/(y - 1) \Rightarrow 2x = 1 - 2/(y - 1)$
$\Rightarrow x = 1/2 - 1/(y - 1)$.
Suppose that the inverse is in y = g(x).
Then, y = g(x) = 1/2 - 1/(x - 1) for x ≠ 1.

The curve of the f is in black and the curve of the g is in gray.

Fig. 1.2.1

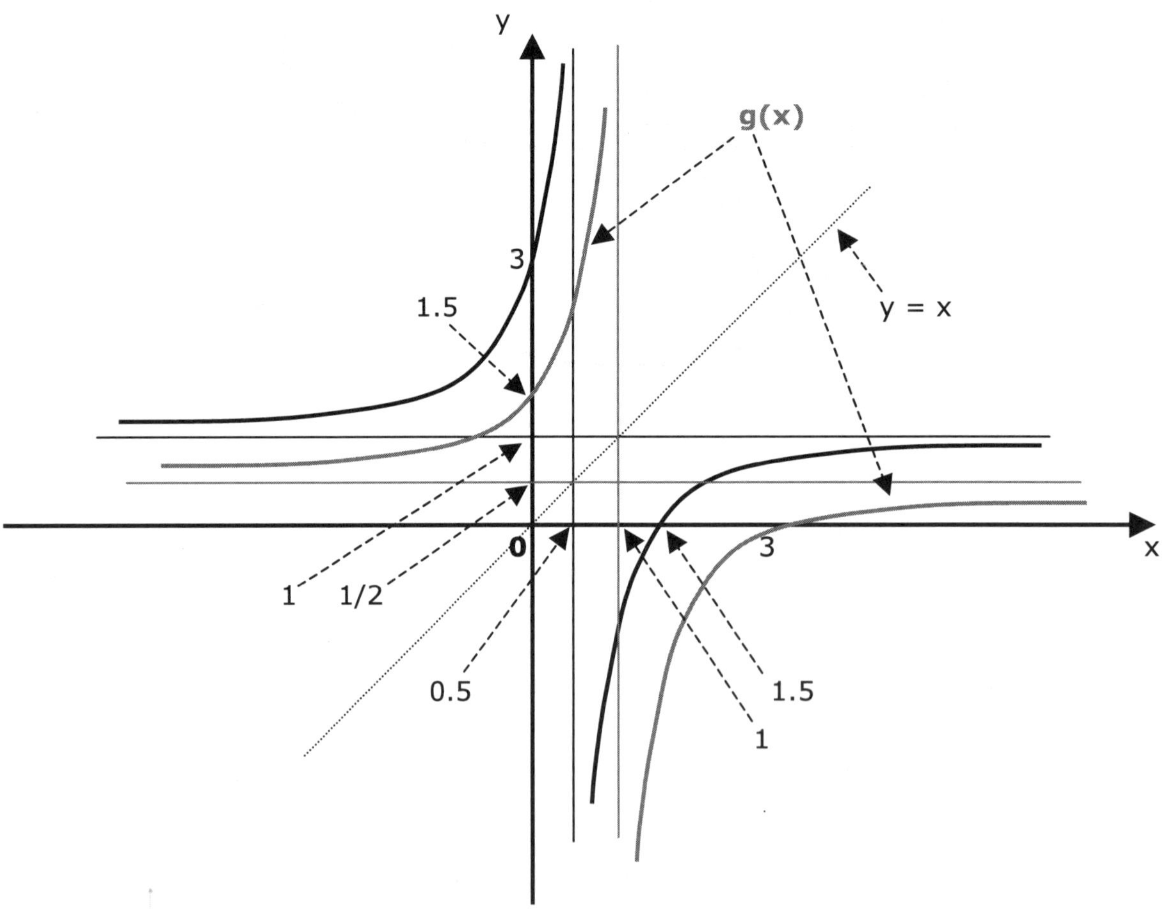

Suggestions or Solutions
To the Problem 3 in the Example 1

Find the inverse of the function as follows: $y = f(x) = 2(x - 3)^3$ for x is real.

What is the range of the f? The range of the f is a set of all real numbers.

Then, let's set $g = f^{-1}$ and find the mechanism of the g.
We have $y = 2(x - 3)^3 \Rightarrow (x - 3)^3 = y/2 \Rightarrow x - 3 = (y/2)^{1/3} \Rightarrow x = (y/2)^{1/3} + 3$.

Suppose that the inverse is in $y = g(x)$.
Now, $y = g(x) = (x/2)^{1/3} + 3$ for x is real.

Fig. 1.3.0

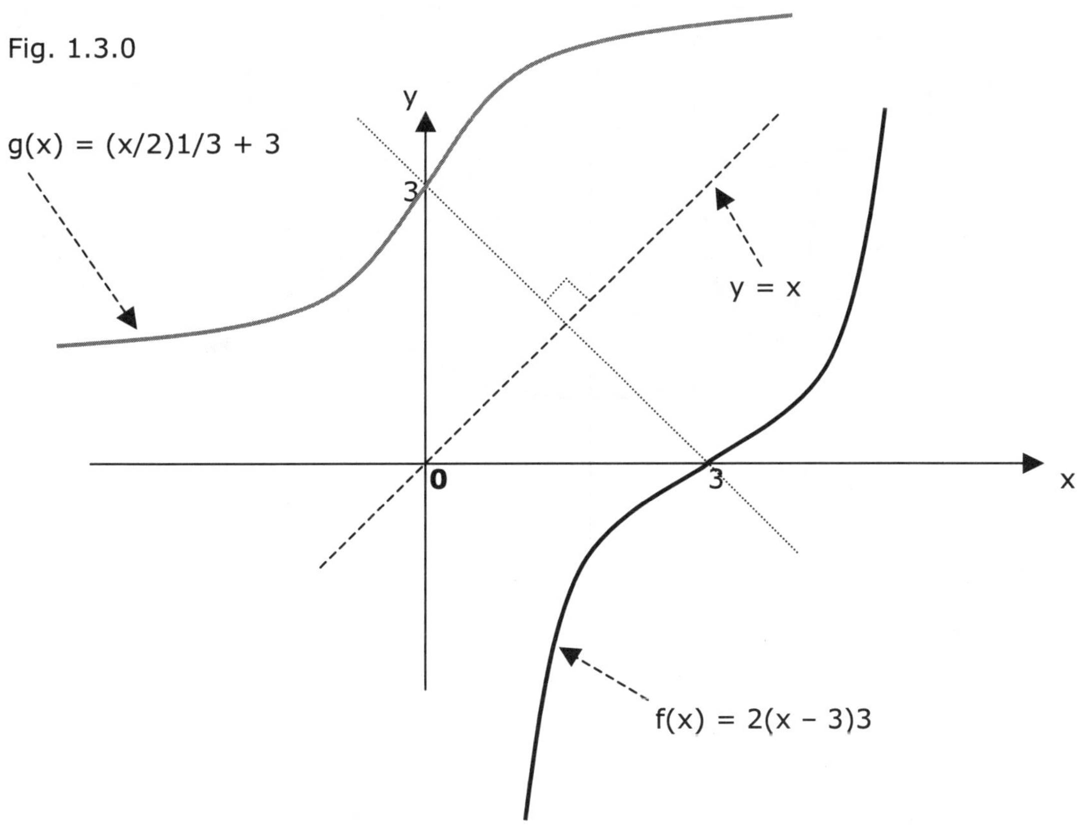

The curves of the inverse and the original function are symmetric about the straight line y = x.

Suggestions or Solutions
To the **Problem 4** in the Example **1**

Find the inverse of the function as follows: y = f(x) = (x − 1)(x − 2)(x − 3) for x ≥ 0.

What is the range of the **f**?
In this case, it doesn't look like we can readily see it.
Then, we can try the graph of the **f** so that we can see what the range looks like.
However, we don't need to construct the graph in exact manner since we just want to see the overview of the function's behavior.

Fig. 1.4.0

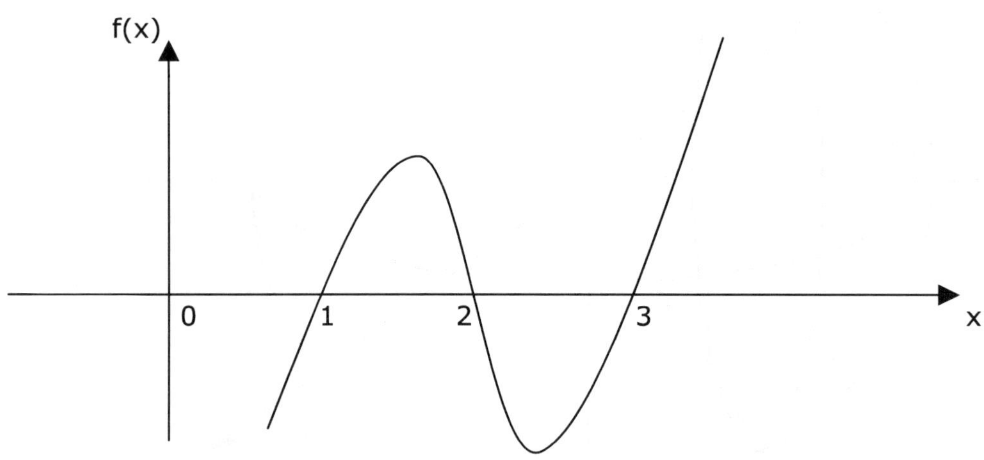

Then, we can see something, which is more important than the range now.
We don't even have to bother to find the range.
The function **f** is not one-to-one for the domain in x ≥ 0.
Hence, no inverse!

What if the domain is as follows: either x ≤ 1 or x ≥ 3?
Then, it is one-to-one, and the range is either {t| t ≤ 0} for x ≤ 1 or {t| t ≥ 0} for x ≥ 3.

However, we can hardly find the mechanism of the inverse in analytic manner. In other words, we can hardly come up with an algebraic expression to specify the mechanism of the inverse. Nonetheless, we can still construct the mechanism. We can do it in numerical manner. In other words, we use methods in numerical analysis to construct the mechanism. We normally work on the inverse of such a function as above by the application of an algorithm. An algorithm is a group of problem-solving procedures, which are connected in a sequential manner. In such cases, we normally use computers.

Suggestions or Solutions
To the Problem 5 in the Example 1

Find the inverse of the function as follows: $y = f(x) = (x - 1)^4$ for x is real.

What is the range of the f? The range of the f = $\{e| e \geq 0\}$.
However, we can see that the f cannot have the inverse since the f is not one-to-one.
The graph of the f looks as follows:

Fig. 1.5.0

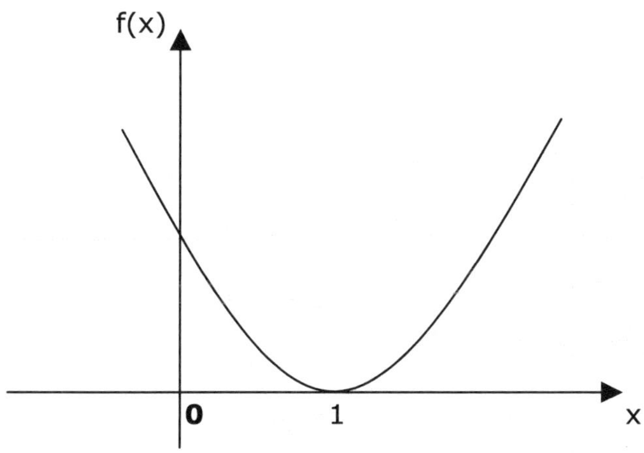

What if the domain is as follows: $x \geq 1$?
Then, the f can have the inverse since it is one-to-one for the domain.

Fig. 1.5.1

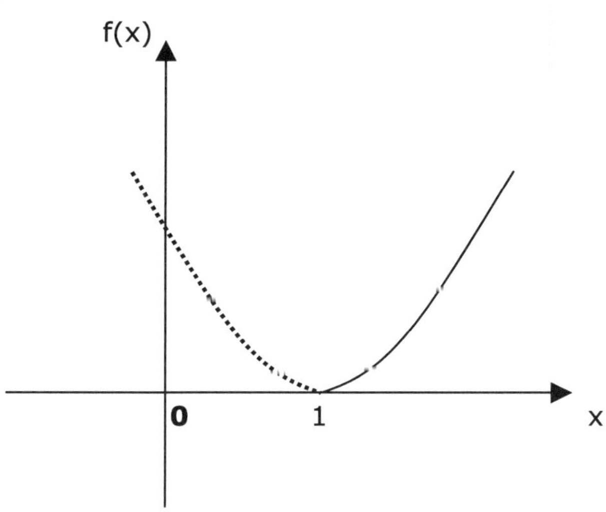

What is the range of the f, then? The range is {e| e ≥ 0}. Then, $y \geq 0$.
Now, let's find the mechanism.

$y = (x - 1)^4 \Rightarrow x - 1 = \pm y^{1/4} \Rightarrow x = \pm y^{1/4} + 1$.
Since $x \geq 1$ and $y \geq 0$, $x = y^{1/4} + 1$.
Suppose that the inverse is in $y = g(x)$.
Then, $y = g(x) = x^{1/4} + 1$ for $x \geq 0$.

We can see that the domain of the g is {x| x ≥ 0}, and that the range is {x| x ≥ 1}.

Fig. 1.5.2

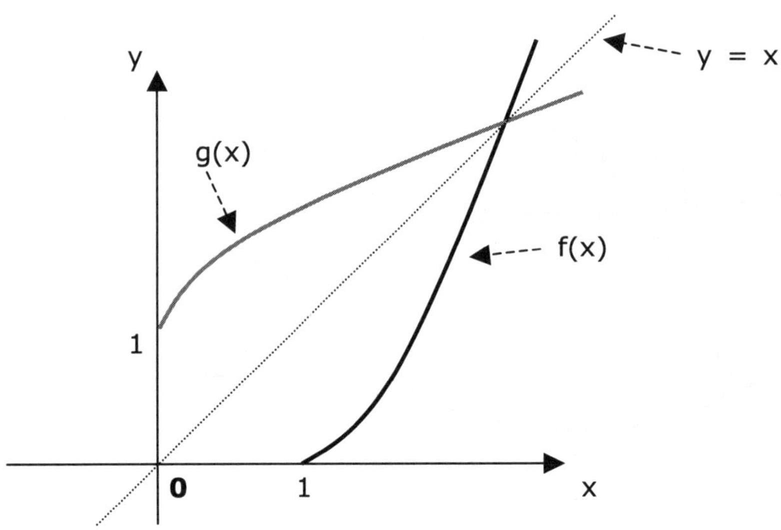

Suggestions or Solutions
To the Problem in the Example 2

Suppose that $f(x) = (2ax + b)/(cx - 2)$ has its inverse as follows:

$f^{-1}(x) = (x + 2)/(2x - 3)$ for $x \neq 3/2$.

Then, find the values of a, b and c.

We know the definition of the inverse of a function $y = f(x)$:
$y = f(x) \Leftrightarrow x = f^{-1}(y)$ where the f(x) is one-to-one.

What do we mean by $f^{-1}(x)$ in the problem description, then? Doesn't it have to be $f^{-1}(y)$?
There is nothing wrong with the, and it simply means that the letter **x** has been chosen to be used for the input variable in the function that is the inverse of the **f**.

How come?

In the definition of the inverse of the **f** above, we have $x = f^{-1}(y)$.
Then, the **x** is the output variable in the f^{-1}, and the **y** is the input variable in the f^{-1}.
Now, the definition of the inverse indicates nothing but the fact that the f^{-1} takes **the output from the f** for **the input to itself**, and that it takes **the input to the f** for **the output from itself**.
We know that the f^{-1} is a function. Then, we may take the f^{-1} for just another function rather than the inverse. Now, in $x = f^{-1}(y)$, the **x** and the **y** are nothing but the names of the variables.

Suppose now that we want to put the f^{-1} in an **x-y** coordinate system where the x-axis is for the input variable and the y-axis is for the output variable. Then, we can choose the letter **y** for the output variable in the f^{-1} and the letter **x** for the input variable; therefore, we can replace the letter **x** with the letter **y** and the letter **y** with the letter **x** in $x = f^{-1}(y)$. Now, we have the inverse in $y = f^{-1}(x)$ where the **x** and the **y** have got nothing to do with the **f** anymore as far as the function itself is concerned. Of course, we can make relationships to them with the variables in the **f** whenever we want to. We should add a subscript to each variable, then.

Let's now, begin working on the values of the **a**, the **b**, and the **c**. Suppose that $y = f(x)$.
Then, we take $y = (2ax + b)/(cx - 2)$ for an equation for the **x**, put the solution in an expression in terms of the **y**, and then, take the solution for the mechanism of the inverse.

Then, $y = (2ax + b)/(cx - 2) \Rightarrow (cx - 2)y = 2ax + b \Rightarrow x(cy - 2a) = b + 2y$

$\Rightarrow x = (2y + b)/(cy - 2a)$. $\Rightarrow f^{-1}(x) = (2x + b)/(cx - 2a)$.

We know that $f^{-1}(x) = (x + 2)/(2x - 3)$.
Then, we've got to change the look of the mechanism of the $f^{-1}(x)$ so that we can compare the coefficients and the constants to find the values of the **a**, the **b**, and the **c**.

The coefficients are 2 and **c**, and the constants are **b** and **-2a** in $(2x + b)/(cx - 2a)$.

$f^{-1}(x) = (x + 2)/(2x - 3) = 2(x + 2)/\{2(2x - 3)\} = (2x + 4)/(4x - 6)$.

Now, we can do the comparisons.

We know that $f^{-1}(x) = (x + 2)/(2x - 3) = (2x + 4)/(4x - 6) = (2x + b)/(cx - 2a)$.

$\Rightarrow (2x + b)/(cx - 2a) = (2x + 4)/(4x - 6). \Rightarrow a = 3, b = 4$, and $c = 4$.

Note that if there exists an f^{-1} of an f then, $(f^{-1})^{-1} = f$.

Let's see if that works.

We have $y = f^{-1}(x) = (x + 2)/(2x - 3)$.

Now, let's take the inverse of the $f^{-1}(x)$.

$y = (x + 2)/(2x - 3) \Rightarrow (2x - 3)y = x + 2 \Rightarrow x(2y - 1) = 3y + 2$

$\Rightarrow x = (3y + 2)/(2y - 1) \Rightarrow f(x) = (3x + 2)/(2x - 1) \Rightarrow (3x + 2)/(2x - 1) = (2ax + b)/(cx - 2)$.

We can change the look of $(3x + 2)/(2x - 1)$ so that we can compare the coefficients and constants. The coefficients are **2a** and **c**, and the constants are **b** and -2 in $(2ax + b)/(cx - 2)$.

$(3x + 2)/(2x - 1) = 2(3x + 2)/\{2(2x - 1)\} = (6x + 4)/(4x - 2)$.

Now, we can do the comparisons in $(6x + 4)/(4x - 2) = (2ax + b)/(cx - 2)$.

Then, we can see that $a = 3$, $b = 4$ and $c = 4$.

In short:

Let $y = f(x)$.

Then, $y = (2ax + b)/(cx - 2) \Rightarrow (cx - 2)y = 2ax + b \Rightarrow x(cy - 2a) = b + 2y$

$\Rightarrow x = (2y + b)/(cy - 2a). \Rightarrow f^{-1}(x) = (2x + b)/(cx - 2a)$.

We know that $f^{-1}(x) = (x + 2)/(2x - 3)$.

$f^{-1}(x) = (x + 2)/(2x - 3) = 2(x + 2)/\{2(2x - 3)\} = (2x + 4)/(4x - 6)$.

$\Rightarrow (2x + b)/(cx - 2a) = (2x + 4)/(4x - 6). \Rightarrow a = 3, b = 4$, and $c = 4$.

The other way:

Let $y = f^{-1}(x) = (x + 2)/(2x - 3)$.

$y = (x + 2)/(2x - 3). \Rightarrow (2x - 3)y = x + 2 \Rightarrow x(2y - 1) = 3y + 2$

$\Rightarrow x = (3y + 2)/(2y - 1). \Rightarrow f(x) = (3x + 2)/(2x - 1)$.

$\Rightarrow (3x + 2)/(2x - 1) = (2ax + b)/(cx - 2)$

$(3x + 2)/(2x - 1) = 2(3x + 2)/\{2(2x - 1)\} = (6x + 4)/(4x - 2)$.

Then, $(6x + 4)/(4x - 2) = (2ax + b)/(cx - 2) \Rightarrow a = 3, b = 4$ and $c = 4$.

Suggestions or Solutions
To the Problem 0 in the Example 3

Suppose that $f(x) = 2x + u$ and $g(x) = v - 3x$, and find f^{-1}, g^{-1}, $g \bullet f$, and $(g \bullet f)^{-1}$, and see if $(g \bullet f)^{-1} = f^{-1} \bullet g^{-1}$.

Suppose that $y = f(x) = 2x + u$.

Then, $y = 2x + u \Rightarrow x = (y - u)/2$.

Then, $f^{-1}(x) = (x - u)/2$.

Suppose that $y = g(x) = v - 3x$.

Then, $y = v - 3x \Rightarrow x = (v - y)/3$.

Then, $g^{-1}(x) = (v - x)/3$.

Now, $g \bullet f = g\{f(x)\} = v - 3f(x) = v - 3(2x + u) = v - 3u - 6x$.

Let's find the inverse of $g \bullet f$ now.

Suppose that $y = g \bullet f$.

Then, $y = v - 3u - 6x \Rightarrow x = (v - 3u - y)/6$.

Therefore, $(g \bullet f)^{-1}(x) = (v - 3u - x)/6$.

We know that $(g \bullet f)^{-1} = f^{-1} \bullet g^{-1}$ by the theorem.

However, let's see if the theorem works as an exercise.

$(f^{-1} \bullet g^{-1})(x)$

$= f^{-1}(g^{-1})(x)$

$= ((g^{-1}) - u)/2$ {since $f^{-1}(x) = (x - u)/2$.}

$= [\{(v - x)/3\} - u]/2$ {since $g^{-1}(x) = (v - x)/3$.}

$= (v - 3u - x)/6$, which is the same as $(g \bullet f)^{-1}(x)$.

Suggestions or Solutions
To the **Problem 1** in the Example **3**

Suppose that $f(x) = 2x + u$ and $g(x) = v - 3x$, and find $(g•f)•(g•f)^{-1}$.

We know that $(g•f)•(g•f)^{-1}$ is an identity function such as $y = x$ by the theorem 4 we worked on in the main text on inverse functions.

However, we need to see if the theorem works as an exercise.

In the previous problem, we have found that:

$(g•f)(x) = v - 3u - 6x$ and $(g•f)^{-1} = (v - 3u - x)/6$.

Suppose that $(g•f)(x) = h(x)$, and that $(g•f)^{-1}(x) = z(x)$. Then:

$(g•f)•(g•f)^{-1} = h•z = h(z)$

$= v - 3u - 6(z) = v - 3u - 6\{(v - 3u - x)/6\}$

$= v - 3u - v + 3u + x$

$= x$.

Just checking!

Now, let's move on to the next example.

Suggestions or Solutions
To the Problem in the Example 4

Suppose that:

$f(x) = (4x^2 - 1)^{1/2} = \sqrt{4x^2 - 1}$ for $x \geq 1/2$

$g(x) = x(x^2 - 2x - 1)$ for $x \geq 2$.

Then, let's $f^{-1}(1)$ and $g^{-1}(-2)$.

Let's have a look at the function **f** first.
We have two ways to approach the solution to the problem.
In one of the ways, we find the inverse first.
Suppose that $y = f(x) = (4x^2 - 1)^{1/2}$ for $x \geq 1/2$.
Then, $y \geq 0$.
Then, $y = (4x^2 - 1)^{1/2} \Rightarrow 4x^2 - 1 = y^2 \Rightarrow x = \pm(y^2 + 1)^{1/2}/2$.
We know that $x \geq 1/2$.
Then, the **x** is positive anyway. $\Rightarrow x = (y^2 + 1)^{1/2}/2$.
$\Rightarrow f^{-1}(x) = (x^2 + 1)^{1/2}/2. \Rightarrow f^{-1}(1) = (1 + 1)^{1/2}/2 = 2^{1/2}/2 = \sqrt{2}/2$.

In the other way, we use the definition of the inverse: $y = f(x) \Leftrightarrow x = f^{-1}(y)$.
In other words, we find the value of the **x** in f(x) for which the f = 1.
That is to say that we want to find the value of the **x** such that $x = f^{-1}(1)$.
We know that $y = f(x) = (4x^2 - 1)^{1/2}$.
Then, we need to find the value of the **x** for which the y = 1.
Then, $1 = (4x^2 - 1)^{1/2} \Rightarrow 4x^2 - 1 = 1 \Rightarrow x = \pm(1 + 1)^{1/2}/2 = \pm 2^{1/2}/2$.
We can see that $x = 2^{1/2}/2$ since $x \geq 1/2$. Therefore, $f^{-1}(1) = 2^{1/2}/2$.

In short:

Let $y = f(x) = (4x^2 - 1)^{1/2}$ for $x \geq 1/2$.

Then, $y \geq 0$, and $y = (4x^2 - 1)^{1/2}. \Rightarrow 4x^2 - 1 = y^2 \Rightarrow x = \pm(y^2 + 1)^{1/2}/2$.

$x \geq 1/2. \Rightarrow x = (y^2 + 1)^{1/2}/2. \Rightarrow f^{-1}(x) = (x^2 + 1)^{1/2}/2. \Rightarrow f^{-1}(1) = (1 + 1)^{1/2}/2 = 2^{1/2}/2 = \sqrt{2}/2$.

In another way:

We have $y = f(x) \Leftrightarrow x = f^{-1}(y)$.

Let $y = f(x) = (4x^2 - 1)^{1/2}$ for $x \geq 1/2$. Then, $1 = f(x) \Leftrightarrow x = f^{-1}(1)$.

Then, $1 = (4x^2 - 1)^{1/2} \Rightarrow 4x^2 - 1 = 1 \Rightarrow x = \pm(1 + 1)^{1/2}/2 = \pm 2^{1/2}/2$.

Then, $x = 2^{1/2}/2$ since $x \geq 1/2$. Therefore, $f^{-1}(1) = 2^{1/2}/2$.

Now, let's move on to the g.

We have $g(x) = x(x^2 - 2x - 1)$ for $x \geq 2$.

We have a problem with the mechanism of the **g**.

It is a polynomial of 3rd degree in **x**, and we may not be able to get the inverse in analytic manner.

Let's have a look at the simple graph of the **g**.

Then, let's first try factorization of the mechanism in the **g** so that we can see where the zeros are.

We get $g(x) = x(x + 1)(x - 2)$ after the factorization.

Then, the $g = 0$ at $x = 0, -1$, or 2.

Fig. 4.0

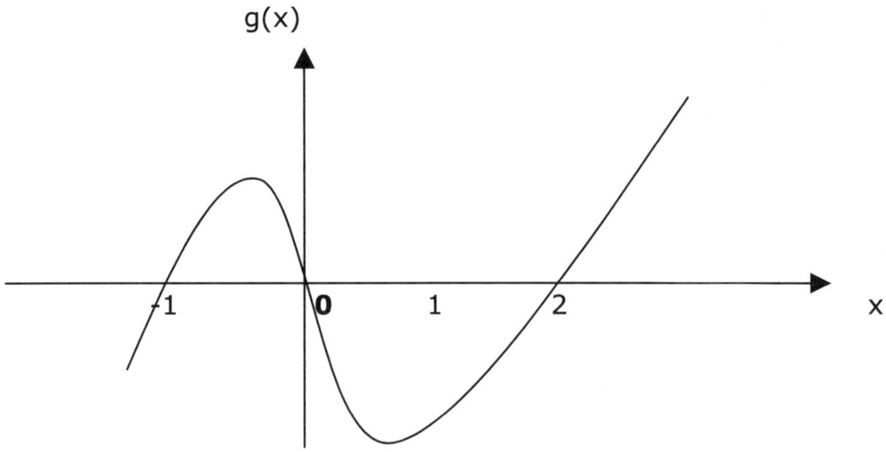

We can see that practically, the **g** has the inverse since it is one-to-one for $x \geq 2$; however, we can hardly find the g^{-1} analytically.

Now, let's try the second approach to the solution as in the case with the **f** above.

We will use the definition of the inverse: $y = g(x) \Leftrightarrow x = g^{-1}(y)$.

In other words, we want to find the value of the **x** in $g(x)$ for which the $g = -2$. That is to say that we need to find the value of the x such that $x = g^{-1}(-2)$.

Then, $-2 = x(x^2 - 2x - 1) \Rightarrow -2 = x^3 - 2x^2 - x \Rightarrow x^3 - 2x^2 - x + 2 = 0$.

Now, we need to solve the equation of the 3rd degree.

Let's try factorization method and see if it works.

Since the last term is 2, we need to use the '± prime divisors' of 2 and take the trial and error approach.

Suppose that $h(x) = x^3 - 2x^2 - x + 2$.

Let's try with 1. Then, $h(1) = 1 - 2 - 1 + 2 = 0$, and the 1 works.

How about -1? Then, $h(-1) = -1 - 2 + 1 + 2 = 0$, and the -1 works, too.

How about 2? Then, $h(2) = 8 - 8 - 2 + 2 = 0$, and the 2 works as well.

Then, we can see that $2x^3 - 2x^2 - x + 2 = (x + 1)(x - 1)(x - 2)$.

Now, $(x + 1)(x - 1)(x - 2) = 0 \Rightarrow x = -1, 1,$ or 2.
We know that $x \geq 2$ by the problem definition. Therefore, $g^{-1}(-2) = 2$.

Now, does the factorization method work for all the equations in polynomial of 3rd degree?
The method is very much limited, and does not work for most of such equations. We usually use methods in numerical analysis along with computers to solve most equations in general as well as such equations.

In short:

We have $g(x) = x(x^2 - 2x - 1)$ for $x \geq 2$.
$g(x) = x(x + 1)(x - 2) \Rightarrow g = 0$ for $x = 0, -1,$ or 2.

Fig. 4.0

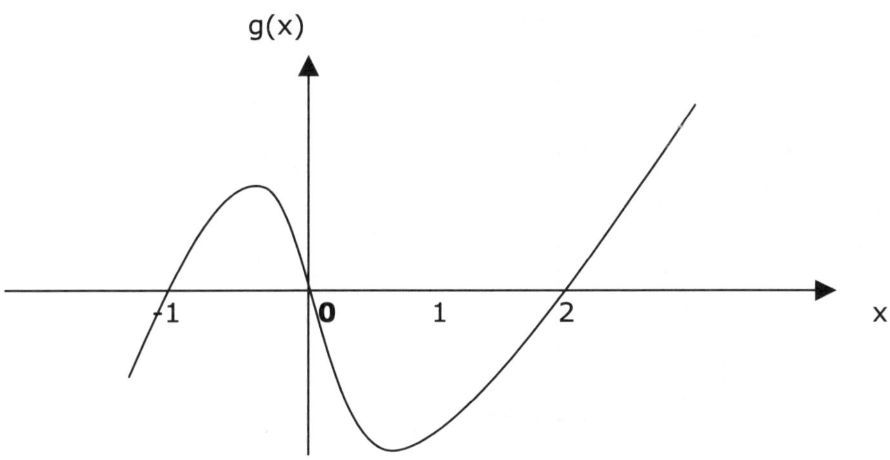

We can see that the g has the inverse since it is one-to-one for $x \geq 2$.
We have: $y = g(x) \Leftrightarrow x = g^{-1}(y)$. Then, $-2 = g(x) \Leftrightarrow x = g^{-1}(-2)$.
Then, $-2 = x(x^2 - 2x - 1) \Rightarrow -2 = x^3 - 2x^2 - x \Rightarrow x^3 - 2x^2 - x + 2 = 0$.
Let $h(x) = x^3 - 2x^2 - x + 2$. Then:
$h(1) = 1 - 2 - 1 + 2 = 0$.
$h(-1) = -1 - 2 + 1 + 2 = 0$.
$h(2) = 8 - 8 - 2 + 2 = 0$.
$\Rightarrow 2x^3 - 2x^2 - x + 2 = (x + 1)(x - 1)(x - 2)$.
Then, $(x + 1)(x - 1)(x - 2) = 0 \Rightarrow x = -1, 1,$ or 2. $x \geq 2 \Rightarrow x = 2$.
Therefore, $g^{-1}(-2) = 2$.

Suggestions or Solutions
To the **Problem** in the Example **5**

Suppose that:
$(g \bullet f)(x) = 2x + 1$ for x is real where $f(x) = 3x + 4$.
$(u \bullet v)(x) = 2x + 1$ for x is real where $u(x) = 3x + 4$.

Then, let's find the g(x) and the v(x).

We have such theorems as follows:
$f \bullet f^{-1}$ and $f^{-1} \bullet f$ are identity functions such as $y = x$.
$p \bullet q \bullet r = (p \bullet q) \bullet r = p \bullet (q \bullet r)$ where **p**, **q**, and **r** are functions.

Then, we can see that $h \bullet f \bullet f^{-1} = h$, $h \bullet f \bullet f^{-1} = h$, $f \bullet f^{-1} \bullet h = h$, and $f^{-1} \bullet f \bullet h = h$.
Now, we will use the fact that $g \bullet f \bullet f^{-1} = g$. Then, we need to find the f^{-1}.
Suppose that $y = f(x) = 3x + 4$.
Then, $y = 3x + 4 \Rightarrow x = (4 - y)/3 \Rightarrow f^{-1}(x) = (4 - x)/3$ for **x** is real.
We now have $(g \bullet f)(x) = 2x + 1$ and $f^{-1}(x) = (4 - x)/3$.
Suppose that $h = g \bullet f$. Then, $h(x) = 2x + 1$.
Then, $g = (g \bullet f) \bullet f^{-1} = h \bullet f^{-1} = h(f^{-1}) = 2f^{-1} + 1 = 2(4 - x)/3 + 1 = (8 - 2x + 3)/3 = (11 - 2x)/3$.
Therefore, $g(x) = (11 - 2x)/3$.

In short:
Let $y = f(x) = 3x + 4$.
Then, $y = 3x + 4 \Rightarrow x = (4 - y)/3 \Rightarrow f^{-1}(x) = (4 - x)/3$ for **x** is real.
Let $h = g \bullet f$. Then, $h(x) = 2x + 1$.
Then, $g = (g \bullet f) \bullet f^{-1} = h \bullet f^{-1} = h(f^{-1}) = 2f^{-1} + 1 = 2(4 - x)/3 + 1 = (8 - 2x + 3)/3 = (11 - 2x)/3$.
Therefore, $g(x) = (11 - 2x)/3$.

Now, let's get the **v**. Then, by the same token, if we can get the $\mathbf{u^{-1}}$, we can get the **v** since we can use the fact that $u^{-1} \bullet u \bullet v = v$. We have already got the inverse of the **u** since $u(x) = f(x) = 3x + 4$ and the $f^{-1} = (4 - x)/3$ found in the previous part.
Then, we can see that $u^{-1}(x) = (4 - x)/3$ for **x** is real. Now, we need to use the fact that $u^{-1} \bullet u \bullet v = v$.
We know that $(u \bullet v)(x) = 2x + 1$ and $u^{-1}(x) = (4 - x)/3$.
Suppose that $j = u \bullet v$. Then, $j(x) = 2x + 1$.
Then, $v = u^{-1} \bullet (u \bullet v) = u^{-1} \bullet j = u^{-1}(j) = (4 - j)/3 = \{4 - (2x + 1)\}/3 = (3 - 2x)/3$.
Therefore, $v(x) = 1 - 2x/3$.

In short:
Let $j(x) = (u \bullet v)(x) = 2x + 1. \Rightarrow v = u^{-1} \bullet (u \bullet v) = u^{-1} \bullet j = u^{-1}(j)$.
$u^{-1}(x) = f^{-1}(x) = (4 - x)/3$ since $u = f$.
$v = (4 - j)/3 = \{4 - (2x + 1)\}/3 = (3 - 2x)/3 \Rightarrow v(x) = 1 - 2x/3$.

Suggestions or Solutions
To the **Problem** in the Example **6**

Suppose that $f(x) = x^2 - 3x + 2$ for $x \geq 2$, and find $g(x)$ such that $g\{f(x)\} = x$.

What do we mean by $g\{f(x)\} = x$?

We know that $g\{f(x)\} = g \bullet f$.

Now, $g \bullet f = x$ means that $g \bullet f$ is an identity function.

We have the theorem that $f^{-1} \bullet f = x$ if the **f** is a function of **x**.

Therefore, $g = f^{-1}$.

Suppose now that $y = f(x) = x^2 - 3x + 2$.

Then, we need to find the range of the **f** and make sure the **f** has the inverse.

$y = x^2 - 3x + 2 = (x - 1)(x - 2) \geq 0$ for $x \geq 2$.

Fig. 6.0

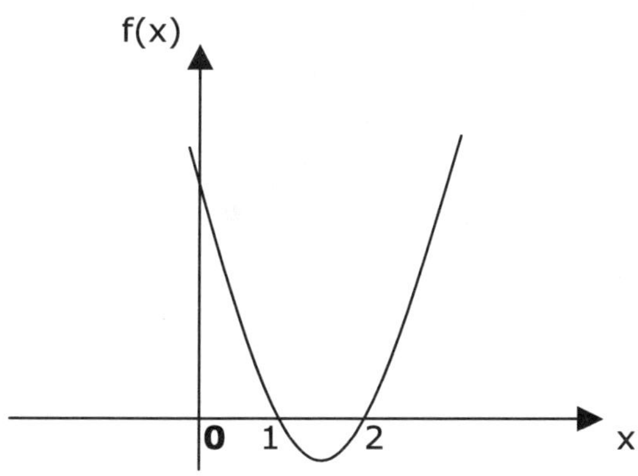

Then, $y \geq 0$, and we can see that the f is one-to-one for $x \geq 2$.

Now, $y = x^2 - 3x + 2 = x^2 - 3x + (3/2)^2 - (3/2)^2 + 2 = (x - 3/2)^2 - (3/2)^2 + 2$

$= (x - 3/2)^2 - 9/4 + 8/4 = (x - 3/2)^2 - 1/4$.

Then, $y + 1/4 = (x - 3/2)^2$. $\Rightarrow x - 3/2 = \pm(y + 1/4)^{1/2}$. $\Rightarrow x = \pm(y + 1/4)^{1/2} + 3/2$.

We know that $x \geq 2$.

Also, we can see that since $y \geq 0$, $(y + 1/4)^{1/2} \geq 1/2$, but $-(y + 1/4)^{1/2} \leq -1/2$.
Then, $x = (y + 1/4)^{1/2} + 3/2$.
Now, $f^{-1}(x) = (x + 1/4)^{1/2} + 3/2$.

Therefore, $g(x) = (x + 1/4)^{1/2} + 3/2$ for $x \geq 0$.

In short:

$g\{f(x)\} = g \bullet f$, and $g \bullet f = x \Rightarrow g = f^{-1}$.
Let $y = f(x) = x^2 - 3x + 2$ for $x \geq 2$. $\Rightarrow y = (x - 1)(x - 2) \geq 0$ for $x \geq 2$.

Fig. 6.0

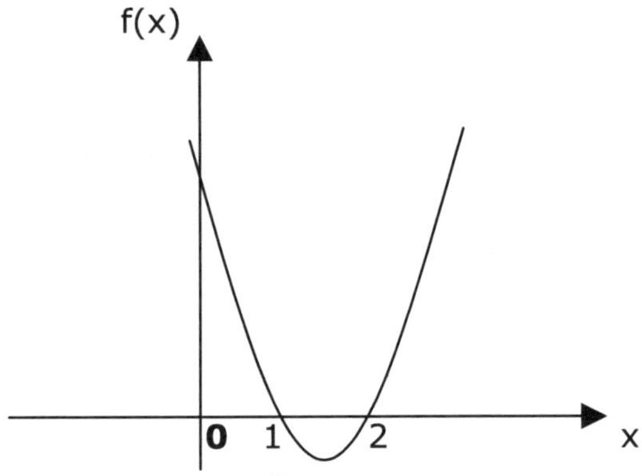

Then, $y \geq 0$, and the f is one-to-one for $x \geq 2$.

$y = x^2 - 3x + 2 = x^2 - 3x + (3/2)^2 - (3/2)^2 + 2 = (x - 3/2)^2 - (3/2)^2 + 2$
$= (x - 3/2)^2 - 9/4 + 8/4 = (x - 3/2)^2 - 1/4$.
$\Rightarrow y + 1/4 = (x - 3/2)^2$. $\Rightarrow x - 3/2 = \pm(y + 1/4)^{1/2}$. $\Rightarrow x = \pm(y + 1/4)^{1/2} + 3/2$.

Since $y \geq 0$, $(y + 1/4)^{1/2} \geq 1/2$, but $-(y + 1/4)^{1/2} \leq -1/2$.

Then, $x = (y + 1/4)^{1/2} + 3/2$ since $x \geq 2$. $\Rightarrow f^{-1}(x) = g(x) = (x + 1/4)^{1/2} + 3/2$ for $x \geq 0$.

9. Exponential Functions

In this section, it is assumed that the students have already had substantial knowledge on the idea of exponents and the exponential laws. Also, they are supposed to be already familiar with the ideas on irrational numbers. For instance, they should be able to understand such expressions as follows:

$2^{-3} = 1/2^3$ and $2^3 \times 2^5 = 2^{3+5} = 2^8 = (2^2)^4 = 2^{10-2} = 2^{10}/2^2 = 2^{16/2} = (2^{16})^{1/2} = (2^{16})^{0.5} = (2^{1.6})^5$ = etc.

When we present a real number with an exponent, the real number is composed of two parts. The parts are a **base** and an **exponent**. In such an expression as a^3, the 3 is the exponent and the **a** is the base with regard to the exponent.

We know that when we work on numbers in real number space, we need to consider that there are some restrictions on the choice of the numbers for the base and the exponent. Also, depending on the exponent, the choices for the base can be limited. For instance, when the exponent is a rational fractional number where the denominator is an even integer but the numerator is an odd integer, we are not allowed to use a negative real number for the base. That's because we cannot make a negative number by multiplying 1 by any real number an even number of times. For instance, $(-2)^{3/2}$ cannot exist in real number space. We know that $(-2)^{3/2} = ((-2)^3)^{1/2} = (-8)^{1/2}$, and that if we multiply 1 by any real number twice, then the product is greater than or equal to 0; in other words, the product can never be negative. Therefore, no matter what the real number may be, we cannot get -8 if we multiply 1 by the real number twice.

Also, the same is true for a real number that has an irrational exponent where the denominator is an even integer. In other words, the base has to be greater than or equal to 0 for such an exponent. That is to say that the base cannot be negative for such an exponent. For instance, in real number space, we may not use $(-2)^{\pi/2}$ where π is the circular ratio, which is 3.141592654... We know that $(-2)^{\pi/2} = (-2^{\pi})^{1/2} = \sqrt{-2^{\pi}}$, and that -2^{π} is a negative real number. Another example can be $(-2)^{\sqrt{3}/2}$. $(-2)^{\sqrt{3}/2} = (-2^{\sqrt{3}})^{1/2} = \sqrt{-2^{\sqrt{3}}}$ does not exist in real number space since $-2^{\sqrt{3}}$ is a negative number and a negative number is not allowed inside the square root sign, $\sqrt{\ }$.

Anyway, we know that the exponent can be a real number. In particular, when the base is positive, we can use any real number for the exponent. We use exponents very often in many expressions in math. Particularly, we use exponents a lot in functions and equations. Now, suppose that we have a number that has an exponent, and that the base is positive, but is not 1. Then, let's now find out how the value of the number changes as the exponent changes in real number space. That is, we want to talk about a function where the input variable is an exponent.

In many functions, we often find mechanisms where some of the terms have exponents and the exponents are input variables. Also, in many others, both the base and the exponent are the input variables. For instance, $g(x) = 3^{2x} + 5^x + 1$ for $x > 1$, or $h(x) = (2x)^x + 3^{2x} + 2$ for $x \geq 3$. We call those functions exponential functions. For simplicity purposes, we are going to cover exponential functions where the base is not a variable but is a constant, and the constant is a positive real number. For instance, suppose that we have a function $y = f(x) = a^x$ where the **a** is a positive constant. Then, we usually have to assume that $a > 0$ and $a \neq 1$.

On the other hand, we often need to work on the inverse of such an exponential function. The inverse can be defined if the exponential function is one-to-one. We call the inverse a **logarithmic function**, which is usually called a log function, for short. We know that $9 = 3^2$ where 3 is the base and 2 is the exponent. Then, we can put the same idea in such a way as follows:

$2 = \log_3 9$, where the 3 is called the **base**, and the 9 is called the **antilogarithm**.

Now, we can have a log function where the antilogarithm is the input variable. In other words, the output is the value of the exponent in a log function since the log function is the inverse of an exponential function and the input of the exponential function is a value of the exponent.

For instance, $y = f(x) = \log_a x$ for $x > 0 \Leftrightarrow x = a^y$.

Note:
The overall properties of and the arithmetic operations on logarithm are covered in a separate book, **Run Equations**.

When we construct an exponential function, we assume that the base is positive, but is not 1. Why not 0 or 1? That's because if the base is 0 or 1, then there is not much of any significance of the function. $0^2 = 0^3 = \ldots = 0$, and $1^2 = 1^{0.3} = \ldots = 1$. Therefore, we normally do not allow the base to be 0 or 1. Now, we should consider the fact that the base can be in one of two different categories when we work on an exponential function. Suppose that the base is '**a**' in an exponential function. Then, one of the two categories is that the **a** is between 0 and 1, and the other is that the **a** is greater than 1. Therefore, when we work on problems with exponential functions, we need to keep in mind that:

Either $0 < a < 1$ or $a > 1$.

Now, let's define an exponential function.
R is a set of all real numbers. r is a set of all positive real numbers.
a is a real constant and $a > 0$, but $a \neq 1$.
$f: R \longrightarrow r$
$y = f(x) = a^x$.
or equivalently,
$f: x \longrightarrow a^x$
$y = f(x)$.

In short, we usually define an exponential function f in such a way as follows:

$y = f(x) = a^x$ where x is real, and $a > 0$ but $a \neq 1$.

Now, what about the inverse?
If a function has the inverse, the function has to be one-to-one.
Then, we need to show that the function f is one-to-one first.
Then, we need to show that the same one output cannot be produced for each of more than one input.

Then, we need to make two general inputs different from each other and put them into the function **f**, and then, need to show that the outputs are not the same as each other.

Suppose that m and n are real number constants and $m \neq n$.
Then, the m and n are the general inputs, and we need to show that $f(m) \neq f(n)$.
Now, since $m \neq n$, $m - n \neq 0$.
We have $y = a^x$ where $a > 0$ but $a \neq 1$.
We know that $a^0 = 1$.
Then, $a^m/a^n = a^{m-n} \neq a^0 = 1$ since $m - n \neq 0$.
Therefore, $a^m/a^n \neq 1 \Rightarrow a^m \neq a^n \Rightarrow f(m) \neq f(n)$.

Now, the f can have the inverse.
Then, let's find out how to define the inverse of the **f**.
We call the inverse a logarithmic function in particular.

The domain of an exponential function **f** is normally a set of all real numbers, and the range is a set of all positive real numbers. Then, we can see the fact that:

The domain of the inverse (i.e. the logarithmic function) is a set of all positive real numbers since the domain has to be the range of the original function **f** that is an exponential function.
The range of the inverse is a set of all real numbers since the range has to be the domain of the **f**.

We know the definition on inverse functions: $y = f(x) \Leftrightarrow x = f^{-1}(y)$.
Now, the definition of the inverse is as follows.
R is a set of all real numbers and r is a set of all positive real numbers.
f: R ⟶ r
$y = f(x) = a^x$ where a is a real constant, and either $0 < a < 1$ or $a > 1$.
g: r ⟶ R.
$g = f^{-1}$, and $y = g(x) = \log_a x$.

Also, the g alone can be defined in such a way as follows.
R is a set of all real numbers and r is a set of all positive real numbers.
$x \in r$, $y \in R$, a is real constant, and either $0 < a < 1$ or $a > 1$.
g: x ⟶ $\log_a x$
$y = g(x)$.

Now, we can combine the definition of an inverse and the definitions above in such a way as follows:
$y = f(x) = a^x \Leftrightarrow x = f^{-1}(y) = \log_a y$
where a is constant, and either $0 < a < 1$ or $a > 1$.

Then, let's compare to each other the log function as an inverse and the exponential function as an original function, and see how they get connected to each other.

We have $y = g(x) = \log_a x$.
Now, what is the **x**? The **x** is the antilogarithm, which is the number we present by means of an exponent.
Then, the **y** is the exponent.
Then also, we can see that '$\log_a x$' itself is the exponent since $y = \log_a x$.
In other words, if $y = \log_a x$, then $a^y = x$.
Therefore, we can see that $a^{\log_a x} = x$. For instance, $8 = 2^3 \Leftrightarrow 3 = \log_2 8 \Leftrightarrow 2^{\log_2 8} = 8$.

Now, let's take a look at what's happening in the exponential function $y = f(x) = a^x$ as the input changes.
We can see that:
When $a > 1$, the **y** gets increased as the **x** gets increased.
That is, as the exponent increases, the antilogarithm increases also.

However, when $0 < a < 1$, the **y** gets decreased as the **x** gets increased.
That is, as the exponent increases, the antilogarithm decreases.
Then, how small the antilogarithm **y** can be? Can it be 0?
No, it can't be 0, but can be infinitely small being positive.
How small can it be anyway, then?
It will be infinitesimal.
An infinitesimal is as good as 0, but is not 0.

Now, let's take a look at what's happening in the log function $y = g(x) = \log_a x$ as the input changes.
We can see that:
When $a > 1$, the **y** gets increased as the **x** gets increased.
In other words, as the antilogarithm increases, the exponent increases, too.

When $0 < a < 1$ however, the **y** gets decreased as the **x** gets increased.
That is, as the antilogarithm increases, the exponent decreases.
In other words, if the antilogarithm decreases, the exponent increases.
It is due correct. If the base is between 0 and 1 and the exponent increases, the antilogarithm has to decrease.
For instance, $(1/2)^2 = 1/4$, and $(1/2)^3 = 1/8$.

We know that the curves in the graph of an inverse function and the original function are symmetric about **the straight line y = x** if the functions are in the **x-y** system. The curves in the graph of $\mathbf{y = f(x) = a^x}$ and $\mathbf{y = g(x) = \log_a x}$ are symmetric about the straight line $y = x$ since they are the inverse of each other. Now, let's construct the graphs of the two functions. For each of the functions, there can be two different cases. We have two different categories for the **a**, which is the base in the functions. One is that $0 < a < 1$, and the other is that $a > 1$.

Regardless of the categories of the a, we can first see however, it is true that:
In $y = f(x) = a^x$, the $y = 1$ when the $x = 0$. In $y = g(x) = \log_a x$, the $y = 0$ when the $x = 1$.

Now, depending on the category of the a, we can see that the function f behaves very differently if we construct the graph. The same is true for the **g**.
How different? The behaviors are opposite of each other. Not quite opposite, though.

Now, let's make more specific descriptions of the behaviors of the functions.
Suppose that $y = f(x) = a^x$, and that $y = g(x) = \log_a x$ where **a > 1**.
Then, we can see the fact that:
The value of the output from the **f** gets lager as the value of the input to the **f** gets larger.
The same is true for the inverse, the **g**.

We know that the curves of both functions are symmetric about the straight line y = x.
That's because the functions are the inverse of each other.

Now, the graph of both of the **f** and the **g** are as follows:

Fig. 9.0.

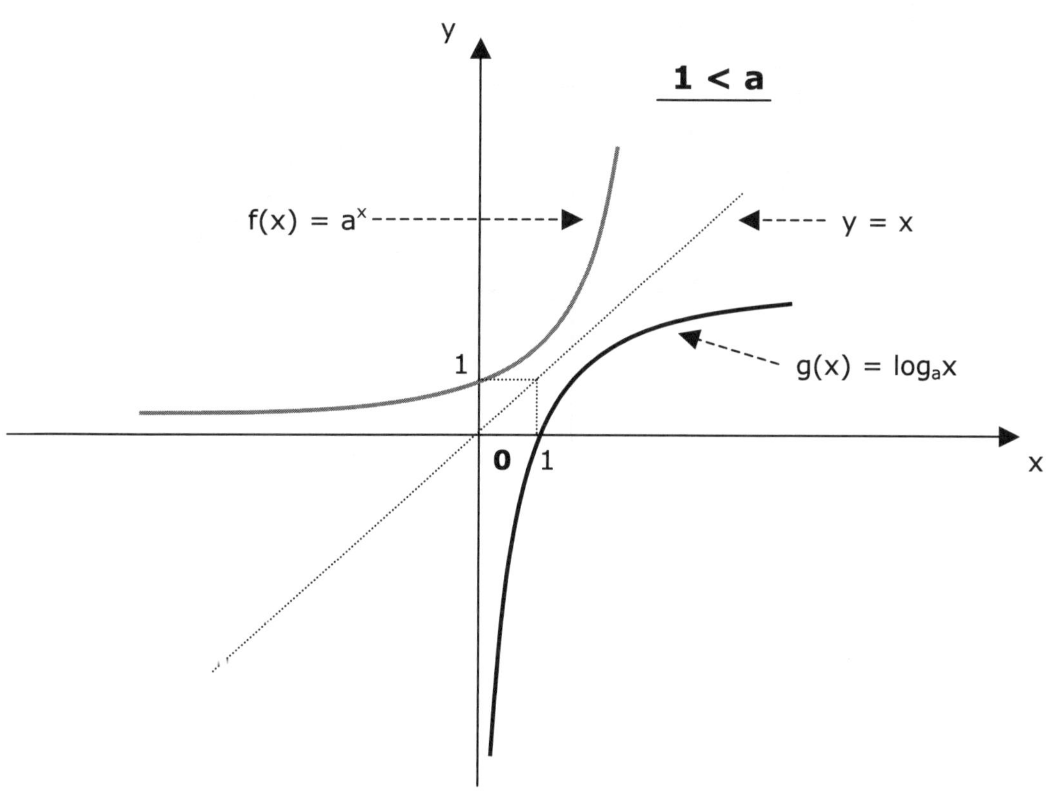

Suppose now that $y = f(x) = a^x$, and that $y = g(x) = \log_a x$ where $\mathbf{0 < a < 1}$.
Then, we can see that:
The value of the output from the **f** gets smaller as the value of the input gets larger.
The same is true for the inverse, the **g**.

We know that the curves of both functions are also symmetric about the straight line $y = x$.
That's because the functions are the inverse of each other.

Now, the graph of both of the **f** and the **g** are as follows:

Fig. 9.1.

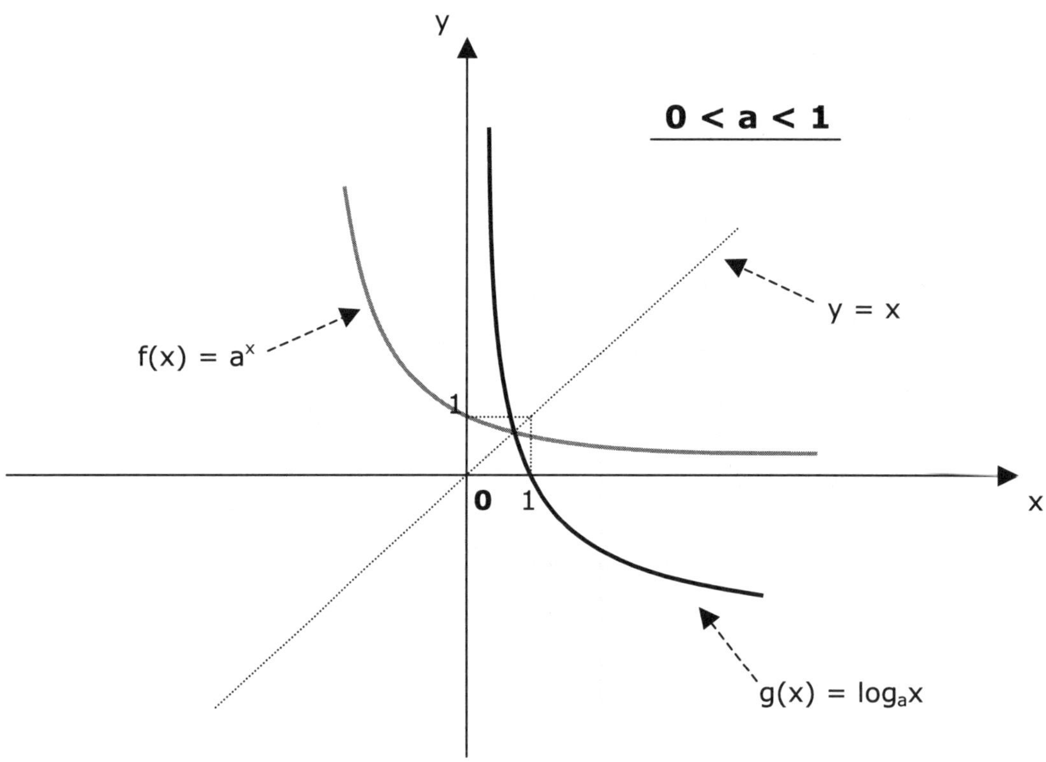

Note:
The straight line $y = 0$ (i.e., the x-axis) is said to be the asymptote for $y = a^x$. In particular, it is called a horizontal asymptote.
The straight line $x = 0$ (i.e., the y-axis) is said to be the vertical asymptote for $y = \log_a x$. In particular, it is called a vertical asymptote.

Now, let's take care of some examples.

Examples
in Exponential Functions

0. Let's find the inverses of the functions as follows:

0. $f(x) = 6(2^{x-1})$ where x is real.
1. $f(x) = (e^x - e^{-x})/5$ where e is a constant and is greater than 1.
2. $f(x) = \log_3\{x + (x^2 - 9)^{1/2}\} - 1$ for $x \geq 3$.

1. Let's construct the graphs of the functions as follows:

0. $y = 2^{|x|}$ where x is real.
1. $y = (2^x + 2^{-x})/2$ where x is real.

2. Let's construct the graph of the equality as follows:

$|y| = \log_2|x|$.

Suggestions or Solutions
To the Problem 0 in the Example 0

Let's find the inverse of the function f as follows: $f(x) = 6(2^{x-1})$ where x is real.

We have the definition of the inverse of an exponential function as follows:

$y = f(x) = a^x$ for x is real, and $a > 0$, but $a \neq 1$.

$y = f(x) = a^x \Leftrightarrow x = \log_a y$, which is $f^{-1}(y)$.

Suppose now that $y = f(x)$, and that $f^{-1} = g$.

Then, $y = 6(2^{x-1})$. $\Rightarrow y/6 = 2^{x-1}$.

Now, by definition, $y/6 = 2^{x-1} \Leftrightarrow x - 1 = \log_2(y/6)$.

Then, $x = \log_2(y/6) + 1$.

Let's put the inverse in the **x-y** coordinate system.

Then, $y = f^{-1}(x) = g(x) = \log_2(x/6) + 1$.

In short:

Let $y = f(x)$, and $f^{-1} = g$.

Then, $y = 6(2^{x-1})$. $\Rightarrow y/6 = 2^{x-1}$.

Now, by definition, $y/6 = 2^{x-1} \Leftrightarrow x - 1 = \log_2(y/6)$.

Then, $x = \log_2(y/6) + 1 \Rightarrow y = f^{-1}(x) = g(x) = \log_2(x/6) + 1$.

The following method seems to be a little different but is the same as above.
Let's simplify a little the mechanism of the **f** before proceeding with taking the inverse.

We have $f(x) = 6(2^{x-1})$.
Then, $f(x) = 6(2^{x-1}) = 3(2)(2^{x-1}) = 3(2^{x-1+1}) = 3(2^x)$.

Now, we want to set $y = f(x) = 3(2^x)$.
Then, $y = 3(2^x). \Rightarrow y/3 = 2^x$.

Now, by definition, $y/3 = 2^x \Leftrightarrow x = \log_2(y/3)$.
Then, $y = f^{-1}(x) = g(x) = \log_2(x/3)$.

Now, both results are the same.
We have $y = g(x) = \log_2(x/6) + 1$ in the previous method.
$\log_2(x/6) + 1 = \log_2(x/6) + \log_2 2 = \log_2(x/6)2 = \log_2(x/3)$.

By the way, $\log_2(x/3) = \log_2 x - \log_2 3$.

How come?

We know that the **x** and the 3 are antilogarithms, and that the log is an exponent. If we do division between antilogarithms, then we get to do subtraction between the exponents. The bases have to be the same in this case, of course.

Fig. 0.0.0

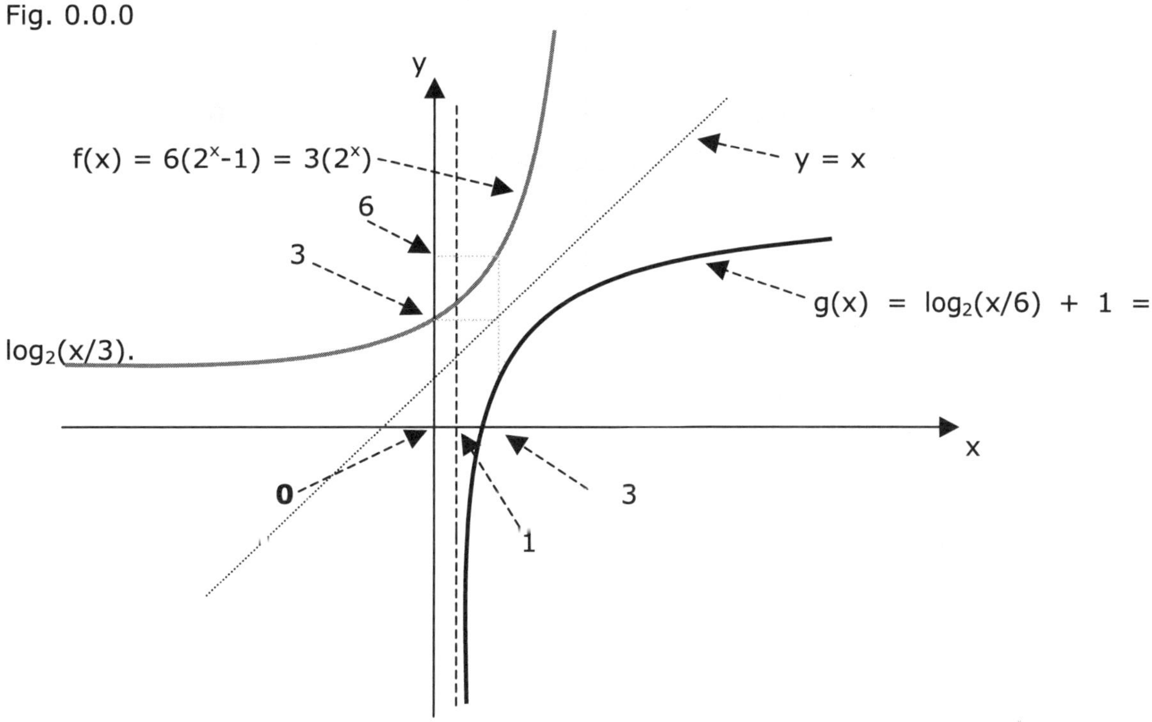

Suggestions or Solutions
To the Problem 1 in the Example 0

Let's the inverse of the function f as follows:

$f(x) = (e^x - e^{-x})/5$ where e is a constant and is greater than 1.

We have the definition of the inverse of an exponential function as follows:
$y = f(x) = a^x$ for x is real, and $a > 0$, but $a \neq 1$.
$y = f(x) = a^x \Leftrightarrow x = \log_a y$, which is $f^{-1}(y)$.

Suppose now, that we put in the **x-y** coordinate system the inverse of the **f**, which is called **g**.
Then, we can put the inverse in $y = f^{-1}(x) = g(x) = \log_a x$ where:
The **x** is the antilogarithm and is greater than 0, and the **y** is the exponent.

Now, let's begin working on the problem.
Suppose that $y = f(x)$. Then, $y = (e^x - e^{-x})/5$.
Then, we need to take the equality above for an equation and solve the **x**, but we can hardly solve it in a direct manner.
Then, we take the entire e^x for an unknown, and solve for the e^x first.
Then, the solution is going to be an equality, which will probably be composed of e^x and an expression.
Also, the expression will be in terms of the **y**.
Then, we take the solution for another equation and solve for the **x**.

Now, let's set $t = e^x$. Then, $e^{-x} = 1/e^x = 1/t$. Then:
$y = (e^x - e^{-x})/5 = (t - 1/t)/5 \Rightarrow 5y = t - 1/t \Rightarrow t^2 - 5yt - 1 = 0$.
$\Rightarrow t^2 - 5yt - 1 = t^2 - 5yt + (5y/2)^2 - (5y/2)^2 - 1 = (t - 5y/2)^2 - 25y^2/4 - 1$
$= (t - 5y/2)^2 - (25y^2 + 4)/4 = 0$.

$\Rightarrow (t - 5y/2)^2 = (25y^2 + 4)/4$.
$\Rightarrow t = 5y/2 \pm (25y^2 + 4)^{1/2}/2 = \{5y \pm (25y^2 + 4)^{1/2}\}/2$.

Now, we need to choose one of the two signs, + and -.
We know that $t = e^x$, and that $e^x > 0$. $\Rightarrow t > 0$.

We also know that:
$(25y^2 + 4)^{1/2} \geq 2$, which is positive anyway.
$|5y| < (25y^2 + 4)^{1/2}$.

Then, $5y + (25y^2 + 4)^{1/2} > 0$; however, $5y - (25y^2 + 4)^{1/2} < 0$.
Then, we can see that $t = \{5y + (25y^2 + 4)^{1/2}\}/2$ since the $t > 0$.
Then, $t = e^x = \{5y + (25y^2 + 4)^{1/2}\}/2$.

Now, how do we solve the equation above for the x?
We can solve it by means of the definition of the inverse of an exponential function.
We know that $\mathbf{y = a^x \Leftrightarrow x = \log_a y}$ in the definition which was specified at the beginning.
Therefore, $x = \log_e\{5y + (25y^2 + 4)^{1/2}\}/2$ by definition.
Then, the mechanism of the inverse is $\log_e\{5y + (25y^2 + 4)^{1/2}\}/2$ where the y is now the input variable in the inverse.
Now, let's put in the x-y coordinate system the inverse of the f(x), and name the inverse g(x).
Then, $f^{-1}(x) = g(x) = \log_e\{5x + (25x^2 + 4)^{1/2}\}/2$.

In short:
Let $y = f(x) = (e^x - e^{-x})/5$, $f^{-1} = g$, and $t = e^x$. Then:
$e^{-x} = 1/e^x = 1/t$, and $y = (e^x - e^{-x})/5 = (t - 1/t)/5 \Rightarrow 5y = t - 1/t \Rightarrow t^2 - 5yt - 1 = 0$.
$\Rightarrow t^2 - 5yt - 1 = t^2 - 5yt + (5y/2)^2 - (5y/2)^2 - 1 = (t - 5y/2)^2 - 25y^2/4 - 1$
$= (t - 5y/2)^2 - (25y^2 + 4)/4 = 0$.
$\Rightarrow (t - 5y/2)^2 = (25y^2 + 4)/4. \Rightarrow t = 5y/2 \pm (25y^2 + 4)^{1/2}/2 = \{5y \pm (25y^2 + 4)^{1/2}\}/2$.
$t = e^x$, and $e^x > 0. \Rightarrow t > 0$.
$(25y^2 + 4)^{1/2} \geq 2$ and $|5y| < (25y^2 + 4)^{1/2}. \Rightarrow 5y + (25y^2 + 4)^{1/2} > 0$; however,
$5y - (25y^2 + 4)^{1/2} < 0. \Rightarrow t = \{5y + (25y^2 + 4)^{1/2}\}/2$.
Then, $t = e^x = \{5y + (25y^2 + 4)^{1/2}\}/2 \Rightarrow x = \log_e\{5y + (25y^2 + 4)^{1/2}\}/2$ by definition.
Therefore, $f^{-1}(x) = g(x) = \log_e\{5x + (25x^2 + 4)^{1/2}\}/2$.

Fig. 0.1.0.

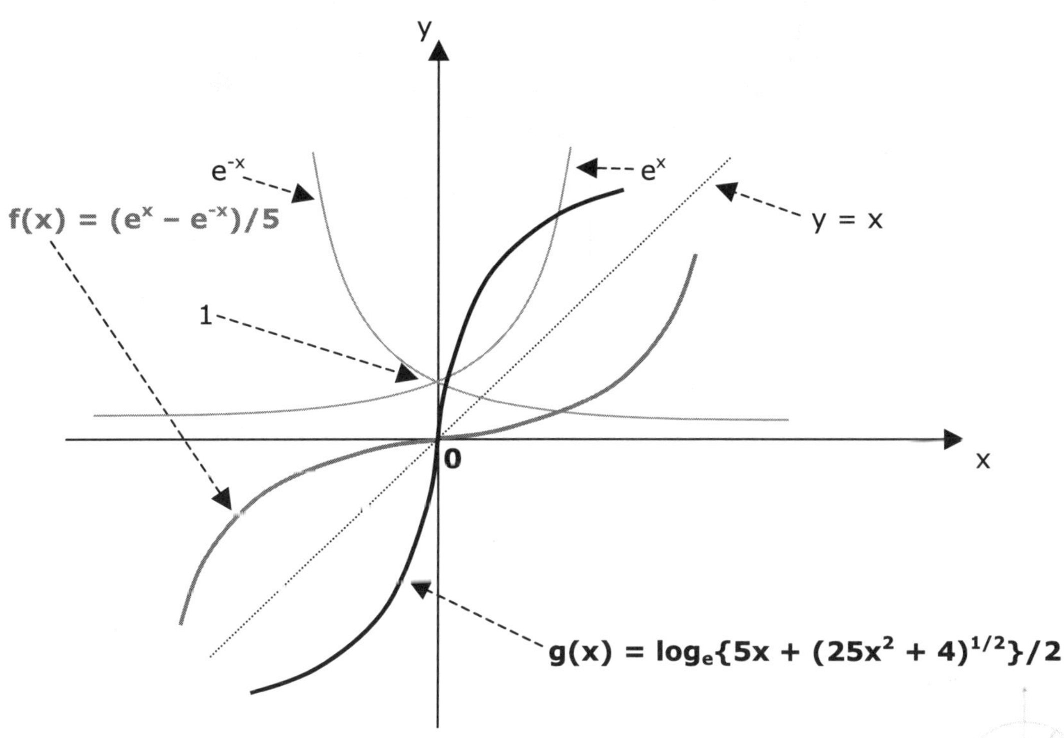

Suggestions or Solutions
To the **Problem 2** in the Example **0**

Let's find the inverse of the function f as follows:
$f(x) = \log_3\{x + (x^2 - 9)^{1/2}\} - 1$ for $x \geq 3$.

We have the definition of the inverse of an exponential function as follows:
$y = f(x) = a^x$ for x is real, and $a > 0$, but $a \neq 1$.
$y = f(x) = a^x \Leftrightarrow x = \log_a y$, which is $f^{-1}(y)$.

Suppose now that:
We put in the **x-y** coordinate system the inverse of the **f**.
The name of the inverse is **g**.

Then, we can put the inverse in $y = f^{-1}(x) = g(x) = \log_a x$ where:
The **x** is the antilogarithm > 0, and the **y** is the exponent.

Now, let's begin working on the problem.

First of all, we need to check to see if the antilogarithm is positive, and find the range of the **f**.

We can see that $(x^2 - 9)^{1/2}$ is legitimate since $x^2 - 9 \geq 0$ for $x \geq 3$, and that $(x^2 - 9)^{1/2} \geq 0$.

Then, $x + (x^2 - 9)^{1/2} \geq 3$ since the $x \geq 3$.
Therefore, $\log_3\{x + (x^2 - 9)^{1/2}\} \geq 1$ since $\log_3 3 = 1$.

Then, $f(x) = \log_3\{x + (x^2 - 9)^{1/2}\} - 1 \geq 0$ for $x \geq 3$, and therefore, the range is $\{e|\ e \geq 0\}$.

Suppose now that $y = f(x)$.

Then, $y = \log_3\{x + (x^2 - 9)^{1/2}\} - 1$ for $x \geq 3$. $\Rightarrow y \geq 0$, and $y + 1 = \log_3\{x + (x^2 - 9)^{1/2}\}$.

$\Rightarrow 3^{y+1} = x + (x^2 - 9)^{1/2}$ by the definition, which is the definition of the inverse of an exponential function specified at the beginning.

Suppose that $t = 3^{y+1}$.

Then, $t \geq 3$ since $y \geq 0$, and $t = x + (x^2 - 9)^{1/2}$.

$\Rightarrow t - x = (x^2 - 9)^{1/2} \Rightarrow t^2 - 2tx + x^2 = x^2 - 9 \Rightarrow t^2 - 2tx = -9 \Rightarrow x = (t^2 + 9)/2t = t/2 + 9/(2t)$.

We know that $t = 3^{y+1}$.

Then, $x = 3^{y+1}/2 + 9/\{2(3^{y+1})\} = 3^{y+1}/2 - 3^2(3^{-y-1})/2 = 3^{y+1}/2 + 3^{-y+1}/2$

$= (3^{y+1} + 3^{-y+1})/2 = \{3(3^y) + 3(3^{-y})\}/2 = 3(3^y + 3^{-y})/2$.

Then, the mechanism of the inverse is $3(3^y + 3^{-y})/2$ where the **y** is now the input variable in the inverse.

Now, let's put in the **x-y** coordinate system the inverse of the f(x).

Then, $y = f^{-1}(x) = g(x) = 3(3^x + 3^{-x})/2$ for $x \geq 0$.

In short:

Let $y = f(x) = \log_3\{x + (x^2 - 9)^{1/2}\} - 1$ for $x \geq 3$, and $f^{-1} = g$.

$x + (x^2 - 9)^{1/2} \geq 3$ for $x \geq 3 \Rightarrow \log_3\{x + (x^2 - 9)^{1/2}\} \geq 1$ since $\log_3 3 = 1$.

$\Rightarrow f(x) = \log_3\{x + (x^2 - 9)^{1/2}\} - 1 \geq 0$ for $x \geq 3$.

$\Rightarrow y \geq 0$, and $y + 1 = \log_3\{x + (x^2 - 9)^{1/2}\}$.

$\Rightarrow 3^{y+1} = x + (x^2 - 9)^{1/2}$ by definition.

Let $t = 3^{y+1}$.

Then, $t \geq 3$ since $y \geq 0$, and $t = x + (x^2 - 9)^{1/2}$.

$\Rightarrow t - x = (x^2 - 9)^{1/2} \Rightarrow t^2 - 2tx + x^2 = x^2 - 9 \Rightarrow t^2 - 2tx = -9 \Rightarrow x = (t^2 + 9)/2t = t/2 + 9/(2t)$.

Since $t = 3^{y+1}$, $x = 3^{y+1}/2 + 9/\{2(3^{y+1})\} = 3^{y+1}/2 - 3^2(3^{-y-1})/2 = 3^{y+1}/2 + 3^{-y+1}/2$

$= (3^{y+1} + 3^{-y+1})/2 = \{3(3^y) + 3(3^{-y})\}/2 = 3(3^y + 3^{-y})/2$.

Therefore, $y = f^{-1}(x) = g(x) = 3(3^x + 3^{-x})/2$ for $x \geq 0$.

Fig. 0.2.0

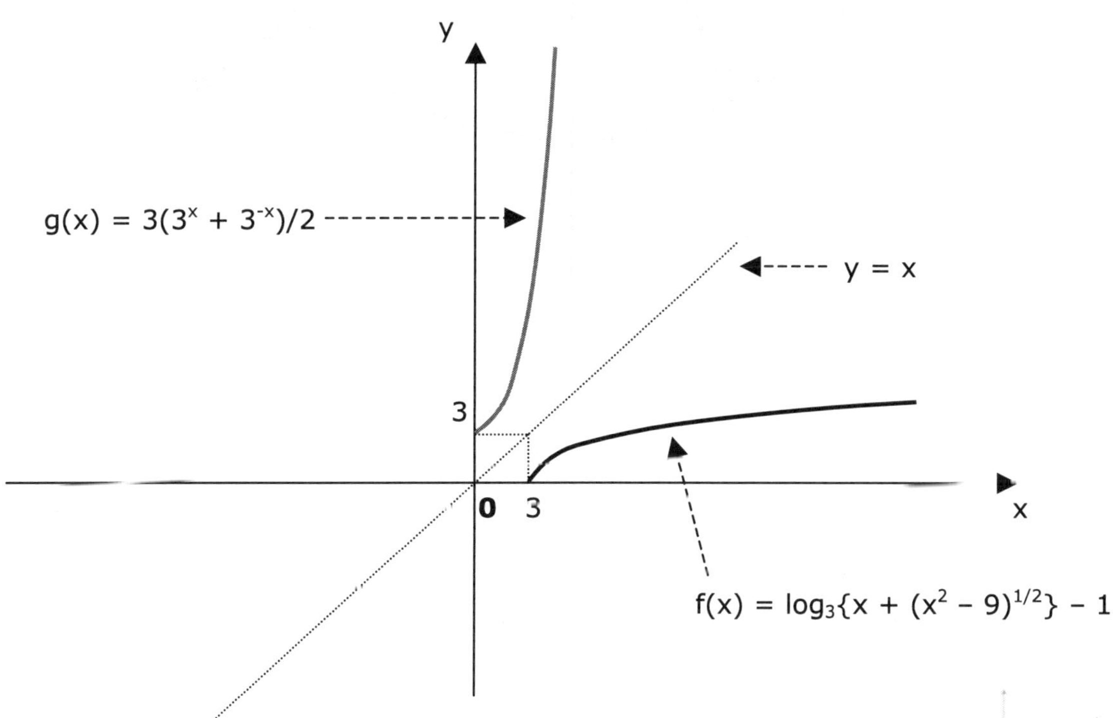

Suggestions or Solutions
To the Problem 0 in the Example 1

Let's construct the graph of the function as follows: $y = 2^{|x|}$ where x is real.

We know that $|x| \geq 0$ for all values of the **x**. Then, the value of 2^x has to be always as if $x \geq 0$ whatever the sign (+ or -) of the value of the **x** may be.
Therefore, we need to consider the curve for $x \geq 0$ and the curve for $x < 0$.

We get the curve of $y = 2^x$ if $x \geq 0$.
We get the curve of $y = 2^{-x}$ if $x < 0$.

Then, we can see that $y = 2^{-x}$ behaves in symmetry of $y = 2^x$ about the y-axis.
Therefore, the curve will be symmetric about the y-axis as in the graph below.

Fig. 1.0.0

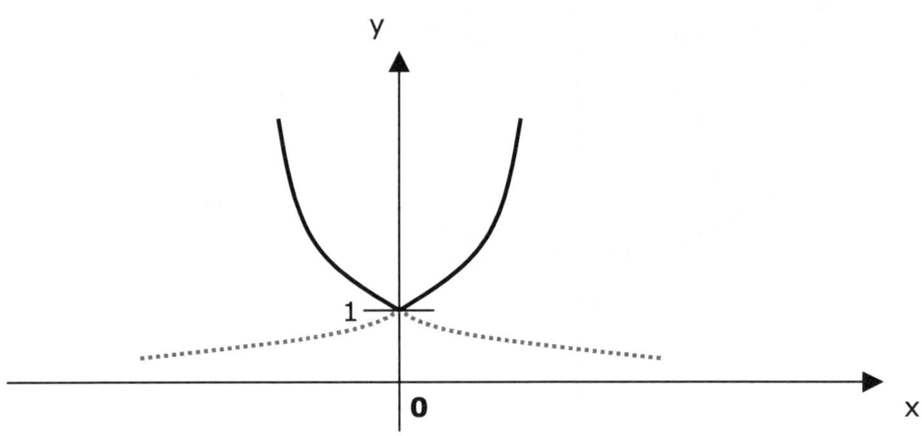

In general:

The curve of $y = f(|x|)$ is symmetric about the y-axis.
The curve of $|y| = f(x)$ is symmetric about the x-axis.
The curve of $|y| = f(|x|)$ is symmetric about both axes and the origin each.

Suggestions or Solutions
To the Problem 1 in the Example 1

Let's construct the graph of the function as follows: $y = (2^x + 2^{-x})/2$ where x is real.

Let's set $y_1 = 2^x$ and $y_2 = 2^{-x}$.

Then, we take the average of y_1 and y_2 for each value of the x.

Fig. 1.2.0

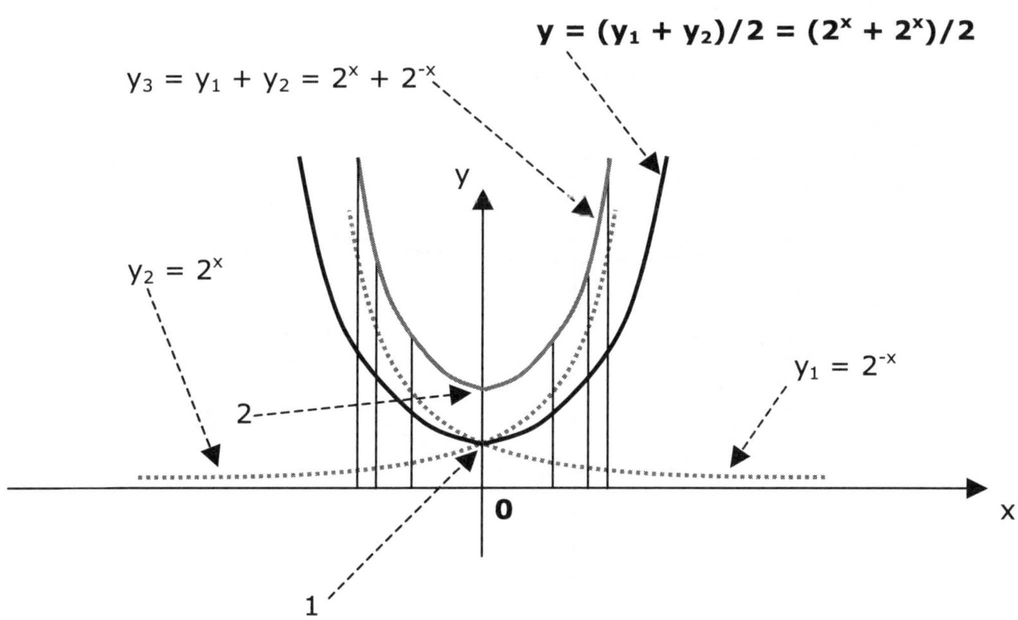

Suggestions or Solutions
To the Problem in the Example 2

Let's construct the graph of the equality as follows: $|y| = \log_2|x|$.

The curve of $|y| = f(|x|)$ is symmetric about both coordinate axes and the origin each.

In the problems similar to this example, we often need to consider four different cases. However, we need to consider in this example, eight different cases as follows. That's because the signs (+ or -) of the variables need to change in accordance with each of the cases.

For $y \geq 0$ and $x \geq 1$, the curve of $y = \log_2 x$ in black, which is in symmetry of:
The curve of $y = \log_2(-x)$ about the y-axis.
The curve of $-y = \log_2 x$ about the x-axis.
The curve of $-y = \log_2(-x)$ about the origin.

For $y \geq 0$ and $0 < x < 1$, the curve of $-y = \log_2 x$ in gray, which is in symmetry of:
The curve of $-y = \log_2(-x)$ about the y-axis.
The curve of $y = \log_2 x$ about the x-axis.
The curve of $y = \log_2(-x)$ about the origin.

For $y \geq 0$ and $-1 < x < 0$, the curve of $-y = \log_2 (-x)$ in gray, which is in symmetry of:
The curve of $-y = \log_2 x$ about the y-axis.
The curve of $y = \log_2(-x)$ about the x-axis.
The curve of $y = \log_2 x$ about the origin.

For $y \geq 0$ and $x < -1$, the curve of $y = \log_2 (-x)$ in black, which is in symmetry of:
The curve of $y = \log_2 x$ about the y-axis.
The curve of $-y = \log_2(-x)$ about the x-axis.
The curve of $-y = \log_2 x$ about the origin.

Fig. 2.0.

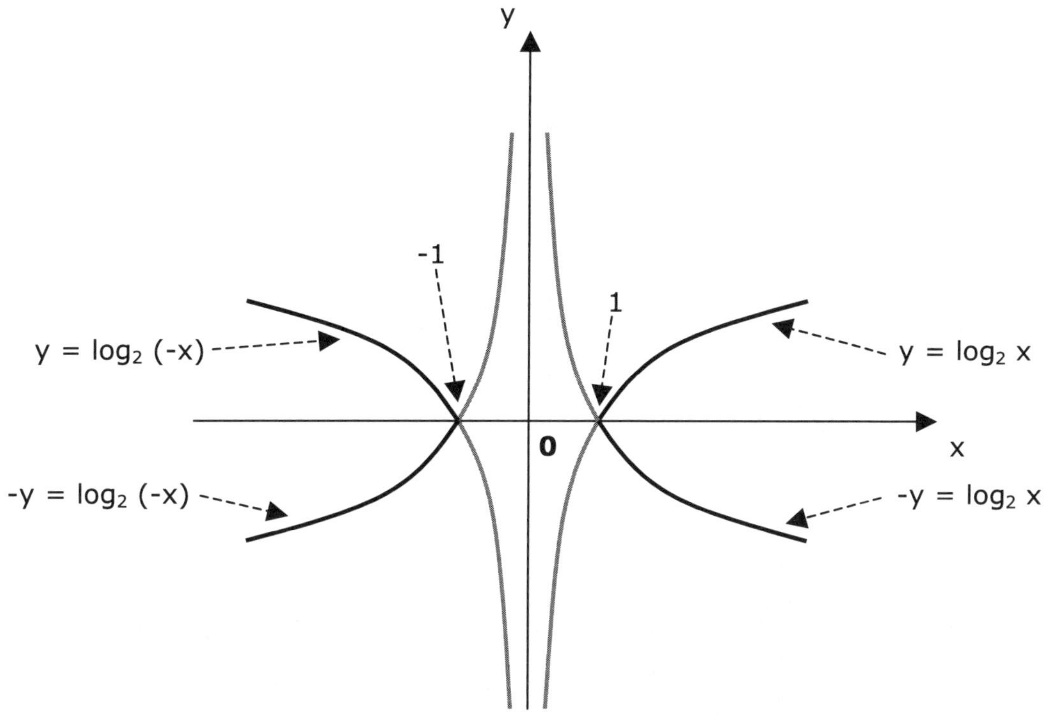

For $y < 0$ and $x \geq 1$, the curve of $-y = \log_2 x$ in black, which is in symmetry of:

The curve of $y = \log_2 x$ about the x-axis.

The curve of $-y = \log_2(-x)$ about the y-axis.

The curve of $y = \log_2 (-x)$ about the origin.

For $y < 0$ and $0 < x < 1$, the curve of $y = \log_2 x$ in gray, which is in symmetry of:

The curve of $-y = \log_2 x$ about the x-axis.

The curve of $y = \log_2(-x)$ about the y-axis.

The curve of $-y = \log_2(-x)$ about the origin.

For $y < 0$ and $-1 < x < 0$, the curve of $y = \log_2 (-x)$ in gray, which is in symmetry of:

The curve of $-y = \log_2(-x)$ about the x-axis.

The curve of $y = \log_2 x$ about the y-axis.

The curve of $-y = \log_2 x$ about the origin.

For $y < 0$ and $x \leq -1$, the curve of $-y = \log_2(-x)$ in black, which is in symmetry of:

The curve of $y = \log_2(-x)$ about the x-axis.

The curve of $-y = \log_2 x$ about the y-axis.

The curve of $y = \log_2 x$ about the origin.

Fig. 2.0.

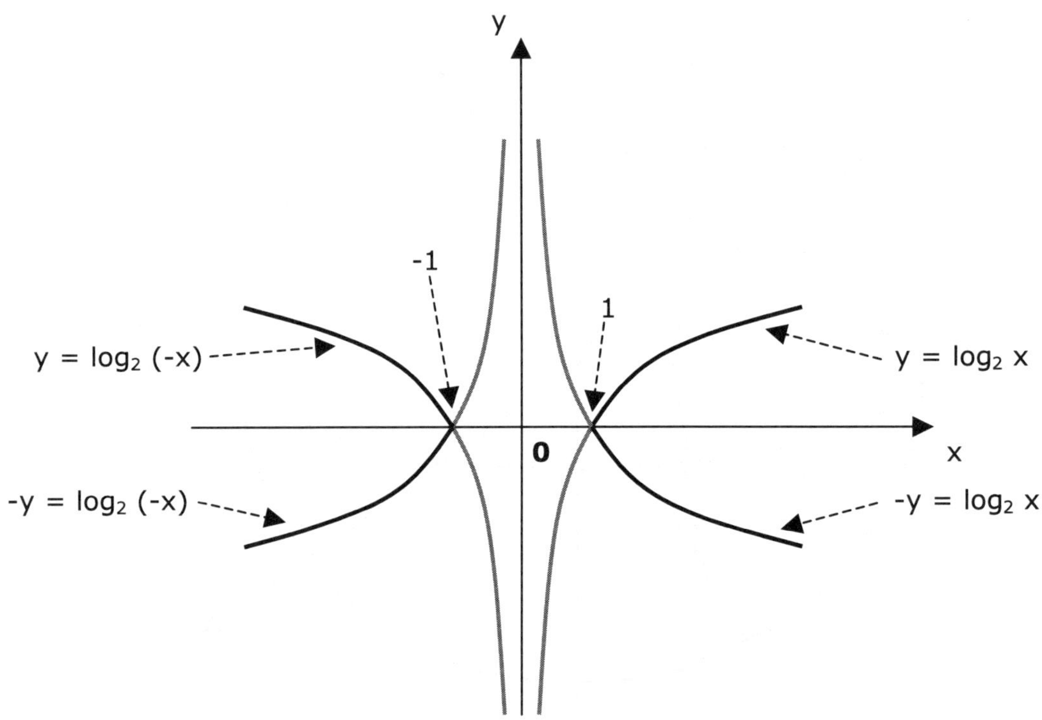

$|y| = \log_2|x|$ is not a function but an equality.

An equality specifies a relationship in quantity and looks similar to a specification of a function, but is not a function. Literally, an equality shows that two expressions are equal to each other by means of an equal sign.

A function shows not a relationship in quantity but a correspondence relationship, and we cannot use the absolute value sign to the output variable in a function. If we want to change the output for the same input, we need to change the function. We may use the sign in the mechanism, of course.

A. Periodic Functions

Generally, a function produces many different outputs. Some function in a kind produces the same output more than once. Among functions in such a kind, some functions in particular, produce repeatedly many different outputs. In other words, in such a function, each of all the different outputs gets produced repeatedly. More specifically, such a function produces many different outputs but does produce the same output for each of particular inputs, and the **differences** among all the particular inputs are **integer multiples** of a **particular value**. In other words, the set of all the particular inputs forms an arithmetic sequence. The same is true for each of all the other outputs in the function. Then, every time the input gets increased by the amount of the **particular value**, one same output gets produced periodically.

Now, we call the particular value the **period** for the function. The period is a particular extent of the input values in the function. Then, all the outputs of the function get produced in the particular extent. That is, the range repeats for every period in the input. However, the function doesn't have to be one-to-one within a period. That is, some elements of the range can show up more than once as the outputs within one period. In particular, the function produces the same output at both every beginning and end of each of the periods. Then, the period is established in such a manner. Now, the function repeats the same particular output periodically. The same is true for all the other outputs. Hence, a periodic function!

Now, a periodic function periodically repeats the same particular behavior. Then, the length of the particular behavior is the period. Then, a periodic function is composed of particular behaviors each of which is for the period. What length is the length of the particular behavior, then? If we construct the graph of a periodic function, we can see that a particular amount (or section) of the curve regularly repeats for every constant interval in the axis for the input variable. Then, the magnitude of the interval is the length. Therefore, we can take the entire curve for the linear collection of duplicates of a particular piece of the curve along a straight line. Now, we need to note that the line has to be **horizontal**. In what manner is the line horizontal? The horizontal straight line is **parallel to the axis for the input variable** in the coordinate system where the function is placed. Suppose that we have a piece of a curve as follows:

Fig. A.0

Suppose now, that we make duplicates of the piece of the curve as follows:

Fig. A.1

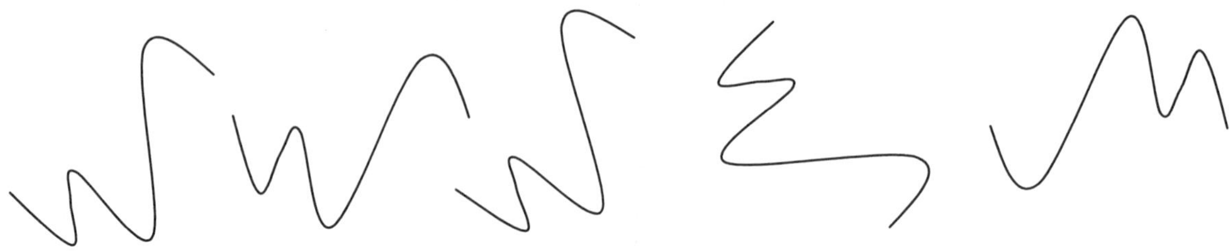

Now, we make a linear collection of the pieces, and we get to have the periodic curve as follows:

Fig. A.2

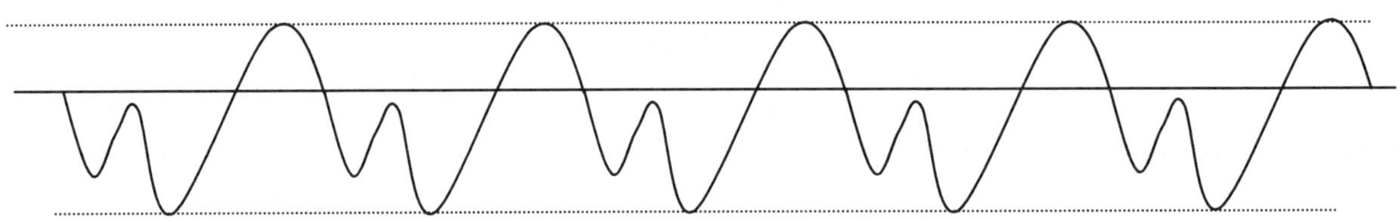

Another example is as follows:

Fig. A.3

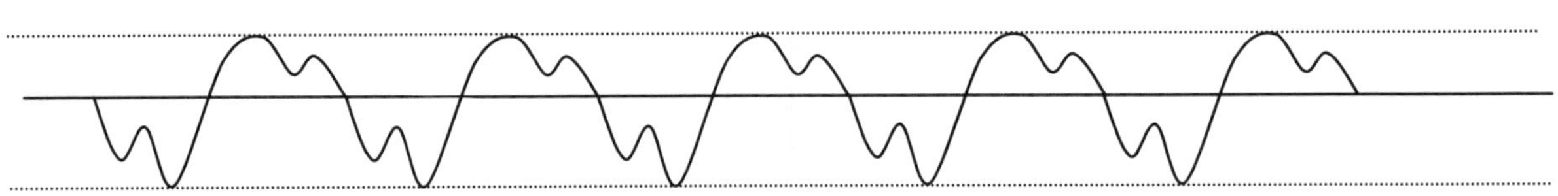

Some curves might look periodic, but they are not. The curve as below repeats the same piece of curve but is not said to be periodic since the entire curve is not such a linear collection as described above. The pieces are lined up on a straight line, which is not horizontal but slanted. In other words, the pieces are not connected along a horizontal straight line that is **parallel** to the axis of the input variable in the coordinate system where the function is placed.

Fig. A.4

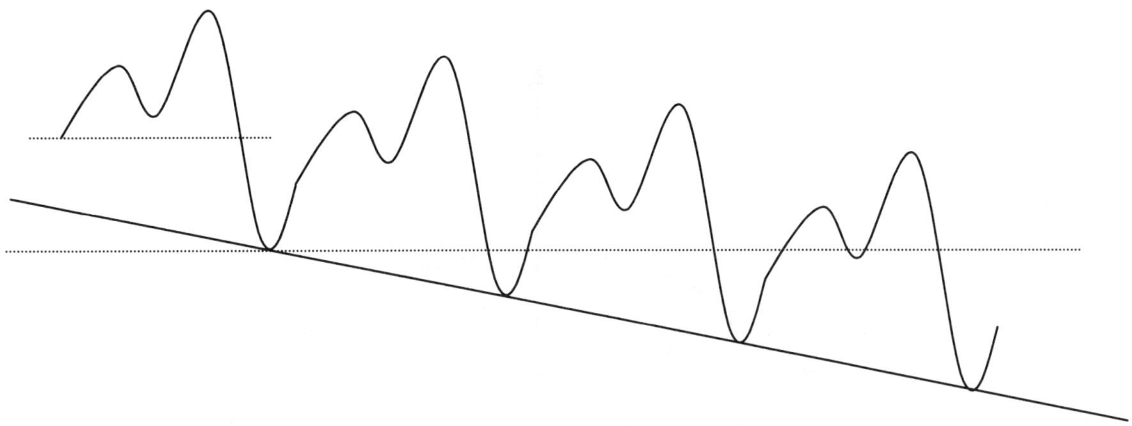

That's because the output at the beginning of the period is not the same as the output at the end of the period.

Fig. A.5

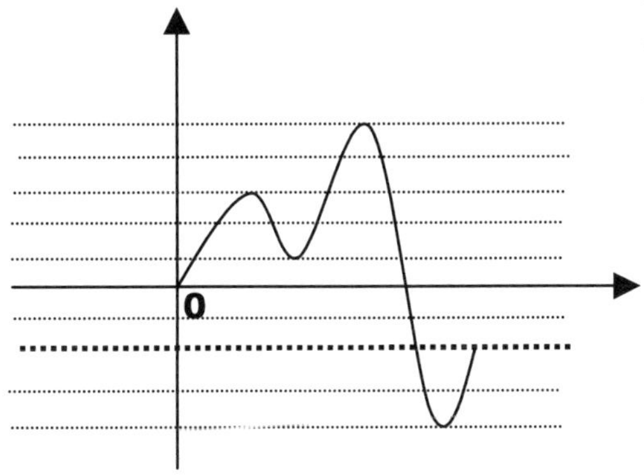

Fig. A.6

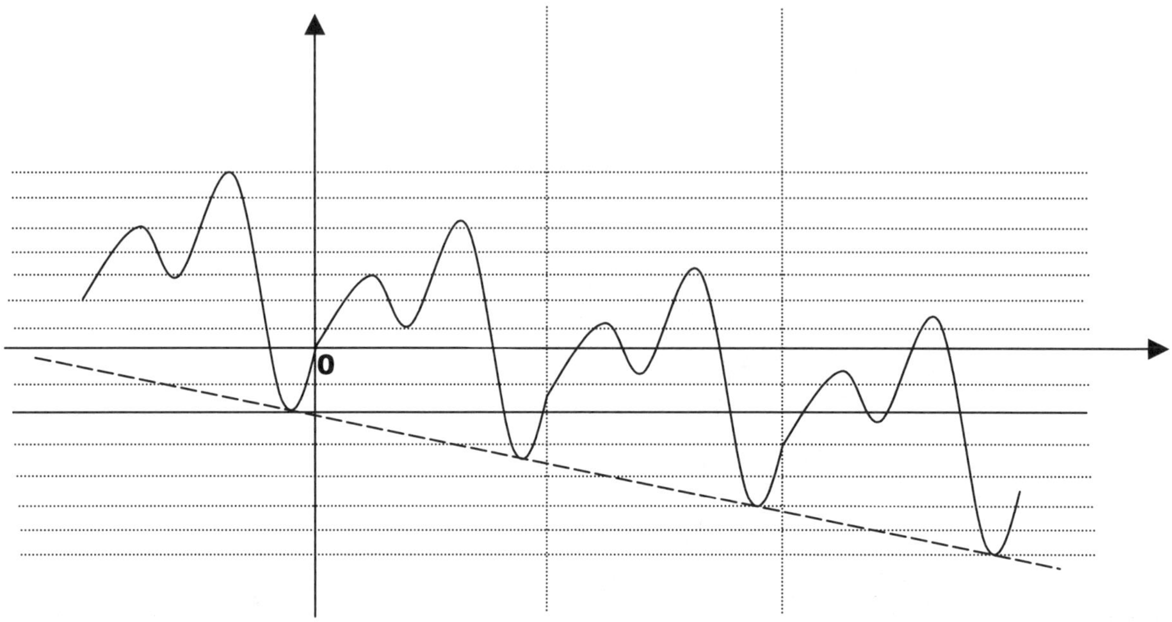

Periodic functions are basically continuous functions. However, we also have periodic functions that are not continuous. Nonetheless, such functions are normally continuous within their periods. In other words, such a function is discontinuous every time it moves on to the next period.

Fig. A.7

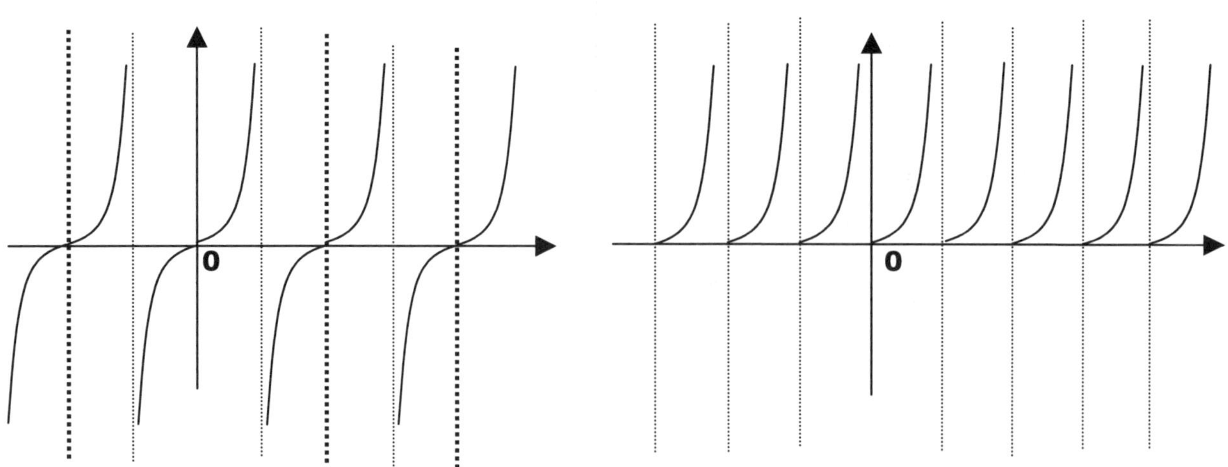

Now, let's find out about a definition of a periodic function. When we define a function, we need to specify the domain and the range along with the mechanism. First, we are going to begin with a domain and a range of a periodic function. When we define a periodic function, the function usually has such an unlimited domain as "$x \geq 0$" or "x is a real number.", but the range is frequently limited. For instance, the range can be $-1 \leq y \leq 1$ or $0 \leq t \leq 3$ where **y** and **t** are output variables in some periodic functions. Nevertheless, the range can be unlimited, too; for instance, $v \in R$ and $q \in r$ where **v** and **q** are output variables in some periodic functions, **R** is a set of all real numbers, and **r** is a set of all real numbers that are greater than or equal to 0.

Now most importantly, since the function is periodic, we need to specify the period in the definition. How do we specify the period, then? We don't just call the period **p** and toss in the definition such a statement that the p = 2. A periodic function produces many different outputs as other functions do. We know that in particular, a periodic function produces the same output for particular inputs, which form an arithmetic sequence. Also, in the sequence, the common difference is the period. Then, if we add the period to the current input value and take the sum for another input, the output will be the same. The same idea applies to each of all the other different outputs. In other words, the general output gets produced from the function in such a manner. That is, in a periodic function, any output gets produced in such a manner. Now, we can define a periodic function **f** in such a way as follows.

X and Y are sets of real numbers, and p is a constant.
f: X ⟶ Y.
y = f(x) = f(x + p).

Then from the definition above, we can see that the **f** is periodic and the **p** is the period.
Also, we can see that:

$f(x) = f(x + p) \Rightarrow f(x + p) = f\{(x + p) + p\} = f(x + 2p)$

$f(x) = f(x + p) \Rightarrow f(x + 2p) = f\{(x + 2p) + p\} = f(x + 3p)$

$f(x) = f(x + p) \Rightarrow f(x + 3p) = f\{(x + 3p) + p\} = f(x + 4p)$

. . .

Now, we can say that if f(x) = f(x + np) where **n** is an integer, the **f** is periodic and the period is **p**. Let's make some examples now where we can see how the same outputs get produced for such a group of particular inputs described above. We know that the particular inputs form an arithmetic sequence where the period is the common difference. Suppose now, that the **p** is 1 in y = f(x) = f(x + p). Then:

When x = 1, f(1) = f(1 + 1) = f(2) = f(1 + 1p)

When x = 2, f(2) = f(2 + 1) = f(3) = f(1 + 2p)

When x = 3, f(3) = f(3 + 1) = f(4) = f(1 + 3p)

. . .

When x = 0.2, f(0.2) = f(0.2 + 1) = f(1.2) = f(0.2 + 1p)

When x = 2.2, f(2.2) = f(2.2 + 1) = f(3.2) = f(0.2 + 3p)

When x = 5.2, f(5.2) = f(5.2 + 1) = f(6.2) = f(0.2 + 6p)

. . . f(5.2) = f(4.2 + 1) = f(4.2) = f(0.2 + 4p) = f(3.2 + 1) = f(3.2) = f(0.2 + 3p) **. . .**

When x = 17.9, f(17.9) = f(17.9 + 1) = f(18.9) = f(0.9 + 18p)

When x = 23.9, f(23. 9) = f(23.9 + 1) = f(24.9) = f(0.9 + 24p)

When x = -3, f(-3) = f(-3 + 1) = f(-2) = f(-3 + 1p)

When x = -2, f(-2) = f(-2 + 1) = f(-1) = f(-3 + 2p)

When x = -1, f(-1) = f(-1 + 1) = f(0) = f(-3 + 3p)

Now, we can see that the **f** produces all the same outputs for particular inputs that form an arithmetic sequence where the common difference is the **p**. For instance, **f(0.7) = f(0.7 + every multiple of p)** where the **p** is the period, and the p = 1 in this example.
In other words, **f(0.7) = f(0.7 + np)** where the **n** is an integer and the **p** is the period; in this example **f(0.7) = f(0.7 + n)** since the p = 1.

Note:

f(0.7) = f(0.7 + 0 X p), too.

Also, f(0.7) = f(-0.3) since −1 is an integer and f(0.7) = f(0.7 + (-1)p) = f(0.7 − 1).

However, the same output can happen for other input values, too. In other words, a periodic function can produce two or more same outputs in one period. Therefore, not only is f(x) equal to f(x + p) but f(x) can be equal to f(x + q), f(x + r), etc. where **p**, **q**, **r**, etc. are constants that are all different from each other. However, since the period is the **p** only, f(x) ≠ f(x + nq), f(x) ≠ f(x + nr), etc. where **n** is an integer.

Fig. A.8

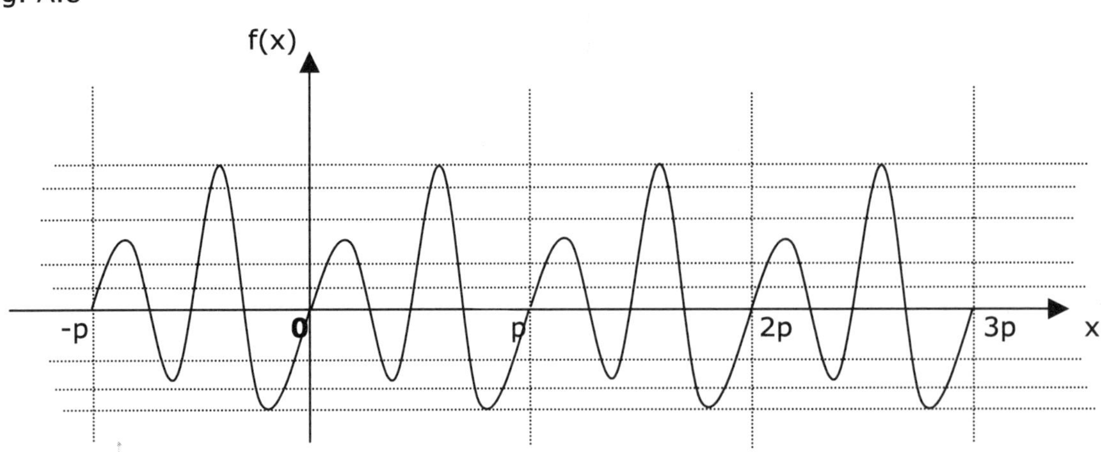

Frequent examples in periodic function are trigonometric functions which we will cover in trigonometry. The typical of the examples are sine, cosine, and tangent functions. In fact, many examples in periodic functions are some combinations of the trigonometric functions. They are wave functions in general. For instance, some of them are called Sawtooth function, Square function, and Triangular function. They are beyond the scope of general mathematic. However, trigonometry is a part of general math. It covers very important ratios: triangular ratios. Trigonometric functions are not easy to comprehend, but are not too hard to understand. They are covered in the book, **Run Trigonometry**. We can hardly find a periodic function with a mechanism that has a single algebraic expression such as a polynomial. Let's take some simple examples in periodic function, but each of the examples has a mechanism composed of more than one algebraic expression. In other words, the mechanism of each of the periodic functions comprises two or more algebraic expressions.

Suppose that we have **f(x) = x − k where k is an integer, for k ≤ x < k + 1**.

Then, the **f** is periodic with the period of 1.

Therefore, **f(x) = f(x + 1)** and f(x) = f(x + np) = f(x + n) where **n** is an integer, and **p** is the period.

The domain of the **f** is a set of all real numbers. How come?

The domain of the **f** is {x| k ≤ x < k + 1 where **k** is an integer.}

= {x| . . . -3 ≤ x < -2, -2 ≤ x < -1, -1 ≤ x < 0, 0 ≤ x < 1, 1 ≤ x < 2, 2 ≤ x < 3 . . .},

which means that it is a set of all real numbers, after all.

The range of the **f** is {r| 0 ≤ r < 1}.

The **f** is a many-to-one function, and has no inverse as a whole.

However, we can find the inverse for every interval of the period since the function is one-to-one in each period.

Fig. A.9

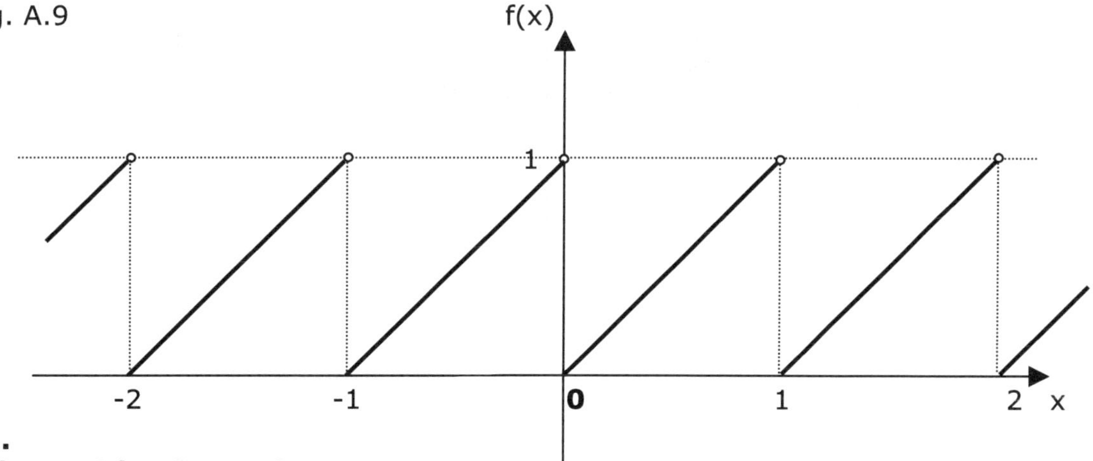

. . .

f(x) = x + 2 for −3 ≤ x < -2

f(x) = x + 2 for −2 ≤ x < -1

f(x) = x + 1 for −1 ≤ x < 0

f(x) = x for 0 ≤ x < 1.

f(x) = x − 1 for 1 ≤ x < 2

f(x) = x − 2 for 2 ≤ x < 3

. . .

What about the function as follows?

f(x) = x – 2k + 1 where k is an integer, for 2k – 1 ≤ x ≤ 2k.

The **f** is periodic with the period of 2.

f(x) = f(x + 2) and f(x) = f(x + 2n) where **n** is an integer.

The domain of the **f** is {x| 2k – 1 ≤ x ≤ 2k where **k** is an integer.}
= {x| . . . -3 ≤ x ≤ - 2, -1 ≤ x ≤ 0, 1 ≤ x ≤ 2, 3 ≤ x ≤ 4 . . .},
which however, does **not** mean a set of **all real numbers**.

The range of the **f** is {x| 0 ≤ x ≤ 1}.
The f is many-to-one, and has no inverse as a whole.
However, we can find the inverse for every interval of the period since the function is one-to-one in each period.

Fig. A.A

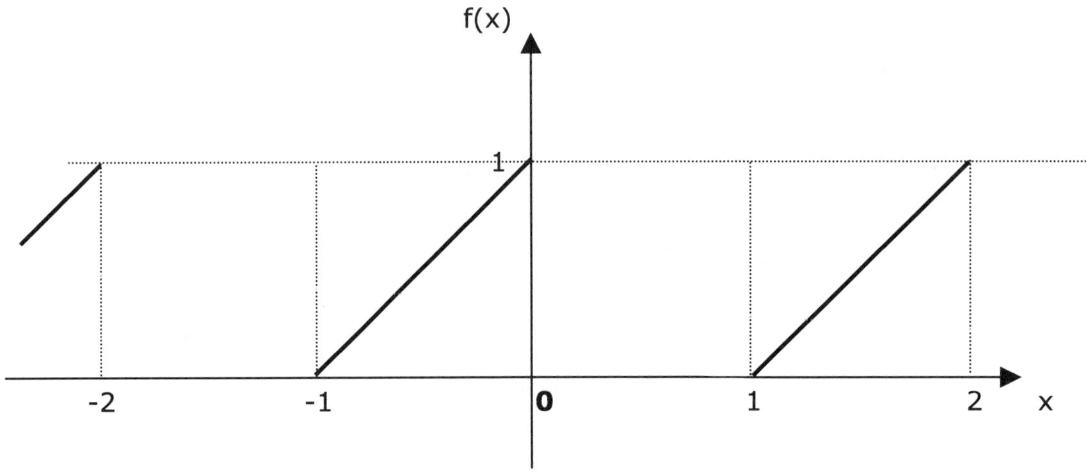

. . .

f(x) = x + 3 for –3 ≤ x ≤ -2

f(x) = x + 1 for –1 ≤ x ≤ 0

f(x) = x – 1 for 1 ≤ x ≤ 2

. . .

How about the next example?

f(x) = -x + k + 1 where k is an integer, for k < x ≤ k + 1.

The **f** is periodic with the period of 1.
f(x) = f(x + 1) and f(x) = f(x + n) where **n** is an integer.
The domain of the **f** is a set of all real numbers.
The range of the **f** is {x| 0 ≤ x < 1}.
The **f** is a many-to-one function, and has no inverse as a whole.
However, we can find the inverse for every interval of the period since the function is one-to-one in each period.

Fig. A.B

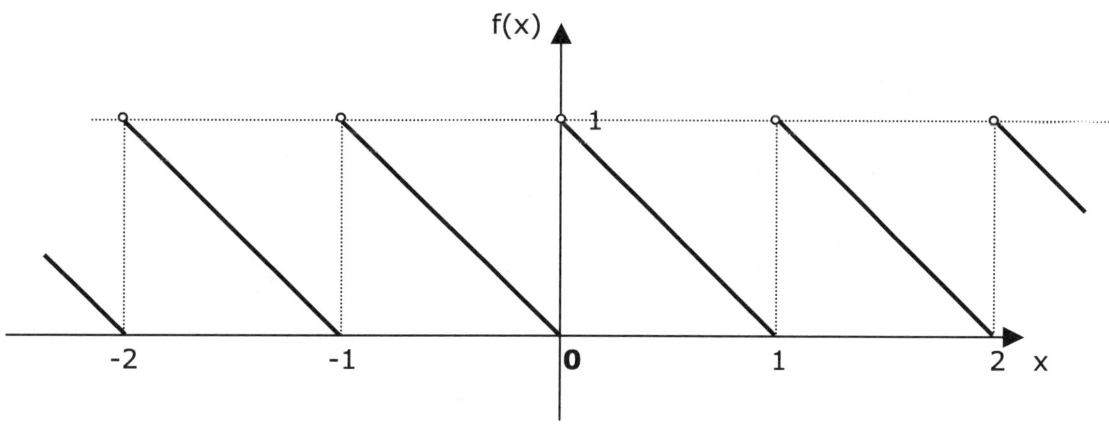

. . .

f(x) = -x - 2 for −3 < x ≤ -2

f(x) = -x − 1 for −2 < x ≤ -1

f(x) = -x for −1 < x ≤ 0

f(x) = -x + 1 for 0 < x ≤ 1.

f(x) = -x + 2 for 1 < x ≤ 2

f(x) = -x + 3 for 2 < x ≤ 3

. . .

How about the next?

$f(x) = -x + 2(k + 1)$ where k is an integer, for $2k + 1 \le x \le 2(k + 1)$.

The **f** is periodic with the period of 2.
$f(x) = f(x + 2)$ and $f(x) = f(x + 2n)$ where **n** is an integer.
The domain of the **f** is $\{d|\ 2k + 1 \le d \le 2(k + 1)$ where k is an integer.$\}$.
The range of the **f** is $\{r|\ 0 \le r \le 1\}$.
The **f** is many-to-one, and has no inverse as a whole.
However, we can find the inverse for every interval of the period since the function is one-to-one in each period.

Fig. A.C

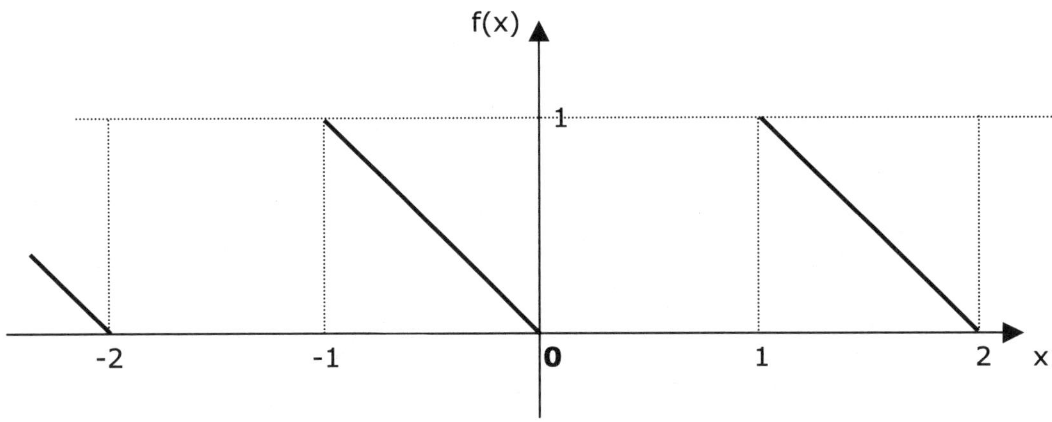

...

$f(x) = -x + 2$ for $1 \le x \le 2$

$f(x) = -x$ for $-1 \le x \le 0$

$f(x) = -x - 2$ for $-3 \le x \le -2$

...

Let's shift the curve in the graph above by -1 in the direction of x-axis (i.e. by 1 to the left). Then, what do we have to do to the **f** to make the new function that produces the new curve after the shifting?
We need to replace **x** with x + 1 in the function definition, and add -1 to the domain expression. Then, we will get a function **g** as follows. How come? The details will be covered in the Book 2: **Graph Operations**.

$g(x) = f(x + 1) = -(x + 1) + 2(k + 1) = -x - 1 + 2k + 2 = -x + 2k + 1$ where k is an integer, for $2k + 1 + (-1) \le x \le 2(k + 1) + (-1)$.

Therefore, **g(x) = -x + 2k + 1 where k is an integer, for 2k ≤ x ≤ 2k + 1.**

Fig. A.D

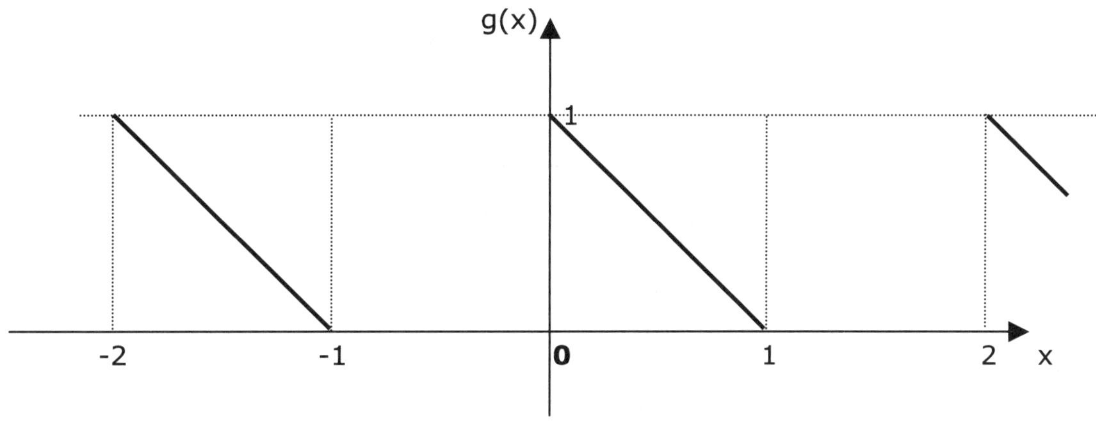

. . .

g(x) = -x – 1 for –2 ≤ x ≤ -1

g(x) = -x + 1 for 0 ≤ x ≤ 1

g(x) = -x + 3 for 2 ≤ x ≤ 3

. . .

Now, let's combine the graph in the first example and the one right above.

The functions for the two graphs are as follows:
f(x) = x – 2k + 1 where k is an integer, for 2k – 1 ≤ x < 2k.
g(x) = -x + 2k + 1 where k is an integer, for 2k ≤ x < 2k + 1.

After we combine the two graphs, we get the new graph as follows:

Fig. A.E

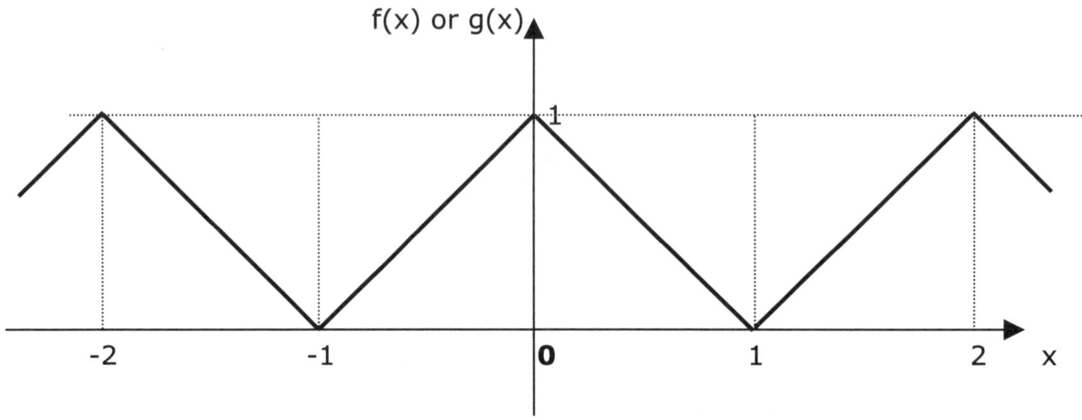

. . .

f(x) = x + 3 for −3 ≤ x < -2

g(x) = -x − 1 for −2 ≤ x < -1

f(x) = x + 1 for −1 ≤ x < 0

g(x) = -x + 1 for 0 ≤ x < 1

f(x) = x − 1 for 1 ≤ x < 2

g(x) = -x + 3 for 2 ≤ x < 3

. . .

Now, let's combine the two functions **f** and **g** to make up a new function called **h**, which produces the new graph right above. Then, we just change the two names **f** and **g** to h. Then, we will get the function **h** as follows:

h(x) = x + 3 for −3 ≤ x < -2 **h(x) = -x − 1 for −2 ≤ x < -1**

h(x) = x + 1 for −1 ≤ x < 0 **h(x) = -x + 1 for 0 ≤ x < 1**

h(x) = x − 1 for 1 ≤ x < 2 **h(x) = -x + 3 for 2 ≤ x < 3**

Now, is the h periodic? Yes, it is periodic.
Then, what is the period? It is 2.
h(x) = h(x + 2) and h(x) = h(x + 2n) where **n** is an integer.
The domain of the **h** is a set of all real numbers.
The range of the **h** is {r| 0 ≤ r ≤ 1}.
The **h** is many-to-one, and has no inverse.
In addition, the function cannot have the inverse for each interval of the period since it is not one-to-one in each period either.

Now, let's take another example.

$f(x) = \{1 - (x - k)^2\}^{1/2} = \sqrt{1-(x-k)^2}$ for $k - 1 \le x < k$ where k is an integer.

The **f** is periodic with the period of 1.

$f(x) = f(x + 1)$ and $f(x) = f(x + n)$ where **n** is an integer.

The domain of the **f** is a set of all real numbers.
The range of the **f** is $\{r|\ 0 \le r < 1\}$.
The **f** is many-to-one, and has no inverse.
However, we can find the inverse for every interval of the period since the function is one-to-one in each period.

Fig. A.F

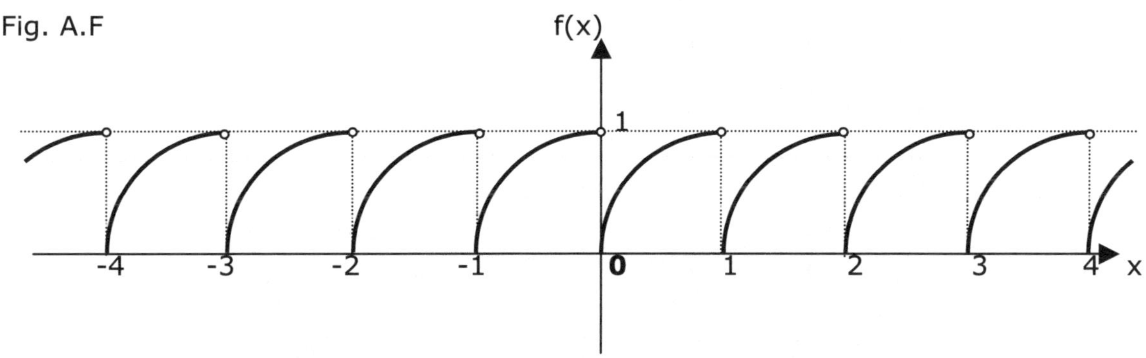

We can see that each of the same pieces of the curve is a quarter of a circle with a radius of 1.

We can also see that (k, 0) is the center of each of the circles.

. . .

$f(x) = \sqrt{1 - x^2}$ for $-1 \le x < 0$.

$f(x) = \sqrt{1 - (x - 1)^2}$ for $0 \le x < 1$.

. . .

Let's take one more example.

$f(x) = [1 - \{x - (2k - 1)\}^2]^{1/2}$ for $2k - 1 - 1 \le x \le 2k - 1 + 1$ where k is an integer.

The curve that the **f** produces is a linear collection of half circles of radius of 1.

Each of the centers in the circles is at (2k - 1, 0).

After simplification of the expressions, we get the definition of the **f** as follows:

$f(x) = \{1 - (x - 2k + 1)^2\}^{1/2} = \sqrt{1-(x-2k+1)^2}$ for $2(k - 1) \le x \le 2k$ where k is an integer.

The **f** is periodic with the period of 2.

$f(x) = f(x + 2)$ and $f(x) = f(x + 2n)$ where **n** is an integer.

The domain of the f is a set of all real numbers.
The range of the f is $\{x|\ 0 \le x \le 1\}$.
The **f** is many-to-one, and has no inverse.
Also, the function cannot have the inverse for each interval of the period since it is not one-to-one in each period either.

Fig. A.G

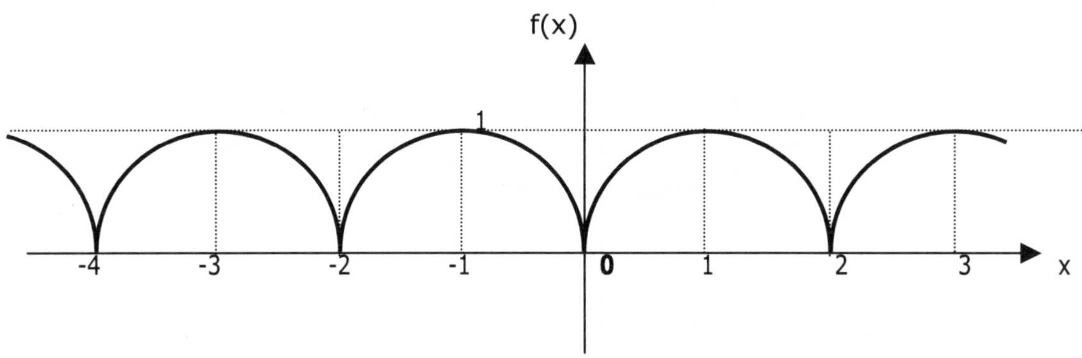

. . .

$f(x) = \sqrt{1 - (x + 1)^2}$ for $-2 \le x \le 0$.

$f(x) = \sqrt{1 - (x - 1)^2}$ for $0 \le x \le 2$.

. . .

What is a function? What is a graph?

Now, what about an equation, then?

Anyhow, what do we do with functions and graphs?

If we are not familiar with functions and the graphs, then let alone Calculus, we can hardly do anything properly in general math and sciences.

What is math, then?

We do math since we want to know what it is and how (how come, or why) it is so.

So, what' s the point?

Of course, we want to solve problems.

The books in this series are for those students who have too much trouble solving problems or even hate leaning math since they are not quite sure of what functions, equations, and the graphs are, what to do with them, and how to do it. Nevertheless, It is not the case where excellent students should not read these books.

In the book 1, discussions on what basic functions are and how they work are covered. If we know what functions are, how they get constructed, and how to use them, and also, can understand **how to construct, use, and manipulate the graphs**, then we have properly covered the most part of the fundamentals of functions and graphs. In the book 2, the discussions will be heavily on the graphs. We will get to understand what we can do about the graphs and how we can do it in a concrete manner. The book 2 mainly covers graph operations. That is, we **move (translate or turn) or modify the curves** in the graphs of functions or equations. How important are those, then? Lack of the knowledge is fatal to solving many problems.

In the book 3 and the book 4, the graphs of equations of basic geometric objects will be covered individually. Above all, they are the most important since they are basic. The basic objects mean the conic sections. They are generally called curves. Specifically, they are lines, parabolas, circles, ellipses, and hyperbolas. Rigorously, a point is one of these conic sections. Among the geometric objects, some can be taken for the curves of functions. Therefore, in the book 3 and the book 4, we are going to cover the applications of along with the principles on such basic functions and equation and their respective graphs in a comprehensive manner. That is, the discussions will be on what to do with those and how to do it solving problems.

Fundamentals of Functions and Graphs

Book 1: What Functions?

Book 2: Graph Operations

Book 3 and 4: The Conic Sections 1 & 2

www.runmath.com